U0183456

《线性代数与空间解析几何(第二版)》
编写委员会

主　编　谭瑞梅　郭晓丽

副主编　黄守佳

编　委 (以姓名笔画为序)

刘　强　李　乐　时海亮　孟令显

郭晓丽　黄守佳　谭瑞梅

河南省“十四五”普通高等教育规划教材

首届河南省教材建设奖优秀教材(高等教育类)二等奖

线性代数与空间解析几何

（第二版）

谭瑞梅　郭晓丽　主编

科学出版社

北　京

内 容 简 介

本书是河南省“十四五”普通高等教育规划教材. 全书共六章, 主要内容包括行列式及其计算、几何向量空间与几何图形、矩阵、n 维向量与线性方程组、矩阵的特征值与特征向量、二次型等. 部分章节增加了带*的选学内容. 本书是一本新形态的立体化教材, 每节设有二维码, 内有重、难点知识微视频和疑难习题讲解视频、PPT 课件. 每节后有习题, 每章后面有两个层次的复习题. 复习题之后有拓展知识, 包括 MATLAB 数学软件介绍及相关应用程序和应用实例. 书的最后附有习题参考答案, 更多习题详解可参见《线性代数与空间解析几何学习辅导教程》(谭瑞梅等, 科学出版社). 特别在每章后面增添了“数学史话”以融入课程思政元素.

本书可作为普通高等院校理工科非数学类专业本科生教材或教学参考书.

图书在版编目(CIP)数据

线性代数与空间解析几何/谭瑞梅, 郭晓丽主编. —2版. —北京: 科学出版社, 2022.8

河南省“十四五”普通高等教育规划教材

ISBN 978-7-03-070875-5

Ⅰ. ①线… Ⅱ. ①谭… ②郭… Ⅲ.①线性代数-高等学校-教材 ②立体几何-解析几何-高等学校-教材 Ⅳ. ①O151.2 ②O182.2

中国版本图书馆 CIP 数据核字 (2021) 第 259091 号

责任编辑: 张中兴 梁 清 孙翠勤 / 责任校对: 杨聪敏
责任印制: 赵 博 / 封面设计: 蓝正设计

科学出版社出版
北京东黄城根北街 16 号
邮政编码: 100717
http://www.sciencep.com
天津市新科印刷有限公司印刷
科学出版社发行 各地新华书店经销
*
2018 年 1 月第 一 版 开本: 720×1000 1/16
2022 年 8 月第 二 版 印张: 23 1/2
2025 年 2 月第十四次印刷 字数: 474 000

定价: 65.00 元

(如有印装质量问题, 我社负责调换)

第二版前言

本书第一版自 2018 年由科学出版社出版以来, 在郑州轻工业大学本校连续使用了三年六个学期, 在全国其他院校也有选用. 教材以其新形态的数字化模式, 条理清晰、逻辑严密、深入浅出、抽象的“代数”与形象的“几何”有机融合的内容布局, 得到了师生们的一致好评. 但在几年的教学实践中, 一线教师们也发现了一些问题, 有了修订的必要.

在 2020 年, 本书的第一版被评为河南省“十四五”普通高等教育规划教材, 并获首届河南省教材建设奖优秀教材 (高等教育类) 二等奖, 要求在两年内对该教材进行修订再版. 以此为契机, 经过教材编写组成员的多次研讨, 结合党的二十大精神融入课程思政元素和本课程内容在科技前沿的应用, 在第一版的基础上, 对教材做如下几个方面的修改和调整, 努力使修订过的教材更加完善.

1. 对部分章节内容的排列次序进行调整, 使逻辑次序更加顺畅自然, 后续知识以前述为基础, 平稳过渡. 使学生的认知水平从中等向高等逐步提升, 更加易教易学. 另外, 为应对新工科背景下的课程教材改革, 增加部分有难度、对培养学生的高阶思维有帮助的带 * 选学内容.

2. 对所有习题和复习题重新布局, 使课后习题紧密围绕所学内容. 各章后的复习题具有两个层次：(A) 满足所有学生基本要求的题目; (B) 面向对该课程感兴趣的高水平学生的题目.

3. 增加本课程在各个专业领域应用的案例. 理工科学生学数学的主要目的主要在于数学的工具属性. 如果学习的仅仅是理论知识, 看不到它的实际应用, 更不知道如何应用, 就激不起学生的学习兴趣. 常常遇到学生问“老师学这有啥用啊”这样的问题. 这也是近几年来教材中不断增加应用案例的原因, 也是形势发展的必然所需.

4. 增加书中二维码所承载的信息. 第一版二维码里只有重难点知识点视频和疑难习题讲解视频, 第二版将增加课件 PPT, 在 PPT 中列出了每一节课的基本要求、重点、难点和要掌握的问题. 让学生一本书、一部智能手机满足学业需求, 并且视频和 PPT 课件可以每年更新. 给学生创造更多的、人性化的学习平台.

5. 每章后面、复习题前面, 增加“数学史话”阅读材料, 简要介绍对本章内容有突出贡献的数学家以及他们所表现出的科学精神, 融入了思政元素.

本书由郭晓丽教授、谭瑞梅教授审稿, 谭瑞梅进行规划和统稿. 第二版编写人员在章节的编写中与第一版略微不同. 第 1、6 章由李乐编写, 第 2 章由谭瑞梅和郭晓丽编写, 第 3 章由刘强编写, 第 4 章由谭瑞梅编写, 第 5 章由黄守佳和谭瑞梅编写, 每章拓展知识的第一部分 MATLAB 软件应用由时海亮编写, 每章拓展知识的第二部分应用模型或案例由孟令显编写. 本书的修订再版得到了郑州轻工业大学教务处、数学与信息科学学院领导的关心与支持; 段清堂教授、徐雅静教授审阅了书稿, 对本书的修订提出了宝贵的意见和建议; 科学出版社对本书的再版给予了很大的帮助, 在此一并表示最诚挚的感谢.

尽管我们竭尽全力使本书成为一本新时代的优秀教材, 但限于水平, 书中难免有不尽如人意的地方, 恳请读者提出宝贵的意见.

编　者

2021 年 7 月于郑州

第一版前言

在目前国内外流行的 MOOC、SPOC、微课等教学改革的背景下, 随着网络的普及和信息化的高度发展, 学生的学习方式、学习环境发生了很大变化, 已经突破了时间和空间的限制, 并且不同的专业、不同的学生学习目标不同, 导致他们的学习态度和动机有很大差异. 鉴于此, 如何让学生在有限的课堂教学时间里, 在接受大量繁杂信息的同时, 切实掌握课程需要掌握的内容、思想、方法, 编写更能适应新形势下学生学习的教材势在必行. 课程和教材本身就是社会的产物, 社会的发展必然导致课程的改革. 教材是课程的重要组成部分, 是课程改革的核心内容, 是实现课程目标的主要途径. 一本好的教材对塑造学生的素质类型起着至关重要的作用. 基于此, 我们编写了本书.

编写本教材我们有丰富的经验和课程改革成果做支撑. 我校"线性代数与空间解析几何"课程建设经历了从无到有、从弱到强, 不断发展完善的过程. 我校"线性代数"课程的改革始于 1998 年. 在此之前课程名称是"线性代数", 使用的是同济大学数学系编写的《线性代数》教材. 1999 年根据我校的实际情况, 首次把"线性代数"与"空间解析几何"结合起来, 形成了"线性代数与空间解析几何"课程. 该课程 2000 年被评为校级优秀课程, 并于 2001 年在全校一年级第一学期开设 (之前的"线性代数"安排在第三学期). 该课程 2004 年被评为学校精品建设课程, 同年获批省级项目"网络工程"建设, 2005 年通过学校精品课程评审, 2007 年评为省级精品课程. 2015 年 9 月成功申报河南省精品资源共享课建设课程, 2016 年 4 月通过河南省教育厅验收, 正式成为河南省精品资源共享课程, 也是该项目中河南省高校唯一的一门"线性代数与空间解析几何"精品资源共享课程, 处于河南省同类高校的领先地位.

经过近二十年的课程改革, "线性代数与空间解析几何"课程取得了丰硕成果, 获得学校教学成果奖多项, 先后出版了《线性代数与空间解析几何》和《线性代数与空间解析几何及其应用》等教材, 以及与之同步的《线性代数与空间解析几何习题课教程》, 同时还制作了与教材配套的多媒体课件. 在课程改革与教材编写的过程中, 我们取得了丰富的经验, 后续的改革都是在前次改革的基础上听取了同行专家学者的意见和建议, 取长补短, 不断完善.

本书在原有经典基本内容的基础上, 适当增加了数字化时代下需要的新知识, 删减了某些陈旧不必要的内容. 本书有三大特点：其一, 也是最大特点是把教材内容通过二维码的平台与教学微视频等教学资源结合起来, 突破了教学时间和空间以及条件的限制, 给不同层次不同需要的学习者提供了更多的学习机会; 其二, 在拓展知识中, 把 MATLAB 软件程序应用于每章的主要内容 (第 6 章除外), 为学生将来的实际应用和数学建模奠定基础; 其三, 进行理论与实际结合的引导, 即在拓展知识中, 有每章对应内容的应用模型或范例, 可增强学生的应用意识和兴趣. 教材内容体系的呈现在强调科学性、系统性、逻辑性的同时, 兼顾学生的可接受性. 把 "线性代数" 与 "空间解析几何" 进行了 "数" 与 "形" 的有机融合. 利用解析几何为抽象的代数理论提供形象直观的几何背景, 同时线性代数又为研究几何图形的性质提供方法论基础, 实现了从几何向量空间向 n 维向量空间的自然过渡. 比如, 向量组的线性相关性是本书中较抽象难懂的内容, 学生不易理解, 而借助于几何向量的解释, 挖掘揭示其中的数学思想, 可大大降低其理解的难度.

全书内容的编排顺序合理, 由易到难, 循序渐进, 既有理论知识的训练, 又有实际应用案例的引导, 可对学生数学素质的形成和提高起到应有的作用. 另外本书增加了使用 MATLAB 软件对相关问题的求解程序, 并以线性方程组为主线贯穿整个教材, 每章内容都与线性方程组有关. 第 1 章的行列式起源于解线性方程组; 第 2 章的平面、直线方程可用线性方程组表示; 第 3 章的矩阵更是讨论线性方程组解的有力工具; 第 4 章的 n 维向量与线性方程组给出了解线性方程组的具体方法; 第 5 章的特征值与特征向量实际就是线性方程组的应用; 第 6 章的二次型化标准形, 主要方法是求二次型对应矩阵的特征值与特征向量, 也是解线性方程组. 整本书结构严谨, 内容丰富, 为学生数学建模并有效解决实际问题提供了保障.

全书由郭晓丽教授审稿并提出修改意见和建议, 谭瑞梅最后统稿并整理. 黄守佳老师对编写本书做了很多工作并提出了宝贵的意见和建议. 第 1、6 章由李乐编写, 第 2、4 章由谭瑞梅编写, 第 3 章由刘强编写, 第 5 章由黄守佳编写, 每章拓展知识的第一部分 MATLAB 软件应用由时海亮编写, 每章拓展知识的第二部分应用模型或案例由孟令显编写, 王淑娟编写了课后习题与答案. 本书在申报与编写的过程中得到了郑州轻工业大学领导和教务处领导的关心与支持, 同时也得到了数学与信息科学学院的大力支持, 黄士国副院长做了很多相应的工作. 秦建国教授审阅了书稿并提出了建议. 科学出版社对本书的出版给予了很大的帮助, 出版社张中兴老师做了很多细致具体的工作. 在此一并表示最诚挚的感谢.

尽管我们竭尽全力使本书成为一本便于教和学的新时代的教材, 但限于水平, 书中难免有不尽如人意的地方, 恳请读者提出宝贵的意见.

编　者

2017 年 8 月

本书所用符号说明

符号	说明
D, $\det \boldsymbol{A}$ 或 $\lvert\boldsymbol{A}\rvert$	行列式、方阵 $\boldsymbol{A}$ 的行列式
$\lvert\boldsymbol{a}\rvert$	几何向量 $\boldsymbol{a}$ 的模
$\lVert\boldsymbol{\alpha}\rVert$	n 维向量 $\boldsymbol{\alpha}$ 的范数或模
$(\widehat{\boldsymbol{\alpha},\boldsymbol{\beta}})$	向量 $\boldsymbol{\alpha},\boldsymbol{\beta}$ 的夹角
$\mathbb{R}^{m\times n}$	m 行 n 列的实矩阵的集合
$\mathbb{C}^{m\times n}$	m 行 n 列的复矩阵的集合
$\mathbf{R}^n$	n 维实向量空间
$\boldsymbol{A}_{m\times n}$	m 行 n 列的矩阵 $\boldsymbol{A}$
$\boldsymbol{A}^{\mathrm{T}}$	矩阵 $\boldsymbol{A}$ 的转置
$\boldsymbol{E}_n$	n 阶单位矩阵
r_i	矩阵或行列式的第 i 行
c_i	矩阵或行列式的第 i 列
$\boldsymbol{E}(i,j)$	单位矩阵交换阵 i, j 两行 (列)
$\boldsymbol{E}(i(k))$	单位矩阵的第 i 行 (列) 乘以非零数 k
$\boldsymbol{E}(i,j(k))$	单位矩阵的第 j 行乘以 k 加到第 i 行上
$\cong$	矩阵等价
$\sim$	矩阵相似
$\simeq$	矩阵合同
$R(\boldsymbol{A})$	矩阵 $\boldsymbol{A}$ 的秩
$r(\boldsymbol{A})$	矩阵 $\boldsymbol{A}$ 的行秩
$c(\boldsymbol{A})$	矩阵 $\boldsymbol{A}$ 的列秩
$\dim \boldsymbol{V}$	向量空间 $\boldsymbol{V}$ 的维数

目 录

第 1 章 行列式及其计算

行列式起源于解 n 个方程 n 个未知量的线性方程组, 是研究矩阵、线性方程组、向量间的线性关系、特征值和二次型等问题的有力工具, 它不仅贯穿于线性代数的始终, 在数学的其他分支领域以及经济管理、物理、工程技术等学科中也都有着广泛的应用.

本章从解二元与三元线性方程组入手引入二阶与三阶行列式的概念, 进而用排列的奇偶性把行列式推广到 n 阶, 再讨论行列式的性质、计算方法以及用行列式求解线性方程组的克拉默法则.

1.1 n 阶行列式

1.1课件

1.1.1 二、三阶行列式

对于二元线性方程组

$$\begin{cases} a_{11}x_1 + a_{12}x_2 = b_1, \\ a_{21}x_1 + a_{22}x_2 = b_2, \end{cases} \tag{1.1.1}$$

利用消元法可得

$$\begin{cases} (a_{11}a_{22} - a_{12}a_{21})x_1 = b_1a_{22} - a_{12}b_2, \\ (a_{11}a_{22} - a_{12}a_{21})x_2 = a_{11}b_2 - b_1a_{21}. \end{cases}$$

当 $a_{11}a_{22} - a_{12}a_{21} \neq 0$ 时, 可得方程组的唯一解

$$\begin{cases} x_1 = \dfrac{b_1a_{22} - a_{12}b_2}{a_{11}a_{22} - a_{12}a_{21}}, \\ \\ x_2 = \dfrac{a_{11}b_2 - b_1a_{21}}{a_{11}a_{22} - a_{12}a_{21}}. \end{cases}$$

为了便于记忆上述解的公式, 引入记号

$$\begin{vmatrix} a_{11} & a_{12} \\ a_{21} & a_{22} \end{vmatrix},$$

并给出如下二阶行列式的定义.

定义 1.1.1　由 2×2 个数构成的记号 $\begin{vmatrix} a_{11} & a_{12} \\ a_{21} & a_{22} \end{vmatrix}$ 称为**二阶行列式**, 它表示代数和 $a_{11}a_{22}-a_{12}a_{21}$, 即

$$\begin{vmatrix} a_{11} & a_{12} \\ a_{21} & a_{22} \end{vmatrix} = a_{11}a_{22}-a_{12}a_{21}. \tag{1.1.2}$$

它的横排称为**行**, 竖排称为**列**, 数 $a_{ij}(i,j=1,2)$ 称为行列式的**元素**. 元素 a_{ij} 的第一个下标 i 称为**行标**, 表明该元素位于第 i 行; 第二个下标 j 称为**列标**, 表明该元素位于第 j 列. 通常用 “D” 或 “det” 表示行列式.

等式 (1.1.2) 中, 等号右端的表示式又称为**行列式的展开式**. 二阶行列式的展开式可以用如下**对角线法则**来记忆:

$$\begin{vmatrix} a_{11} & a_{12} \\ a_{21} & a_{22} \end{vmatrix} = a_{11}a_{22}-a_{12}a_{21}.$$

称上式的实线为**主对角线**, 虚线为**副对角线**. 于是二阶行列式便是主对角线上两元素之积减去副对角线上两元素之积所得的差.

利用二阶行列式, 可以把上述方程组的解表示为

$$x_1=\frac{\begin{vmatrix} b_1 & a_{12} \\ b_2 & a_{22} \end{vmatrix}}{\begin{vmatrix} a_{11} & a_{12} \\ a_{21} & a_{22} \end{vmatrix}}=\frac{D_1}{D},\quad x_2=\frac{\begin{vmatrix} a_{11} & b_1 \\ a_{21} & b_2 \end{vmatrix}}{\begin{vmatrix} a_{11} & a_{12} \\ a_{21} & a_{22} \end{vmatrix}}=\frac{D_2}{D},$$

其中行列式 D 是由方程组 (1.1.1) 中未知量的系数按原位置构成的行列式, 称为方程组的**系数行列式**. $D_j(j=1,\ 2)$ 是将系数行列式 D 的第 j 列 $(j=1,\ 2)$ 各元素依次换成方程组右端的常数项所得到的二阶行列式.

例 1.1.1　计算二阶行列式 $D=\begin{vmatrix} 1 & -2 \\ 3 & 4 \end{vmatrix}$.

解　$D=\begin{vmatrix} 1 & -2 \\ 3 & 4 \end{vmatrix}=1\times 4-(-2)\times 3=10.$

为解三个方程三个未知量的线性方程组

$$\begin{cases} a_{11}x_1+a_{12}x_2+a_{13}x_3=b_1, \\ a_{21}x_1+a_{22}x_2+a_{23}x_3=b_2, \\ a_{31}x_1+a_{32}x_2+a_{33}x_3=b_3, \end{cases} \tag{1.1.3}$$

我们用类似的方法, 引入三阶行列式的概念.

定义 1.1.2 由 3×3 个数构成的记号 $\begin{vmatrix} a_{11} & a_{12} & a_{13} \\ a_{21} & a_{22} & a_{23} \\ a_{31} & a_{32} & a_{33} \end{vmatrix}$ 称为**三阶行列式**, 它表示代数和 $a_{11}a_{22}a_{33}+a_{12}a_{23}a_{31}+a_{13}a_{21}a_{32}-a_{11}a_{23}a_{32}-a_{12}a_{21}a_{33}-a_{13}a_{22}a_{31}$, 即

$$\begin{vmatrix} a_{11} & a_{12} & a_{13} \\ a_{21} & a_{22} & a_{23} \\ a_{31} & a_{32} & a_{33} \end{vmatrix} = a_{11}a_{22}a_{33}+a_{12}a_{23}a_{31}+a_{13}a_{21}a_{32}-a_{11}a_{23}a_{32}$$
$$-a_{12}a_{21}a_{33}-a_{13}a_{22}a_{31}.$$

三阶行列式也可用**对角线法则**得到. 三阶行列式的对角线法则如图 1.1.1 所示. 图中有三条实线可看作平行于主对角线的连线, 三条虚线可看作平行于副对角线的连线, 实线上三元素的乘积带正号, 虚线上三元素的乘积带负号, 所得六项的代数和就是三阶行列式的展开式.

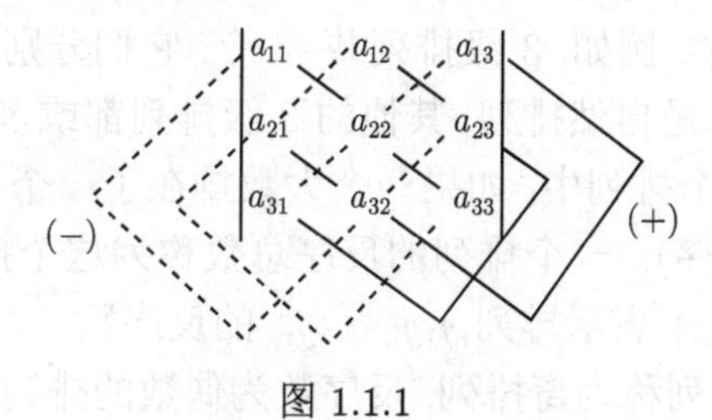

图 1.1.1

若三元线性方程组 (1.1.3) 的系数行列式 $D=\begin{vmatrix} a_{11} & a_{12} & a_{13} \\ a_{21} & a_{22} & a_{23} \\ a_{31} & a_{32} & a_{33} \end{vmatrix}\neq0$, 则方程组有唯一解

$$x_1=\frac{D_1}{D},\quad x_2=\frac{D_2}{D},\quad x_3=\frac{D_3}{D},$$

其中 $D_j(j=1,\ 2,3)$ 是将系数行列式 D 的第 j 列 $(j=1,\ 2,3)$ 各元素依次换成方程组右端的常数项所得到的三阶行列式, 即

$$D_1=\begin{vmatrix} b_1 & a_{12} & a_{13} \\ b_2 & a_{22} & a_{23} \\ b_3 & a_{32} & a_{33} \end{vmatrix},\quad D_2=\begin{vmatrix} a_{11} & b_1 & a_{13} \\ a_{21} & b_2 & a_{23} \\ a_{31} & b_3 & a_{33} \end{vmatrix},\quad D_3=\begin{vmatrix} a_{11} & a_{12} & b_1 \\ a_{21} & a_{22} & b_2 \\ a_{31} & a_{32} & b_3 \end{vmatrix}.$$

例 1.1.2 计算三阶行列式 $D=\begin{vmatrix} 1 & 2 & -4 \\ -2 & 2 & 1 \\ -3 & 4 & -2 \end{vmatrix}$.

解 按对角线法则, 有

$$\begin{aligned} D &= 1\times 2\times(-2)+2\times 1\times(-3)+(-4)\times(-2)\times 4-1\times 1\times 4 \\ &\quad -2\times(-2)\times(-2)-(-4)\times 2\times(-3) \\ &= -14\,. \end{aligned}$$

对角线法则只适用于二阶与三阶行列式. 为研究四阶及更高阶的行列式, 下面先介绍有关排列的知识, 然后引出 n 阶行列式的概念.

1.1.2 排列与反序数

定义 1.1.3 由正整数 $1,2,\cdots,(n-1),n$ 组成的一个有序数组, 称为一个 n 级排列.

如 2431 是一个 4 级排列, 45123 是一个 5 级排列, $12\cdots(n-1)n$ 是一个 n 级排列, 它具有自然顺序, 称为**自然排列** (或**标准排列**).

n 级排列共有 $n!$ 个, 例如, 3 级排列共 $3!$ 个, 它们分别是 123, 132, 213, 231, 312, 321, 其中只有 123 是自然排列, 其他的 3 级排列都或多或少破坏了自然顺序.

定义 1.1.4 在一个排列中, 如果一个大数排在了一个小数前面, 就称这两个数构成一个**反序** (或**逆序**). 一个排列的反序总数称为这个排列的**反序数** (或逆序数). 以后用 $\tau(j_1j_2\cdots j_n)$ 表示排列 $j_1j_2\cdots j_n$ 的反序数.

反序数为奇数的排列称为**奇排列**, 反序数为偶数的排列称为**偶排列**.

例 1.1.3 计算下列排列的反序数, 并判断其奇偶性.

(1) 2431; (2) 45132; (3) 635412.

解 (1) 利用定义, 找出排列中所有反序, 反序总数即为排列的反序数.

在 4 级排列 2431 中, 共有反序 21,43,41,31, 故 $\tau(2431)=4$, 所以 2431 为偶排列.

(2) 依次求出排列中每个数前面比它大的数的个数, 然后求和就是排列的反序数. 因为

$$\begin{array}{ccccc} 0 & 0 & 2 & 2 & 3 \\ \uparrow & \uparrow & \uparrow & \uparrow & \uparrow \\ ④ & ⑤ & ① & ③ & ② \end{array}$$

所以, 故 $\tau(45132)=0+0+2+2+3=7$, 从而排列 45132 为奇排列.

(3) 依次求出排列中每个数后面比它小的数的个数, 然后求和就是排列的反序数. 因为

$$\begin{array}{cccccc} 5 & 2 & 3 & 2 & 0 & 0 \\ \uparrow & \uparrow & \uparrow & \uparrow & \uparrow & \uparrow \\ ⑥ & ③ & ⑤ & ④ & ① & ② \end{array}$$

所以, 故 $\tau(635412) = 5 + 2 + 3 + 2 + 0 + 0 = 12$, 从而排列 635412 为偶排列.

例 1.1.4 求排列 $n(n-1)\cdots 321$ 的反序数, 并讨论其奇偶性.

解 排列 $n(n-1)\cdots 321$ 的反序数

$$\tau(n(n-1)\cdots 321) = (n-1) + (n-2) + \cdots + 2 + 1 = \frac{n(n-1)}{2},$$

故当 $n = 4k$ 或 $n = 4k+1$ 时, 排列 $n(n-1)\cdots 321$ 是偶排列, 而当 $n = 4k+2$ 或 $n = 4k+3$ 时, 排列 $n(n-1)\cdots 321$ 是奇排列.

定义 1.1.5 在一个排列中, 交换其中某两个数的位置, 而其余各数的位置不动, 就得到一个同级的新排列. 对排列施行这样的一个交换称为一个**对换**, 将相邻的两个数对换, 称为**相邻对换**.

关于对换有如下结论.

定理 1.1.1 对换改变排列的奇偶性, 即经过一次对换, 奇排列变成偶排列, 偶排列变成奇排列.

证明略.

推论 1 任意一个 n 级排列可经过一系列对换变成自然排列, 并且所作对换次数的奇偶性与这个排列的奇偶性相同.

证明 由定理 1.1.1 知, 对换的次数就是排列奇偶性的变换次数, 而自然排列是偶排列, 因此结论成立.

推论 2 在全部的 n 级排列中, 奇偶排列各占一半, 即各有 $\frac{n!}{2}$ 个.

证明 设奇、偶排列各有 p, q 个, 则 $p + q = n!$. 将 p 个奇排列的前两个数对换, 则这 p 个奇排列全变成偶排列, 并且它们互不相同, 所以 $p \leqslant q$. 同理, 将 q 个偶排列的前两个数对换, 则这 q 个偶排列全变成奇排列, 并且它们互不相同, 所以 $q \leqslant p$. 综上可得 $p = q = \frac{n!}{2}$.

1.1.3 n 阶行列式的定义

为了给出 n 阶行列式的定义, 先来研究三阶行列式的展开式中项的构成规律. 三阶行列式的展开式为

$$\begin{vmatrix} a_{11} & a_{12} & a_{13} \\ a_{21} & a_{22} & a_{23} \\ a_{31} & a_{32} & a_{33} \end{vmatrix} = a_{11}a_{22}a_{33} + a_{12}a_{23}a_{31} + a_{13}a_{21}a_{32}$$

$$- a_{11}a_{23}a_{32} - a_{12}a_{21}a_{33} - a_{13}a_{22}a_{31}.$$

容易看出：

(1) 它的每一项都是 3 个元素的乘积, 并且这三个元素位于三阶行列式的不同行、不同列.

(2) 每一项的三个元素的行标排成自然排列 123 时, 列标都是 1,2,3 的某一排列, 这样的排列共有 3!=6 种, 故三阶行列式展开式中含有 6 项.

(3) 当每一项中元素的行标按自然顺序排列时, 带正号的三项的列标排列是 123, 231, 312, 它们全是偶排列. 而带负号的三项的列标排列是 132, 213, 321, 它们全是奇排列. 即三阶行列式展开式中每一项的符号是当每一项中元素的行标按自然顺序排列时, 如果对应的列标为偶排列时取正号, 为奇排列时取负号.

综上所述, 三阶行列式的展开式中的一般项可表示为 $(-1)^{\tau(j_1j_2j_3)}a_{1j_1}a_{2j_2}a_{3j_3}$, 从而三阶行列式的展开式可简写为

$$\begin{vmatrix} a_{11} & a_{12} & a_{13} \\ a_{21} & a_{22} & a_{23} \\ a_{31} & a_{32} & a_{33} \end{vmatrix} = \sum_{j_1j_2j_3} (-1)^{\tau(j_1j_2j_3)}a_{1j_1}a_{2j_2}a_{3j_3},$$

其中 $\sum\limits_{j_1j_2j_3}$ 表示对所有的 3 级排列求和. 类似地, 二阶行列式的展开式可写成

$$\begin{vmatrix} a_{11} & a_{12} \\ a_{21} & a_{22} \end{vmatrix} = \sum_{j_1j_2} (-1)^{\tau(j_1j_2)}a_{1j_1}a_{2j_2},$$

其中 $\sum\limits_{j_1j_2}$ 表示对所有的 2 级排列求和.

由此可归纳出一般 n 阶行列式的定义.

定义 1.1.6 由 $n \times n$ 个数 $a_{ij}(i=1,2,\cdots,n;\ j=1,2,\cdots,\ n)$ 排成的 n 行 n 列的记号

$$\begin{vmatrix} a_{11} & a_{12} & \cdots & a_{1n} \\ a_{21} & a_{22} & \cdots & a_{2n} \\ \vdots & \vdots & & \vdots \\ a_{n1} & a_{n2} & \cdots & a_{nn} \end{vmatrix}$$

称为 $\boldsymbol{n}$ **阶行列式**. 它表示所有取自不同行不同列的 n 个元素乘积 $a_{1j_1}a_{2j_2}\cdots a_{nj_n}$ 的代数和, 其中 $j_1j_2\cdots j_n$ 是数 $1,2,\cdots,n$ 的一个排列, 且当这 n 个元素的行标按自然顺序排列时, 列标是偶排列时该项带正号, 列标是奇排列时该项带负号, 共有 $n!$ 项. 即

$$\begin{vmatrix} a_{11} & a_{12} & \cdots & a_{1n} \\ a_{21} & a_{22} & \cdots & a_{2n} \\ \vdots & \vdots & & \vdots \\ a_{n1} & a_{n2} & \cdots & a_{nn} \end{vmatrix} = \sum_{j_1j_2\cdots j_n} (-1)^{\tau(j_1j_2\cdots j_n)} a_{1j_1}a_{2j_2}\cdots a_{nj_n},$$

其中 $\sum\limits_{j_1j_2\cdots j_n}$ 表示对所有的 n 级排列求和. 上述 n 阶行列式可简记为 $|a_{ij}|$.

一阶行列式 $|a_{11}| = a_{11}$, 注意不要与数的绝对值相混淆.

例 1.1.5 计算行列式

$$D = \begin{vmatrix} 0 & 0 & \cdots & 0 \\ a_{21} & a_{22} & \cdots & a_{2n} \\ \vdots & \vdots & & \vdots \\ a_{n1} & a_{n2} & \cdots & a_{nn} \end{vmatrix}.$$

解 由 n 阶行列式的定义知, D 的一般项为 $(-1)^{\tau(j_1j_2\cdots j_n)}a_{1j_1}a_{2j_2}\cdots a_{nj_n}$. 因为 D 的第一行元素都是零, 即对任意的 j_1, $a_{1j_1} = 0$, 所以 D 的展开式中所有项都为零, 从而 $D = 0$.

例 1.1.6 主对角线 (从左上角到右下角的线) 以上 (下) 的元素都是零的行列式称为下 (上) **三角形行列式**. 计算下三角形行列式

$$D = \begin{vmatrix} a_{11} & 0 & \cdots & 0 \\ a_{21} & a_{22} & \cdots & 0 \\ \vdots & \vdots & & \vdots \\ a_{n1} & a_{n2} & \cdots & a_{nn} \end{vmatrix}.$$

解 由 n 阶行列式的定义知

$$D = \sum_{j_1j_2\cdots j_n} (-1)^{\tau(j_1j_2\cdots j_n)} a_{1j_1}a_{2j_2}\cdots a_{nj_n}.$$

显然, 这个代数和中有很多项为零. 根据定义不难分析出 D 中可能不为零的项, 即一般项中 a_{1j_1} 必取自第一行, 而第一行中只有 a_{11} 可能不为零, 所以 $j_1 = 1$. 一般项中 a_{2j_2} 必取自第二行, 而第二行中只有 a_{21}, a_{22} 可能不为零, 然而 a_{11} 已取自第一列, 所以 a_{2j_2} 不能再取第一列, 这样, 只能取第二列元素 a_{22}, 故 $j_2 = 2$. 以此类推, 可得 $j_3 = 3, j_4 = 4, \cdots, j_n = n$. 因此, D 中除 $a_{11}a_{22}\cdots a_{nn}$ 这一项外, 其余各项均为零, 于是

$$D = (-1)^{\tau(12\cdots n)}a_{11}a_{22}\cdots a_{nn} = a_{11}a_{22}\cdots a_{nn}.$$

同理, 可计算上三角形行列式

$$\begin{vmatrix} a_{11} & a_{12} & \cdots & a_{1n} \\ 0 & a_{22} & \cdots & a_{2n} \\ \vdots & \vdots & & \vdots \\ 0 & 0 & \cdots & a_{nn} \end{vmatrix} = a_{11}a_{22}\cdots a_{nn}.$$

这个例子说明, 上 (下) 三角形行列式等于主对角线上元素的乘积.

主对角线以外的元素全为零的行列式称为**对角行列式**. 显然, 对角行列式的值也等于主对角线上元素的乘积, 即

$$D = \begin{vmatrix} a_{11} & 0 & \cdots & 0 \\ 0 & a_{22} & \cdots & 0 \\ \vdots & \vdots & & \vdots \\ 0 & 0 & \cdots & a_{nn} \end{vmatrix} = a_{11}a_{22}\cdots a_{nn}.$$

例 1.1.7　计算行列式 (其中未写出的元素都是零)

$$D = \begin{vmatrix} & & & \lambda_1 \\ & & \lambda_2 & \\ & \iddots & & \\ \lambda_n & & & \end{vmatrix}.$$

解　由 n 阶行列式的定义, D 中可能不为零的项只有一项 $\lambda_1\lambda_2\cdots\lambda_n$. 它的符号也不难确定. 为此, 令 $\lambda_i = a_{i,n-i+1}$, 则由定义有

$$\begin{aligned} D = \begin{vmatrix} & & & \lambda_1 \\ & & \lambda_2 & \\ & \iddots & & \\ \lambda_n & & & \end{vmatrix} &= \begin{vmatrix} & & & a_{1n} \\ & & a_{2,n-1} & \\ & \iddots & & \\ a_{n1} & & & \end{vmatrix} \\ &= (-1)^{\tau(n(n-1)\cdots 21)} a_{1n}a_{2,n-1}\cdots a_{n1} \\ &= (-1)^{\frac{n(n-1)}{2}} \lambda_1\lambda_2\cdots\lambda_n. \end{aligned}$$

由于数的乘法满足交换律, 因此 n 阶行列式中取自不同行不同列的 n 个元素相乘时, 其顺序可以是任意的, 利用定理 1.1.1 可以证明, n 阶行列式展开式中的一般项还可以写成

$$(-1)^{\tau(i_1 i_2\cdots i_n)} a_{i_1 1}a_{i_2 2}\cdots a_{i_n n} \quad 或 \quad (-1)^{\tau(i_1 i_2\cdots i_n)+\tau(j_1 j_2\cdots j_n)} a_{i_1 j_1}a_{i_2 j_2}\cdots a_{i_n j_n},$$

其中 $i_1i_2\cdots i_n$ 与 $j_1j_2\cdots j_n$ 均为 n 级排列. 于是有下面 n 阶行列式的等价定义:

$$\begin{vmatrix} a_{11} & a_{12} & \cdots & a_{1n} \\ a_{21} & a_{22} & \cdots & a_{2n} \\ \vdots & \vdots & & \vdots \\ a_{n1} & a_{n2} & \cdots & a_{nn} \end{vmatrix} = \sum_{i_1i_2\cdots i_n} (-1)^{\tau(i_1i_2\cdots i_n)} a_{i_11}a_{i_22}\cdots a_{i_nn},$$

$$\begin{vmatrix} a_{11} & a_{12} & \cdots & a_{1n} \\ a_{21} & a_{22} & \cdots & a_{2n} \\ \vdots & \vdots & & \vdots \\ a_{n1} & a_{n2} & \cdots & a_{nn} \end{vmatrix} = \sum (-1)^{\tau(i_1i_2\cdots i_n)+\tau(j_1j_2\cdots j_n)} a_{i_1j_1}a_{i_2j_2}\cdots a_{i_nj_n}.$$

二、三阶行列式

排列与反序数

n阶行列式

习 题 1.1

1. 利用对角线法则计算下列行列式:

(1) $\begin{vmatrix} 2 & 1 & -1 \\ 3 & -1 & 1 \\ 2 & 0 & 1 \end{vmatrix}$; (2) $\begin{vmatrix} 1 & 2 & 1 \\ 2 & -1 & 1 \\ -1 & 4 & -2 \end{vmatrix}$;

(3) $\begin{vmatrix} a & b & c \\ c & a & b \\ b & c & a \end{vmatrix}$; (4) $\begin{vmatrix} 1 & 1 & 1 \\ a & b & c \\ a^2 & b^2 & c^2 \end{vmatrix}$.

2. 解下列方程:

(1) $\begin{vmatrix} 1 & 1 & -1 \\ -1 & 2 & x \\ 1 & x & 1 \end{vmatrix} = 2$; (2) $\begin{vmatrix} x & x & 3 \\ 0 & -1 & 2 \\ 1 & 2 & x \end{vmatrix} = 0$.

3. 求下列排列的反序数, 并判断它们的奇偶性:

(1) 51432; (2) 32157864;

(3) $13\cdots(2n-1)(2n)(2n-2)\cdots 42$;

(4) $(2n)1(2n-1)2(2n-2)3\cdots(n+1)n$.

4. 用行列式的定义计算下列行列式:

(1) $\begin{vmatrix} 0 & 0 & 1 & 0 \\ 0 & 1 & 0 & 0 \\ 0 & 0 & 0 & 1 \\ 1 & 0 & 0 & 0 \end{vmatrix}$; (2) $\begin{vmatrix} 0 & 1 & 0 & \cdots & 0 \\ 0 & 0 & 2 & \cdots & 0 \\ \vdots & \vdots & \vdots & & \vdots \\ 0 & 0 & 0 & \cdots & n-1 \\ n & 0 & 0 & \cdots & 0 \end{vmatrix}$.

5. 根据行列式的定义, 计算多项式

$$f(x)=\begin{vmatrix} x & x & 1 & 0 \\ 1 & x & 2 & 3 \\ 2 & 3 & x & 2 \\ 1 & 1 & 2 & x \end{vmatrix}$$

中 x^3 的系数与常数项.

1.2课件

1.2 行列式的性质

行列式的计算是一个重要的问题. 当行列式的阶数 n 较大时, 直接用定义计算不是一件容易的事. 下面介绍的行列式的基本性质不仅可以用于行列式的计算, 而且对行列式的理论研究也很重要.

1.2.1 行列式的性质

设 n 阶行列式为

$$D=\begin{vmatrix} a_{11} & a_{12} & \cdots & a_{1n} \\ a_{21} & a_{22} & \cdots & a_{2n} \\ \vdots & \vdots & & \vdots \\ a_{n1} & a_{n2} & \cdots & a_{nn} \end{vmatrix},$$

将 D 的行与列互换后得到的行列式记为 D^{T}, 即

$$D^{\mathrm{T}}=\begin{vmatrix} a_{11} & a_{21} & \cdots & a_{n1} \\ a_{12} & a_{22} & \cdots & a_{n2} \\ \vdots & \vdots & & \vdots \\ a_{1n} & a_{2n} & \cdots & a_{nn} \end{vmatrix},$$

称 D^{T} 为 D **的转置行列式.**

性质 1.2.1 行列式与它的转置行列式的值相等, 即 $D^{\mathrm{T}}=D$.

证明 设 $D^{\mathrm{T}}=|b_{ij}|$, 其中 $b_{ij}=a_{ji}(i,j=1,2,\cdots,n)$. 按行列式的定义

$$\begin{aligned}D^{\mathrm{T}}&=\sum_{j_1j_2\cdots j_n}(-1)^{\tau(j_1j_2\cdots j_n)}b_{1j_1}b_{2j_2}\cdots b_{nj_n}\\&=\sum_{j_1j_2\cdots j_n}(-1)^{\tau(j_1j_2\cdots j_n)}a_{j_11}a_{j_22}\cdots a_{j_nn}\\&=D.\end{aligned}$$

性质 1.2.1 表明, 在行列式中行与列的地位是对称的. 因此, 凡是有关行的性质, 对列也同样成立, 反之亦然. 后面的性质仅对行进行论证.

性质 1.2.2 互换行列式的两行 (列) 的位置, 行列式的值变号.

证明 设 n 阶行列式

$$D=\begin{vmatrix}a_{11}&a_{12}&\cdots&a_{1n}\\\vdots&\vdots&&\vdots\\a_{i1}&a_{i2}&\cdots&a_{in}\\\vdots&\vdots&&\vdots\\a_{j1}&a_{j2}&\cdots&a_{jn}\\\vdots&\vdots&&\vdots\\a_{n1}&a_{n2}&\cdots&a_{nn}\end{vmatrix},$$

交换 D 的第 i 行与第 j 行对应元素 $(1\leqslant i<j\leqslant n)$, 得到行列式

$$D_1=\begin{vmatrix}a_{11}&a_{12}&\cdots&a_{1n}\\\vdots&\vdots&&\vdots\\a_{j1}&a_{j2}&\cdots&a_{jn}\\\vdots&\vdots&&\vdots\\a_{i1}&a_{i2}&\cdots&a_{in}\\\vdots&\vdots&&\vdots\\a_{n1}&a_{n2}&\cdots&a_{nn}\end{vmatrix},$$

则由定义

$$\begin{aligned}D_1&=\sum(-1)^{\tau(p_1\cdots p_j\cdots p_i\cdots p_n)}a_{1p_1}\cdots a_{jp_j}\cdots a_{ip_i}\cdots a_{np_n}\\&=-\sum(-1)^{\tau(p_1\cdots p_i\cdots p_j\cdots p_n)}a_{1p_1}\cdots a_{ip_i}\cdots a_{jp_j}\cdots a_{np_n}\\&=-D.\end{aligned}$$

以 r_i 表示行列式的第 i 行, c_i 表示行列式的第 i 列. 交换 i,j 两行记作 $r_i \leftrightarrow r_j$, 交换 i,j 两列记作 $c_i \leftrightarrow c_j$.

推论 若行列式中有两行 (列) 完全相同, 则此行列式为零.

证明 把相同的两行互换, 由性质 1.2.2 可得 $D=-D$, 故有 $D=0$.

性质 1.2.3 行列式的某一行 (列) 中所有元素都乘以同一数 k, 等于用数 k 乘此行列式, 即

$$\begin{vmatrix} a_{11} & a_{12} & \cdots & a_{1n} \\ \vdots & \vdots & & \vdots \\ ka_{i1} & ka_{i2} & \cdots & ka_{in} \\ \vdots & \vdots & & \vdots \\ a_{n1} & a_{n2} & \cdots & a_{nn} \end{vmatrix} = k \begin{vmatrix} a_{11} & a_{12} & \cdots & a_{1n} \\ \vdots & \vdots & & \vdots \\ a_{i1} & a_{i2} & \cdots & a_{in} \\ \vdots & \vdots & & \vdots \\ a_{n1} & a_{n2} & \cdots & a_{nn} \end{vmatrix}.$$

证明 按行列式的定义

$$\begin{aligned} \text{左端} &= \sum_{j_1 j_2 \cdots j_n} (-1)^{\tau(j_1 j_2 \cdots j_n)} a_{1j_1} \cdots (k a_{ij_i}) \cdots a_{nj_n} \\ &= k \sum_{j_1 j_2 \cdots j_n} (-1)^{\tau(j_1 j_2 \cdots j_n)} a_{1j_1} \cdots a_{ij_i} \cdots a_{nj_n} \\ &= \text{右端}. \end{aligned}$$

推论 1 行列式的某一行 (列) 的元素的公因子可以提到行列式符号外.

行列式的第 i 行 (列) 乘以 k, 记作 $r_i \times k$(或 $c_i \times k$); 第 i 行提出公因子 $k(k \neq 0)$, 记作 $r_i \div k$(或 $c_i \div k$).

推论 2 若行列式的某一行 (列) 的元素全为零, 则此行列式的值为零.

性质 1.2.4 行列式中如果有两行 (列) 元素对应成比例, 则此行列式的值为零, 即

$$\begin{vmatrix} a_{11} & a_{12} & \cdots & a_{1n} \\ \vdots & \vdots & & \vdots \\ a_{i1} & a_{i2} & \cdots & a_{in} \\ \vdots & \vdots & & \vdots \\ ka_{i1} & ka_{i2} & \cdots & ka_{in} \\ \vdots & \vdots & & \vdots \\ a_{n1} & a_{n2} & \cdots & a_{nn} \end{vmatrix} = 0.$$

证明 由性质 1.2.3 及性质 1.2.2 的推论即可得

$$\begin{vmatrix} a_{11} & a_{12} & \cdots & a_{1n} \\ \vdots & \vdots & & \vdots \\ a_{i1} & a_{i2} & \cdots & a_{in} \\ \vdots & \vdots & & \vdots \\ ka_{i1} & ka_{i2} & \cdots & ka_{in} \\ \vdots & \vdots & & \vdots \\ a_{n1} & a_{n2} & \cdots & a_{nn} \end{vmatrix} = k \begin{vmatrix} a_{11} & a_{12} & \cdots & a_{1n} \\ \vdots & \vdots & & \vdots \\ a_{i1} & a_{i2} & \cdots & a_{in} \\ \vdots & \vdots & & \vdots \\ a_{i1} & a_{i2} & \cdots & a_{in} \\ \vdots & \vdots & & \vdots \\ a_{n1} & a_{n2} & \cdots & a_{nn} \end{vmatrix} = k \times 0 = 0.$$

性质 1.2.5 若行列式的某一行 (列) 的元素都是两数之和, 则此行列式等于两个行列式之和, 即

$$\begin{vmatrix} a_{11} & a_{12} & \cdots & a_{1n} \\ \vdots & \vdots & & \vdots \\ a_{i1}+a'_{i1} & a_{i2}+a'_{i2} & \cdots & a_{in}+a'_{in} \\ \vdots & \vdots & & \vdots \\ a_{n1} & a_{n2} & \cdots & a_{nn} \end{vmatrix}$$

$$= \begin{vmatrix} a_{11} & a_{12} & \cdots & a_{1n} \\ \vdots & \vdots & & \vdots \\ a_{i1} & a_{i2} & \cdots & a_{in} \\ \vdots & \vdots & & \vdots \\ a_{n1} & a_{n2} & \cdots & a_{nn} \end{vmatrix} + \begin{vmatrix} a_{11} & a_{12} & \cdots & a_{1n} \\ \vdots & \vdots & & \vdots \\ a'_{i1} & a'_{i2} & \cdots & a'_{in} \\ \vdots & \vdots & & \vdots \\ a_{n1} & a_{n2} & \cdots & a_{nn} \end{vmatrix} \quad (i = 1, 2, \cdots, n).$$

证明 由行列式的定义

$$\begin{aligned} \text{左端} &= \sum_{j_1 j_2 \cdots j_n} (-1)^{\tau(j_1 j_2 \cdots j_n)} a_{1j_1} \cdots (a_{ij_i} + a'_{ij_i}) \cdots a_{nj_n} \\ &= \sum_{j_1 j_2 \cdots j_n} (-1)^{\tau(j_1 j_2 \cdots j_n)} a_{1j_1} \cdots a_{ij_i} \cdots a_{nj_n} \\ &\quad + \sum_{j_1 j_2 \cdots j_n} (-1)^{\tau(j_1 j_2 \cdots j_n)} a_{1j_1} \cdots a'_{ij_i} \cdots a_{nj_n} \\ &= \text{右端}. \end{aligned}$$

性质 1.2.6 如果把行列式某一行 (列) 各元素的 k 倍加到另一行 (列) 对应的元素上, 则行列式的值不变, 即

$$\begin{vmatrix} a_{11} & a_{12} & \cdots & a_{1n} \\ \vdots & \vdots & & \vdots \\ a_{i1} & a_{i2} & \cdots & a_{in} \\ \vdots & \vdots & & \vdots \\ a_{j1} & a_{j2} & \cdots & a_{jn} \\ \vdots & \vdots & & \vdots \\ a_{n1} & a_{n2} & \cdots & a_{nn} \end{vmatrix} = \begin{vmatrix} a_{11} & a_{12} & \cdots & a_{1n} \\ \vdots & \vdots & & \vdots \\ a_{i1}+ka_{j1} & a_{i2}+ka_{j2} & \cdots & a_{in}+ka_{jn} \\ \vdots & \vdots & & \vdots \\ a_{j1} & a_{j2} & \cdots & a_{jn} \\ \vdots & \vdots & & \vdots \\ a_{n1} & a_{n2} & \cdots & a_{nn} \end{vmatrix}.$$

证明　由性质 1.2.5 得

$$\begin{vmatrix} a_{11} & a_{12} & \cdots & a_{1n} \\ \vdots & \vdots & & \vdots \\ a_{i1}+ka_{j1} & a_{i2}+ka_{j2} & \cdots & a_{in}+ka_{jn} \\ \vdots & \vdots & & \vdots \\ a_{j1} & a_{j2} & \cdots & a_{jn} \\ \vdots & \vdots & & \vdots \\ a_{n1} & a_{n2} & \cdots & a_{nn} \end{vmatrix}$$

$$= \begin{vmatrix} a_{11} & a_{12} & \cdots & a_{1n} \\ \vdots & \vdots & & \vdots \\ a_{i1} & a_{i2} & \cdots & a_{in} \\ \vdots & \vdots & & \vdots \\ a_{j1} & a_{j2} & \cdots & a_{jn} \\ \vdots & \vdots & & \vdots \\ a_{n1} & a_{n2} & \cdots & a_{nn} \end{vmatrix} + \begin{vmatrix} a_{11} & a_{12} & \cdots & a_{1n} \\ \vdots & \vdots & & \vdots \\ ka_{j1} & ka_{j2} & \cdots & ka_{jn} \\ \vdots & \vdots & & \vdots \\ a_{j1} & a_{j2} & \cdots & a_{jn} \\ \vdots & \vdots & & \vdots \\ a_{n1} & a_{n2} & \cdots & a_{nn} \end{vmatrix},$$

又由性质 1.2.4 知

$$\begin{vmatrix} a_{11} & a_{12} & \cdots & a_{1n} \\ \vdots & \vdots & & \vdots \\ ka_{j1} & ka_{j2} & \cdots & ka_{jn} \\ \vdots & \vdots & & \vdots \\ a_{j1} & a_{j2} & \cdots & a_{jn} \\ \vdots & \vdots & & \vdots \\ a_{n1} & a_{n2} & \cdots & a_{nn} \end{vmatrix} = 0,$$

所以有

$$\begin{vmatrix} a_{11} & a_{12} & \cdots & a_{1n} \\ \vdots & \vdots & & \vdots \\ a_{i1} & a_{i2} & \cdots & a_{in} \\ \vdots & \vdots & & \vdots \\ a_{j1} & a_{j2} & \cdots & a_{jn} \\ \vdots & \vdots & & \vdots \\ a_{n1} & a_{n2} & \cdots & a_{nn} \end{vmatrix} = \begin{vmatrix} a_{11} & a_{12} & \cdots & a_{1n} \\ \vdots & \vdots & & \vdots \\ a_{i1}+ka_{j1} & a_{i2}+ka_{j2} & \cdots & a_{in}+ka_{jn} \\ \vdots & \vdots & & \vdots \\ a_{j1} & a_{j2} & \cdots & a_{jn} \\ \vdots & \vdots & & \vdots \\ a_{n1} & a_{n2} & \cdots & a_{nn} \end{vmatrix}.$$

第 j 行 (列) 的 k 倍加到第 i 行 (列) 上, 记作 r_i+kr_j(或 c_i+kc_j).

性质1.2.1~性质1.2.3证明

性质1.2.4~性质1.2.6证明

1.2.2 利用性质计算行列式

我们知道上 (下) 三角形行列式等于主对角线上元素的乘积. 实际上, 一般的行列式也可以利用性质尤其是运用 r_i+kr_j(或 c_i+kc_j) 将其化为上 (下) 三角形行列式进行计算. 下面通过例子说明如何应用行列式的性质简化行列式的计算.

例 1.2.1 计算四阶行列式

$$D=\begin{vmatrix} 1 & 2 & -3 & 4 \\ 2 & 3 & -4 & 7 \\ -1 & -2 & 5 & -8 \\ 1 & 3 & -5 & 10 \end{vmatrix}.$$

解

$$D \xlongequal[r_4-r_1]{\substack{r_2-2r_1\\ r_3+r_1}} \begin{vmatrix} 1 & 2 & -3 & 4 \\ 0 & -1 & 2 & -1 \\ 0 & 0 & 2 & -4 \\ 0 & 1 & -2 & 6 \end{vmatrix} \xlongequal{r_4+r_2} \begin{vmatrix} 1 & 2 & -3 & 4 \\ 0 & -1 & 2 & -1 \\ 0 & 0 & 2 & -4 \\ 0 & 0 & 0 & 5 \end{vmatrix}$$

$$=1\times(-1)\times 2\times 5$$

$$=-10.$$

例 1.2.2　计算四阶行列式

$$D=\begin{vmatrix}3&1&1&1\\1&3&1&1\\1&1&3&1\\1&1&1&3\end{vmatrix}.$$

解　这个行列式的特点是各行、各列 4 个数之和都是 6. 可以把二、三、四行同时加到第一行, 提出公因子 6, 然后再将其化为上三角形行列式:

$$D\xlongequal{r_1+r_2+r_3+r_4}\begin{vmatrix}6&6&6&6\\1&3&1&1\\1&1&3&1\\1&1&1&3\end{vmatrix}\xlongequal{r_1\div 6}6\begin{vmatrix}1&1&1&1\\1&3&1&1\\1&1&3&1\\1&1&1&3\end{vmatrix}$$

$$\xlongequal[r_4-r_1]{\substack{r_2-r_1\\ r_3-r_1}}6\begin{vmatrix}1&1&1&1\\0&2&0&0\\0&0&2&0\\0&0&0&2\end{vmatrix}=6\times 1\times 2\times 2\times 2=48.$$

以上各例都用到了把多个运算写在一起的省略写法, 要注意各个运算的次序一般不能颠倒, 这是因为后一次的运算是在前一次运算的基础上进行的, 例如

$$\begin{vmatrix}x&y\\z&w\end{vmatrix}\xlongequal{r_1+r_2}\begin{vmatrix}x+z&y+w\\z&w\end{vmatrix}\xlongequal{r_2-r_1}\begin{vmatrix}x+z&y+w\\-x&-y\end{vmatrix};$$

$$\begin{vmatrix}x&y\\z&w\end{vmatrix}\xlongequal{r_2-r_1}\begin{vmatrix}x&y\\z-x&w-y\end{vmatrix}\xlongequal{r_1+r_2}\begin{vmatrix}z&w\\z-x&w-y\end{vmatrix}.$$

因此, 运算次序不同所得结果的形式可能也会不同. 忽略前一次运算作为后一次运算的基础, 可能就会出错. 例如

$$\begin{vmatrix}x&y\\z&w\end{vmatrix}\xlongequal[r_2-r_1]{r_1+r_2}\begin{vmatrix}x+z&y+w\\z-x&w-y\end{vmatrix}$$

就是一种错误的运算. 另外, 还要注意 r_i+r_j 与 r_j+r_i 是不同的, 同样 r_i+kr_j 也不能写作 kr_j+r_i.

上述各例都是把行列式化为上三角形行列式, 这是一种非常重要而且常用的方法. 用归纳法可以证明, 任何 n 阶行列式总能利用运算 r_i+kr_j(或 c_i+kc_j) 化为上三角形行列式或下三角形行列式.

例 1.2.3 设

$$D=\begin{vmatrix} a_{11} & \cdots & a_{1k} & & & \\ \vdots & & \vdots & & O & \\ a_{k1} & \cdots & a_{kk} & & & \\ c_{11} & \cdots & c_{1k} & b_{11} & \cdots & b_{1n} \\ \vdots & & \vdots & \vdots & & \vdots \\ c_{n1} & \cdots & c_{nk} & b_{n1} & \cdots & b_{nn} \end{vmatrix}, \quad D_1=\begin{vmatrix} a_{11} & \cdots & a_{1k} \\ \vdots & & \vdots \\ a_{k1} & \cdots & a_{kk} \end{vmatrix},$$

$$D_2=\begin{vmatrix} b_{11} & \cdots & b_{1n} \\ \vdots & & \vdots \\ b_{n1} & \cdots & b_{nn} \end{vmatrix}.$$

证明$D=D_1D_2$.

证明 利用运算 r_i+kr_j, 把 D_1 化成下三角形行列式

$$D_1=\begin{vmatrix} p_{11} & & O \\ \vdots & \ddots & \\ p_{k1} & \cdots & p_{kk} \end{vmatrix}=p_{11}\cdots p_{kk}\ ;$$

利用运算 c_i+kc_j, 把 D_2 化成下三角形行列式

$$D_2=\begin{vmatrix} q_{11} & & O \\ \vdots & \ddots & \\ q_{n1} & \cdots & q_{nn} \end{vmatrix}=q_{11}\cdots q_{nn}.$$

因此, 对 D 的前 k 行作如上运算 r_i+kr_j, 再对后 n 列作如上运算 c_i+kc_j, 即把 D 化为下三角形行列式

$$D=\begin{vmatrix} p_{11} & & & & & \\ \vdots & \ddots & & & O & \\ p_{k1} & \cdots & p_{kk} & & & \\ c_{11} & \cdots & c_{1k} & q_{11} & & \\ \vdots & & \vdots & \vdots & \ddots & \\ c_{n1} & \cdots & c_{nk} & q_{n1} & \cdots & q_{nn} \end{vmatrix},$$

故

$$D = p_{11}\cdots p_{kk}q_{11}\cdots q_{nn} = D_1D_2.$$

利用本例题的结论, 还可以证明

(1)
$$\begin{vmatrix} a_{11} & \cdots & a_{1k} & c_{11} & \cdots & c_{1n} \\ \vdots & & \vdots & \vdots & & \vdots \\ a_{k1} & \cdots & a_{kk} & c_{k1} & \cdots & c_{kn} \\ & & & b_{11} & \cdots & b_{1n} \\ & O & & \vdots & & \vdots \\ & & & b_{n1} & \cdots & b_{nn} \end{vmatrix} = \begin{vmatrix} a_{11} & \cdots & a_{1k} \\ \vdots & & \vdots \\ a_{k1} & \cdots & a_{kk} \end{vmatrix} \cdot \begin{vmatrix} b_{11} & \cdots & b_{1n} \\ \vdots & & \vdots \\ b_{n1} & \cdots & b_{nn} \end{vmatrix};$$

(2)
$$\begin{vmatrix} & & & a_{11} & \cdots & a_{1k} \\ & O & & \vdots & & \vdots \\ & & & a_{k1} & \cdots & a_{kk} \\ b_{11} & \cdots & b_{1n} & c_{11} & \cdots & c_{1k} \\ \vdots & & \vdots & \vdots & & \vdots \\ b_{n1} & \cdots & b_{nn} & c_{n1} & \cdots & c_{nk} \end{vmatrix} = (-1)^{kn} \begin{vmatrix} a_{11} & \cdots & a_{1k} \\ \vdots & & \vdots \\ a_{k1} & \cdots & a_{kk} \end{vmatrix} \cdot \begin{vmatrix} b_{11} & \cdots & b_{1n} \\ \vdots & & \vdots \\ b_{n1} & \cdots & b_{nn} \end{vmatrix}.$$

习　题　1.2

1. 用行列式的性质计算下列行列式:

(1) $\begin{vmatrix} 35214 & 36214 \\ 27192 & 28192 \end{vmatrix}$;　　(2) $\begin{vmatrix} 427 & 543 & 721 \\ 856 & 1090 & 1444 \\ 327 & 443 & 621 \end{vmatrix}$;

(3) $\begin{vmatrix} 2 & 1 & 1 & 1 \\ 1 & 2 & 1 & 1 \\ 1 & 1 & 2 & 1 \\ 1 & 1 & 1 & 2 \end{vmatrix}$;　　(4) $\begin{vmatrix} 1 & 1 & 1 & 0 \\ 1 & 1 & 0 & 1 \\ 1 & 0 & 1 & 1 \\ 0 & 1 & 1 & 1 \end{vmatrix}$;

(5) $\begin{vmatrix} 1 & 2 & -3 & -1 \\ 1 & -2 & 1 & 1 \\ 0 & 1 & -1 & 2 \\ 3 & 0 & 2 & 4 \end{vmatrix}$;

(6) $\begin{vmatrix} a & b & c & d \\ a & a+b & a+b+c & a+b+c+d \\ a & 2a+b & 3a+2b+c & 4a+3b+2c+d \\ a & 3a+b & 6a+3b+c & 10a+6b+3c+d \end{vmatrix}$.

2. 利用行列式的性质证明下列等式:

(1) $\begin{vmatrix} a_1+kb_1 & b_1+c_1 & kc_1 \\ a_2+kb_2 & b_2+c_2 & kc_2 \\ a_3+kb_3 & b_3+c_3 & kc_3 \end{vmatrix} = k\begin{vmatrix} a_1 & b_1 & c_1 \\ a_2 & b_2 & c_2 \\ a_3 & b_3 & c_3 \end{vmatrix}$;

(2) $\begin{vmatrix} a_1+b_1 & b_1+c_1 & c_1+a_1 \\ a_2+b_2 & b_2+c_2 & c_2+a_2 \\ a_3+b_3 & b_3+c_3 & c_3+a_3 \end{vmatrix} = 2\begin{vmatrix} a_1 & b_1 & c_1 \\ a_2 & b_2 & c_2 \\ a_3 & b_3 & c_3 \end{vmatrix}$.

3. 计算下列行列式:

(1) $D_n = \begin{vmatrix} x & a & \cdots & a \\ a & x & \cdots & a \\ \vdots & \vdots & & \vdots \\ a & a & \cdots & x \end{vmatrix}$;

(2) $D_n = \begin{vmatrix} 1+a_1 & a_1 & \cdots & a_1 \\ a_2 & 1+a_2 & \cdots & a_2 \\ \vdots & \vdots & & \vdots \\ a_n & a_n & \cdots & 1+a_n \end{vmatrix}$;

(3) $D = \begin{vmatrix} 0 & 0 & 1 & -1 & 2 \\ 0 & 0 & 2 & 1 & 5 \\ 0 & 0 & 3 & 7 & 5 \\ 2 & 5 & 11 & 4 & 3 \\ 1 & -2 & -2 & 13 & 2 \end{vmatrix}$.

4. 形如

$$\begin{vmatrix} 0 & a_{12} & \cdots & a_{1n} \\ -a_{12} & 0 & \cdots & a_{2n} \\ \vdots & \vdots & & \vdots \\ -a_{1n} & -a_{2n} & \cdots & 0 \end{vmatrix}$$

的行列式称为**反对称行列式**. 证明：奇数阶的反对称行列式的值为零.

行列式的计算方法

习题1.2第3(1)、(2), 4题解答

1.3 行列式按行 (列) 展开

1.3课件

1.3.1 余子式、代数余子式的概念

一般地说, 低阶行列式的计算比高阶行列式的计算要简便. 于是, 降阶是简化计算行列式的另一途径. 所谓的降阶即是把高阶行列式的计算化为低阶行列式的计算. 这方面的一个基本工具就是行列式按一行 (列) 的展开公式. 为此, 先引进余子式和代数余子式的概念.

定义 1.3.1 在 n 阶行列式 $|a_{ij}|$ 中, 把元素 a_{ij} 所在的第 i 行和第 j 列划去后, 余下的 $n-1$ 阶行列式叫做元素 a_{ij} **的余子式**, 记为 M_{ij}; 记 $A_{ij}=(-1)^{i+j}M_{ij}$, A_{ij} 叫做元素 a_{ij} **的代数余子式.**

例如, 四阶行列式

$$D=\begin{vmatrix} a_{11} & a_{12} & a_{13} & a_{14} \\ a_{21} & a_{22} & a_{23} & a_{24} \\ a_{31} & a_{32} & a_{33} & a_{34} \\ a_{41} & a_{42} & a_{43} & a_{44} \end{vmatrix}$$

中元素 a_{23} 的余子式和代数余子式分别为

$$M_{23}=\begin{vmatrix} a_{11} & a_{12} & a_{14} \\ a_{31} & a_{32} & a_{34} \\ a_{41} & a_{42} & a_{44} \end{vmatrix}, \quad A_{23}=(-1)^{2+3}M_{23}=-M_{23}.$$

引理 如果 n 阶行列式 $D=|a_{ij}|$ 中第 i 行除 a_{ij} 外所有元素都是零, 那么该行列式 D 等于 a_{ij} 与它的代数余子式的乘积, 即

$$D=a_{ij}A_{ij}.$$

证明 先证 a_{ij} 位于第一行第一列的情形, 此时

$$D=\begin{vmatrix} a_{11} & 0 & \cdots & 0 \\ a_{21} & a_{22} & \cdots & a_{2n} \\ \vdots & \vdots & & \vdots \\ a_{n1} & a_{n2} & \cdots & a_{nn} \end{vmatrix},$$

这是例 1.2.3 中当 $k=1$ 时的特殊情形, 故有 $D=a_{11}M_{11}$. 又 $A_{11}=(-1)^{1+1}M_{11}=M_{11}$, 因此 $D=a_{11}A_{11}$.

再证一般情形, 此时

$$D=\begin{vmatrix} a_{11} & \cdots & a_{1j} & \cdots & a_{1n} \\ \vdots & & \vdots & & \vdots \\ 0 & \cdots & a_{ij} & \cdots & 0 \\ \vdots & & \vdots & & \vdots \\ a_{n1} & \cdots & a_{nj} & \cdots & a_{nn} \end{vmatrix}.$$

为了利用上述特殊情形的结果, 将 D 的第 i 行依次与第 $i-1,\ i-2,\ \cdots,\ 2,\ 1$ 行交换后, 再将第 j 列依次与第 $j-1,\ j-2,\ \cdots,\ 2,\ 1$ 列交换, 这样, 经过 $i+j-2$ 次交换 D 的行与列, 得

$$\begin{aligned} D &= (-1)^{i+j-2}\begin{vmatrix} a_{ij} & 0 & \cdots & 0 & 0 & \cdots & 0 \\ a_{1j} & a_{11} & \cdots & a_{1,j-1} & a_{1,j+1} & \cdots & a_{1n} \\ \vdots & \vdots & & \vdots & \vdots & & \vdots \\ a_{nj} & a_{n1} & \cdots & a_{n,j-1} & a_{n,j+1} & \cdots & a_{nn} \end{vmatrix} \\ &= (-1)^{i+j}a_{ij}M_{ij}=a_{ij}A_{ij}. \end{aligned}$$

1.3.2 行列式按行 (列) 展开定理

定理 1.3.1 行列式等于它的任一行 (列) 的各元素与其对应的代数余子式的乘积之和, 即

$$D = \begin{vmatrix} a_{11} & a_{12} & \cdots & a_{1n} \\ \vdots & \vdots & & \vdots \\ a_{i1} & a_{i2} & \cdots & a_{in} \\ \vdots & \vdots & & \vdots \\ a_{n1} & a_{n2} & \cdots & a_{nn} \end{vmatrix} = a_{i1}A_{i1} + a_{i2}A_{i2} + \cdots + a_{in}A_{in} \quad (i = 1, 2, \cdots, n),$$

或

$$D = \begin{vmatrix} a_{11} & \cdots & a_{1j} & \cdots & a_{1n} \\ a_{21} & \cdots & a_{2j} & \cdots & a_{2n} \\ \vdots & & \vdots & & \vdots \\ a_{n1} & \cdots & a_{nj} & \cdots & a_{nn} \end{vmatrix}$$

$$= a_{1j}A_{1j} + a_{2j}A_{2j} + \cdots + a_{nj}A_{nj} \quad (j = 1, 2, \cdots, n).$$

证明　将 D 中第 i 行的各元素表示为 n 项之和, 即

$$D = \begin{vmatrix} a_{11} & a_{12} & \cdots & a_{1n} \\ \vdots & \vdots & & \vdots \\ a_{i1} + 0 + \cdots + 0 & 0 + a_{i2} + 0 + \cdots + 0 & \cdots & 0 + \cdots + 0 + a_{in} \\ \vdots & \vdots & & \vdots \\ a_{n1} & a_{n2} & \cdots & a_{nn} \end{vmatrix}$$

$$\xlongequal{\text{性质 1.2.5}} \begin{vmatrix} a_{11} & a_{12} & \cdots & a_{1n} \\ \vdots & \vdots & & \vdots \\ a_{i1} & 0 & \cdots & 0 \\ \vdots & \vdots & & \vdots \\ a_{n1} & a_{n2} & \cdots & a_{nn} \end{vmatrix} + \begin{vmatrix} a_{11} & a_{12} & \cdots & a_{1n} \\ \vdots & \vdots & & \vdots \\ 0 & a_{i2} & \cdots & 0 \\ \vdots & \vdots & & \vdots \\ a_{n1} & a_{n2} & \cdots & a_{nn} \end{vmatrix}$$

$$+ \cdots + \begin{vmatrix} a_{11} & a_{12} & \cdots & a_{1n} \\ \vdots & \vdots & & \vdots \\ 0 & 0 & \cdots & a_{in} \\ \vdots & \vdots & & \vdots \\ a_{n1} & a_{n2} & \cdots & a_{nn} \end{vmatrix},$$

由引理得

$$D=a_{i1}A_{i1}+a_{i2}A_{i2}+\cdots+a_{in}A_{in}=\sum_{k=1}^{n}a_{ik}A_{ik}\quad(i=1,2,\cdots,n).$$

同理可证

$$D=a_{1j}A_{1j}+a_{2j}A_{2j}+\cdots+a_{nj}A_{nj}=\sum_{k=1}^{n}a_{kj}A_{kj}\quad(j=1,2,\cdots,n).$$

这个定理叫做行列式按行 (列) 展开法则. 利用这一法则, 在计算行列式时选择零元素较多的行 (列) 展开会简化计算.

例 1.3.1 计算行列式 $D=\begin{vmatrix}0&0&0&2\\3&3&2&4\\-1&0&0&3\\1&2&1&5\end{vmatrix}$.

解 $D\xlongequal{\text{按第一行展开}}2\times(-1)^{1+4}\begin{vmatrix}3&3&2\\-1&0&0\\1&2&1\end{vmatrix}$

$$\xlongequal{\text{按第二行展开}}(-2)\cdot(-1)\cdot(-1)^{2+1}\cdot\begin{vmatrix}3&2\\2&1\end{vmatrix}=2.$$

行列式的计算方法灵活多样, 通常离不开行列式的性质、行列式按行 (列) 展开公式及其综合应用.

例 1.3.2 计算四阶行列式

$$D=\begin{vmatrix}3&1&-1&2\\-5&1&3&-4\\2&0&1&-1\\1&-5&3&-3\end{vmatrix}.$$

解

$$D\xlongequal[c_4+c_3]{c_1-2c_3}\begin{vmatrix}5&1&-1&1\\-11&1&3&-1\\0&0&1&0\\-5&-5&3&0\end{vmatrix}\xlongequal{\text{按第三行展开}}(-1)^{3+3}\begin{vmatrix}5&1&1\\-11&1&-1\\-5&-5&0\end{vmatrix}$$

$$\xlongequal{r_2+r_1}\begin{vmatrix}5&1&1\\-6&2&0\\-5&-5&0\end{vmatrix}\xlongequal{\text{按第三列展开}}(-1)^{1+3}\begin{vmatrix}-6&2\\-5&-5\end{vmatrix}=40.$$

例 1.3.3 计算 n 阶行列式

$$D_n = \begin{vmatrix} x & -1 & 0 & \cdots & 0 & 0 \\ 0 & x & -1 & \cdots & 0 & 0 \\ \vdots & \vdots & \vdots & & \vdots & \vdots \\ 0 & 0 & 0 & \cdots & x & -1 \\ a_n & a_{n-1} & a_{n-2} & \cdots & a_2 & x+a_1 \end{vmatrix}.$$

解 采用"递推法", 即将原行列式转化为形状相同但阶数逐次降低的行列式计算. 将 D_n 按第一列展开, 得

$$D_n = x\cdot(-1)^{1+1}\begin{vmatrix} x & -1 & \cdots & 0 & 0 \\ \vdots & \vdots & & \vdots & \vdots \\ 0 & 0 & \cdots & x & -1 \\ a_{n-1} & a_{n-2} & \cdots & a_2 & x+a_1 \end{vmatrix}$$

$$+ a_n\cdot(-1)^{n+1}\begin{vmatrix} -1 & 0 & \cdots & 0 & 0 \\ x & -1 & \cdots & 0 & 0 \\ \vdots & \vdots & & \vdots & \vdots \\ 0 & 0 & \cdots & x & -1 \end{vmatrix}$$

$$= xD_{n-1} + (-1)^{n+1}a_n\cdot(-1)^{n-1} = xD_{n-1} + a_n.$$

即有 $D_n = xD_{n-1} + a_n (n = 2, 3, \cdots)$. 以此作为递推公式, 可得

$$\begin{aligned} D_n &= x\left(xD_{n-2} + a_{n-1}\right) + a_n = x^2 D_{n-2} + a_{n-1}x + a_n \\ &= x^2\left(xD_{n-3} + a_{n-2}\right) + a_{n-1}x + a_n \\ &= x^3 D_{n-3} + a_{n-2}x^2 + a_{n-1}x + a_n \\ &= \cdots\cdots \\ &= x^{n-1}D_1 + a_2x^{n-2} + \cdots + a_{n-2}x^2 + a_{n-1}x + a_n \\ &= x^{n-1}\left(x + a_1\right) + a_2x^{n-2} + \cdots + a_{n-2}x^2 + a_{n-1}x + a_n \\ &= x^n + a_1x^{n-1} + a_2x^{n-2} + \cdots + a_{n-2}x^2 + a_{n-1}x + a_n\,. \end{aligned}$$

例 1.3.4 证明范德蒙德 (**Vandermonde**) 行列式 $(n \geqslant 2)$

$$D_n = \begin{vmatrix} 1 & 1 & \cdots & 1 \\ x_1 & x_2 & \cdots & x_n \\ x_1^2 & x_2^2 & \cdots & x_n^2 \\ \vdots & \vdots & & \vdots \\ x_1^{n-1} & x_2^{n-1} & \cdots & x_n^{n-1} \end{vmatrix} = \prod_{1 \leqslant j < i \leqslant n} (x_i - x_j),$$

其中 $\prod$ 是连乘号, 表示全体同类因子的乘积.

证明 用数学归纳法证明. 当 $n = 2$ 时

$$D_2 = \begin{vmatrix} 1 & 1 \\ x_1 & x_2 \end{vmatrix} = x_2 - x_1 = \prod_{1 \leqslant j < i \leqslant 2} (x_i - x_j),$$

所以, 当 $n = 2$ 时结论成立.

下面假设对 $n-1$ 阶范德蒙德行列式结论成立, 来证明对 n 阶范德蒙德行列式结论也成立. 为此, 对 n 阶范德蒙德行列式 D_n, 从第 n 行开始, 后行减去前行的 x_1 倍, 得

$$D_n = \begin{vmatrix} 1 & 1 & 1 & \cdots & 1 \\ 0 & x_2 - x_1 & x_3 - x_1 & \cdots & x_n - x_1 \\ 0 & x_2(x_2 - x_1) & x_3(x_3 - x_1) & \cdots & x_n(x_n - x_1) \\ \vdots & \vdots & \vdots & & \vdots \\ 0 & x_2^{n-2}(x_2 - x_1) & x_3^{n-2}(x_3 - x_1) & \cdots & x_n^{n-2}(x_n - x_1) \end{vmatrix},$$

按第一列展开, 然后各列提出公因子, 就有

$$D_n = (x_2 - x_1)(x_3 - x_1)\cdots(x_n - x_1) \begin{vmatrix} 1 & 1 & \cdots & 1 \\ x_2 & x_3 & \cdots & x_n \\ \vdots & \vdots & & \vdots \\ x_2^{n-2} & x_3^{n-2} & \cdots & x_n^{n-2} \end{vmatrix},$$

上式右边的行列式是 $n-1$ 阶范德蒙德行列式, 由归纳假设, 它等于 $\prod\limits_{2 \leqslant j < i \leqslant n} (x_i - x_j)$, 于是

$$D_n = (x_2 - x_1)(x_3 - x_1)\cdots(x_n - x_1) \prod_{2 \leqslant j < i \leqslant n} (x_i - x_j) = \prod_{1 \leqslant j < i \leqslant n} (x_i - x_j),$$

即对于 n 阶范德蒙德行列式结论成立.

由定理 1.3.1, 还可得下述关于代数余子式的重要性质.

推论 n 阶行列式 $D=|a_{ij}|$ 的任一行 (列) 各元素与另一行 (列) 对应元素的代数余子式的乘积之和等于零, 即

$$a_{i1}A_{j1}+a_{i2}A_{j2}+\cdots+a_{in}A_{jn}=0\quad(i\neq j),$$

或

$$a_{1i}A_{1j}+a_{2i}A_{2j}+\cdots+a_{ni}A_{nj}=0\quad(i\neq j).$$

证明 将行列式 $D=|a_{ij}|$ 的第 j 行元素 $a_{j1}, a_{j2},\cdots, a_{jn}$ 分别换成第 i 行元素 $a_{i1}, a_{i2},\cdots, a_{in}$, 其他行不变, 从而得到一个新的行列式

$$D_1=\begin{vmatrix} a_{11} & a_{12} & \cdots & a_{1n}\\ \vdots & \vdots & & \vdots\\ a_{i1} & a_{i2} & \cdots & a_{in}\\ \vdots & \vdots & & \vdots\\ a_{i1} & a_{i2} & \cdots & a_{in}\\ \vdots & \vdots & & \vdots\\ a_{n1} & a_{n2} & \cdots & a_{nn} \end{vmatrix}.$$

显然, D_1 中第 j 行各元素的代数余子式与 D 中第 j 行各元素的代数余子式相同. 一方面 $D_1=0$, 另一方面, 把 D_1 按第 j 行展开, 得

$$D_1=a_{i1}A_{j1}+a_{i2}A_{j2}+\cdots+a_{in}A_{jn}\quad(i\neq j),$$

从而可得

$$a_{i1}A_{j1}+a_{i2}A_{j2}+\cdots+a_{in}A_{jn}=0\quad(i\neq j).$$

同理可得

$$a_{1i}A_{1j}+a_{2i}A_{2j}+\cdots+a_{ni}A_{nj}=0\quad(i\neq j).$$

综合定理 1.3.1 及其推论, 可得代数余子式的重要性质：

$$a_{i1}A_{j1}+a_{i2}A_{j2}+\cdots+a_{in}A_{jn}=\sum_{k=1}^{n}a_{ik}A_{jk}=D\delta_{ij}=\begin{cases} D, & i=j,\\ 0, & i\neq j,\end{cases}$$

$$a_{1i}A_{1j}+a_{2i}A_{2j}+\cdots+a_{ni}A_{nj}=\sum_{k=1}^{n}a_{ki}A_{kj}=D\delta_{ij}=\begin{cases} D, & i=j,\\ 0, & i\neq j,\end{cases}$$

其中 $\delta_{ij}=\begin{cases}1, & i=j,\\ 0, & i\neq j\end{cases}$ 称为**克罗内克 (Kronecker) 符号函数**.

例 1.3.5 设

$$D=\begin{vmatrix}1&2&3&4\\5&6&7&8\\2&3&4&5\\6&7&8&9\end{vmatrix},$$

求 $3A_{12}+7A_{22}+4A_{32}+8A_{42}$, 其中 $A_{i2}(i=1,2,3,4)$ 为 D 中元素 $a_{i2}(i=1,2,3,4)$ 的代数余子式.

解 因 $3,7,4,8$ 恰为 D 中第三列元素, 而 $A_{12},A_{22},A_{32},A_{42}$ 为 D 中第二列元素的代数余子式, 故 $3A_{12}+7A_{22}+4A_{32}+8A_{42}$ 表示 D 中第三列元素与第二列对应元素的代数余子式的乘积之和, 由代数余子式的性质知

$$3A_{12}+7A_{22}+4A_{32}+8A_{42}=0.$$

*1.3.3 拉普拉斯定理

利用行列式按行 (列) 展开公式可以把 n 阶行列式转化为 $n-1$ 阶行列式来计算, 这在行列式的简化计算和证明中应用都非常广泛. 这部分要介绍的内容是行列式按行 (列) 展开公式的推广——拉普拉斯 (Laplace) 定理.

首先, 把余子式和代数余子式的概念加以推广.

定义 1.3.2 在 n 阶行列式 D 中, 任意选定 k 行 k 列 $(k\leqslant n)$. 位于这些行和列交叉处的 k^2 个元素按照原来的位置次序构成的 k 阶行列式 N, 称为**行列式 D 的一个 k 阶子式**. 在 D 中划去这 k 行 k 列后余下来的元素按照原来的位置次序构成的 $n-k$ 阶子式 M_N 称为 **k 阶子式 N 的余子式**.

定义 1.3.3 设 n 阶行列式 D 的 k 阶子式 N 在 D 中所在的行和列分别为第 $i_1,i_2,\cdots,i_k$ 行和第 $j_1,j_2,\cdots,j_k$ 列. 在 N 的余子式 M_N 前面加上符号 $(-1)^{(i_1+i_2+\cdots+i_k)+(j_1+j_2+\cdots+j_k)}$, 称为 **$N$ 的代数余子式**, 记为 A_N, 即

$$A_N=(-1)^{(i_1+i_2+\cdots+i_k)+(j_1+j_2+\cdots+j_k)}M_N.$$

显然, 由定义可得

(1) 当 $k=1$ 时, 上面定义的余子式和代数余子式就是关于一个元素的余子式和代数余子式;

(2) n 阶行列式 D 的 k 阶子式 N 与其余子式 $M_N(n-k)$ 是位于行列式 D 中的不同的行和不同的列;

(3) M_N 是 N 的余子式, N 也是 M_N 的余子式. 所以, N 和 M_N 可以称为行列式 D 的一对互余的子式.

例如, 在四阶行列式 $D=\begin{vmatrix} 1 & 2 & 3 & 4 \\ 2 & 1 & 0 & -1 \\ 0 & 1 & 4 & 5 \\ -1 & 1 & 2 & -2 \end{vmatrix}$ 中选定第一、三行, 第二、四列得到 D 的一个二阶子式 $N=\begin{vmatrix} 2 & 4 \\ 1 & 5 \end{vmatrix}$, N 的余子式为

$$M_N=\begin{vmatrix} 2 & 0 \\ -1 & 2 \end{vmatrix},$$

N 的代数余子式

$$A_N=(-1)^{(1+3)+(2+4)}M_N=M_N.$$

例 1.3.6　写出在四阶行列式 $D=\begin{vmatrix} a_{11} & a_{12} & a_{13} & a_{14} \\ a_{21} & a_{22} & a_{23} & a_{24} \\ a_{31} & a_{32} & a_{33} & a_{34} \\ a_{41} & a_{42} & a_{43} & a_{44} \end{vmatrix}$ 中取定第一行、第二行所得的所有二阶子式及它们的余子式和代数余子式.

解　D 中取定第一行、第二行所得的二阶子式共有 $\mathrm{C}_4^2=6$ 个, 分别为

$$N_1=\begin{vmatrix} a_{11} & a_{12} \\ a_{21} & a_{22} \end{vmatrix},\quad N_2=\begin{vmatrix} a_{11} & a_{13} \\ a_{21} & a_{23} \end{vmatrix},\quad N_3=\begin{vmatrix} a_{11} & a_{14} \\ a_{21} & a_{24} \end{vmatrix},$$

$$N_4=\begin{vmatrix} a_{12} & a_{13} \\ a_{22} & a_{23} \end{vmatrix},\quad N_5=\begin{vmatrix} a_{12} & a_{14} \\ a_{22} & a_{24} \end{vmatrix},\quad N_6=\begin{vmatrix} a_{13} & a_{14} \\ a_{23} & a_{24} \end{vmatrix}.$$

余子式分别为

$$M_{N_1}=\begin{vmatrix} a_{33} & a_{34} \\ a_{43} & a_{44} \end{vmatrix},\quad M_{N_2}=\begin{vmatrix} a_{32} & a_{34} \\ a_{42} & a_{44} \end{vmatrix},\quad M_{N_3}=\begin{vmatrix} a_{32} & a_{33} \\ a_{42} & a_{43} \end{vmatrix},$$

$$M_{N_4}=\begin{vmatrix} a_{31} & a_{34} \\ a_{41} & a_{44} \end{vmatrix},\quad M_{N_5}=\begin{vmatrix} a_{31} & a_{33} \\ a_{41} & a_{43} \end{vmatrix},\quad M_{N_6}=\begin{vmatrix} a_{31} & a_{32} \\ a_{41} & a_{42} \end{vmatrix}.$$

代数余子式分别为

$$A_{N_1}=(-1)^{(1+2)+(1+2)}M_{N_1}=M_{N_1},\quad A_{N_2}=(-1)^{(1+2)+(1+3)}M_{N_2}=-M_{N_2},$$
$$A_{N_3}=(-1)^{(1+2)+(1+4)}M_{N_3}=M_{N_3},\quad A_{N_4}=(-1)^{(1+2)+(2+3)}M_{N_4}=M_{N_4},$$
$$A_{N_5}=(-1)^{(1+2)+(2+4)}M_{N_5}=-M_{N_5},\quad A_{N_6}=(-1)^{(1+2)+(3+4)}M_{N_6}=M_{N_6}.$$

引理 n 阶行列式 $D=|a_{ij}|$ 的任一 k 阶子式 N 与它的代数余子式 A_N 的乘积中的每一项都是行列式 D 的展开式中的一项, 而且符号也一致.

证明 首先讨论 N 位于行列式 D 的左上方的情形. 此时

$$\left|\begin{array}{ccc:ccc} a_{11} & \cdots & a_{1k} & a_{1,k+1} & \cdots & a_{1n} \\ \vdots & N & \vdots & \vdots & \ddots & \vdots \\ a_{k1} & \cdots & a_{kk} & a_{k,k+1} & \cdots & a_{kn} \\ \hdashline a_{k+1,1} & \cdots & a_{k+1,k} & a_{k+1,k+1} & \cdots & a_{k+1,n} \\ \vdots & \ddots & \vdots & \vdots & M_N & \\ a_{n1} & \cdots & a_{nk} & a_{n,k+1} & \cdots & a_{nn} \end{array}\right|.$$

N 的代数余子式 $A_N=(-1)^{(1+2+\cdots+k)+(1+2+\cdots+k)}M_N=M_N$. N 的每一项可写作 $(-1)^{\tau(j_1j_2\cdots j_k)}a_{1j_1}a_{2j_2}\cdots a_{kj_k}$, M_N 中每一项可写作

$$(-1)^{\tau((j_{k+1}-k)(j_{k+2}-k)\cdots(j_n-k))}a_{k+1,j_{k+1}}a_{k+2,j_{k+2}}\cdots a_{n,j_n}.$$

这两项的乘积是

$$(-1)^{\tau(j_1j_2\cdots j_k)+\tau((j_{k+1}-k)(j_{k+2}-k)\cdots(j_n-k))}a_{1j_1}a_{2j_2}\cdots a_{kj_k}a_{k+1,j_{k+1}}a_{k+2,j_{k+2}}\cdots a_{n,j_n}.$$

因为 $j_{k+p}>k(p=1,2,\cdots,n-k)$, 所以上式为

$$(-1)^{\tau(j_1j_2\cdots j_kj_{k+1}j_{k+2}\cdots j_n)}a_{1j_1}a_{2j_2}\cdots a_{kj_k}a_{k+1,j_{k+1}}a_{k+2,j_{k+2}}\cdots a_{n,j_n},$$

因此这个乘积是行列式 D 的展开式中的一项, 且符号也一致.

再讨论一般情形. 设子式 N 位于 D 的第 $i_1,i_2,\cdots,i_k$ 行和第 $j_1,j_2,\cdots,j_k$ 列, 这里

$$i_1<i_2<\cdots<i_k,\quad j_1<j_2<\cdots<j_k.$$

为了利用前面结论, 变动 D 中行列的次序, 使 N 位于 D 的左上角. 为此, 先把第 i_1 行依次与第 $i_1-1,i_1-2,\cdots,2,1$ 行互换, 这样经过了 i_1-1 次两行互换把 i_1 行换到第 1 行. 再把第 i_2 行依次与第 $i_2-1,i_2-2,\cdots,2$ 行互换, 这样经过了 i_2-2 次两行互换把 i_2 行换到第 2 行. 如此进行下去, 一共经过了

$$(i_1-1)+(i_2-2)+\cdots+(i_k-k)=(i_1+i_2+\cdots+i_k)-(1+2+\cdots+k)$$

次两行互换把 D 的第 $i_1,i_2,\cdots,i_k$ 行换到第 $1,2,\cdots,k$ 行.

利用类似的列互换, 可以把 D 的第 $j_1,j_2,\cdots,j_k$ 列经过

$$(j_1-1)+(j_2-2)+\cdots+(j_k-k)=(j_1+j_2+\cdots+j_k)-(1+2+\cdots+k)$$

次两列互换换到第 $1,2,\cdots,k$ 列.

用 D_1 表示经上述行互换、列互换后所得的新行列式. 则有

$$\begin{aligned}D_1&=(-1)^{(i_1+i_2+\cdots+i_k)-(1+2+\cdots+k)+(j_1+j_2+\cdots+j_k)-(1+2+\cdots+k)}D\\&=(-1)^{(i_1+i_2+\cdots+i_k)+(j_1+j_2+\cdots+j_k)}D.\end{aligned}$$

由此可以看出, 行列式 D_1 和行列式 D 的展开式中出现的项是一样的, 只是每一项都相差符号 $(-1)^{(i_1+i_2+\cdots+i_k)+(j_1+j_2+\cdots+j_k)}$.

现在 N 位于 D_1 的左上角, 它的余子式 M_N 位于 D_1 的右下角. 由第一步已证结论可得 $N\cdot M_N$ 中每一项都是 D_1 的展开式中的项且符号一致. 又

$$N\cdot A_N=(-1)^{(i_1+i_2+\cdots+i_k)+(j_1+j_2+\cdots+j_k)}N\cdot M_N,$$

所以 $N\cdot A_N$ 中的每一项都与 D 中的一项相等且符号一致.

定理 1.3.2 (拉普拉斯定理)　设在 n 阶行列式 D 中任意取定 $k(1\leqslant k\leqslant n-1)$ 行, 则行列式 D 等于由这 k 行元素所组成的一切 k 阶子式与它们对应的代数余子式的乘积之和.

证明　设 D 中取定 k 行后所得的 k 阶子式分别为 $N_1,N_2,\cdots,N_t$, 它们的代数余子式分别为 $A_1,A_2,\cdots,A_t$, 下证

$$D=N_1A_1+N_2A_2+\cdots+N_tA_t. \tag{1.3.1}$$

根据引理, N_iA_i 中的每一项都是 D 中的一项且符号相同, 再根据 N_iA_i 与 N_jA_j $(i\neq j)$ 无公共项, 因此, 要证明 (1.3.1) 式成立, 只需证明等式两边的项数相等就可以了. 根据 n 阶行列式的定义, 等式左边共有 $n!$ 项, 为了计算等式右边的项数, 先求出 t. 根据子式的取法可得 $t=\mathrm{C}_n^k=\dfrac{n!}{k!(n-k)!}$, 因此取出的 k 阶子式共有 $\dfrac{n!}{k!(n-k)!}$ 个, 而 N_i 中共有 $k!$ 项, A_i 中共有 $(n-k)!$ 项, 所以等式右边共有 $tk!(n-k)!=n!$ 项, 从而定理得证.

例 1.3.7　计算行列式 $D=\begin{vmatrix}0&0&2&0&3\\-1&3&3&1&2\\2&1&7&1&4\\0&0&-1&0&2\\1&0&2&2&0\end{vmatrix}$.

解　取定第 1, 4 行, 显然由这两行的元素所组成的二阶子式中只有 $\begin{vmatrix}2&3\\-1&2\end{vmatrix}$

不为零, 其代数余子式为 $(-1)^{(1+4)+(3+5)}\begin{vmatrix} -1 & 3 & 1 \\ 2 & 1 & 1 \\ 1 & 0 & 2 \end{vmatrix}$. 由拉普拉斯定理可得

$$D=\begin{vmatrix} 2 & 3 \\ -1 & 2 \end{vmatrix}\cdot(-1)^{(1+4)+(3+5)}\begin{vmatrix} -1 & 3 & 1 \\ 2 & 1 & 1 \\ 1 & 0 & 2 \end{vmatrix}=-7\begin{vmatrix} -1 & 3 & 1 \\ 2 & 1 & 1 \\ 1 & 0 & 2 \end{vmatrix}=84.$$

例 1.3.8 利用拉普拉斯定理证明等式

$$D=\begin{vmatrix} a_{11} & \cdots & a_{1k} & & & \\ \vdots & & \vdots & & O & \\ a_{k1} & \cdots & a_{kk} & & & \\ c_{11} & \cdots & c_{1k} & b_{11} & \cdots & b_{1n} \\ \vdots & & \vdots & \vdots & & \vdots \\ c_{n1} & \cdots & c_{nk} & b_{n1} & \cdots & b_{nn} \end{vmatrix}=\begin{vmatrix} a_{11} & \cdots & a_{1k} \\ \vdots & & \vdots \\ a_{k1} & \cdots & a_{kk} \end{vmatrix}\cdot\begin{vmatrix} b_{11} & \cdots & b_{1n} \\ \vdots & & \vdots \\ b_{n1} & \cdots & b_{nn} \end{vmatrix}.$$

证明 根据拉普拉斯定理, 将 D 按前 k 行展开. 因 D 中前 k 行除了左上角那个 k 阶子式外, 其余的 k 阶子式都等于零. 所以

$$\begin{aligned} D&=\begin{vmatrix} a_{11} & \cdots & a_{1k} \\ \vdots & & \vdots \\ a_{k1} & \cdots & a_{kk} \end{vmatrix}\cdot(-1)^{(1+2+\cdots+k)+(1+2+\cdots+k)}\begin{vmatrix} b_{11} & \cdots & b_{1n} \\ \vdots & & \vdots \\ b_{n1} & \cdots & b_{nn} \end{vmatrix} \\ &=\begin{vmatrix} a_{11} & \cdots & a_{1k} \\ \vdots & & \vdots \\ a_{k1} & \cdots & a_{kk} \end{vmatrix}\cdot\begin{vmatrix} b_{11} & \cdots & b_{1n} \\ \vdots & & \vdots \\ b_{n1} & \cdots & b_{nn} \end{vmatrix}. \end{aligned}$$

例 1.3.9 计算 $2n$ 阶行列式

$$D_{2n}=\begin{vmatrix} a_n & & & & & b_n \\ & \ddots & & & \iddots & \\ & & a_1 & b_1 & & \\ & & c_1 & d_1 & & \\ & \iddots & & & \ddots & \\ c_n & & & & & d_n \end{vmatrix},$$

其中行列式中未写出的元素都是 0.

解　取定第 1, $2n$ 行, 显然由这两行的元素所组成的所有二阶子式中除 $\begin{vmatrix} a_n & b_n \\ c_n & d_n \end{vmatrix}$ 之外全为零, 其代数余子式为

$$(-1)^{(1+2n)+(1+2n)}\begin{vmatrix} a_{n-1} & & & & & b_{n-1} \\ & \ddots & & & \iddots & \\ & & a_1 & b_1 & & \\ & & c_1 & d_1 & & \\ & \iddots & & & \ddots & \\ c_{n-1} & & & & & d_{n-1} \end{vmatrix} = D_{2(n-1)}.$$

由拉普拉斯定理可得

$$D_{2n} = \begin{vmatrix} a_n & b_n \\ c_n & d_n \end{vmatrix} D_{2(n-1)}.$$

以此作为递推公式可得

$$D_{2n} = \begin{vmatrix} a_n & b_n \\ c_n & d_n \end{vmatrix} \cdot \begin{vmatrix} a_{n-1} & b_{n-1} \\ c_{n-1} & d_{n-1} \end{vmatrix} \cdots \begin{vmatrix} a_1 & b_1 \\ c_1 & d_1 \end{vmatrix} = \prod_{i=1}^{n}(a_i d_i - b_i c_i).$$

习　题　1.3

1. 计算下列行列式:

(1) $D = \begin{vmatrix} 1 & 4 & -1 & 4 \\ 2 & 1 & 4 & 3 \\ 4 & 2 & 3 & 11 \\ 3 & 0 & 9 & 2 \end{vmatrix}$;　　(2) $D = \begin{vmatrix} 1 & 1 & 1 & 1 \\ 2 & -2 & 3 & -1 \\ 4 & 4 & 9 & 1 \\ 8 & -8 & 27 & -1 \end{vmatrix}$;

(3) $D_{n+1}=\begin{vmatrix} a^n & (a-1)^n & \cdots & (a-n)^n \\ a^{n-1} & (a-1)^{n-1} & \cdots & (a-n)^{n-1} \\ \vdots & \vdots & & \vdots \\ a & a-1 & \cdots & a-n \\ 1 & 1 & \cdots & 1 \end{vmatrix}$;

(4) $D_{2n}=\begin{vmatrix} a_n & & & & & b_n \\ & \ddots & & & \iddots & \\ & & a_1 & b_1 & & \\ & & c_1 & d_1 & & \\ & \iddots & & & \ddots & \\ c_n & & & & & d_n \end{vmatrix}$, 其中未写出的元素都是 0;

(5) $D=\begin{vmatrix} a^2+\dfrac{1}{a^2} & a & \dfrac{1}{a} & 1 \\ b^2+\dfrac{1}{b^2} & b & \dfrac{1}{b} & 1 \\ c^2+\dfrac{1}{c^2} & c & \dfrac{1}{c} & 1 \\ d^2+\dfrac{1}{d^2} & d & \dfrac{1}{d} & 1 \end{vmatrix}$, 其中 $abcd=1$;

(6) $D=\begin{vmatrix} a & b & c \\ a^2 & b^2 & c^2 \\ b+c & c+a & a+b \end{vmatrix}$.

2. 已知 4 阶行列式 D 中第二行元素分别为 1, −2, 0, 1, 它们的余子式分别为 3, 5, 7, −4, 求 D 的值.

3. 已知 5 阶行列式

$$D_5=\begin{vmatrix} 1 & 2 & 3 & 4 & 5 \\ 2 & 2 & 2 & 1 & 1 \\ 3 & 1 & 2 & 4 & 5 \\ 1 & 1 & 1 & 2 & 2 \\ 4 & 3 & 1 & 5 & 0 \end{vmatrix}=27,$$

求 $A_{41}+A_{42}+A_{43}$ 和 $A_{44}+A_{45}$, 其中 $A_{4j}(j=1,2,3,4,5)$ 为 D_5 中第四行元素的代数余子式.

4. 设 n 阶行列式

$$D_n = \begin{vmatrix} 1 & 2 & 3 & \cdots & n \\ 1 & 2 & 0 & \cdots & 0 \\ 1 & 0 & 3 & \cdots & 0 \\ \vdots & \vdots & \vdots & & \vdots \\ 1 & 0 & 0 & \cdots & n \end{vmatrix},$$

求第一行各元素的代数余子式之和 $A_{11} + A_{12} + \cdots + A_{1n}$.

习题1.3第1(3)(4)题解答

习题1.3第3, 4题解答

1.4 克拉默法则

1.4课件

本节介绍行列式在线性方程组中的应用——克拉默 (Cramer) 法则.

1.4.1 克拉默法则

把 1.1.1 节中二元、三元线性方程组的解的形式推广到 n 元线性方程组, 就是本节所要介绍的克拉默法则.

含有 n 个未知量 n 个方程的线性方程组的一般形式为

$$\begin{cases} a_{11}x_1 + a_{12}x_2 + \cdots + a_{1n}x_n = b_1, \\ a_{21}x_1 + a_{22}x_2 + \cdots + a_{2n}x_n = b_2, \\ \cdots\cdots \\ a_{n1}x_1 + a_{n2}x_2 + \cdots + a_{nn}x_n = b_n. \end{cases} \tag{1.4.1}$$

方程组中 n 个未知量的系数 $a_{ij}(i = 1, 2, \cdots, n; j = 1, 2, \cdots, n)$ 构成的行列式

$$D = \begin{vmatrix} a_{11} & a_{12} & \cdots & a_{1n} \\ a_{21} & a_{22} & \cdots & a_{2n} \\ \vdots & \vdots & & \vdots \\ a_{n1} & a_{n2} & \cdots & a_{nn} \end{vmatrix}$$

称为方程组 (1.4.1) 的**系数行列式**.

定理 1.4.1 (克拉默法则) 若线性方程组 (1.4.1) 的系数行列式 $D \neq 0$, 则方程组有唯一解:

$$x_1 = \frac{D_1}{D}, \quad x_2 = \frac{D_2}{D}, \quad \cdots, \quad x_n = \frac{D_n}{D}, \tag{1.4.2}$$

其中 $D_j(j = 1, 2, \cdots, n)$ 是将系数行列式 D 的第 j 列 $(j = 1, 2, \cdots, n)$ 各元素依次换成方程组右端的常数项所得到的 n 阶行列式, 即

$$D_j = \begin{vmatrix} a_{11} & \cdots & a_{1,j-1} & b_1 & a_{1,j+1} & \cdots & a_{1n} \\ a_{21} & \cdots & a_{2,j-1} & b_2 & a_{2,j+1} & \cdots & a_{2n} \\ \vdots & & \vdots & \vdots & \vdots & & \vdots \\ a_{n1} & \cdots & a_{n,j-1} & b_n & a_{n,j+1} & \cdots & a_{nn} \end{vmatrix}.$$

证明 (1) 存在性即证 (1.4.2) 式是线性方程组 (1.4.1) 的解.

构造如下 $n+1$ 阶行列式:

$$D_{n+1} = \begin{vmatrix} b_1 & a_{11} & a_{12} & \cdots & a_{1n} \\ b_1 & a_{11} & a_{12} & \cdots & a_{1n} \\ b_2 & a_{21} & a_{22} & \cdots & a_{2n} \\ \vdots & \vdots & \vdots & & \vdots \\ b_n & a_{n1} & a_{n2} & \cdots & a_{nn} \end{vmatrix},$$

显然, $D_{n+1} = 0$. 将 D_{n+1} 按第一行展开, 得

$$b_1 D - a_{11} D_1 - a_{12} D_2 - \cdots - a_{1n} D_n = 0.$$

由于 $D \neq 0$, 所以

$$a_{11} \frac{D_1}{D} + a_{12} \frac{D_2}{D} + \cdots + a_{1n} \frac{D_n}{D} = b_1,$$

即 (1.4.2) 式满足线性方程组 (1.4.1) 中第一个方程.

同理可证, (1.4.2) 式也满足线性方程组 (1.4.1) 的其余方程, 即 (1.4.2) 式是线性方程组 (1.4.1) 的解.

(2) 唯一性即要证 (1.4.2) 式是线性方程组 (1.4.1) 的唯一解.

设 $x_1, x_2, \cdots, x_n$ 是 (1.4.1) 的任一解, 则 (1.4.1) 中 n 个等式都成立. 由行列式的性质有

$$x_1 D = \begin{vmatrix} a_{11}x_1 + a_{12}x_2 + \cdots + a_{1n}x_n & a_{12} & \cdots & a_{1n} \\ a_{21}x_1 + a_{22}x_2 + \cdots + a_{2n}x_n & a_{22} & \cdots & a_{2n} \\ \vdots & \vdots & & \vdots \\ a_{n1}x_1 + a_{n2}x_2 + \cdots + a_{nn}x_n & a_{n2} & \cdots & a_{nn} \end{vmatrix}$$

$$= \begin{vmatrix} b_1 & a_{12} & \cdots & a_{1n} \\ b_2 & a_{22} & \cdots & a_{2n} \\ \vdots & \vdots & & \vdots \\ b_n & a_{n2} & \cdots & a_{nn} \end{vmatrix} = D_1.$$

同理可得 $x_2D = D_2, \cdots, x_nD = D_n$, 故当 $D \neq 0$ 时, 有

$$x_1 = \frac{D_1}{D}, \quad x_2 = \frac{D_2}{D}, \quad \cdots, \quad x_n = \frac{D_n}{D},$$

即线性方程组 (1.4.1) 在系数行列式 $D \neq 0$ 时有唯一解:

$$x_1 = \frac{D_1}{D}, \quad x_2 = \frac{D_2}{D}, \quad \cdots, \quad x_n = \frac{D_n}{D}.$$

例 1.4.1　解线性方程组

$$\begin{cases} x_1 + x_2 + x_3 = 1, \\ x_1 + 2x_2 - x_3 = 0, \\ 3x_1 + 5x_2 + x_3 = 3. \end{cases}$$

解　方程组的系数行列式

$$D = \begin{vmatrix} 1 & 1 & 1 \\ 1 & 2 & -1 \\ 3 & 5 & 1 \end{vmatrix} = 2 \neq 0,$$

所以方程组有唯一解. 又

$$D_1 = \begin{vmatrix} 1 & 1 & 1 \\ 0 & 2 & -1 \\ 3 & 5 & 1 \end{vmatrix} = -2, \quad D_2 = \begin{vmatrix} 1 & 1 & 1 \\ 1 & 0 & -1 \\ 3 & 3 & 1 \end{vmatrix} = 2, \quad D_3 = \begin{vmatrix} 1 & 1 & 1 \\ 1 & 2 & 0 \\ 3 & 5 & 3 \end{vmatrix} = 2,$$

故方程组的唯一解为

$$x_1 = \frac{D_1}{D} = -1, \quad x_2 = \frac{D_2}{D} = 1, \quad x_3 = \frac{D_3}{D} = 1.$$

利用克拉默法则求解未知量较多的线性方程组时, 计算量较大. 但是, 克拉默法则在理论上有着重大意义：它研究了线性方程组的解与系数的关系, 以及方程组解的存在性与唯一性的关系.

撇开求解公式 (1.4.2), 克拉默法则可叙述如下.

如果线性方程组 (1.4.1) 的系数行列式 $D \neq 0$, 则方程组 (1.4.1) 一定有解, 且解是唯一的.

其等价命题为：如果线性方程组 (1.4.1) 无解或有两个不同的解, 则它的系数行列式必为零.

1.4.2 齐次线性方程组有非零解的条件

常数项全为零的线性方程组

$$\begin{cases} a_{11}x_1 + a_{12}x_2 + \cdots + a_{1n}x_n = 0, \\ a_{21}x_1 + a_{22}x_2 + \cdots + a_{2n}x_n = 0, \\ \qquad \cdots\cdots \\ a_{n1}x_1 + a_{n2}x_2 + \cdots + a_{nn}x_n = 0 \end{cases} \tag{1.4.3}$$

称为**齐次线性方程组**. 齐次线性方程组 (1.4.3) 显然有解 $x_1 = x_2 = \cdots = x_n = 0$, 称此解为 (1.4.3) 的**零解**. 如果一组不全为零的数是方程组 (1.4.3) 的解, 则此解叫做方程组的**非零解**. 齐次线性方程组一定有零解, 但不一定有非零解. 这里要讨论的问题是齐次线性方程组 (1.4.3) 有非零解的条件.

由克拉默法则可得下面结论.

定理 1.4.2 如果齐次线性方程组 (1.4.3) 的系数行列式 $D \neq 0$, 则它只有零解.

定理 1.4.2 的等价命题：若齐次线性方程组 (1.4.3) 有非零解, 则它的系数行列式 $D = 0$. 这个结论说明系数行列式 $D = 0$ 是齐次线性方程组有非零解的必要条件, 今后还可以证明这个条件也是充分的.

例 1.4.2 问 λ 取何值时, 齐次线性方程组

$$\begin{cases} (1-\lambda)x_1 - 2x_2 + 4x_3 = 0, \\ 2x_1 + (3-\lambda)x_2 + x_3 = 0, \\ x_1 + x_2 + (1-\lambda)x_3 = 0 \end{cases}$$

有非零解？

解 齐次线性方程组若有非零解, 则其系数行列式 $D = 0$. 而

$$D = \begin{vmatrix} 1-\lambda & -2 & 4 \\ 2 & 3-\lambda & 1 \\ 1 & 1 & 1-\lambda \end{vmatrix} = -\lambda(\lambda-3)(\lambda-2).$$

故当 $\lambda = 0, 2, 3$ 时, 方程组有非零解.

克拉默法则

齐次方程组
非零解的条件

习　题　1.4

1. 用克拉默法则解下列线性方程组:

(1) $\begin{cases} x_1 + \ \ x_2 = 1, \\ x_1 + 2x_2 = -1; \end{cases}$

(2) $\begin{cases} x_1 - \ \ x_2 + \ \ x_3 = 1, \\ x_1 + 2x_2 - 5x_3 = -4, \\ x_1 + 3x_2 - 2x_3 = 2; \end{cases}$

(3) $\begin{cases} x_1 + a_1x_2 + a_1^2x_3 + a_1^3x_4 = 1, \\ x_1 + a_2x_2 + a_2^2x_3 + a_2^3x_4 = 1, \\ x_1 + a_3x_2 + a_3^2x_3 + a_3^3x_4 = 1, \\ x_1 + a_4x_2 + a_4^2x_3 + a_4^3x_4 = 1, \end{cases}$ 其中 a_1, a_2, a_3, a_4 是互不相同的数.

2. k 取何值时, 下面齐次线性方程组只有零解?

$$\begin{cases} kx_1 + x_2 + x_3 = 0, \\ kx_1 + 3x_2 - x_3 = 0, \\ -x_2 + kx_3 = 0. \end{cases}$$

3. λ 取何值时, 下面齐次线性方程组有非零解?

$$\begin{cases} x_1 - 2x_2 + 3x_3 = 0, \\ 2x_1 + (\lambda - 3)x_2 + 6x_3 = 0, \\ x_1 + x_2 + (\lambda - 1)x_3 = 0. \end{cases}$$

4. 设平面曲线 $y = a_0 + a_1x + a_2x^2$ 过点 $(1,3),(2,4),(3,3)$, 求系数 a_0, a_1, a_2.

数学史话　行列式的概念最初是伴随着方程组的求解而发展起来的. 行列式的提出可以追溯到十七世纪, 最初的雏形由日本数学家关孝和 (1683 年) 与德国数学家莱布尼茨 (1693 年) 各自独立得出. 1729 年, 英国数学家麦克劳林以行列式为工具解含有 2, 3, 4 个未知量的线性方程组. 1750 年, 瑞士数学家克拉默更完整地叙述了行列式的展开法则并将它用于解线性方程组, 即产生了克拉默法则. 随后, 数学家贝祖将确定行列式每一项符号的方法进行了系统化, 利用系数行列式概念指出了如何判断一个齐次线性方程组有非零解.

1771 年, 法国数学家范德蒙德不仅把行列式应用于解线性方程组, 而且对行列式理论本身进行了开创性研究并建立了行列式展开法则, 还提出了专门的行列式符号, 是行列式理论的奠基者. 1772 年, 法国数学家拉普拉斯推广了范德蒙德展开行列式的方法, 得到我们熟知的拉普拉斯展开定理. 1813 至 1815 年, 法国数学家柯西对行列式做了系统的代数处理, 对行列式中的元素加上双下标排成有序的行和列, 使行列式的记法成为今天的形式. 关于行列式理论最系统的论述, 则是雅可比 1841 年的《论行列式的形成与性质》.

复习题 1

(A)

1. 判断题

(1) n 阶行列式主对角线上元素乘积项带正号, 副对角线上元素乘积项带负号. ( )

(2) 只要方程个数等于未知量个数的线性方程组, 就可以直接使用克拉默法则求解. ( )

(3) 齐次线性方程组一定有零解, 但不一定有非零解. ( )

(4) 等式 $\begin{vmatrix} a_1+b_1 & a_2+b_2 \\ a_3+b_3 & a_4+b_4 \end{vmatrix} = \begin{vmatrix} a_1 & a_2 \\ a_3 & a_4 \end{vmatrix} + \begin{vmatrix} b_1 & b_2 \\ b_3 & b_4 \end{vmatrix}$ 一定成立. ( )

(5) 四阶行列式可按下述方法进行简单计算:

$$\begin{vmatrix} 1 & 2 & -1 & 4 \\ 1 & 3 & -1 & 5 \\ 3 & 5 & 1 & 2 \\ 4 & 7 & 0 & 1 \end{vmatrix} = \begin{vmatrix} 1 & 2 \\ 1 & 3 \end{vmatrix} \cdot \begin{vmatrix} 1 & 2 \\ 0 & 1 \end{vmatrix} - \begin{vmatrix} -1 & 4 \\ -1 & 5 \end{vmatrix} \cdot \begin{vmatrix} 3 & 5 \\ 4 & 7 \end{vmatrix} = 2. \quad (\quad)$$

2. 选择题

(1) 下列排列是奇排列的是 ( ).

(A) 54321 (B) 13542 (C) 31542 (D) 42135

(2) 排列 1 34782695 的反序数 $\tau(1\,34782695)$=( ).

(A) 7 (B) 8 (C) 9 (D) 10

(3) 当 k =( ) 时, $\begin{vmatrix} 3 & k & -1 \\ 0 & -4 & -1 \\ -k & 5 & 1 \end{vmatrix} = 0$.

(A) 1 (B) 2 (C) 3 (D) -1 或 -3

(4) 若三阶行列式 $D_3 = |a_{ij}| = a \neq 0$, 则 $\begin{vmatrix} a_{11} & a_{11}-2a_{12} & a_{12}+3a_{13} \\ a_{21} & a_{21}-2a_{22} & a_{22}+3a_{23} \\ a_{31} & a_{31}-2a_{32} & a_{32}+3a_{33} \end{vmatrix}$ =( ).

(A) a (B) $-2a$ (C) $3a$ (D) $-6a$

(5) 下列选项中 ( ) 不是 n 阶行列式的值为零的充分条件.

(A) 行列式有两行 (列) 元素对应成比例

(B) 行列式有一行 (列) 元素全为零

(C) 行列式中零元素的个数多于 n 个

(D) 行列式中每行 (列) 元素之和都为零

(6) n 阶行列式的值为零的充分条件是 ( ).

(A) 行列式主对角线上的元素全为零

(B) 行列式中零元素的个数多于 n 个

(C) 行列式中非零元素的个数少于 n 个

(D) 行列式中零元素的个数少于 n 个

(7) 下列选项中 (　　) 不是 n 阶行列式的值不为零的必要条件.

(A) 行列式中任意一行 (列) 元素不全为零

(B) 行列式中任意两行 (列) 对应元素不成比例

(C) 行列式中非零元素的个数不少于 n 个

(D) 行列式中零元素的个数少于 n 个

(8) 已知四阶行列式 D 中第三列元素分别为 1, 3, -2, 2, 它们的余子式的值分别为 3, -2, 1, 1, 则 $D=$(　　).

(A) 5　　(B) -5　　(C) -3　　(D) 3

3. 填空题

(1) $\begin{vmatrix} a & 1 & 1 \\ 0 & -1 & 0 \\ 4 & a & a \end{vmatrix} > 0$ 的充分必要条件是________.

(2) 若 $1274i56k9$ 是偶排列, 则 i, k 的值分别为________.

(3) 排列 $135\cdots(2n-1)246\cdots 2n$ 的反序数为________.

(4) $\begin{vmatrix} 0 & x & y \\ -x & 0 & z \\ -y & -z & 0 \end{vmatrix} =$________.

(5) 如果 $\begin{vmatrix} a_{11} & a_{12} & a_{13} \\ a_{21} & a_{22} & a_{23} \\ a_{31} & a_{32} & a_{33} \end{vmatrix} = 2$, 则 $\begin{vmatrix} 2a_{11} & 2a_{13} & 2a_{12} \\ 2a_{21} & 2a_{23} & 2a_{22} \\ 2a_{31} & 2a_{33} & 2a_{32} \end{vmatrix} =$________.

(6) $\begin{vmatrix} a^2 & b^2 & c^2 & d^2 \\ (a+1)^2 & (b+1)^2 & (c+1)^2 & (d+1)^2 \\ (a+2)^2 & (b+2)^2 & (c+2)^2 & (d+2)^2 \\ (a+3)^2 & (b+3)^2 & (c+3)^2 & (d+3)^2 \end{vmatrix} =$________.

(7) 方程 $\begin{vmatrix} 1 & 1 & 2 & 3 \\ 1 & 2-x^2 & 2 & 3 \\ 2 & 3 & 1 & 5 \\ 2 & 3 & 1 & 9-x^2 \end{vmatrix} = 0$ 的根为________.

(8) 设五阶行列式 $D_5 = \begin{vmatrix} 1 & 7 & 3 & 2 & 5 \\ 7 & 7 & 7 & 3 & 3 \\ 5 & 1 & 2 & 4 & 1 \\ 3 & 3 & 3 & 5 & 5 \\ 4 & -3 & 1 & 5 & 4 \end{vmatrix}$, $A_{3j}(j=1,2,3,4,5)$ 为 D_5 中第三行元素的代数余子式, 则 $A_{31}+A_{32}+A_{33}=$________; $A_{34}+A_{35}=$________.

(9) 利用范德蒙德行列式的计算公式, n 阶行列式

$$\begin{vmatrix} 1 & 1 & \cdots & 1 \\ x_1+1 & x_2+1 & \cdots & x_n+1 \\ x_1^2+x_1 & x_2^2+x_2 & \cdots & x_n^2+x_n \\ \vdots & \vdots & & \vdots \\ x_1^{n-1}+x_1^{n-2} & x_2^{n-1}+x_2^{n-2} & \cdots & x_n^{n-1}+x_n^{n-2} \end{vmatrix} = \underline{\qquad\qquad}.$$

(10) 克拉默法则告诉我们, 系数行列式 $D=|a_{ij}|\neq 0$ 是 n 元线性方程组

$$\begin{cases} a_{11}x_1+a_{12}x_2+\cdots+a_{1n}x_n=b_1, \\ a_{21}x_1+a_{22}x_2+\cdots+a_{2n}x_n=b_2, \\ \qquad\cdots\cdots \\ a_{n1}x_1+a_{n2}x_2+\cdots+a_{nn}x_n=b_n \end{cases}$$

有唯一解的__________条件.

(11) 若齐次线性方程组 $\begin{cases} kx_1+x_4=0, \\ x_1+2x_2-x_4=0, \\ (k+2)x_1-x_2+4x_4=0, \\ 2x_1+x_2+3x_3+kx_4=0 \end{cases}$ 有非零解, 则 k 的取值为________.

4. 计算下列行列式:

(1) $\begin{vmatrix} 2 & 0 & 1 \\ 1 & -4 & -1 \\ -1 & 8 & 3 \end{vmatrix}$; (2) $\begin{vmatrix} 2 & 1 & 4 & 1 \\ 3 & -1 & 2 & 1 \\ 1 & 2 & 3 & 2 \\ 5 & 0 & 6 & 2 \end{vmatrix}$; (3) $\begin{vmatrix} 6 & 1 & 0 & 0 \\ -1 & 1 & 0 & 0 \\ 3 & 7 & 2 & 2 \\ 4 & 8 & 3 & 5 \end{vmatrix}$;

(4) $\begin{vmatrix} 1 & -2 & -1 & -2 \\ 4 & 1 & 2 & 0 \\ 2 & 5 & 4 & 1 \\ 1 & 1 & 1 & 1 \end{vmatrix}$; (5) $\begin{vmatrix} -30 & -15 & -45 & 60 \\ 1 & 2 & -1 & 8 \\ 2 & 1 & 3 & -3 \\ 4 & 1 & 9 & 16 \end{vmatrix}$.

5. 在五阶行列式 $D=|a_{ij}|$ 的展开式中, 下列各项前面的符号是什么?

(1) $a_{14}a_{23}a_{32}a_{41}a_{55}$; (2) $a_{35}a_{22}a_{13}a_{41}a_{54}$.

6. 设

$$D_4=\begin{vmatrix} 4x & 3 & 1 & 0 \\ -x & x & 2 & 3 \\ 1 & 3 & x & 2 \\ x & 1 & 2 & -x \end{vmatrix},$$

求 D_4 中 x^4, x^3 的系数及常数项.

7. 设四阶行列式

$$D=\begin{vmatrix} 3 & 2 & 4 & 0 \\ 3 & -1 & 2 & 1 \\ 1 & 1 & 1 & -1 \\ 5 & 3 & 6 & 2 \end{vmatrix},$$

求 D 的第四行元素的余子式之和 $M_{41}+M_{42}+M_{43}+M_{44}$.

8. 用克拉默法则解下列线性方程组：

(1) $\begin{cases} x_1+\ 3x_2=1, \\ x_1+2x_2+x_3=-1, \\ 2x_1+3x_2+2x_3=2; \end{cases}$　　(2) $\begin{cases} x_2+x_4=2, \\ x_1+x_3=0, \\ x_3+x_4=0, \\ x_2+x_3=0. \end{cases}$

9. k,λ 取何值时, 下面齐次线性方程组有非零解？

$$\begin{cases} \lambda x_1+x_2+x_3=0, \\ x_1+kx_2+x_3=0, \\ x_1+2kx_2+x_3=0. \end{cases}$$

(B)

1. 选择题

(1) 已知 n 级排列 $i_1i_2\cdots i_n$ 反序数为 k, 则排列 $i_ni_{n-1}\cdots i_2i_1$ 的反序数为 (　　).

(A) k　　(B) $n-k$

(C) $\dfrac{n!}{2}-k$　　(D) $\dfrac{n(n-1)}{2}-k$

(2) 设 $f(x)=\begin{vmatrix} x-2 & x-1 & x-2 & x-3 \\ 2x-2 & 2x-1 & 2x-2 & 2x-3 \\ 3x-3 & 3x-2 & 4x-5 & 3x-5 \\ 4x & 4x-3 & 5x-7 & 4x-3 \end{vmatrix}$, 则方程 $f(x)=0$ 的根的个数为 (　　).

(A) 1　　(B) 2　　(C) 3　　(D) 4

(3) 行列式 $\begin{vmatrix} 0 & a & b & 0 \\ a & 0 & 0 & b \\ 0 & c & d & 0 \\ c & 0 & 0 & d \end{vmatrix}$ =(　　).

(A) $(ad-bc)^2$　　(B) $-(ad-bc)^2$　　(C) $a^2d^2-b^2c^2$　　(D) $b^2c^2-a^2d^2$

(4) n 阶行列式 $D=|a_{ij}|$ 的展开式中含 $a_{11}a_{22}$ 的项共有 (　　) 项.

(A) $n-1$　　(B) $n-2$

(C) $(n-1)!$　　(D) $(n-2)!$

(5) 设 $a_i\neq 0(i=1,2,\cdots,n)$, 则 n 阶行列式 $D_n=\begin{vmatrix} a_0 & 1 & 1 & \cdots & 1 & 1 \\ 1 & a_1 & 0 & \cdots & 0 & 0 \\ 1 & 0 & a_2 & \cdots & 0 & 0 \\ \vdots & \vdots & \vdots & \ddots & \vdots & \vdots \\ 1 & 0 & 0 & \cdots & a_{n-1} & 0 \\ 1 & 0 & 0 & \cdots & 0 & a_n \end{vmatrix}$ 的值为 (　　)

(A) $a_1a_2\cdots a_n\left(a_0-\sum\limits_{i=1}^{n}\frac{1}{a_i}\right)$ (B) $a_1a_2\cdots a_n\left(a_0+\sum\limits_{i=1}^{n}\frac{1}{a_i}\right)$

(C) $a_0a_1a_2\cdots a_n$ (D) 0

2. 填空题

(1) 排列 $123i5k689$ 是偶排列, 则 $i=$____________, $k=$____________.

(2) 已知四阶行列式 $D=|a_{ij}|=4$, 且 D 中各列元素之和均为 2, 则 D 中第 1 行元素的代数余子式之和为____________.

(3) 行列式 $D=\begin{vmatrix} 0 & 0 & 0 & -2 & 1 & 1 \\ 0 & 0 & 0 & 5 & 2 & 0 \\ 0 & 0 & 0 & 3 & 0 & 0 \\ 1 & 2 & 2 & 5 & 2 & 1 \\ 1 & -1 & 2 & 1 & 4 & 3 \\ 2 & 3 & 1 & 3 & 0 & 7 \end{vmatrix}=$____________.

(4) n 阶行列式 $D_n=\begin{vmatrix} -a_1 & a_1 & 0 & \cdots & 0 & 0 \\ 0 & -a_2 & a_2 & \cdots & 0 & 0 \\ 0 & 0 & -a_3 & \cdots & 0 & 0 \\ \vdots & \vdots & \vdots & \ddots & \vdots & \vdots \\ 0 & 0 & 0 & \cdots & -a_{n-1} & a_{n-1} \\ 1 & 1 & 1 & \cdots & 1 & 1 \end{vmatrix}$ 的值为____________.

3. 证明题

(1) 证明等式 $\begin{vmatrix} 1 & 1 & 1 & \cdots & 1 \\ x_1 & x_2 & x_3 & \cdots & x_n \\ x_1^2 & x_2^2 & x_3^2 & \cdots & x_n^2 \\ \vdots & \vdots & \vdots & & \vdots \\ x_1^{n-2} & x_2^{n-2} & x_3^{n-2} & \cdots & x_n^{n-2} \\ x_1^n & x_2^n & x_3^n & \cdots & x_n^n \end{vmatrix}=\prod\limits_{1\leqslant j<i\leqslant n}(x_i-x_j)\sum\limits_{i=1}^{n}x_i$;

(2) 证明等式 $\begin{vmatrix} 2 & -1 & & & & \\ -1 & 2 & -1 & & & \\ & -1 & 2 & -1 & & \\ & & \ddots & \ddots & \ddots & \\ & & & \ddots & \ddots & -1 \\ & & & & -1 & 2 \end{vmatrix}=n+1$;

(3) 设有行列 $D=\begin{vmatrix} 1 & 7 & 0 & 3 \\ 3 & 1 & 5 & 9 \\ 0 & 9 & 7 & 5 \\ 10 & 9 & 5 & 9 \end{vmatrix}$. 已知 1703, 3159, 975, 10959 都能被 13 整除, 不计算行列式, 证明 D 能被 13 整除.

4. 解答题

(1) 平面上给定不共线的三个点 $P_1(1,2), P_2(2,3), P_3(3,6)$, 求过这三点且对称轴平行于 y 轴的抛物线方程.

(2) 设 x_1, x_2, x_3 是方程 $x^3+px+q=0$ 的三个根, 求行列式 $\begin{vmatrix} x_1 & x_2 & x_3 \\ x_3 & x_1 & x_2 \\ x_2 & x_3 & x_1 \end{vmatrix}$.

(3) 设 $P(x)=\begin{vmatrix} 1 & 1 & \cdots & 1 \\ x & a_1 & \cdots & a_n \\ x^2 & a_1^2 & \cdots & a_n^2 \\ \vdots & \vdots & & \vdots \\ x^n & a_1^n & \cdots & a_n^n \end{vmatrix}$, 其中 $a_1, a_2, \cdots, a_n$ 是互不相同的数. 请说明 $P(x)$ 是一个 n 次多项式并求 $P(x)$ 的根.

复习题1(B)
第3(1)题证明

复习题1(B)
第3(2)题证明

*1 拓 展 知 识

*1.5 MATLAB 软件介绍及行列式的程序示例

1.5.1 MATLAB 简介

MATLAB 是 Matrix Laboratory 的缩写, 是由美国 MathWorks 公司出品的商业数学软件 (http://www.mathworks.com), 其语言被称为第四代高级编程语言, 现已成为优秀的数学软件之一, 目前已被广泛应用于科学与工程计算、系统建模与仿真、数学分析与可视化等领域.

1.5.2 MATLAB 桌面

MATLAB 桌面是 MATLAB 软件的主要工作环境, 是针对诸如运行 MATLAB 命令、观察结果、管理文件与变量、查看历史命令的工作平台. 图 1.5.1 显示了以 MATLAB 2021a 为例的 MATLAB 桌面. 如图所示, MATLAB 桌面由工具栏、命令窗口、工作空间窗口、当前目录浏览器和历史命令窗口组成.

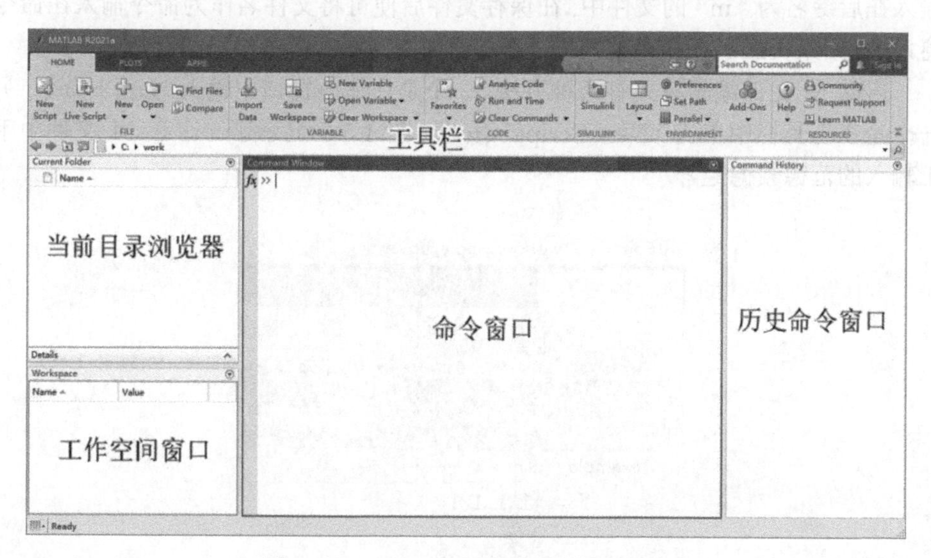

图 1.5.1 MATLAB 桌面主要组成部分

1.5.3 命令窗口

MATLAB 在输入命令时常用两种方式：命令窗口方式和 M 文件方式.

在命令窗口方式中, 可直接将命令在命令窗口中输入, 在回车后立即执行命令并显示运算结果. 该方式在一些简单的运算中及在代码调试时经常使用. 图 1.5.2 为一个五阶魔方矩阵的命令输入和显示结果的例子.

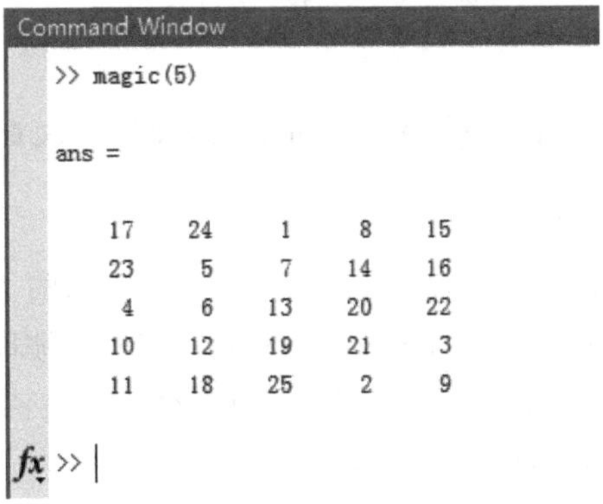

```
Command Window
>> magic(5)

ans =

    17    24     1     8    15
    23     5     7    14    16
     4     6    13    20    22
    10    12    19    21     3
    11    18    25     2     9

fx >>
```

图 1.5.2 命令窗口方式中的五阶魔方矩阵

1.5.4 M 文件

在输入或处理较复杂的命令组合时, 常采用 M 文件方式. 在该方式中, 命令输入在后缀名为 “.m” 的文件中, 在保存文件后便可将文件名作为命令输入在命令窗口中, 结果仍显示在命令窗口中, 免去每次重复键入诸多代码的麻烦.

启动 M 文件编辑模式有两种方法, 一个是在命令窗口中输入 “edit” 命令, 另一个是在工具栏中单击 “New Script” 按钮. 图 1.5.3 显示了一个在 M 文件中手工输入的范德蒙德矩阵.

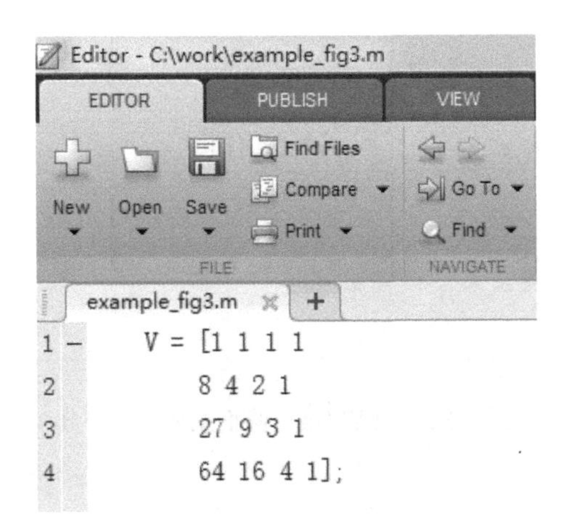

图 1.5.3 M 文件方式中的范德蒙德矩阵

1.5.5 MATLAB 基础知识

1) 变量

MATLAB 变量区分字母的大小写. 表 1.5.1 列举了常见的系统变量.

表 1.5.1 常见的系统变量

变量名	说明
ans	命令窗口中用于表示结果的默认变量名
pi	圆周率
eps	计算机可表示的最小数
inf	无穷大
NaN	非数值
i(或 j)	虚数单位 $\sqrt{-1}$

2) 矩阵

矩阵的表示和运算是 MATLAB 的核心.

在创建矩阵时, 可采用类似于图 1.5.3 的方式进行输入, 其中的空格与逗号的作用相同, 换行与分号的作用相同. 如图 1.5.4 所示, 在输入贾宪三角形时采用了逗号和分号的方式.

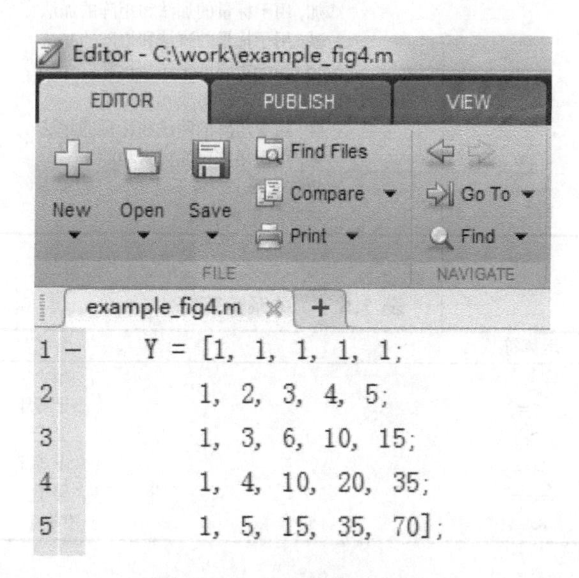

图 1.5.4 输入贾宪三角形

此外, MATLAB 系统提供了一些标准的特殊矩阵, 如表 1.5.2 所示.

3) 运算符

MATLAB 运算符可以分为三种主要类别：算术运算符、关系运算符和逻辑运算符. 它们的主要内容如表 1.5.3～表 1.5.5 所示.

表 1.5.2　一些标准的特殊矩阵

MATLAB 函数	功能说明
ones(m, n)	生成大小为 $m \times n$ 的 1 矩阵, 其元素均为 1
zeros(m, n)	生成大小为 $m \times n$ 的 0 矩阵, 其元素均为 0
eye(m, n)	生成大小为 $m \times n$ 的单位矩阵
diag(v)	根据向量 $\boldsymbol{v}$ 生成对角矩阵
linspace(x1,x2,n)	生成 $[x1,x2]$ 区间内的 n 个线性等分点向量 (矩阵)
logspace(a,b,n)	生成 $[a,b]$ 区间内的 n 个对数等分点向量 (矩阵)
magic(m, n)	生成大小为 $m \times n$ 的魔方矩阵
rand(m, n)	生成大小为 $m \times n$ 的随机矩阵, 其元素是在 [0, 1] 上的服从均匀分布的随机数
randn(m, n)	生成大小为 $m \times n$ 的随机矩阵, 其元素是在 [0, 1] 上的服从高斯分布的随机数, 均值为 0, 方差为 1
vander(v)	生成范德蒙德矩阵
pascal(n)	生成 n 阶贾宪三角形 (帕斯卡矩阵)
hilb(n)	生成 n 阶希尔伯特矩阵
toeplits(r)	根据向量 r 生成托普利茨矩阵

表 1.5.3　常用的算术运算符

运算符	含义
+	加, 用于标量的加法和矩阵的加法
−	减, 用于标量的减法和矩阵的减法
*	乘, 用于矩阵的乘法和标量的乘法
.*	乘, 用于矩阵对应元素相乘
/	除, 用于矩阵的除法和标量的除法
./	除, 用于矩阵对应元素相除
^	矩阵求幂
.^	矩阵的元素求幂

表 1.5.4　关系运算符

运算符	含义
<	小于
<=	小于等于
>	大于
>=	大于等于
= =	等于
~=	不等于

表 1.5.5　逻辑运算符

运算符	含义
&	与
|	或
~	非

4) 流程控制

常见的 MATLAB 流程控制语句如表 1.5.6 所示.

表 1.5.6 流程控制

语句	含义
if	用于条件判断, 进而执行一组基于指定逻辑条件的语句
for	执行规定次数的一组语句
while	根据规定的逻辑条件, 执行不确定次数的一组语句
break	中止执行 for 或 while 循环
continue	将控制传递给下一轮循环, 跳过循环体中的剩余语句
return	返回

5) 帮助文档

MATLAB 软件本身提供了全面的、权威的帮助文档, 这是学习和使用 MATLAB 的第一手资料. 启动 MATLAB 帮助文档的方式有多种, 最常用也是最简单的一种是在工具栏右侧单击 "Help" 按钮, 如图 1.5.5 所示. 亦可登录 MATLAB 帮助中心 (https://www.mathworks.com/help/index.html) 进行查询.

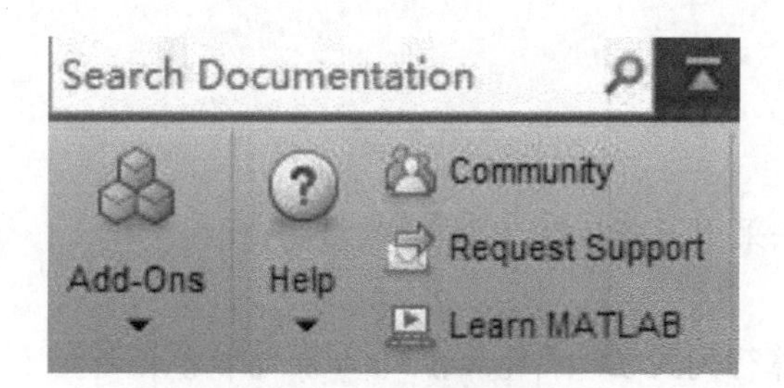

图 1.5.5 帮助文档

1.5.6 计算行列式的 MATLAB 程序示例

【例 1】 计算行列式 $|A| = \begin{vmatrix} 1 & -2 & 4 \\ -5 & 2 & 0 \\ 2 & 1 & 4 \end{vmatrix}$.

解 MATLAB 命令为

```
A = [1, -2, 4; -5, 2, 0; 2, 1, 4];
d = det(A)
```

运行结果为

d = - 68

说明　det(A) 是 MATLAB 软件提供的内置函数, 功能是计算行列式, 其中 $\boldsymbol{A}$ 为方阵.

【例 2】　利用行列式求解三元线性方程组 $\begin{cases} 2x-3y+2z=-3, \\ x+4y-3z=0, \\ 3x-y-z=1. \end{cases}$

解　MATLAB 命令为

```
A = [2, -3, 2; 1, 4, -3; 3, -1, -1];
A1 = [-3, -3, 2; 0, 4, -3; 1, -1, -1];
A2 = [2, -3, 2; 1, 0, -3; 3, 1, -1];
A3 = [2, -3, -3; 1, 4, 0; 3, -1, 1];
x = det(A1)/det(A);
y = det(A2)/det(A);
z = det(A3)/det(A);
```

运行结果为

```
x = -1.375
y = -2
z = -3.125
```

说明　该方法采用了克拉默法则求解线性方程组.

【例 3】　计算行列式 $D=\begin{vmatrix} a-b & b-c & c-a \\ c-a & a-b & b-c \\ b-c & c-a & a-b \end{vmatrix}$.

解　MATLAB 命令为

```
syms a b c
A = [a-b, b-c, c-a;
     c-a, a-b, b-c;
     b-c, c-a, a-b];
D = det(A)
```

运行结果为

```
D = 0
```

说明　syms 用于创建符号变量以进行符号运算, 该变量可以是标量、函数或矩阵.

【例 4】 已知函数 $f(x)=\begin{vmatrix} x & 1 & 2 & 3 \\ 1 & x & 1 & -1 \\ 3 & 2 & x & 1 \\ 1 & 1 & 2x & 5 \end{vmatrix}$, 求 x^3 的系数及常数项.

解 MATLAB 命令为

```
syms x
A = [x, 1, 2, 3; 1, x, 1, -1; 3, 2, x, 1; 1, 1, 2*x, 5];
f = det(A);
p = sym2poly(f);
disp("最高次项和常数项的系数分别是: " + p(1) + "和" + p(end));
```

运行结果为

最高次项和常数项的系数分别是: 3 和 27

说明 sym2poly() 函数的功能是从符号多项式中提取系数向量, 如在该例中, $p=(3,12,-44,27)$, 其含义是多项式为 $f=3x^3+12x^2-44x+27$.

【例 5】 已知 5 阶行列式 $D_5=\begin{vmatrix} 1 & 2 & 3 & 4 & 5 \\ 2 & 2 & 2 & 1 & 1 \\ 3 & 1 & 2 & 4 & 5 \\ 1 & 1 & 1 & 2 & 2 \\ 4 & 3 & 1 & 5 & 0 \end{vmatrix}$, 求第四行元素的余子式和代数余子式.

解 MATLAB 命令为

```
D = [1,2,3,4,5;2,2,2,1,1;3,1,2,4,5;1,1,1,2,2;4,3,1,5,0];
disp("第四行元素的余子式分别是: ");
for j=1:5
      disp(minor(D, 4, j));
end
disp("第四行元素的代数余子式分别是: ");
for j=1:5
      disp(cofactor(D, 4, j));
end
function Mij = minor(A, i, j)
% 函数功能: 求A的余子式
% 输入: A是矩阵, (i,j)是矩阵元素下标
% 输出: Mij是对应的余子式
A(i,:) = [];
```

```
A(:,j) = [];
Mij = det(A);
end
function Aij = cofactor(A, i, j)
% 函数功能：求A的代数余子式. 函数中调用了自定义函数minor()
% 输入：A是矩阵，(i,j)是矩阵元素下标
% 输出：Aij是对应的代数余子式
Mij = minor(A, i, j);
Aij = (-1)^(i+j) * Mij;
end
```

运行结果为

第四行元素的余子式分别是：3 109 115 -40 -58

第四行元素的代数余子式分别是：-3 109 -115 -40 58

说明 minor( ) 和 cofactor( ) 函数是自定义函数, 功能分别是求矩阵的余子式和代数余子式.

【例 6】 问 λ 取何值时, 齐次线性方程组

$$\begin{cases} (3-\lambda)x_1 - 2x_2 + 2x_3 = 0, \\ 2x_1 + (5-\lambda)x_2 - 4x_3 = 0, \\ -2x_1 - 4x_2 + (5-\lambda)x_3 = 0 \end{cases}$$

有非零解?

解 MATLAB 命令为

```
syms lambda
A = [3-lambda,-2,2;2,5-lambda,-4;-2,-4,5-lambda];
D = det(A);
results = solve(D==0, lambda)
```

运行结果为

```
results = 1 5 7
```

说明 solve( ) 是内置函数, 功能是求解方程或方程组.

*1.6 行列式的应用

行列式起源于解线性方程组, 但后来的发展已远远超出了解方程组的范畴, 出现在很多领域. 下面我们介绍行列式的一个有趣的应用.

斐波那契数列与行列式的关系

意大利数学家斐波那契在 1202 年所著的《算法之书》中, 给出了一个数列, 它们满足如下的递推关系：$F_n = F_{n-1} + F_{n-2}$, 其中 $F_1 = 1$, $F_2 = 2$. 这个数列称为**斐波那契 (Fibonacci) 数列**. 容易知道, 它的项是 1, 2, 3, 5, 8, 13, 21, $\cdots$.

斐波那契数列中的一般项, 可用行列式表示为

$$F_n = \begin{vmatrix} 1 & -1 & 0 & 0 & \cdots & 0 & 0 & 0 \\ 1 & 1 & -1 & 0 & \cdots & 0 & 0 & 0 \\ 0 & 1 & 1 & -1 & \cdots & 0 & 0 & 0 \\ \vdots & \vdots & \vdots & \vdots & & \vdots & \vdots & \vdots \\ 0 & 0 & 0 & 0 & \cdots & 1 & 1 & -1 \\ 0 & 0 & 0 & 0 & \cdots & 0 & 1 & 1 \end{vmatrix}$$

按第一列展开, 可得相邻项间的递推关系式: $F_n = F_{n-1} + F_{n-2}$, 且满足 $F_1 = 1$, $F_2 = 2$. n 阶带状行列式

$$D_n = \begin{vmatrix} a+b & ab & 0 & 0 & \cdots & 0 & 0 & 0 \\ 1 & a+b & ab & 0 & \cdots & 0 & 0 & 0 \\ 0 & 1 & a+b & ab & \cdots & 0 & 0 & 0 \\ \vdots & \vdots & \vdots & \vdots & & \vdots & & \vdots \\ 0 & 0 & 0 & 0 & \cdots & 1 & a+b & ab \\ 0 & 0 & 0 & 0 & \cdots & 0 & 1 & a+b \end{vmatrix}$$

有取值公式 $D_n = \dfrac{a^{n+1} - b^{n+1}}{a - b}$. 当 $a = \dfrac{1+\sqrt{5}}{2}$, $b = \dfrac{1-\sqrt{5}}{2}$ 时, $D_n = F_n$, 即

$$F_n = \frac{1}{\sqrt{5}}\left[\left(\frac{1+\sqrt{5}}{2}\right)^{n+1} - \left(\frac{1-\sqrt{5}}{2}\right)^{n+1}\right].$$

斐波那契数列广泛存在于自然界中. 它与两个重要极限相关, $\lim\limits_{n\to\infty}\dfrac{F_n}{F_{n-1}} = \dfrac{\sqrt{5}+1}{2} \approx 1.618$, $\lim\limits_{n\to\infty}\dfrac{F_{n-1}}{F_n} = \dfrac{\sqrt{5}-1}{2} \approx 0.618$, 这是黄金分割点的位置. 另外, 一个楼梯共有 n 级, 每次只能跨一步或者两步, 则登上去的所有走法为斐波那契数 F_n; 钢琴的 13 个半音阶, 可能的排列组合数目也与斐波那契数列有关.

第 2 章 几何向量空间与几何图形

17 世纪笛卡儿 (Descartes) 建立的坐标系, 把数学中的两个研究对象“数”与“形”结合了起来, 使数学产生一次划时代的变革. 平面解析几何就是通过坐标系, 把平面上的点、向量与两个数构成的有序数组 (坐标) 建立一一对应关系, 从而把平面上的图形与方程对应. 空间解析几何也用类似的方法研究空间的几何问题, 即用代数方法研究几何问题.

本章首先简要介绍向量及其线性运算, 接着建立空间直角坐标系, 引入空间的点、向量与三元有序数组的对应关系, 并建立向量的代数运算, 然后以向量为工具讨论向量的数量积、向量积, 进而讨论空间的几何图形：平面与直线、曲面与曲线.

2.1 几何向量空间

2.1.1 向量及其线性运算

中学我们已经讨论过向量. 称既有大小又有方向的量为**向量**, 如力、速度、加速度、位移、力矩等. 在几何上, 用有向线段 $\overrightarrow{AB}$ 表示 A 是起点 B 是终点的向量. 也可用粗体字母 $\boldsymbol{a}, \boldsymbol{b}, \boldsymbol{c}, \cdots$ 或 $\boldsymbol{\alpha}, \boldsymbol{\beta}, \boldsymbol{\gamma}, \cdots$ 表示向量. 对于起点在坐标原点 O, 终点是 M 的向量 $\overrightarrow{OM}$, 称为点 M 对于原点 O 的向径, 常用 $\boldsymbol{r}$ 表示.

向量的大小叫做向量的**模**, 向量 $\overrightarrow{AB}$, $\boldsymbol{\alpha}$ 的模分别记为 $\left|\overrightarrow{AB}\right|$, $|\boldsymbol{\alpha}|$. 模等于 1 的向量称为**单位向量**, 模等于 0 的向量称为**零向量**, 记为 $\mathbf{0}$, 方向是任意的.

与向量 $\boldsymbol{a}$ 的大小相等方向相反的向量称为 $\boldsymbol{a}$ 的**负向量** (或**反向量**), 记为 $-\boldsymbol{a}$. 如果向量 $\boldsymbol{a}$ 与 $\boldsymbol{b}$ 的大小相等方向相同, 则称 $\boldsymbol{a}$ 与 $\boldsymbol{b}$ 相等, 记作 $\boldsymbol{a} = \boldsymbol{b}$.

在许多实际问题中, 我们所关心的常常是向量的大小和方向, 而不考虑它的起点位置, 这种向量称为**自由向量**. 也就是说自由向量可自由平行移动. 这种情况下, 两个相等的向量可平移到完全重合成一个向量. 本书中所指的向量都是自由向量.

物理学中常遇到力、速度等的合成问题, 也就是向量的加法. 下面我们给出一般向量的加法定义.

定义 2.1.1 设有向量 $\boldsymbol{a}$ 与 $\boldsymbol{b}$, 将向量 $\boldsymbol{b}$ 平行移动, 使它的起点与 $\boldsymbol{a}$ 的终点重合, 则以 $\boldsymbol{a}$ 的起点为起点, 以 $\boldsymbol{b}$ 的终点为终点的向量 $\boldsymbol{c}$ 称为**向量 $\boldsymbol{a}$ 与 $\boldsymbol{b}$ 的和** (图 2.1.1), 记作 $\boldsymbol{c}=\boldsymbol{a}+\boldsymbol{b}$. 这称为**向量的三角形法则**.

向量的加法还有平行四边形法则：设 $\boldsymbol{a},\boldsymbol{b}$ 为非零向量且不平行, 平行移动向量 $\boldsymbol{a}$ 与 $\boldsymbol{b}$, 使 $\boldsymbol{a}$ 与 $\boldsymbol{b}$ 的起点在同一点 A, 记 $\overrightarrow{AB}=\boldsymbol{a}$, $\overrightarrow{AD}=\boldsymbol{b}$, 以 $\boldsymbol{a}$, $\boldsymbol{b}$ 为邻边作平行四边形 $ABCD$, 对角线向量 $\overrightarrow{AC}$ 称为 $\boldsymbol{a}$ 与 $\boldsymbol{b}$ 的和向量 (图 2.1.2).

由向量的加法, 还可以定义向量的减法 (图 2.1.3)：

$$\boldsymbol{a}-\boldsymbol{b}=\boldsymbol{a}+(-\boldsymbol{b}).$$

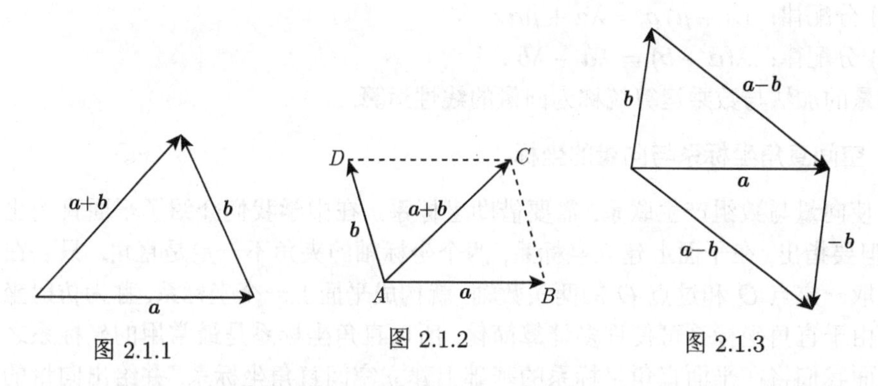

图 2.1.1 图 2.1.2 图 2.1.3

可以证明向量的加法满足以下运算律：(设 $\boldsymbol{a}$, $\boldsymbol{b}$, $\boldsymbol{c}$ 为三个向量)

(1) 交换律：$\boldsymbol{a}+\boldsymbol{b}=\boldsymbol{b}+\boldsymbol{a}$；

(2) 结合律：$(\boldsymbol{a}+\boldsymbol{b})+\boldsymbol{c}=\boldsymbol{a}+(\boldsymbol{b}+\boldsymbol{c})$；

(3) $\boldsymbol{a}+\boldsymbol{0}=\boldsymbol{0}+\boldsymbol{a}=\boldsymbol{a}$；

(4) $\boldsymbol{a}+(-\boldsymbol{a})=\boldsymbol{0}$.

由加法的交换律和结合律, n 个向量 $\boldsymbol{a}_1$, $\boldsymbol{a}_2,\cdots,\boldsymbol{a}_n(n\geqslant 3)$ 相加可写成

$$\boldsymbol{a}_1+\boldsymbol{a}_2+\cdots+\boldsymbol{a}_n\ ,$$

把三角形法则推广, 可得 n 个向量相加的**多边形法则**：使前一向量的终点作为次一向量的起点, 依次作出这 n 个向量, 再以第一向量的起点为起点, 最后一向量的终点为终点作一向量, 该向量即为所求. 如 $\boldsymbol{s}=\boldsymbol{a}_1+\boldsymbol{a}_2+\boldsymbol{a}_3+\boldsymbol{a}_4+\boldsymbol{a}_5$, 和向量 $\boldsymbol{s}$ 如图 2.1.4.

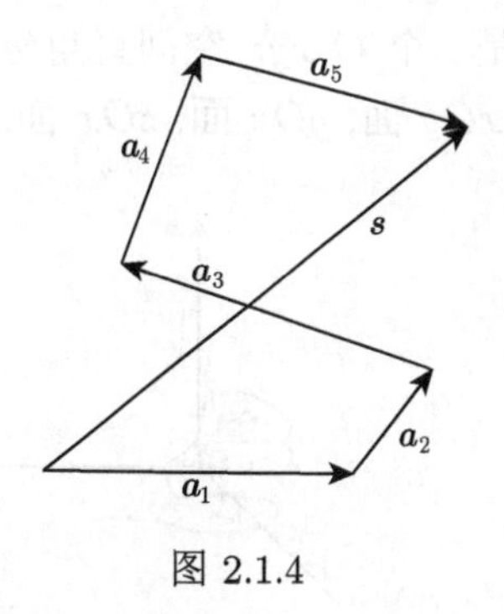

图 2.1.4

实际中, 我们还会遇到数与向量相乘的情况. 如一行驶的列车, 其速度 $\boldsymbol{v}$ 在方向不变 (或相反) 时, 大小增加到原来的 2 倍, 那么这时的速度应该是原来速度的 2 倍 (或 −2 倍), 即 $2\boldsymbol{v}$(或 $-2\boldsymbol{v}$). 由此引入数与向量的乘法定义.

定义 2.1.2　实数 λ 与向量 $\boldsymbol{a}$ 的乘积 $\lambda\boldsymbol{a}$ 是一个向量, 它的模 $|\lambda\boldsymbol{a}| = |\lambda|\,|\boldsymbol{a}|$. 当 $\lambda > 0$ 时, $\lambda\boldsymbol{a}$ 的方向与 $\boldsymbol{a}$ 的方向相同; 当 $\lambda < 0$ 时, $\lambda\boldsymbol{a}$ 的方向与 $\boldsymbol{a}$ 的方向相反; 当 $\lambda = 0$ 时, $\lambda\boldsymbol{a} = \boldsymbol{0}$, 方向任意. 数与向量的乘法简称**数乘**.

由定义 2.1.2, 对任意向量 $\boldsymbol{a} \neq \boldsymbol{0}$, 存在与 $\boldsymbol{a}$ 同方向的单位向量 $\boldsymbol{a}^0$：$\dfrac{\boldsymbol{a}}{|\boldsymbol{a}|} = \boldsymbol{a}^0$, 同时又有 $\boldsymbol{a} = |\boldsymbol{a}|\,\boldsymbol{a}^0$.

数与向量的乘法满足运算律：($\boldsymbol{a}$, $\boldsymbol{b}$ 为向量, λ, μ 为数)

(1) $1\,\boldsymbol{a} = \boldsymbol{a}$;

(2) 结合律：$\lambda(\mu\,\boldsymbol{a}) = (\lambda\mu)\boldsymbol{a}$;

(3) 分配律：$(\lambda + \mu)\,\boldsymbol{a} = \lambda\boldsymbol{a} + \mu\boldsymbol{a}$;

(4) 分配律：$\lambda(\boldsymbol{a} + \boldsymbol{b}) = \lambda\boldsymbol{a} + \lambda\boldsymbol{b}$.

向量的加法与数乘运算统称为向量的**线性运算**.

2.1.2　空间直角坐标系与向量的坐标

要使向量与数组产生联系, 需要借助坐标系. 在中学我们介绍了平面直角坐标系, 但要指出, 在平面上建立坐标系, 两个坐标轴的夹角不一定是直角. 只要在平面上取一定点 O 和过点 O 的两条数轴, 就构成平面上一个坐标系, 称为仿射坐标系. 由于直角坐标系可使许多计算简化, 所以直角坐标系是最常用的坐标系之一. 下面我们将在平面直角坐标系的基础上建立空间直角坐标系, 并给出向量的坐标的概念.

在空间任取一点 O, 过点 O 作三条互相垂直的数轴 Ox, Oy, Oz, 三个数轴的正方向符合右手系 (图 2.1.5), 这样就构成了空间直角坐标系. 称 O 为坐标原点, Ox, Oy, Oz 为坐标轴, 分别称为 x **轴** (**横轴**), y **轴** (**纵轴**), z **轴** (**竖轴**), 图 2.1.6 就是一个 $O\text{-}xyz$ 空间直角坐标系. 每两条坐标轴所确定的平面称为坐标面, 分别是 xOy 面, yOz 面, zOx 面.

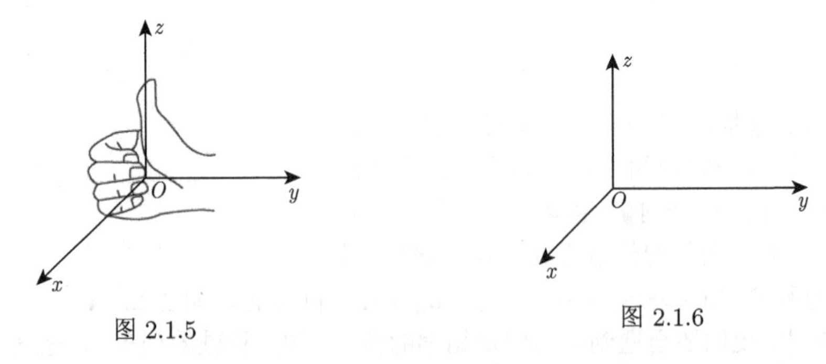

图 2.1.5　　图 2.1.6

三个坐标面 xOy, yOz, zOx 把空间分成八个部分, 每一部分称为一个卦限. xOy 平面上方含三条坐标轴正向的那部分称为第 I 卦限, 然后按逆时针方向依次

确定第 Ⅱ, Ⅲ, Ⅳ 卦限; 在 xOy 面下方, 与第 I 卦限相对的为第 V 卦限, 再按逆时针方向依次确定第 Ⅵ, Ⅶ, Ⅷ 卦限 (图 2.1.7).

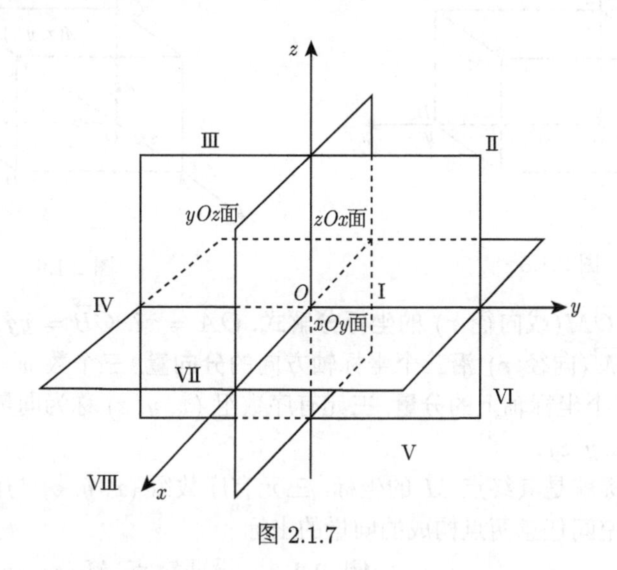

图 2.1.7

空间点 M 与三元有序数组 (x, y, z) 一一对应.

设空间任一点 M, 如图 2.1.8, 过点 M 分别作垂直于 x, y, z 轴的平面, 这三个平面分别与 x, y, z 轴有唯一交点 A, B, C, 交点的坐标 x, y, z 可构成一组有序数 (x, y, z); 反过来, 给定一组有序数 (x, y, z), 在 x 轴上取坐标为 x 的点 A, y 轴上取坐标为 y 的点 B, z 轴上取坐标为 z 的点 C, 过 A, B, C 分别作垂直于 x, y, z 轴的平面, 三个平面有唯一的交点就是 M. 我们称三元有序数组 (x, y, z) 为点 M 的坐标, 记作 $M(x, y, z)$.

显然, 原点 O 的坐标为 $(0, 0, 0)$, x 轴, y 轴, z 轴上点的坐标分别为 $(x, 0, 0)$, $(0, y, 0)$, $(0, 0, z)$; xOy 面, yOz 面, zOx 面上点的坐标分别为 $(x, y, 0)$, $(0, y, z)$, $(x, 0, z)$. 八个卦限中点的坐标特点：Ⅰ$(+, +, +)$, Ⅱ$(-, +, +)$, Ⅲ$(-, -, +)$, Ⅳ$(+, -, +)$, Ⅴ$(+, +, -)$, Ⅵ$(-, +, -)$, Ⅶ$(-, -, -)$, Ⅷ$(+, -, -)$.

有了空间点的坐标, 如何引入空间向量的坐标呢？我们知道, 在物理学中常常将力、速度等向量沿坐标轴分解, 于是我们就此给出向量的坐标概念.

设点 M 的坐标是 (x, y, z), 则 x, y, z 轴上分别存在点 $A(x,0,0)$, $B(0,y,0)$, $C(0,0,z)$, 向径 $\boldsymbol{r} = \overrightarrow{OM}$(图 2.1.9), 由三角形法则可得 $\boldsymbol{r} = \overrightarrow{OM} = \overrightarrow{OA}+\overrightarrow{AD}+\overrightarrow{DM}$, 而 $\overrightarrow{AD} = \overrightarrow{OB}$, $\overrightarrow{DM} = \overrightarrow{OC}$, 所以 $\boldsymbol{r} = \overrightarrow{OM} = \overrightarrow{OA} + \overrightarrow{OB} + \overrightarrow{OC}$. 若以 $\boldsymbol{i}, \boldsymbol{j}, \boldsymbol{k}$ 分别表示 x, y, z 轴正方向的单位向量, 那么由数与向量的乘法知 $\overrightarrow{OA} = x\boldsymbol{i}$, $\overrightarrow{OB} = y\boldsymbol{j}$, $\overrightarrow{OC} = z\boldsymbol{k}$. 则有

$$\boldsymbol{r} = \overrightarrow{OM} = x\boldsymbol{i} + y\boldsymbol{j} + z\boldsymbol{k},$$

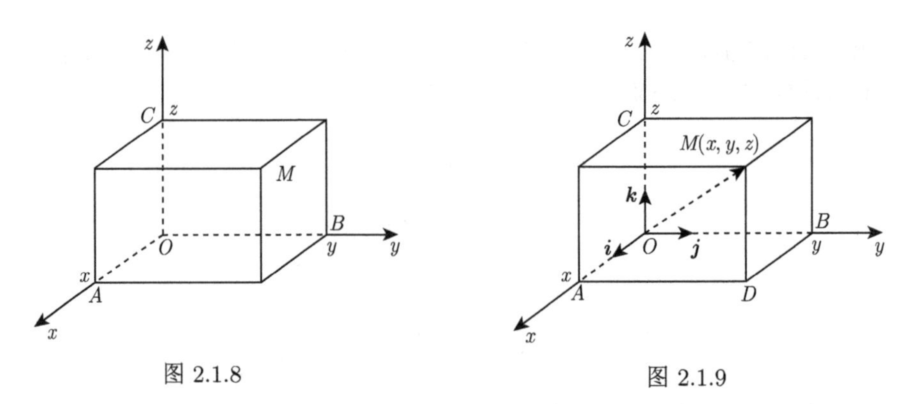

图 2.1.8　　图 2.1.9

上式称为向量 $\overrightarrow{OM}$(或向径 $\boldsymbol{r}$) 的**坐标分解式**, $\overrightarrow{OA}=x\boldsymbol{i}$, $\overrightarrow{OB}=y\boldsymbol{j}$, $\overrightarrow{OC}=z\boldsymbol{k}$ 分别称为向量 $\overrightarrow{OM}$(向径 $\boldsymbol{r}$) 沿三个坐标轴方向的**分向量**, 三个数 x, y, z 分别称为向量 $\overrightarrow{OM}$ 在三个坐标轴上的**分量**, 三元有序数组 (x, y, z) 称为向量 $\overrightarrow{OM}$ 的坐标, 记作 $\overrightarrow{OM}=(x,y,z)$.

向径的坐标就是其终点 M 的坐标. 三元有序数组 (x, y, z) 与向径一一对应.

下面讨论空间任意两点构成的向量的坐标.

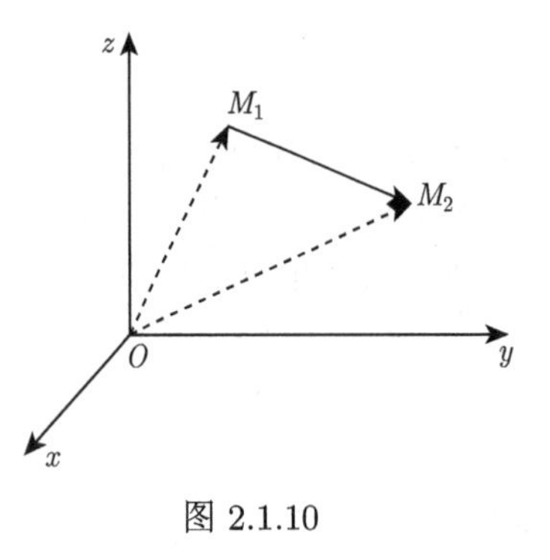

图 2.1.10

例 2.1.1　设两定点 $M_1(x_1, y_1, z_1)$, $M_2(x_2, y_2, z_2)$, 求向量 $\overrightarrow{M_1M_2}$ 的坐标.

解　如图 2.1.10, 由向量的减法、加法及数乘运算律易得

$$
\begin{aligned}
\overrightarrow{M_1M_2}&=\overrightarrow{OM_2}-\overrightarrow{OM_1}\\
&=(x_2\boldsymbol{i}+y_2\boldsymbol{j}+z_2\boldsymbol{k})-(x_1\boldsymbol{i}+y_1\boldsymbol{j}+z_1\boldsymbol{k})\\
&=(x_2-x_1)\boldsymbol{i}+(y_2-y_1)\boldsymbol{j}+(z_2-z_1)\boldsymbol{k}\\
&=(x_2-x_1,y_2-y_1,z_2-z_1).
\end{aligned}
$$

所以, 空间任意两点构成的向量的坐标等于终点坐标减去对应的起点坐标.

如果把向量 $\overrightarrow{M_1M_2}$ 平行移动到 M_1 与原点重合, 则这时终点的坐标就是 $(x_2-x_1, y_2-y_1, z_2-z_1)$, 坐标分解式为 $(x_2-x_1)\boldsymbol{i}+(y_2-y_1)\boldsymbol{j}+(z_2-z_1)\boldsymbol{k}$, 三个数 x_2-x_1, y_2-y_1, z_2-z_1 分别为 $\overrightarrow{M_1M_2}$ 在 x, y, z 轴上的分量, $(x_2-x_1)\boldsymbol{i}$, $(y_2-y_1)\boldsymbol{j}$, $(z_2-z_1)\boldsymbol{k}$ 分别是 $\overrightarrow{M_1M_2}$ 在 x, y, z 轴上的分向量.

规定零向量的坐标为 (0, 0, 0), 即 $\mathbf{0}=(0,0,0)$. 利用向量的坐标进行向量的线性运算可使问题变得简单方便.

设向量 $\boldsymbol{a}=(a_1,a_2,a_3)$, $\boldsymbol{b}=(b_1,b_2,b_3)$, λ 为数, 则有

$$\boldsymbol{a}+\boldsymbol{b}=(a_1+b_1,a_2+b_2,a_3+b_3);$$

$$\boldsymbol{a}-\boldsymbol{b}=(a_1-b_1, a_2-b_2, a_3-b_3);$$

$$\lambda\boldsymbol{a}=(\lambda a_1, \lambda a_2, \lambda a_3).$$

对于加法与数乘的八条运算律仍然适用.

2.1.3 向量的模、方向角与方向余弦

已知两点 $M_1(x_1, y_1, z_1)$, $M_2(x_2, y_2, z_2)$, 求这两点间的距离, 即向量 $\overrightarrow{M_1M_2}$ 的模 $\left|\overrightarrow{M_1M_2}\right|$. 做一个长方体, 使线段 M_1M_2 为该长方体的对角线, 如图 2.1.11.

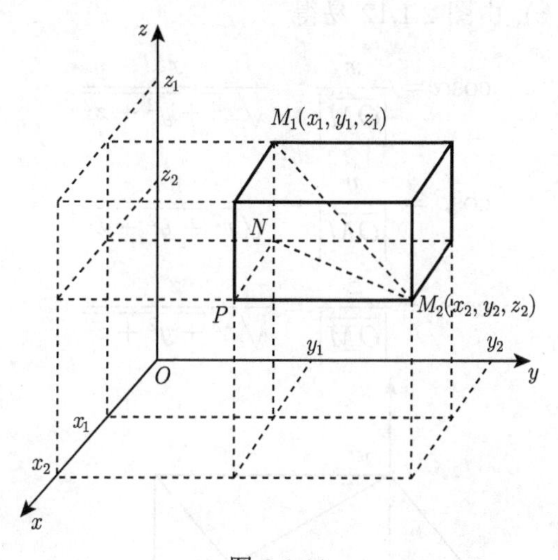

图 2.1.11

由图 2.1.11 可以看出, $|M_1N|=|z_2-z_1|$, $|NP|=|x_2-x_1|$, $|PM_2|=|y_2-y_1|$, 则

$$\begin{aligned}|M_1M_2|^2&=|M_1N|^2+|NM_2|^2=|M_1N|^2+|NP|^2+|PM_2|^2\\&=(z_2-z_1)^2+(x_2-x_1)^2+(y_2-y_1)^2.\end{aligned}$$

由于线段 M_1M_2 的长度 $|M_1M_2|$ 等于向量 $\overrightarrow{M_1M_2}$ 的模 $\left|\overrightarrow{M_1M_2}\right|$, 所以由两点间的距离公式, 可得

$$\left|\overrightarrow{M_1M_2}\right|=\sqrt{(x_2-x_1)^2+(y_2-y_1)^2+(z_2-z_1)^2}.$$

特别地, 向径 $\boldsymbol{r}=\overrightarrow{OM}$ 的模

$$|\boldsymbol{r}|=\left|\overrightarrow{OM}\right|=\sqrt{x^2+y^2+z^2}.$$

综上所述, 如果一个向量的坐标 (或分量) 已知, 那么向量的模就能唯一求出. 而向量的方向如何确定呢？下面讨论这个问题.

两个向量 $\boldsymbol{a}, \boldsymbol{b}$ 的**夹角**规定如下：使其中一个向量旋转到与另一个向量同向时旋转的最小角度, 记为 $\widehat{(\boldsymbol{a}, \boldsymbol{b})}$, 显然 $0 \leqslant \widehat{(\boldsymbol{a}, \boldsymbol{b})} \leqslant \pi$.

同理可定义向量与数轴, 数轴与数轴的夹角.

对于起点在坐标原点的非零向量 $\overrightarrow{OM}$, 它与三条坐标轴正向的夹角 $\alpha, \beta, \gamma(0 \leqslant \alpha, \beta, \gamma \leqslant \pi)$ 称为它的三个**方向角** (图 2.1.12), 三个方向角的余弦 $\cos\alpha, \cos\beta, \cos\gamma$ 称为向量 $\overrightarrow{OM}$ 的**方向余弦**. 零向量的方向角在 0 与 π 之间任意取值. 如果终点 M 的坐标为 (x, y, z), 由图 2.1.12 易得

$$\cos\alpha = \frac{x}{\left|\overrightarrow{OM}\right|} = \frac{x}{\sqrt{x^2+y^2+z^2}},$$

$$\cos\beta = \frac{y}{\left|\overrightarrow{OM}\right|} = \frac{y}{\sqrt{x^2+y^2+z^2}},$$

$$\cos\gamma = \frac{z}{\left|\overrightarrow{OM}\right|} = \frac{z}{\sqrt{x^2+y^2+z^2}}.$$

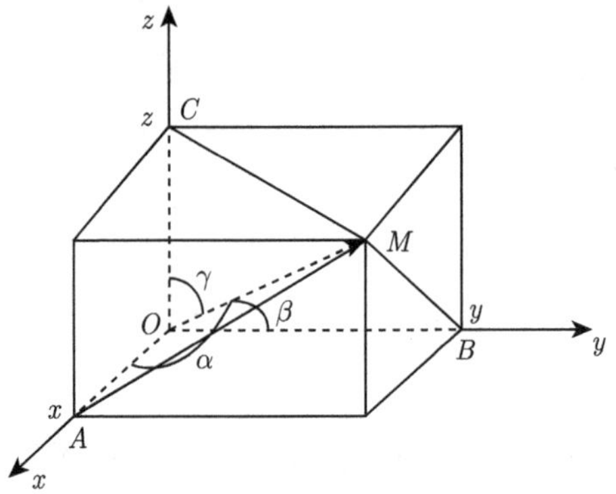

图 2.1.12

向量 $\overrightarrow{M_1M_2} = (x_2 - x_1, y_2 - y_1, z_2 - z_1)$ 的方向余弦分别为

$$\cos\alpha = \frac{x_2 - x_1}{\sqrt{(x_2-x_1)^2+(y_2-y_1)^2+(z_2-z_1)^2}},$$

$$\cos\beta = \frac{y_2 - y_1}{\sqrt{(x_2-x_1)^2+(y_2-y_1)^2+(z_2-z_1)^2}},$$

$$\cos\gamma = \frac{z_2 - z_1}{\sqrt{(x_2-x_1)^2+(y_2-y_1)^2+(z_2-z_1)^2}}.$$

方向余弦满足 $\cos^2\alpha+\cos^2\beta+\cos^2\gamma=1$.

任何非零向量 $\boldsymbol{a}=(x,y,z)$ 都存在与它同方向的单位向量 $\boldsymbol{a}^0$, 即

$$\boldsymbol{a}^0=\frac{\boldsymbol{a}}{|\boldsymbol{a}|}=\left(\frac{x}{|\boldsymbol{a}|},\frac{y}{|\boldsymbol{a}|},\frac{z}{|\boldsymbol{a}|}\right)=(\cos\alpha,\cos\beta,\cos\gamma).$$

由此可见, 如果一个向量的起点和终点给定, 则向量的坐标就唯一确定, 从而向量的大小和方向也就能唯一确定. 所以一个向量完全可由其坐标来描述.

于是, 两个向量 $\boldsymbol{a}=(a_1,a_2,a_3)$ 与 $\boldsymbol{b}=(b_1,b_2,b_3)$ 相等当且仅当它们的对应分量相等, 即

$$(a_1,\ a_2,\ a_3)=(b_1,\ b_2,\ b_3)\Leftrightarrow a_1=b_1,\ \ a_2=b_2,\ \ a_3=b_3\ .$$

两个平行的向量称为**共线向量**. 规定零向量和任何向量平行. 当向量 $\boldsymbol{a}\neq\boldsymbol{0}$ 时, 向量 $\boldsymbol{b}//\boldsymbol{a}\Leftrightarrow$ 存在唯一 $\lambda\in\mathbf{R}$, 使 $\boldsymbol{b}=\lambda\boldsymbol{a}$. 设 $\boldsymbol{a}=(a_1,\ a_2,\ a_3)$, $\boldsymbol{b}=(b_1,\ b_2,\ b_3)$, 则

$$\boldsymbol{b}//\boldsymbol{a}\Leftrightarrow\frac{b_1}{a_1}=\frac{b_2}{a_2}=\frac{b_3}{a_3}.$$

在数轴、平面、空间中讨论的向量统称为**几何向量**. 几何向量相加得到的向量还是几何向量. 几何向量乘以一个数后还是一个几何向量. 具有这些特征的向量的集合称为**向量空间**, 即**几何向量空间**.

例 2.1.2 已知空间两点 $M_1(-1,\ 0,\ -2)$, $M_2(2,\ -2,\ -1)$, 求 $\overrightarrow{M_1M_2}$ 的模、方向余弦和方向角.

解 因 $\overrightarrow{M_1M_2}=(2-(-1),\ -2-0,\ -1-(-2))=(3,\ -2,\ 1)$, 则

$$\left|\overrightarrow{M_1M_2}\right|=\sqrt{3^2+(-2)^2+1^2}=\sqrt{14},$$

方向余弦

$$\cos\alpha=\frac{3}{\sqrt{14}},\quad \cos\beta=\frac{-2}{\sqrt{14}}=-\frac{\sqrt{14}}{7},\quad \cos\gamma=\frac{1}{\sqrt{14}};$$

方向角

$$\alpha=\arccos\frac{3}{\sqrt{14}},\quad \beta=\pi-\arccos\frac{\sqrt{14}}{7},\quad \gamma=\arccos\frac{1}{\sqrt{14}}\ .$$

例 2.1.3 设 $A(x_1,\ y_1,\ z_1)$ 和 $B(x_2,\ y_2,\ z_2)$ 为两个已知点, 点 M 在 AB 直线上, 且分有向线段 $\overrightarrow{AB}$ 为两个有向线段 $\overrightarrow{AM}$ 和 $\overrightarrow{MB}$, 使 $\overrightarrow{AM}=\lambda\overrightarrow{MB}$ $(\lambda\neq-1)$, 求分点 M 的坐标.

解　如图 2.1.13, 设点 M 的坐标为 (x, y, z), 则

$$\overrightarrow{AM}=(x-x_1,\ y-y_1,\ z-z_1),\quad \overrightarrow{MB}=(x_2-x,\ y_2-y,\ z_2-z).$$

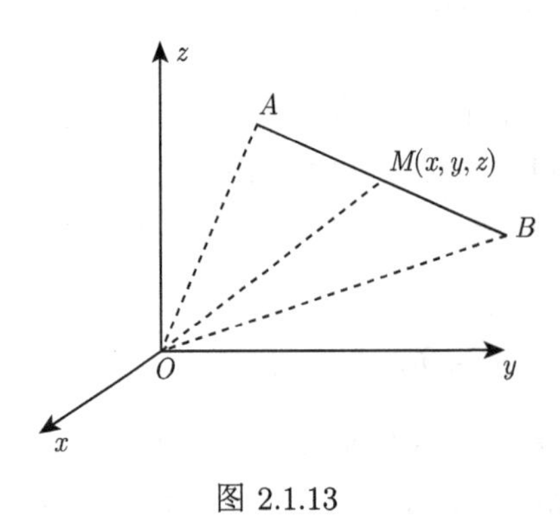

图 2.1.13

从而有 $(x-x_1,\ y-y_1,\ z-z_1)=(\lambda(x_2-x),\ \lambda(y_2-y),\ \lambda(z_2-z))$, 由向量相等的充分必要条件得

$$x-x_1=\lambda(x_2-x),\quad y-y_1=\lambda(y_2-y),$$

$$z-z_1=\lambda(z_2-z),$$

于是有

$$x=\frac{x_1+\lambda x_2}{1+\lambda},\quad y=\frac{y_1+\lambda y_2}{1+\lambda},\quad z=\frac{z_1+\lambda z_2}{1+\lambda}.$$

如果 M 是 AB 的中点, 则可得

$$x=\frac{x_1+x_2}{2},\quad y=\frac{y_1+y_2}{2},\quad z=\frac{z_1+z_2}{2}.$$

2.1.4　几何向量的投影

定义 2.1.3　过空间点 A 作垂直于轴 l 的平面, 平面与轴 l 的交点 A' 叫做点 A 在轴 l 上的**投影** (图 2.1.14).

定义 2.1.4　设向量 $\overrightarrow{AB}$ 的起点 A 和终点 B 在轴 l 上的投影分别为 A' 和 B'(图 2.1.15), 轴 l 上有向线段 $\overrightarrow{A'B'}$ 称为向量 $\overrightarrow{AB}$ 的**投影向量**, l 叫做**投影轴**. $\overrightarrow{AB}$ 在 l 上的投影, 记作 $\mathrm{Prj}_l\overrightarrow{AB}$, 且 $\mathrm{Prj}_l\overrightarrow{AB}=\begin{cases}|\overrightarrow{A'B'}|, & \overrightarrow{A'B'}\text{与}l\text{同向},\\ -|\overrightarrow{A'B'}|, & \overrightarrow{A'B'}\text{与}l\text{反向}.\end{cases}$

向量 $\overrightarrow{AB}$ 在 l 上的投影具有以下性质.

(1) $\mathrm{Prj}_l\overrightarrow{AB}=|\overrightarrow{AB}|\cos\varphi$, 其中 φ 为向量 $\overrightarrow{AB}$ 与轴 l 的夹角 $(0\leqslant\varphi\leqslant\pi)$;

(2) $\mathrm{Prj}_l(\boldsymbol{\alpha}+\boldsymbol{\beta})=\mathrm{Prj}_l\boldsymbol{\alpha}+\mathrm{Prj}_l\boldsymbol{\beta}$;

(3) $\mathrm{Prj}_l(\lambda\boldsymbol{\alpha})=\lambda\mathrm{Prj}_l\boldsymbol{\alpha}$, 其中 λ 为实数.

性质 (2) 还可以推广：

$$\mathrm{Prj}_l(\boldsymbol{\alpha}_1+\boldsymbol{\alpha}_2+\cdots+\boldsymbol{\alpha}_m)=\mathrm{Prj}_l\boldsymbol{\alpha}_1+\mathrm{Prj}_l\boldsymbol{\alpha}_2+\cdots+\mathrm{Prj}_l\boldsymbol{\alpha}_m.$$

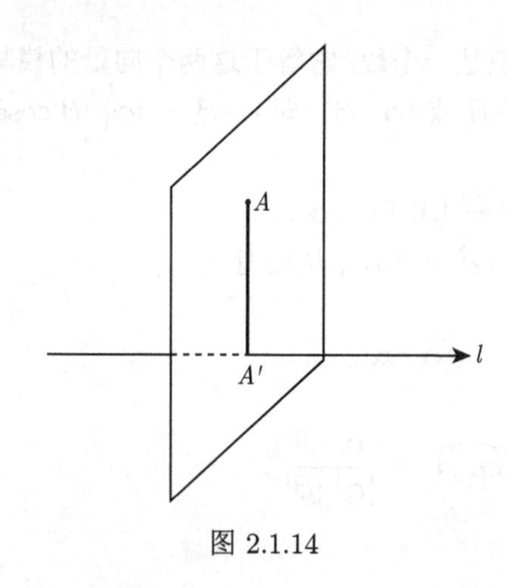

图 2.1.14

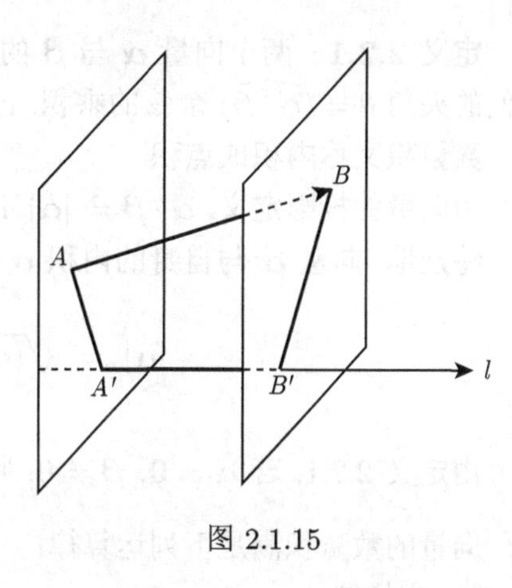

图 2.1.15

容易推出：向量 $\overrightarrow{AB}=(a,b,c)$ 在 x, y, z 三个坐标轴上的投影分别为 a, b, c, 即 $\mathrm{Prj}_x\overrightarrow{AB}=a$, $\mathrm{Prj}_y\overrightarrow{AB}=b$, $\mathrm{Prj}_z\overrightarrow{AB}=c$.

习 题 2.1

1. 指出下列各点所在的卦限或位置:

(1) M_1 (2, −1, 5); (2) M_2 (−3, 4, −1); (3) M_3 (0, 1, 2);

(4) M_4 (−2, 5, 0); (5) M_5 (0, 0, −1); (6) M_6 (0, 6, 0).

2. 已知向量 $\boldsymbol{\alpha}=(2,-1,3)$, $\boldsymbol{\beta}=(-1,0,6)$, $\boldsymbol{\gamma}=(3,-1,-4)$, 求 $2(3\boldsymbol{\alpha}-2\boldsymbol{\beta})+3(\boldsymbol{\beta}+\boldsymbol{\gamma}-\boldsymbol{\alpha})$.

3. 求点 $P_0(2,\ -5,\ 3)$ 关于 (1) 各坐标面; (2) 各坐标轴; (3) 坐标原点的对称点.

4. 已知两点 $M_1(4,\ \sqrt{2},\ 1)$, $M_2(3,\ 0,\ 2)$, 求: (1) 向量 $\overrightarrow{M_1M_2}$ 的模、方向余弦和方向角; (2) 向量 $\overrightarrow{M_1M_2}$ 在 x 轴上的投影, 并求与 $\overrightarrow{M_1M_2}$ 同方向的单位向量.

5. 已知向量 $\boldsymbol{\alpha}$ 的模为 $\sqrt{2}$, $\boldsymbol{\alpha}$ 与 y 轴, z 轴的夹角均为 θ, 与 x 轴的夹角为 2θ, 求向量 $\boldsymbol{\alpha}$.

2.2 几何向量的乘法

2.2.1 数量积

设一物体在力 $\boldsymbol{F}$ 的作用下产生位移 $\boldsymbol{S}$(图 2.2.1), 则力 $\boldsymbol{F}$ 所做的功为

$$W=|\boldsymbol{F}||\boldsymbol{S}|\cos\theta,$$

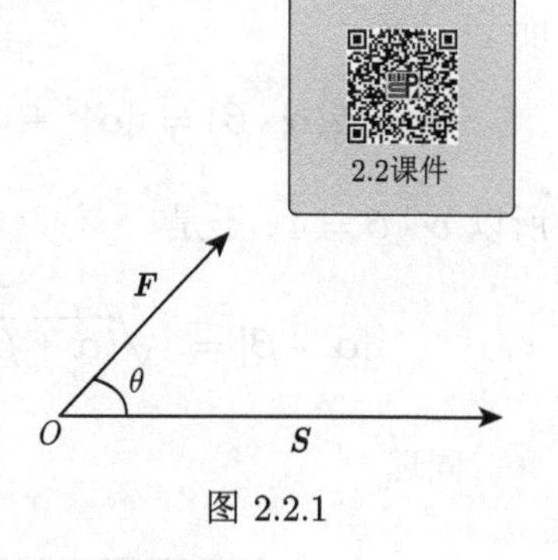

图 2.2.1

其中θ 是向量 $\boldsymbol{F}$ 与 $\boldsymbol{S}$ 的夹角. 抽去上述问题的物理意义, 向量的这种运算在数学上称为**向量的数量积**.

下面给出定义.

定义 2.2.1　两个向量 $\boldsymbol{\alpha}$ 与 $\boldsymbol{\beta}$ 的数量积是一个数, 它等于这两个向量的模与它们的夹角 $\theta = (\widehat{\boldsymbol{\alpha}, \boldsymbol{\beta}})$ 余弦的乘积, 记作 $\boldsymbol{\alpha}\cdot\boldsymbol{\beta}$ 或 $(\boldsymbol{\alpha}, \boldsymbol{\beta})$, 即 $\boldsymbol{\alpha}\cdot\boldsymbol{\beta} = |\boldsymbol{\alpha}|\ |\boldsymbol{\beta}|\cos\theta$.

数量积又称**内积**或**点积**.

由向量的投影定义, $\boldsymbol{\alpha}\cdot\boldsymbol{\beta} = |\boldsymbol{\alpha}|\ \mathrm{Prj}_{\boldsymbol{\alpha}}\boldsymbol{\beta} = |\boldsymbol{\beta}|\ \mathrm{Prj}_{\boldsymbol{\beta}}\boldsymbol{\alpha}$.

特别地, 向量 $\boldsymbol{\alpha}$ 与自身的内积 $\boldsymbol{\alpha}\cdot\boldsymbol{\alpha} = \boldsymbol{\alpha}^2 = |\boldsymbol{\alpha}|^2$, 从而有

$$|\boldsymbol{\alpha}| = \sqrt{(\boldsymbol{\alpha}, \boldsymbol{\alpha})} = \sqrt{\boldsymbol{\alpha}\cdot\boldsymbol{\alpha}}\ .$$

由定义 2.2.1, 若 $\boldsymbol{\alpha} \neq \mathbf{0}$, $\boldsymbol{\beta} \neq \mathbf{0}$, 则 $\cos(\widehat{\boldsymbol{\alpha}, \boldsymbol{\beta}}) = \dfrac{\boldsymbol{\alpha}\cdot\boldsymbol{\beta}}{|\boldsymbol{\alpha}|\ |\boldsymbol{\beta}|}$.

向量的数量积满足下列运算律:

(1) 交换律　$\boldsymbol{\alpha}\cdot\boldsymbol{\beta} = \boldsymbol{\beta}\cdot\boldsymbol{\alpha}$;

(2) 分配律　$(\boldsymbol{\alpha}+\boldsymbol{\beta})\cdot\boldsymbol{\gamma} = \boldsymbol{\alpha}\cdot\boldsymbol{\gamma} + \boldsymbol{\beta}\cdot\boldsymbol{\gamma}$;

(3) 若λ 为数　$(\lambda\boldsymbol{\alpha})\cdot\boldsymbol{\beta} = \boldsymbol{\alpha}\cdot(\lambda\boldsymbol{\beta}) = \lambda(\boldsymbol{\alpha}\cdot\boldsymbol{\beta})$,

若 λ, μ 为数　$(\lambda\boldsymbol{\alpha})\cdot(\mu\boldsymbol{\beta}) = \lambda\mu(\boldsymbol{\alpha}\cdot\boldsymbol{\beta})$.

只对运算律 (2) 给出证明.

证明　当$\boldsymbol{\gamma}=\mathbf{0}$ 时, 结论显然成立.

当$\boldsymbol{\gamma} \neq \mathbf{0}$ 时, 有

$$\begin{aligned}(\boldsymbol{\alpha}+\boldsymbol{\beta})\cdot\boldsymbol{\gamma} &= |\boldsymbol{\gamma}|\ \mathrm{Prj}_{\boldsymbol{\gamma}}(\boldsymbol{\alpha}+\boldsymbol{\beta})\\ &= |\boldsymbol{\gamma}|\,\mathrm{Prj}_{\boldsymbol{\gamma}}\boldsymbol{\alpha} + |\boldsymbol{\gamma}|\ \mathrm{Prj}_{\boldsymbol{\gamma}}\boldsymbol{\beta} = \boldsymbol{\alpha}\cdot\boldsymbol{\gamma}+\boldsymbol{\beta}\cdot\boldsymbol{\gamma}\ .\end{aligned}$$

例 2.2.1　已知向量 $\boldsymbol{\alpha}$ 和 $\boldsymbol{\beta}$, 且 $|\boldsymbol{\alpha}| = 3$, $|\boldsymbol{\beta}| = 2$, $|\boldsymbol{\alpha}-\boldsymbol{\beta}| = \sqrt{5}$, 求 $|\boldsymbol{\alpha}+\boldsymbol{\beta}|$ 及 $|2\boldsymbol{\alpha}-3\boldsymbol{\beta}|$.

解　因 $|\boldsymbol{\alpha}-\boldsymbol{\beta}|^2 = (\boldsymbol{\alpha}-\boldsymbol{\beta})^2 = \boldsymbol{\alpha}^2+\boldsymbol{\beta}^2-2(\boldsymbol{\alpha}\cdot\boldsymbol{\beta}) = |\boldsymbol{\alpha}|^2+|\boldsymbol{\beta}|^2-2(\boldsymbol{\alpha}\cdot\boldsymbol{\beta})$, 即

$$2(\boldsymbol{\alpha}\cdot\boldsymbol{\beta}) = |\boldsymbol{\alpha}|^2+|\boldsymbol{\beta}|^2-|\boldsymbol{\alpha}-\boldsymbol{\beta}|^2 = 3^2+2^2-(\sqrt{5})^2 = 8,$$

所以 $\boldsymbol{\alpha}\cdot\boldsymbol{\beta} = 4$. 于是

$$|\boldsymbol{\alpha}+\boldsymbol{\beta}| = \sqrt{(\boldsymbol{\alpha}+\boldsymbol{\beta})^2} = \sqrt{|\boldsymbol{\alpha}|^2+|\boldsymbol{\beta}|^2+2(\boldsymbol{\alpha}\cdot\boldsymbol{\beta})} = \sqrt{21}\ .$$

同理

$$|2\boldsymbol{\alpha}-3\boldsymbol{\beta}| = \sqrt{(2\boldsymbol{\alpha}-3\boldsymbol{\beta})\cdot(2\boldsymbol{\alpha}-3\boldsymbol{\beta})} = \sqrt{4|\boldsymbol{\alpha}|^2+9\,|\boldsymbol{\beta}|^2-12(\boldsymbol{\alpha}\cdot\boldsymbol{\beta})} = 2\sqrt{6}\ .$$

由数量积的定义易得, 空间直角坐标系中 x, y, z 轴上的单位向量 $\boldsymbol{i}$, $\boldsymbol{j}$, $\boldsymbol{k}$ 的内积有以下结果:

$$\boldsymbol{i}^2=\boldsymbol{j}^2=\boldsymbol{k}^2=1,\quad \boldsymbol{i}\cdot\boldsymbol{j}=\boldsymbol{j}\cdot\boldsymbol{k}=\boldsymbol{i}\cdot\boldsymbol{k}=\boldsymbol{0}\,.$$

下面讨论向量的数量积与向量的坐标之间的关系.

设任意向量 $\boldsymbol{\alpha}=(x_1,\ y_1,\ z_1)$, $\boldsymbol{\beta}=(x_2,\ y_2,\ z_2)$, 则

$$\begin{aligned}\boldsymbol{\alpha}\cdot\boldsymbol{\beta}&=(x_1\boldsymbol{i}+y_1\boldsymbol{j}+z_1\boldsymbol{k})\cdot(x_2\boldsymbol{i}+y_2\boldsymbol{j}+z_2\boldsymbol{k})\\&=(x_1x_2)\,\boldsymbol{i}^2+(x_1y_2)\,\boldsymbol{i}\cdot\boldsymbol{j}+(x_1z_2)\,\boldsymbol{i}\cdot\boldsymbol{k}\\&\quad+(y_1x_2)\,\boldsymbol{j}\cdot\boldsymbol{i}+(y_1y_2)\boldsymbol{j}^2+(y_1z_2)\,\boldsymbol{j}\cdot\boldsymbol{k}\\&\quad+(z_1x_2)\,\boldsymbol{k}\cdot\boldsymbol{i}+(z_1y_2)\,\boldsymbol{k}\cdot\boldsymbol{j}+(z_1z_2)\,\boldsymbol{k}^2\\&=x_1x_2+\ y_1y_2+\ z_1z_2,\end{aligned}$$

即

$$\boldsymbol{\alpha}\cdot\boldsymbol{\beta}=x_1x_2+\ y_1y_2+\ z_1z_2\ ,$$

这就是向量的数量积的坐标表示式. 利用这个表示式还可得出两个向量的夹角余弦的坐标表示式:

$$\cos(\widehat{\boldsymbol{\alpha},\,\boldsymbol{\beta}})=\frac{\boldsymbol{\alpha}\cdot\boldsymbol{\beta}}{|\boldsymbol{\alpha}|\,|\boldsymbol{\beta}|}=\frac{x_1x_2+y_1y_2+z_1z_2}{\sqrt{x_1^2+y_1^2+z_1^2}\sqrt{x_2^2+y_2^2+z_2^2}}\quad(\boldsymbol{\alpha}\neq\boldsymbol{0},\boldsymbol{\beta}\neq\boldsymbol{0})\,.$$

若向量 $\boldsymbol{\alpha}$ 与 $\boldsymbol{\beta}$ 的夹角为 $\dfrac{\pi}{2}$, 则称 $\boldsymbol{\alpha}$ 与 $\boldsymbol{\beta}$ **垂直** (或**正交**), 记作 $\boldsymbol{\alpha}\perp\boldsymbol{\beta}$. 并且有

$$\boldsymbol{\alpha}\perp\boldsymbol{\beta}\Leftrightarrow\boldsymbol{\alpha}\cdot\boldsymbol{\beta}=x_1x_2+y_1y_2+z_1z_2=0.$$

由于零向量的方向任意 (在 0 到 π 之间任意取值), 所以零向量与任何向量垂直.

例 2.2.2 设 $\boldsymbol{\alpha}=(1,\,2,\,3)$, $\boldsymbol{\beta}=(8,\,5,\,11)$, $\boldsymbol{\gamma}=(7,\,5,\,1)$, 求 $\boldsymbol{\alpha}+\boldsymbol{\beta}+\boldsymbol{\gamma}$ 的模和方向余弦, 并求 $\boldsymbol{\alpha}+\boldsymbol{\beta}+\boldsymbol{\gamma}$ 与 $\boldsymbol{\alpha}$ 的夹角θ.

解 因 $\boldsymbol{\alpha}+\boldsymbol{\beta}+\boldsymbol{\gamma}=(1,\,2,\,3)+(8,\,5,\,11)+(7,\,5,\,1)=(16,\,12,\,15)$, 所以

$$|\boldsymbol{\alpha}+\boldsymbol{\beta}+\boldsymbol{\gamma}|=\sqrt{16^2+12^2+15^2}=25,$$

方向余弦分别为

$$\cos\boldsymbol{\alpha}=\frac{16}{25},\quad\cos\boldsymbol{\beta}=\frac{12}{25},\quad\cos\boldsymbol{\gamma}=\frac{15}{25}=\frac{3}{5}.$$

$$\cos\theta = \frac{(\boldsymbol{\alpha}+\boldsymbol{\beta}+\boldsymbol{\gamma})\cdot\boldsymbol{\alpha}}{|\boldsymbol{\alpha}+\boldsymbol{\beta}+\boldsymbol{\gamma}|\,|\boldsymbol{\alpha}|} = \frac{16\times1+12\times2+15\times3}{25\times\sqrt{1^2+2^2+3^2}} = \frac{85}{25\times\sqrt{14}} = \frac{17}{70}\sqrt{14}\,.$$

所以 $\theta = \arccos\frac{17}{70}\sqrt{14}$.

例 2.2.3 已知向量 $\boldsymbol{\alpha}, \boldsymbol{\beta}$ 的模分别为 $|\boldsymbol{\alpha}|=1$, $|\boldsymbol{\beta}|=2$, 它们的夹角 $(\widehat{\boldsymbol{\alpha},\boldsymbol{\beta}}) = \frac{\pi}{3}$, 求向量 $\boldsymbol{A}=3\boldsymbol{\alpha}-2\boldsymbol{\beta}$ 与 $\boldsymbol{B}=\boldsymbol{\alpha}+2\boldsymbol{\beta}$ 的夹角.

解 因 $\cos(\widehat{\boldsymbol{A},\boldsymbol{B}}) = \frac{\boldsymbol{A}\cdot\boldsymbol{B}}{|\boldsymbol{A}|\,|\boldsymbol{B}|}$, 而

$$\begin{aligned}
\boldsymbol{A}\cdot\boldsymbol{B} &= (3\boldsymbol{\alpha}-2\boldsymbol{\beta})\cdot(\boldsymbol{\alpha}+2\boldsymbol{\beta}) = 3|\boldsymbol{\alpha}|^2+4\boldsymbol{\alpha}\cdot\boldsymbol{\beta}-4|\boldsymbol{\beta}|^2\\
&= 3\times1^2+4\times\left(1\times2\times\cos\frac{\pi}{3}\right)-4\times2^2=-9\,,\\
|\boldsymbol{A}| &= \sqrt{\boldsymbol{A}^2} = \sqrt{(3\boldsymbol{\alpha}-2\boldsymbol{\beta})^2} = \sqrt{9\boldsymbol{\alpha}^2-12\,\boldsymbol{\alpha}\cdot\boldsymbol{\beta}+4\boldsymbol{\beta}^2}\\
&= \sqrt{9\times1^2-12\times1\times2\times\frac{1}{2}+4\times2^2} = \sqrt{13}\,,\\
|\boldsymbol{B}| &= \sqrt{\boldsymbol{B}^2} = \sqrt{(\boldsymbol{\alpha}+2\boldsymbol{\beta})^2} = \sqrt{\boldsymbol{\alpha}^2+4\,\boldsymbol{\alpha}\cdot\boldsymbol{\beta}+4\boldsymbol{\beta}^2} = \sqrt{21},
\end{aligned}$$

所以

$$\cos(\widehat{\boldsymbol{A},\boldsymbol{B}}) = \frac{\boldsymbol{A}\cdot\boldsymbol{B}}{|\boldsymbol{A}|\,|\boldsymbol{B}|} = -\frac{9}{\sqrt{13}\sqrt{21}}\,,$$

$$(\widehat{\boldsymbol{A},\boldsymbol{B}}) = \pi-\arccos\frac{9}{\sqrt{13}\sqrt{21}} \approx 123^\circ\,.$$

例 2.2.4 已知 $|\boldsymbol{\alpha}|=3$, $|\boldsymbol{\beta}|=6$, 它们的夹角 $(\widehat{\boldsymbol{\alpha},\boldsymbol{\beta}}) = \frac{\pi}{3}$, 且向量 $3\boldsymbol{\alpha}-\lambda\boldsymbol{\beta}$ 与 $\boldsymbol{\alpha}+2\boldsymbol{\beta}$ 垂直, 求 λ 的值.

解 由两个向量垂直的充要条件, 得

$$\begin{aligned}
0 &= (3\boldsymbol{\alpha}-\lambda\boldsymbol{\beta})\cdot(\boldsymbol{\alpha}+2\boldsymbol{\beta})\\
&= 3\boldsymbol{\alpha}^2+(6-\lambda)\,\boldsymbol{\alpha}\cdot\boldsymbol{\beta}-2\lambda\boldsymbol{\beta}^2\\
&= 3|\boldsymbol{\alpha}|^2+(6-\lambda)\,|\boldsymbol{\alpha}|\,|\boldsymbol{\beta}|\cos\frac{\pi}{3}-2\lambda|\boldsymbol{\beta}|^2\\
&= 81-81\lambda,
\end{aligned}$$

所以$\lambda=1$.

2.2.2　向量积

设 O 为一根杠杆 L 的支点, 有一力 $\boldsymbol{F}$ 作用于这杠杆上点 P 处 (图 2.2.2). 力 $\boldsymbol{F}$ 与 OP 的夹角为 θ, 力 $\boldsymbol{F}$ 对支点 O 的力矩是一向量 $\boldsymbol{M}$, 它的模为 $|\boldsymbol{M}| = |\overrightarrow{OP}||\boldsymbol{F}|\sin\theta$, $\boldsymbol{M}$ 的方向垂直于 $\boldsymbol{F}$ 与 $\overrightarrow{OP}$ 所确定的平面, 且符合右手系.

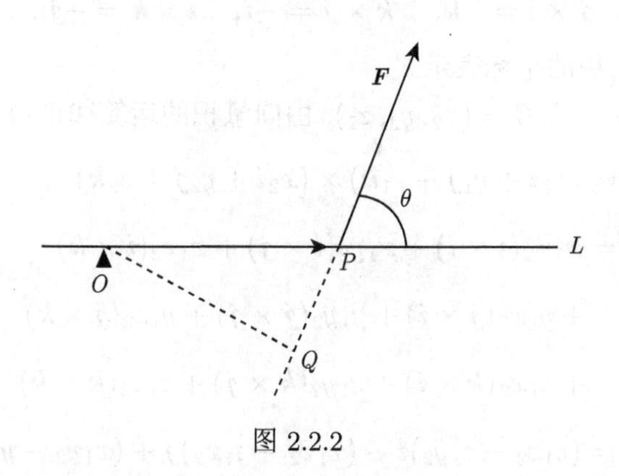

图 2.2.2

这种物理问题: 一个向量 $\boldsymbol{F}$ 作用在向量 $\overrightarrow{OP}$ 上产生另一个新的向量力矩, 这个新的向量在数学上称为两个向量的**向量积**. 抽去这个问题的物理意义, 我们给出任意两个向量的向量积的定义.

定义 2.2.2　两向量 $\boldsymbol{\alpha}$ 与 $\boldsymbol{\beta}$ 的向量积是一个向量, 记作 $\boldsymbol{\alpha}\times\boldsymbol{\beta}$ 或 $[\boldsymbol{\alpha},\boldsymbol{\beta}]$, 它的模 $|\boldsymbol{\alpha}\times\boldsymbol{\beta}| = |\boldsymbol{\alpha}|\,|\boldsymbol{\beta}|\sin\theta$ $(\theta = (\widehat{\boldsymbol{\alpha},\boldsymbol{\beta}}))$, 方向与 $\boldsymbol{\alpha}$ 和 $\boldsymbol{\beta}$ 垂直, 并且 $\boldsymbol{\alpha}$, $\boldsymbol{\beta}$, $\boldsymbol{\alpha}\times\boldsymbol{\beta}$ 符合右手系.

向量积又称**外积**或**叉积**.

向量积模的几何意义:

如果 $\boldsymbol{\alpha}$ 与 $\boldsymbol{\beta}$ 是非零且不共线的向量, 则 $\boldsymbol{\alpha}$ 与 $\boldsymbol{\beta}$ 的向量积的模 $|\boldsymbol{\alpha}\times\boldsymbol{\beta}| = |\boldsymbol{\alpha}|\,|\boldsymbol{\beta}|\sin\theta$, 等于以 $\boldsymbol{\alpha}$ 和 $\boldsymbol{\beta}$ 为邻边的平行四边形的面积 (图 2.2.3).

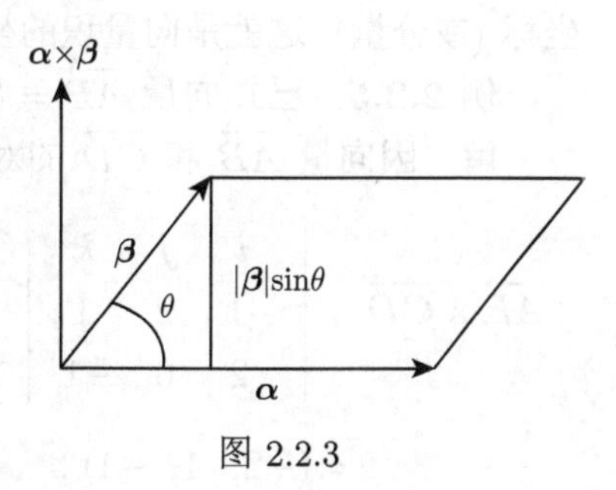

图 2.2.3

由向量积的定义可以推得

(1) $\boldsymbol{\alpha}\times\boldsymbol{\alpha} = \boldsymbol{0}$;

(2) $\boldsymbol{\alpha}//\boldsymbol{\beta} \Leftrightarrow \boldsymbol{\alpha}\times\boldsymbol{\beta} = \boldsymbol{0}$.

向量积的运算律:

(1) 反对称性　$\boldsymbol{\alpha}\times\boldsymbol{\beta} = -\boldsymbol{\beta}\times\boldsymbol{\alpha}$;

(2) 分配律　$(\boldsymbol{\alpha}+\boldsymbol{\beta})\times\boldsymbol{\gamma} = \boldsymbol{\alpha}\times\boldsymbol{\gamma}+\boldsymbol{\beta}\times\boldsymbol{\gamma}$;

(3) 若 λ, μ 为数　$(\lambda\boldsymbol{\alpha})\times(\mu\boldsymbol{\beta}) = \lambda\mu(\boldsymbol{\alpha}\times\boldsymbol{\beta})$.

运算律 (2) 和 (3) 证明较繁, 这里不予证明.

由向量积的定义不难得出

$$\boldsymbol{i}\times\boldsymbol{i}=\boldsymbol{j}\times\boldsymbol{j}=\boldsymbol{k}\times\boldsymbol{k}=\boldsymbol{0}\,,$$

$$\boldsymbol{i}\times\boldsymbol{j}=\boldsymbol{k},\quad \boldsymbol{j}\times\boldsymbol{k}=\boldsymbol{i},\quad \boldsymbol{k}\times\boldsymbol{i}=\boldsymbol{j}\,,$$

$$\boldsymbol{j}\times\boldsymbol{i}=-\boldsymbol{k},\quad \boldsymbol{k}\times\boldsymbol{j}=-\boldsymbol{i},\quad \boldsymbol{i}\times\boldsymbol{k}=-\boldsymbol{j}\,.$$

下面讨论向量积的坐标表示式.

设 $\boldsymbol{\alpha}=(x_1,y_1,z_1),\boldsymbol{\beta}=(x_2,y_2,z_2)$, 由向量积的运算律可得

$$\begin{aligned}\boldsymbol{\alpha}\times\boldsymbol{\beta}&=(x_1\boldsymbol{i}+y_1\boldsymbol{j}+z_1\boldsymbol{k})\times(x_2\boldsymbol{i}+y_2\boldsymbol{j}+z_2\boldsymbol{k})\\&=x_1x_2(\boldsymbol{i}\times\boldsymbol{i})+x_1y_2(\boldsymbol{i}\times\boldsymbol{j})+x_1z_2(\boldsymbol{i}\times\boldsymbol{k})\\&\quad+y_1x_2(\boldsymbol{j}\times\boldsymbol{i})+y_1y_2(\boldsymbol{j}\times\boldsymbol{j})+y_1z_2(\boldsymbol{j}\times\boldsymbol{k})\\&\quad+z_1x_2(\boldsymbol{k}\times\boldsymbol{i})+z_1y_2(\boldsymbol{k}\times\boldsymbol{j})+z_1z_2(\boldsymbol{k}\times\boldsymbol{k})\\&=(y_1z_2-z_1y_2)\boldsymbol{i}-(x_1z_2-z_1x_2)\boldsymbol{j}+(x_1y_2-y_1x_2)\boldsymbol{k}.\end{aligned}$$

为了便于记忆, 上述结果可用行列式表示：

$$\boldsymbol{\alpha}\times\boldsymbol{\beta}=\begin{vmatrix}\boldsymbol{i}&\boldsymbol{j}&\boldsymbol{k}\\x_1&y_1&z_1\\x_2&y_2&z_2\end{vmatrix}=\begin{vmatrix}y_1&z_1\\y_2&z_2\end{vmatrix}\boldsymbol{i}-\begin{vmatrix}x_1&z_1\\x_2&z_2\end{vmatrix}\boldsymbol{j}+\begin{vmatrix}x_1&y_1\\x_2&y_2\end{vmatrix}\boldsymbol{k}\,.$$

注意　该行列式只按第一行展开. $\boldsymbol{i},\boldsymbol{j},\boldsymbol{k}$ 的代数余子式分别是向量 $\boldsymbol{\alpha}\times\boldsymbol{\beta}$ 的坐标 (或分量), 这就是向量积的坐标表示式.

例 2.2.5　已知向量 $\overrightarrow{AB}=(-1,\ 2,\ 1)$, $\overrightarrow{CD}=(2,\ 0,\ -1)$, 求 $\overrightarrow{AB}\times\overrightarrow{CD}$.

解　因向量 $\overrightarrow{AB}$ 和 $\overrightarrow{CD}$ 的对应坐标不成比例, 所以 $\overrightarrow{AB}$ 与 $\overrightarrow{CD}$ 不平行, 则

$$\begin{aligned}\overrightarrow{AB}\times\overrightarrow{CD}&=\begin{vmatrix}\boldsymbol{i}&\boldsymbol{j}&\boldsymbol{k}\\-1&2&1\\2&0&-1\end{vmatrix}=\begin{vmatrix}2&1\\0&-1\end{vmatrix}\boldsymbol{i}-\begin{vmatrix}-1&1\\2&-1\end{vmatrix}\boldsymbol{j}+\begin{vmatrix}-1&2\\2&0\end{vmatrix}\boldsymbol{k}\\&=(-2,\ 1,\ -4)\,.\end{aligned}$$

例 2.2.6　已知 $\triangle ABC$ 的三个顶点分别为 $A(3,\,1,\,-1)$, $B(2,\,2,\,1)$, $C(-1{,}0,\,-2)$, 求 $\triangle ABC$ 的面积.

解　由向量积模的几何意义, 可得 $\triangle ABC$ 的面积为平行四边形 $ABCD$ 面积的一半 (图 2.2.4), 即

$$S_{\triangle ABC}=\frac{1}{2}S_{\square ABCD}=\frac{1}{2}\left|\overrightarrow{AB}\times\overrightarrow{AC}\right|\,.$$

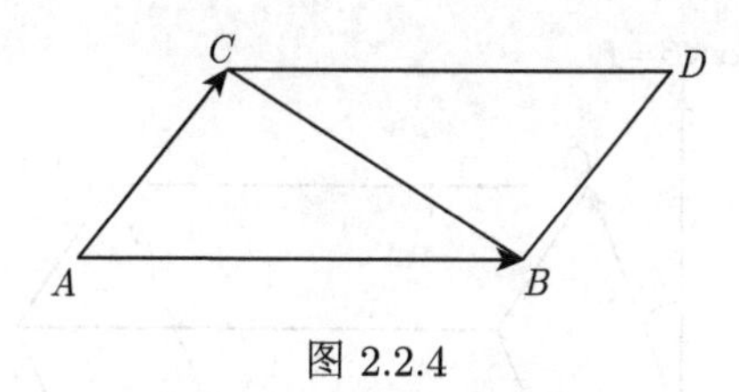

图 2.2.4

而 $\overrightarrow{AB}=(-1,\ 1,\ 2)$，$\overrightarrow{AC}=(-4,\ -1,\ -1)$，

$$\overrightarrow{AB}\times\overrightarrow{AC}=\begin{vmatrix} \boldsymbol{i} & \boldsymbol{j} & \boldsymbol{k} \\ -1 & 1 & 2 \\ -4 & -1 & -1 \end{vmatrix}=(1,\ -9,\ 5)\,.$$

所以

$$S_{\triangle ABC}=\frac{1}{2}\left|\overrightarrow{AB}\times\overrightarrow{AC}\right|=\frac{1}{2}\sqrt{1^2+(-9)^2+5^2}=\frac{\sqrt{107}}{2}.$$

2.2.3 混合积

定义 2.2.3 设三个向量$\boldsymbol{\alpha}, \boldsymbol{\beta}$ 和$\boldsymbol{\gamma}$. 先作两个向量$\boldsymbol{\alpha}$ 和$\boldsymbol{\beta}$ 的向量积$\boldsymbol{\alpha}\times\boldsymbol{\beta}$, 把所得到的向量与第三个向量$\boldsymbol{\gamma}$ 再作数量积 $(\boldsymbol{\alpha}\times\boldsymbol{\beta})\cdot\boldsymbol{\gamma}$, 这样得到的数量叫做三个向量$\boldsymbol{\alpha}, \boldsymbol{\beta}, \boldsymbol{\gamma}$ 的**混合积**. 记作 $(\boldsymbol{\alpha}, \boldsymbol{\beta}, \boldsymbol{\gamma})$ 或 $[\boldsymbol{\alpha}\ \boldsymbol{\beta}\ \boldsymbol{\gamma}]$.

下面推导混合积的坐标表示式.

设

$$\boldsymbol{\alpha}=x_1\boldsymbol{i}+y_1\boldsymbol{j}+z_1\boldsymbol{k}\,,\quad \boldsymbol{\beta}=x_2\boldsymbol{i}+y_2\boldsymbol{j}+z_2\boldsymbol{k}\,,\quad \boldsymbol{\gamma}=x_3\boldsymbol{i}+y_3\boldsymbol{j}+z_3\boldsymbol{k}.$$

因

$$\boldsymbol{\alpha}\times\boldsymbol{\beta}=\begin{vmatrix} \boldsymbol{i} & \boldsymbol{j} & \boldsymbol{k} \\ x_1 & y_1 & z_1 \\ x_2 & y_2 & z_2 \end{vmatrix}=\left(\begin{vmatrix} y_1 & z_1 \\ y_2 & z_2 \end{vmatrix}, -\begin{vmatrix} x_1 & z_1 \\ x_2 & z_2 \end{vmatrix}, \begin{vmatrix} x_1 & y_1 \\ x_2 & y_2 \end{vmatrix}\right),$$

所以

$$\begin{aligned}(\boldsymbol{\alpha},\boldsymbol{\beta},\boldsymbol{\gamma})&=(\boldsymbol{\alpha}\times\boldsymbol{\beta})\cdot\boldsymbol{\gamma}\\ &=x_3\begin{vmatrix} y_1 & z_1 \\ y_2 & z_2 \end{vmatrix}-y_3\begin{vmatrix} x_1 & z_1 \\ x_2 & z_2 \end{vmatrix}+z_3\begin{vmatrix} x_1 & y_1 \\ x_2 & y_2 \end{vmatrix}=\begin{vmatrix} x_1 & y_1 & z_1 \\ x_2 & y_2 & z_2 \\ x_3 & y_3 & z_3 \end{vmatrix}.\end{aligned}$$

混合积的几何意义：$(\boldsymbol{\alpha},\boldsymbol{\beta},\boldsymbol{\gamma})=(\boldsymbol{\alpha}\times\boldsymbol{\beta})\cdot\boldsymbol{\gamma}$ 的绝对值表示以向量$\boldsymbol{\alpha}, \boldsymbol{\beta}, \boldsymbol{\gamma}$ 为相邻棱的平行六面体的体积 (图 2.2.5).

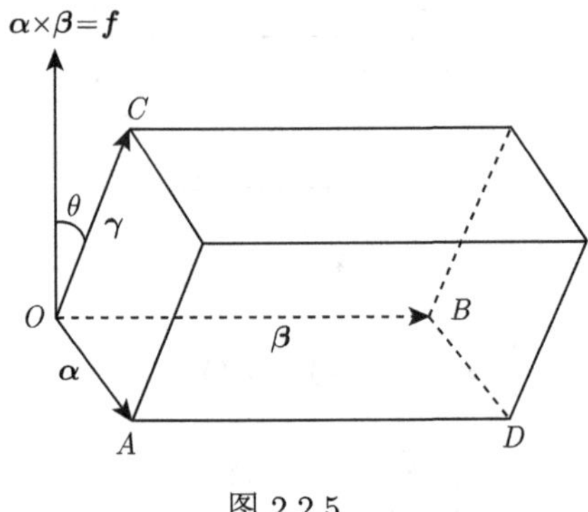

图 2.2.5

因为以向量$\boldsymbol{\alpha}$, $\boldsymbol{\beta}$, $\boldsymbol{\gamma}$ 为棱的平行六面体的底面积 S 在数值上等于 $|\boldsymbol{\alpha}\times\boldsymbol{\beta}|$, 它的高 h 等于向量$\boldsymbol{\gamma}$ 在向量 $\boldsymbol{f}$ 上的投影的绝对值, 即 $h = |\ \mathrm{Prj}_f\boldsymbol{\gamma}\ | = |\ \boldsymbol{\gamma}\ ||\cos\theta|$, 所以平行六面体的体积

$$V = Sh = |\boldsymbol{\alpha}\times\boldsymbol{\beta}||\boldsymbol{\gamma}||\cos\theta| = |(\boldsymbol{\alpha},\boldsymbol{\beta},\boldsymbol{\gamma})|.$$

如果向量$\boldsymbol{\alpha}$, $\boldsymbol{\beta}$, $\boldsymbol{\gamma}$ 构成右手系, 那么混合积是正的; 如果$\boldsymbol{\alpha}$, $\boldsymbol{\beta}$, $\boldsymbol{\gamma}$ 构成左手系, 那么混合积是负的.

由混合积的定义可得下列性质：

(1) $(\boldsymbol{\alpha},\boldsymbol{\beta},\boldsymbol{\gamma}) = (\boldsymbol{\alpha}\times\boldsymbol{\beta})\cdot\boldsymbol{\gamma} = (\boldsymbol{\beta}\times\boldsymbol{\gamma})\cdot\boldsymbol{\alpha} = (\boldsymbol{\gamma}\times\boldsymbol{\alpha})\cdot\boldsymbol{\beta}$;

(2) $(\boldsymbol{\alpha},\ \boldsymbol{\alpha},\ \boldsymbol{\gamma}) = 0$;

(3) $((\boldsymbol{\alpha}_1+\boldsymbol{\alpha}_2),\ \boldsymbol{\beta},\ \boldsymbol{\gamma})=(\boldsymbol{\alpha}_1,\ \boldsymbol{\beta},\ \boldsymbol{\gamma})+(\boldsymbol{\alpha}_2,\ \boldsymbol{\beta},\ \boldsymbol{\gamma})$;

(4) $(k\boldsymbol{\alpha},\boldsymbol{\beta},\boldsymbol{\gamma}) = (\boldsymbol{\alpha},k\boldsymbol{\beta},\ \boldsymbol{\gamma}) = (\boldsymbol{\alpha},\ \boldsymbol{\beta},\ k\boldsymbol{\gamma})= k(\boldsymbol{\alpha},\ \boldsymbol{\beta},\ \boldsymbol{\gamma})$;

(5) $(\boldsymbol{\alpha},\ \boldsymbol{\beta},\ \boldsymbol{\gamma}+m\boldsymbol{\alpha}) = (\boldsymbol{\alpha},\ \boldsymbol{\beta},\ \boldsymbol{\gamma})$.

其中 k, m 是实数.

平行于同一平面的向量称为**共面向量**, 三个向量$\boldsymbol{\alpha}$, $\boldsymbol{\beta}$, $\boldsymbol{\gamma}$ 共面的充分必要条件是它们的混合积等于零, 即

$$(\boldsymbol{\alpha},\boldsymbol{\beta},\boldsymbol{\gamma}) = \begin{vmatrix} x_1 & y_1 & z_1 \\ x_2 & y_2 & z_2 \\ x_3 & y_3 & z_3 \end{vmatrix} = 0\ .$$

习 题 2.2

1. 设向量$\boldsymbol{\alpha}, \boldsymbol{\beta}$ 的模分别为 $|\boldsymbol{\alpha}| = 2, |\boldsymbol{\beta}| = 3$, 夹角 $\theta = \dfrac{\pi}{3}$, 求下列各值:

(1) $(\boldsymbol{\alpha} - \boldsymbol{\beta})^2$; (2) $(\boldsymbol{\alpha} - 2\boldsymbol{\beta}) \cdot (3\boldsymbol{\alpha} + \boldsymbol{\beta})$; (3) $-5\boldsymbol{\beta} \cdot (2\boldsymbol{\alpha} - \boldsymbol{\beta})$.

2. 已知向量 $\boldsymbol{a}, \boldsymbol{b}, \boldsymbol{c}$ 满足 $\boldsymbol{a}+\boldsymbol{b}+\boldsymbol{c}=\boldsymbol{0}$, 并且 $|\boldsymbol{a}| = |\boldsymbol{b}| = |\boldsymbol{c}| =1$, 求 $\boldsymbol{a}\cdot\boldsymbol{b}+\boldsymbol{a}\cdot\boldsymbol{c}+\boldsymbol{b}\cdot\boldsymbol{c}$.

3. 已知向量 $\boldsymbol{\alpha} = \boldsymbol{i} - 2\boldsymbol{j}$, $\boldsymbol{\beta} = \boldsymbol{i} - \boldsymbol{j} + \boldsymbol{k}$, 求 $\mathrm{Prj}_{\boldsymbol{\beta}}\boldsymbol{\alpha}$ 及 $(\widehat{\boldsymbol{\alpha},\boldsymbol{\beta}})$.

4. 若向量 $\boldsymbol{x}$ 与$\boldsymbol{\alpha}$=(1, −1, 2) 共线, 且$\boldsymbol{\alpha}\boldsymbol{x} = -3$, 求向量 $\boldsymbol{x}$.

5. 已知 $\boldsymbol{\alpha} = (1,\ 0,\ -1)$, $\boldsymbol{\beta} = (2,\ 1,\ 0)$, $\boldsymbol{\gamma} = (0,\ 3,\ -1)$, 求

(1) $2\boldsymbol{\alpha} \times (-3\boldsymbol{\beta})$; (2) $\boldsymbol{\alpha} \cdot (\boldsymbol{\beta} \times \boldsymbol{\gamma})$;

(3) $(\boldsymbol{\beta} + \boldsymbol{\gamma}) \times \boldsymbol{\alpha}$; (4) $(\boldsymbol{\alpha} \times \boldsymbol{\beta}) \cdot (\boldsymbol{\beta} \times \boldsymbol{\gamma})$.

6. 已知三点 $M_1(2,\ -1,\ 3)$, $M_2(1,\ 0,\ 1)$, $M_3(-1,\ 1,\ 2)$, 求与 $\overrightarrow{M_1M_2}$, $\overrightarrow{M_2M_3}$ 同时垂直的单位向量.

7. 已知 $\overrightarrow{AB} = 2\boldsymbol{\alpha} - \boldsymbol{\beta}$, $\overrightarrow{AD} = \boldsymbol{\alpha} + \boldsymbol{\beta}$, 其中 $|\boldsymbol{\alpha}| = 3$, $|\boldsymbol{\beta}| = 2$, $\sin(\widehat{\boldsymbol{\alpha},\ \boldsymbol{\beta}}) = \dfrac{1}{3}$, 求平行四边形 $ABCD$ 的面积.

8. 证明:$|\boldsymbol{\alpha} \times \boldsymbol{\beta}|^2 + (\boldsymbol{\alpha} \cdot \boldsymbol{\beta})^2 = |\boldsymbol{\alpha}|^2 \cdot |\boldsymbol{\beta}|^2$.

9. 证明点 $A(2,\ -1,\ -2)$, $B(1,\ 2,\ 1)$, $C(2,\ 3,\ 0)$, $D(5,\ 0,\ -6)$ 在同一平面上.

2.3 空间的平面与直线

本节以向量为工具, 讨论空间中较简单的几何图形, 即空间的平面与直线. 主要研究平面与直线的方程及性质. 图形与方程具有一一对应的关系, 即图形上任一点的坐标都满足某个方程, 坐标满足方程的点都在图形上.

2.3.1 平面及其方程

1. 平面的点法式方程

我们知道, 过空间一点和一条直线垂直的平面有且只有一个. 设平面 π 过一个已知点 $M_0\ (x_0,\ y_0,\ z_0)$, 非零向量 $\boldsymbol{n}= (A,\ B,\ C)$ 与平面 π 垂直, 称非零向量 $\boldsymbol{n}$ 为平面 π 的**法线向量**, 简称**法向量** (图 2.3.1). 在平面 π 上任取一点 $M(x,y,z)$, 可得向量 $\overrightarrow{M_0M} = (x - x_0,\ y - y_0,\ z - z_0)$, 则 $\overrightarrow{M_0M} \subset \pi$, 故有 $\overrightarrow{M_0M} \perp \boldsymbol{n}$, 于是 $\overrightarrow{M_0M} \cdot \boldsymbol{n} = 0$, 即

$$A(x - x_0) + B(y - y_0) + C(z - z_0) = 0 . \tag{2.3.1}$$

这就是平面上任一点 M 的坐标所满足的方程. 反过来, 坐标满足方程的点必在平面上. 所以方程 (2.3.1) 就是平面π 的方程, 称为**点法式方程**.

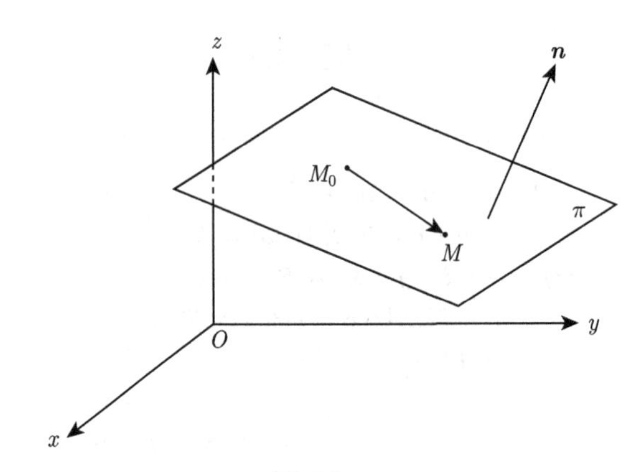

图 2.3.1

例 2.3.1　求过三点 $A(2,\ -1,\ 4)$, $B(-1,\ 3,\ -2)$, $C(0,\ 2,\ 3)$ 的平面方程.

解　$\overrightarrow{AB}=(-3,\ 4,-6),\overrightarrow{AC}=(-2,\ 3,-1)$,

$$\boldsymbol{n}=\overrightarrow{AB}\times\overrightarrow{AC}=\begin{vmatrix}\boldsymbol{i} & \boldsymbol{j} & \boldsymbol{k}\\ -3 & 4 & -6\\ -2 & 3 & -1\end{vmatrix}=(14,\ 9,\ -1).$$

故所求平面方程为

$$14\,(x-2)+9(y+1)-(z-4)=0.$$

例 2.3.2　设平面过原点 O 及点 $P(6,\ -3,\ 2)$, 且与平面 $4x-y+2z=8$ 垂直, 求此平面方程.

解　因已知平面与所求平面垂直, 所以所求平面的法向量 $\boldsymbol{n}$ 与已知平面的法向量 $\boldsymbol{n}_1$=(4,−1,2) 垂直, 则有

$$\boldsymbol{n}=\overrightarrow{OP}\times\boldsymbol{n}_1=\begin{vmatrix}\boldsymbol{i} & \boldsymbol{j} & \boldsymbol{k}\\ 6 & -3 & 2\\ 4 & -1 & 2\end{vmatrix}=(-4,\ -4,\ 6)=-2\,(2,\ 2,\ -3)\,.$$

取向量 (2, 2, −3) 作为所求平面的法向量, 原点 $O(0,\ 0,\ 0)$ 作为已知点, 由点法式可得平面方程为

$$2(x-0)+2(y-0)-3(z-0)=0\,.$$

2. 平面的一般式方程

平面的点法式方程 (2.3.1) 可改写成

$$A\,x+By+C\,z+D=0\,, \tag{2.3.2}$$

其中 $D=-(Ax_0+By_0+Cz_0)$, 且 $A^2+B^2+C^2\neq 0$.

方程 (2.3.2) 称为平面的**一般式方程**. 可见平面方程是三元一次方程. 反之, 任何三元一次方程 (2.3.2) 都表示一个平面. 事实上, 因 $A^2+B^2+C^2\neq 0$, 不妨设 $A\neq 0$, 方程 (2.3.2) 可以写成 $A\left(x+\dfrac{D}{A}\right)+B(y-0)+C(z-0)=0$. 这表示一个过点 $M_0\left(-\dfrac{D}{A},\ 0,\ 0\right)$, 法向量 $\boldsymbol{n}=(A,\ B,\ C)$ 的平面.

用平面的一般式方程可以讨论一些特殊平面的性质.

(1) 当 $D=0$ 时, 平面经过坐标原点.

(2) 当 $A=0$ 且 $D=0$ 时, 平面过 x 轴; $D\neq 0$ 时, 平面平行于 x 轴.

类似地可讨论 $B=0, C=0$ 的情形.

(3) 当 $A=B=0$ 且 $D=0$ 时, 平面既过 x 轴又过 y 轴, 就是 xOy 坐标面; $D\neq 0$ 时, 平面平行于 xOy 坐标面.

类似地可讨论 $A=C=0, B=C=0$ 的情形.

例 2.3.3 求过点 $M_0(1,\ 2,\ 3)$, 且

(1) 通过 x 轴的平面方程;

(2) 与 yOz 面平行的平面方程.

并分别画出它们的图形.

解 (1) 平面方程可设为 $By+Cz=0$; 把点 M_0 的坐标 (1, 2, 3) 代入所设方程, 得 $2B+3C=0$, 所求的平面方程为 $-\dfrac{3}{2}Cy+Cz=0$, 即 $3y-2z=0$. 其图形为图 2.3.2.

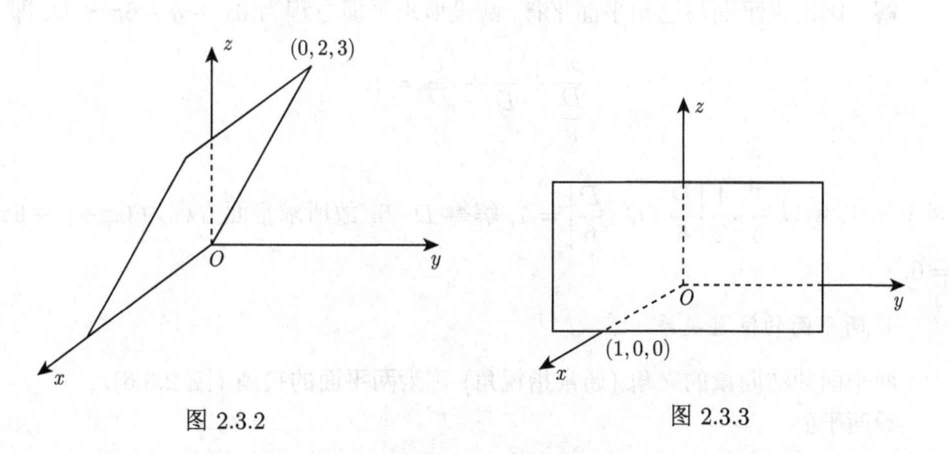

图 2.3.2　　　　图 2.3.3

(2) 平面方程可设为 $Ax+D=0$, 把 M_0 的坐标 (1, 2, 3) 代入得 $A=-D$, 将其代入所设方程得所求平面方程 $x-1=0$, 其图形为图 2.3.3.

3. 平面的截距式方程

如果一平面与三条坐标轴都相交但不过原点, 三个交点坐标分别为 $P(a, 0, 0)$, $Q(0, b, 0)$, $R(0, 0, c)$(图 2.3.4), 其中 a, b, c 均不为零. 则这平面的方程可写为

$$\frac{x}{a}+\frac{y}{b}+\frac{z}{c}=1.$$

这个方程称为平面的**截距式方程**. a, b, c 分别称为在 x, y, z 三个坐标轴上的**截距**.

事实上, 利用平面的一般式方程 $Ax+By+Cz+D=0$, 把三个交点坐标代入求出 A, B, C 再代回一般方程即可得到截距式方程.

例 2.3.4　求平行于平面 $6x+y+6z+5=0$ 而与第一卦限的坐标面所围成的四面体体积为一个单位的平面方程 (图 2.3.5).

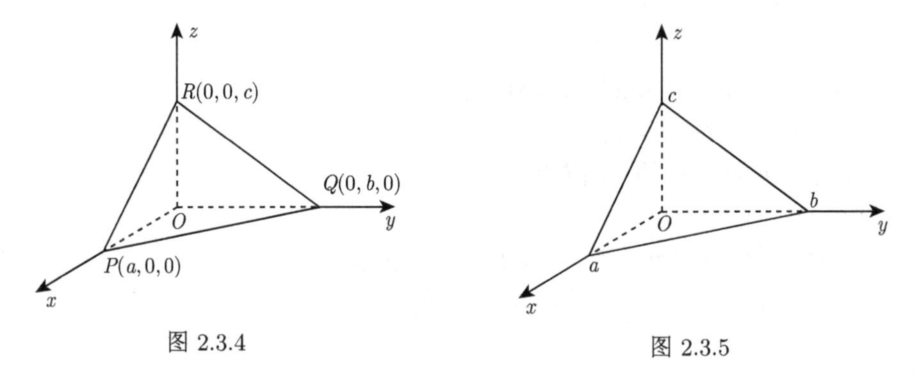

图 2.3.4　　图 2.3.5

解　因所求平面与已知平面平行, 故设所求平面方程为 $6x+y+6z=D$, 即

$$\frac{x}{\frac{D}{6}}+\frac{y}{D}+\frac{z}{\frac{D}{6}}=1,$$

因 $V=1$, 所以 $\frac{1}{3}\cdot\frac{1}{2}\left|\frac{D}{6}\cdot D\cdot\frac{D}{6}\right|=1$, 解得 $D=6$. 故所求平面方程为 $6x+y+6z=6$.

4. 两平面的位置关系

两平面的法向量的夹角 (通常指锐角) 称为**两平面的夹角** (图 2.3.6).

设两平面

$$\Pi_1: A_1x+B_1y+C_1z+D_1=0,$$

$$\Pi_2: A_2x+B_2y+C_2z+D_2=0,$$

法向量分别记作 $\boldsymbol{n}_1=(A_1,B_1,C_1)$, $\boldsymbol{n}_2=(A_2,B_2,C_2)$, 由两向量夹角的余弦公式可得两平面的夹角 θ 的余弦公式:

$$\cos\theta=\frac{|A_1A_2+B_1B_2+C_1C_2|}{\sqrt{A_1^2+B_1^2+C_1^2}\cdot\sqrt{A_2^2+B_2^2+C_2^2}}.$$

由两平面夹角的余弦公式可得出两平面的位置关系:

(1) Π_1,Π_2 垂直 $\Leftrightarrow A_1A_2+B_1B_2+C_1C_2=0$;

(2) Π_1,Π_2 平行但不重合 $\Leftrightarrow \dfrac{A_1}{A_2}=\dfrac{B_1}{B_2}=\dfrac{C_1}{C_2}\neq\dfrac{D_1}{D_2}$;

(3) Π_1,Π_2 重合 $\Leftrightarrow \dfrac{A_1}{A_2}=\dfrac{B_1}{B_2}=\dfrac{C_1}{C_2}=\dfrac{D_1}{D_2}$.

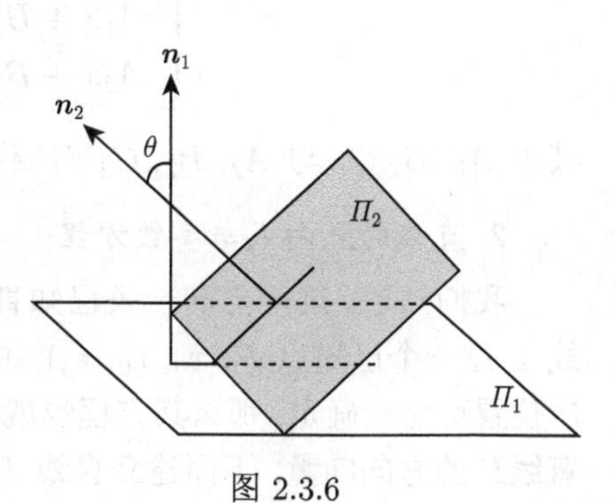

图 2.3.6

例 2.3.5 讨论以下各组平面的位置关系:

(1) $-x+2y-z+1=0$, $y+3z-1=0$;

(2) $2x-y+z-1=0$, $-4x+2y-2z-1=0$;

(3) $2x-y-z+1=0$, $-4x+2y+2z-2=0$.

解 (1) $\cos\theta=\dfrac{|-1\times0+2\times1-1\times3|}{\sqrt{(-1)^2+2^2+(-1)^2}\cdot\sqrt{1^2+3^2}}=\dfrac{1}{\sqrt{60}}=\dfrac{\sqrt{15}}{30}$, 两平面相交, 夹角 $\theta=\arccos\dfrac{\sqrt{15}}{30}$.

(2) 两平面的法向量为 $\boldsymbol{n}_1=(2,-1,1)$, $\boldsymbol{n}_2=(-4,2,-2)$. 因 $\dfrac{2}{-4}=\dfrac{-1}{2}=\dfrac{1}{-2}\neq\dfrac{-1}{-1}$, 所以两平面平行但不重合.

(3) 两平面的法向量为 $\boldsymbol{n}_1=(2,-1,-1)$, $\boldsymbol{n}_2=(-4,2,2)$. 因 $\dfrac{2}{-4}=\dfrac{-1}{2}=\dfrac{-1}{2}=\dfrac{1}{-2}$, 所以两平面重合.

2.3.2 直线及其方程

1. 直线的一般式方程

空间直线 L 可看成两平面Π_1 和Π_2 的交线 (图 2.3.7).

设

$$\Pi_1:\ A_1x+B_1y+C_1z+D_1=0,$$

$$\Pi_2:\ A_2x+B_2y+C_2z+D_2=0,$$

则直线 L 的一般式方程为

$$\begin{cases} A_1x+B_1y+C_1z+D_1=0, \\ A_2x+B_2y+C_2z+D_2=0, \end{cases}$$

其中 A_1, B_1,C_1 与 A_2, B_2, C_2 对应不成比例.

2. *直线的点向式与参数方程*

我们知道, 过一点和一条已知直线平行的直线有且只有一条, 所以如果一直线 L 过一个已知点 $P_0(x_0, y_0, z_0)$, 并平行于一非零向量 $\boldsymbol{s}=(m,\ n,\ p)$, 则直线 L 的位置可完全确定, 那么其方程也就能确定, 这里的非零向量 $\boldsymbol{s}=(m,\ n,\ p)$ 称为**直线L 的方向向量**. 下面建立直线 L 的方程.

设点 $P(x, y, z)$ 是 L 上任一点 (图 2.3.8), 则 $\overrightarrow{P_0P}=(x-x_0, y-y_0, z-z_0)$, 必有向量 $\overrightarrow{P_0P}//\boldsymbol{s}$. 由两向量平行的充分必要条件得

$$\frac{x-x_0}{m}=\frac{y-y_0}{n}=\frac{z-z_0}{p}\ . \tag{2.3.3}$$

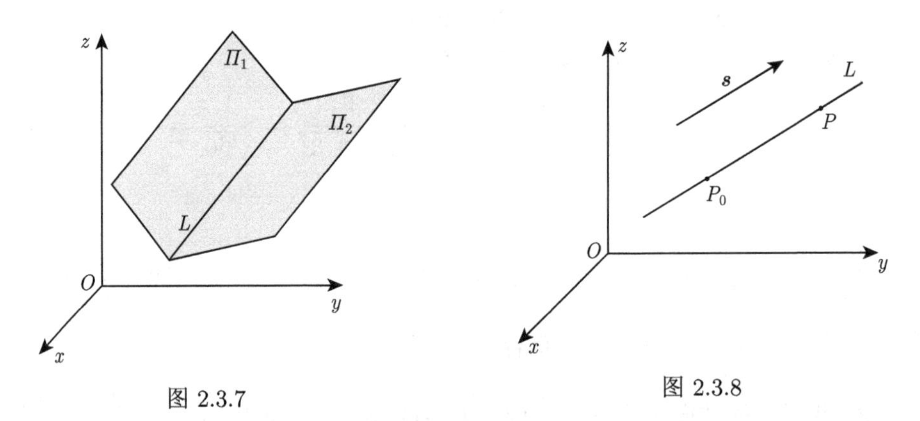

图 2.3.7　　图 2.3.8

式 (2.3.3) 表明：直线上任一点的坐标都满足方程, 反之, 坐标满足方程的点都在直线上. 所以式 (2.3.3) 就是直线的**点向式方程**. 也称**对称式方程**或**标准方程**.

特殊地, 式 (2.3.3) 中, 若 m, n, p 有一个为零, 假设 $p=0$, 则式 (2.3.3) 等价于

$$\begin{cases} \dfrac{x-x_0}{m}=\dfrac{y-y_0}{n}\ , \\ z-z_0=0\ ; \end{cases}$$

若 m, n, p 有两个为零, 不妨设 $m=0, n=0$, 则式 (2.3.3) 等价于

$$\begin{cases} x-x_0=0, \\ y-y_0=0. \end{cases}$$

令

$$\frac{x-x_0}{m}=\frac{y-y_0}{n}=\frac{z-z_0}{p}=t,$$

得直线的**参数方程**

$$\begin{cases} x=x_0+mt, \\ y=y_0+nt, \quad (t\text{为参数}). \\ z=z_0+pt \end{cases} \tag{2.3.4}$$

注意 直线的一般式方程、点向式方程 (2.3.3) 和参数方程 (2.3.4) 可以互化.

例 2.3.6 求过两点 $M_1(x_1, y_1, z_1)$ 和 $M_2(x_2, y_2, z_2)$ 的直线方程.

解 取直线的方向向量 $\boldsymbol{s}=\overrightarrow{M_1M_2}=(x_2-x_1, y_2-y_1, z_2-z_1)$, M_1, M_2 中任一点都可作为已知点, 则所求直线的方程为

$$\frac{x-x_1}{x_2-x_1}=\frac{y-y_1}{y_2-y_1}=\frac{z-z_1}{z_2-z_1}.$$

例 2.3.7 设直线 L 过点 $P(2, -1, 3)$, $\boldsymbol{s}$ 是 L 的方向向量, $\boldsymbol{s}$ 的方向角分别为 $\frac{2\pi}{3}, \frac{\pi}{3}, \frac{\pi}{4}$, 求 L 的方程.

解 只要求出方向向量 $\boldsymbol{s}$, L 的方程即可写出. 因为与 $\boldsymbol{s}$ 同方向的单位向量

$$\begin{aligned} \boldsymbol{s}^0 &= (\cos\alpha, \cos\beta, \cos\gamma)=\left(\cos\frac{2\pi}{3}, \cos\frac{\pi}{3}, \cos\frac{\pi}{4}\right)=\left(-\frac{1}{2}, \frac{1}{2}, \frac{\sqrt{2}}{2}\right) \\ &= -\frac{1}{2}(1, -1, -\sqrt{2}). \end{aligned}$$

取 $\boldsymbol{s}=(1, -1, -\sqrt{2})$, 所以 L 的方程为

$$\frac{x-2}{1}=\frac{y+1}{-1}=\frac{z-3}{-\sqrt{2}} \quad \text{或者} \quad \begin{cases} x=2+t, \\ y=-1-t, \\ z=3-\sqrt{2}t. \end{cases}$$

上述点向式方程还可以化为一般式方程

$$\begin{cases} \dfrac{x-2}{1}=\dfrac{y+1}{-1}, \\ \dfrac{y+1}{-1}=\dfrac{z-3}{-\sqrt{2}} \end{cases} \Rightarrow \begin{cases} x+y-1=0, \\ \sqrt{2}y-z+\sqrt{2}+3=0. \end{cases}$$

例 2.3.8　将直线 L 的一般式方程

$$\begin{cases} 2x+y-z+3=0\,, \\ x-y+2z-1=0 \end{cases}$$

化为点向式方程.

解　先求出直线上一点 $M_0(x_0,\ y_0,\ z_0)$. 取 $z_0=1$, 代入方程组, 得

$$\begin{cases} 2x_0+y_0+2=0, \\ x_0-y_0+1=0, \end{cases}$$

解得 $x_0=-1$, $y_0=0$. 则 $M_0(-1,\ 0,\ 1)\in L$. 下面求 L 的方向向量 $\boldsymbol{s}$.

两个平面的法向量分别为 $\boldsymbol{n}_1=(2,\ 1,-1)$, $\boldsymbol{n}_2=(1,\ -1,\ 2)$, 则

$$\boldsymbol{s}=\boldsymbol{n}_1\times\boldsymbol{n}_2=\begin{vmatrix} \boldsymbol{i} & \boldsymbol{j} & \boldsymbol{k} \\ 2 & 1 & -1 \\ 1 & -1 & 2 \end{vmatrix}=(1,\ -5,\ -3)\,.$$

所以 L 的点向式方程为 $\dfrac{x+1}{1}=\dfrac{y}{-5}=\dfrac{z-1}{-3}$.

3. 两直线的位置关系

两直线的方向向量的夹角 (指锐角) 称为**两直线的夹角**.

设空间两直线

$$L_1\colon \frac{x-x_1}{m_1}=\frac{y-y_1}{n_1}=\frac{z-z_1}{p_1},$$

$$L_2\colon \frac{x-x_2}{m_2}=\frac{y-y_2}{n_2}=\frac{z-z_2}{p_2},$$

它们的方向向量分别为 $\boldsymbol{s}_1=(m_1,\ n_1,\ p_1)$, $\boldsymbol{s}_2=(m_2,\ n_2,\ p_2)$, 分别过点 $M_1(x_1,\ y_1,\ z_1)$, $M_2(x_2,\ y_2,\ z_2)$, 则直线 L_1 与 L_2 的夹角θ 的余弦公式为

$$\cos\theta=\frac{|m_1m_2+n_1n_2+p_1p_2|}{\sqrt{m_1^2+n_1^2+p_1^2}\cdot\sqrt{m_2^2+n_2^2+p_2^2}}\,.$$

由此可得两直线的位置关系有

(1) L_1 , L_2 共面 $\Leftrightarrow(\boldsymbol{s}_1,\boldsymbol{s}_2,\overrightarrow{M_1M_2})=0$. 在 L_1 , L_2 共面时

(a)$L_1\perp L_2\Leftrightarrow\boldsymbol{s}_1\perp\boldsymbol{s}_2\Leftrightarrow m_1m_2+n_1n_2+p_1p_2=0$;

(b)$L_1//L_2$ 但不重合 $\Leftrightarrow\boldsymbol{s}_1//\boldsymbol{s}_2\not\parallel M_1M_2$;

(c)L_1,L_2 重合 $\Leftrightarrow\boldsymbol{s}_1//\boldsymbol{s}_2//\overrightarrow{M_1M_2}$;

(d)L_1,L_2 相交 $\Leftrightarrow\boldsymbol{s}_1\not\parallel\boldsymbol{s}_2$.

(2) L_1 , L_2 异面 $\Leftrightarrow\boldsymbol{s}_1\not\parallel\boldsymbol{s}_2$ 且 $(\boldsymbol{s}_1,\boldsymbol{s}_2,\overrightarrow{M_1M_2})\neq0$.

4. 直线与平面的位置关系

直线和它在平面上的投影直线的夹角φ 称为直线与平面的夹角, $0 \leqslant \varphi \leqslant \dfrac{\pi}{2}$, 如图 2.3.9 所示.

设直线 L 与平面 Π 的方程分别为

$$L:\quad \frac{x-x_0}{m}=\frac{y-y_0}{n}=\frac{z-z_0}{p},\quad \boldsymbol{s}=(m,\ n,\ p),$$

$$\Pi:\quad Ax+By+Cz+D=0,\quad \boldsymbol{n}=(A,B,C).$$

由定义

$$(\widehat{\boldsymbol{s},\boldsymbol{n}})=\frac{\pi}{2}-\varphi \quad 或 \quad (\widehat{\boldsymbol{s},\boldsymbol{n}})=\frac{\pi}{2}+\varphi.$$

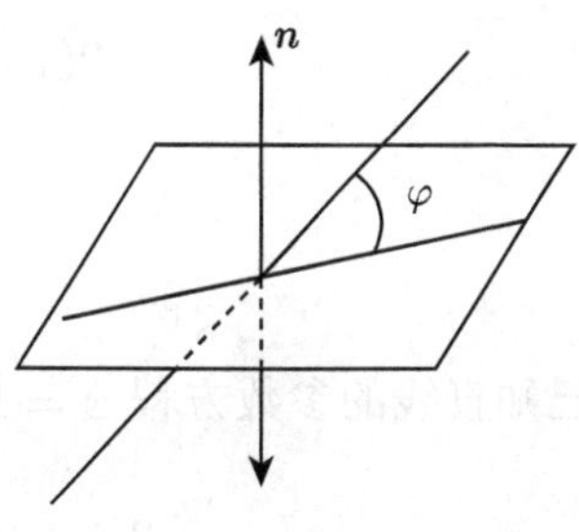

图 2.3.9

所以, 可得直线与平面夹角的正弦公式:

$$\sin\varphi=|\cos(\widehat{\boldsymbol{s},\boldsymbol{n}})|=\frac{|Am+Bn+Cp|}{\sqrt{A^2+B^2+C^2}\cdot\sqrt{m^2+n^2+p^2}}.$$

由此可得直线与平面的位置关系:

(1) $L\perp\Pi \Leftrightarrow \boldsymbol{s}//\boldsymbol{n} \Leftrightarrow \dfrac{A}{m}=\dfrac{B}{n}=\dfrac{C}{p}$;

(2) $L//\Pi \Leftrightarrow \boldsymbol{s}\perp\boldsymbol{n} \Leftrightarrow Am+Bn+Cp=0$;

(3) L 与Π 相交 $\Leftrightarrow$ $Am+Bn+Cp\neq 0$;

(4) L 在Π 上 $\Leftrightarrow Am+Bn+Cp=0$ 且 $Ax_0+By_0+Cz_0+D=0$, 其中 $(x_0,\ y_0,\ z_0)\in L$.

例 2.3.9 判定直线 $\dfrac{x-2}{1}=\dfrac{y-3}{1}=\dfrac{z-4}{2}$ 与平面 $2x+y+z-6=0$ 的位置关系, 若相交则求出夹角和交点坐标.

解 直线的方向向量 $\boldsymbol{s}=(1,1,2)$ 与平面的法向量 $\boldsymbol{n}=(2,1,1)$ 既不平行也不垂直, 则一定相交. 由直线与平面夹角的正弦公式

$$\sin\varphi=\frac{|Am+Bn+Cp|}{\sqrt{A^2+B^2+C^2}\cdot\sqrt{m^2+n^2+p^2}}=\frac{|2\times1+1\times1+1\times2|}{\sqrt{2^2+1^2+1^2}\sqrt{1^2+1^2+2^2}}=\frac{5}{6},$$

所以直线与平面的夹角为 $\varphi=\arcsin\dfrac{5}{6}$.

把所给直线的参数方程 $x=2+t$, $y=3+t$, $z=4+2t$, 代入平面方程中, $2(2+t)+(3+t)+(4+2t)-6=0$, 得 $t=-1$. 于是求得交点坐标为 $x=1$, $y=2$, $z=2$.

例 2.3.10 求过点 $P_0(1,\ 2,\ 3)$ 且与直线 $\dfrac{x-1}{2}=\dfrac{y+2}{-1}=\dfrac{z+1}{1}$ 垂直相交的直线方程.

解 过点 P_0 且与已知直线垂直的平面方程为

$$2(x-1)-(y-2)+(z-3)=0,$$

即

$$2x-y+z-3=0, \tag{2.3.5}$$

把已知直线的参数方程 $x=1+2t,\ \ y=-2-t,\ z=-1+t$ 代入方程 (2.3.5) 得

$$2(1+2t)-(-2-t)-1+t-3=0,$$

即得 $t=0$. 于是得交点坐标 $P(1,\ -2,\ -1)$. $\overrightarrow{P_0P}=(0,\ -4,\ -4)=-4\,(0,\ 1,\ 1)$. 取所求直线的方向向量 $\boldsymbol{s}=(0,\ 1,\ 1)$, 得所求直线方程为

$$\frac{x-1}{0}=\frac{y-2}{1}=\frac{z-3}{1} \quad 或 \quad \begin{cases} x-1=0, \\ y-z+1=0. \end{cases}$$

2.3.3 距离与平面束

1. 点到直线的距离

设 M_0 是直线 l 外一点, M 是直线 l 上任一点, 且直线的方向向量为 $\boldsymbol{s}$, 求点 M_0 到直线 l 的距离 d(图 2.3.10).

由于以 $\overrightarrow{MM_0}$, $\boldsymbol{s}$ 为两邻边的平行四边形的面积为

$$|\overrightarrow{MM_0}\times\ \boldsymbol{s}|=|\boldsymbol{s}|d,$$

所以点 M_0 到直线 l 的距离为

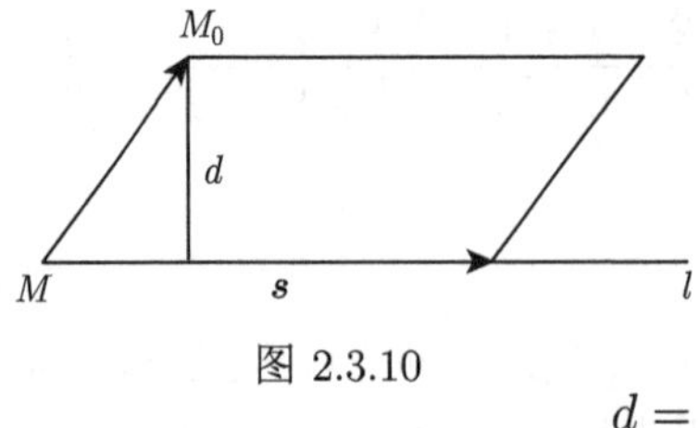

图 2.3.10

$$d=\frac{\left|\overrightarrow{MM_0}\times\boldsymbol{s}\right|}{|\boldsymbol{s}|}=\frac{\left|\overrightarrow{M_0M}\times\boldsymbol{s}\right|}{|\boldsymbol{s}|}.$$

例 2.3.11 求两条平行直线 $\dfrac{x+1}{-2}=\dfrac{y-2}{2}=\dfrac{z-1}{1}$ 与 $\dfrac{x}{-2}=\dfrac{y+1}{2}=\dfrac{z}{1}$ 之间的距离.

解 在两条直线上分别取点 $M_0(-1,\ 2,\ 1)$ 和 $M(0,\ -1,\ 0)$, 则 $\overrightarrow{MM_0}=(-1,\ 3,\ 1)$. 又

$$\boldsymbol{s}=(-2,\ 2,\ 1),\quad \overrightarrow{MM_0}\times\boldsymbol{s}=\begin{vmatrix}\boldsymbol{i} & \boldsymbol{j} & \boldsymbol{k}\\ -1 & 3 & 1\\ -2 & 2 & 1\end{vmatrix}=(1,\ -1,4),$$

所以

$$d=\frac{\left|\overrightarrow{MM_0}\times s\right|}{|s|}=\frac{\sqrt{1^2+(-1)^2+4^2}}{\sqrt{(-2)^2+2^2+1^2}}=\frac{\sqrt{18}}{\sqrt{9}}=\sqrt{2}.$$

2. 点到平面的距离

已知平面π :$Ax+By+Cz+D=0$ 及平面外一点 $P_0(x_0,\ y_0,\ z_0)$, 求点 P_0 到平面π 的距离 d(图 2.3.11).

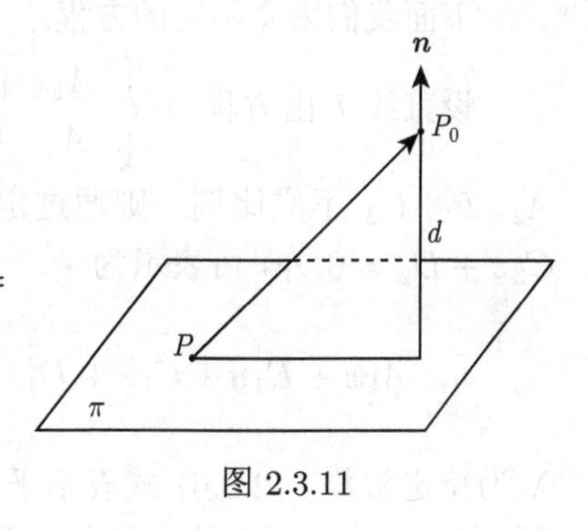

图 2.3.11

作平面π 的法向量 $\boldsymbol{n}=(A,\ B,\ C)$ 过点 P_0, 再在平面π 上任取一点 $P(x,\ y,\ z)$, 得向量 $\overrightarrow{PP_0}=(x_0-x\,,\ y_0-y,\ z_0-z)$, 则

$$d=\left|\mathrm{Prj}_{\boldsymbol{n}}\overrightarrow{PP_0}\right|,$$

而

$$\begin{aligned}\left|\mathrm{Prj}_{\boldsymbol{n}}\overrightarrow{PP_0}\right|&=\frac{\left|\overrightarrow{PP_0}\cdot\boldsymbol{n}\right|}{|\boldsymbol{n}|}\\&=\frac{|A(x_0-x)+B(y_0-y)+C(z_0-z)|}{\sqrt{A^2+B^2+C^2}}\\&=\frac{|Ax_0+By_0+Cz_0+D-(Ax+By+Cz+D)|}{\sqrt{A^2+B^2+C^2}}\\&=\frac{|Ax_0+By_0+Cz_0+D|}{\sqrt{A^2+B^2+C^2}},\end{aligned}$$

所以点到平面的距离公式为

$$d=\frac{|Ax_0+By_0+Cz_0+D|}{\sqrt{A^2+B^2+C^2}}.$$

例 2.3.12　已知一个平面平行于一个定平面π_0 : $x+y+z+1=0$, 且相隔 $\sqrt{3}$ 单位的距离, 求这平面的方程.

解　设这个平面π 的方程为 $x+y+z+D=0$. 取π_0 上一点 P_0 (0, 0, −1), 代入公式可得 P_0 到π 的距离为

$$d=\frac{|0+0+(-1)+D|}{\sqrt{1^2+1^2+1^2}}=\sqrt{3},$$

解得 $D=1\pm3$, 因此所求平面的方程为 $x+y+z-2=0$ 或 $x+y+z+4=0$.

3. 平面束

通过定直线的所有平面的全体称为**平面束**.

下面我们来介绍它的方程.

设直线 l 由方程组 $\begin{cases}A_1x+B_1y+C_1z+D_1=0,\\A_2x+B_2y+C_2z+D_2=0\end{cases}$ 所确定, A_1, B_1, C_1 与 A_2, B_2, C_2 不成比例. 则通过定直线 l 的平面束方程 (除去平面 $A_2x+B_2y+C_2z+D_2=0$ 外) 可表示为

$$A_1x+B_1y+C_1z+D_1+\lambda(A_2x+B_2y+C_2z+D_2)=0, \tag{2.3.6}$$

λ 为待定常数. (2.3.6) 式表示平面束方程. 首先它是一个三元一次方程, 表示平面, 其次直线上所有的点都在平面上.

例 2.3.13　求直线 $\begin{cases}x+2y-z+1=0\ ,\\2x-y+3z-3=0\end{cases}$ 在平面 $x+y-z-1=0$ 上的投影直线方程.

解　过直线 $\begin{cases}x+2y-z+1=0,\\2x-y+3z-3=0\end{cases}$ 的平面束方程为

$$x+2y-z+1+\lambda(2x-y+3z-3)=0,$$

即

$$(1+2\lambda)x+(2-\lambda)y-(1-3\lambda)z+1-3\lambda=0\ , \tag{2.3.7}$$

其中λ 为特定常数.

这平面与平面 $x+y-z-1=0$ 垂直的充要条件是

$$(1+2\lambda)\cdot 1+(2-\lambda)\cdot 1-(1-3\lambda)\cdot(-1)=0\ ,$$

解得$\lambda=2$ 代入 (2.3.7) 式, 得投影平面方程

$$x+z-1=0,$$

所以投影直线的方程为 $\begin{cases} x+z-1=0, \\ x+y-z-1=0. \end{cases}$

习 题 2.3

1. 求过不在同一直线上的三点 $A(1,\ -2,\ 3\ ),\ B(2,\ 0,\ -1),\ C(4,\ 1,\ 5)$ 的平面方程.
2. 求过点 $P_1(-1,\ 2,\ -2),\ P_2(1,\ 1,\ 1)$ 且与 y 轴平行的平面方程.
3. 求过点 $(1,\ 2,\ 3)$ 且平行于向量 $\boldsymbol{\alpha}=(\ 3,\ -1,\ 1),\ \boldsymbol{\beta}=(-2,\ 1,\ 2)$ 的平面方程.
4. 求平面 $x-2y-z+3=0$ 与 zOx 坐标面的夹角.
5. 求过两点 $A(1,\ 1,\ 2),\ B(-2,\ 1,\ 3)$ 的直线方程.
6. 求过点 $(1,\ 0,\ -1)$ 且与直线 $\begin{cases} 3x-2y+z-5=0, \\ 2x+y-2z+1=0 \end{cases}$ 垂直的平面方程.
7. 求过点 $(1,\ -2,\ -1)$ 且与两直线 $\begin{cases} 2x-y-z+3=0, \\ -x-y+3z-1=0 \end{cases}$ 及 $\begin{cases} x+y+z-1=0, \\ x-y-2z=0 \end{cases}$ 平行的平面方程.
8. 求过点 $(0,\ 2,\ 1)$ 且与两平面 $x+y-z-1=0$ 及 $x-2y-3z=0$ 平行的直线方程.
9. 求直线 $\begin{cases} 2x-y-z+3=0, \\ -x-y+3z-1=0 \end{cases}$ 与直线 $\begin{cases} x+y+z-1=0, \\ x-y-2z=0 \end{cases}$ 夹角的余弦.
10. 求直线 $\begin{cases} x+y+3z=0, \\ x-y-z=0 \end{cases}$ 与平面 $x-y-z+1=0$ 的夹角.
11. 求点 $M(2,\ -3,\ 1)$ 到平面 $x+2y-z+9=0$ 的距离.
12. 求点 $P_0(3,\ -1,\ 2)$ 到直线的 $\begin{cases} x+y-z+1=0, \\ 2x-y+z-4=0 \end{cases}$ 的距离.
13. 求直线 $\begin{cases} x+2y-3z-5=0, \\ 2x-y+z+2=0 \end{cases}$ 的对称式方程和在三个坐标面上的投影直线方程.

2.4　空间曲面与曲线

日常生活中我们经常见到曲面, 如篮球、排球、水桶、花瓶、漏斗、灯罩等的表面. 曲面常被用于工业设计, 在高等数学中也会用到一些常见的曲面.

在空间直角坐标系中, 满足三元方程 $F(x, y, z)=0$ 的有序数组 (x, y, z) 所对应的点的集合 $S=\{(x, y, z)|F(x, y, z)=0\}$ 表示**空间曲面**. 曲面 S 与三元方程 $F(x, y, z)=0$ 如果有以下关系:

(1) 曲面 S 上任一点的坐标 (x, y, z) 都满足方程;

(2) 满足方程的点 (x, y, z) 都在曲面 S 上.

那么称方程 $F(x, y, z) = 0$ 为曲面 S 的方程. 曲面 S 就是满足方程的点 (x, y, z) 所描绘的图形 (图 2.4.1).

同样两个曲面的交线就是一条空间曲线, 所以空间中曲线的一般方程可以表示为

$$\begin{cases} F(x,y,z)=0, \\ G(x,y,z)=0. \end{cases}$$

下面我们先主要讨论一些常见曲面的形状及其方程.

2.4.1　球面及其方程

定义 2.4.1　与定点的距离为常数的点的轨迹称为**球面**.

下面建立球心在点 $P_0(x_0, y_0, z_0)$, 半径为 R 的球面方程.

在空间任取一点 $P(x, y, z)$, 当且仅当 $|\overrightarrow{P_0P}| = R$ 时, 点 P 在球面上. 所以球面方程为

$$(x-x_0)^2+(y-y_0)^2+(z-z_0)^2=R^2. \tag{2.4.1}$$

方程 (2.4.1) 表示球心在 (x_0, y_0, z_0), 半径为 R 的球面方程 (图 2.4.2).

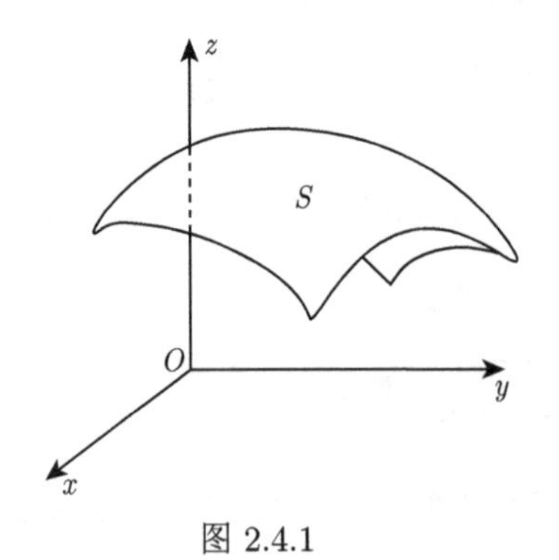

图 2.4.1

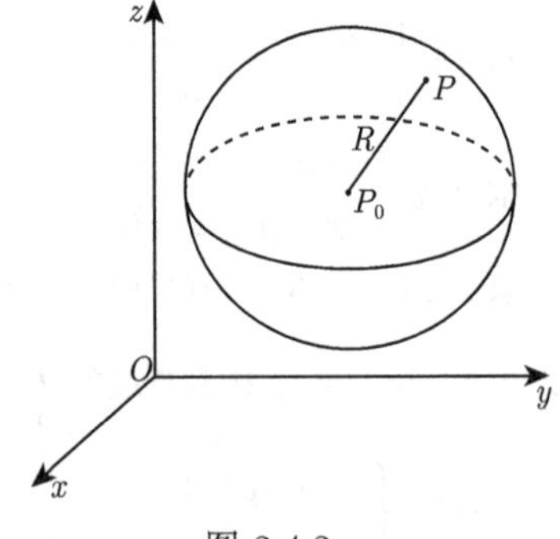

图 2.4.2

显然, 球心在坐标原点的球面方程为

$$x^2+y^2+z^2=R^2.$$

将方程 (2.4.1) 展开得

$$x^2+y^2+z^2-2x_0x-2y_0y-2z_0z+x_0^2+y_0^2+z_0^2=R^2.$$

如果令

$$a=-x_0,\quad b=-y_0,\quad c=-z_0,\quad d=x_0^2+y_0^2+z_0^2-R^2,$$

则方程化为

$$x^2+y^2+z^2+2ax+2by+2cz+d=0. \tag{2.4.2}$$

球面方程 (2.4.2) 的特点:

(1) 它是三元二次方程;

(2) 平方项的系数都相等且不为零;

(3) 不含有交叉项 xy, yz, zx.

一般地, 具有上述三个特点的方程总表示一个球面. 事实上, 每一个这样的方程都可以通过配方化为 $(x-x_0)^2+(y-y_0)^2+(z-z_0)^2=k$, 当 $k>0$ 时, 表示球心在 $P_0(x_0, y_0, z_0)$, 半径为 $\sqrt{k}$ 的球面; 当 $k=0$ 时, 表示一点 (x_0, y_0, z_0); 当 $k<0$ 时, 无图形 (通常称为**虚球面**).

例 2.4.1 已知一球面的球心 $P_0(1,4,-7)$, 且与平面 $6x+6y-7z+42=0$ 相切, 求此球面的方程.

解 因点 $P_0(1,4,-7)$ 到平面 $6x+6y-7z+42=0$ 的距离恰是此球面的半径 R, 利用点到平面的距离公式:

$$R=\frac{|6\times 1+6\times 4-7\times(-7)+42|}{\sqrt{36+36+49}}=11,$$

故此球面方程为

$$(x-1)^2+(y-4)^2+(z+7)^2=121,$$

即

$$x^2+y^2+z^2-2x-8y+14z-55=0.$$

2.4.2 柱面及其方程

定义 2.4.2 由一族平行直线形成的曲面叫做**柱面**, 这些平行的直线称为**柱面的母线**, 在柱面上与各母线相交的一条曲线称为柱面的**准线**.

通常用垂直于母线的平面去截柱面就得到一条准线 C, 准线不是唯一的.

柱面也可以看成由一条动直线 L 沿定曲线 C 平行移动所得到的曲面, 称 L 为**母线**, 称 C 为**准线** (图 2.4.3).

下面建立柱面方程.

设有一柱面, 选取坐标系, 使该柱面的母线平行于 z 轴, 点 $P(x, y, z)$ 为柱面上任一点, 当该点平行于 z 轴上下移动时, 它仍保持在柱面上 (图 2.4.4). 也就是说, 不论 z 为何值, $P(x, y, z)$ 的坐标都满足柱面方程. 因此柱面方程中不含有 z, 可设为

$$F(x,y)=0.$$

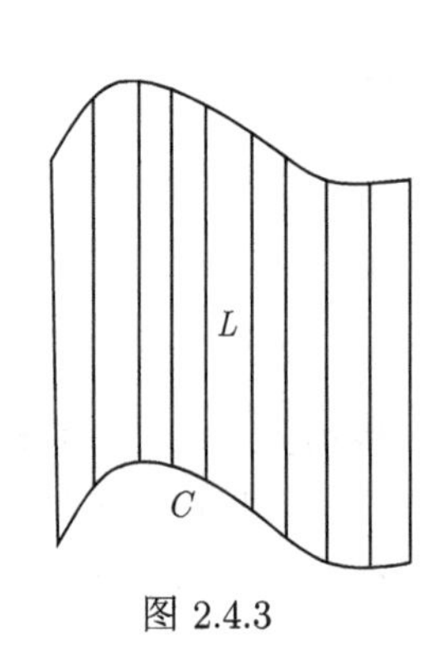

图 2.4.3

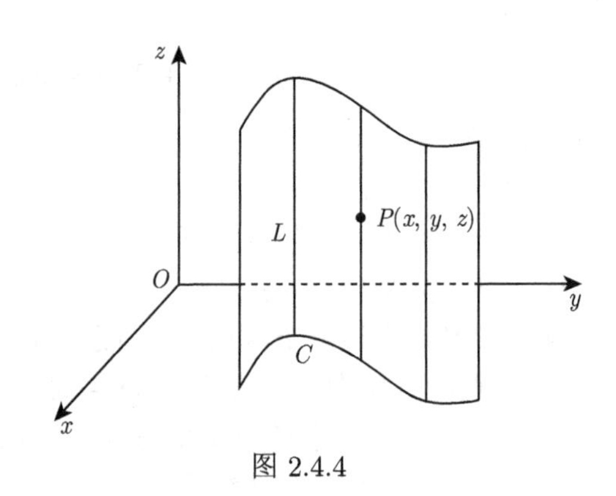

图 2.4.4

它与 xOy 面的交线就是它的一条准线

$$\begin{cases} F(x,y)=0, \\ z=0. \end{cases}$$

注意 在平面直角坐标系中, 二元方程表示平面曲线, 但在空间直角坐标系中, 任何二元方程都表示一个柱面, 柱面的形状由其准线的形状来确定.

母线平行于 y 轴的柱面方程可设为 $G(x,z)=0$ (不含 y), 它与 zOx 面的交线 $\begin{cases} G(x,z)=0, \\ y=0 \end{cases}$ 就是它的一条准线.

同样, 方程 $H(y,z)=0$ (不含 x), 表示母线平行于 x 轴的柱面, 它的一条准线为 $\begin{cases} H(y,z)=0, \\ x=0. \end{cases}$

例 2.4.2 说明下列方程在空间直角坐标系中各表示什么曲面?

(1) $\dfrac{y^2}{b^2}+\dfrac{z^2}{c^2}=1$; (2) $x^2+y^2=1$; (3) $x^2-y=0$;

(4) $\dfrac{x^2}{a^2}-\dfrac{z^2}{c^2}=1$;　　　(5) $x-y=0$.

解　(1) 表示母线平行于 x 轴的椭圆柱面. 准线是 yOz 面上的椭圆 (图 2.4.5);

(2) 表示母线平行于 z 轴的圆柱面. 准线是 xOy 面上的单位圆 (图 2.4.6);

(3) 表示母线平行于 z 轴的抛物柱面. 准线是 xOy 面上的抛物线 (图 2.4.7);

(4) 表示母线平行于 y 轴的双曲柱面. 准线是 zOx 面上的双曲线 (图 2.4.8);

(5) 表示过 z 轴且母线平行于 z 轴的平面. 准线是 xOy 面上的直线 (图 2.4.9).

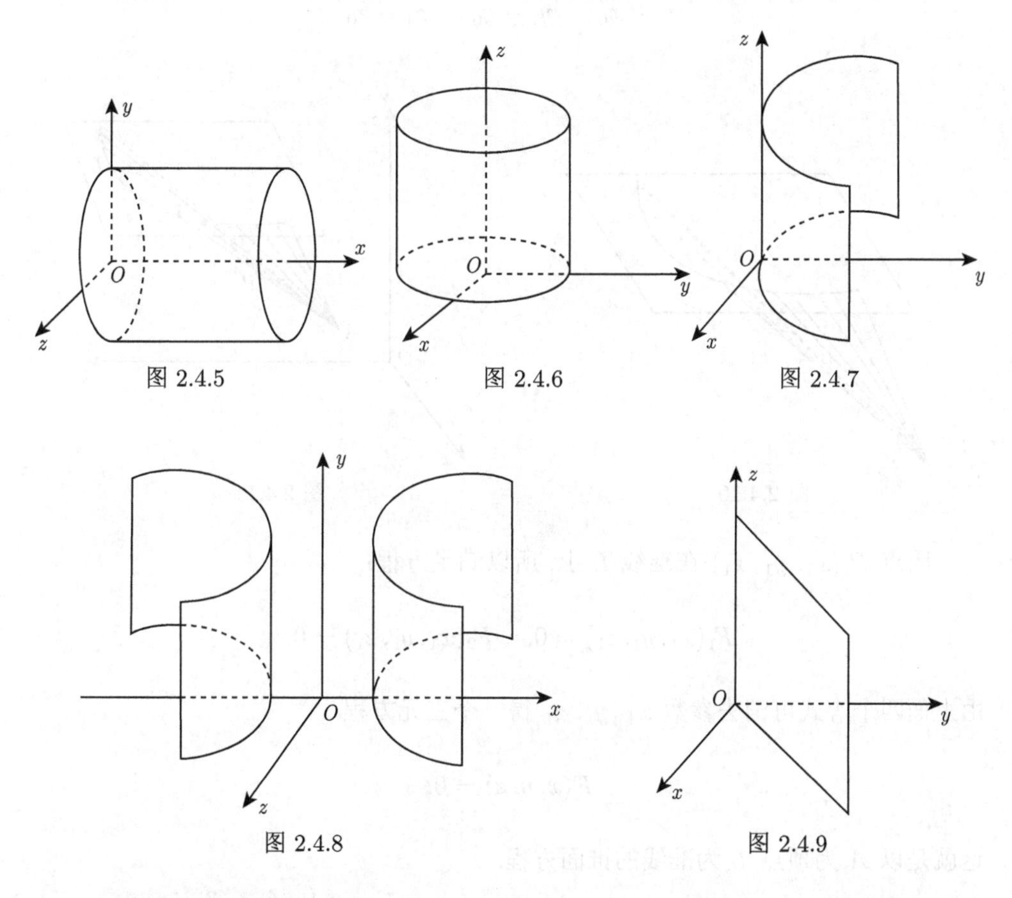

图 2.4.5　　图 2.4.6　　图 2.4.7

图 2.4.8　　图 2.4.9

2.4.3 锥面及其方程

定义 2.4.3　过一个定点的直线族形成的曲面叫做**锥面**. 这些直线叫做它的**母线**, 定点叫做它的**顶点**. 在锥面上与各条母线都相交的曲线叫做它的**准线**.

准线不是唯一的, 通常可取在一个平面上的截线作为其准线 (图 2.4.10).

如果准线是一个圆, 顶点在过圆心且垂直于此圆所在平面的直线上, 这样的锥面叫**圆锥面**.

下面建立锥面方程.

已知锥面的顶点为 $A(x_0,\ y_0,\ z_0)$, 准线为 L: $\begin{cases} F_1(x,y,z)=0, \\ F_2(x,y,z)=0. \end{cases}$ 设 $P(x,\ y,\ z)$ 为锥面上任一点, 母线 AP 交准线于点 $P_1(x_1,\ y_1,\ z_1)$ (图 2.4.11), 则由直线的两点式方程知, 母线 AP 的方程为

$$\frac{x-x_0}{x_1-x_0}=\frac{y-y_0}{y_1-y_0}=\frac{z-z_0}{z_1-z_0}.$$

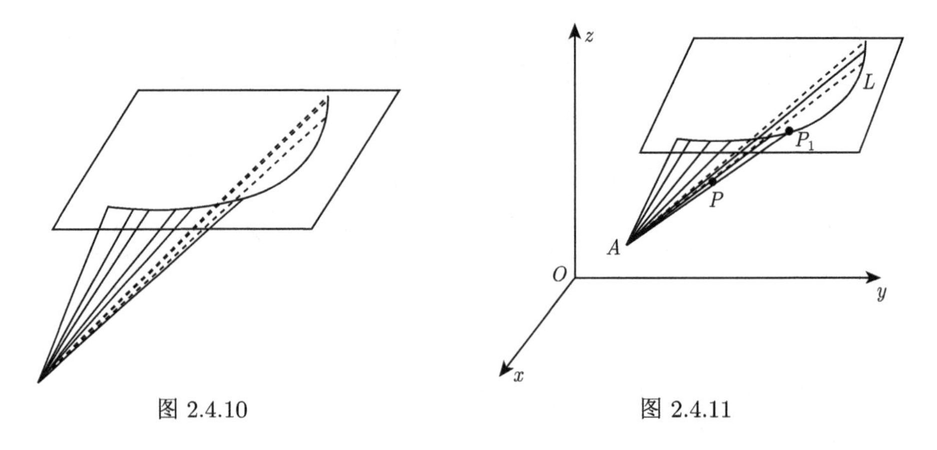

图 2.4.10　　　　图 2.4.11

因点 $P_1(x_1,\ y_1,\ z_1)$ 在准线 L 上, 所以满足方程:

$$F_1(x_1,y_1,z_1)=0, \quad F_2(x_1,y_1,z_1)=0.$$

由上面四个等式可消去参数 $x_1,\ y_1,\ z_1$ 得一个三元方程

$$F(x,y,z)=0,$$

这就是以 A 为顶点 L 为准线的锥面方程.

例 2.4.3　设锥面的顶点在坐标原点 O, 且准线为 $\begin{cases} x^2+y^2=1, \\ z=c \end{cases}$ (c 为常数), 求锥面的方程.

解　设 $P(x,\ y,\ z)$ 为锥面上任一点, 母线 OP 交准线于点 $P_1(x_1,\ y_1,\ z_1)$, 则有

$$\frac{x}{x_1}=\frac{y}{y_1}=\frac{z}{z_1}, \quad x_1^2+y_1^2=1, \quad z_1=c,$$

消去参数 x_1, y_1, z_1 可得 $z^2 = c^2(x^2 + y^2)$, 这就是所求的锥面方程. 该方程就是圆锥面方程. 顶点在原点、开口朝向 z 轴的锥面, 其标准方程为

$$\frac{x^2}{a^2} + \frac{y^2}{b^2} - \frac{z^2}{c^2} = 0 \quad (a \geqslant b > 0, c > 0).$$

当 $a = b$ 时, 表示圆锥面.

用平行于坐标面的平面去截锥面, 截线的形状如图 2.4.12.

事实上, 关于 x, y, z 的二次齐次方程都表示锥面, 如方程 $xy + yz + zx = 0$ 表示顶点在原点的锥面, 但开口朝向需要化为标准方程才能确定.

关于 $x - x_0, y - y_0, z - z_0$ 的二次齐次方程表示顶点在 (x_0, y_0, z_0) 的锥面.

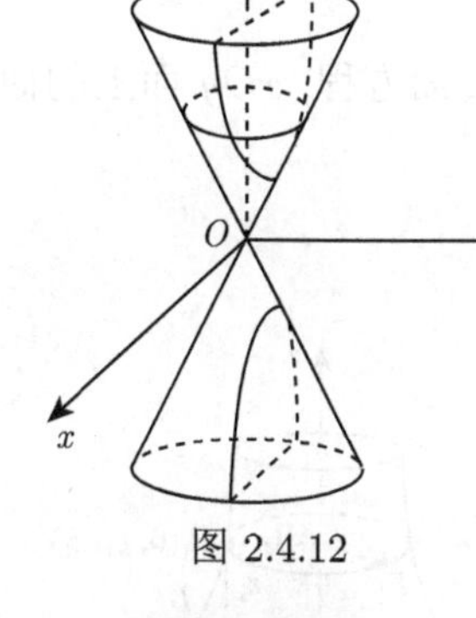

图 2.4.12

2.4.4 旋转曲面及其方程

定义 2.4.4 由一条曲线 L 绕一条定直线 l 旋转一周所形成的曲面, 叫做**旋转曲面**. 曲线 L 称为**旋转曲面的母线**, 定直线 l 称为**旋转轴**.

我们主要讨论以坐标轴为旋转轴, 母线为坐标平面内曲线的情形. 下面建立旋转曲面方程.

图 2.4.13 是任意一个旋转曲面, 我们把它看作是 yOz 面内的一条曲线 L $\begin{cases} f(y,z) = 0, \\ x = 0 \end{cases}$ 绕 z 轴旋转一周形成的曲面 S. 那么 S 的方程如何建立呢?

设曲面 S 上任一点 $P(x, y, z)$ 是由曲线 L 上的点 $P_1(0, y_1, z_1)$ 旋转得到的, 显然有

$$z_1 = z, \quad |y_1| = \sqrt{x^2 + y^2}.$$

而点 P_1 在 L 上, 所以点 P_1 的坐标满足 L 的方程, 即 $f(y_1, z_1) = 0$. 于是可得

$$f(\pm\sqrt{x^2 + y^2}, z) = 0,$$

这个方程就是曲面上任一点的坐标 x, y, z 所满足的等式. 反之, 不在曲面 S 上的点坐标不满足这个等式. 所以方程 $f(\pm\sqrt{x^2+y^2}, z)=0$ 表示 yOz 坐标面上的曲线绕 z 轴旋转一周的旋转面方程. 这个方程完全由曲线 L 的方程确定.

同理, 该曲线 L 绕 y 轴旋转一周的旋转面方程为 $f(y, \pm\sqrt{x^2+z^2})=0$.

用类似的方法可以得出 zOx 坐标面上的曲线 $\begin{cases} g(x,z)=0, \\ y=0 \end{cases}$ 分别绕 x, z 旋转的旋转面方程; xOy 面上的曲线 $\begin{cases} h(x,y)=0, \\ z=0 \end{cases}$ 分别绕 x, y 轴旋转的旋转面方程.

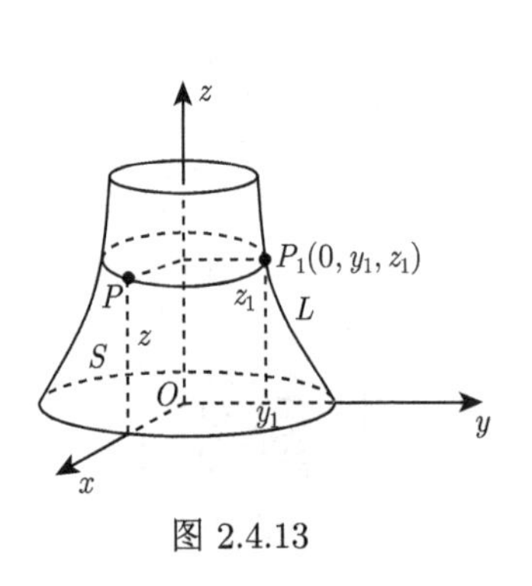

图 2.4.13

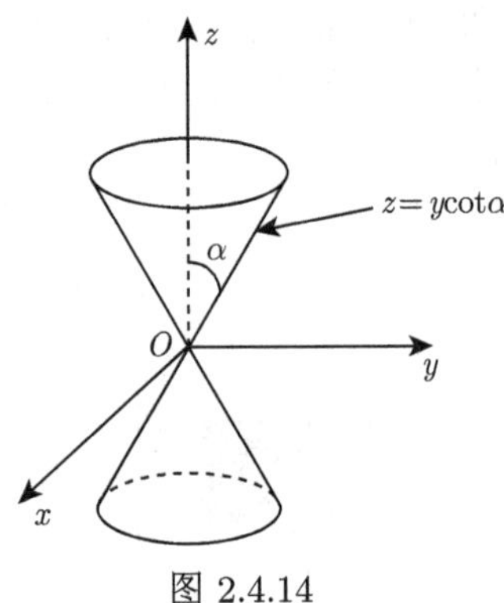

图 2.4.14

例 2.4.4 求 yOz 面上的直线 $z = y\cot\alpha$ 绕 z 轴旋转一周所得圆锥面的方程 (图 2.4.14).

解 直线方程中的 z 不变, y 换成 $\pm\sqrt{x^2+y^2}$, 就得到所求圆锥面的方程为

$$z = \pm\sqrt{x^2+y^2}\cdot\cot\alpha,$$

即

$$z^2 = a^2(x^2+y^2) \quad (\text{其中 } a = \cot\alpha).$$

直线 L 绕另一条与之相交的直线旋转一周, 所得的旋转曲面为**圆锥面**, 两条直线的夹角称为**半顶角**.

例 2.4.5 求 yOz 面上的双曲线 $\begin{cases} \dfrac{y^2}{b^2}-\dfrac{z^2}{c^2}=1, \\ x=0 \end{cases}$ 分别绕 z, y 轴旋转所得到的旋转曲面的方程.

解 绕 z 轴旋转所得曲面的方程为

$$\frac{x^2+y^2}{b^2}-\frac{z^2}{c^2}=1,$$

该曲面称为**单叶旋转双曲面** (图 2.4.15).

绕 y 轴旋转的旋转面方程为

$$\frac{y^2}{b^2}-\frac{x^2+z^2}{c^2}=1,$$

该曲面称为**双叶旋转双曲面** (图 2.4.16).

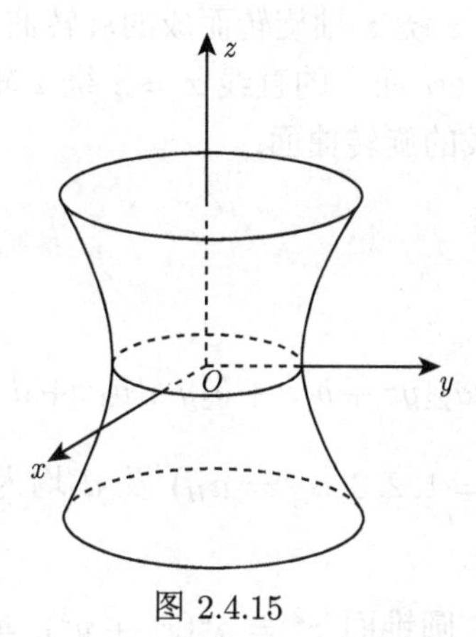

图 2.4.15

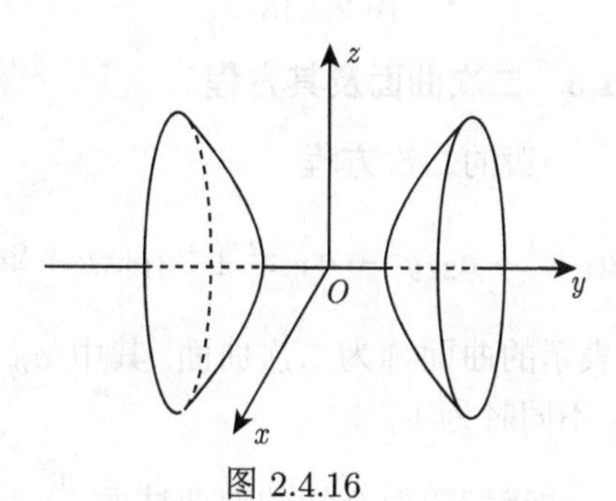

图 2.4.16

例 2.4.6 求 yOz 面上的椭圆 $\begin{cases}\dfrac{y^2}{b^2}+\dfrac{z^2}{c^2}=1,\\ x=0\end{cases}$ 绕 z 轴旋转所得到的旋转曲面的方程.

解 绕 z 轴旋转所得曲面的方程为

$$\frac{x^2+y^2}{b^2}+\frac{z^2}{c^2}=1,$$

该曲面称为**旋转椭球面** (图 2.4.17).

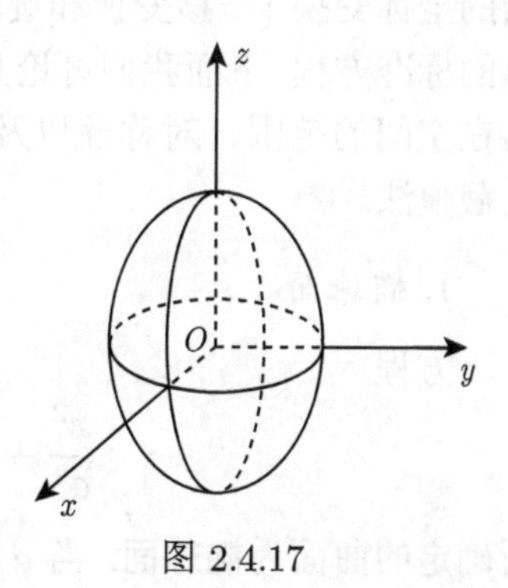

图 2.4.17

例 2.4.7 求 yOz 面上的抛物线 $\begin{cases}y^2=2pz,\\ x=0\end{cases}$ 绕 z 轴旋转一周形成的旋转面方程 ($p>0$).

解 绕 z 轴旋转的旋转面方程为

$$x^2+y^2=2pz,$$

即

$$z=\frac{x^2}{2p}+\frac{y^2}{2p}.$$

该曲面称为**旋转椭圆抛物面** (开口朝向 z 轴的正向) (图 2.4.18).

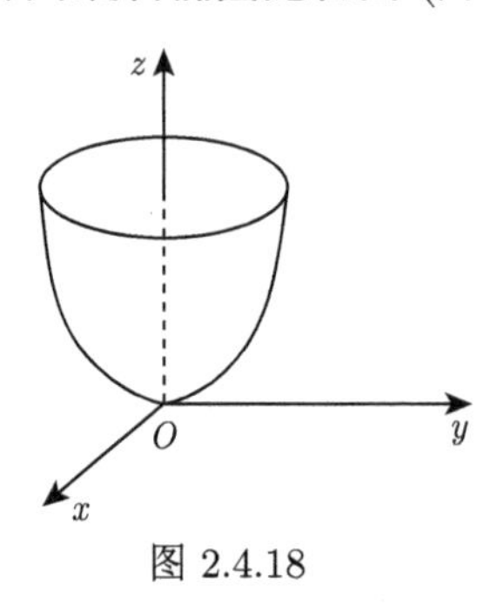

图 2.4.18

注意 已知某个旋转曲面的方程, 要讨论这个曲面是由什么样的曲线绕哪一个坐标轴旋转而成的. 比如 $x^2+y^2-z^2=0$, 这是一个顶点在原点的锥面, 也可以看成由 yOz 面上的直线 $y=z$ 绕 z 轴旋转而成的旋转曲面, 或者 zOx 面上的直线 $x=z$ 绕 z 轴旋转而成的旋转曲面.

2.4.5 二次曲面及其方程

一般的二次方程

$$a_{11}x^2+a_{22}y^2+a_{33}z^2+2a_{12}xy+2a_{13}xz+2a_{23}yz+b_1x+b_2y+b_3z+d=0$$

所表示的曲面称为二次曲面, 其中 a_{ij}, $b_j(i,\ j=1,2,3,a_{ij}=a_{ji})$ 及 d 均为常数, a_{ij} 不同时为零.

如我们前面介绍的双曲柱面 $\dfrac{x^2}{a^2}-\dfrac{z^2}{c^2}=1$, 圆锥面 $z^2=a^2(x^2+y^2)$, 单叶双曲面 $\dfrac{x^2+y^2}{b^2}-\dfrac{z^2}{c^2}=1$, 旋转椭圆抛物面 $z=\dfrac{x^2}{2p}+\dfrac{y^2}{2p}$ 等都是二次曲面.

通常情况下, 对一般二次曲面讨论其几何特征是比较困难的, 但可以通过适当的坐标变换 (平移变换和旋转变换——见第 6 章), 可以将二次曲面化为比较简单的标准方程. 下面我们讨论几种常见的二次曲面的标准方程. 讨论其几何特征包括在空间的范围、对称性以及与平面和曲面相交所产生的截痕等, 利用的方法就是截痕法.

1. 椭球面

方程

$$\frac{x^2}{a^2}+\frac{y^2}{b^2}+\frac{z^2}{c^2}=1 \quad (a,b,c>0),$$

所确定的曲面为**椭球面**. 当 $a=b=c$ 时, 方程变为

$$x^2+y^2+z^2=a^2,$$

这是一个以原点为球心, 半径为 a 的球面. 当 $a=b\neq c$ 时, 则椭球面的方程为

$$\frac{x^2}{a^2}+\frac{y^2}{a^2}+\frac{z^2}{c^2}=1 \quad (a,b,c>0),$$

这是 yOz 面上的椭圆 $\begin{cases} \dfrac{y^2}{a^2}+\dfrac{z^2}{c^2}=1, \\ x=0 \end{cases}$ 绕 z 轴旋转所得到的**旋转椭球面** (图 2.4.17).

(1) 范围

$$|x| \leqslant a, \quad |y| \leqslant b, \quad |z| \leqslant c,$$

即椭球面位于 $x=\pm a$, $y=\pm b$, $z=\pm c$ 六个平面围成的立方体内.

(2) 对称性　曲面关于坐标原点、三个坐标轴和三个坐标平面都是对称的.

(3) 截痕形状　可以分别用平行于坐标平面的平面与椭球面相交, 其交线就是截痕. 如用平面 $z=z_0$ $(-c<z_0<c)$ 去截椭球面所得截线方程为

$$\begin{cases} \dfrac{x^2}{a^2}+\dfrac{y^2}{b^2}=1-\dfrac{z_0^2}{c^2}, \\ z=z_0, \end{cases}$$

即为平面 $z=z_0$ 上的椭圆, 椭圆的半轴随着 $|z_0|$ 的增大逐渐减小, $|z_0|=c$ 时, 椭圆退化为一个点 $(0,0,\pm c)$.

同样, 用平面 $x=x_0$, $y=y_0$ 去截椭球面, 可得截线方程为

$$\begin{cases} \dfrac{y^2}{b^2\left(1-\dfrac{x_0^2}{a^2}\right)}+\dfrac{z^2}{c^2\left(1-\dfrac{x_0^2}{a^2}\right)}=1, \\ x=x_0, \end{cases}$$

$$\begin{cases} \dfrac{x^2}{a^2\left(1-\dfrac{y_0^2}{b^2}\right)}+\dfrac{z^2}{c^2\left(1-\dfrac{y_0^2}{b^2}\right)}=1, \\ y=y_0. \end{cases}$$

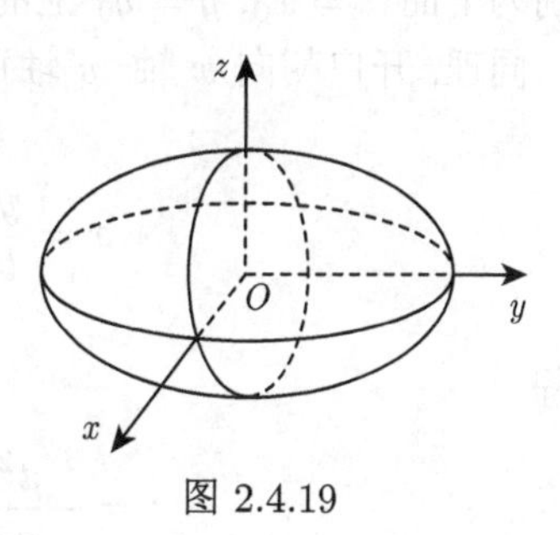

图 2.4.19

分别表示 $x=x_0$, $y=y_0$ 平面上的椭圆 (图 2.4.19).

2. 抛物面

抛物面分为两种情况, 即**椭圆抛物面**和**双曲抛物面**.

方程

$$z=\pm\left(\frac{x^2}{a^2}+\frac{y^2}{b^2}\right),$$

所确定的曲面为**椭圆抛物面** (图 2.4.20), 当 $a=b$ 时即为**旋转抛物面**.

(1) 范围　当右端取正号时, 曲面在 xOy 面的上方; 当右端取负号时, 曲面在 xOy 面的下方.

(2) 对称性　曲面关于 z 轴及 yOz 面和 zOx 面对称.

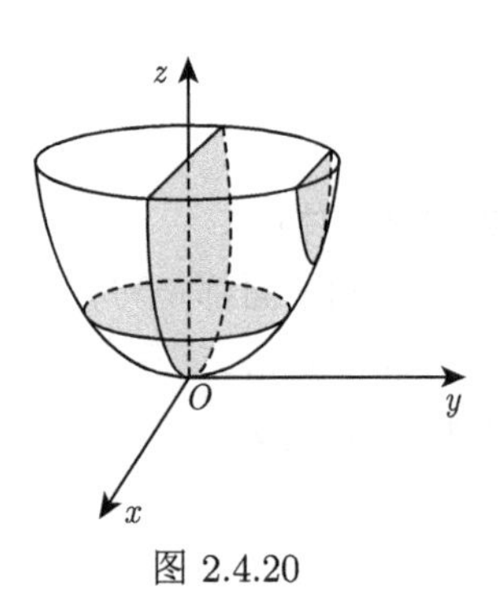

图 2.4.20

(3) 截痕形状　用平面 $z=z_0$ (z_0 的符号与方程右端的正负号一致) 去截曲面, 所得截线的方程为

$$\begin{cases} \dfrac{x^2}{a^2|z_0|}+\dfrac{y^2}{b^2|z_0|}=1, \\ z=z_0, \end{cases}$$

这是平面 $z=z_0$ 上的椭圆.

用平面 $x=x_0, y=y_0$ 去截椭圆抛物面, 可得截线方程为

$$\begin{cases} z=\pm\left(\dfrac{x_0^2}{a^2}+\dfrac{y^2}{b^2}\right), \\ x=x_0, \end{cases} \qquad \begin{cases} z=\pm\left(\dfrac{x^2}{a^2}+\dfrac{y_0^2}{b^2}\right), \\ y=y_0, \end{cases}$$

分别为平面 $x=x_0, y=y_0$ 上的抛物线.

同理, 开口朝向 x 轴, y 轴正向的椭圆抛物面方程分别为

$$x=\frac{y^2}{b^2}+\frac{z^2}{c^2}, \quad y=\frac{x^2}{a^2}+\frac{z^2}{c^2}.$$

方程

$$z=-\frac{x^2}{a^2}+\frac{y^2}{b^2} \quad 或 \quad z=\frac{x^2}{a^2}-\frac{y^2}{b^2},$$

所表示的曲面为**双曲抛物面**. 由于其形状像马鞍, 也称为**马鞍面** (图 2.4.21(a) 和 (b)).

(1) 范围　$x, y, z\in\mathbf{R}$ 曲面可向各方无限延伸.

(2) 对称性　曲面关于 z 轴及 yOz 面和 zOx 面对称.

(3) 截痕形状　用平面 $z=z_0\neq 0$ 截曲面所得的截痕为双曲线

$$\begin{cases} -\dfrac{x^2}{a^2z_0}+\dfrac{y^2}{b^2z_0}=1, \\ z=z_0, \end{cases}$$

用 $z=0$ 去截曲面, 截痕为两条相交直线 (图 2.4.21(a))

$$\begin{cases} -\dfrac{x}{a}+\dfrac{y}{b}=0, \\ z=0 \end{cases} \quad 或 \quad \begin{cases} \dfrac{x}{a}+\dfrac{y}{b}=0, \\ z=0. \end{cases}$$

同样的方法, 用平行于 yOz 坐标面的平面 $x=x_0$, 平行于 zOx 坐标面的平面 $y=y_0$ 去截曲面, 得到的截痕分别为

$$\begin{cases} z=-\dfrac{x_0^2}{a^2}+\dfrac{y^2}{b^2}, \\ x=x_0 \end{cases} \quad 或 \quad \begin{cases} z=-\dfrac{x^2}{a^2}+\dfrac{y_0^2}{b^2}, \\ y=y_0, \end{cases}$$

它们是平面 $x=x_0$ 与 $y=y_0$ 上的抛物线 (图 2.4.21(b)).

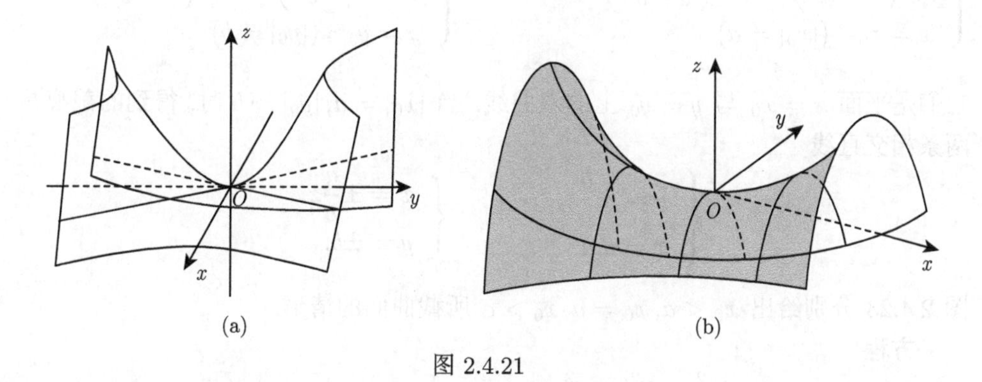

图 2.4.21

3. 双曲面

双曲面分为**单叶双曲面**和**双叶双曲面**.

方程

$$\frac{x^2}{a^2}+\frac{y^2}{b^2}-\frac{z^2}{c^2}=1 \quad (a,b,c>0),$$

表示开口朝向 z 轴的**单叶双曲面** (如图 2.4.22), 当 $a=b$ 时即为**旋转单叶双曲面**.

(1) 范围　由于 $\dfrac{x^2}{a^2}+\dfrac{y^2}{b^2}\geqslant 1$, 故曲面在柱面 $\dfrac{x^2}{a^2}+\dfrac{y^2}{b^2}=1$ 的外部, 沿 z 轴方向无限延伸.

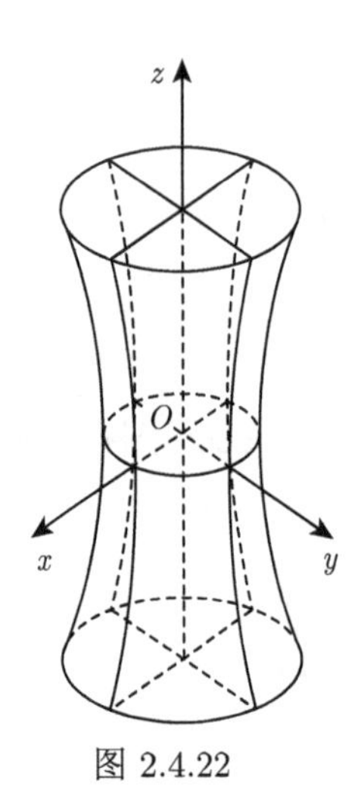

图 2.4.22

(2) 对称性　曲面关于原点、三个坐标轴和坐标平面对称.

(3) 截痕形状　用平面 $z=z_0\neq 0$ 截曲面所得的截痕为椭圆

$$\begin{cases}\dfrac{x^2}{a^2\left(1+\dfrac{z_0^2}{c^2}\right)}+\dfrac{y^2}{b^2\left(1+\dfrac{z_0^2}{c^2}\right)}=1,\\ z=z_0,\end{cases}$$

该椭圆的半轴随着 $|z_0|$ 取值的增大而增大.

同理, 用平面 $x=x_0$ 与平面 $y=y_0$ 去截曲面, 当 $|x_0|\neq a,|y_0|\neq b$, 得到的截痕分别为

$$\begin{cases}\dfrac{y^2}{b^2\left(1-\dfrac{x_0^2}{a^2}\right)}-\dfrac{z^2}{b^2\left(1-\dfrac{x_0^2}{a^2}\right)}=1,\\ x=x_0\quad(|x_0|\neq a)\end{cases}\quad 或\quad \begin{cases}\dfrac{x^2}{a^2\left(1-\dfrac{y_0^2}{b^2}\right)}-\dfrac{z^2}{c^2\left(1-\dfrac{y_0^2}{b^2}\right)}=1,\\ y=y_0\quad(|y_0|\neq b)\end{cases}$$

它们是平面 $x=x_0$ 与 $y=y_0$ 上的双曲线. 当 $|x_0|=a,|y_0|=b$ 时, 得到的截痕是两条相交直线

$$\begin{cases}y=\pm\dfrac{b}{c}z,\\ x=\pm a\end{cases}\quad 与\quad \begin{cases}x=\pm\dfrac{a}{c}z,\\ y=\pm b.\end{cases}$$

图 2.4.23 分别给出 $x_0<a,x_0=a,x_0>a$ 所截曲面的情形.

方程

$$-\frac{x^2}{a^2}+\frac{y^2}{b^2}-\frac{z^2}{c^2}=1\quad(a>0,b>0,c>0).$$

表示开口朝向 y 轴的**双叶双曲面** (如图 2.4.24), 当 $a=c$ 时即为**旋转双叶双曲面**.

(1) 范围　由于 $|y|\geqslant b$, 故曲面在两平行平面 $y=\pm b$ 的外部, 沿 y 轴方向无限延伸.

(2) 对称性　曲面关于三个坐标轴、三个坐标平面和原点对称.

(3) 截痕形状　用平面 $y=|y_0|>b$ 截曲面所得的截痕为椭圆

$$\begin{cases}\dfrac{x^2}{a^2\left(\dfrac{y_0^2}{b^2}-1\right)}+\dfrac{z^2}{c^2\left(\dfrac{y_0^2}{b^2}-1\right)}=1,\\ y=y_0,|y_0|>b.\end{cases}$$

该椭圆的半轴随着 $|y_0|$ 取值的增大而增大. 当 $y=|y_0|=b$ 时, 就是 y 轴上的两个点 $(0,b,0),(0,-b,0)$.

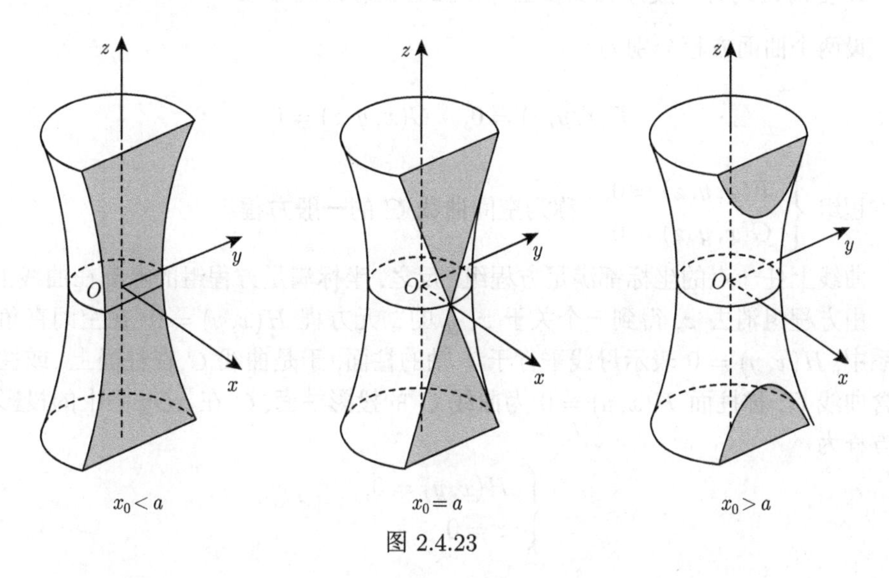

图 2.4.23

同理, 用平面 $x=x_0$ 与平面 $z=z_0$ 去截曲面, 得到的截痕分别为

$$\begin{cases}\dfrac{y^2}{b^2\left(1+\dfrac{x_0^2}{a^2}\right)}-\dfrac{z^2}{b^2\left(1+\dfrac{x_0^2}{a^2}\right)}=1,\\ x=x_0\end{cases}\quad \text{或}\quad \begin{cases}-\dfrac{x^2}{a^2\left(1+\dfrac{z_0^2}{c^2}\right)}+\dfrac{y^2}{b^2\left(1+\dfrac{z_0^2}{c^2}\right)}=1,\\ z=z_0,\end{cases}$$

它们是平面 $x=x_0$ 与 $z=z_0$ 上的双曲线.

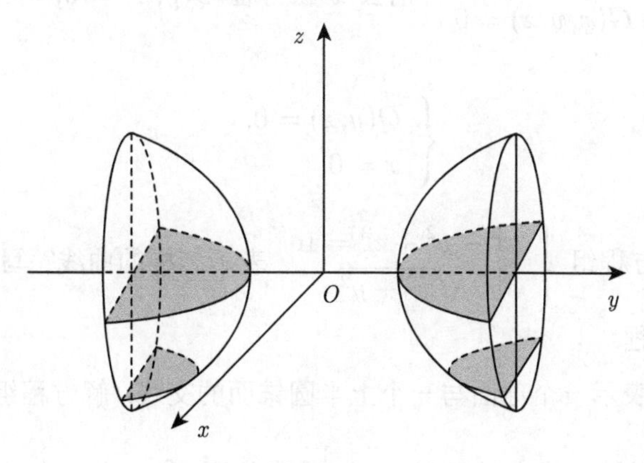

图 2.4.24

2.4.6　空间曲线及其方程

1. 空间曲线的一般方程及在坐标面上的投影曲线方程

设两个曲面方程分别为

$$F(x,y,z)=0,\quad G(x,y,z)=0,$$

则方程组 $\begin{cases} F(x,y,z)=0, \\ G(x,y,z)=0 \end{cases}$ 称为空间曲线 C 的**一般方程**.

曲线上任一点的坐标都满足方程组. 反之, 坐标满足方程组的点都在曲线上.

由方程组消去 z, 得到一个关于 x, y 的二元方程 $H(x,y)=0$. 在空间直角坐标系中, $H(x,y)=0$ 表示母线平行于 z 轴的柱面, 于是曲线 C 在柱面上, 或柱面包含曲线 C, 称柱面 $H(x,y)=0$ 为曲线 C 的**投影柱面**, C 在 xOy 面上的投影曲线方程为

$$\begin{cases} H(x,y)=0, \\ z=0. \end{cases}$$

同理, 由方程组 $\begin{cases} F(x,y,z)=0, \\ G(x,y,z)=0 \end{cases}$ 消去 y 得方程 $R(x,z)=0$, 可得 C 在 zOx 面上的投影曲线方程为

$$\begin{cases} R(x,z)=0, \\ y=0. \end{cases}$$

由方程组 $\begin{cases} F(x,y,z)=0, \\ G(x,y,z)=0 \end{cases}$ 消去 x 得方程 $Q(y,z)=0$, 可得 C 在 yOz 面上的投影曲线

$$\begin{cases} Q(y,z)=0, \\ x=0. \end{cases}$$

例 2.4.8　方程组 $\begin{cases} x^2+y^2+z^2=1, \\ z=\sqrt{x^2+y^2} \end{cases}$ 表示怎样的曲线? 写出其在 xOy 面上的投影曲线方程.

解　方程组表示一个球面与一个上半圆锥面的交线. 解方程组可得 $z=\dfrac{1}{\sqrt{2}}$, $x^2+y^2=\dfrac{1}{2}$, 所以该曲线表示平面 $z=\dfrac{1}{\sqrt{2}}$ 上的圆 $x^2+y^2=\dfrac{1}{2}$ (图 2.4.25).

而在空间直角坐标系中, $x^2+y^2=\dfrac{1}{2}$ 又表示母线平行于 z 轴的圆柱面, 所以交线在 xOy 面上的投影曲线方程为

$$\begin{cases} x^2+y^2=\dfrac{1}{2}, \\ z=0. \end{cases}$$

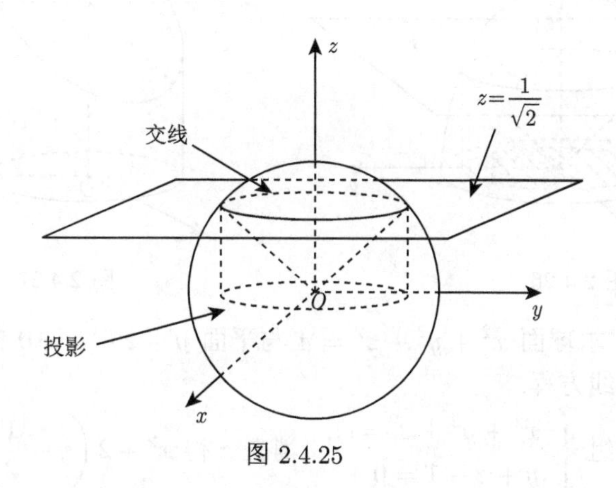

图 2.4.25

例 2.4.9 方程组 $\begin{cases} 2-z=x^2+y^2, \\ z=\sqrt{x^2+y^2} \end{cases}$ 表示怎样的曲线? 求由两个曲面所围成的立体在 xOy 面上的投影.

解 方程组表示一个开口朝向 z 轴负方向的抛物面与上半圆锥面的交线. 解方程组得 $z=1$, 所以该曲线表示平面 $z=1$ 上的圆 $x^2+y^2=1$ (图 2.4.26).

两个曲面所围成的立体在 xOy 面上的投影为 $x^2+y^2\leqslant 1$, 如图 2.4.26 中阴影部分.

例 2.4.10 方程组 $\begin{cases} x^2+y^2=1, \\ 2x+z-3=0 \end{cases}$ 表示怎样的曲线? 求该曲线在 yOz, xOy 面上的投影.

解 方程组表示母线平行于 z 轴的圆柱面与平行于 y 轴的平面的交线. 由方程组消去 x 得 $\dfrac{(z-3)^2}{4}+y^2=1$, 这是一个椭圆柱面. 所以方程组表示在平面 $2x+z-3=0$ 上的椭圆 (图 2.4.27).

该曲线在 yOz 面上的投影曲线方程为 $\begin{cases} \dfrac{(z-3)^2}{4}+y^2=1, \\ x=0. \end{cases}$

在 xOy 面上的投影为 $\begin{cases} x^2+y^2=1, \\ z=0. \end{cases}$

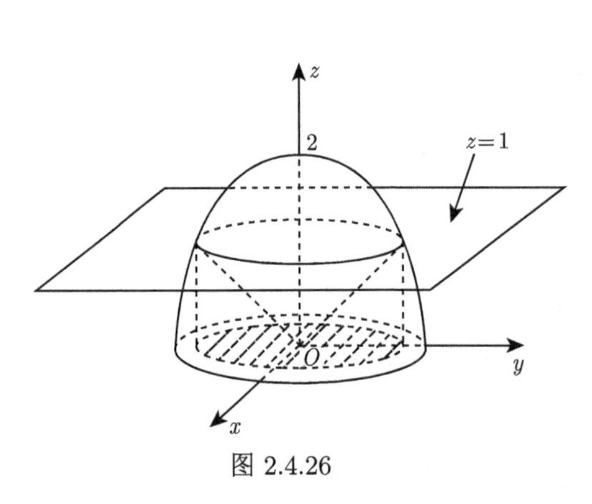

图 2.4.26

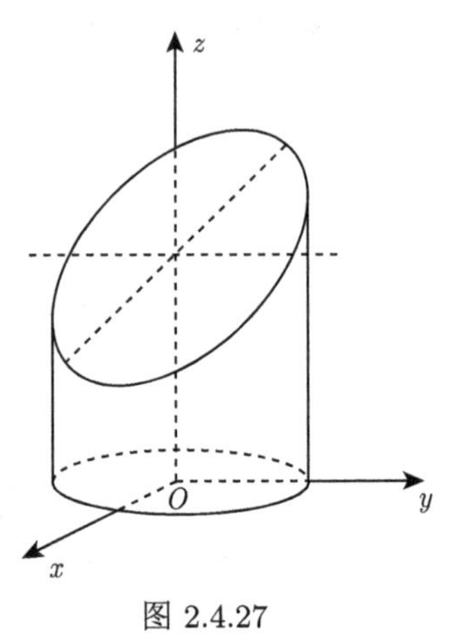

图 2.4.27

例 2.4.11　求球面 $x^2+y^2+z^2=4$ 与平面 $y+z-1=0$ 的交线在三个坐标面上的投影曲线方程.

解　由方程组 $\begin{cases} x^2+y^2+z^2=4, \\ y+z-1=0 \end{cases}$ 消去 z 得 $x^2+2\left(y-\dfrac{1}{2}\right)^2=\dfrac{7}{2}$, 这是一个母线平行于 z 轴的椭圆柱面, 所以交线在 xOy 面上的投影曲线方程为

$$\begin{cases} x^2+2\left(y-\dfrac{1}{2}\right)^2=\dfrac{7}{2}, \\ z=0. \end{cases}$$

同理, 消去 y 得 $x^2+2\left(z-\dfrac{1}{2}\right)^2=\dfrac{7}{2}$, 则交线在 zOx 面上的投影曲线方程为

$$\begin{cases} x^2+2\left(z-\dfrac{1}{2}\right)^2=\dfrac{7}{2}, \\ y=0. \end{cases}$$

交线在 yOz 面上的投影是一条线段,

$$y+z-1=0 \quad \left(\frac{1-\sqrt{7}}{2}\leqslant y\leqslant\frac{1+\sqrt{7}}{2}, \frac{1-\sqrt{7}}{2}\leqslant z\leqslant\frac{1+\sqrt{7}}{2}\right).$$

例 2.4.12　试画出曲面 $z=1-x^2$ 与 $z=3x^2+y^2$ 的交线草图, 并写出其交线在 xOy 面上的投影.

解 其交线如图 2.4.28.

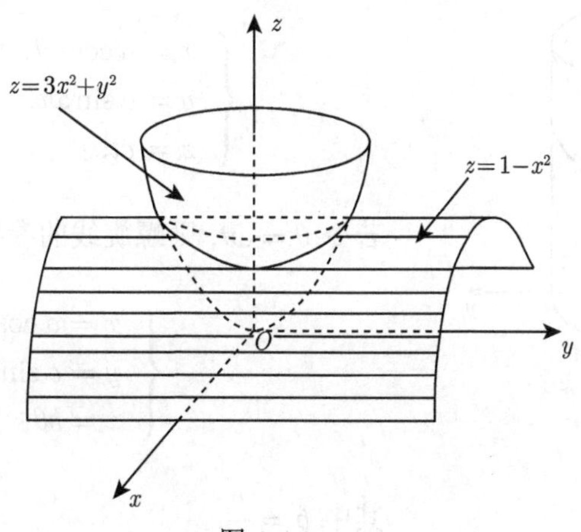

图 2.4.28

把 $z=1-x^2$ 代入方程 $z=3x^2+y^2$, 消去 z 得投影柱面方程

$$4x^2+y^2=1,$$

交线在 xOy 面上的投影为

$$\begin{cases} 4x^2+y^2=1, \\ z=0. \end{cases}$$

2. 空间曲线的参数方程

空间曲线的参数方程为 $\begin{cases} x=x(t), \\ y=y(t), \\ z=z(t), \end{cases}$ t 为参数. 当给定 $t=t_1$ 时, 就得到曲线上的一个点 (x_1, y_1, z_1), 随着参数的变化可得到曲线上的全部点.

例 2.4.13 设空间有一动点 M 在圆柱面 $x^2+y^2=a^2$ 上以角速度 ω 绕 z 轴旋转, 同时又以线速度 v 沿平行于 z 轴的正方向上升 (其中 ω, v 都是常数), 动点 M 的轨迹称为**螺旋线**, 试建立其参数方程.

解 建立如图 2.4.29 所示的坐标系. 取时间 t 为参数, 当 $t=0$ 时, 动点 M 位于 x 轴上点 $A(a,0,0)$, 经过时间 t, 动点由 A 运动到 $M(x,y,z)$, 设点 M 在 xOy 坐标面上的投影为 M', 依题意有

$$\begin{cases} x=|OM'|\cos\omega t=a\cos\omega t, \\ y=|OM'|\sin\omega t=a\sin\omega t, \\ z=vt. \end{cases}$$

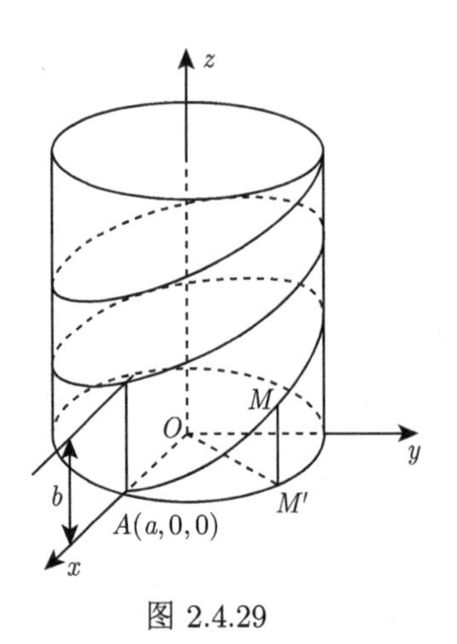

图 2.4.29

因此, 螺旋线的参数方程为

$$\begin{cases} x = a\cos\omega t, \\ y = a\sin\omega t, \quad t \text{ 为参数}. \\ z = vt, \end{cases}$$

若令 $\theta = \omega t$, 则螺旋线的参数方程为

$$\begin{cases} x = a\cos\theta, \\ y = a\sin\theta, \\ z = b\theta, \end{cases}$$

其中 $b = \dfrac{v}{\omega}$.

习　题　2.4

1. 一动点与两定点 $A(1,2,3)$ 和 $B(2,3,1)$ 的距离相等, 求此动点的轨迹方程.

2. 求以点 $(2,-1,1)$ 为球心且过原点的球面方程.

3. 在空间直角坐标系中, 下列方程表示什么曲面?

(1) $2x^2+2y^2+2z^2-x+2y=0$;　　(2) $\dfrac{x^2}{4}+\dfrac{z^2}{9}=1$;

(3) $z+1=3y^2$;　　(4) $-2x^2+3y^2=5$;

(5) $x^2+y^2-z^2=0$;　　(6) $x=2y^2+z^2$.

4. 求下列旋转曲面方程:

(1) $\begin{cases} y=2x, \\ z=0 \end{cases}$ 绕 x 轴, y 轴旋转一周;

(2) $\begin{cases} -z^2+\dfrac{y^2}{4}=1, \\ x=0 \end{cases}$ 绕 z 轴, y 轴旋转一周;

(3) $\begin{cases} z=2x^2, \\ y=0 \end{cases}$ 绕 z 轴旋转一周.

5. 画出下列方程组表示的曲线在第 I 卦限内的图形:

(1) $\begin{cases} x=3, \\ y=2; \end{cases}$　　　(2) $\begin{cases} z=\sqrt{1-x^2-y^2}, \\ x-y=0. \end{cases}$

6. 求上半球面 $z=\sqrt{4-x^2-y^2}$ 被圆柱面 $x^2+y^2-2x=0$ 所围的部分在 xOy, zOx 面上的投影.

数学史话 勒内·笛卡儿 (René Descartes), 法国哲学家、数学家、物理学家. 他最为世人熟知的是其作为数学家的成就, 因将几何坐标体系公式化而被认为是解析几何之父. 他于 1637 年发明了现代数学的基础工具之一——坐标系, 将几何和代数相结合, 创立了解析几何学. 同时, 也推导出了笛卡儿定理等几何学公式. 关于笛卡儿的哲学思想, 最著名的就是他那句“我思故我在”.

笛卡儿 (1596—1650)

复习题 2

(A)

1. 判断下列三点 P_1, P_2, P_3 是否共线?

(1) $P_1(-1,2,0), P_2(3,-4,1), P_3(1,2,3)$;

(2) $P_1(0,1,2), P_2(1,3,1), P_3(3,7,-1)$.

2. 选择题

(1) 直线 $l: \dfrac{x-1}{1}=\dfrac{y-5}{-2}=\dfrac{z+8}{1}$ 与平面 $\pi: x+2y+3z=1$ 的位置关系为 (　　).

(A) $l//\pi$　　(B) l 在 π 内　　(C) $l\perp\pi$　　(D) 不是前面三种关系

(2) 直线 $l_1: \dfrac{x-1}{1}=\dfrac{y-5}{-2}=\dfrac{z+8}{1}$ 与直线 $l_2: \begin{cases} x-y=6, \\ 2y+z=3 \end{cases}$ 的夹角为 (　　).

(A) $\dfrac{\pi}{6}$　　(B) $\dfrac{\pi}{4}$　　(C) $\dfrac{\pi}{3}$　　(D) $\dfrac{\pi}{2}$

(3) 直线 $l: \dfrac{x-1}{1}=\dfrac{y-5}{-2}=\dfrac{z+8}{1}$ 与平面 $\pi: x+y-2z+3=0$ 的夹角为 (　　).

(A) $\dfrac{\pi}{6}$　　(B) $\dfrac{\pi}{4}$　　(C) $\dfrac{\pi}{3}$　　(D) $\dfrac{\pi}{2}$

(4) 对二次曲面, 下列说法不正确的是 (　　).

(A) 方程 $z=2x^2+2y^2$ 表示旋转抛物面

(B) 方程 $z^2=2x^2+2y^2$ 表示圆锥面

(C) 方程 $y^2 = x$ 表示抛物柱面

(D) 方程 $\frac{1}{4}x^2 - y^2 - \frac{1}{9}z^2 = 1$ 表示单叶双曲面

3. 填空题

(1) 已知向量 $\boldsymbol{\alpha}=(x,1,2)$, $\boldsymbol{\beta}=(-2,x,6)$ 与 $\boldsymbol{\gamma}=(-1,2,3)$, 若 $\boldsymbol{\alpha}\perp\boldsymbol{\gamma}$, 则 $x=$ __________; 若 $\boldsymbol{\beta}//\boldsymbol{\gamma}$, 则 $x=$__________; 若 $\boldsymbol{\alpha},\boldsymbol{\beta},\boldsymbol{\gamma}$ 共面, 则 $x=$ __________.

(2) 直线 $\begin{cases} x+2y+3z+4=0, \\ x-3y-3z-8=0 \end{cases}$ 在 xOy 面上的投影直线的方程为 __________.

(3) 向量 $\boldsymbol{\alpha}=(1,2,2)$ 与 $\boldsymbol{\beta}=(1,0,1)$ 的夹角 $\theta=$ __________.

(4) 向量 $\boldsymbol{\alpha}=(4,-3,4)$ 在向量 $\boldsymbol{\beta}=(2,2,1)$ 上的投影 $\mathrm{Prj}_{\boldsymbol{\beta}}\boldsymbol{\alpha}=$ __________.

(5) 与向量 $\boldsymbol{\alpha}=(1,2,3)$ 和向量 $\boldsymbol{\beta}=(1,-3,-2)$ 都垂直的单位向量是__________.

(6) 曲面 $z=x^2+y^2$ 与平面 $x+y+z=1$ 的交线在 xOy 平面上的投影曲线方程__________.

(7) 空间曲线 $\begin{cases} x^2+y^2+z^2=8, \\ z=\sqrt{x^2+y^2} \end{cases}$ 在 xOy 面上投影曲线的方程为 __________.

(8) yOz 面上双曲线 $\begin{cases} \dfrac{y^2}{b^2}-\dfrac{z^2}{c^2}=1, \\ x=0 \end{cases}$ 绕 y 轴旋转所得的旋转曲面方程为 __________.

4. 已知一向量的终点在点 $B(3,2,-1)$, 它在 x 轴, y 轴, z 轴上的投影分别为 $4,-3,6$, 求该向量的起点 A 的坐标.

5. 设一向量与 x 轴及 y 轴的夹角相等, 而与 z 轴的夹角是与 x 轴夹角的两倍, 求此向量的方向余弦.

6. 设向量 $\boldsymbol{\beta}$ 与向量 $\boldsymbol{\alpha}=3\boldsymbol{i}+6\boldsymbol{j}+8\boldsymbol{k}$ 及 x 轴都垂直, 且 $|\boldsymbol{\beta}|=2$, 求向量 $\boldsymbol{\beta}$.

7. 已知 $\boldsymbol{\alpha}=i, \boldsymbol{\beta}=j-2k, \boldsymbol{\gamma}=2i-2\boldsymbol{j}$, 求一单位向量 $\boldsymbol{n}$, 使 $\boldsymbol{n}\perp\boldsymbol{\gamma}$, 且 $\boldsymbol{n},\boldsymbol{\alpha},\boldsymbol{\beta}$ 共面.

8. 已知三角形的顶点分别为 $A(1,-1,2), B(5,6,-2), C(1,3,-1)$, 求 AC 边上的高 h.

9. 判断直线 $\begin{cases} 2x-y-10z+3=0, \\ x+3y+2z+1=0 \end{cases}$ 与平面 $4x-2y+z-2=0$ 的位置关系.

10. 求直线 $l: \dfrac{x+1}{1}=\dfrac{y-1}{2}=\dfrac{z}{3}$ 在平面 $\pi: x+y+z-2=0$ 上的投影直线 l 的方程.

11. 指出下列旋转曲面的一条母线和旋转轴.

(1) $x=3(y^2+z^2)$;　　(2) $y^2=4(x^2+z^2)$;

(3) $\dfrac{x^2}{4}+\dfrac{y^2}{4}+\dfrac{z^2}{9}=1$;　　(4) $x^2-\dfrac{y^2}{6}-\dfrac{z^2}{6}=1$.

(B)

1. 选择题

(1) 已知点 $A(1,2,3), B(5,-1,7), C(1,1,1), D(3,3,2)$, 则 $\mathrm{Prj}_{\overrightarrow{CD}}\overrightarrow{AB}=$ (　　).

(A) 4　　(B) 1　　(C) $\dfrac{1}{2}$　　(D) 2

(2) 设平面方程 $x-y=0$, 则其位置 (　　).

(A) 平行于 x 轴　　(B) 平行于 y 轴　　(C) 平行于 z 轴　　(D) 通过 z 轴

(3) 设直线方程 $\begin{cases} 5x+y-3z-7=0, \\ 2x+y-3z-7=0, \end{cases}$ 则其位置 (　　).

(A) 垂直于 yOz 面　　(B) 在 yOz 平面上　　(C) 平行于 x 轴　　(D) 在 xOy 平面上

(4) 一平面过点 $(6,-10,1)$, 在 x 轴上的截距是 3, 在 z 轴上的截距是 2, 则该平面的方程为 (　　).

(A) $20x+9y+30z-60=0$　　(B) $2x+3y+24z-6=0$

(C) $2x+3y+3z+15=0$　　(D) $2x+3y+4z+14=0$

(5) $z^2-x^2-y^2=0$ 在空间中表示的曲面为 (　　).

(A) 柱面　　(B) 圆锥面　　(C) 旋转双曲面　　(D) 球面

2. 填空

(1) 当 $m=$ ________ 时, $2\boldsymbol{i}-3\boldsymbol{j}+5\boldsymbol{k}$ 与 $3\boldsymbol{i}+m\boldsymbol{j}-3\boldsymbol{k}$ 互相垂直.

(2) 球心在点 $P(1,2,3)$ 且与平面 $x+y+z=0$ 相切的球面的方程为________.

(3) 过点 $P(2,-6,5)$ 且垂直于平面 $x+2y+3z+4=0$ 的直线方程为 ________.

(4) 过点 $P(1,2,-1)$ 且与直线 $L:\begin{cases} x=-t+2, \\ y=3t-4, \\ z=t-1 \end{cases}$ 垂直的平面方程为________; 过点 P 与直线 L 的平面方程为________.

(5) 经过两个平面 $\Pi_1: x+y+1=0, \Pi_2: x+2y+2z=0$ 的交线, 并且与平面 $\Pi_3: 2x-y-z=0$ 垂直的平面方程是________.

3. 证明直线 $l_1: \dfrac{x+3}{5}=\dfrac{y+1}{2}=\dfrac{z-2}{4}$ 与直线 $l_2: \dfrac{x-8}{3}=\dfrac{y-1}{1}=\dfrac{z-6}{2}$ 相交, 并求由两直线所确定的平面方程.

4. 已知直线 l 的一般方程为 $\begin{cases} x+2y+3z+4=0, \\ x-2y-3z-8=0, \end{cases}$

(1) 求直线 l 与平面 $\pi: 2x+y-z-6=0$ 的交点.

(2) 求直线 l 在 yOz 面上的投影直线 l' 绕 z 轴旋转一周所得旋转曲面的方程.

5. 求经过直线 $l:\begin{cases} x+1=0, \\ \dfrac{y+2}{2}=\dfrac{z-2}{-3}, \end{cases}$ 且与点 $A(4,1,2)$ 的距离等于 3 的平面方程.

6. 求过点 $(1,0,1)$, 且平行于平面 $3x-4y+z-10=0$, 又与直线 $\dfrac{x}{1}=\dfrac{y}{2}=\dfrac{z}{1}$ 相交的直线的方程.

7. 圆柱面的轴线是 $l: \dfrac{x}{1}=\dfrac{y-1}{2}=\dfrac{z-2}{-2}$, 点 $P_0(1,-1,0)$ 是圆柱面上一点, 求圆柱面的方程.

8. 求两异面直线 $l_1: \dfrac{x-1}{0}=\dfrac{y-2}{1}=\dfrac{z-3}{2}$ 与 $l_2: \dfrac{x-2}{1}=\dfrac{y-3}{0}=\dfrac{z-1}{3}$ 的公垂线方程.

9. 求两异面直线 $l_1: \dfrac{x+1}{0}=\dfrac{y-1}{1}=\dfrac{z-2}{3}$ 与 $l_2: \dfrac{x-1}{1}=\dfrac{y}{2}=\dfrac{z+1}{2}$ 之间的距离.

10. 求曲线 $\begin{cases} z=(x-1)^2+(y-1)^2, \\ z=2-x^2+y^2 \end{cases}$ 在三个坐标面上的投影曲线方程.

11. 求锥面 $z=\sqrt{x^2+y^2}$ 与柱面 $z^2=2x$ 所围立体在三个坐标面上的投影.

复习题2(B)
第8题解答

复习题2(B)
第10, 11题解答

^{*2} 拓 展 知 识

*2.5 向量代数和空间图形的 MATLAB 程序示例

2.5.1 向量基本运算的 MATLAB 程序示例

【例 1】 随机生成三个三维向量 α, β 和 γ, 并展示相关的向量运算.

解 MATLAB 命令为

```
a = round(rand(1,3)*10)
b = round(rand(1,3)*10)
r = round(randn(1,3)*10)
lambda = round(randn(1)*10)
a_plus_b = a + b   % 向量加法
a_minus_b = a - b  % 向量减法
lmabda_multiply_a = lambda * a       % 向量数乘
a_norm = norm(a)   % 向量的模(范数)
a_distance_b = norm(b - a)    % 向量间的欧氏距离
inner_product = dot(a, b)     % 向量的内积
inner_product = a * b'        % 向量的内积
inner_product = sum(a .* b)   % 向量的内积
outer_product = cross(a, b)   % 向量的外积
mixed_product = dot(cross(a, b), r)   % 向量的混合积
```

运行结果为

```
a = 4     3     8
b = 4     9     2
r = -4    -8   -16
lambda = 5
a_plus_b = 8     12     10
a_minus_b = 0     -6     6
lmabda_multiply_a = 20     15     40
a_norm = 9.4340
a_distance_b = 8.4853
inner_product = 59
inner_product = 59
```

```
inner_product = 59
outer_product = -66     24     24
mixed_product = -312
```

2.5.2 二维图形的 MATLAB 程序示例

【例 2】 绘制 $y = \cos(1/x)$ 的图形.

解 MATLAB 命令为

```
x = linspace(-2*pi, 2*pi);
y = cos(1./x);
plot(x, y);
title('y = cos(1/x)')
```

运行结果为图 2.5.1.

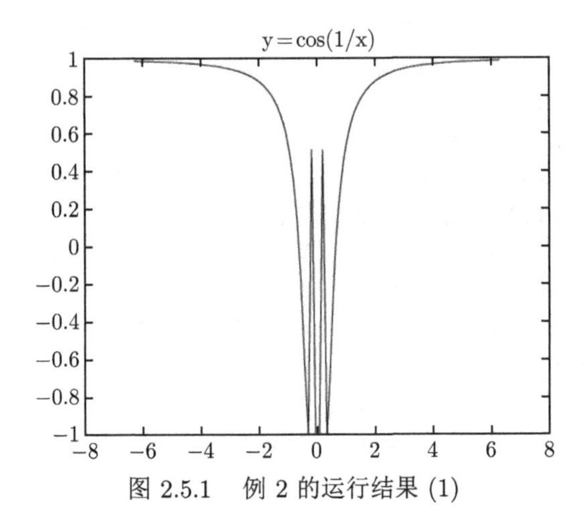

图 2.5.1 例 2 的运行结果 (1)

或者

```
fplot( @(x) cos(1./x), [-1, 1]);
title('fplot( @(x) cos(1./x), [-1, 1])');
```

运行结果为图 2.5.2.

说明 plot(X, Y) 函数的功能是根据指定的数据点 (X, Y) 绘制二维曲线; fplot(f) 函数的功能是绘制指定的函数, 其绘制数据点是自适应产生的.

【例 3】 绘制隐函数的图形 $y\sin(x) + x\cos(y) = 1$ 的图形.

解 MATLAB 命令为

```
fimplicit(@(x,y) y.*sin(x) + x.*cos(y) - 1);
title('ysin(x)+xcos(y)-1=0');
```

运行结果为图 2.5.3.

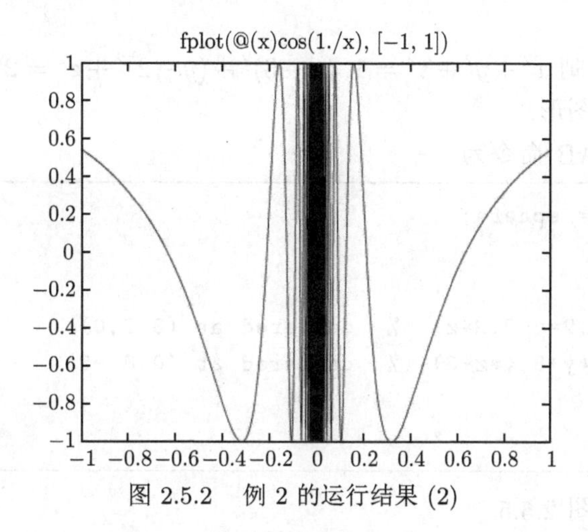

图 2.5.2 例 2 的运行结果 (2)

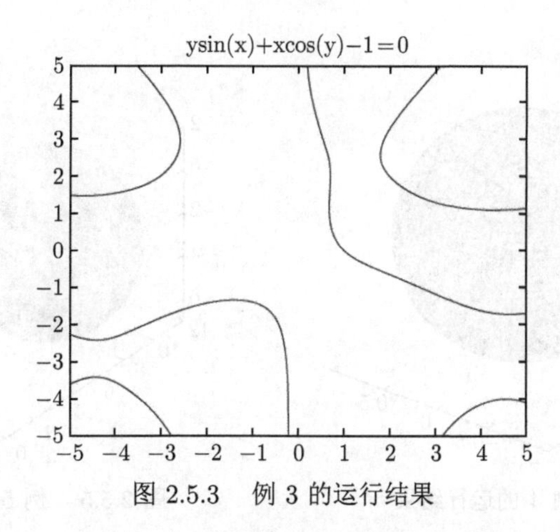

图 2.5.3 例 3 的运行结果

说明 fimplicit(f) 函数是在 MATLAB R2016b 版本中引入的绘制隐函数 f 二维图形的函数.

2.5.3 三维图形的 MATLAB 程序示例

【例 4】 绘制 $x^2+y^2+z^2=1$ 的图形.

解 MATLAB 命令为

```
fimplicit3(@(x,y,z) x.^2 + y.^2 +z.^2 - 1);
```

运行结果为图 2.5.4.

说明 fimplicit3(f) 函数是在 MATLAB R2016b 版本中引入的绘制函数 f 三维图形的函数.

【例 5】 绘制 $x^2+y^2+z^2=1$, $(x-3)^2+(y-2)^2+z^2=2^2$, $x^2+(y-8)^2+(z+3)^2=4^2$ 的图形.

解 MATLAB 命令为

```
[x, y, z] = sphere;
surf(x,y,z)
hold on
surf(2*x+3,2*y+2,2*z)   %  centered at (3,2,0)
surf(4*x,4*y+8,4*z-3)   %  centered at (0,8,-3)
axis equal
hold off
```

运行结果为图 2.5.5.

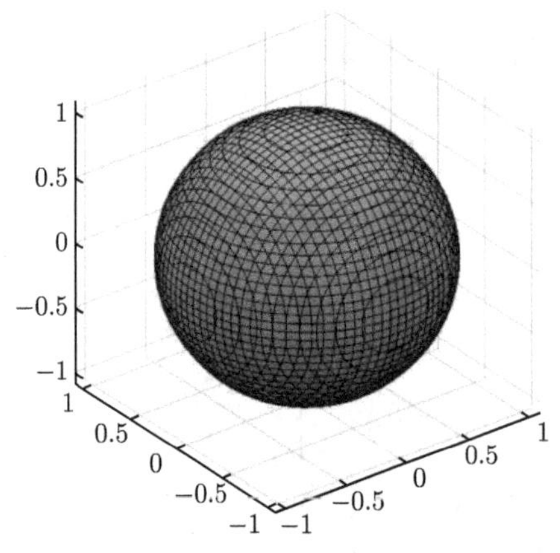

图 2.5.4 例 4 的运行结果

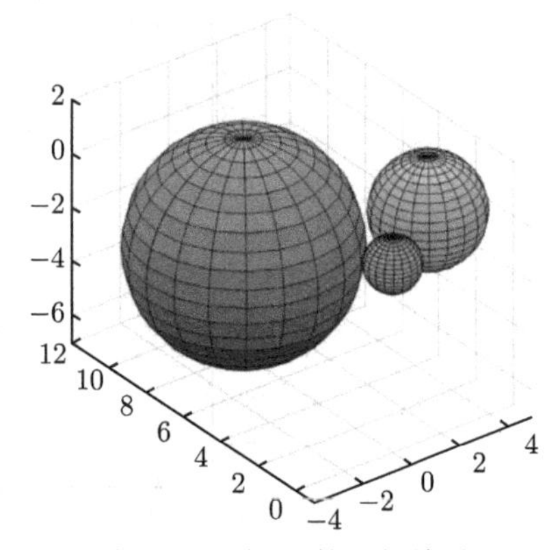

图 2.5.5 例 5 的运行结果

说明 sphere( ) 函数的功能是绘制球面或返回球面坐标; surf( ) 函数的功能是绘制三维图形曲面的函数.

【例 6】 绘制轮廓曲线为 $f(t)=2+\cos(t)$ 的柱面.

解 MATLAB 命令为

```
t = 0:pi/10:2*pi;
[X,Y,Z] = cylinder(2+cos(t));
```

```
surf(X,Y,Z)
axis square
```

运行结果为图 2.5.6.

说明 cylinder(r) 函数的功能是生成轮廓曲线由 r 定义的柱面.

【例 7】 画出两曲面的交线 $\begin{cases} x^2+y^2+z^2=4, \\ x^2+y^2=2x. \end{cases}$

解 在此提供两个方法解决.

方法一的 MATLAB 命令为

```
fimplicit3(@(x,y,z) x.^2 + y.^2 + z.^2 - 4);
hold on;
fimplicit3(@(x,y) x.^2 + y.^2 - 2*x);
axis equal;
hold off;
```

运行结果为图 2.5.7.

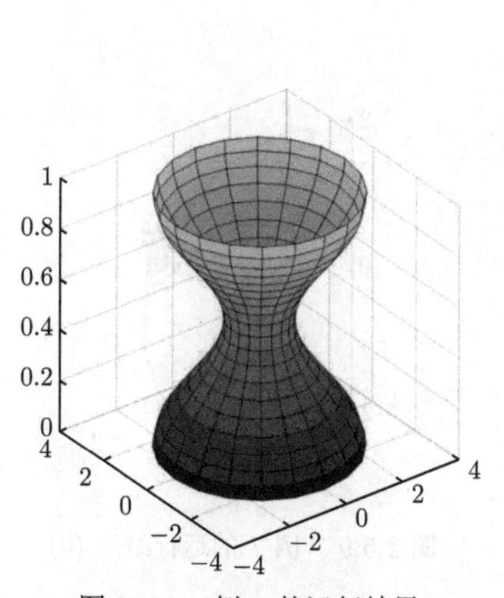

图 2.5.6 例 6 的运行结果

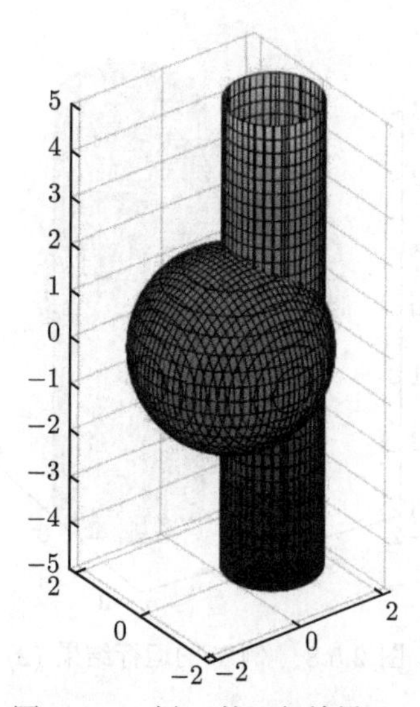

图 2.5.7 例 7 的运行结果 (1)

方法二的 MATLAB 命令为

```
[x, y, z] = sphere();
surf(2*x, 2*y, 2*z);
hold on
[x, y, z] = cylinder();
```

```
surf(x+1, y, 3*z);
axis equal
hold off
```

运行结果为图 2.5.8.

上述两种方法的运行结果均展示了相应的三维立体图形, 如需展示交线, 则可使用如下的两个方法.

显示交线的方法一的 MATLAB 命令为

```
[x,y,z] = meshgrid(linspace(-2,2));
f1 = x.^2 + y.^2 + z.^2 - 4;
f2 = x.^2 + y.^2  - 2*x;
isosurface(x, y, z, abs(f1)+abs(f2), 0.1);
axis equal;
```

运行结果为图 2.5.9.

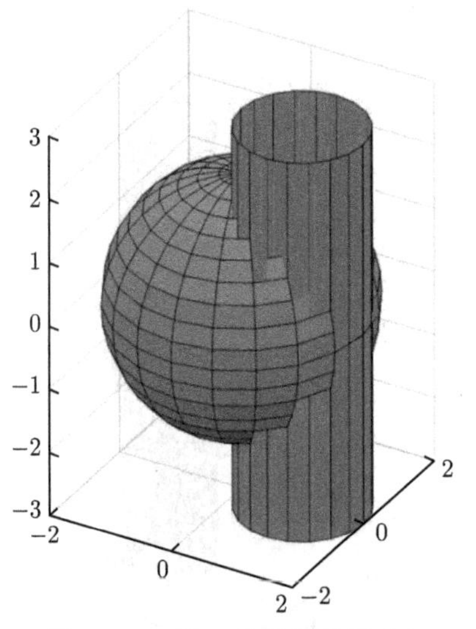

图 2.5.8　例 7 的运行结果 (2)

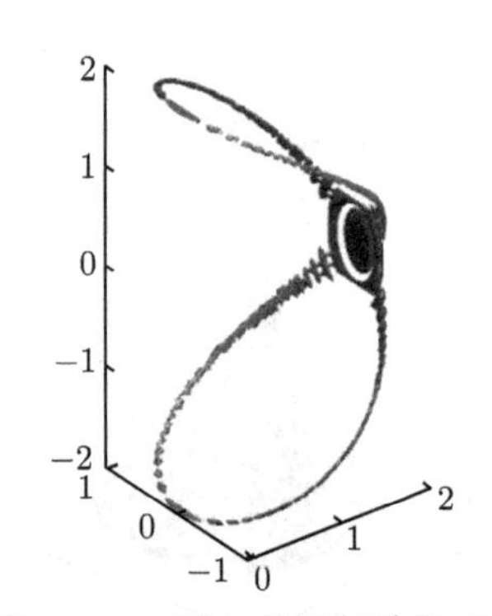

图 2.5.9　例 7 的运行结果 (3)

说明　该方法采用了数值方法粗略地显示交线.

显示交线的方法二的 MATLAB 命令为

```
[x,y,z] = meshgrid(linspace(-2,2));
f = x.^2 + y.^2 + z.^2;
[u, v] = meshgrid(linspace(0,2)*pi, linspace(-2,2));
xi = 1 + cos(u);
```

```
yi = sin(u);
zi = v;
h = contourslice(x, y, z, f, xi, yi, zi, [4, 4]);
set(h, 'EdgeColor', 'b', 'LineWidth', 2);
axis equal;
grid on;
box on;
view(60, 30);
```

运行结果为图 2.5.10.

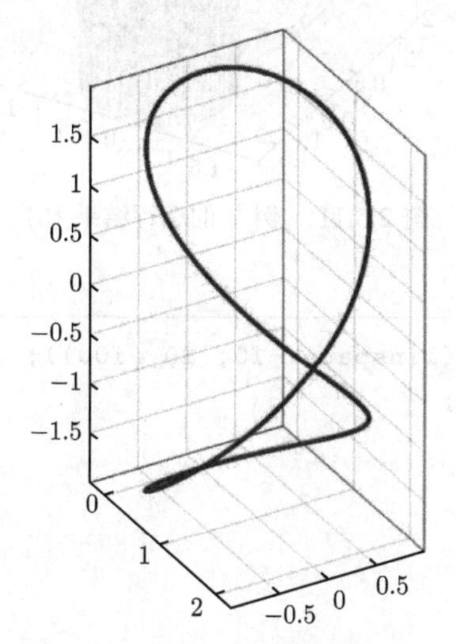

图 2.5.10 例 7 的运行结果 (4)

如需在上图的基础上展现相应的立体图形, 则可在上述代码之后附加以下代码:

```
hold on;
f2 = x.^2 + y.^2 - 2*x;
f11 = reducepatch(isosurface(x, y, z, f, 4), 0.005);
f22 = reducepatch(isosurface(x, y, z, f2, 0), 0.005);
set(patch(f11),'facecolor','none','edgealpha',0.2)
set(patch(f22),'facecolor','none','edgealpha',0.2)
hold off;
```

运行结果为图 2.5.11.

【例 8】 显示图形 $\begin{cases} z = x^2 + 2y^2, \\ z = 2 - x^2. \end{cases}$

解 在此也提供两个方法. 方法一的 MATLAB 命令为

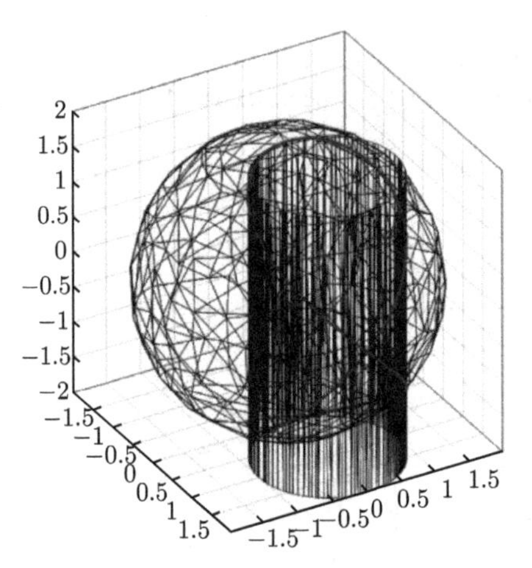

图 2.5.11 例 7 的运行结果 (5)

```
[X, Y] = meshgrid(linspace(-10, 10, 100));
Z1 = X.^2 +2*Y.^2;
Z2 = 2 - X.^2;
surf(X, Y, Z1);
alpha(0.5);
shading interp;
hold on;
surf(X, Y, Z2);
alpha(0.5);
shading interp;
hold off;
```

运行结果为图 2.5.12.

方法二的 MATLAB 命令为

```
fsurf(@(x, y) x.^2 + y.^2, 'EdgeColor','none');
alpha(0.5);
hold on;
fsurf(@(x) 2 - x.^2, 'EdgeColor','none');
alpha(0.5);
hold off;
```

运行结果为图 2.5.13.

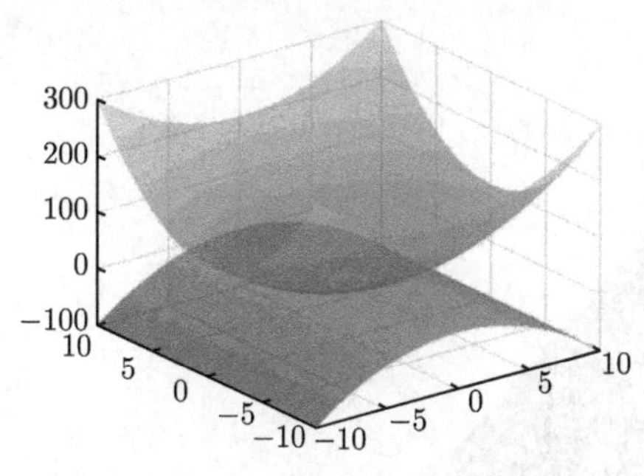

图 2.5.12 例 8 的运行结果 (1)

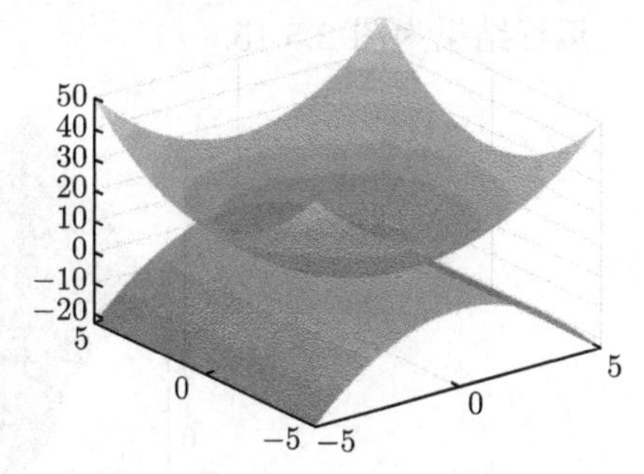

图 2.5.13 例 8 的运行结果 (2)

【例 9】 画出图形 $z=\sin x$.

解 MATLAB 命令为

```
fsurf(sin(x));
```

运行结果为图 2.5.14.

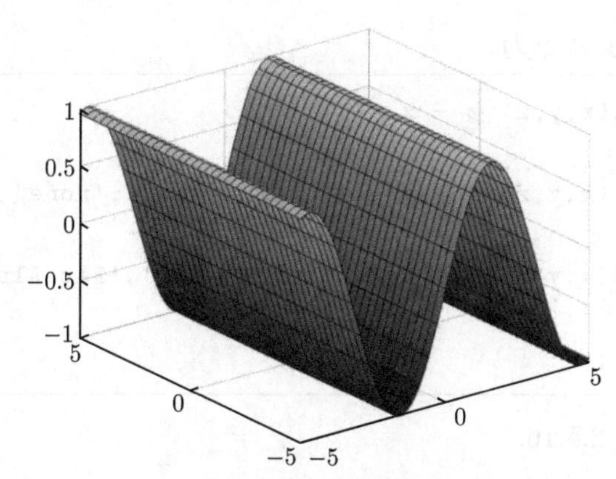

图 2.5.14 例 9 的运行结果

【例 10】 画出图形 $\begin{cases} x^2+y^2+z^2=9, \\ x+z=1. \end{cases}$

解 MATLAB 命令为

```
fimplicit3(@(x,y,z) x.^2 + y.^2 + z.^2 - 9);
hold on;
fimplicit3(@(x,y,z) x + z - 1);
hold off;
axis equal;
view(20, 30);
```

运行结果为图 2.5.15.

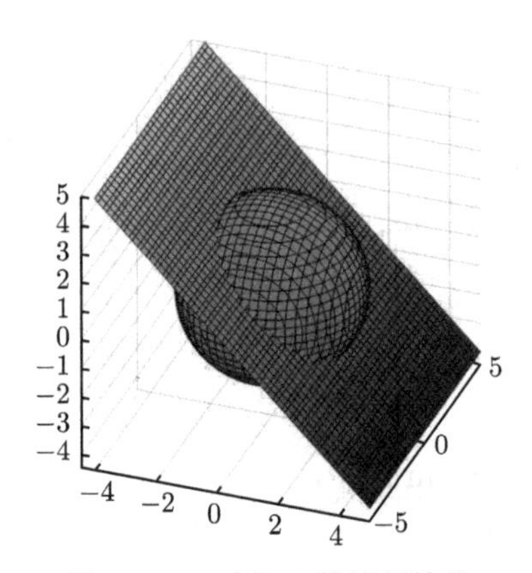

图 2.5.15　例 10 的运行结果

【例 11】　画出由双曲抛物面 $z=xy$ 与平面 $x+y-1=0, z=0$ 所围成闭区域.

解　MATLAB 命令为

```
fimplicit3(@(x,y,z) z - x.^y);
hold on;
fimplicit3(@(x,y,z) x + y - 1, 'EdgeColor','none','FaceAlpha
    ',.8);
fimplicit3(@(x,y,z) z, 'EdgeColor','none','FaceAlpha',.8);
hold off;
view(80, 60);
```

运行结果为图 2.5.16.

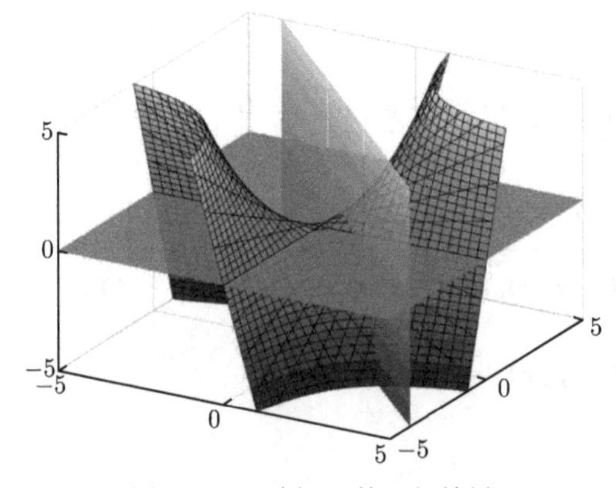

图 2.5.16　例 11 的运行结果

【例 12】 画出由曲面 $z=xy$ 与平面 $y=x, x=1$ 和 $z=0$ 所围的图形.

解 MATLAB 命令为

```
fimplicit3(@(x,y,z) z - x.*y);
hold on;
fimplicit3(@(x,y,z) y - x, 'EdgeColor','none','FaceAlpha',.8);
fimplicit3(@(x,y,z) x - 1, 'EdgeColor','none','FaceAlpha',.8);
fimplicit3(@(x,y,z) z, 'EdgeColor','none','FaceAlpha',.8);
hold off;
view(20, 60);
```

运行结果为图 2.5.17.

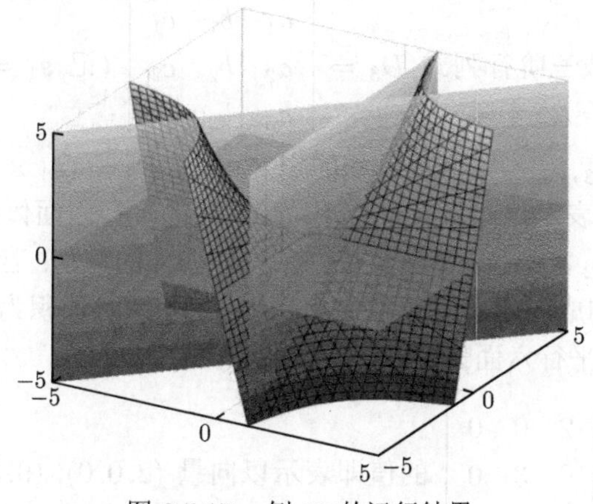

图 2.5.17 例 12 的运行结果

*2.6 行列式在几何上的应用

行列式虽然是解线性方程组时引入的工具，但它在几何上有着深刻的含义，可以用来表示面积、体积等.

在平面上，考虑以向量 $\boldsymbol{r}_1=(a_1,b_1)$ 和向量 $\boldsymbol{r}_2=(a_2,b_2)$ 为邻边的平行四边形. 设两向量之间的夹角为 θ, 则平行四边形的面积

$$
\begin{aligned}
S &= |\boldsymbol{r}_1|\,|\boldsymbol{r}_2|\,sin\theta \\
&= \sqrt{|\boldsymbol{r}_1|^2\,|\boldsymbol{r}_2|^2-(\boldsymbol{r}_1\cdot\boldsymbol{r}_2)^2} \\
&= |a_1b_2-b_1a_2|.
\end{aligned}
$$

又二阶行列式 $D_2=\begin{vmatrix} a_1 & b_1 \\ a_2 & b_2 \end{vmatrix}=a_1b_2-b_1a_2$, 这说明二阶行列式 D_2 的绝对值恰等于以行列式的行向量 $\boldsymbol{r}_1=(a_1,b_1)$ 和 $\boldsymbol{r}_2=(a_2,b_2)$ 为邻边, 组成的平行四边形的面积. 若定义平行四边形的“有向”面积：当 $\boldsymbol{r}_1$ 沿逆时针方向转向 $\boldsymbol{r}_2$ 时, 则面积的符号为正; 当 $\boldsymbol{r}_1$ 沿顺时针方向转向 $\boldsymbol{r}_2$ 时, 则面积的符号为负. 因此二阶行列式 D 等于以行向量 $\boldsymbol{r}_1=(a_1,b_1)$ 和 $\boldsymbol{r}_2=(a_2,b_2)$ 为邻边组成的平行四边形的有向面积.

例如, $\begin{vmatrix} 3 & 0 \\ 0 & 5 \end{vmatrix}=15$, 而以向量 (3, 0) 和向量 (0, 5) 为邻边的长方形的“有向”面积也是 15.

同样地, 实系数三阶行列式 $D_3=\begin{vmatrix} a_1 & b_1 & c_1 \\ a_2 & b_2 & c_2 \\ a_3 & b_3 & c_3 \end{vmatrix}$ (记 $\boldsymbol{s}_1=(a_1,b_1,c_1)$, $\boldsymbol{s}_2=(a_2,b_2,c_2)$, $\boldsymbol{s}_3=(a_3,b_3,c_3)$, 由混合积的定义可知, $D_3=(\boldsymbol{s}_1\times\boldsymbol{s}_2)\cdot\boldsymbol{s}_3$. 混合积的绝对值, 在几何上, 表示以向量 $\boldsymbol{s}_1$, $\boldsymbol{s}_2$ 和 $\boldsymbol{s}_3$ 为边的平行六面体的体积) 的绝对值, 等于以行向量 $\boldsymbol{s}_1,\boldsymbol{s}_2$ 和 $\boldsymbol{s}_3$ 为邻边组成的平行六面体的体积. 若定义“有向”体积：当向量 $\boldsymbol{s}_1,\boldsymbol{s}_2,\boldsymbol{s}_3$ 构成右手系时体积为正, 构成左手系时体积为负. 则 D_3 等于以 $\boldsymbol{s}_1,\boldsymbol{s}_2,\boldsymbol{s}_3$ 为邻边的平行六面体的“有向”体积.

例如, 行列式 $\begin{vmatrix} 2 & 0 & 0 \\ 0 & 3 & 0 \\ 0 & 0 & 5 \end{vmatrix}$ 的值即表示以向量 $(2,0,0)$, $(0,3,0)$, $(0,0,5)$ 为边的正方体的“有向”体积.

对于更高阶的行列式, 也有相应的几何含义. 我们可以想象, 在高维空间中, 定义高维几何体, 高阶行列式的值对应于高维几何体的“有向”体积. 对于高维的情形, 感兴趣的同学, 可以自行推导证明.

【例 1】 计算由四个点 $(1,2),(2,5),(2,3),(3,6)$ 组成的平行四边形的面积.

解 容易计算, 四个点围成平行四边形的两个向量分别为 $(2,5)-(1,2)=(1,3)$ 和 $(2,5)-(2,3)=(0,2)$. 又 $D=\begin{vmatrix} 1 & 3 \\ 2 & 0 \end{vmatrix}=-6$, 由前面的讨论可知, 平行四边形的面积为 $S=|D|=|-6|=6$.

【例 2】 计算椭圆 $\dfrac{x^2}{4}+\dfrac{y^2}{9}=1$ 的面积.

解 取新的变量 $t_1=\dfrac{x}{2}, t_2=\dfrac{y}{3}$; 新旧变量之间的变换矩阵为

$$\begin{pmatrix} x \\ y \end{pmatrix}=\begin{pmatrix} 2 & 0 \\ 0 & 3 \end{pmatrix}\begin{pmatrix} t_1 \\ t_2 \end{pmatrix}.$$

在变量 t_1, t_2 下图形变为 $t_1^2+t_2^2=1$, 此时的面积为 π. 利用公式, 可知椭圆的面积为 $\begin{vmatrix} 2 & 0 \\ 0 & 3 \end{vmatrix}\cdot\pi=6\pi$.

第 3 章 矩阵

矩阵是线性代数中最基本的一个概念, 是主要的研究对象之一, 也是现代科学技术与工程中不可缺少的数学工具. 在数学的其他分支及自然科学、经济学、管理学和社会学等领域有着广泛的应用, 占有重要地位. 实际中有许多问题都可归结为矩阵的运算, 特别是在研究向量组的线性相关性、方程组求解等方面有着不可替代的作用.

本章主要讨论矩阵的概念及其运算、矩阵分块、逆矩阵、矩阵的初等变换、线性方程组解的判定等, 而与矩阵相关的概念、问题、方法将在此基础上一一展开讨论.

3.1 矩　　阵

3.1.1 矩阵的概念

在经济模型、工程计算等问题中, 矩阵作为一种工具, 有着非常广泛的应用. 下面通过例子引入矩阵的概念.

例 3.1.1 某公司生产甲、乙、丙三种产品, 它们的生产成本由原材料费、电力费、人工费和其他费用四项构成, 表 3.1.1 给出了每种产品的每项费用的预算 (单位: 百元).

表 3.1.1

生产成本	产品		
	甲	乙	丙
1. 原材料	20	30	20
2. 电力	7	12	8
3. 人工	3	6	5
4. 其他费用	2	3	2

对于表 3.1.1, 我们主要关心表中的数据. 如果把表中的数据按原次序进行排列 (横排称行, 竖排称列), 将整体预算简写成一个 4 行 3 列的矩形数表, 并用括号括起来作为一个整体, 即

$$\begin{pmatrix} 20 & 30 & 20 \\ 7 & 12 & 8 \\ 3 & 6 & 5 \\ 2 & 3 & 2 \end{pmatrix},$$

这样的数表称为矩阵. 下面给出矩阵的定义.

定义 3.1.1　把 $m \times n$ 个数排成 m 行、n 列的矩形数表, 用圆括号或方括号括起来形成的一个整体

$$\begin{pmatrix} a_{11} & a_{12} & \cdots & a_{1n} \\ a_{21} & a_{22} & \cdots & a_{2n} \\ \vdots & \vdots & & \vdots \\ a_{m1} & a_{m2} & \cdots & a_{mn} \end{pmatrix} \tag{3.1.1}$$

称为 m **行** n **列的矩阵**, 简称 $m \times n$ **矩阵**. 这 $m \times n$ 个数称为矩阵的**元素**, 简称**元**. 其中 a_{ij} 表示位于矩阵第 i 行第 j 列的元, 称 i 为**行标**, j 为**列标**.

矩阵一般用大写粗体字母 $\boldsymbol{A}, \boldsymbol{B}, \boldsymbol{C}, \cdots$ 表示. 如矩阵 (3.1.1) 可表示成 $\boldsymbol{A}$ 或 $\boldsymbol{A}_{m\times n}$ 或 $\boldsymbol{A} = (a_{ij})$ 或 $\boldsymbol{A} = (a_{ij})_{m\times n}$.

元是实数的矩阵称为实矩阵, 元是复数的矩阵称为复矩阵. 本书除了特别说明外, 都是指实矩阵.

需要注意, 行列式和矩阵有着本质的不同. 行列式是算式, 其行列数必须相同; 矩阵是数表, 其行列数可以不同.

定义 3.1.2　若 $\boldsymbol{A} = (a_{ij})$, $\boldsymbol{B} = (b_{ij})$ 都是 $m \times n$ 的矩阵, 则称它们是**同型矩阵**. 如果 $a_{ij} = b_{ij} (i = 1, 2, \cdots, m; j = 1, 2, \cdots, n)$, 即 $\boldsymbol{A}$ 与 $\boldsymbol{B}$ 的对应元素都相等, 则称矩阵 $\boldsymbol{A}$ **与** $\boldsymbol{B}$ **相等**, 记作 $\boldsymbol{A} = \boldsymbol{B}$.

例如, 设 $\boldsymbol{A} = \begin{pmatrix} 1 & x & 4 \\ -3 & -1 & z \end{pmatrix}$, $\boldsymbol{B} = \begin{pmatrix} 1 & 3 & 4 \\ y & -1 & 1 \end{pmatrix}$, 如果 $\boldsymbol{A} = \boldsymbol{B}$, 那么 $x = 3$, $y = -3$, $z = 1$.

例 3.1.2　a, b, c, d 四个城市之间的火车交通情况如图 3.1.1 所示 (图中单箭头表示只有单向车, 双箭头表示有双向车), 如何用矩阵表示该交通图?

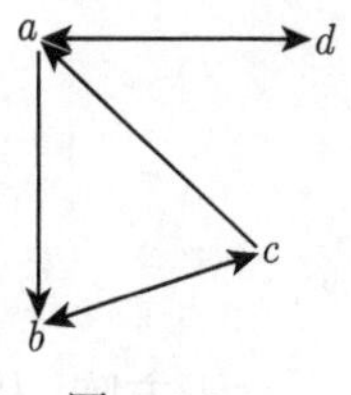

图 3.1.1

解　设 a, b, c, d 四个城市分别用 $1, 2, 3, 4$ 表示, 并令

$$a_{ij} = \begin{cases} 1, & \text{从第 } i \text{ 城到第 } j \text{ 城有火车交通}, \\ 0, & \text{从第 } i \text{ 城到第 } j \text{ 城没有火车交通}. \end{cases}$$

用矩阵表示火车交通的情况为

$$\begin{array}{c} \\ a \\ b \\ c \\ d \end{array}\begin{array}{c} \begin{array}{cccc} a & b & c & d \end{array} \\ \begin{pmatrix} 0 & 1 & 0 & 1 \\ 0 & 0 & 1 & 0 \\ 1 & 1 & 0 & 0 \\ 1 & 0 & 0 & 0 \end{pmatrix} \end{array},$$

即

$$\boldsymbol{B} = \begin{pmatrix} 0 & 1 & 0 & 1 \\ 0 & 0 & 1 & 0 \\ 1 & 1 & 0 & 0 \\ 1 & 0 & 0 & 0 \end{pmatrix}.$$

3.1.2　几种特殊的矩阵

下面看一些常用的特殊矩阵.

只有一行的矩阵

$$\boldsymbol{A} = \begin{pmatrix} a_1 & a_2 & \cdots & a_n \end{pmatrix}$$

称为**行矩阵**. 行矩阵的元素之间可用逗号隔开, 如 $\boldsymbol{A} = (a_1, a_2, \cdots, a_n)$.

只有一列的矩阵

$$\boldsymbol{B} = \begin{pmatrix} b_1 \\ b_2 \\ \vdots \\ b_m \end{pmatrix}$$

称为**列矩阵**.

所有元素都等于 0 的矩阵, 称为**零矩阵**, 记作 $\boldsymbol{O}$.

注意　不是同型矩阵的两个零矩阵是不相等的, 如

$$(0\quad 0\quad 0\quad 0) \neq \begin{pmatrix} 0 & 0 \\ 0 & 0 \end{pmatrix}.$$

当矩阵 $\boldsymbol{A}_{m\times n}$ 的行数和列数相等, 即 $m=n$ 时, 称 $\boldsymbol{A}$ 为 n 阶**方阵**, 记作 $\boldsymbol{A}_n$. 如

$$\boldsymbol{A}_n = \begin{pmatrix} a_{11} & a_{12} & \cdots & a_{1n} \\ a_{21} & a_{22} & \cdots & a_{2n} \\ \vdots & \vdots & & \vdots \\ a_{n1} & a_{n2} & \cdots & a_{nn} \end{pmatrix}.$$

对于方阵, 从左上角到右下角可画一条线, 称为**主对角线**, 从右上角到左下角也可画一条线, 称为**副对角线**.

主对角线上的元素都是 1, 其余元素都是 0 的 n 阶方阵

$$\begin{pmatrix} 1 & 0 & \cdots & 0 \\ 0 & 1 & \cdots & 0 \\ \vdots & \vdots & & \vdots \\ 0 & 0 & \cdots & 1 \end{pmatrix}$$

称为 n 阶**单位矩阵**, 记为 $\boldsymbol{E}$ 或 $\boldsymbol{E}_n$.

即 $\boldsymbol{E}_n=(\delta_{ij})_{n\times n}$, 这里 $\delta_{ij}=\begin{cases}1, & i=j,\\ 0, & i\neq j,\end{cases}\quad i,j=1,2,\cdots,n.$

主对角线上的元素不全为零, 而其余元素全是零的方阵

$$\begin{pmatrix} \lambda_1 & 0 & \cdots & 0 \\ 0 & \lambda_2 & \cdots & 0 \\ \vdots & \vdots & & \vdots \\ 0 & 0 & \cdots & \lambda_n \end{pmatrix}$$

称为**对角矩阵**, 记为 $\boldsymbol{\Lambda}$. 主对角线以外的 0 元素不写, 对角矩阵即为

$$\boldsymbol{\Lambda}=\begin{pmatrix} \lambda_1 & & & \\ & \lambda_2 & & \\ & & \ddots & \\ & & & \lambda_n \end{pmatrix} \quad (\lambda_1,\lambda_2,\cdots,\lambda_n \text{ 不全为零}),$$

或

$$\boldsymbol{\Lambda}=\operatorname{diag}(\lambda_1,\lambda_2,\cdots,\lambda_n).$$

特别地, 当 $\lambda_1=\lambda_2=\cdots=\lambda_n=a\neq 0$ 时, $\boldsymbol{\Lambda}=\operatorname{diag}(a,a,\cdots,a)$ 称为 n 阶数量矩阵.

设 n 阶方阵 $\boldsymbol{A}=(a_{ij})_{n\times n}$, 当 $i>j$ 时, $a_{ij}=0(i,j=1,2,\cdots,n)$, 则称 $\boldsymbol{A}$ 为**上三角矩阵**, 形如

$$\begin{pmatrix} a_{11} & a_{12} & \cdots & a_{1n} \\ 0 & a_{22} & \cdots & a_{2n} \\ \vdots & \vdots & & \vdots \\ 0 & 0 & \cdots & a_{nn} \end{pmatrix}.$$

同理, 当 $i<j$ 时, $a_{ij}=0(i,j=1,2,\cdots,n)$, 则称 $\boldsymbol{A}$ 为**下三角矩阵**, 形如

$$\begin{pmatrix} a_{11} & 0 & \cdots & 0 \\ a_{21} & a_{22} & \cdots & 0 \\ \vdots & \vdots & & \vdots \\ a_{m1} & a_{m2} & \cdots & a_{nn} \end{pmatrix}.$$

n 个未知量 m 个方程的线性方程组

$$\begin{cases} a_{11}x_1 + a_{12}x_2 + \cdots + a_{1n}x_n = b_1, \\ a_{21}x_1 + a_{22}x_2 + \cdots + a_{2n}x_n = b_2, \\ \cdots\cdots \\ a_{m1}x_1 + a_{m2}x_2 + \cdots + a_{mn}x_n = b_m \end{cases} \tag{3.1.2}$$

的系数可以写成一个 $m \times n$ 矩阵

$$\boldsymbol{A} = \begin{pmatrix} a_{11} & a_{12} & \cdots & a_{1n} \\ a_{21} & a_{22} & \cdots & a_{2n} \\ \vdots & \vdots & & \vdots \\ a_{m1} & a_{m2} & \cdots & a_{mn} \end{pmatrix},$$

称为方程组 (3.1.2) 的**系数矩阵**, 它的常数项可以表示为一个 $m \times 1$ 的列矩阵

$$\boldsymbol{b} = \begin{pmatrix} b_1 \\ b_2 \\ \vdots \\ b_m \end{pmatrix}.$$

线性方程组 (3.1.2) 的系数矩阵与常数项矩阵一起可以表示成一个 $m \times (n+1)$ 的矩阵

$$\tilde{\boldsymbol{A}} = \begin{pmatrix} a_{11} & a_{12} & \cdots & a_{1n} & b_1 \\ a_{21} & a_{22} & \cdots & a_{2n} & b_2 \\ \vdots & \vdots & & \vdots & \vdots \\ a_{m1} & a_{m2} & \cdots & a_{mn} & b_m \end{pmatrix},$$

称为方程组 (3.1.2) 的**增广矩阵**. 它的未知数也可以表示为一个 $n \times 1$ 的列矩阵

$$\boldsymbol{x} = \begin{pmatrix} x_1 \\ x_2 \\ \vdots \\ x_n \end{pmatrix}.$$

习 题 3.1

1. 某企业生产 A,B,C,D 四种产品, 各种产品的季度产值如表 3.1.2.

表 3.1.2

季度	产品			
	A	B	C	D
1	23	34	15	26
2	12	24	16	33
3	26	33	11	32
4	14	28	15	33

试用矩阵表示此表格.

2. 写出下列方程组的系数矩阵和增广矩阵:

$$\begin{cases} 2x_1 - x_2 + 4x_3 + 5x_4 = -1, \\ 3x_2 - 2x_3 = 7, \\ -x_1 + 2x_2 + x_3 - x_4 = 3. \end{cases}$$

3. 把有向图 (图 3.1.2) 用矩阵表示.

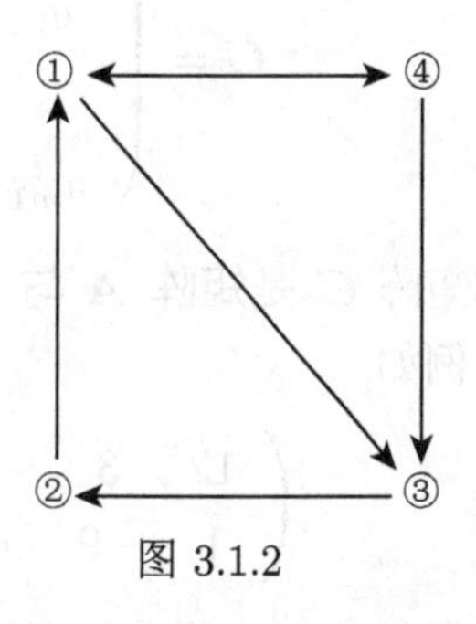

图 3.1.2

4. 二人零和对策问题. 两儿童玩儿石头—剪刀—布的游戏, 每人的出法只能在 {石头, 剪刀, 布} 中选择一种, 当他们各选定一种出法 (亦称策略) 时, 就确定了一个 "局势", 也就决定了各自的输赢. 若规定胜者得 1 分, 负者得 -1 分, 平手各得零分, 则对于各种可能的局势 (每一局势得分之和为零, 即零和), 试用矩阵表示他们的输赢状况.

5. 有 6 名选手参加乒乓球比赛, 成绩如下: 选手 1 胜选手 2, 4, 5, 6, 负于 3; 选手 2 胜 4, 5, 6, 负于 1, 3; 选手 3 胜 1, 2, 4, 负于 5, 6, 选手 4 胜 5, 6, 负于 1, 2, 3; 选手 5 胜 3, 6, 负于 1, 2, 4; 若胜一场得 1 分, 负一场得零分, 试用矩阵表示输赢状况, 并排序.

6. 甲、乙、丙、丁、戊五人各从图书馆借来一本小说，他们约定读完后互换，这五本书的厚度以及他们五人的阅读速度差不多，因此，五人总是同时交换书，经四次交换后，他们五人读完了这五本书，现已知:

(1) 甲最后读的书是乙读的第二本书:

(2) 丙最后读的书是乙读的第四本书:

(3) 丙读的第二本书甲在一开始就读了;

(4) 丁最后读的书是丙读的第三本书;

(5) 乙读的第四本书是戊读的第三本书;

(6) 丁第三次读的书是丙一开始读的那本书.

试根据以上情况说出丁第二次读的书是谁先读的书

3.2 矩阵的运算

矩阵概念作为数概念的推广, 有其自身的运算和运算律. 作为矩阵理论的基础, 先讨论矩阵的运算及其性质, 包括矩阵的加、减、数乘、乘法及转置与共轭.

3.2.1 矩阵的加法

定义 3.2.1 设矩阵

$$\boldsymbol{A}=\begin{pmatrix} a_{11} & a_{12} & \cdots & a_{1n} \\ a_{21} & a_{22} & \cdots & a_{2n} \\ \vdots & \vdots & & \vdots \\ a_{m1} & a_{m2} & \cdots & a_{mn} \end{pmatrix} \quad 与 \quad \boldsymbol{B}=\begin{pmatrix} b_{11} & b_{12} & \cdots & b_{1n} \\ b_{21} & b_{22} & \cdots & b_{2n} \\ \vdots & \vdots & & \vdots \\ b_{m1} & b_{m2} & \cdots & b_{mn} \end{pmatrix}$$

是两个 $m \times n$ 的同型矩阵, 将它们的对应元相加, 得到一个新的 $m \times n$ 矩阵

$$\boldsymbol{C}=\begin{pmatrix} a_{11}+b_{11} & a_{12}+b_{12} & \cdots & a_{1n}+b_{1n} \\ a_{21}+b_{21} & a_{22}+b_{22} & \cdots & a_{2n}+b_{2n} \\ \vdots & \vdots & & \vdots \\ a_{m1}+b_{m1} & a_{m2}+b_{m2} & \cdots & a_{mn}+b_{mn} \end{pmatrix},$$

则称矩阵 $\boldsymbol{C}$ 是**矩阵 $\boldsymbol{A}$ 与 $\boldsymbol{B}$ 的和**, 记为 $\boldsymbol{C}=\boldsymbol{A}+\boldsymbol{B}$.

例如,

$$\begin{pmatrix} 12 & 3 & -5 \\ 1 & -9 & 0 \end{pmatrix}+\begin{pmatrix} 1 & 8 & 9 \\ 6 & 5 & 4 \end{pmatrix}=\begin{pmatrix} 13 & 11 & 4 \\ 7 & -4 & 4 \end{pmatrix}.$$

值得注意的是, 只有同型矩阵才能相加, 且同型矩阵之和仍为同型矩阵. 例如

$$\boldsymbol{A}=\begin{pmatrix} 2 & 0 & -1 \\ 0 & 1 & 2 \end{pmatrix}, \quad \boldsymbol{B}=\begin{pmatrix} 1 \\ 2 \\ 1 \end{pmatrix},$$

$\boldsymbol{A}$ 与 $\boldsymbol{B}$ 不能相加.

设矩阵 $\boldsymbol{A}=(a_{ij})$, 则将其所有元素变号得到的矩阵

$$\begin{pmatrix} -a_{11} & -a_{12} & \cdots & -a_{1n} \\ -a_{21} & -a_{22} & \cdots & -a_{2n} \\ \vdots & \vdots & & \vdots \\ -a_{m1} & -a_{m2} & \cdots & -a_{mn} \end{pmatrix},$$

称为 $\boldsymbol{A}$ 的**负矩阵**, 记为 $-\boldsymbol{A}$.

设 $\boldsymbol{A},\boldsymbol{B}$ 是同型矩阵, 则矩阵 $\boldsymbol{A}-\boldsymbol{B}=\boldsymbol{A}+(-\boldsymbol{B})$ 称为矩阵 $\boldsymbol{A}$ 与 $\boldsymbol{B}$ 的**差**. 这就是矩阵的减法.

不难验证, 矩阵的加法满足下列运算规律 (设 $\boldsymbol{A},\boldsymbol{B},\boldsymbol{C},\boldsymbol{O}$ 都是同型矩阵):

(1) 交换律: $\boldsymbol{A}+\boldsymbol{B}=\boldsymbol{B}+\boldsymbol{A}$;

(2) 结合律: $(\boldsymbol{A}+\boldsymbol{B})+\boldsymbol{C}=\boldsymbol{A}+(\boldsymbol{B}+\boldsymbol{C})$;

(3) 零矩阵满足: $\boldsymbol{A}+\boldsymbol{O}=\boldsymbol{A}$;

(4) $\boldsymbol{A}+(-\boldsymbol{A})=\boldsymbol{O}$.

3.2.2 矩阵的数乘

定义 3.2.2 设矩阵 $\boldsymbol{A}=(a_{ij})$ 是一个 $m\times n$ 矩阵, k 是一个数, 则规定

$$k\boldsymbol{A}=\boldsymbol{A}k=\begin{pmatrix} ka_{11} & ka_{12} & \cdots & ka_{1n} \\ ka_{21} & ka_{22} & \cdots & ka_{2n} \\ \vdots & \vdots & & \vdots \\ ka_{m1} & ka_{m2} & \cdots & ka_{mn} \end{pmatrix},$$

称为数 k 与矩阵 $\boldsymbol{A}$ 的**数量乘积**, 简称**数乘**.

矩阵的加法和数乘统称为**矩阵的线性运算**.

注意 矩阵的数乘是用数去乘以矩阵的每一个元素, 这与行列式的性质有本质区别.

数乘矩阵满足下列运算规律:

(1) $1\boldsymbol{A}=\boldsymbol{A}$;

(2) $(kl)\boldsymbol{A}=k(l\boldsymbol{A})$;

(3) $(k+l)\boldsymbol{A}=k\boldsymbol{A}+l\boldsymbol{A}$;

(4) $k(\boldsymbol{A}+\boldsymbol{B})=k\boldsymbol{A}+k\boldsymbol{B}$.

例 3.2.1 设矩阵 $\boldsymbol{A}=\begin{pmatrix} -1 & 2 & 3 & 1 \\ 0 & 3 & -2 & 1 \\ 4 & 0 & 3 & 2 \end{pmatrix}, \boldsymbol{B}=\begin{pmatrix} 4 & 2 & 2 & -1 \\ 5 & -3 & 0 & 1 \\ 1 & 2 & -5 & 0 \end{pmatrix}$, 求 $3\boldsymbol{A}-2\boldsymbol{B}$.

解 用定义, 得

$$3\boldsymbol{A}-2\boldsymbol{B}=3\begin{pmatrix} -1 & 2 & 3 & 1 \\ 0 & 3 & -2 & 1 \\ 4 & 0 & 3 & 2 \end{pmatrix}-2\begin{pmatrix} 4 & 2 & 2 & -1 \\ 5 & -3 & 0 & 1 \\ 1 & 2 & -5 & 0 \end{pmatrix}$$

$$
= \begin{pmatrix} -3 & 6 & 9 & 3 \\ 0 & 9 & -6 & 3 \\ 12 & 0 & 9 & 6 \end{pmatrix} - \begin{pmatrix} 8 & 4 & 4 & -2 \\ 10 & -6 & 0 & 2 \\ 2 & 4 & -10 & 0 \end{pmatrix}
$$

$$
= \begin{pmatrix} -11 & 2 & 5 & 5 \\ -10 & 15 & -6 & 1 \\ 10 & -4 & 19 & 6 \end{pmatrix}.
$$

3.2.3 矩阵的乘法

矩阵的加法和数乘, 其运算律和数的运算律类似, 但下面将要引入的矩阵乘法, 将是一种别样的新运算, 会带给我们新奇的体验.

例 3.2.2 某家电公司两个分厂 2017 年第一季度空调、电视机、冰箱的产量见表 3.2.1.

表 3.2.1

	空调	电视机	冰箱
一厂	a_{11}	a_{12}	a_{13}
二厂	a_{21}	a_{22}	a_{23}

现已知空调、电视机、冰箱每台的销售价分别为 b_{11}, b_{21}, b_{31}; 每台的利润分别为 b_{12}, b_{22}, b_{32}, 求两个分厂该季度的销售总价和总利润.

解 记产量矩阵 $\boldsymbol{A} = \begin{pmatrix} a_{11} & a_{12} & a_{13} \\ a_{21} & a_{22} & a_{23} \end{pmatrix}$, 单价和单位利润的矩阵为 $\boldsymbol{B} = \begin{pmatrix} b_{11} & b_{12} \\ b_{21} & b_{22} \\ b_{31} & b_{32} \end{pmatrix}$. 则两分厂销售总价分别为 c_{11}, c_{21}, 即 $c_{11} = a_{11}b_{11}+a_{12}b_{21}+a_{13}b_{31}$, $c_{21} = a_{21}b_{11} + a_{22}b_{21} + a_{23}b_{31}$; 总利润分别为 c_{12}, c_{22}, 即 $c_{12} = a_{11}b_{12} + a_{12}b_{22} + a_{13}b_{32}$, $c_{22} = a_{21}b_{12} + a_{22}b_{22} + a_{23}b_{32}$. 为了方便地表示实际问题中遇到的这种数量关系, 把这四个数 $c_{11}, c_{21}, c_{12}, c_{22}$, 写成矩阵 $\boldsymbol{C} = \begin{pmatrix} c_{11} & c_{12} \\ c_{21} & c_{22} \end{pmatrix}$, 称矩阵 $\boldsymbol{C}$ 为矩阵 $\boldsymbol{A}, \boldsymbol{B}$ 的乘积, 即

$$
\boldsymbol{C} = \boldsymbol{AB} = \begin{pmatrix} a_{11} & a_{12} & a_{13} \\ a_{21} & a_{22} & a_{23} \end{pmatrix} \begin{pmatrix} b_{11} & b_{12} \\ b_{21} & b_{22} \\ b_{31} & b_{32} \end{pmatrix}
$$

$$
=\begin{pmatrix} a_{11}b_{11}+a_{12}b_{21}+a_{13}b_{31} & a_{11}b_{12}+a_{12}b_{22}+a_{13}b_{32} \\ a_{21}b_{11}+a_{22}b_{21}+a_{23}b_{31} & a_{21}b_{12}+a_{22}b_{22}+a_{23}b_{32} \end{pmatrix}=\begin{pmatrix} c_{11} & c_{12} \\ c_{21} & c_{22} \end{pmatrix}.
$$

我们把矩阵之间的这种运算一般化, 给出矩阵的乘法定义.

定义 3.2.3 设矩阵 $\boldsymbol{A}=(a_{ik})_{m\times s}$, $\boldsymbol{B}=(b_{kj})_{s\times n}$, 规定矩阵 $\boldsymbol{C}=(c_{ij})_{m\times n}$ 为**矩阵 $\boldsymbol{A}$ 与 $\boldsymbol{B}$ 的乘积**. 其中

$$
c_{ij}=a_{i1}b_{1j}+a_{i2}b_{2j}+\cdots+a_{is}b_{sj},\quad i=1,2,\cdots,m;j=1,2,\cdots,n,
$$

记作 $\boldsymbol{C}=\boldsymbol{AB}$.

矩阵的乘法公式可表示如下:

$$
\begin{pmatrix} a_{11} & a_{12} & \cdots & a_{1s} \\ \vdots & \vdots & & \vdots \\ a_{i1} & a_{i2} & \cdots & a_{is} \\ \vdots & \vdots & & \vdots \\ a_{m1} & a_{m2} & \cdots & a_{ms} \end{pmatrix}\begin{pmatrix} b_{11} & \cdots & b_{1j} & \cdots & b_{1n} \\ b_{21} & \cdots & b_{2j} & \cdots & b_{2n} \\ \vdots & & \vdots & & \vdots \\ b_{s1} & \cdots & b_{sj} & \cdots & b_{sn} \end{pmatrix}
$$

$$
=\begin{pmatrix} c_{11} & \cdots & c_{1j} & \cdots & c_{1n} \\ \vdots & & \vdots & & \vdots \\ c_{i1} & \cdots & c_{ij} & \cdots & c_{in} \\ \vdots & & \vdots & & \vdots \\ c_{m1} & \cdots & c_{mj} & \cdots & c_{mn} \end{pmatrix}.
$$

注意 只有左边矩阵 $\boldsymbol{A}$ 的列数等于右边矩阵 $\boldsymbol{B}$ 的行数时, $\boldsymbol{A}$ 与 $\boldsymbol{B}$ 才可相乘. 乘积 $\boldsymbol{AB}$ 的行数为 $\boldsymbol{A}$ 的行数, $\boldsymbol{AB}$ 的列数为 $\boldsymbol{B}$ 的列数.

按此定义, 一个 $1\times s$ 行矩阵与一个 $s\times 1$ 列矩阵的乘积是一个一阶方阵, 也就是一个数

$$
(a_1\quad a_2\quad \cdots\quad a_n)\begin{pmatrix} b_1 \\ b_2 \\ \vdots \\ b_n \end{pmatrix}=a_1b_1+a_2b_2+\cdots+a_nb_n.
$$

反之, 用一个 $s\times 1$ 列矩阵乘以一个 $1\times s$ 行矩阵得到的则是一个 n 阶方阵

$$\begin{pmatrix} a_1 \\ a_2 \\ \vdots \\ a_n \end{pmatrix} (b_1 \quad b_2 \quad \cdots \quad b_n) = \begin{pmatrix} a_1b_1 & a_1b_2 & \cdots & a_1b_n \\ a_2b_1 & a_2b_2 & \cdots & a_2b_n \\ \vdots & \vdots & & \vdots \\ a_nb_1 & a_nb_2 & \cdots & a_nb_n \end{pmatrix}.$$

例 3.2.3　设矩阵 $\boldsymbol{A} = \begin{pmatrix} 2 & -2 \\ -3 & 1 \\ 0 & 2 \end{pmatrix}$, $\boldsymbol{B} = \begin{pmatrix} 2 & 1 \\ -1 & 3 \end{pmatrix}$, 求 $\boldsymbol{AB}$ 与 $\boldsymbol{BA}$.

解　用定义计算, 得

$$\begin{aligned} \boldsymbol{AB} &= \begin{pmatrix} 2 & -2 \\ -3 & 1 \\ 0 & 2 \end{pmatrix} \begin{pmatrix} 2 & 1 \\ -1 & 3 \end{pmatrix} \\ &= \begin{pmatrix} 2\times 2+(-2)\times(-1) & 2\times 1+(-2)\times 3 \\ (-3)\times 2+1\times(-1) & (-3)\times 1+1\times 3 \\ 0\times 2+2\times(-1) & 0\times 1+2\times 3 \end{pmatrix} = \begin{pmatrix} 6 & -4 \\ -7 & 0 \\ -2 & 6 \end{pmatrix}. \end{aligned}$$

由于矩阵 $\boldsymbol{B}$ 的列数与矩阵 $\boldsymbol{A}$ 的行数不相等, 无法相乘, 所以 $\boldsymbol{BA}$ 无意义.

例 3.2.4　设矩阵 $\boldsymbol{A}=\begin{pmatrix} -2 & 4 \\ 1 & -2 \end{pmatrix}$, $\boldsymbol{B}=\begin{pmatrix} 2 & 4 \\ -3 & -6 \end{pmatrix}$, $\boldsymbol{C}=\begin{pmatrix} -2 & 0 \\ -5 & -8 \end{pmatrix}$, 求 $\boldsymbol{AB}$, $\boldsymbol{AC}$, $\boldsymbol{BA}$.

解　$\boldsymbol{AB} = \begin{pmatrix} -2 & 4 \\ 1 & -2 \end{pmatrix}\begin{pmatrix} 2 & 4 \\ -3 & -6 \end{pmatrix} = \begin{pmatrix} -16 & -32 \\ 8 & 16 \end{pmatrix}$,

$$\boldsymbol{AC} = \begin{pmatrix} -2 & 4 \\ 1 & -2 \end{pmatrix}\begin{pmatrix} -2 & 0 \\ -5 & -8 \end{pmatrix} = \begin{pmatrix} -16 & -32 \\ 8 & 16 \end{pmatrix},$$

$$\boldsymbol{BA} = \begin{pmatrix} 2 & 4 \\ -3 & -6 \end{pmatrix}\begin{pmatrix} -2 & 4 \\ 1 & -2 \end{pmatrix} = \begin{pmatrix} 0 & 0 \\ 0 & 0 \end{pmatrix} = \boldsymbol{O}.$$

从例 3.2.3 可以看出: $\boldsymbol{AB}$ 有意义, $\boldsymbol{BA}$ 不一定有意义; 从例 3.2.4 又可得出: 即使 $\boldsymbol{AB}$ 与 $\boldsymbol{BA}$ 都有意义, 但也不一定相等; 并且矩阵乘法不满足消去律: 因为 $\boldsymbol{AB} = \boldsymbol{AC}$, 且 $\boldsymbol{A} \neq \boldsymbol{O}$, 但 $\boldsymbol{B} \neq \boldsymbol{C}$; 两个非零矩阵的乘积可以是零矩阵.

综上, 对矩阵的乘法有如下结论.

(1) 一般情形下, 不满足交换律, 即 $\boldsymbol{AB} \neq \boldsymbol{BA}$;

(2) 不满足消去律, 即由 $\boldsymbol{AB} = \boldsymbol{AC}$, 且 $\boldsymbol{A} \neq \boldsymbol{O}$, 不能推出 $\boldsymbol{B} = \boldsymbol{C}$;

(3) 非零矩阵相乘, 可能是零矩阵, 即由 $\boldsymbol{AB} = \boldsymbol{O}$, 不能推出 $\boldsymbol{A} = \boldsymbol{O}$ 或 $\boldsymbol{B} = \boldsymbol{O}$. 又如, 设 $\boldsymbol{A} = \begin{pmatrix} 1 & 1 \\ -1 & -1 \end{pmatrix}$, $\boldsymbol{B} = \begin{pmatrix} 1 & -1 \\ -1 & 1 \end{pmatrix}$, 则 $\boldsymbol{AB} = \begin{pmatrix} 0 & 0 \\ 0 & 0 \end{pmatrix}$. 但 $\boldsymbol{A} \neq \boldsymbol{O}$ 且 $\boldsymbol{B} \neq \boldsymbol{O}$.

矩阵的乘法一般不满足交换律, 但如果有矩阵 $\boldsymbol{A}, \boldsymbol{B}$ 的乘积满足 $\boldsymbol{AB} = \boldsymbol{BA}$, 我们称矩阵 $\boldsymbol{A}, \boldsymbol{B}$ **可交换**.

对于单位矩阵 $\boldsymbol{E}$ 和矩阵 $\boldsymbol{A} = (a_{ij})_{m\times n}$, 总有 $\boldsymbol{E}_m\boldsymbol{A} = \boldsymbol{A}\boldsymbol{E}_n = \boldsymbol{A}$, 简写为

$$\boldsymbol{EA} = \boldsymbol{AE} = \boldsymbol{A}.$$

可见, 单位矩阵 $\boldsymbol{E}$ 在矩阵的乘法中作用类似于数乘法中的 1. 单位矩阵和数量矩阵在满足能够相乘的条件下, 与任何矩阵可交换.

虽然矩阵的乘法不具有以上三种运算, 但还有以下运算律.

矩阵乘法满足下面的运算律:

(1) 相邻结合律: $(\boldsymbol{AB})\boldsymbol{C} = \boldsymbol{A}(\boldsymbol{BC})$;

(2) 左右分配律: $\boldsymbol{C}(\boldsymbol{A}+\boldsymbol{B}) = \boldsymbol{CA}+\boldsymbol{CB}$, $(\boldsymbol{A}+\boldsymbol{B})\boldsymbol{C} = \boldsymbol{AC}+\boldsymbol{BC}$;

(3) 数乘结合律: $(k\boldsymbol{A})\boldsymbol{B} = \boldsymbol{A}(k\boldsymbol{B}) = k(\boldsymbol{AB})$.

这里只证明 (1) , 其余的留给读者证明.

证 (1) 设 $\boldsymbol{A} = (a_{il})_{m\times p}, \boldsymbol{B} = (b_{lk})_{p\times s}, \boldsymbol{C} = (c_{kj})_{s\times n}$, 则 $\boldsymbol{AB}$ 是 $m\times s$ 矩阵, $\boldsymbol{BC}$ 是 $p\times n$ 矩阵, 所以 $(\boldsymbol{AB})\ \boldsymbol{C}$ 与 $\boldsymbol{A}\ (\boldsymbol{BC})$ 都是 $m\times n$ 矩阵, 即它们是同型矩阵. 下证它们的对应元素相等.

$(\boldsymbol{AB})\ \boldsymbol{C}$ 第 i 行第 j 列元素是 $\boldsymbol{AB}$ 的第 i 行元素与 $\boldsymbol{C}$ 的第 j 列对应元素的乘积之和: $\sum\limits_{k=1}^{s}\left(\sum\limits_{l=1}^{p} a_{il}b_{lk}\right)c_{kj} = \sum\limits_{k=1}^{s}\sum\limits_{l=1}^{p} a_{il}b_{lk}c_{kj}$, 矩阵 $\boldsymbol{A}\ (\boldsymbol{BC})$ 的第 i 行第 j 列元素是 $\boldsymbol{A}$ 的第 i 行与 $\boldsymbol{BC}$ 的第 j 列对应元素的乘积之和:

$$\sum_{l=1}^{p} a_{il}\left(\sum_{k=1}^{s} b_{lk}c_{kj}\right) = \sum_{l=1}^{p}\sum_{k=1}^{s} a_{il}b_{lk}c_{kj} = \sum_{k=1}^{s}\sum_{l=1}^{p} a_{il}b_{lk}c_{kj}.$$

结论得证.

利用矩阵的乘法, 可把线性方程组 (3.1.2) 表示成矩阵乘积的形式: $\boldsymbol{Ax} = \boldsymbol{b}$.

3.2.4 方阵的幂

有了矩阵的乘法, 就可以定义矩阵的幂.

定义 3.2.4 设 $\boldsymbol{A}$ 是 n 阶方阵, k 为正整数, k 个 $\boldsymbol{A}$ 相乘, 记作 $\boldsymbol{A}^k$, 即

$$\boldsymbol{A}^k = \underbrace{\boldsymbol{AA}\cdots\boldsymbol{A}}_{k\ 个}$$

称为 $\boldsymbol{A}$ **的** k **次幂**.

由定义, 显然有: $\boldsymbol{A}^1=\boldsymbol{A}, \boldsymbol{A}^2=\boldsymbol{A}\boldsymbol{A}, \boldsymbol{A}^3=\boldsymbol{A}\boldsymbol{A}\boldsymbol{A}=\boldsymbol{A}^2\boldsymbol{A}, \cdots$. 特别地, 当 $\boldsymbol{A}\neq\boldsymbol{O}, k=0$ 时, 规定 $\boldsymbol{A}^0=\boldsymbol{E}$, 并且只有方阵的幂才有意义.

方阵幂的运算律 (设 $\boldsymbol{A}$ 为方阵, m, n, k 为正整数):

(1) $\boldsymbol{A}^m\boldsymbol{A}^n=\boldsymbol{A}^{m+n}$;

(2) $(\boldsymbol{A}^m)^k=\boldsymbol{A}^{mk}$.

一般地, 对于两个 n 阶方阵 $\boldsymbol{A}$ 与 $\boldsymbol{B}$, $(\boldsymbol{A}\boldsymbol{B})^k\neq\boldsymbol{A}^k\boldsymbol{B}^k$ (k 为正整数且 $k\geqslant 2$), 只有当它们可交换时, 才有 $(\boldsymbol{A}\boldsymbol{B})^k=\boldsymbol{A}^k\boldsymbol{B}^k$.

类似可知, 诸如

$$(\boldsymbol{A}+\boldsymbol{B})^2=\boldsymbol{A}^2+2\boldsymbol{A}\boldsymbol{B}+\boldsymbol{B}^2, \quad (\boldsymbol{A}+\boldsymbol{B})(\boldsymbol{A}-\boldsymbol{B})=\boldsymbol{A}^2-\boldsymbol{B}^2$$

等公式, 也只有当 $\boldsymbol{A}\boldsymbol{B}=\boldsymbol{B}\boldsymbol{A}$ 时才成立.

例 3.2.5 设 $\boldsymbol{A}=\begin{pmatrix}1&1\\0&1\end{pmatrix}$, 求证: $\boldsymbol{A}^n=\begin{pmatrix}1&n\\0&1\end{pmatrix}$.

解 用数学归纳法. 当 $n=1$ 时, 有恒等式 $\begin{pmatrix}1&1\\0&1\end{pmatrix}^1=\begin{pmatrix}1&1\\0&1\end{pmatrix}$. 假设当 $n=k$ 时等式成立, 即有 $\begin{pmatrix}1&1\\0&1\end{pmatrix}^k=\begin{pmatrix}1&k\\0&1\end{pmatrix}$. 当 $n=k+1$ 时, 有

$$\begin{pmatrix}1&1\\0&1\end{pmatrix}^{k+1}=\begin{pmatrix}1&1\\0&1\end{pmatrix}^k\begin{pmatrix}1&1\\0&1\end{pmatrix}=\begin{pmatrix}1&k\\0&1\end{pmatrix}\begin{pmatrix}1&1\\0&1\end{pmatrix}=\begin{pmatrix}1&k+1\\0&1\end{pmatrix},$$

即当 $n=k+1$ 时等式成立. 根据数学归纳法原理, 等式对于任意正整数 n 成立.

例 3.2.6 已知矩阵 $\boldsymbol{C}=\begin{pmatrix}1\\2\\3\end{pmatrix}, \boldsymbol{B}=\begin{pmatrix}1&\frac{1}{2}&\frac{1}{3}\end{pmatrix}$, 设 $\boldsymbol{A}=\boldsymbol{C}\boldsymbol{B}$, 求 $\boldsymbol{A}^{100}$.

解 因为 $\boldsymbol{A}=\boldsymbol{C}\boldsymbol{B}=\begin{pmatrix}1&\frac{1}{2}&\frac{1}{3}\\2&1&\frac{2}{3}\\3&\frac{3}{2}&1\end{pmatrix}$, 所以直接计算 $\boldsymbol{A}^{100}$ 计算量会很大.

观察到

$$\boldsymbol{A}^n=\underbrace{(\boldsymbol{C}\boldsymbol{B})(\boldsymbol{C}\boldsymbol{B})\cdots(\boldsymbol{C}\boldsymbol{B})}_{n\text{ 组}}=\boldsymbol{C}\underbrace{(\boldsymbol{B}\boldsymbol{C})(\boldsymbol{B}\boldsymbol{C})\cdots(\boldsymbol{B}\boldsymbol{C})}_{n-1\text{ 组}}\boldsymbol{B}$$

又

$$\boldsymbol{BC} = \begin{pmatrix} 1 & \frac{1}{2} & \frac{1}{3} \end{pmatrix} \begin{pmatrix} 1 \\ 2 \\ 3 \end{pmatrix} = 3,$$

故

$$\boldsymbol{A}^{100} = 3^{99}\boldsymbol{CB} = 3^{99} \begin{pmatrix} 1 & \frac{1}{2} & \frac{1}{3} \\ 2 & 1 & \frac{2}{3} \\ 3 & \frac{3}{2} & 1 \end{pmatrix}.$$

定义 3.2.5 设 $f(x) = a_k x^k + a_{k-1}x^{k-1} + \cdots + a_1 x + a_0$ 是 x 的 k 次多项式, $\boldsymbol{A}$ 是 n 阶方阵, 则

$$f(\boldsymbol{A}) = a_k \boldsymbol{A}^k + a_{k-1}\boldsymbol{A}^{k-1} + \cdots + a_1 \boldsymbol{A} + a_0 \boldsymbol{E}$$

称为**方阵 $\boldsymbol{A}$ 的 k 次多项式**.

由定义容易证明：若 $f(x)$, $g(x)$ 为多项式, $\boldsymbol{A}, \boldsymbol{B}$ 均为 n 阶方阵, 则

$$f(\boldsymbol{A})g(\boldsymbol{A}) = g(\boldsymbol{A})f(\boldsymbol{A}).$$

例如

$$(\boldsymbol{A} + 3\boldsymbol{E})(2\boldsymbol{A} - \boldsymbol{E}) = 2\boldsymbol{A}^2 + 5\boldsymbol{A} - 3\boldsymbol{E} = (2\boldsymbol{A} - \boldsymbol{E})(\boldsymbol{A} + 3\boldsymbol{E}).$$

但是一般情况下, 若 $\boldsymbol{AB} \neq \boldsymbol{BA}$, 则 $f(\boldsymbol{A})g(\boldsymbol{B}) \neq g(\boldsymbol{B})f(\boldsymbol{A})$.

3.2.5 矩阵的转置

定义 3.2.6 把矩阵 $\boldsymbol{A}$ 的行换成同序数的列得到一个新矩阵, 叫做 $\boldsymbol{A}$ 的**转置矩阵**, 记作 $\boldsymbol{A}^{\mathrm{T}}$. 如果 $\boldsymbol{A} = \begin{pmatrix} a_{11} & a_{12} & \cdots & a_{1n} \\ a_{21} & a_{22} & \cdots & a_{2n} \\ \vdots & \vdots & & \vdots \\ a_{m1} & a_{m2} & \cdots & a_{mn} \end{pmatrix}$, 则矩阵

$$\boldsymbol{A}^{\mathrm{T}} = \begin{pmatrix} a_{11} & a_{21} & \cdots & a_{m1} \\ a_{12} & a_{22} & \cdots & a_{m2} \\ \vdots & \vdots & & \vdots \\ a_{1n} & a_{2n} & \cdots & a_{mn} \end{pmatrix}.$$

即若 $\boldsymbol{A}$ 为 $m\times n$ 矩阵, 则 $\boldsymbol{A}^{\mathrm{T}}$ 为 $n\times m$ 矩阵.

若记 $\boldsymbol{A}^{\mathrm{T}}=(b_{ij})_{n\times m}$ 或 $\boldsymbol{A}^{\mathrm{T}}=(a_{ij}^{\mathrm{T}})_{n\times m}$, 则 $a_{ij}=b_{ji}(i=1,2,\cdots,m;j=1,2,\cdots,n)$, $a_{ij}^{\mathrm{T}}=b_{ij}(i=1,2,\cdots,m;j=1,2,\cdots,n)$.

例如, 矩阵 $\boldsymbol{A}=\begin{pmatrix}-3&0&2\\-12&1&5\end{pmatrix}$ 的转置矩阵为 $\boldsymbol{A}^{\mathrm{T}}=\begin{pmatrix}-3&-12\\0&1\\2&5\end{pmatrix}$.

矩阵的转置也是一种运算, 设 $\boldsymbol{A}$, $\boldsymbol{B}$ 为矩阵, k 为常数, 则矩阵的转置满足以下运算律:

(1) $(\boldsymbol{A}^{\mathrm{T}})^{\mathrm{T}}=\boldsymbol{A}$;

(2) $(\boldsymbol{A}+\boldsymbol{B})^{\mathrm{T}}=\boldsymbol{A}^{\mathrm{T}}+\boldsymbol{B}^{\mathrm{T}}$;

(3) $(k\boldsymbol{A})^{\mathrm{T}}=k\boldsymbol{A}^{\mathrm{T}}$;

(4) $(\boldsymbol{AB})^{\mathrm{T}}=\boldsymbol{B}^{\mathrm{T}}\boldsymbol{A}^{\mathrm{T}}$.

注意 运算律 (4) 可推广到有限个矩阵乘积的情形:

$$(\boldsymbol{A}_1\boldsymbol{A}_2\cdots\boldsymbol{A}_n)^{\mathrm{T}}=\boldsymbol{A}_n^{\mathrm{T}}\boldsymbol{A}_{n-1}^{\mathrm{T}}\cdots\boldsymbol{A}_1^{\mathrm{T}}.$$

这里只证明 (4), 其他留给读者自证.

证明 设 $\boldsymbol{A}=(a_{il})_{m\times n},\boldsymbol{B}=(b_{lj})_{n\times k},\boldsymbol{C}=\boldsymbol{AB}=(c_{ij})_{m\times k}$, 记 $\boldsymbol{A}^{\mathrm{T}}=(a_{il}^{\mathrm{T}})_{n\times m}=(a_{li})_{n\times m}$, $\boldsymbol{B}^{\mathrm{T}}=(b_{lj}^{\mathrm{T}})_{k\times n}=(b_{jl})_{k\times n}$, $\boldsymbol{C}^{\mathrm{T}}=(\boldsymbol{AB})^{\mathrm{T}}=(c_{ij}^{\mathrm{T}})_{k\times m}=(c_{ji})_{k\times m}$.

首先证 $(\boldsymbol{AB})^{\mathrm{T}}$ 与 $\boldsymbol{B}^{\mathrm{T}}\boldsymbol{A}^{\mathrm{T}}$ 是同型矩阵; 其次证对应元相等, 即证 c_{ji} 与 $\boldsymbol{B}^{\mathrm{T}}\boldsymbol{A}^{\mathrm{T}}$ 的第 i 行第 j 列元素相等. 而 $c_{ji}=\sum\limits_{l=1}^{n}a_{jl}b_{li}$, 如果令 $\boldsymbol{B}^{\mathrm{T}}\boldsymbol{A}^{\mathrm{T}}=\boldsymbol{D}=(d_{ij})_{k\times m}$, 则 $d_{ij}=\sum\limits_{l=1}^{n}b_{il}^{\mathrm{T}}a_{lj}^{\mathrm{T}}=\sum\limits_{l=1}^{n}b_{li}a_{jl}$,

于是 $c_{ji}=d_{ij}$. 证毕.

例 3.2.7 设矩阵 $\boldsymbol{A}=\begin{pmatrix}1&0&-1\\2&1&-2\end{pmatrix}$, $\boldsymbol{B}=\begin{pmatrix}1&4&-2\\-3&0&2\\1&-2&3\end{pmatrix}$, 求 $(\boldsymbol{AB})^{\mathrm{T}}$.

解 先做乘法, 得 $\boldsymbol{AB}=\begin{pmatrix}1&0&-1\\2&1&-2\end{pmatrix}\begin{pmatrix}1&4&-2\\-3&0&2\\1&-2&3\end{pmatrix}$

$$=\begin{pmatrix}0&6&-5\\-3&12&-8\end{pmatrix}.$$

再取转置, 得 $(\boldsymbol{AB})^{\mathrm{T}}=\begin{pmatrix}0 & -3\\ 6 & 12\\ -5 & -8\end{pmatrix}$.

或者先取转置, 得 $\boldsymbol{A}^{\mathrm{T}}=\begin{pmatrix}1 & 2\\ 0 & 1\\ -1 & -2\end{pmatrix}$, $\boldsymbol{B}^{\mathrm{T}}=\begin{pmatrix}1 & -3 & 1\\ 4 & 0 & -2\\ -2 & 2 & 3\end{pmatrix}$.

再用规律 (4) 做乘法, 得 $(\boldsymbol{AB})^{\mathrm{T}}=\boldsymbol{B}^{\mathrm{T}}\boldsymbol{A}^{\mathrm{T}}=\begin{pmatrix}1 & -3 & 1\\ 4 & 0 & -2\\ -2 & 2 & 3\end{pmatrix}\begin{pmatrix}1 & 2\\ 0 & 1\\ -1 & -2\end{pmatrix}=$ $\begin{pmatrix}0 & -3\\ 6 & 12\\ -5 & -8\end{pmatrix}$.

定义 3.2.7 设 $\boldsymbol{A}$ 是 n 阶方阵, 如果满足 $\boldsymbol{A}^{\mathrm{T}}=\boldsymbol{A}$, 则称其为**对称矩阵**. 如果 $\boldsymbol{A}^{\mathrm{T}}=-\boldsymbol{A}$, 则称其为**反称矩阵**.

如果用矩阵的元素表示上述概念, 则对称矩阵满足条件 $a_{ij}=a_{ji}$, 即其元素关于主对角线对称. 反称矩阵满足条件 $a_{ij}=-a_{ji}$, 因此, 有 $a_{ii}=0$, 即主对角线上的元素都为 0, 其他元素以主对角线为对称轴, 对应元素互为相反数.

例如, $\boldsymbol{A}=\begin{pmatrix}1 & -1 & 6\\ -1 & 2 & 5\\ 6 & 5 & 3\end{pmatrix}$ 是一个三阶对称阵, $\boldsymbol{B}=\begin{pmatrix}0 & 1\\ -1 & 0\end{pmatrix}$ 是一个二阶反称阵.

例 3.2.8 设 $\boldsymbol{A}$ 是方阵, 证明: $\boldsymbol{A}+\boldsymbol{A}^{\mathrm{T}}$ 与 $\boldsymbol{AA}^{\mathrm{T}}$ 是对称矩阵.

证明 $(\boldsymbol{A}+\boldsymbol{A}^{\mathrm{T}})^{\mathrm{T}}=\boldsymbol{A}^{\mathrm{T}}+(\boldsymbol{A}^{\mathrm{T}})^{\mathrm{T}}=\boldsymbol{A}^{\mathrm{T}}+\boldsymbol{A}=\boldsymbol{A}+\boldsymbol{A}^{\mathrm{T}}$;

$$(\boldsymbol{AA}^{\mathrm{T}})^{\mathrm{T}}=(\boldsymbol{A}^{\mathrm{T}})^{\mathrm{T}}\boldsymbol{A}^{\mathrm{T}}=\boldsymbol{AA}^{\mathrm{T}}.$$

所以, $\boldsymbol{A}+\boldsymbol{A}^{\mathrm{T}}$ 与 $\boldsymbol{AA}^{\mathrm{T}}$ 是对称矩阵.

*3.2.6 共轭矩阵

定义 3.2.8 设 $\boldsymbol{A}=(a_{ij})_{m\times n}$ 为复矩阵, 用 $\overline{a}_{ij}$ 表示 a_{ij} 的共轭复数, 称 $\overline{\boldsymbol{A}}=(\overline{a}_{ij})_{m\times n}$ 为A **的共轭矩阵**.

共轭矩阵的运算律 (设 $\boldsymbol{A}$, $\boldsymbol{B}$ 是复矩阵, λ 是数, 且运算都是可行的):

(1) $\overline{\boldsymbol{A}+\boldsymbol{B}}=\overline{\boldsymbol{A}}+\overline{\boldsymbol{B}}$;

(2) $\overline{\lambda\boldsymbol{A}}=\overline{\lambda}\,\overline{\boldsymbol{A}}$;

(3) $\overline{\boldsymbol{AB}}=\overline{\boldsymbol{A}}\,\overline{\boldsymbol{B}}$;

(4) $\overline{(\boldsymbol{A}^{\mathrm{T}})} = (\bar{\boldsymbol{A}})^{\mathrm{T}}$;

(5) $\overline{\overline{\boldsymbol{A}}} = \boldsymbol{A}$.

矩阵的乘法

习　题　3.2

1. 设矩阵 $\boldsymbol{A} = \begin{pmatrix} 3 & -1 & 2 & 0 \\ 1 & 5 & 7 & 9 \\ 2 & 4 & 6 & 8 \end{pmatrix}$, $\boldsymbol{B} = \begin{pmatrix} 7 & 5 & -2 & 4 \\ 5 & 1 & 9 & 7 \\ 4 & 2 & -2 & 6 \end{pmatrix}$, 已知 $\boldsymbol{A} + 2\boldsymbol{X} = \boldsymbol{B}$, 求矩阵 $\boldsymbol{X}$.

2. 计算下列矩阵的乘积.

(1) $\begin{pmatrix} 1 \\ -1 \\ 2 \\ 3 \end{pmatrix} (3 \quad 2 \quad -1 \quad 0)$;　　(2) $(1 \quad 2 \quad 3 \quad 4) \begin{pmatrix} 3 \\ 2 \\ 1 \\ 0 \end{pmatrix}$;

(3) $\begin{pmatrix} 3 & -2 \\ 0 & 1 \\ 2 & 4 \\ -1 & 0 \end{pmatrix} \begin{pmatrix} 2 & 1 & -1 \\ 0 & -1 & 0 \end{pmatrix}$;　　(4) $(x, y, z) \begin{pmatrix} a & b & d \\ b & c & e \\ d & e & f \end{pmatrix} \begin{pmatrix} x \\ y \\ z \end{pmatrix}$.

3. 对于下列的矩阵 $\boldsymbol{A}$ 与 $\boldsymbol{B}$, 计算 $\boldsymbol{AB}$ 与 $\boldsymbol{BA}$.

(1) $\boldsymbol{A} = (a_1, a_2, a_3)$, $\boldsymbol{B} = \begin{pmatrix} b_1 \\ b_2 \\ b_3 \end{pmatrix}$; (2) $\boldsymbol{A} = \begin{pmatrix} 0 & 0 & 1 \\ 1 & 0 & 0 \\ 0 & 1 & 0 \end{pmatrix}$, $\boldsymbol{B} = \begin{pmatrix} a & b & c \\ b & c & a \\ c & a & b \end{pmatrix}$.

4. 设 $\boldsymbol{A} = \begin{pmatrix} 1 & 1 & 1 \\ -1 & 1 & 1 \\ 1 & -1 & 1 \end{pmatrix}$, $\boldsymbol{B} = \begin{pmatrix} 1 & 2 & 1 \\ 1 & 3 & -1 \\ 3 & 1 & 4 \end{pmatrix}$,

(1) 求 $\boldsymbol{AB} - \boldsymbol{BA}$;　　(2) $(\boldsymbol{A} + \boldsymbol{B})(\boldsymbol{A} - \boldsymbol{B}) = \boldsymbol{A}^2 - \boldsymbol{B}^2$ 吗?

5. 设 $f(x) = x^2 - x - 1$, $\boldsymbol{A} = \begin{pmatrix} 2 & 1 & 1 \\ 3 & 1 & 2 \\ 1 & -1 & 0 \end{pmatrix}$, 求 $f(\boldsymbol{A})$.

6. 设 $\boldsymbol{A} = \begin{pmatrix} 1 & \lambda \\ 0 & 1 \end{pmatrix}$, 求 $\boldsymbol{A}^k$.

7. 设方阵 $\boldsymbol{A}=\begin{pmatrix} a & 1 & 0 \\ 0 & a & 1 \\ 0 & 0 & a \end{pmatrix}$, 求方阵 $\boldsymbol{A}^n$.

8. 证明：$\begin{pmatrix} \cos\theta & -\sin\theta \\ \sin\theta & \cos\theta \end{pmatrix}^n=\begin{pmatrix} \cos n\theta & -\sin n\theta \\ \sin n\theta & \cos n\theta \end{pmatrix}$.

9. 设 $\boldsymbol{A},\boldsymbol{B}$ 是 n 阶方阵, $\boldsymbol{A}$ 为对称阵, 证明：$\boldsymbol{B}^{\mathrm{T}}\boldsymbol{A}\boldsymbol{B}$ 也是对称阵.

10. 设 $\boldsymbol{A}$ 是方阵, 证明：$\boldsymbol{A}-\boldsymbol{A}^{\mathrm{T}}$ 是反称阵.

11. 设 $\boldsymbol{A}$ 是方阵, 证明：存在对称阵 $\boldsymbol{B}$ 与反称阵 $\boldsymbol{C}$, 使得 $\boldsymbol{A}=\boldsymbol{B}+\boldsymbol{C}$.

3.3 矩阵的分块

3.3课件

对于行数和列数较高的矩阵, 为了简化运算经常采用分块法, 使大矩阵的运算化成若干小矩阵的运算, 同时也使原矩阵的结构显得简单而清晰. 具体做法是：将大矩阵用若干条横线和纵线分成若干个小矩阵, 小矩阵称为大矩阵的子块, 以子块为元素的形式上的矩阵称为**分块矩阵**.

3.3.1 矩阵的分块方法

下面通过例子说明如何分块及分块矩阵的运算方法.

设 $\boldsymbol{A}$ 是一个 4×3 矩阵

$$\boldsymbol{A}=\left(\begin{array}{c|cc} a_{11} & a_{12} & a_{13} \\ a_{21} & a_{22} & a_{23} \\ \hline a_{31} & a_{32} & a_{33} \\ a_{41} & a_{42} & a_{43} \end{array}\right).$$

用水平和垂直的虚线可以把它分成 4 块, 如果记

$$\boldsymbol{A}_{11}=\begin{pmatrix} a_{11} \\ a_{21} \end{pmatrix},\quad \boldsymbol{A}_{12}=\begin{pmatrix} a_{12} & a_{13} \\ a_{22} & a_{23} \end{pmatrix},$$

$$\boldsymbol{A}_{21}=\begin{pmatrix} a_{31} \\ a_{41} \end{pmatrix},\quad \boldsymbol{A}_{22}=\begin{pmatrix} a_{32} & a_{33} \\ a_{42} & a_{43} \end{pmatrix}.$$

就可以把 $\boldsymbol{A}$ 看成是由上面 4 个小矩阵组成, 记作

$$\boldsymbol{A}=\begin{pmatrix} \boldsymbol{A}_{11} & \boldsymbol{A}_{12} \\ \boldsymbol{A}_{21} & \boldsymbol{A}_{22} \end{pmatrix},$$

并称它是 $\boldsymbol{A}$ 的一个 2×2 分块矩阵, 其中的每一个小矩阵称为 $\boldsymbol{A}$ 的一个子块.

又如, 对矩阵 $\boldsymbol{A}$ 进行如下形式的分块:

$$\boldsymbol{A}=\left(\begin{array}{ccc:cc}1&0&0&0&2\\0&1&0&1&-3\\0&0&1&-1&0\\\hdashline 0&0&0&4&1\end{array}\right).$$

记

$$\boldsymbol{E}=\begin{pmatrix}1&0&0\\0&1&0\\0&0&1\end{pmatrix},\quad \boldsymbol{A}_1=\begin{pmatrix}0&2\\1&-3\\-1&0\end{pmatrix},$$

$$\boldsymbol{O}=(0\quad 0\quad 0),\quad \boldsymbol{A}_2=(4\quad 1),$$

则

$$\boldsymbol{A}=\begin{pmatrix}\boldsymbol{E}&\boldsymbol{A}_1\\\boldsymbol{O}&\boldsymbol{A}_2\end{pmatrix}.$$

当考虑一个矩阵的分块时, 一个重要的原则是使分块后的子矩阵中有便于利用的特殊矩阵, 如单位矩阵、零矩阵、对角矩阵、三角矩阵等.

常用的分块矩阵, 除了上面的 2×2 分块矩阵, 还有以下几种形式.

将 $m\times n$ 矩阵 $\boldsymbol{A}=(a_{ij})_{m\times n}$ 按行分块为 $m\times 1$ 分块矩阵

$$\boldsymbol{A}=\left(\begin{array}{cccc}a_{11}&a_{12}&\cdots&a_{1n}\\\hdashline a_{21}&a_{22}&\cdots&a_{2n}\\\hdashline \vdots&\vdots&&\vdots\\\hdashline a_{m1}&a_{m2}&\cdots&a_{mn}\end{array}\right)=\begin{pmatrix}\boldsymbol{\alpha}_1^{\mathrm{T}}\\\boldsymbol{\alpha}_2^{\mathrm{T}}\\\vdots\\\boldsymbol{\alpha}_m^{\mathrm{T}}\end{pmatrix},$$

其中 $\boldsymbol{\alpha}_i^{\mathrm{T}}=(a_{i1}\quad a_{i2}\quad \cdots\quad a_{in})\,(i=1,2,\cdots,m)$.

将 $m\times n$ 矩阵 $\boldsymbol{A}=(a_{ij})_{m\times n}$ 按列分块为 $1\times n$ 分块矩阵

$$\boldsymbol{A}=\left(\begin{array}{c:c:c:c}a_{11}&a_{12}&\cdots&a_{1n}\\a_{21}&a_{22}&\cdots&a_{2n}\\\vdots&\vdots&&\vdots\\a_{m1}&a_{m2}&\cdots&a_{mn}\end{array}\right)=(\boldsymbol{\beta}_1\quad \boldsymbol{\beta}_2\quad \cdots\quad \boldsymbol{\beta}_n),$$

其中 $\boldsymbol{\beta}_j=(a_{1j}\quad a_{2j}\quad \cdots\quad a_{mj})^{\mathrm{T}}\,(j=1,2,\cdots,n)$.

3.3.2 分块矩阵的运算

在应用分块矩阵进行运算时, 要尽量使运算简单方便, 因此矩阵分块时必须注意到矩阵的运算规则. 对于不同的运算, 矩阵的分块方法也不同.

1. 分块加法

设 $\boldsymbol{A}, \boldsymbol{B}$ 为同型矩阵. 将 $\boldsymbol{A}, \boldsymbol{B}$ 按同样的方法进行适当分块

$$\boldsymbol{A}=\begin{pmatrix}\boldsymbol{A}_{11} & \boldsymbol{A}_{12} & \cdots & \boldsymbol{A}_{1q}\\ \boldsymbol{A}_{21} & \boldsymbol{A}_{22} & \cdots & \boldsymbol{A}_{2q}\\ \vdots & \vdots & & \vdots\\ \boldsymbol{A}_{p1} & \boldsymbol{A}_{p2} & \cdots & \boldsymbol{A}_{pq}\end{pmatrix},\quad \boldsymbol{B}=\begin{pmatrix}\boldsymbol{B}_{11} & \boldsymbol{B}_{12} & \cdots & \boldsymbol{B}_{1q}\\ \boldsymbol{B}_{21} & \boldsymbol{B}_{22} & \cdots & \boldsymbol{B}_{2q}\\ \vdots & \vdots & & \vdots\\ \boldsymbol{B}_{p1} & \boldsymbol{B}_{p2} & \cdots & \boldsymbol{B}_{pq}\end{pmatrix},$$

其中 $\boldsymbol{A}_{ij}$ 与 $\boldsymbol{B}_{ij}\,(i=1,2,\cdots,p;j=1,2,\cdots,q)$ 也是同型矩阵.

容易验证

$$\boldsymbol{A}+\boldsymbol{B}=\begin{pmatrix}\boldsymbol{A}_{11}+\boldsymbol{B}_{11} & \boldsymbol{A}_{12}+\boldsymbol{B}_{12} & \cdots & \boldsymbol{A}_{1q}+\boldsymbol{B}_{1q}\\ \boldsymbol{A}_{21}+\boldsymbol{B}_{21} & \boldsymbol{A}_{22}+\boldsymbol{B}_{22} & \cdots & \boldsymbol{A}_{2q}+\boldsymbol{B}_{2q}\\ \vdots & \vdots & & \vdots\\ \boldsymbol{A}_{p1}+\boldsymbol{B}_{p1} & \boldsymbol{A}_{p2}+\boldsymbol{B}_{p2} & \cdots & \boldsymbol{A}_{pq}+\boldsymbol{B}_{pq}\end{pmatrix}.$$

2. 分块数乘

设 $\boldsymbol{A}=\begin{pmatrix}\boldsymbol{A}_{11} & \boldsymbol{A}_{12} & \cdots & \boldsymbol{A}_{1q}\\ \boldsymbol{A}_{21} & \boldsymbol{A}_{22} & \cdots & \boldsymbol{A}_{2q}\\ \vdots & \vdots & & \vdots\\ \boldsymbol{A}_{p1} & \boldsymbol{A}_{p2} & \cdots & \boldsymbol{A}_{pq}\end{pmatrix}$, k 为任意实数, 则

$$k\boldsymbol{A}=\begin{pmatrix}k\boldsymbol{A}_{11} & k\boldsymbol{A}_{12} & \cdots & k\boldsymbol{A}_{1q}\\ k\boldsymbol{A}_{21} & k\boldsymbol{A}_{22} & \cdots & k\boldsymbol{A}_{2q}\\ \vdots & \vdots & & \vdots\\ k\boldsymbol{A}_{p1} & k\boldsymbol{A}_{p2} & \cdots & k\boldsymbol{A}_{pq}\end{pmatrix}.$$

3. 分块乘法

设 $\boldsymbol{A}$ 为 $m\times l$ 矩阵, $\boldsymbol{B}$ 为 $l\times n$ 矩阵, 将矩阵 $\boldsymbol{A}$ 和矩阵 $\boldsymbol{B}$ 进行分块

$$\boldsymbol{A}=\begin{pmatrix}\boldsymbol{A}_{11} & \boldsymbol{A}_{12} & \cdots & \boldsymbol{A}_{1q}\\ \boldsymbol{A}_{21} & \boldsymbol{A}_{22} & \cdots & \boldsymbol{A}_{2q}\\ \vdots & \vdots & & \vdots\\ \boldsymbol{A}_{s1} & \boldsymbol{A}_{s2} & \cdots & \boldsymbol{A}_{sq}\end{pmatrix},\quad \boldsymbol{B}=\begin{pmatrix}\boldsymbol{B}_{11} & \boldsymbol{B}_{12} & \cdots & \boldsymbol{B}_{1r}\\ \boldsymbol{B}_{21} & \boldsymbol{B}_{22} & \cdots & \boldsymbol{B}_{2r}\\ \vdots & \vdots & & \vdots\\ \boldsymbol{B}_{q1} & \boldsymbol{B}_{q2} & \cdots & \boldsymbol{B}_{qr}\end{pmatrix},$$

其中 $\boldsymbol{A}_{i1}, \boldsymbol{A}_{i2}, \cdots, \boldsymbol{A}_{iq}$ 的列数分别等于 $\boldsymbol{B}_{1j}, \boldsymbol{B}_{2j}, \cdots, \boldsymbol{B}_{qj}$ 的行数. 即对 $\boldsymbol{A}$ 的列的分法与对 $\boldsymbol{B}$ 的行的分法相同. 则

$$\boldsymbol{AB} = \begin{pmatrix} \boldsymbol{C}_{11} & \boldsymbol{C}_{12} & \cdots & \boldsymbol{C}_{1r} \\ \boldsymbol{C}_{21} & \boldsymbol{C}_{22} & \cdots & \boldsymbol{C}_{2r} \\ \vdots & \vdots & & \vdots \\ \boldsymbol{C}_{s1} & \boldsymbol{C}_{s2} & \cdots & \boldsymbol{C}_{sr} \end{pmatrix},$$

其中 $\boldsymbol{C}_{ij} = \sum\limits_{k=1}^{t} \boldsymbol{A}_{ik}\boldsymbol{B}_{kj}\,(i = 1, 2, \cdots, s; j = 1, 2, \cdots, r)$.

4. 分块矩阵的转置

设 $\boldsymbol{A} = \begin{pmatrix} \boldsymbol{A}_{11} & \boldsymbol{A}_{12} & \cdots & \boldsymbol{A}_{1r} \\ \boldsymbol{A}_{21} & \boldsymbol{A}_{22} & \cdots & \boldsymbol{A}_{2r} \\ \vdots & \vdots & & \vdots \\ \boldsymbol{A}_{s1} & \boldsymbol{A}_{s2} & \cdots & \boldsymbol{A}_{sr} \end{pmatrix}$, 则 $\boldsymbol{A}^{\mathrm{T}} = \begin{pmatrix} \boldsymbol{A}_{11}^{\mathrm{T}} & \boldsymbol{A}_{21}^{\mathrm{T}} & \cdots & \boldsymbol{A}_{s1}^{\mathrm{T}} \\ \boldsymbol{A}_{12}^{\mathrm{T}} & \boldsymbol{A}_{22}^{\mathrm{T}} & \cdots & \boldsymbol{A}_{s2}^{\mathrm{T}} \\ \vdots & \vdots & & \vdots \\ \boldsymbol{A}_{1r}^{\mathrm{T}} & \boldsymbol{A}_{2r}^{\mathrm{T}} & \cdots & \boldsymbol{A}_{sr}^{\mathrm{T}} \end{pmatrix}$.

3.3.3 方阵的行列式

定义 3.3.1 由 n 阶方阵 $\boldsymbol{A}$ 的元素 (各元素的位置不变) 所构成的行列式, 称为**方阵 $\boldsymbol{A}$ 的行列式**, 记作 $|\boldsymbol{A}|$ 或 $\det \boldsymbol{A}$.

应该注意, 方阵与行列式是两个不同的概念, n 阶方阵是 n^2 个数按一定的方式排成的数表, 而 n 阶行列式是这些数按一定的运算法则确定的一个数, 它们的意义完全不相同. 但是, 利用方阵的行列式可以研究方阵的某些性质.

设 $\boldsymbol{A}, \boldsymbol{B}$ 为 n 阶方阵, λ 为任意实数, $|\boldsymbol{A}|$ 和 $|\boldsymbol{B}|$ 的运算满足下述运算规律:

(1) $\left|\boldsymbol{A}^{\mathrm{T}}\right| = |\boldsymbol{A}|$;

(2) $|\lambda \boldsymbol{A}| = \lambda^n |\boldsymbol{A}|$;

(3) $|\boldsymbol{AB}| = |\boldsymbol{A}||\boldsymbol{B}| = |\boldsymbol{BA}|$;

(4) 若 $|\boldsymbol{AB}| = 0$, 则 $|\boldsymbol{A}| = 0$ 或 $|\boldsymbol{B}| = 0$.

例 3.3.1 已知 $\boldsymbol{A} = \begin{pmatrix} 2 & 3 \\ 0 & 1 \end{pmatrix}$, $\boldsymbol{B} = \begin{pmatrix} -2 & 0 \\ 1 & 1 \end{pmatrix}$, 求 $|3\boldsymbol{AB}|$.

解 $\boldsymbol{AB} = \begin{pmatrix} 2 & 3 \\ 0 & 1 \end{pmatrix}\begin{pmatrix} -2 & 0 \\ 1 & 1 \end{pmatrix} = \begin{pmatrix} -1 & 3 \\ 1 & 1 \end{pmatrix}$, 于是, $|3\boldsymbol{AB}| = \begin{vmatrix} -3 & 9 \\ 3 & 3 \end{vmatrix}$ $= -36$.

此题也可用如下方法计算: 因 $|\boldsymbol{A}| = 2$, $|\boldsymbol{B}| = -2$, 所以, $|3\boldsymbol{AB}| = 3^2 |\boldsymbol{A}||\boldsymbol{B}|$ $= -4 \times 9 = -36$.

3.3.4 分块对角阵

当矩阵 $\boldsymbol{A}=(a_{ij})_{n\times n}$ 中非零元都集中在主对角线附近时可将 $\boldsymbol{A}$ 分块成下面的分块对角矩阵 (又称为准对角矩阵),

$$\boldsymbol{A}=\operatorname{diag}(\boldsymbol{A}_1\quad \boldsymbol{A}_2\quad \cdots\quad \boldsymbol{A}_t)=\begin{pmatrix}\boldsymbol{A}_1 & & & \\ & \boldsymbol{A}_2 & & \\ & & \ddots & \\ & & & \boldsymbol{A}_t\end{pmatrix},$$

其中 $\boldsymbol{A}_i\,(i=1,2,\cdots,t)$ 是 r_i 阶方阵 $\left(\sum\limits_{i=1}^{t}r_i=n\right)$.

例如

$$\boldsymbol{A}=\left(\begin{array}{cc:c:ccc}1 & 3 & 0 & 0 & 0 & 0\\ 1 & 2 & 0 & 0 & 0 & 0\\ \hdashline 0 & 0 & -1 & 0 & 0 & 0\\ \hdashline 0 & 0 & 0 & 2 & 3 & 0\\ 0 & 0 & 0 & 0 & 1 & 5\\ 0 & 0 & 0 & 0 & 0 & 3\end{array}\right)=\begin{pmatrix}\boldsymbol{A}_1 & & \\ & \boldsymbol{A}_2 & \\ & & \boldsymbol{A}_3\end{pmatrix},$$

其中

$$\boldsymbol{A}_1=\begin{pmatrix}1 & 3\\ 1 & 2\end{pmatrix},\quad \boldsymbol{A}_2=(-1),\quad \boldsymbol{A}_3=\begin{pmatrix}2 & 3 & 0\\ 0 & 1 & 5\\ 0 & 0 & 3\end{pmatrix}.$$

设 $\boldsymbol{A}=\begin{pmatrix}\boldsymbol{A}_1 & & & \\ & \boldsymbol{A}_2 & & \\ & & \ddots & \\ & & & \boldsymbol{A}_t\end{pmatrix},\boldsymbol{B}=\begin{pmatrix}\boldsymbol{B}_1 & & & \\ & \boldsymbol{B}_2 & & \\ & & \ddots & \\ & & & \boldsymbol{B}_t\end{pmatrix}$ 为分块对角阵, $\boldsymbol{A}_i$ 与 $\boldsymbol{B}_i\,(i=1,2,\cdots,t)$ 为同阶子矩阵, 则有下述性质:

(1) $|\boldsymbol{A}|=|\boldsymbol{A}_1|\,|\boldsymbol{A}_2|\cdots|\boldsymbol{A}_t|$;

(2) $\boldsymbol{A}\boldsymbol{B}=\begin{pmatrix}\boldsymbol{A}_1\boldsymbol{B}_1 & & & \\ & \boldsymbol{A}_2\boldsymbol{B}_2 & & \\ & & \ddots & \\ & & & \boldsymbol{A}_t\boldsymbol{B}_t\end{pmatrix}$.

例 3.3.2 设 $\boldsymbol{A}=\begin{pmatrix}1&2&0&0\\1&1&0&0\\0&0&2&1\\0&0&2&3\end{pmatrix}$, $\boldsymbol{B}=\begin{pmatrix}1&0&3&1\\0&1&2&-1\\0&0&-2&3\\0&0&0&-3\end{pmatrix}$, 求 $\boldsymbol{AB}$.

解 将 $\boldsymbol{A}$, $\boldsymbol{B}$ 分块成

$$\boldsymbol{A}=\left(\begin{array}{cc:cc}1&2&0&0\\1&1&0&0\\\hdashline 0&0&2&1\\0&0&2&3\end{array}\right)=\begin{pmatrix}\boldsymbol{A}_{11}&\boldsymbol{O}\\\boldsymbol{O}&\boldsymbol{A}_{22}\end{pmatrix},$$

$$\boldsymbol{B}=\left(\begin{array}{cc:cc}1&0&3&1\\0&1&2&-1\\\hdashline 0&0&-2&3\\0&0&0&-3\end{array}\right)=\begin{pmatrix}\boldsymbol{E}&\boldsymbol{B}_{12}\\\boldsymbol{O}&\boldsymbol{B}_{22}\end{pmatrix},$$

其中

$$\boldsymbol{A}_{11}=\begin{pmatrix}1&2\\1&1\end{pmatrix},\quad \boldsymbol{A}_{22}=\begin{pmatrix}2&1\\2&3\end{pmatrix},$$

$$\boldsymbol{B}_{12}=\begin{pmatrix}3&1\\2&-1\end{pmatrix},\quad \boldsymbol{B}_{22}=\begin{pmatrix}-2&3\\0&-3\end{pmatrix},$$

$$\boldsymbol{E}=\boldsymbol{E}_2=\begin{pmatrix}1&0\\0&1\end{pmatrix},\quad \boldsymbol{O}=\begin{pmatrix}0&0\\0&0\end{pmatrix}.$$

那么

$$\boldsymbol{AB}=\begin{pmatrix}\boldsymbol{A}_{11}&\boldsymbol{O}\\\boldsymbol{O}&\boldsymbol{A}_{22}\end{pmatrix}\begin{pmatrix}\boldsymbol{E}&\boldsymbol{B}_{12}\\\boldsymbol{O}&\boldsymbol{B}_{22}\end{pmatrix}=\begin{pmatrix}\boldsymbol{A}_{11}&\boldsymbol{A}_{11}\boldsymbol{B}_{12}\\\boldsymbol{O}&\boldsymbol{A}_{22}\boldsymbol{B}_{22}\end{pmatrix},$$

$$\boldsymbol{A}_{11}\boldsymbol{B}_{12}=\begin{pmatrix}1&2\\1&1\end{pmatrix}\begin{pmatrix}3&1\\2&-1\end{pmatrix}=\begin{pmatrix}7&-1\\5&0\end{pmatrix},$$

$$\boldsymbol{A}_{22}\boldsymbol{B}_{22}=\begin{pmatrix}2&1\\2&3\end{pmatrix}\begin{pmatrix}-2&3\\0&-3\end{pmatrix}=\begin{pmatrix}-4&3\\-4&-3\end{pmatrix},$$

所以

$$AB=\left(\begin{array}{cc:cc}1&2&7&-1\\1&1&5&0\\\hdashline 0&0&-4&3\\0&0&-4&-3\end{array}\right).$$

例 3.3.3 试把线性方程组的矩阵形式 $A_{m\times n}x=b$, 表示成分块矩阵相乘. 其中

$$A=(a_{ij})_{m\times n},\quad x=\begin{pmatrix}x_1\\x_2\\\vdots\\x_n\end{pmatrix},\quad b=\begin{pmatrix}b_1\\b_2\\\vdots\\b_m\end{pmatrix}.$$

解 (1) 把 A 进行行分块, 有

$$\begin{pmatrix}\alpha_1^{\mathrm T}\\\alpha_2^{\mathrm T}\\\vdots\\\alpha_m^{\mathrm T}\end{pmatrix}x=\begin{pmatrix}b_1\\b_2\\\vdots\\b_m\end{pmatrix}\Rightarrow \alpha_i^{\mathrm T}x=b_i\quad(i=1,2,\cdots,m);$$

(2) 把 A 进行列分块, 有

$$(\beta_1\ \beta_2\ \cdots\ \beta_n)\begin{pmatrix}x_1\\x_2\\\vdots\\x_n\end{pmatrix}=b\Rightarrow x_1\beta_1+x_2\beta_2+\cdots+x_n\beta_n=b.$$

例 3.3.4 求准对角阵 $A=\begin{pmatrix}5&-3&0&0&0\\-3&2&0&0&0\\0&0&9&0&0\\0&0&0&8&3\\0&0&0&5&2\end{pmatrix}$ 的行列式.

解 准对角阵 A 有三个对角块, 则有

$$|A|=\begin{vmatrix}5&-3\\-3&2\end{vmatrix}|9|\begin{vmatrix}8&3\\5&2\end{vmatrix}=9.$$

如果一个方阵是按照分块矩阵给出, 则它的行列式也可以写成分块形式, 称为**分块行列式**. 对于只有一行的分块行列式, 也常用逗号隔开它的子块.

例 3.3.5 设 $\boldsymbol{A}_1, \boldsymbol{A}_2, \boldsymbol{A}_3, \boldsymbol{A}_4$ 都是 4×1 矩阵, 若分块行列式 $|\boldsymbol{A}_1, \boldsymbol{A}_2, \boldsymbol{A}_3, \boldsymbol{A}_4| = 3$, 求分块行列式 $|2\boldsymbol{A}_1, \boldsymbol{A}_2, 5\boldsymbol{A}_3, \boldsymbol{A}_4|$.

解 行列式 $|2\boldsymbol{A}_1, \boldsymbol{A}_2, 5\boldsymbol{A}_3, \boldsymbol{A}_4|$ 是将行列式 $|\boldsymbol{A}_1, \boldsymbol{A}_2, \boldsymbol{A}_3, \boldsymbol{A}_4|$ 的第一列的元素乘以 2, 第三列的元素乘以 5 而得. 根据行列式的性质, 有

$$|2\boldsymbol{A}_1, \boldsymbol{A}_2, 5\boldsymbol{A}_3, \boldsymbol{A}_4| = 2\cdot 5\cdot |\boldsymbol{A}_1, \boldsymbol{A}_2, \boldsymbol{A}_3, \boldsymbol{A}_4| = 30.$$

方阵多项式和方阵行列式

习 题 3.3

1. 将下列矩阵适当分块后进行计算.

$$(1)\ \begin{pmatrix} -2 & 3 & 0 & 0 \\ 1 & 2 & 0 & 0 \\ 0 & 0 & 1 & 2 \\ 0 & 0 & 2 & 5 \end{pmatrix}\begin{pmatrix} 1 & 2 & 0 & 0 \\ 3 & 2 & 0 & 0 \\ 0 & 0 & 2 & 1 \\ 0 & 0 & 3 & 4 \end{pmatrix};\ (2)\ \begin{pmatrix} 1 & -1 & 0 & 0 \\ 2 & 3 & 0 & 0 \\ 0 & 1 & 0 & 0 \\ 0 & 0 & 1 & 4 \end{pmatrix}\begin{pmatrix} 1 & 0 & 0 \\ -2 & 0 & 0 \\ 0 & 3 & 2 \\ 0 & 4 & 3 \end{pmatrix}.$$

2. 设方阵 $\boldsymbol{A} = \begin{pmatrix} a & 1 & 0 & 0 \\ 0 & a & 0 & 0 \\ 0 & 0 & b & 1 \\ 0 & 0 & 1 & b \end{pmatrix}$, $\boldsymbol{B} = \begin{pmatrix} a & 0 & 0 & 0 \\ 1 & a & 0 & 0 \\ 0 & 0 & b & 0 \\ 0 & 0 & 1 & b \end{pmatrix}$, 求方阵 $\boldsymbol{AB}$ 与 $\boldsymbol{ABA}$.

3. 设 $\boldsymbol{A}$ 是 n 阶方阵, k 是数, 且行列式 $|\boldsymbol{A}| = a$, 求行列式 $|k\boldsymbol{A}^{\mathrm{T}}\boldsymbol{A}|$.

4. 设 $\boldsymbol{A}_1, \boldsymbol{A}_2, \boldsymbol{A}_3$ 都是 3×1 矩阵, 分块行列式 $|\boldsymbol{A}_1, \boldsymbol{A}_2, \boldsymbol{A}_3| = 5$, 求分块行列式 $|\boldsymbol{A}_1 + 2\boldsymbol{A}_2, 3\boldsymbol{A}_1 + 2\boldsymbol{A}_3, 5\boldsymbol{A}_2|$.

3.4课件

3.4 矩阵的初等变换

在中学代数中, 研究的中心问题之一就是解方程, 而其中最简单的问题便是线性方程组的求解. 解线性方程组之所以重要, 是因为某些复杂的实际问题往往可以简化或归结为一个线性方程组.

实际问题提出的线性方程组往往是很复杂的, 未知量的个数和方程的个数都很多. 一般地, 我们把有 n 个未知量 m 个方程的方程组写为

$$\begin{cases} a_{11}x_1 + a_{12}x_2 + \cdots + a_{1n}x_n = b_1, \\ a_{21}x_1 + a_{22}x_2 + \cdots + a_{2n}x_n = b_2, \\ \qquad\qquad \cdots\cdots \\ a_{m1}x_1 + a_{m2}x_2 + \cdots + a_{mn}x_n = b_m. \end{cases}$$

满足方程组的一组数：$x_1 = c_1, x_2 = c_2, \cdots, x_n = c_n$ 称为方程组的一个解.

对于一般线性方程组, 我们要讨论的问题是：它在什么条件下有解？如果有解, 有多少解？又如何求出全部解？所谓解方程组, 就是当方程组有解时求出它的全部解, 当它无解时判明它无解. 下面我们将解决以上的几个问题.

3.4.1 线性方程组的高斯消元法

在第 1 章中, 我们介绍了克拉默法则求解 n 个未知量 n 个方程的线性方程组. 但在实际问题中, 经常要研究一般线性方程组的解, 解线性方程组最常用的方法就是高斯消元法, 其步骤是逐步消除变元的系数, 把原方程组化为同解的阶梯形方程组, 再用回代过程解此等价的方程组, 从而得到原方程组的解.

例 3.4.1 求解线性方程组

$$\begin{cases} 2x_1 - x_2 - x_3 + x_4 = 2, & (1) \\ x_1 + x_2 - 2x_3 + x_4 = 4, & (2) \\ 4x_1 - 6x_2 + 2x_3 - 2x_4 = 4, & (3) \\ 3x_1 + 6x_2 - 9x_3 + 7x_4 = 9. & (4) \end{cases}$$

解 对方程组作如下变换：

$$\begin{cases} 2x_1 - x_2 - x_3 + x_4 = 2, & (1) \\ x_1 + x_2 - 2x_3 + x_4 = 4, & (2) \\ 4x_1 - 6x_2 + 2x_3 - 2x_4 = 4, & (3) \\ 3x_1 + 6x_2 - 9x_3 + 7x_4 = 9 & (4) \end{cases}$$

$$\xrightarrow[(3)\div 2]{(1)\leftrightarrow(2)} \begin{cases} x_1 + x_2 - 2x_3 + x_4 = 4, & (1) \\ 2x_1 - x_2 - x_3 + x_4 = 2, & (2) \\ 2x_1 - 3x_2 + x_3 - x_4 = 2, & (3) \\ 3x_1 + 6x_2 - 9x_3 + 7x_4 = 9 & (4) \end{cases}$$

$$\xrightarrow[(4)-3(1)]{\substack{(2)-(3) \\ (3)-2(1)}} \begin{cases} x_1 + x_2 - 2x_3 + x_4 = 4, & (1) \\ 0 + 2x_2 - 2x_3 + 2x_4 = 0, & (2) \\ 0 - 5x_2 + 5x_3 - 3x_4 = -6, & (3) \\ 0 + 3x_2 - 3x_3 + 4x_4 = -3 & (4) \end{cases}$$

$$\xrightarrow[\substack{(3)+5(2) \\ (4)-3(2)}]{(2)\times\frac{1}{2}} \begin{cases} x_1 + x_2 - 2x_3 + x_4 = 4, & (1) \\ 0 + x_2 - x_3 + x_4 = 0, & (2) \\ 0 + 0 + 0 + 2x_4 = -6, & (3) \\ 0 + 0 + 0 + x_4 = -3 & (4) \end{cases}$$

$$\xrightarrow[(4)-2(3)]{(3)\leftrightarrow(4)}\begin{cases}\boxed{x_1}+x_2-2x_3+x_4=4, & (1)\\ 0+\boxed{x_2}-x_3+x_4=0, & (2)\\ 0+0+0+\boxed{x_4}=-3, & (3)\\ 0+0+0+0=0. & (4)\end{cases}$$

最后一个方程组称为**阶梯形方程组**, 然后从阶梯形方程组 “回代”, 便可求出解

$$\begin{cases}x_1=x_3+4,\\ x_2=x_3+3,\\ x_4=-3,\end{cases}$$

其中 x_3 可任意取值, 我们称 x_3 为自由未知量. 由于 x_3 可以任意取值, 所以方程组有无穷多个解.

上述解方程组的过程中, 我们总要先通过一些变换, 将方程组化为容易求解的同解方程组来求解, 这些变换可以归纳为以下三种:

(1) 交换两个方程的位置;

(2) 用一个非零的常数乘以某一个方程;

(3) 把一个方程的适当倍数加到另一个方程上.

为了后面叙述方便, 我们称这三种变换为线性方程组的**初等变换**. 高斯消元法就是反复实施初等变换的过程, 把方程组的上述三种同解变换 “迁移” 到矩阵上就得到矩阵的初等变换.

3.4.2 矩阵的初等变换

我们知道, 对求解线性方程组, 如果线性方程组的各个方程的系数和常数项定了, 那么这个方程组的解就完全确定了. 至于方程组的未知量用什么符号表示则是无关紧要的.

既然线性方程组的解由未知量的系数和常数项完全决定, 那么方程组的增广矩阵就可以完全代替方程组, 并且方程组和增广矩阵一一对应. 方程组的整个消元过程就可以在增广矩阵上进行. 为此, 我们引入矩阵的初等变换概念.

定义 3.4.1 下面三种变换称为矩阵的初等行变换:

(1) 两行互换 (互换 i,j 行, 记作 $r_i \leftrightarrow r_j$);

(2) 以非零数 k 乘某一行的所有元素 (第 i 行乘 k, 记作 kr_i);

(3) 把某一行所有元素的 k 倍加到另一行对应的元素上 (第 j 行的 k 倍加到第 i 行上, 记作 $r_i + kr_j$).

把定义中的 “行”, 换成 “列”, 即得矩阵的初等列变换的定义 (所用记号是把 “r” 换成 “c”, 如互换 i,j 列, 记作 $c_i \leftrightarrow c_j$ 等).

矩阵的初等行变换和初等列变换, 统称**初等变换**.

定义 3.4.2 如果矩阵 $\boldsymbol{A}$ 经过有限次初等变换变成矩阵 $\boldsymbol{B}$, 则称**矩阵 $\boldsymbol{A}$ 与矩阵 $\boldsymbol{B}$ 等价**, 记作 $\boldsymbol{A} \cong \boldsymbol{B}$ (或 $\boldsymbol{A} \to \boldsymbol{B}$).

矩阵之间的等价关系具有下列基本性质:

(1) 反身性: $\boldsymbol{A} \cong \boldsymbol{A}$;

(2) 对称性: 若 $\boldsymbol{A} \cong \boldsymbol{B}$, 则 $\boldsymbol{B} \cong \boldsymbol{A}$;

(3) 传递性: 若 $\boldsymbol{A} \cong \boldsymbol{B}$, $\boldsymbol{B} \cong \boldsymbol{C}$, 则 $\boldsymbol{A} \cong \boldsymbol{C}$.

下面用矩阵的初等行变换来解例 3.3.1 的线性方程组, 其过程可与方程组的消元过程一一对照.

$$
\begin{pmatrix} 2 & -1 & -1 & 1 & 2 \\ 1 & 1 & -2 & 1 & 4 \\ 4 & -6 & 2 & -2 & 4 \\ 3 & 6 & -9 & 7 & 9 \end{pmatrix} \xrightarrow[\frac{1}{2}r_3]{r_1 \leftrightarrow r_2} \begin{pmatrix} 1 & 1 & -2 & 1 & 4 \\ 2 & -1 & -1 & 1 & 2 \\ 2 & -3 & 1 & -1 & 2 \\ 3 & 6 & -9 & 7 & 9 \end{pmatrix}
$$

$$
\xrightarrow[\substack{r_3-2r_1 \\ r_4-3r_1}]{r_2-r_3} \begin{pmatrix} 1 & 1 & -2 & 1 & 4 \\ 0 & 2 & -2 & 2 & 0 \\ 0 & -5 & 5 & -3 & -6 \\ 0 & 3 & -3 & 4 & -3 \end{pmatrix} \xrightarrow[\substack{r_3+5r_2 \\ r_4-3r_2}]{\frac{1}{2}r_2} \begin{pmatrix} 1 & 1 & -2 & 1 & 4 \\ 0 & 1 & -1 & 1 & 0 \\ 0 & 0 & 0 & 2 & -6 \\ 0 & 0 & 0 & 1 & -3 \end{pmatrix}
$$

$$
\xrightarrow[r_4-2r_3]{r_3 \leftrightarrow r_4} \begin{pmatrix} 1 & 1 & -2 & 1 & 4 \\ 0 & 1 & -1 & 1 & 0 \\ 0 & 0 & 0 & 1 & -3 \\ 0 & 0 & 0 & 0 & 0 \end{pmatrix}.
$$

最后一个矩阵对应**阶梯形方程组**, 称为**行阶梯形矩阵**. 方程组解的"回代"过程, 实际上就是把行阶梯形矩阵用初等行变换化成如下矩阵, 即

$$
\begin{pmatrix} 1 & 1 & -2 & 1 & 4 \\ 0 & 1 & -1 & 1 & 0 \\ 0 & 0 & 0 & 1 & -3 \\ 0 & 0 & 0 & 0 & 0 \end{pmatrix} \xrightarrow[r_2-r_3]{r_1-r_2} \begin{pmatrix} 1 & 0 & -1 & 0 & 4 \\ 0 & 1 & -1 & 0 & 3 \\ 0 & 0 & 0 & 1 & -3 \\ 0 & 0 & 0 & 0 & 0 \end{pmatrix} = \boldsymbol{B}.
$$

矩阵 B 对应的方程组为

$$\begin{cases} x_1 = x_3 + 4, \\ x_2 = x_3 + 3, \\ x_4 = -3. \end{cases}$$

取自由未知量 $x_3 = c$ (常数), 即得方程组的一般解:

$$\begin{cases} x_1 = c + 4, \\ x_2 = c + 3, \\ x_3 = c, \\ x_4 = -3. \end{cases} \quad (c \in \mathbf{R}).$$

如前所述, 一般的矩阵可以通过初等变换化为一些特殊形式的矩阵, 如行阶梯形矩阵、行最简形矩阵以及标准形矩阵. 接下来我们给出这三种矩阵的定义.

定义 3.4.3 $m \times n$ 矩阵 $\boldsymbol{A}$ 满足以下条件:

(1) 如果 $\boldsymbol{A}$ 有零行 (元素全为零的行), 则零行都在非零行的下边;

(2) 非零行的非零首元 (自左至右第一个不为零的元素) 的列标随行标的递增而严格递增. 则称 $\boldsymbol{A}$ 为**行阶梯形矩阵**.

下面是行阶梯形矩阵的一般形式, 其中 $*i (1 \leqslant i \leqslant r)$ 表示该行的非零首元.

$$\begin{pmatrix} *_1 & \cdots & \cdots & \cdots & \cdots & \cdots & \cdots & \cdots \\ 0 & *_2 & \cdots & \cdots & \cdots & \cdots & \cdots & \cdots \\ 0 & 0 & \ddots & \cdots & \cdots & \cdots & \cdots & \cdots \\ 0 & 0 & 0 & *_{\mathrm{i}} & \cdots & \cdots & \cdots & \cdots \\ \vdots & \vdots & \vdots & \vdots & \ddots & \cdots & \cdots & \cdots \\ 0 & 0 & 0 & 0 & 0 & *_{\mathrm{r}} & \cdots & \cdots \\ 0 & 0 & 0 & 0 & 0 & 0 & 0 & 0 \\ \vdots & \vdots & \vdots & \vdots & \vdots & \vdots & \vdots & \vdots \\ 0 & 0 & 0 & 0 & 0 & 0 & 0 & 0 \end{pmatrix}$$

例如, 下列矩阵均为行阶梯形矩阵.

$$\begin{pmatrix} 1 & 0 & -1 \\ 0 & 2 & 4 \\ 0 & 0 & 3 \end{pmatrix}, \quad \begin{pmatrix} 0 & 1 & 2 & -4 \\ 0 & 0 & 0 & 7 \\ 0 & 0 & 0 & 0 \end{pmatrix}, \quad \begin{pmatrix} 1 & 1 & 0 & 2 \\ 0 & 1 & -1 & -3 \\ 0 & 0 & 6 & 8 \end{pmatrix}.$$

而矩阵 $\begin{pmatrix} 2 & 1 & 3 & 5 & 7 \\ 0 & 3 & 0 & 0 & 1 \\ 0 & 1 & 2 & 2 & 0 \\ 0 & 0 & 0 & 0 & 0 \end{pmatrix}$ 则不是行阶梯形.

定义 3.4.4 满足下列条件的行阶梯形矩阵称为**行最简形矩阵**.

(1) 非零首元全为 1;

(2) 非零首元所在列的其余元素全为 0.

例如, $\begin{pmatrix} 1 & 0 & -1 \\ 0 & 1 & 2 \\ 0 & 0 & 0 \end{pmatrix}$, $\begin{pmatrix} 1 & 0 & 0 & 1 \\ 0 & 1 & 0 & 1 \\ 0 & 0 & 1 & 2 \end{pmatrix}$, $\begin{pmatrix} 1 & -3 & 0 & 2 \\ 0 & 0 & 1 & 0 \\ 0 & 0 & 0 & 0 \end{pmatrix}$ 均为行最简形矩阵.

对行最简形矩阵再施以初等列变换, 可化为形状更简单的标准形矩阵. 例如

$$\boldsymbol{B} = \begin{pmatrix} 1 & 0 & -1 & 0 & 4 \\ 0 & 1 & -1 & 0 & 3 \\ 0 & 0 & 0 & 1 & -3 \\ 0 & 0 & 0 & 0 & 0 \end{pmatrix} \xrightarrow[c_5-4c_1-3c_2+3c_3]{\substack{c_3\leftrightarrow c_4 \\ c_4+c_1+c_2}} \begin{pmatrix} 1 & 0 & 0 & 0 & 0 \\ 0 & 1 & 0 & 0 & 0 \\ 0 & 0 & 1 & 0 & 0 \\ 0 & 0 & 0 & 0 & 0 \end{pmatrix} = \boldsymbol{F}.$$

矩阵 $\boldsymbol{F}$ 称为矩阵 $\boldsymbol{B}$ 的**标准形**, 其特点是: $\boldsymbol{F}$ 的左上角是一个单位矩阵, 其余元素全为 0.

对于非零矩阵 $\boldsymbol{A}_{m\times n}$, 总可以经过初等变换化为标准形: $\boldsymbol{F} = \begin{pmatrix} \boldsymbol{E}_r & \boldsymbol{O} \\ \boldsymbol{O} & \boldsymbol{O} \end{pmatrix}_{m\times n}$, 其中 r 是行阶梯形矩阵中非零行的行数 ($r \leqslant \min\{m, n\}$).

例 3.4.2 设 $\boldsymbol{A} = \begin{pmatrix} 2 & 3 & 1 & -1 & 4 \\ 3 & 4 & 2 & -3 & 6 \\ -1 & -5 & 4 & 1 & 11 \\ 2 & 7 & 1 & -6 & -5 \end{pmatrix}$, 把 $\boldsymbol{A}$ 化为行最简形矩阵和标准形矩阵.

解
$$\boldsymbol{A} = \begin{pmatrix} 2 & 3 & 1 & -1 & 4 \\ 3 & 4 & 2 & -3 & 6 \\ -1 & -5 & 4 & 1 & 11 \\ 2 & 7 & 1 & -6 & -5 \end{pmatrix} \xrightarrow{r_1\leftrightarrow r_3} \begin{pmatrix} -1 & -5 & 4 & 1 & 11 \\ 3 & 4 & 2 & -3 & 6 \\ 2 & 3 & 1 & -1 & 4 \\ 2 & 7 & 1 & -6 & -5 \end{pmatrix}$$

$$\xrightarrow[r_4+2r_1]{\substack{r_2+3r_1\\ r_3+2r_1}} \begin{pmatrix} -1 & -5 & 4 & 1 & 11 \\ 0 & -11 & 14 & 0 & 39 \\ 0 & -7 & 9 & 1 & 26 \\ 0 & -3 & 9 & -4 & 17 \end{pmatrix} \xrightarrow[r_3-2r_4]{r_2-4r_4} \begin{pmatrix} -1 & -5 & 4 & 1 & 11 \\ 0 & 1 & -22 & 16 & -29 \\ 0 & -1 & -9 & 9 & -8 \\ 0 & -3 & 9 & -4 & 17 \end{pmatrix}$$

$$\xrightarrow[r_4+3r_2]{r_3+r_2} \begin{pmatrix} -1 & -5 & 4 & 1 & 11 \\ 0 & 1 & -22 & 16 & -29 \\ 0 & 0 & -31 & 25 & -37 \\ 0 & 0 & -57 & 44 & -70 \end{pmatrix} \xrightarrow{r_4-2r_3} \begin{pmatrix} -1 & -5 & 4 & 1 & 11 \\ 0 & 1 & -22 & 16 & -29 \\ 0 & 0 & -31 & 25 & -37 \\ 0 & 0 & 5 & -6 & 4 \end{pmatrix}$$

$$\xrightarrow{r_4+5r_3} \begin{pmatrix} -1 & -5 & 4 & 1 & 11 \\ 0 & 1 & -22 & 16 & -29 \\ 0 & 0 & -1 & -11 & -13 \\ 0 & 0 & 0 & -61 & -61 \end{pmatrix} \xrightarrow{-\frac{1}{61}r_4} \begin{pmatrix} -1 & -5 & 4 & 1 & 11 \\ 0 & 1 & -22 & 16 & -29 \\ 0 & 0 & -1 & -11 & -13 \\ 0 & 0 & 0 & 1 & 1 \end{pmatrix}$$

$$\xrightarrow[r_1-r_4]{\substack{r_3+11r_4\\ r_2-16r_4}} \begin{pmatrix} -1 & -5 & 4 & 0 & 10 \\ 0 & 1 & -22 & 0 & -45 \\ 0 & 0 & -1 & 0 & -2 \\ 0 & 0 & 0 & 1 & 1 \end{pmatrix} \xrightarrow[r_1+4r_3]{r_2-22r_3} \begin{pmatrix} -1 & -5 & 0 & 0 & 2 \\ 0 & 1 & 0 & 0 & -1 \\ 0 & 0 & -1 & 0 & -2 \\ 0 & 0 & 0 & 1 & 1 \end{pmatrix}$$

$$\xrightarrow{r_1+5r_2} \begin{pmatrix} -1 & 0 & 0 & 0 & -3 \\ 0 & 1 & 0 & 0 & -1 \\ 0 & 0 & -1 & 0 & -2 \\ 0 & 0 & 0 & 1 & 1 \end{pmatrix} \xrightarrow[(-1)\times r_1]{(-1)\times r_3} \begin{pmatrix} 1 & 0 & 0 & 0 & 3 \\ 0 & 1 & 0 & 0 & -1 \\ 0 & 0 & 1 & 0 & 2 \\ 0 & 0 & 0 & 1 & 1 \end{pmatrix} = \boldsymbol{B},$$

$$\boldsymbol{B} = \begin{pmatrix} 1 & 0 & 0 & 0 & 3 \\ 0 & 1 & 0 & 0 & -1 \\ 0 & 0 & 1 & 0 & 2 \\ 0 & 0 & 0 & 1 & 1 \end{pmatrix} \xrightarrow[c_5-c_4]{\substack{c_5-3c_1\\ c_5+c_2\\ c_5-2c_3}} \begin{pmatrix} 1 & 0 & 0 & 0 & 0 \\ 0 & 1 & 0 & 0 & 0 \\ 0 & 0 & 1 & 0 & 0 \\ 0 & 0 & 0 & 1 & 0 \end{pmatrix} = \boldsymbol{C}.$$

矩阵 $\boldsymbol{B}$ 为矩阵 $\boldsymbol{A}$ 的行最简形, 矩阵 $\boldsymbol{C}$ 为矩阵 $\boldsymbol{A}$ 的标准形.

3.4.3 初等矩阵

矩阵的初等变换是矩阵的一种最基本的运算, 它有着广泛的应用. 在本节中, 我们会进一步介绍一些有关知识.

定义 3.4.5 对单位矩阵 $\boldsymbol{E}$ 进行一次初等变换得到的矩阵称为**初等矩阵**.

三种初等变换对应着三种初等矩阵.

1. 对换两行或对换两列 (初等对换矩阵)

把单位矩阵中第 i,j 两行对换 (或第 i,j 两列对换), 得第一种初等矩阵:

$$
\begin{array}{c}
\qquad\qquad\qquad\quad \text{第 } i \text{ 列} \qquad\quad \text{第 } j \text{ 列} \\
\qquad\qquad\qquad\quad \downarrow \qquad\qquad\quad \downarrow
\end{array}
$$

$$
\boldsymbol{E}(i,j)=\begin{pmatrix}
1 & & & & & & & & \\
 & \ddots & & & & & & & \\
 & & 1 & & & & & & \\
 & & & 0 & \cdots & 1 & & & \\
 & & & & 1 & & & & \\
 & & & \vdots & \ddots & \vdots & & & \\
 & & & & & 1 & & & \\
 & & & 1 & \cdots & 0 & & & \\
 & & & & & & 1 & & \\
 & & & & & & & \ddots & \\
 & & & & & & & & 1
\end{pmatrix}
\begin{array}{l}
\\ \\ \\ \leftarrow \text{第 } i \text{ 行} \\ \\ \\ \\ \leftarrow \text{第 } j \text{ 行} \\ \\ \\ \\
\end{array}.
$$

用 m 阶初等矩阵 $\boldsymbol{E}_m(i,j)$ 左乘矩阵 $\boldsymbol{A}=(a_{ij})_{m\times n}$, 得

$$
\boldsymbol{E}_m(i,j)\boldsymbol{A}=\begin{pmatrix}
a_{11} & a_{12} & \cdots & a_{1n} \\
\vdots & \vdots & & \vdots \\
a_{j1} & a_{j2} & \cdots & a_{jn} \\
\vdots & \vdots & & \vdots \\
a_{i1} & a_{i2} & \cdots & a_{in} \\
\vdots & \vdots & & \vdots \\
a_{m1} & a_{m1} & \cdots & a_{mn}
\end{pmatrix}
\begin{array}{l}
\\ \\ \leftarrow \text{第 } i \text{ 行} \\ \\ \leftarrow \text{第 } j \text{ 行} \\ \\ \\
\end{array}.
$$

其结果相当于对矩阵 $\boldsymbol{A}$ 施行第一种初等行变换: 把 $\boldsymbol{A}$ 的第 i 行与第 j 行对换 $(r_i \leftrightarrow r_j)$. 类似地, 以 n 阶初等矩阵 $\boldsymbol{E}_n(i,j)$ 右乘矩阵 $\boldsymbol{A}$, 其结果相当于对矩阵 $\boldsymbol{A}$ 施行第一种初等列变换: 把 $\boldsymbol{A}$ 的第 i 列与第 j 列对换 $(c_i \leftrightarrow c_j)$.

2. 以非零数 k 乘某行或某列 (初等倍乘矩阵)

以非零数 k 乘单位矩阵的第 i 行 (或列), 得第二种初等矩阵:

$$
\boldsymbol{E}(i(k))=\begin{pmatrix} 1 & & & & & & \\ & \ddots & & & & & \\ & & 1 & & & & \\ & & & k & & & \\ & & & & 1 & & \\ & & & & & \ddots & \\ & & & & & & 1 \end{pmatrix}. \leftarrow \text{第 } i \text{ 行}
$$

（第 i 列 ↓ 指向 k 所在列）

可以验证：以 $\boldsymbol{E}_m(i(k))$ 左乘矩阵 $\boldsymbol{A}$, 其结果相当于以数 k 乘矩阵 $\boldsymbol{A}$ 的第 i 行 (kr_i); 以 $\boldsymbol{E}_n(i(k))$ 右乘矩阵 $\boldsymbol{A}$, 其结果相当于以数 k 乘矩阵 $\boldsymbol{A}$ 的第 i 列 (kc_i).

3. 以数 k 乘某一行 (列) 加到另一行 (列) 上 (初等倍加矩阵)

以 k 乘 $\boldsymbol{E}$ 的第 j 行加到第 i 行上或以 k 乘 $\boldsymbol{E}$ 的第 i 列加到第 j 列上, 得第三种初等矩阵：

$$
\boldsymbol{E}(i,j(k))=\begin{pmatrix} 1 & & & & & & \\ & \ddots & & & & & \\ & & 1 & \cdots & k & & \\ & & & \ddots & \vdots & & \\ & & & & 1 & & \\ & & & & & \ddots & \\ & & & & & & 1 \end{pmatrix}. \begin{matrix} \leftarrow \text{第 } i \text{ 行} \\ \\ \leftarrow \text{第 } j \text{ 行} \end{matrix}
$$

（第 i 列 ↓、第 j 列 ↓ 分别指向 1 与 k 所在列）

可以验证：以 $\boldsymbol{E}_m(i,j(k))$ 左乘矩阵矩阵 $\boldsymbol{A}$, 其结果相当于把矩阵 $\boldsymbol{A}$ 的第 j 行乘 k 加到第 i 行上 (r_i+kr_j), 以 $\boldsymbol{E}_n(i,j(k))$ 右乘矩阵矩阵 $\boldsymbol{A}$, 其结果相当于把矩阵 $\boldsymbol{A}$ 的第 i 列乘 k 加到第 j 列上 (c_j+kc_i).

综上所述, 可得下述定理.

定理 3.4.1　设矩阵 $\boldsymbol{A}_{m\times n}$, 对其施行一次初等行变换, 相当于在 $\boldsymbol{A}_{m\times n}$ 的左边乘以相应的 m 阶初等矩阵; 对 $\boldsymbol{A}_{m\times n}$ 施行一次初等列变换, 相当于在 $\boldsymbol{A}_{m\times n}$ 的右边乘以相应的 n 阶初等矩阵.

例 3.4.3 设

$$\boldsymbol{A}=\begin{pmatrix} a_{11} & a_{12} & a_{13} & a_{14} \\ a_{21} & a_{22} & a_{23} & a_{24} \\ a_{31} & a_{32} & a_{33} & a_{34} \end{pmatrix},$$

$$\boldsymbol{B}=\begin{pmatrix} a_{11} & a_{12} & a_{14} & a_{13} \\ a_{21}+2a_{11} & a_{22}+2a_{12} & a_{24}+2a_{14} & a_{23}+2a_{13} \\ a_{31} & a_{32} & a_{34} & a_{33} \end{pmatrix}.$$

试把矩阵 $\boldsymbol{B}$ 表示成矩阵 $\boldsymbol{A}$ 与初等矩阵的乘积.

解 首先观察矩阵 $\boldsymbol{B}$ 的元素与矩阵 $\boldsymbol{A}$ 的元素之间的关系, 其次找出对 $\boldsymbol{A}$ 进行了哪些初等变换得到的 $\boldsymbol{B}$.

$$\boldsymbol{A}=\begin{pmatrix} a_{11} & a_{12} & a_{13} & a_{14} \\ a_{21} & a_{22} & a_{23} & a_{24} \\ a_{31} & a_{32} & a_{33} & a_{34} \end{pmatrix} \xrightarrow{c_3 \leftrightarrow c_4} \begin{pmatrix} a_{11} & a_{12} & a_{14} & a_{13} \\ a_{21} & a_{22} & a_{24} & a_{23} \\ a_{31} & a_{32} & a_{34} & a_{33} \end{pmatrix}$$

$$\xrightarrow{r_2+2r_1} \begin{pmatrix} a_{11} & a_{12} & a_{14} & a_{13} \\ a_{21}+2a_{11} & a_{22}+2a_{12} & a_{24}+2a_{14} & a_{23}+2a_{13} \\ a_{31} & a_{32} & a_{34} & a_{33} \end{pmatrix}=\boldsymbol{B}.$$

所以 $\boldsymbol{B}=\boldsymbol{E}(2,1(2))\boldsymbol{A}\boldsymbol{E}(3,4)$.

矩阵的初等变换

初等矩阵

行阶梯形和行最简形

习 题 3.4

1. 写出线性方程组 $\begin{cases} x_1+x_2+3x_3-x_4=-2, \\ x_2-x_3+x_4=1, \\ x_1+x_2+2x_3+2x_4=4, \\ x_1-x_2+x_3-x_4=0 \end{cases}$ 的系数矩阵与增广矩阵, 并用消元法求解.

2. 设线性方程组的增广矩阵为 $\begin{pmatrix} 1 & 3 & 4 & -2 \\ 2 & 5 & 9 & 3 \\ 3 & 7 & 14 & 8 \\ 0 & -1 & 1 & 7 \end{pmatrix}$, 写出该线性方程组, 并用消元法求解.

3. 把下列矩阵化为行最简形矩阵和标准形.

(1) $\begin{pmatrix} 1 & 0 & 2 & -1 \\ 2 & 0 & 3 & 1 \\ 3 & 0 & 4 & -3 \end{pmatrix}$;　(2) $\begin{pmatrix} 0 & 2 & -3 & 1 \\ 0 & 3 & -4 & 3 \\ 0 & 4 & -7 & -1 \end{pmatrix}$;

(3) $\begin{pmatrix} 1 & -1 & 3 & -4 & 3 \\ 3 & -3 & 5 & -4 & 1 \\ 2 & -2 & 3 & -2 & 0 \\ 3 & -3 & 4 & -2 & -1 \end{pmatrix}$;　(4) $\begin{pmatrix} 2 & 3 & 1 & -3 & -7 \\ 1 & 2 & 0 & -2 & -4 \\ 3 & -2 & 8 & 3 & 0 \\ 2 & -3 & 7 & 4 & 3 \end{pmatrix}$.

4. 求 t 的值, 使得矩阵 $\begin{pmatrix} 3 & 1 & 1 & 4 \\ t & 4 & 10 & 1 \\ 1 & 7 & 17 & 3 \\ 2 & 2 & 4 & 3 \end{pmatrix}$ 的行阶梯形恰有两个非零行.

5. 设 $\boldsymbol{A}=\begin{pmatrix} 1 & 2 & 3 \\ 4 & 5 & 6 \\ 7 & 8 & 9 \end{pmatrix}$, 求

(1) $\boldsymbol{E}(1,2(2))\boldsymbol{A}$;

(2) $\boldsymbol{A}\boldsymbol{E}(3,2)$;

(3) $\boldsymbol{E}(3(2))\boldsymbol{A}$.

6. 设 $\boldsymbol{A}$ 是三阶矩阵, 将 $\boldsymbol{A}$ 的第一列与第二列交换得到 $\boldsymbol{B}$, 再把 $\boldsymbol{B}$ 的第二列加到第三列得到 $\boldsymbol{C}$, 求矩阵 $\boldsymbol{Q}$, 使得 $\boldsymbol{AQ}=\boldsymbol{C}$.

3.5课件

3.5 逆　矩　阵

在数集中有加法、减法、乘法和除法等运算. 对于矩阵, 我们定义了加法、减法、数乘和乘法等运算. 现在的问题是: 矩阵是否有类似“除法”的运算. 若有, 它是什么含义呢? 它与数的除法有什么不同呢? 接下来我们将讨论这个问题.

3.5.1 逆矩阵的概念

在数的运算中, 对于数 $a(a\neq 0)$ 和数 b, 若 $ab=ba=1$, 则 $b=a^{-1}$. 由于在矩阵乘法中, 单位矩阵 $\boldsymbol{E}$ 相当于数的乘法运算中的 1. 于是, 我们仿照类似的形

式给出逆矩阵的定义.

定义 3.5.1 设 $\boldsymbol{A}$ 是 n 阶方阵, 如果存在一个 n 阶方阵 $\boldsymbol{B}$, 满足

$$\boldsymbol{AB}=\boldsymbol{BA}=\boldsymbol{E},$$

则称 $\boldsymbol{A}$ **为可逆矩阵**, 并称 $\boldsymbol{B}$ **为** $\boldsymbol{A}$ **的逆矩阵**, 记作 $\boldsymbol{B}=\boldsymbol{A}^{-1}$.

注意 (1) 由定义可知, 可逆矩阵及其逆矩阵是同阶方阵;

(2) 当 $\boldsymbol{AB}=\boldsymbol{BA}=\boldsymbol{E}$ 时, $\boldsymbol{A}$ 与 $\boldsymbol{B}$ 的地位是平等的, 故也称 $\boldsymbol{A}$ 是 $\boldsymbol{B}$ 的逆矩阵;

(3) 如果不存在满足 $\boldsymbol{AB}=\boldsymbol{BA}=\boldsymbol{E}$ 的矩阵 $\boldsymbol{B}$, 则称 $\boldsymbol{A}$ 不可逆. 如 $\boldsymbol{O}$ 矩阵不可逆;

(4) 可逆矩阵一定是方阵, 但方阵不一定可逆, $\boldsymbol{A}^{-1}$ 不可写作 $\dfrac{1}{\boldsymbol{A}}$.

定理 3.5.1 如果 $\boldsymbol{A}$ 是可逆矩阵, 则 $\boldsymbol{A}$ 的逆矩阵是唯一的.

证明 设 $\boldsymbol{B}$ 和 $\boldsymbol{C}$ 都是 $\boldsymbol{A}$ 的逆矩阵, 则由

$$\boldsymbol{AB}=\boldsymbol{BA}=\boldsymbol{E},\quad \boldsymbol{AC}=\boldsymbol{CA}=\boldsymbol{E}$$

可得

$$\boldsymbol{B}=\boldsymbol{EB}=(\boldsymbol{CA})\boldsymbol{B}=\boldsymbol{C}(\boldsymbol{AB})=\boldsymbol{CE}=\boldsymbol{C},$$

所以 $\boldsymbol{A}$ 的逆矩阵是唯一的.

方阵的逆矩阵有下列性质:

设 $\boldsymbol{A},\boldsymbol{B}$ 是同阶可逆矩阵, 数 $k\neq 0$, 则

(1) $\boldsymbol{A}^{-1}$ 可逆, 且 $(\boldsymbol{A}^{-1})^{-1}=\boldsymbol{A}$;

(2) $k\boldsymbol{A}$ 也可逆, 且 $(k\boldsymbol{A})^{-1}=k^{-1}\boldsymbol{A}^{-1}$;

(3) $\boldsymbol{AB}$ 也可逆, 且 $(\boldsymbol{AB})^{-1}=\boldsymbol{B}^{-1}\boldsymbol{A}^{-1}$;

(4) $\boldsymbol{A}^{\mathrm{T}}$ 也可逆, 且 $(\boldsymbol{A}^{\mathrm{T}})^{-1}=(\boldsymbol{A}^{-1})^{\mathrm{T}}$;

(5) $\left|\boldsymbol{A}^{-1}\right|=\dfrac{1}{|\boldsymbol{A}|}$.

注意性质 (3) 可推广到有限个可逆矩阵的乘积. 即, 若 $\boldsymbol{A}_1,\boldsymbol{A}_2,\cdots,\boldsymbol{A}_s$ 为同阶可逆矩阵, 则 $\boldsymbol{A}_1\boldsymbol{A}_2\cdots\boldsymbol{A}_s$ 可逆, 且

$$(\boldsymbol{A}_1\boldsymbol{A}_2\cdots\boldsymbol{A}_s)^{-1}=\boldsymbol{A}_s^{-1}\boldsymbol{A}_{s-1}^{-1}\cdots\boldsymbol{A}_2^{-1}\boldsymbol{A}_1^{-1}.$$

3.5.2 可逆矩阵的判定及求法

1. 伴随矩阵法

定义 3.5.2 设 $\boldsymbol{A}=(a_{ij})$ 为 n 阶方阵, $\boldsymbol{A}_{ij}$ 是 $|\boldsymbol{A}|$ 中元素 a_{ij} 的代数余子式, 则称矩阵

$$A^* = \begin{pmatrix} A_{11} & A_{21} & \cdots & A_{n1} \\ A_{12} & A_{22} & \cdots & A_{n2} \\ \vdots & \vdots & & \vdots \\ A_{1n} & A_{2n} & \cdots & A_{nn} \end{pmatrix}$$

为 $\boldsymbol{A}$ **的伴随矩阵**.

注意　(1) $\boldsymbol{A}^*$ 中 $\boldsymbol{A}_{ij}$ 的位置是第 j 行第 i 列, 是通常排序方式的转置形式;

(2) 任何方阵都存在伴随矩阵;

(3) 二阶方阵的伴随矩阵特殊, 可用口诀“主换位, 副变号”记忆.

例如, $\boldsymbol{A} = \begin{pmatrix} a_{11} & a_{12} \\ a_{21} & a_{22} \end{pmatrix}$, 则 $\boldsymbol{A}^* = \begin{pmatrix} a_{22} & -a_{12} \\ -a_{21} & a_{11} \end{pmatrix}$.

定理 3.5.2　若方阵 $\boldsymbol{A}$ 可逆, 则 $|\boldsymbol{A}| \neq 0$.

证明　若 $\boldsymbol{A}$ 可逆, 则 $\boldsymbol{A}^{-1}$ 存在, 使 $\boldsymbol{A}\boldsymbol{A}^{-1} = \boldsymbol{A}^{-1}\boldsymbol{A} = \boldsymbol{E}$, 所以有 $\left|\boldsymbol{A}\boldsymbol{A}^{-1}\right| = \left|\boldsymbol{A}^{-1}\boldsymbol{A}\right| = \left|\boldsymbol{A}^{-1}\right||\boldsymbol{A}| = 1 \neq 0$, 故 $|\boldsymbol{A}| \neq 0$.

定理 3.5.3　设 $\boldsymbol{A}$ 是方阵, 若 $|\boldsymbol{A}| \neq 0$, 则 $\boldsymbol{A}$ 可逆, 且 $\boldsymbol{A}^{-1} = \dfrac{1}{|\boldsymbol{A}|}\boldsymbol{A}^*$.

证明　若 $|\boldsymbol{A}| \neq 0$, 记 $\boldsymbol{A} = (a_{ij}), \boldsymbol{A}^* = (A_{ij})^{\mathrm{T}}$. 由于

$$\boldsymbol{A}\boldsymbol{A}^* = \begin{pmatrix} a_{11} & a_{12} & \cdots & a_{1n} \\ a_{21} & a_{22} & \cdots & a_{2n} \\ \vdots & \vdots & & \vdots \\ a_{n1} & a_{n2} & \cdots & a_{nn} \end{pmatrix} \begin{pmatrix} A_{11} & A_{21} & \cdots & A_{n1} \\ A_{12} & A_{22} & \cdots & A_{n2} \\ \vdots & \vdots & & \vdots \\ A_{1n} & A_{2n} & \cdots & A_{nn} \end{pmatrix}$$

$$= \begin{pmatrix} |\boldsymbol{A}| & 0 & \cdots & 0 \\ 0 & |\boldsymbol{A}| & \cdots & 0 \\ \vdots & \vdots & & \vdots \\ 0 & 0 & \cdots & |\boldsymbol{A}| \end{pmatrix} = |\boldsymbol{A}|\,\boldsymbol{E}.$$

同理可得 $\boldsymbol{A}^*\boldsymbol{A} = |\boldsymbol{A}|\,\boldsymbol{E}$. 于是 $\boldsymbol{A}\boldsymbol{A}^* = \boldsymbol{A}^*\boldsymbol{A} = |\boldsymbol{A}|\,\boldsymbol{E}$, 即 $\boldsymbol{A}\dfrac{\boldsymbol{A}^*}{|\boldsymbol{A}|} = \dfrac{\boldsymbol{A}^*}{|\boldsymbol{A}|}\boldsymbol{A} = \boldsymbol{E}$, 由定义知, $\boldsymbol{A}$ 可逆, 且 $\boldsymbol{A}^{-1} = \dfrac{1}{|\boldsymbol{A}|}\boldsymbol{A}^*$.

用公式 $\boldsymbol{A}^{-1} = \dfrac{1}{|\boldsymbol{A}|}\boldsymbol{A}^*$ 求逆矩阵的方法称为**伴随矩阵法**.

注意　伴随矩阵法适合用于具体的二阶、三阶方阵求逆及一些理论证明.

推论　若 $\boldsymbol{A}, \boldsymbol{B}$ 都是 n 阶方阵, 且满足 $\boldsymbol{A}\boldsymbol{B} = \boldsymbol{E}$ (或 $\boldsymbol{B}\boldsymbol{A} = \boldsymbol{E}$), 则 $\boldsymbol{A}$ 可逆, 且 $\boldsymbol{A}^{-1} = \boldsymbol{B}$.

例 3.5.1 判断下列矩阵是否可逆, 若可逆, 求出逆矩阵.

(1) $\boldsymbol{A}=\begin{pmatrix}1&2&1\\1&0&1\\2&4&2\end{pmatrix}$; (2) $\boldsymbol{A}=\begin{pmatrix}1&2&1\\1&0&2\\-1&3&0\end{pmatrix}$.

解 (1) 由于 $\boldsymbol{A}$ 中一、三两列对应元相同, 所以 $|\boldsymbol{A}|=0$, 因此 $\boldsymbol{A}$ 不可逆.

(2) 由对角线法则计算得 $|A|=-7\neq 0$, 所以 A 可逆. 分别计算 A 中每个元的代数余子式为: $A_{11}=-6$, $A_{12}=-2$, $A_{13}=3$, $A_{21}=3$, $A_{22}=1$, $A_{23}=-5$, $A_{31}=4$, $A_{32}=-1$, $A_{33}=-2$. 则

$$\boldsymbol{A}^*=\begin{pmatrix}A_{11}&A_{21}&A_{31}\\A_{12}&A_{22}&A_{32}\\A_{13}&A_{23}&A_{33}\end{pmatrix}=\begin{pmatrix}-6&3&4\\-2&1&-1\\3&-5&-2\end{pmatrix},$$

故

$$\boldsymbol{A}^{-1}=\frac{1}{|\boldsymbol{A}|}\boldsymbol{A}^*=-\frac{1}{7}\begin{pmatrix}-6&3&4\\-2&1&-1\\3&-5&-2\end{pmatrix}=\begin{pmatrix}\frac{6}{7}&-\frac{3}{7}&-\frac{4}{7}\\\frac{2}{7}&-\frac{1}{7}&\frac{1}{7}\\-\frac{3}{7}&\frac{5}{7}&\frac{2}{7}\end{pmatrix}.$$

由推论易得分块对角阵的逆矩阵.

设 $A=\begin{pmatrix}A_1&&&\\&A_2&&\\&&\ddots&\\&&&A_s\end{pmatrix}, B=\begin{pmatrix}&&&B_1\\&&B_2&\\&\iddots&&\\B_r&&&\end{pmatrix}$, 若 $A_1,A_2,\cdots,A_s;B_1,B_2,\cdots,B_r$ 均可逆, 则 A, B 可逆, 且

$$A^{-1}=\begin{pmatrix}A_1^{-1}&&&\\&A_2^{-1}&&\\&&\ddots&\\&&&A_s^{-1}\end{pmatrix}, B^{-1}=\begin{pmatrix}&&&B_r^{-1}\\&&\iddots&\\&B_2^{-1}&&\\B_1^{-1}&&&\end{pmatrix}.$$

定义 3.5.3 若 $|\boldsymbol{A}|=0$, 则称方阵 $\boldsymbol{A}$ 为**奇异 (退化) 矩阵**; 若 $|\boldsymbol{A}|\neq 0$, 则称 $\boldsymbol{A}$ 为**非奇异 (非退化) 矩阵**.

可逆矩阵都是非奇异矩阵, 并且初等变换不改变矩阵的奇异性.

例 3.5.2 设 n 阶方阵 $\boldsymbol{A}$ 满足方程

$$\boldsymbol{A}^2-3\boldsymbol{A}-10\boldsymbol{E}=\boldsymbol{O},$$

证明: $\boldsymbol{A}$ 和 $\boldsymbol{A}-4\boldsymbol{E}$ 都可逆, 并求它们的逆矩阵.

证明　由 $\boldsymbol{A}^2-3\boldsymbol{A}-10\boldsymbol{E}=\boldsymbol{O}$, 得

$$\boldsymbol{A}(\boldsymbol{A}-3\boldsymbol{E})=10\boldsymbol{E},$$

即

$$\boldsymbol{A}\left(\frac{1}{10}(\boldsymbol{A}-3\boldsymbol{E})\right)=\boldsymbol{E}.$$

两边取行列式, 得

$$1=|\boldsymbol{E}|=\left|\boldsymbol{A}\left(\frac{1}{10}(\boldsymbol{A}-3\boldsymbol{E})\right)\right|=|\boldsymbol{A}|\left|\frac{1}{10}(\boldsymbol{A}-3\boldsymbol{E})\right|=\left(\frac{1}{10}\right)^n|\boldsymbol{A}|\left|(\boldsymbol{A}-3\boldsymbol{E})\right|.$$

则 $|\boldsymbol{A}|\neq 0$. 因此, $\boldsymbol{A}$ 可逆, 且 $\boldsymbol{A}^{-1}=\dfrac{1}{10}(\boldsymbol{A}-3\boldsymbol{E})$. 再由

$$\boldsymbol{A}^2-3\boldsymbol{A}-10\boldsymbol{E}=\boldsymbol{O},$$

得

$$(\boldsymbol{A}+\boldsymbol{E})(\boldsymbol{A}-4\boldsymbol{E})=6\boldsymbol{E},$$
$$\frac{1}{6}(\boldsymbol{A}+\boldsymbol{E})(\boldsymbol{A}-4\boldsymbol{E})=\boldsymbol{E},$$

故 $\boldsymbol{A}-4\boldsymbol{E}$ 可逆, 且 $(\boldsymbol{A}-4\boldsymbol{E})^{-1}=\dfrac{1}{6}(\boldsymbol{A}+\boldsymbol{E})$.

例 3.5.3　已知非齐次线性方程组 $\boldsymbol{Ax}=\boldsymbol{b}$ 的系数矩阵, 其中

$$\boldsymbol{A}=\begin{pmatrix}1&-1&1\\0&1&2\\1&0&4\end{pmatrix},\quad \boldsymbol{b}=\begin{pmatrix}5\\1\\1\end{pmatrix},$$

问方程组是否有解? 若有, 求出其解.

解　由 $|\boldsymbol{A}|\neq 0$ 可得 $\boldsymbol{A}$ 可逆, 且逆矩阵唯一. 因此等式 $\boldsymbol{Ax}=\boldsymbol{b}$ 两边左乘 $\boldsymbol{A}^{-1}$, 即得

$$\boldsymbol{x}=\boldsymbol{A}^{-1}\boldsymbol{b}.$$

计算可得

$$\boldsymbol{A}^{-1}=\begin{pmatrix}4&4&-3\\2&3&-2\\-1&-1&1\end{pmatrix},$$

所以

$$\boldsymbol{x}=\begin{pmatrix}x_1\\x_2\\x_3\end{pmatrix}=\begin{pmatrix}4&4&-3\\2&3&-2\\-1&-1&1\end{pmatrix}\begin{pmatrix}5\\1\\1\end{pmatrix}=\begin{pmatrix}21\\11\\-5\end{pmatrix}.$$

逆矩阵的概念

逆矩阵的判定和伴随矩阵法

2. *初等变换法*

容易验证, 初等矩阵的行列式值均不为零, 因此初等矩阵均是非奇异方阵, 即初等矩阵均可逆. 易知

$$[\boldsymbol{E}(i,j)]^{-1}=\boldsymbol{E}(i,j);\quad [\boldsymbol{E}(i(k))]^{-1}=\boldsymbol{E}\left(i\left(\frac{1}{k}\right)\right);\quad [\boldsymbol{E}(i,j(k))]^{-1}=\boldsymbol{E}(i,j(-k)).$$

即初等矩阵的逆矩阵仍是同类初等矩阵.

定理 3.5.4 n 阶方阵 $\boldsymbol{A}$ 可逆的充分必要条件是 $\boldsymbol{A}$ 可以表示成有限个初等矩阵的乘积.

证明 必要性 设方阵 $\boldsymbol{A}$ 可逆, 则 $\boldsymbol{A}\cong\boldsymbol{E}$. 由等价的对称性, 有 $\boldsymbol{E}\cong\boldsymbol{A}$, 即 $\boldsymbol{E}$ 可经过有限次初等变换变成 $\boldsymbol{A}$. 也就是存在有限个初等矩阵 $\boldsymbol{P}_1,\boldsymbol{P}_2,\cdots,\boldsymbol{P}_r$, 使

$$\boldsymbol{P}_1\boldsymbol{P}_2\cdots\boldsymbol{P}_r\boldsymbol{E}\boldsymbol{P}_{r+1}\cdots\boldsymbol{P}_l=\boldsymbol{A},\ \text{即}\ \boldsymbol{A}=\boldsymbol{P}_1\boldsymbol{P}_2\cdots\boldsymbol{P}_l.$$

充分性 若 $\boldsymbol{A}$ 可表示成有限个初等矩阵的乘积, 因为初等矩阵都可逆, 所以它们的乘积也可逆, 即 $\boldsymbol{A}$ 可逆.

推论 1 若 $\boldsymbol{A}$, $\boldsymbol{B}$ 同为 $m\times n$ 矩阵, 则 $\boldsymbol{A}\cong\boldsymbol{B}$ 的充分必要条件是存在 m 阶可逆矩阵 $\boldsymbol{P}$ 及 n 阶可逆矩阵 $\boldsymbol{Q}$ 使 $\boldsymbol{PAQ}=\boldsymbol{B}$.

推论 2 任一可逆矩阵 $\boldsymbol{A}$ 只用初等行 (列) 变换可化为单位矩阵.

证明 因为 $\boldsymbol{A}$ 可逆, 所以 $\boldsymbol{A}$ 可以表示为有限个初等矩阵的乘积 $\boldsymbol{A}=\boldsymbol{P}_1\boldsymbol{P}_2\cdots\boldsymbol{P}_r\boldsymbol{P}_{r+1}\cdots\boldsymbol{P}_l$. 于是

$$\boldsymbol{A}^{-1}=(\boldsymbol{P}_1\boldsymbol{P}_2\cdots\boldsymbol{P}_r\boldsymbol{P}_{r+1}\cdots\boldsymbol{P}_l)^{-1}=\boldsymbol{P}_l^{-1}\cdots\boldsymbol{P}_2^{-1}\boldsymbol{P}_1^{-1}.$$

所以有

$$(\boldsymbol{P}_l^{-1}\cdots\boldsymbol{P}_2^{-1}\boldsymbol{P}_1^{-1})\boldsymbol{A}=\boldsymbol{A}^{-1}\boldsymbol{A}=\boldsymbol{E},\tag{3.5.1}$$

$$\boldsymbol{A}(\boldsymbol{P}_l^{-1}\cdots\boldsymbol{P}_2^{-1}\boldsymbol{P}_1^{-1})=\boldsymbol{A}\boldsymbol{A}^{-1}=\boldsymbol{E},\tag{3.5.2}$$

由于初等矩阵的逆矩阵仍是初等矩阵, 所以 (3.5.1) 式表明 $\boldsymbol{A}$ 只经过初等行变换就可化为单位矩阵, (3.5.2) 式表明 $\boldsymbol{A}$ 只经过初等列变换就可化为单位矩阵.

注意下面两个等式:

$$\boldsymbol{P}_l^{-1}\cdots\boldsymbol{P}_2^{-1}\boldsymbol{P}_1^{-1}\boldsymbol{A}=\boldsymbol{E},\tag{3.5.3}$$

$$\boldsymbol{P}_l^{-1}\cdots\boldsymbol{P}_2^{-1}\boldsymbol{P}_1^{-1}\boldsymbol{E}=\boldsymbol{A}^{-1}. \tag{3.5.4}$$

(3.5.3) 式中的 $\boldsymbol{A}$ 和 (3.5.4) 式中的 $\boldsymbol{E}$ 经过同样的初等行变换, 结果把 $\boldsymbol{A}$ 化为单位矩阵 $\boldsymbol{E}$ 的同时, 单位矩阵 $\boldsymbol{E}$ 化成了 $\boldsymbol{A}$ 的逆矩阵 $\boldsymbol{A}^{-1}$. 那么把 (3.5.3) 和 (3.5.4) 两式合起来写就是

$$(\boldsymbol{P}_l^{-1}\cdots\boldsymbol{P}_2^{-1}\boldsymbol{P}_1^{-1})(\boldsymbol{A}\vdots\boldsymbol{E})=(\boldsymbol{E}\vdots\boldsymbol{A}^{-1}).$$

这给我们提供了又一个求可逆矩阵 $\boldsymbol{A}$ 的逆矩阵的方法, 即**初等变换法**.

这种方法的步骤：作 $n\times 2n$ 矩阵 $(\boldsymbol{A}\vdots\boldsymbol{E})$, 对它进行初等行变换, 当把它的左边 $\boldsymbol{A}$ 这一块化成 $\boldsymbol{E}$ 时, 它的右边 $\boldsymbol{E}$ 这一块就化成了 $\boldsymbol{A}^{-1}$.

例 3.5.4 用初等变换法求 $\boldsymbol{A}=\begin{pmatrix}4&2&3\\3&1&2\\2&1&1\end{pmatrix}$ 的逆矩阵.

解 $(\boldsymbol{A}\vdots\boldsymbol{E})=\left(\begin{array}{ccc:ccc}4&2&3&1&0&0\\3&1&2&0&1&0\\2&1&1&0&0&1\end{array}\right)\xrightarrow[r_2-r_3]{r_1-r_2}\left(\begin{array}{ccc:ccc}1&1&1&1&-1&0\\1&0&1&0&1&-1\\2&1&1&0&0&1\end{array}\right)$

$$\xrightarrow[r_2-r_1]{r_3-2r_2}\left(\begin{array}{ccc:ccc}1&1&1&1&-1&0\\0&-1&0&-1&2&-1\\0&1&-1&0&-2&3\end{array}\right)\xrightarrow{r_3+r_2}\left(\begin{array}{ccc:ccc}1&1&1&1&-1&0\\0&-1&0&-1&2&-1\\0&0&-1&-1&0&2\end{array}\right)$$

$$\xrightarrow[r_1+r_2]{r_1+r_3}\left(\begin{array}{ccc:ccc}1&0&0&-1&1&1\\0&-1&0&-1&2&-1\\0&0&-1&-1&0&2\end{array}\right)\xrightarrow[(-1)r_3]{(-1)r_2}\left(\begin{array}{ccc:ccc}1&0&0&-1&1&1\\0&1&0&1&-2&1\\0&0&1&1&0&-2\end{array}\right).$$

所以 $\boldsymbol{A}^{-1}=\begin{pmatrix}-1&1&1\\1&-2&1\\1&0&-2\end{pmatrix}$.

注意 用初等变换法求 $\boldsymbol{A}$ 的逆矩阵时, 不必先判断 $\boldsymbol{A}$ 是否可逆. 在作变换的过程中, 如果所变换的矩阵出现两行相同或成比例, 则 $\boldsymbol{A}$ 不可逆.

3.5.3 矩阵方程的解法

矩阵方程常见的有如下三种基本类型：

(1) $\boldsymbol{AX}=\boldsymbol{B}$ 型 $\boldsymbol{A}$ 为 n 阶可逆矩阵, $\boldsymbol{B}$ 为 $n\times s$ 矩阵, 则方程的解为 $\boldsymbol{X}=\boldsymbol{A}^{-1}\boldsymbol{B}$;

(2) $\boldsymbol{XA}=\boldsymbol{B}$ 型 $\boldsymbol{A}$ 为 n 阶可逆矩阵, $\boldsymbol{B}$ 为 $s\times n$ 矩阵, 则方程的解为 $\boldsymbol{X}=\boldsymbol{BA}^{-1}$;

(3) $\boldsymbol{AXC}=\boldsymbol{B}$ 型　$\boldsymbol{A},\boldsymbol{C}$ 均为 n 阶可逆矩阵, 则方程的解为 $\boldsymbol{X}=\boldsymbol{A}^{-1}\boldsymbol{B}\boldsymbol{C}^{-1}$.

注意　上述当 $|\boldsymbol{A}|\neq 0$ 时, 解矩阵方程 $\boldsymbol{AX}=\boldsymbol{B}$ (或 $\boldsymbol{XA}=\boldsymbol{B}$) 和中学时解当 $a\neq 0$ 时解线性方程 $ax=c$ 的思路是相似的, 数字方程是两边乘 a^{-1}, 矩阵方程是两边左 (或右) 乘 $\boldsymbol{A}^{-1}$. 只是因矩阵乘法交换律不成立, 所以乘 $\boldsymbol{A}^{-1}$ 时要分左乘和右乘.

1. *初等变换法解矩阵方程* $\boldsymbol{AX}=\boldsymbol{B}$ *的方法*

由前述 (3.5.4) 式：$\boldsymbol{P}_l^{-1}\cdots\boldsymbol{P}_2^{-1}\boldsymbol{P}_1^{-1}\boldsymbol{E}=\boldsymbol{A}^{-1}$, 等式两端右乘 $\boldsymbol{B}$ 得

$$\boldsymbol{P}_l^{-1}\cdots\boldsymbol{P}_2^{-1}\boldsymbol{P}_1^{-1}\boldsymbol{B}=\boldsymbol{A}^{-1}\boldsymbol{B},\tag{3.5.5}$$

又由 (3.5.3) 式

$$\boldsymbol{P}_l^{-1}\cdots\boldsymbol{P}_2^{-1}\boldsymbol{P}_1^{-1}\boldsymbol{A}=\boldsymbol{E}.$$

比较 (3.5.3) 式和 (3.5.5) 式发现, $\boldsymbol{A}$ 和 $\boldsymbol{B}$ 作同样的初等行变换, 结果 $\boldsymbol{A}$ 变成了单位矩阵 $\boldsymbol{E}$, 而 $\boldsymbol{B}$ 变成了 $\boldsymbol{A}^{-1}\boldsymbol{B}$, 即所求的 $\boldsymbol{X}$. 于是得出解矩阵方程求 $\boldsymbol{X}$ 的如下方法：构造矩阵 $(\boldsymbol{A}\vdots\boldsymbol{B})\xrightarrow{\text{初等行变换}}(\boldsymbol{E}\vdots\boldsymbol{A}^{-1}\boldsymbol{B})$.

2. *初等变换法解矩阵方程* $\boldsymbol{XA}=\boldsymbol{B}$ *的方法*

把 (3.5.4) 式两端左乘 $\boldsymbol{B}$ 得 $\boldsymbol{B}\boldsymbol{P}_l^{-1}\cdots\boldsymbol{P}_2^{-1}\boldsymbol{P}_1^{-1}=\boldsymbol{B}\boldsymbol{A}^{-1}$, 再与 (3.5.2) 式 $\boldsymbol{A}(\boldsymbol{P}_l^{-1}\cdots\boldsymbol{P}_2^{-1}\boldsymbol{P}_1^{-1})=\boldsymbol{A}\boldsymbol{A}^{-1}=\boldsymbol{E}$ 作比较, 可得求 $\boldsymbol{X}=\boldsymbol{B}\boldsymbol{A}^{-1}$ 的方法：构造矩阵 $\begin{pmatrix}\boldsymbol{A}\\ \cdots\cdots\\ \boldsymbol{B}\end{pmatrix}\xrightarrow{\text{初等列变换}}\begin{pmatrix}\boldsymbol{E}\\ \cdots\cdots\\ \boldsymbol{B}\boldsymbol{A}^{-1}\end{pmatrix}$. 或者 $(\boldsymbol{A}^{\mathrm{T}}\vdots\boldsymbol{B}^{\mathrm{T}})\xrightarrow{\text{初等行变换}}(\boldsymbol{E}\vdots(\boldsymbol{B}\boldsymbol{A}^{-1})^{\mathrm{T}})$.

例 3.5.5　解矩阵方程 $\boldsymbol{AX}=\boldsymbol{B}$, 其中

$$\boldsymbol{A}=\begin{pmatrix}1&2&3\\2&2&1\\3&4&3\end{pmatrix},\quad \boldsymbol{B}=\begin{pmatrix}2&5\\3&1\\4&3\end{pmatrix}.$$

解　因 $\boldsymbol{A}$ 可逆, 所以 $\boldsymbol{X}=\boldsymbol{A}^{-1}\boldsymbol{B}$. 作矩阵

$$(\boldsymbol{A}\vdots\boldsymbol{B})=\left(\begin{array}{ccc:cc}1&2&3&2&5\\2&2&1&3&1\\3&4&3&4&3\end{array}\right)\xrightarrow[r_3-3r_1]{r_2-2r_1}\left(\begin{array}{ccc:cc}1&2&3&2&5\\0&-2&-5&-1&-9\\0&-2&-6&-2&-12\end{array}\right)$$

$$\xrightarrow[r_3-r_2]{r_1+r_2}\left(\begin{array}{ccc:cc}1&0&-2&1&-4\\0&-2&-5&-1&-9\\0&0&-1&-1&-3\end{array}\right)\xrightarrow[(-1)r_3]{\substack{r_1-2r_3\\ r_2-5r_3}}\left(\begin{array}{ccc:cc}1&0&0&3&2\\0&-2&0&4&6\\0&0&1&1&3\end{array}\right)$$

$$\xrightarrow{-\frac{1}{2}r_2}\left(\begin{array}{ccc:cc} 1 & 0 & 0 & 3 & 2 \\ 0 & 1 & 0 & -2 & -3 \\ 0 & 0 & 1 & 1 & 3 \end{array}\right).$$

因此, $\boldsymbol{X}=\begin{pmatrix} 3 & 2 \\ -2 & -3 \\ 1 & 3 \end{pmatrix}$.

例 3.5.6　设矩阵 $\boldsymbol{A}$ 的伴随矩阵 $\boldsymbol{A}^*=\begin{pmatrix} 1 & 0 & 0 & 0 \\ 0 & 1 & 0 & 0 \\ 1 & 0 & 1 & 0 \\ 0 & -3 & 0 & 8 \end{pmatrix}$, 且 $\boldsymbol{ABA}^{-1}=\boldsymbol{BA}^{-1}+3\boldsymbol{E}$, 其中 $\boldsymbol{E}$ 为四阶单位矩阵, 求矩阵 $\boldsymbol{B}$.

解　将已知等式两边左乘 $\boldsymbol{A}^{-1}$ 右乘 $\boldsymbol{A}$, 得 $\boldsymbol{B}=\boldsymbol{A}^{-1}\boldsymbol{B}+3\boldsymbol{E}$, 于是 $(\boldsymbol{E}-\boldsymbol{A}^{-1})\boldsymbol{B}=3\boldsymbol{E}$, 由 $|\boldsymbol{A}^*|=|\boldsymbol{A}|^{n-1}$, 得 $|\boldsymbol{A}|^3=8$, $|\boldsymbol{A}|=2$, 且 $\boldsymbol{A}^{-1}=\dfrac{\boldsymbol{A}^*}{|\boldsymbol{A}|}=\dfrac{1}{2}\boldsymbol{A}^*$,

$$\boldsymbol{E}-\boldsymbol{A}^{-1}=\boldsymbol{E}-\frac{1}{2}\boldsymbol{A}^*=\begin{pmatrix} \frac{1}{2} & 0 & 0 & 0 \\ 0 & \frac{1}{2} & 0 & 0 \\ -\frac{1}{2} & 0 & \frac{1}{2} & 0 \\ 0 & \frac{3}{2} & 0 & -3 \end{pmatrix},$$

可以看出 $\left|\boldsymbol{E}-\boldsymbol{A}^{-1}\right|\neq 0$, 即 $(\boldsymbol{E}-\boldsymbol{A}^{-1})$ 可逆. 故

$$\boldsymbol{B}=3(\boldsymbol{E}-\boldsymbol{A}^{-1})^{-1}=3\left(\boldsymbol{E}-\frac{\boldsymbol{A}^*}{|\boldsymbol{A}|}\right)^{-1}=3\begin{pmatrix} \frac{1}{2} & 0 & 0 & 0 \\ 0 & \frac{1}{2} & 0 & 0 \\ -\frac{1}{2} & 0 & \frac{1}{2} & 0 \\ 0 & \frac{3}{2} & 0 & -3 \end{pmatrix}^{-1}$$

$$=\begin{pmatrix} 6 & 0 & 0 & 0 \\ 0 & 6 & 0 & 0 \\ 6 & 0 & 6 & 0 \\ 0 & 3 & 0 & -1 \end{pmatrix}.$$

习 题 3.5

1. 设方阵 $\boldsymbol{A}$ 满足条件 $\boldsymbol{A}^2=\boldsymbol{A}$, 且 $\boldsymbol{A}$ 不是单位矩阵, 证明：$\boldsymbol{A}$ 不可逆.

2. 求下列方阵的逆矩阵.

(1) $\boldsymbol{A}=\begin{pmatrix}1&2\\2&5\end{pmatrix}$;　　(2) $\boldsymbol{A}=\begin{pmatrix}1&2&2\\2&1&-2\\2&-2&1\end{pmatrix}$;

(3) $\begin{pmatrix}1&2&-3\\0&1&2\\0&0&1\end{pmatrix}$;　　(4) $\begin{pmatrix}a_1&&&\\&a_2&&\\&&\ddots&\\&&&a_n\end{pmatrix}(a_1,a_2,\cdots,a_n\neq 0)$;

(5) $\begin{pmatrix}1&2&3&4\\2&3&1&2\\1&1&1&-1\\1&0&-2&-6\end{pmatrix}$.

3. 设 $\boldsymbol{A}$ 为三阶方阵, 且 $|\boldsymbol{A}|=3$, 求

(1) $|\boldsymbol{A}^{-1}|$;　(2) $|\boldsymbol{A}^*|$;　(3) $|-2\boldsymbol{A}|$;　(4) $|(3\boldsymbol{A})^{-1}|$;　(5) $\left|\dfrac{1}{3}\boldsymbol{A}^*-4\boldsymbol{A}^{-1}\right|$.

4. 解下列矩阵方程.

(1) $\begin{pmatrix}2&5\\1&3\end{pmatrix}\boldsymbol{X}=\begin{pmatrix}4&-6\\2&1\end{pmatrix}$;

(2) $\boldsymbol{X}\begin{pmatrix}2&1&-1\\2&1&0\\1&-1&1\end{pmatrix}=\begin{pmatrix}9&0&2\\4&-1&2\\1&-1&1\end{pmatrix}$;

(3) $\begin{pmatrix}1&4\\-1&2\end{pmatrix}\boldsymbol{X}\begin{pmatrix}2&0\\-1&1\end{pmatrix}=\begin{pmatrix}3&1\\0&-1\end{pmatrix}$;

(4) $\begin{pmatrix}0&1&0\\1&0&0\\0&0&1\end{pmatrix}\boldsymbol{X}\begin{pmatrix}1&0&0\\0&0&1\\0&1&0\end{pmatrix}=\begin{pmatrix}0&-4&3\\2&0&-1\\1&-2&0\end{pmatrix}$;

(5) $\begin{pmatrix}2&3&-1\\1&2&0\\-1&2&-2\end{pmatrix}\boldsymbol{X}=\begin{pmatrix}2&1\\-1&0\\3&1\end{pmatrix}$;

(6) $\begin{pmatrix} 5 & 1 & 1 \\ 3 & 4 & 2 \\ 1 & -1 & 3 \end{pmatrix} \boldsymbol{X} + \begin{pmatrix} 1 & 2 & -1 \\ 0 & 1 & 2 \\ 1 & 3 & 1 \end{pmatrix} = 3\boldsymbol{X}$.

5. 设方阵 $\boldsymbol{A}$ 满足 $\boldsymbol{A}^2-\boldsymbol{A}-2\boldsymbol{E}=\boldsymbol{O}$, 证明 $\boldsymbol{A}$ 及 $\boldsymbol{A}+2\boldsymbol{E}$ 都可逆, 并求 $\boldsymbol{A}^{-1}$ 及 $(\boldsymbol{A}+2\boldsymbol{E})^{-1}$.

6. 设方阵 $\boldsymbol{A},\boldsymbol{B}$ 可逆, 且方阵 $\boldsymbol{A}^{-1}+\boldsymbol{B}^{-1}$ 也可逆, 求证：方阵 $\boldsymbol{A}+\boldsymbol{B}$ 可逆, 且它的逆矩阵为 $\boldsymbol{A}^{-1}(\boldsymbol{A}^{-1}+\boldsymbol{B}^{-1})^{-1}\boldsymbol{B}^{-1}$.

习题3.5
第5题证明

习题3.5
第6题证明

3.6　矩 阵 的 秩

3.6课件

3.6.1　矩阵秩的概念

矩阵的秩是矩阵的一个重要的数值特征, 是线性代数中的一个重要概念. 为了建立矩阵的秩的概念, 先给出矩阵的子式的定义.

定义 3.6.1　设 $\boldsymbol{A}$ 是一个 $m\times n$ 矩阵, 取它的 k 行与 k 列 $(1\leqslant k\leqslant \min\{m,n\})$, 位于 k 行与 k 列交叉处的 k^2 个元素, 不改变它们在 A 中的位置次序而得到的 k 阶行列式, 称为**矩阵 $\boldsymbol{A}$ 的一个 k 阶子式**.

这样的子式共有 $\mathrm{C}_m^k\cdot\mathrm{C}_n^k$ 个.

例如, 在矩阵

$$\boldsymbol{A}=\begin{pmatrix} 3 & 2 & -1 & -3 \\ 2 & -1 & 3 & 1 \\ 4 & 5 & -5 & -6 \end{pmatrix}$$

中, 取第 1, 2 行和 2, 4 列交叉点上的元, 组成的 2 阶行列式

$$\begin{vmatrix} 2 & -3 \\ -1 & 1 \end{vmatrix}$$

为 $\boldsymbol{A}$ 的一个 2 阶子式.

有了子式的概念, 就可以定义矩阵的秩.

定义 3.6.2　设矩阵 $\boldsymbol{A}$ 中有一个不等于 0 的 r 阶子式 $\boldsymbol{D}$, 而所有 $r+1$ 阶子式 (若存在的话) 全等于 0, 那么称 $\boldsymbol{D}$ 为矩阵 $\boldsymbol{A}$ 的一个最高阶非零子式, 数 r 称为**矩阵 $\boldsymbol{A}$ 的秩**, 记作 $R(\boldsymbol{A})$, 并规定零矩阵的秩等于 0.

定义 3.6.2 实际包含两部分内容：其一, $R(\boldsymbol{A})\geqslant r$ 的充要条件是 $\boldsymbol{A}$ 有一个 r 阶子式不是零; 另外, $R(\boldsymbol{A})\leqslant r$ 的充要条件是 $\boldsymbol{A}$ 的所有 $r+1$ 阶子式全为零.

注意 (1) $m\times n$ 矩阵 $\boldsymbol{A}$ 的秩 $R(\boldsymbol{A})$ 是 $\boldsymbol{A}$ 中不等于零的子式的最高阶数;

(2) $m\times n$ 矩阵 $\boldsymbol{A}$ 的秩 $R(\boldsymbol{A})$, 满足 $R(\boldsymbol{A})\leqslant \min\{m,n\}$;

(3) $R(\boldsymbol{A}^{\mathrm{T}})=R(\boldsymbol{A})$.

显然, 对任意矩阵 $\boldsymbol{A}$, $R(\boldsymbol{A})$ 是唯一的, 但其最高阶非零子式一般是不唯一的.

定义 3.6.3 设 $\boldsymbol{A}$ 是 $m\times n$ 矩阵, 若 $R(\boldsymbol{A})=m$, 称 $\boldsymbol{A}$ 为**行满秩**; 若 $R(\boldsymbol{A})=n$, 称 $\boldsymbol{A}$ 为**列满秩**; 若 $\boldsymbol{A}$ 是 n 阶方阵, 且 $R(\boldsymbol{A})=n$, 称 $\boldsymbol{A}$ 为**满秩矩阵**.

由定义 3.6.2 知, 满秩矩阵即是可逆矩阵.

例 3.6.1 求下列矩阵的秩:

(1) $\boldsymbol{A}=\begin{pmatrix}3&1&0&2\\1&-1&2&-1\\1&3&-4&4\end{pmatrix}$;　　(2) $\boldsymbol{B}=\begin{pmatrix}1&1&2\\2&3&2\\1&2&1\end{pmatrix}$;

(3) $\boldsymbol{C}=\begin{pmatrix}2&-1&0&3&-2\\0&3&1&-2&5\\0&0&0&4&-3\\0&0&0&0&0\end{pmatrix}$.

解 (1) $\boldsymbol{A}=\begin{pmatrix}3&1&0&2\\1&-1&2&-1\\1&3&-4&4\end{pmatrix}$.

容易看出一个非零二阶子式 $\begin{vmatrix}3&1\\1&-1\end{vmatrix}\neq 0$, 而 $\boldsymbol{A}$ 的三阶子式共有四个, 分别计算得

$$\begin{vmatrix}3&1&0\\1&-1&2\\1&3&-4\end{vmatrix}=0,\quad \begin{vmatrix}3&1&2\\1&-1&-1\\1&3&4\end{vmatrix}=0,$$

$$\begin{vmatrix}3&0&2\\1&2&-1\\1&-4&4\end{vmatrix}=0,\quad \begin{vmatrix}1&0&2\\-1&2&-1\\3&-4&4\end{vmatrix}=0.$$

所以 $R(\boldsymbol{A})=2$.

(2) $\boldsymbol{B}=\begin{pmatrix}1&1&2\\2&3&2\\1&2&1\end{pmatrix}$. 因为 $|\boldsymbol{B}|=\begin{vmatrix}1&1&2\\2&3&2\\1&2&1\end{vmatrix}=1\neq 0$, 所以 $R(\boldsymbol{B})=3$.

(3) $\boldsymbol{C}=\begin{pmatrix} 2 & -1 & 0 & 3 & -2 \\ 0 & 3 & 1 & -2 & 5 \\ 0 & 0 & 0 & 4 & -3 \\ 0 & 0 & 0 & 0 & 0 \end{pmatrix}$. $\boldsymbol{C}$ 是一个行阶梯形矩阵, 其非零行有三行, 即知 $\boldsymbol{C}$ 的所有四阶子式全为 0, 而 $\boldsymbol{C}$ 有一个 3 阶子式

$$\begin{vmatrix} 2 & -1 & 3 \\ 0 & 3 & -2 \\ 0 & 0 & 4 \end{vmatrix}=24\neq 0.$$

所以 $R(\boldsymbol{C})=3$.

从上面的例子可知, 对一般的矩阵, 当行数与列数较高时, 按定义求秩是很繁琐的. 而行阶梯形矩阵的秩恰恰等于其非零行的行数, 一看便知无须计算. 因此自然想到用初等变换把矩阵化为阶梯形矩阵, 但两个等价矩阵的秩是否相等呢? 下面定理对此作出肯定的回答.

3.6.2 矩阵秩的求法

定理 3.6.1 矩阵的初等变换不改变矩阵的秩, 即若 $\boldsymbol{A}\cong\boldsymbol{B}$, 则 $R(\boldsymbol{A})=R(\boldsymbol{B})$.

证明 只就行初等变换加以证明, 至于列初等变换情形, 同理可证.

对于行初等变换中的第一种和第二种变换, 由于变换后矩阵中的每一个子式均能在原来的矩阵中找到相应的子式, 它们之间或只是行的次序不同, 或只是某一行扩大到 k 倍. 因此相应子式或同为零, 或同为非零, 所以矩阵的秩不变.

下面就三种初等行变换进行证明.

(1) $r_i\leftrightarrow r_j$. 设交换矩阵 $\boldsymbol{A}$ 中某两行得到矩阵 $\boldsymbol{B}$, 显然 $\boldsymbol{B}$ 中任一子式经过重新排列后必是 $\boldsymbol{A}$ 的一个子式. 由行列式的性质可知, 两者之间只有符号的差别, 而是否为零的性质不变. 因此, 交换矩阵的两行其秩不变.

(2) $kr_i(k\neq 0)$. 设用非零常数 k 乘矩阵 $\boldsymbol{A}$ 的第 i 行得矩阵 $\boldsymbol{C}$, 则 $\boldsymbol{C}$ 矩阵的子式或者为 $\boldsymbol{A}$ 的子式, 或者是 $\boldsymbol{A}$ 相应子式的 k 倍. 因此, 任一子式是否为零的性质也不会改变, 即矩阵 $\boldsymbol{A}$ 的第 i 行乘 k 后, 其秩不变.

(3) r_i+kr_j. 设 $R(\boldsymbol{A})=r$, $\boldsymbol{A}$ 的第 j 行元素的 k 倍加到第 i 行, 得矩阵 $\boldsymbol{D}$. 考虑矩阵 $\boldsymbol{D}$ 的 r+1 阶子式, 设 M 为 $\boldsymbol{D}$ 中的 $r+1$ 阶子式, 则有下面三种可能:

① M 不包含 $\boldsymbol{D}$ 中的第 i 行元素, 这时 M 也是矩阵 $\boldsymbol{A}$ 中的 $r+1$ 阶子式, 故 $M=0$;

② M 包含 $\boldsymbol{D}$ 中的第 i 行元素, 同时也包含 $\boldsymbol{D}$ 中的第 j 行元素, 由行列式的性质可知 $M=0$;

③ M 包含 $\boldsymbol{D}$ 中的第 i 行元素, 但不包含 $\boldsymbol{D}$ 中的第 j 行元素, 这时

$$M = \begin{vmatrix} \vdots & \vdots & & \vdots \\ a_{it_1} + ka_{jt_1} & a_{it_2} + ka_{jt_2} & \cdots & a_{it_{r+1}} + ka_{jt_{r+1}} \\ \vdots & \vdots & & \vdots \end{vmatrix}$$

$$= \begin{vmatrix} \vdots & \vdots & & \vdots \\ a_{it_1} & a_{it_2} & \cdots & a_{it_{r+1}} \\ \vdots & \vdots & & \vdots \end{vmatrix} + k \begin{vmatrix} \vdots & \vdots & & \vdots \\ a_{jt_1} & a_{jt_2} & \cdots & a_{jt_{r+1}} \\ \vdots & \vdots & & \vdots \end{vmatrix},$$

其中 $M_1 = \begin{vmatrix} \vdots & \vdots & & \vdots \\ a_{it_1} & a_{it_2} & \cdots & a_{it_{r+1}} \\ \vdots & \vdots & & \vdots \end{vmatrix}$ 是 $\boldsymbol{A}$ 中的一个 $r+1$ 阶子式, $M_1 = 0$; $M_2 = k \begin{vmatrix} \vdots & \vdots & & \vdots \\ a_{jt_1} & a_{jt_2} & \cdots & a_{jt_{r+1}} \\ \vdots & \vdots & & \vdots \end{vmatrix}$ 是 $\boldsymbol{A}$ 中的一个 $r+1$ 阶子式的 k 倍, 也有 $M_2 = 0$. 故 $M = 0$.

综上分析, $\boldsymbol{D}$ 中所有 $r+1$ 阶子式全为零, 故 $R(\boldsymbol{D}) \leqslant r$. 由初等矩阵的可逆性可知, 将 $\boldsymbol{D}$ 的第 j 行元素的 $-k$ 倍加到第 i 行, 就得到矩阵 $\boldsymbol{A}$. 因此 $r \leqslant R(\boldsymbol{D})$. 所以可得 $R(\boldsymbol{A}) = R(\boldsymbol{D}) = r$, 即矩阵经过一次初等变换后不改变矩阵的秩.

定理 3.6.1 说明: 初等变换不改变矩阵的秩. 根据这一定理, 求矩阵的秩, 只需把矩阵用初等行变换变成行阶梯形, 其非零行的行数 (阶梯数) 就是该矩阵的秩.

例 3.6.2 设

$$\boldsymbol{A} = \begin{pmatrix} 3 & 2 & 0 & 5 & 0 \\ 3 & -2 & 3 & 6 & -1 \\ 2 & 0 & 1 & 5 & -3 \\ 1 & 6 & -4 & -1 & 4 \end{pmatrix}.$$

求矩阵 $\boldsymbol{A}$ 的秩, 并求 $\boldsymbol{A}$ 的一个最高阶子式.

解 先求 $\boldsymbol{A}$ 的秩, 为此对 $\boldsymbol{A}$ 作初等行变换化为行阶梯形矩阵:

$$\boldsymbol{A} = \begin{pmatrix} 3 & 2 & 0 & 5 & 0 \\ 3 & -2 & 3 & 6 & -1 \\ 2 & 0 & 1 & 5 & -3 \\ 1 & 6 & -4 & -1 & 4 \end{pmatrix} \xrightarrow[\substack{r_3 - 2r_1 \\ r_4 - 3r_1}]{\substack{r_1 \leftrightarrow r_4 \\ r_2 - r_4}} \begin{pmatrix} 1 & 6 & -4 & -1 & 4 \\ 0 & -4 & 3 & 1 & -1 \\ 0 & -12 & 9 & 7 & -11 \\ 0 & -16 & 12 & 8 & -12 \end{pmatrix}$$

$$\xrightarrow[r_4-4r_2]{r_3-3r_2}\begin{pmatrix}1&6&-4&-1&4\\0&-4&3&1&-1\\0&0&0&4&-8\\0&0&0&4&-8\end{pmatrix}\xrightarrow{r_4-r_3}\begin{pmatrix}1&6&-4&-1&4\\0&-4&3&1&-1\\0&0&0&4&-8\\0&0&0&0&0\end{pmatrix}.$$

因为行阶梯形矩阵有三个非零行, 所以 $R(\boldsymbol{A})=3$.

再求 $\boldsymbol{A}$ 的一个最高阶非零子式. $\boldsymbol{A}$ 的最高阶非零子式为三阶, 而三阶子式共有 $\mathrm{C}_4^3\mathrm{C}_5^3=40$ 个, 从 $\boldsymbol{A}$ 中去找非零子式很繁琐. 考察 $\boldsymbol{A}$ 的行阶梯形矩阵

$$\boldsymbol{A}_0=\begin{pmatrix}1&6&-1\\0&-4&1\\0&0&4\\0&0&0\end{pmatrix},$$

$R(\boldsymbol{A}_0)=3$, $\boldsymbol{A}_0$ 的三阶子式有四个, 很显然 $\boldsymbol{A}_0$ 的前三行构成的三阶子式不是 0, 而 $\boldsymbol{A}_0$ 的三列是由 $\boldsymbol{A}$ 的一、二、四列经初等变换得到的, 秩不变. 所以 $\boldsymbol{A}$ 的第一、二、四列包含 3 阶非零子式. 于是计算 $\boldsymbol{A}$ 的前三行, 第一、二、四列构成的子式

$$\begin{vmatrix}3&2&5\\3&-2&6\\2&0&5\end{vmatrix}\xlongequal{r_2+r_1}\begin{vmatrix}3&2&5\\6&0&11\\2&0&5\end{vmatrix}=-2\begin{vmatrix}6&11\\2&5\end{vmatrix}\neq 0,$$

因此它便是 $\boldsymbol{A}$ 的一个最高阶非零子式.

矩阵秩的概念

求矩阵秩的方法

3.6.3　线性方程组解的判定定理

在 3.3 节中, 我们讨论了用高斯消元法解方程组

$$\begin{cases}a_{11}x_1+a_{12}x_2+\cdots+a_{1n}x_n=b_1,\\a_{21}x_1+a_{22}x_2+\cdots+a_{2n}x_n=b_2,\\\qquad\cdots\cdots\\a_{m1}x_1+a_{m2}x_2+\cdots+a_{mn}x_n=b_m.\end{cases}\tag{3.6.1}$$

即 $\boldsymbol{Ax}=\boldsymbol{b}$, 其中 $\boldsymbol{A}$ 为方程组 (3.6.1) 的系数矩阵, $\boldsymbol{b}$ 为常数项列矩阵, $\boldsymbol{x}$ 为未知量列矩阵, $\tilde{\boldsymbol{A}}=(\boldsymbol{A}\vdots\boldsymbol{b})$ 为方程组的增广矩阵. 高斯消元法是对方程组作初等变换, 将它化为同解的阶梯形方程组. 用矩阵的语言来说是对方程组的增广矩阵作初等行变换, 将其化为行阶梯形矩阵, 再解以行阶梯形矩阵为增广矩阵的线性方程组, 或者把行阶梯形矩阵进一步通过初等行变换化成行最简形矩阵, 然后求出相应的解.

这个方法在解线性方程组时比较方便, 但还是有几个问题没有解决, 就是方程组 (3.6.1) 在什么时候无解, 在什么时候有解, 有解时, 又有多少解? 下面将对这些问题予以解答.

例 3.6.3 解线性方程组

$$\begin{cases} 2x_1+2x_2+3x_3=1, \\ x_1-x_2=2, \\ -x_1+2x_2+x_3=-2. \end{cases}$$

解 $\tilde{\boldsymbol{A}}=(\boldsymbol{A}\vdots\boldsymbol{b})=\left(\begin{array}{ccc:c} 2 & 2 & 3 & 1 \\ 1 & -1 & 0 & 2 \\ -1 & 2 & 1 & -2 \end{array}\right)\xrightarrow{\text{行初等变换}}\left(\begin{array}{ccc:c} 1 & 0 & 0 & -1 \\ 0 & 1 & 0 & -3 \\ 0 & 0 & 1 & 3 \end{array}\right)=$ $\tilde{\boldsymbol{A}}_1$. 原方程组与矩阵 $\tilde{\boldsymbol{A}}_1$ 对应的方程组同解, 于是可得原方程组有唯一解

$$\begin{cases} x_1=-1, \\ x_2=-3, \\ x_3=3. \end{cases}$$

可以看出 $R(\boldsymbol{A})=R(\tilde{\boldsymbol{A}})=3$ (未知量的个数).

例 3.6.4 解线性方程组

$$\begin{cases} 2x_1-x_2+3x_3=1, \\ 4x_1-2x_2+5x_3=4, \\ 2x_1-x_2+4x_3=-1, \\ 6x_1-3x_2+5x_3=11. \end{cases}$$

解 $\tilde{\boldsymbol{A}}=(\boldsymbol{A}\vdots\boldsymbol{b})=\left(\begin{array}{ccc:c} 2 & -1 & 3 & 1 \\ 4 & -2 & 5 & 4 \\ 2 & -1 & 4 & -1 \\ 6 & -3 & 5 & 11 \end{array}\right)\xrightarrow{\text{行初等变换}}\left(\begin{array}{ccc:c} 1 & -\frac{1}{2} & 0 & \frac{7}{2} \\ 0 & 0 & 1 & -2 \\ 0 & 0 & 0 & 0 \\ 0 & 0 & 0 & 0 \end{array}\right)=\tilde{\boldsymbol{A}}_1.$

以 $\tilde{\boldsymbol{A}}_1$ 的非零行为增广矩阵的线性方程组为

$$\begin{cases} x_1 - \dfrac{1}{2}x_2 = \dfrac{7}{2}, \\ x_3 = -2. \end{cases}$$

可以看出, 每给定一个 x_2, 可以唯一地求出 x_1, x_3 的一组值, 而 x_2 可取任意实数, 所以方程组有无穷多解. 这时, $R(\boldsymbol{A}) = R(\tilde{\boldsymbol{A}}) = 2 < 3$ (未知数个数).

方程组的所有解可表示为

$$\begin{cases} x_1 = \dfrac{1}{2}x_2 + \dfrac{7}{2}, \\ x_2 = x_2, \\ x_3 = -2, \end{cases}$$

其中 x_2 为自由未知量.

例 3.6.5　解线性方程组

$$\begin{cases} 2x_1 - x_2 + 3x_3 = 1, \\ 4x_1 - 2x_2 + 5x_3 = 4, \\ 6x_1 - 3x_2 + 9x_3 = 4. \end{cases}$$

解　$\tilde{\boldsymbol{A}} = (\boldsymbol{A} \vdots \boldsymbol{b}) = \left(\begin{array}{ccc:c} 2 & -1 & 3 & 1 \\ 4 & -2 & 5 & 4 \\ 6 & -3 & 9 & 4 \end{array}\right) \xrightarrow{\text{行初等变换}} \left(\begin{array}{ccc:c} 2 & -1 & 3 & 1 \\ 0 & 0 & 1 & -2 \\ 0 & 0 & 0 & 1 \end{array}\right) = \tilde{\boldsymbol{A}}_1$.

以 $\tilde{\boldsymbol{A}}_1$ 为增广矩阵的线性方程组的最后一个方程为 $0 = 1$, 这是一个矛盾方程. 因此原方程组无解. 此时, 可看出 $R(\boldsymbol{A}) = 2$, $R(\tilde{\boldsymbol{A}}) = 3$, 即 $R(\boldsymbol{A}) \neq R(\tilde{\boldsymbol{A}})$.

综上所述, 线性方程组的解有三种可能的情况：唯一解、无解、无穷多解. 因此我们有如下判定定理.

定理 3.6.2 (线性方程组解的判定定理)　n 元线性方程组 $\boldsymbol{Ax} = \boldsymbol{b}$ 有解的充要条件是 $R(\boldsymbol{A}) = R(\tilde{\boldsymbol{A}})$：

(1) 当 $R(\boldsymbol{A}) = R(\tilde{\boldsymbol{A}}) < n$ 时, 方程组有无穷多解;

(2) 当 $R(\boldsymbol{A}) = R(\tilde{\boldsymbol{A}}) = n$ 时, 方程组有唯一解.

$\boldsymbol{Ax} = \boldsymbol{b}$ 无解的充要条件是 $R(\boldsymbol{A}) \neq R(\tilde{\boldsymbol{A}})$.

证明　我们知道 m 个方程 n 个未知数的线性方程组 $\boldsymbol{Ax} = \boldsymbol{b}$ 的系数矩阵为 $\boldsymbol{A}_{m\times n}$, 常数项列矩阵为 $\boldsymbol{b}_{m\times 1}$, 增广矩阵为 $\tilde{\boldsymbol{A}} = (\boldsymbol{A} \vdots \boldsymbol{b})$. 设 $R(\boldsymbol{A}) = r$, 用初等行

变换把增广矩阵化为行阶梯形矩阵

$$\tilde{\boldsymbol{A}} \xrightarrow{\text{初等行变换}} \left(\begin{array}{ccccccc|c} 1 & 0 & \cdots & 0 & b_{11} & \cdots & b_{1,n-r} & d_1 \\ 0 & 1 & \cdots & 0 & b_{21} & \cdots & b_{2,n-r} & d_2 \\ \vdots & \vdots & & \vdots & \vdots & & \vdots & \vdots \\ 0 & 0 & \cdots & 1 & b_{r1} & \cdots & b_{r,n-r} & d_r \\ 0 & 0 & \cdots & 0 & 0 & \cdots & 0 & d_{r+1} \\ 0 & 0 & \cdots & 0 & 0 & \cdots & 0 & 0 \\ \vdots & \vdots & & \vdots & \vdots & & \vdots & \vdots \\ 0 & 0 & \cdots & 0 & 0 & \cdots & 0 & 0 \end{array}\right).$$

(1) 若 $R(\boldsymbol{A})=R(\tilde{\boldsymbol{A}})<n$, 则 $\tilde{\boldsymbol{A}}$ 中的 $d_{r+1}=0$ (或 d_{r+1} 不出现), 于是 $\tilde{\boldsymbol{A}}$ 对应方程组

$$\begin{cases} x_1=-b_{11}x_{r+1}-b_{12}x_{r+2}-\cdots-b_{1,n-r}x_n+d_1, \\ x_2=-b_{21}x_{r+1}-b_{22}x_{r+2}-\cdots-b_{2,n-r}x_n+d_2, \\ \qquad\cdots\cdots \\ x_r=-b_{r1}x_{r+1}-b_{r2}x_{r+2}-\cdots-b_{r,n-r}x_n+d_r, \end{cases}$$

其中 $x_{r+1},x_{r+2},\cdots,x_n$ 是自由未知量, 共有 $n-r$ 个. 这 $n-r$ 个自由未知量取不同的值时, 就得到方程组 $\boldsymbol{Ax}=\boldsymbol{b}$ 不同的解.

(2) 若 $R(\boldsymbol{A})=R(\tilde{\boldsymbol{A}})=n$, 则 $\tilde{\boldsymbol{A}}$ 中的 $d_{r+1}=0$ (或 d_{r+1} 不出现), $b_{ij}=0$ $(i=1,2,\cdots,r;j=1,2,\cdots,n-r)$. 于是 $\tilde{\boldsymbol{A}}$ 对应方程组

$$\begin{cases} x_1=d_1 \\ x_2=d_2 \\ \cdots\cdots \\ x_n=d_n \end{cases}$$

故方程组有唯一解.

若 $R(\boldsymbol{A})<R(\tilde{\boldsymbol{A}})$(即 $R(\boldsymbol{A})\neq R(\tilde{\boldsymbol{A}})$), 则 $\tilde{\boldsymbol{A}}$ 中的 $d_{r+1}\neq 0$, 于是 $\tilde{\boldsymbol{A}}$ 中的 $r+1$ 行对应矛盾方程 $0=d_{r+1}\neq 0$, 因此方程组 $\boldsymbol{Ax}=\boldsymbol{b}$ 无解.

将定理 2.6.2 应用于 n 元齐次线性方程组 $\boldsymbol{Ax}=\boldsymbol{0}$, 可得如下推论.

推论 1 齐次线性方程组 $\boldsymbol{Ax}=\boldsymbol{0}$ 一定有零解; 如果 $R(\boldsymbol{A})=n$, 则只有零解; 它有非零解的充分必要条件是 $R(\boldsymbol{A})<n$.

推论 2 若齐次线性方程组 $\boldsymbol{A}\boldsymbol{x} = \boldsymbol{0}$ 中方程的个数小于未知量的个数, 即 $m < n$, 则它必有非零解; 若 $m = n$, 则它有非零解的充要条件是 $|\boldsymbol{A}| = 0$.

例 3.6.6 设有线性方程组

$$\begin{cases} (1+\lambda)x_1 + x_2 + x_3 = 0, \\ x_1 + (1+\lambda)x_2 + x_3 = 3, \\ x_1 + x_2 + (1+\lambda)x_3 = \lambda. \end{cases}$$

问 λ 取何值时, 此方程组

(1) 有唯一解;

(2) 无解;

(3) 有无穷多解.

解

$$\tilde{\boldsymbol{A}} = \left(\begin{array}{ccc|c} 1+\lambda & 1 & 1 & 0 \\ 1 & 1+\lambda & 1 & 3 \\ 1 & 1 & 1+\lambda & \lambda \end{array}\right) \xrightarrow{r_1 \leftrightarrow r_3} \left(\begin{array}{ccc|c} 1 & 1 & 1+\lambda & \lambda \\ 1 & 1+\lambda & 1 & 3 \\ 1+\lambda & 1 & 1 & 0 \end{array}\right)$$

$$\xrightarrow[r_3-(1+\lambda)r_1]{r_2-r_1} \left(\begin{array}{ccc|c} 1 & 1 & 1+\lambda & \lambda \\ 0 & \lambda & -\lambda & 3-\lambda \\ 0 & -\lambda & -\lambda(2+\lambda) & -\lambda(1+\lambda) \end{array}\right)$$

$$\xrightarrow{r_3+r_2} \left(\begin{array}{ccc|c} 1 & 1 & 1+\lambda & \lambda \\ 0 & \lambda & -\lambda & 3-\lambda \\ 0 & 0 & -\lambda(3+\lambda) & (1-\lambda)(3+\lambda) \end{array}\right).$$

(1) 当 $\lambda \neq 0$ 且 $\lambda \neq -3$ 时, $R(\tilde{\boldsymbol{A}}) = R(\boldsymbol{A}) = 3$, 有唯一解.

(2) 当 $\lambda = 0$ 时, $R(\boldsymbol{A}) = 1$, $R(\tilde{\boldsymbol{A}}) = 2$, 方程组无解.

(3) 当 $\lambda = -3$ 时, $R(\tilde{\boldsymbol{A}}) = R(\boldsymbol{A}) = 2 < 3$, 有无穷多解.

注意 本例中矩阵 $\tilde{\boldsymbol{A}}$ 是一个含参数的矩阵, 由于 $\lambda+1, \lambda+3$ 等因子可以等于 0, 故不宜作诸如 $r_2 - \dfrac{1}{\lambda+1}r_1$, $\dfrac{1}{\lambda+3}r_3$ 这样的变换. 如果作了这种变换, 则需对 $\lambda+1=0, \lambda+3=0$ 的情形另作讨论.

习 题 3.6

1. 求下列矩阵的秩, 并求一个最高阶非零子式.

(1) $\begin{pmatrix} -1 & 2 & 0 \\ 3 & 2 & 1 \\ 5 & -3 & 2 \end{pmatrix}$; (2) $\begin{pmatrix} 1 & 1 & 2 & 5 \\ 1 & 2 & 3 & 7 \\ 1 & 3 & 4 & 9 \end{pmatrix}$;

(3) $\begin{pmatrix} 1 & 2 & 1 & 3 \\ 4 & -1 & -5 & -6 \\ 1 & -3 & -4 & -7 \\ 2 & 1 & -1 & 0 \end{pmatrix}$; (4) $\begin{pmatrix} 2 & -4 & 3 & 1 & 0 \\ 1 & -2 & 1 & -4 & 2 \\ 0 & 1 & -1 & 3 & 1 \\ 4 & -7 & 4 & -4 & 5 \end{pmatrix}$.

2. 求 t 的值, 使得方阵 $A = \begin{pmatrix} 1 & 3 & 2 \\ 2 & -1 & 3 \\ 3 & 2 & t \end{pmatrix}$ 的秩等于 2.

3. 判断下列方程组是否有解?

(1) $\begin{cases} x_1 - x_2 + x_3 + 2x_4 = 1, \\ -2x_1 + 2x_2 - 3x_3 + 3x_4 = 2, \\ x_1 - x_2 + 2x_3 + 5x_4 = -1, \\ -x_1 + x_2 - 3x_3 + 2x_4 = 4; \end{cases}$ (2) $\begin{cases} x_1 - 2x_2 + 3x_3 - 4x_4 = 4, \\ x_2 - x_3 + x_4 = -3, \\ x_1 + 3x_2 + x_4 = 1, \\ -7x_2 + 3x_3 + x_4 = -3; \end{cases}$

(3) $\begin{cases} x_1 - 2x_2 + x_3 + x_4 = 1, \\ x_1 - 2x_2 + x_3 - x_4 = -1, \\ x_1 - 2x_2 + x_3 + 5x_4 = 5; \end{cases}$ (4) $\begin{cases} x_1 + x_2 - x_3 - x_4 = 1, \\ 2x_1 + x_2 + x_3 + x_4 = 4, \\ 4x_1 + 3x_2 - x_3 - x_4 = 6, \\ x_1 + 2x_2 - 4x_3 - 4x_4 = -1. \end{cases}$

4. 当 λ 取何值时, 非齐次线性方程组

$$\begin{cases} -2x_1 + x_2 + x_3 = -2, \\ x_1 - 2x_2 + x_3 = \lambda, \\ x_1 + x_2 - 2x_3 = \lambda^2 \end{cases}$$

有解? 并求出此时的解.

5. 设线性方程组

$$\begin{cases} x_1 + x_2 - 2x_3 + 3x_4 = 0, \\ 2x_1 + x_2 - 6x_3 + 4x_4 = -1, \\ 3x_1 + 2x_2 + px_3 + 7x_4 = -1, \\ x_1 - x_2 - 6x_3 - x_4 = t. \end{cases}$$

讨论参数 p, t 取何值时, 方程组有解, 无解.

凯莱 (1821—1895)

数学史话 阿瑟 • 凯莱 (Arthur Cayley) 是极丰产的英国数学家. 他是矩阵论的创立者, 同时在以 n 维解析几何、行列式理论、线性变换、斜曲面和代数不变量理论等方面也作了重要贡献.

凯莱的数学论文几乎涉及纯粹数学的所有领域,《凯莱数学论文集》共有 14 卷, 并著有《椭圆函数专论》一书.

他一生中得到许多荣誉. 学生时代, 获得数学荣誉会考的一等第一名, 并得到史密斯奖. 他得到过牛津、爱丁堡、哥廷根等七个大学的荣誉学位, 被选为许多国家科学院、研究院的院士和外国通讯院士, 1883 年接受了伦敦皇家学会的科普利奖章. 他曾任剑桥哲学会、伦敦数学会、皇家天文学会的会长.

复习题3

(A)

1. 判断题

(1) 如果 $\boldsymbol{A}^2=\boldsymbol{B}^2$, 则 $\boldsymbol{A}=\boldsymbol{B}$ 或 $\boldsymbol{A}=-\boldsymbol{B}$. ( )

(2) $\left|(\boldsymbol{AB})^k\right|=|\boldsymbol{A}|^k|\boldsymbol{B}|^k$ ($k\geqslant 2$ 为正整数). ( )

(3) $|\boldsymbol{A}+\boldsymbol{B}|=|\boldsymbol{A}|+|\boldsymbol{B}|$. ( )

(4) $\left|\boldsymbol{A}^{\mathrm{T}}+\boldsymbol{B}^{\mathrm{T}}\right|=|\boldsymbol{A}+\boldsymbol{B}|$. ( )

(5) $|-\boldsymbol{A}|=-|\boldsymbol{A}|$. ( )

(6) 设 $\boldsymbol{A}=\begin{pmatrix}\boldsymbol{A}_1 & \boldsymbol{A}_2\\ \boldsymbol{A}_3 & \boldsymbol{A}_4\end{pmatrix}$ 为分块矩阵, 其中子矩阵 $\boldsymbol{A}_1$, $\boldsymbol{A}_2$, $\boldsymbol{A}_3$, $\boldsymbol{A}_4$ 均为方阵, 则 $|\boldsymbol{A}|=|\boldsymbol{A}_1|\cdot|\boldsymbol{A}_4|-|\boldsymbol{A}_2|\cdot|\boldsymbol{A}_3|$ 总成立. ( )

(7) 关于行列式的性质, 对计算分块行列式同样适用. ( )

(8) 任何可逆矩阵的标准形都是同阶的单位矩阵. ( )

(9) 如果一个 $m\times n$ 矩阵存在 $r(r\leqslant\min\{m,n\})$ 阶非零子式, 则它的秩一定是 r. ( )

(10) 方程的个数小于未知量个数的齐次线性方程组一定有无穷多解, 但非齐次方程组不一定有解. ( )

2. 选择题

(1) 已知 $\boldsymbol{A}, \boldsymbol{B}$ 是同阶方阵, 下列运算正确的是 ( ).

(A) $(\boldsymbol{A}-\boldsymbol{B})^2=\boldsymbol{A}^2-2\boldsymbol{AB}+\boldsymbol{B}^2$ (B) $(\boldsymbol{A}+\boldsymbol{B})^{\mathrm{T}}=\boldsymbol{B}^{\mathrm{T}}+\boldsymbol{A}^{\mathrm{T}}$

(C) $(\boldsymbol{AB})^{\mathrm{T}}=\boldsymbol{A}^{\mathrm{T}}\boldsymbol{B}^{\mathrm{T}}$　　(D) $(\boldsymbol{AB})^{-1}=\boldsymbol{A}^{-1}\boldsymbol{B}^{-1}$

(2) 设方阵 $\boldsymbol{A}, \boldsymbol{B}, \boldsymbol{C}$ 满足 $\boldsymbol{AB}=\boldsymbol{AC}$, 当 $\boldsymbol{A}$ 满足 (　　) 时, $\boldsymbol{B}=\boldsymbol{C}$.

(A) $\boldsymbol{AB}=\boldsymbol{BA}$　　(B) $|\boldsymbol{A}|\neq 0$

(C) 方程组 $\boldsymbol{Ax}=\boldsymbol{0}$ 有非零解　　(D) $\boldsymbol{B}, \boldsymbol{C}$ 可逆

(3) 若 $\boldsymbol{A}$ 为 n 阶方阵, k 为常数, $|\boldsymbol{A}|$ 和 $|k\boldsymbol{A}|$ 分别是矩阵 $\boldsymbol{A}, k\boldsymbol{A}$ 的行列式, 则有 (　　).

(A) $|k\boldsymbol{A}|=k|\boldsymbol{A}|$　　(B) $|k\boldsymbol{A}|=|k||\boldsymbol{A}|$

(C) $|k\boldsymbol{A}|=k|\boldsymbol{A}|^n$　　(D) $|k\boldsymbol{A}|=k^n|\boldsymbol{A}|$

(4) 设 $\boldsymbol{A}, \boldsymbol{B}$ 均是 n 阶可逆矩阵, 且 $|\boldsymbol{A}|=1, |\boldsymbol{B}|=2$, 则 $\left|\boldsymbol{AB}^{-1}\right|$ 等于 (　　).

(A) $\dfrac{1}{2}$　　(B) 2　　(C) 1　　(D) 4

(5) 设 $\boldsymbol{A}, \boldsymbol{B}$ 为 n 阶方阵, $\boldsymbol{A}^2=\boldsymbol{B}^2$, 则下列各式成立的是 (　　).

(A) $\boldsymbol{A}=\boldsymbol{B}$　　(B) $\boldsymbol{A}=-\boldsymbol{B}$　　(C) $|\boldsymbol{A}|=|\boldsymbol{B}|$　　(D) $|\boldsymbol{A}|^2=|\boldsymbol{B}|^2$

(6) 设 $\boldsymbol{A}, \boldsymbol{B}$ 为 n 阶方阵, 且满足等式 $\boldsymbol{AB}=\boldsymbol{O}$, 则必有 (　　).

(A) $\boldsymbol{A}=\boldsymbol{O}$ 或 $\boldsymbol{B}=\boldsymbol{O}$　　(B) $\boldsymbol{BA}=\boldsymbol{O}$

(C) $|\boldsymbol{A}|=0$ 或 $|\boldsymbol{B}|=0$　　(D) $|\boldsymbol{A}|+|\boldsymbol{B}|=0$

(7) 设 $\boldsymbol{A}$ 为 n 阶可逆矩阵, 则下面各式恒正确的是 (　　).

(A) $|2\boldsymbol{A}|=2\left|\boldsymbol{A}^{\mathrm{T}}\right|$　　(B) $(2\boldsymbol{A})^{-1}=2\boldsymbol{A}^{-1}$

(C) $[(\boldsymbol{A}^{-1})^{-1}]^{\mathrm{T}}=[(\boldsymbol{A}^{\mathrm{T}})^{\mathrm{T}}]^{-1}$　　(D) $[(\boldsymbol{A}^{\mathrm{T}})^{\mathrm{T}}]^{-1}=[(\boldsymbol{A}^{-1})^{\mathrm{T}}]^{\mathrm{T}}$

(8) 如果 $\boldsymbol{A}\begin{pmatrix} a_{11} & a_{12} & a_{13} \\ a_{21} & a_{22} & a_{23} \\ a_{31} & a_{32} & a_{33} \end{pmatrix}=\begin{pmatrix} a_{11}-3a_{31} & a_{12}-3a_{32} & a_{13}-3a_{33} \\ a_{21} & a_{22} & a_{23} \\ a_{31} & a_{32} & a_{33} \end{pmatrix}$, 则 $\boldsymbol{A}=$ (　　).

(A) $\begin{pmatrix} 1 & 0 & 0 \\ 0 & 1 & 0 \\ -3 & 0 & 1 \end{pmatrix}$　(B) $\begin{pmatrix} 1 & 0 & -3 \\ 0 & 1 & 0 \\ 0 & 0 & 1 \end{pmatrix}$　(C) $\begin{pmatrix} 0 & 0 & -3 \\ 0 & 1 & 0 \\ 1 & 0 & 1 \end{pmatrix}$　(D) $\begin{pmatrix} 1 & 0 & 0 \\ 0 & 1 & 0 \\ 0 & -3 & 1 \end{pmatrix}$

(9) 设 $\boldsymbol{A}, \boldsymbol{B}, \boldsymbol{C}, \boldsymbol{E}$ 为同阶方阵, E 为单位矩阵, 若 $\boldsymbol{ABC}=\boldsymbol{E}$, 则 (　　).

(A) $\boldsymbol{ACB}=\boldsymbol{E}$　　(B) $\boldsymbol{CAB}=\boldsymbol{E}$　　(C) $\boldsymbol{CBA}=\boldsymbol{E}$　　(D) $\boldsymbol{BAC}=\boldsymbol{E}$

(10) 设 $\boldsymbol{A}$ 为 n 阶方阵, 且 $|\boldsymbol{A}|\neq 0$, 则 (　　).

(A) $\boldsymbol{A}$ 经列初等变换可变为单位阵 $\boldsymbol{E}$

(B) 由 $\boldsymbol{AX}=\boldsymbol{BA}$, 可得 $\boldsymbol{X}=\boldsymbol{B}$

(C) 当 $(\boldsymbol{A}|\boldsymbol{E})$ 经有限次初等变换变为 $(\boldsymbol{E}|\boldsymbol{B})$ 时, 有 $\boldsymbol{A}^{-1}=\boldsymbol{B}$

(D) 以上 (A), (B), (C) 都不对

(11) 设 $\boldsymbol{A}$ 为 $m\times n$ 矩阵, $R(\boldsymbol{A})=r<m<n$, 则 (　　).

(A) $\boldsymbol{A}$ 中 r 阶子式不全为零　　(B) $\boldsymbol{A}$ 中阶数小于 r 的子式全为零

(C) $\boldsymbol{A}$ 经行初等变换可化为 $\begin{pmatrix} \boldsymbol{E}_r & \boldsymbol{O} \\ \boldsymbol{O} & \boldsymbol{O} \end{pmatrix}$　　(D) $\boldsymbol{A}$ 为满秩矩阵

(12) n 阶方阵 $\boldsymbol{A}$ 可逆的充分必要条件是 (　　).

(A) $\boldsymbol{R}(\boldsymbol{A})=r<n$　　(B) $\boldsymbol{A}$ 为满秩矩阵.

(C) $\boldsymbol{A}$ 中没有零行 (元素全为零的行)　　(D) 伴随矩阵存在

(13) 设矩阵 $\boldsymbol{A}$ 满足 $\boldsymbol{A}^2+4\boldsymbol{A}-5\boldsymbol{E}=\boldsymbol{O}$, 则 (　　).

(A) $\boldsymbol{A}$ 与 $\boldsymbol{A}+4\boldsymbol{E}$ 同时可逆　　(B) $\boldsymbol{A}+5\boldsymbol{E}$ 一定可逆

(C) 齐次线性方程组 $(\boldsymbol{A}+5\boldsymbol{E})\boldsymbol{X}=\boldsymbol{O}$ 有非零解　　(D) $\boldsymbol{A}-\boldsymbol{E}$ 一定可逆

(14) 下列不是 n 阶矩阵 $\boldsymbol{A}$ 可逆的充要条件为 (　　).

(A) $|\boldsymbol{A}|\neq 0$　　(B) $\boldsymbol{A}$ 可以表示成有限个初等阵的乘积

(C) 伴随矩阵存在　　(D) $\boldsymbol{A}$ 的标准形为单位矩阵

3. 填空题

(1) 设 $\boldsymbol{A},\boldsymbol{B}$ 是三阶矩阵, 已知 $|\boldsymbol{A}|=-1, |\boldsymbol{B}|=2$, 则行列式 $\begin{vmatrix}\boldsymbol{A} & \boldsymbol{A}\\ \boldsymbol{O} & \boldsymbol{B}\end{vmatrix}=$ ________.

(2) 设 $\boldsymbol{A}=\begin{pmatrix}2&3&1\\1&a&1\\5&0&3\end{pmatrix}$, 且 $R(\boldsymbol{A})=2$, 则 $a=$ ________.

(3) 设 $2\boldsymbol{A}=\begin{pmatrix}1&0&1\\0&2&0\\0&0&1\end{pmatrix}$, 则行列式 $\left|(\boldsymbol{A}+3\boldsymbol{E})^{-1}(\boldsymbol{A}^2-9\boldsymbol{E})\right|$ 的值为 ________.

(4) 设 $\boldsymbol{A}=\begin{pmatrix}\frac{1}{2} & -\frac{\sqrt{3}}{2}\\ \frac{\sqrt{3}}{2} & \frac{1}{2}\end{pmatrix}$, 且已知 $\boldsymbol{A}^6=\boldsymbol{E}$, 则行列式 $\left|\boldsymbol{A}^{11}\right|=$ ________.

(5) 设 $\boldsymbol{A}$ 为四阶方阵, $\boldsymbol{A}^*$ 是其伴随矩阵, 且 $|\boldsymbol{A}|=3$, 则 $|\boldsymbol{A}^*|=$ ________.

(6) 若 $\boldsymbol{A}=(a_{ij})$ 为 15 阶矩阵, 则 $\boldsymbol{A}^{\mathrm{T}}\boldsymbol{A}$ 的第 4 行第 8 列的元素是 ________.

(7) 三阶初等矩阵 $\boldsymbol{E}(1,2)$ 的伴随矩阵为 ________.

4. 解下列矩阵方程 ($\boldsymbol{X}$ 为未知矩阵).

(1) $\begin{pmatrix}2&2&3\\1&-1&0\\-1&2&1\end{pmatrix}\boldsymbol{X}=\begin{pmatrix}2&2\\3&2\\0&-2\end{pmatrix}$;

(2) $\begin{pmatrix}0&1&0\\1&0&0\\0&0&1\end{pmatrix}\boldsymbol{X}\begin{pmatrix}2&0\\-1&1\end{pmatrix}=\begin{pmatrix}1&3\\2&-1\\1&0\end{pmatrix}$;

(3) $\boldsymbol{X}(\boldsymbol{E}-\boldsymbol{B}^{-1}\boldsymbol{C})^{\mathrm{T}}\boldsymbol{B}^{\mathrm{T}}=\boldsymbol{E}$, 其中 $\boldsymbol{B}=\begin{pmatrix}3&1&0\\4&0&4\\4&2&2\end{pmatrix}, \boldsymbol{C}=\begin{pmatrix}1&0&1\\2&1&2\\1&2&1\end{pmatrix}$;

(4) $\boldsymbol{A}\boldsymbol{X}=\boldsymbol{A}^2+\boldsymbol{X}-\boldsymbol{E}$, 其中 $\boldsymbol{A}=\begin{pmatrix}1&0&1\\0&2&0\\1&0&1\end{pmatrix}$;

(5) $\boldsymbol{A}\boldsymbol{X}=\boldsymbol{A}+2\boldsymbol{X}$, 其中 $\boldsymbol{A}=\begin{pmatrix}4&2&3\\1&1&0\\-1&2&3\end{pmatrix}$.

5. 设 $\boldsymbol{A}$ 为 n 阶对称阵, 且 $\boldsymbol{A}^2=\boldsymbol{O}$, 求 $\boldsymbol{A}$.

6. 已知 $\boldsymbol{A}=\begin{pmatrix}1&-1&0\\0&2&1\\1&0&-1\end{pmatrix}$, 求 $(\boldsymbol{A}+2\boldsymbol{E})(\boldsymbol{A}^2-4\boldsymbol{E})^{-1}$.

7. 设 $\boldsymbol{A}_1=\begin{pmatrix}1&2\\0&1\end{pmatrix}$, $\boldsymbol{A}_2=\begin{pmatrix}3&4\\2&3\end{pmatrix}$, $\boldsymbol{A}_3=\begin{pmatrix}0&0\\0&0\end{pmatrix}$, $\boldsymbol{A}_4=\begin{pmatrix}1&2\\0&1\end{pmatrix}$, 求 $\begin{pmatrix}\boldsymbol{A}_1&\boldsymbol{A}_2\\\boldsymbol{A}_3&\boldsymbol{A}_4\end{pmatrix}^{-1}$.

8. 在一家超市里, 柑橘每个 2 元, 苹果每个 3 元, 香蕉每个 1 元, 小李要 3 个柑橘, 2 个苹果和 4 个香蕉, 请列出价格矩阵, 个数矩阵, 并用矩阵计算小李购买水果所花的钱数.

(B)

1. 判断题

(1) 设 $\boldsymbol{A},\boldsymbol{B}$ 是 n 阶可逆矩阵, $(\boldsymbol{A}+\boldsymbol{B})^{-1}=\boldsymbol{A}^{-1}+\boldsymbol{B}^{-1}$. ( )

(2) 设 $\boldsymbol{A},\boldsymbol{B}$ 是 n 阶可逆矩阵, $((\boldsymbol{AB})^{\mathrm{T}})^{-1}=\left(\boldsymbol{A}^{-1}\right)^{\mathrm{T}}\left(\boldsymbol{B}^{-1}\right)^{\mathrm{T}}$. ( )

(3) 设 $\boldsymbol{A}$ 可逆, 且 $|\boldsymbol{A}+\boldsymbol{AB}|=0$, 则 $|\boldsymbol{B}+\boldsymbol{E}|=0$. ( )

(4) 设可逆矩阵 $\boldsymbol{A}$ 经初等行变换变成矩阵 $\boldsymbol{B}$, 则 $\boldsymbol{A}^{-1}=\boldsymbol{B}^{-1}$. ( )

(5) 设 $\boldsymbol{A},\boldsymbol{B}$ 是 n 阶可逆矩阵, 则 $\begin{pmatrix}\boldsymbol{O}&\boldsymbol{A}\\\boldsymbol{B}&\boldsymbol{O}\end{pmatrix}^{-1}=\begin{pmatrix}\boldsymbol{O}&\boldsymbol{A}^{-1}\\\boldsymbol{B}^{-1}&\boldsymbol{O}\end{pmatrix}$. ( )

2. 选择题

(1) 设 $\boldsymbol{A}$ 是 $m\times n$ 矩阵, $\boldsymbol{B}$ 是 $n\times m$ 矩阵, 则 ( ).

(A) 当 $m>n$ 时, 必有行列式 $|\boldsymbol{AB}|\neq 0$

(B) 当 $m>n$ 时, 必有行列式 $|\boldsymbol{AB}|=0$

(C) 当 $n>m$ 时, 必有行列式 $|\boldsymbol{AB}|\neq 0$

(D) 当 $n>m$ 时, 必有行列式 $|\boldsymbol{AB}|=0$

(2) 设 n 阶矩阵 $\boldsymbol{A}$ 与 $\boldsymbol{B}$ 等价, 则必有 ( ).

(A) 当 $|\boldsymbol{A}|=a(a\neq 0)$ 时, $|\boldsymbol{B}|=a$ (B) 当 $|\boldsymbol{A}|=a(a\neq 0)$ 时, $|\boldsymbol{B}|=-a$

(C) 当 $|\boldsymbol{A}|\neq 0$ 时, $|\boldsymbol{B}|=0$ (D) 当 $|\boldsymbol{A}|=0$ 时, $|\boldsymbol{B}|=0$

(3) 设 $\boldsymbol{A}$、$\boldsymbol{B}$ 均为 2 阶矩阵, $\boldsymbol{A}^*,\boldsymbol{B}^*$ 分别为 $\boldsymbol{A},\boldsymbol{B}$ 的伴随矩阵. 若 $|\boldsymbol{A}|=2$, $|\boldsymbol{B}|=3$, 则分块矩阵 $\begin{pmatrix}\boldsymbol{O}&\boldsymbol{A}\\\boldsymbol{B}&\boldsymbol{O}\end{pmatrix}$ 的伴随矩阵为 ( ).

(A) $\begin{pmatrix}\boldsymbol{O}&3\boldsymbol{B}^*\\2\boldsymbol{A}^*&\boldsymbol{O}\end{pmatrix}$ (B) $\begin{pmatrix}\boldsymbol{O}&2\boldsymbol{B}^*\\3\boldsymbol{A}^*&\boldsymbol{O}\end{pmatrix}$

(C) $\begin{pmatrix}\boldsymbol{O}&3\boldsymbol{A}^*\\2\boldsymbol{B}^*&\boldsymbol{O}\end{pmatrix}$ (D) $\begin{pmatrix}\boldsymbol{O}&2\boldsymbol{A}^*\\3\boldsymbol{B}^*&\boldsymbol{O}\end{pmatrix}$

(4) 设矩阵 $\boldsymbol{A}=(a_{ij})_{3\times 3}$ 满足 $\boldsymbol{A}^*=\boldsymbol{A}^{\mathrm{T}}$, 其中 $\boldsymbol{A}^*$ 是 $\boldsymbol{A}$ 的伴随矩阵, $\boldsymbol{A}^{\mathrm{T}}$ 为 $\boldsymbol{A}$ 的转置矩阵. 若 a_{11},a_{12},a_{13} 为三个相等的正数, 则 a_{11} 为 ( ).

(A) $\dfrac{\sqrt{3}}{3}$　　(B) 3　　(C) $\dfrac{1}{3}$　　(D) $\sqrt{3}$

(5) 设 $\boldsymbol{A}, \boldsymbol{B}, \boldsymbol{C}$ 均为 n 阶矩阵, $\boldsymbol{E}$ 为 n 阶单位矩阵, 若 $\boldsymbol{B}=\boldsymbol{E}+\boldsymbol{A}\boldsymbol{B}, \boldsymbol{C}=\boldsymbol{A}+\boldsymbol{C}\boldsymbol{A}$, 且 $\boldsymbol{A}\neq\boldsymbol{E}$, 则 $\boldsymbol{B}-\boldsymbol{C}$ 为 (　　).

(A) $\boldsymbol{E}$　　(B) $-\boldsymbol{E}$　　(C) $\boldsymbol{A}$　　(D) $-\boldsymbol{A}$

(6) 设 $\boldsymbol{A}$ 为 n 阶非零矩阵, $\boldsymbol{E}$ 为 n 阶单位矩阵. 若 $\boldsymbol{A}^3=\boldsymbol{O}$, 则 (　　)

(A) $\boldsymbol{E}-\boldsymbol{A}$ 不可逆, $\boldsymbol{E}+\boldsymbol{A}$ 不可逆　　(B) $\boldsymbol{E}-\boldsymbol{A}$ 不可逆, $\boldsymbol{E}+\boldsymbol{A}$ 可逆

(C) $\boldsymbol{E}-\boldsymbol{A}$ 可逆, $\boldsymbol{E}+\boldsymbol{A}$ 可逆　　(D) $\boldsymbol{E}-\boldsymbol{A}$ 可逆, $\boldsymbol{E}+\boldsymbol{A}$ 不可逆

(7) 设 $\boldsymbol{A}$ 为 3 阶矩阵, $\boldsymbol{P}$ 为 3 阶可逆矩阵, 且 $\boldsymbol{P}^{-1}\boldsymbol{A}\boldsymbol{P}=\begin{pmatrix}1&0&0\\0&1&0\\0&0&2\end{pmatrix}$. 若 $\boldsymbol{P}=(\boldsymbol{\alpha}_1,\boldsymbol{\alpha}_2,\boldsymbol{\alpha}_3)$, $\boldsymbol{Q}=(\boldsymbol{\alpha}_1+\boldsymbol{\alpha}_2,\boldsymbol{\alpha}_2,\boldsymbol{\alpha}_3)$, 则 $\boldsymbol{Q}^{-1}\boldsymbol{A}\boldsymbol{Q}=$ (　　).

(A) $\begin{pmatrix}1&0&0\\0&2&0\\0&0&1\end{pmatrix}$　(B) $\begin{pmatrix}1&0&0\\0&1&0\\0&0&2\end{pmatrix}$　(C) $\begin{pmatrix}2&0&0\\0&1&0\\0&0&2\end{pmatrix}$　(D) $\begin{pmatrix}2&0&0\\0&2&0\\0&0&1\end{pmatrix}$

3. 填空题

(1) 设 $\boldsymbol{A}$, $\boldsymbol{B}$ 均为 n 阶矩阵, $|\boldsymbol{A}|=2$, $|\boldsymbol{B}|=-3$, 则行列式 $|2\boldsymbol{A}^*\boldsymbol{B}^{-1}|=$ ____________.

(2) 设 $\boldsymbol{\alpha}_1,\boldsymbol{\alpha}_2,\boldsymbol{\alpha}_3$ 均为 3 维列向量, 记矩阵

$$\boldsymbol{A}=(\boldsymbol{\alpha}_1,\boldsymbol{\alpha}_2,\boldsymbol{\alpha}_3),\quad \boldsymbol{B}=(\boldsymbol{\alpha}_1+\boldsymbol{\alpha}_2+\boldsymbol{\alpha}_3,\boldsymbol{\alpha}_1+2\boldsymbol{\alpha}_2+4\boldsymbol{\alpha}_3,\boldsymbol{\alpha}_1+3\boldsymbol{\alpha}_2+9\boldsymbol{\alpha}_3),$$

如果 $|\boldsymbol{A}|=1$, 那么 $|\boldsymbol{B}|=$ ____________.

(3) 设 $\boldsymbol{A}$, $\boldsymbol{B}$ 为 3 阶矩阵, 且 $|\boldsymbol{A}|=3$, $|\boldsymbol{B}|=2$, $|\boldsymbol{A}^{-1}+\boldsymbol{B}|=2$, 则 $|\boldsymbol{A}+\boldsymbol{B}^{-1}|=$ ____________.

(4) 设 $\boldsymbol{A}$ 为 3 阶矩阵, $|\boldsymbol{A}|=3$, $\boldsymbol{A}^*$ 为 $\boldsymbol{A}$ 的伴随矩阵. 若交换 $\boldsymbol{A}$ 的第 1 行与第 2 行得矩阵 $\boldsymbol{B}$, 则 $|\boldsymbol{B}\boldsymbol{A}^*|=$ ____________.

(5) 设三阶矩阵 $\boldsymbol{A}$ 满足 $\boldsymbol{A}\boldsymbol{A}^{\mathrm{T}}=\boldsymbol{E}$, 且 $|\boldsymbol{A}|>0$, $|\boldsymbol{A}-3\boldsymbol{B}|=9$, 则 $\left|\boldsymbol{A}\boldsymbol{B}^{\mathrm{T}}-\dfrac{1}{3}\boldsymbol{E}\right|=$ ____________.

(6) 设 $\boldsymbol{A}=\begin{pmatrix}1&0&1\\0&2&0\\1&0&1\end{pmatrix}$, $n\geqslant 2$ 为正整数, 则 $\boldsymbol{A}^n-2\boldsymbol{A}^{n-1}=$ ____________.

(7) 设 $\boldsymbol{\alpha}$ 为三维列向量, $\boldsymbol{\alpha}^{\mathrm{T}}$ 是 $\boldsymbol{\alpha}$ 的转置, 若 $\boldsymbol{\alpha}\boldsymbol{\alpha}^{\mathrm{T}}=\begin{pmatrix}1&-1&1\\-1&1&-1\\1&-1&1\end{pmatrix}$, 则 $\boldsymbol{\alpha}^{\mathrm{T}}\boldsymbol{\alpha}=$ ____________.

(8) 设矩阵 $\boldsymbol{A}=\begin{pmatrix}0&-1&0\\1&0&0\\0&0&-1\end{pmatrix}$, $\boldsymbol{B}=\boldsymbol{P}^{-1}\boldsymbol{A}\boldsymbol{P}$, 其中 $\boldsymbol{P}$ 为三阶可逆矩阵, 则 $\boldsymbol{B}^{2004}-2\boldsymbol{A}^2=$ ____________.

(9) 设矩阵 $\boldsymbol{A}=\begin{pmatrix}2 & 1\\ -1 & 2\end{pmatrix}$, $\boldsymbol{E}$ 为 2 阶单位矩阵, 矩阵 $\boldsymbol{B}$ 满足 $\boldsymbol{BA}=\boldsymbol{B}+2\boldsymbol{E}$, 则 $\boldsymbol{B}=$ ________.

(10) 设 $\boldsymbol{A}=\begin{pmatrix}1 & 0 & 0 & 0\\ -2 & 3 & 0 & 0\\ 0 & -4 & 5 & 0\\ 0 & 0 & -6 & 7\end{pmatrix}$, $\boldsymbol{E}$ 为 4 阶单位矩阵, 且 $\boldsymbol{B}=(\boldsymbol{E}+\boldsymbol{A})^{-1}(\boldsymbol{E}-\boldsymbol{A})$, 则 $(\boldsymbol{B}+\boldsymbol{E})^{-1}=$ ________.

(11) 设矩阵 $\boldsymbol{A}=\begin{pmatrix}0 & 1 & 0 & 0\\ 0 & 0 & 1 & 0\\ 0 & 0 & 0 & 1\\ 0 & 0 & 0 & 0\end{pmatrix}$, 则 $\boldsymbol{A}^3$ 的秩为 ________.

4. 设 $\boldsymbol{A}=\begin{pmatrix}1 & a\\ 1 & 0\end{pmatrix}$, $\boldsymbol{B}=\begin{pmatrix}0 & 1\\ 1 & b\end{pmatrix}$, 当 a,b 为何值时, 存在矩阵 $\boldsymbol{C}$ 使得 $\boldsymbol{AC}-\boldsymbol{CA}=\boldsymbol{B}$, 并求所有矩阵 $\boldsymbol{C}$.

5. 已知 $\boldsymbol{ABC}=\boldsymbol{D}$, 其中 $\boldsymbol{A}=\begin{pmatrix}1 & 0 & -1\\ 0 & 1 & 0\\ 0 & 0 & 1\end{pmatrix}$, $\boldsymbol{C}=\begin{pmatrix}0 & 0 & 1\\ 0 & 1 & 0\\ 1 & 0 & 0\end{pmatrix}$, $\boldsymbol{D}=\begin{pmatrix}1 & 0 & 0\\ 2 & 3 & 0\\ 4 & 6 & 3\end{pmatrix}$, 求 $\boldsymbol{B}^*$.

6. 设矩阵 $\boldsymbol{A}=\begin{pmatrix}a & 1 & 0\\ 1 & a & -1\\ 0 & 1 & a\end{pmatrix}$, 且 $\boldsymbol{A}^3=\boldsymbol{O}$.

(1) 求 a 的值;

(2) 若矩阵 $\boldsymbol{X}$ 满足 $\boldsymbol{X}-\boldsymbol{XA}^2-\boldsymbol{AX}+\boldsymbol{AXA}^2=\boldsymbol{E}$, 其中 $\boldsymbol{E}$ 为 3 阶单位矩阵, 求 $\boldsymbol{X}$.

7. 证明题.

(1) 设 $\boldsymbol{A}=\frac{1}{2}(\boldsymbol{B}+\boldsymbol{E})$, 证明 $\boldsymbol{A}^2=\boldsymbol{A}$ 当且仅当 $\boldsymbol{B}^2=\boldsymbol{E}$.

(2) 任意一个 $n\times n$ 矩阵都可以表示成一个对称矩阵与一个反对称矩阵之和.

(3) 设 $\boldsymbol{A}$, $\boldsymbol{B}$ 均为 n 阶对称矩阵, 证明 $\boldsymbol{AB}$ 是对称矩阵的充要条件是 $\boldsymbol{A}$ 与 $\boldsymbol{B}$ 可交换.

8. 应用题.

某工厂生产 A、B、C 三种产品, 每种产品的原料费用、员工工资、管理和其他费用等见表 1, 每季度生产某种产品的数量见表 2. 财务人员如何用表格形式直观地向部门经理展示以下数据：每一季度中每一类成本的数量、每一季度三类成本的总量、四个季度每类成本的总数量.

表 1　生产单位产品的成本　　(单位：元)

成本	产品 A	产品 B	产品 C
原料费用	10	20	15
支付工资	30	40	20
管理及其他费用	10	15	10

表 2　每种产品各季度产量　　(单位：件)

产品	季度			
	一	二	三	四
A	2000	3000	2500	2000
B	2800	4800	3700	3000
C	2500	3500	4000	2000

复习题3(A)
第4(3)题解答

复习题3(A)
第5、6题解答

复习题3(A)
第7题解答

*3 拓展知识

*3.7 矩阵的 MATLAB 程序示例

3.7.1 矩阵基本运算的程序示例

【例 1】 设 $\boldsymbol{A}=\begin{pmatrix} 2 & 3 & 0 & -5 \end{pmatrix}$, $\boldsymbol{B}=\begin{pmatrix} 1 \\ -2 \\ 5 \\ -3 \end{pmatrix}$, 求 $\boldsymbol{AB}$ 与 $\boldsymbol{BA}$.

解 MATLAB 命令为

```
A = [2,3,0,-5];
B = [1; -2; 5; -3];
AB = A * B
BA = B * A
```

运行结果为

AB = 11

$$\text{BA} = \begin{bmatrix} 2 & 3 & 0 & -5 \\ -4 & -6 & 0 & 10 \\ 10 & 15 & 0 & -25 \\ -6 & -9 & 0 & 15 \end{bmatrix}$$

【例 2】 设 $\boldsymbol{A}=\begin{pmatrix} 1 & 2 & 3 \\ 4 & 5 & 6 \\ 7 & 8 & 10 \end{pmatrix}$, $\boldsymbol{B}=\begin{pmatrix} 1 & 0 & 0 \\ 2 & 2 & 0 \\ 3 & 3 & 3 \end{pmatrix}$, 求 $\boldsymbol{A}+\boldsymbol{B}$, $\boldsymbol{A}-\boldsymbol{B}$, $\boldsymbol{AB}$, $\boldsymbol{A}/\boldsymbol{B}$, $5\boldsymbol{A}$, $\boldsymbol{A}^3$, $\boldsymbol{A}^{\mathrm{T}}$, $\boldsymbol{A}^{-1}$.

解 MATLAB 命令为

```
A = [1, 2, 3;
     4, 5, 6;
     7, 8, 10];
B =  [1 0 0
```

```
    2 2 0
    3 3 3];
A_plus_B = A + B                  % 矩阵加法
A_minus_B = A - B                 % 矩阵减法
A_multiply_B = A * B              % 矩阵乘法
A_divide_B = A / B                % 矩阵除法
A_5 = 5 * A                       % 矩阵的数乘
A_3 = A ^ 3                       % 矩阵的幂(方法一)
A_3 = mpower(A, 3)                % 矩阵的幂(方法二)
A_dot3 = A .^ 3                   % 矩阵元素的幂
A_transpose = A'                  % 矩阵转置(方法一)
A_transpose = transpose(A)        % 矩阵转置(方法二)
A_inverse = inv(A)                % 矩阵的逆
```

运行结果为

```
A_plus_B =
     2     2     3
     6     7     6
    10    11    13
A_minus_B =
     0     2     3
     2     3     6
     4     5     7
A_multiply_B =
    14    13     9
    32    28    18
    53    46    30
A_divide_B =
   -1.0000   -0.5000    1.0000
   -1.0000   -0.5000    2.0000
   -1.0000   -1.0000    3.3333
A_5 =
     5    10    15
    20    25    30
    35    40    50
A_3 =
      489          600          756
     1104         1353         1704
     1828         2240         2821
A_3 =
```

```
    489          600          756
   1104         1353         1704
   1828         2240         2821
A_dot3 =
           1            8           27
          64          125          216
         343          512         1000
A_transpose =
     1     4     7
     2     5     8
     3     6    10
A_transpose =
     1     4     7
     2     5     8
     3     6    10
A_inverse =
   -0.6667   -1.3333    1.0000
   -0.6667    3.6667   -2.0000
    1.0000   -2.0000    1.0000
```

3.7.2 矩阵的秩的程序示例

【例 3】 求矩阵 $\boldsymbol{A}=\begin{pmatrix}1&2&5&8&0\\2&5&8&0&7\\3&3&5&6&8\\6&7&7&9&10\end{pmatrix}$ 的秩.

解 MATLAB 命令为

```
A = [1, 2, 5, 8, 0;...
     2, 5, 8, 0, 7;...
     3, 3, 5, 6, 8;...
     6, 7, 7, 9, 10];
r = rank(A)
```

运行结果为

```
r = 4
```

说明 rank($\boldsymbol{A}$) 函数的功能是求矩阵 $\boldsymbol{A}$ 的秩.

【例 4】 求 5 阶魔方矩阵的伴随矩阵.

解 方法一的 MATLAB 命令为

```
A = magic(5);
[m, n] = size(A);
A_adjoint = zeros(m, n);
for i=1:m
    for j=1:n
        A_adjoint(i, j) = cofactor(A, i, j);
    end
end
A_adjoint
```

运行结果为

```
A_adjoint =
   1.0e+05 *
   -0.2503    2.1873   -1.5340    0.2373    0.1398
    2.5935   -1.8915    0.1560   -0.3315    0.2535
   -1.7940   -0.2340    0.1560    0.5460    2.1060
    0.0585    0.6435    0.1560    2.2035   -2.2815
    0.1723    0.0747    1.8460   -1.8753    0.5623
```

说明 该方法调用了 1.5.6 节中自定义的 cofactor( ) 函数.

或者使用方法二, MATLAB 命令为

```
A = magic(5);
A_adjoint = det(A) * inv(A)
```

说明 该方法仅适用于矩阵 $\boldsymbol{A}$ 是可逆矩阵的条件下.

3.7.3 解线性方程组的程序示例

【例 5】 解齐次线性方程组 $\begin{cases} x_1+2x_2+3x_3+4x_4=0, \\ 2x_1+x_2-2x_3-x_4=0, \\ x_1-x_2+4x_3-5x_4=0. \end{cases}$

解 MATLAB 命令为

```
A = [1,2,3,4;2,1,-2,-1;1,-1,4,-5];
Z = null(A, 'r')
```

运行结果为

```
Z =
     2
```

```
    -3
     0
     1
```

该结果说明方程组的解为 $\begin{pmatrix} x_1 \\ x_2 \\ x_3 \\ x_4 \end{pmatrix} = c \begin{pmatrix} 2 \\ -3 \\ 0 \\ 1 \end{pmatrix}$ (其中 c 为任意常数).

说明 null( ) 函数的功能是求解矩阵的零空间, 返回结果是基础解系, 其参数 'r' 表示返回结果是有理数形式; 如不说明, 则结果是标准正交基形式; 只有零解时返回空矩阵.

或者使用方法二, MATLAB 命令为

```
A = [1,2,3,4;2,1,-2,-1;1,-1,4,-5];
R = rref(A)        % 行最简形矩阵
```

运行结果为

```
R =
     1     0     0    -2
     0     1     0     3
     0     0     1     0
```

说明 rref( ) 返回矩阵的行最简形矩阵. 在该例中, 结果 $\boldsymbol{R}$ 说明基础解系是 $(2,-3,0,1)^{\mathrm{T}}$.

【例 6】 判定线性方程组 $\begin{cases} x_1+2x_2+3x_3+4x_4+5x_5=6, \\ 2x_1+x_2-2x_3-x_4-5x_5=3, \\ x_1-x_2+4x_3-5x_4+3x_5=4 \end{cases}$ 的解的状态.

解 MATLAB 命令为

```
A = [1,2,3,4,5;2,1,-2,-1,-5;1,-1,4,-5,3];
b = [6,3,4]';
solution_state(A, b);
function solution_state(A, b)
% 函数功能: 判定线性方程组的解的状态
% 输入: A 为系数矩阵, b 为常数项列矩阵 (如省略, 则为齐次线性方程组)
% 输出: 无
[m, n] = size(A);
```

```
r = rank(A);
if nargin == 1  % 齐次线性方程组
    if r == n
        disp("该齐次线性方程组只有零解！")
    else
        disp("该齐次线性方程组有非零解！")
    end
else    % 非齐次线性方程组
    A_augmented = [A, b];
    r_augmented = rank(A_augmented);
    if r == r_augmented && r == n
        disp("该非齐次线性方程组有唯一解！")
    elseif r == r_augmented && r < n
        disp("该非齐次线性方程组有无穷多解！")
    elseif r ~= r_augmented
        disp("该非齐次线性方程组无解！")
    end
end
end
```

运行结果为

该非齐次线性方程组有无穷多解!

说明 该方法中的自定义函数 solution_state() 同样适用于对齐次线性方程组解的判定.

【例 7】 解线性方程组 $\begin{cases} x_1+x_2+3x_3+4x_4-3x_5=6, \\ x_1+x_2+3x_3-x_4-5x_5=-5, \\ x_1-3x_2+x_3-3x_4+3x_5=6. \end{cases}$

解 MATLAB 命令为

```
A = [1,1,3,4,-3;1,1,3,-1,-5;1,-3,1,-3,3];
b = [6,-5,6]';
[x0, Z] = solve_eqns(A, b)
function [x0, Z] = solve_eqns(A, b)
[~, n] = size(A);
r = rank(A);
if nargin == 1  % 齐次线性方程组
    if r == n
        x0 = zeros(n, 1);
        Z = [];
```

```
    else
        x0 = [];
        Z = null(A, 'r');
    end
else    % 非齐次线性方程组
    A_augmented = [A, b];
    r_augmented = rank(A_augmented);
    if r == r_augmented && r == n
        R = rref(A_augmented);
        x0 = R(:, end);
        x0(r+1:n) = 0;
        Z = [];
    elseif r == r_augmented && r < n
        R = rref(A_augmented);
        x0 = R(:, end);
        x0(r+1:n) = 0;
        Z = null(A, 'r');
    elseif r ~= r_augmented
        x0 = [];
        Z = [];
    end
end
end
```

运行结果为

```
x0 =
    1.0500
   -3.8500
    2.2000
         0
         0
Z =
   -2.5000    1.6500
   -0.5000    2.9500
    1.0000         0
         0   -0.4000
         0    1.0000
```

说明 该方法中的 solve_eqns() 函数同样适用于对齐次线性方程组求解.

*3.8　矩阵的应用模型

矩阵作为一个工具, 应用非常广泛. 矩阵的应用, 给许多实际问题的解决带来了很大的方便. 下面我们简要介绍矩阵的几个应用.

3.8.1　矩阵在视图制作中的应用

现在电子屏幕的应用, 越来越广泛, 几乎无处不在. 而电子屏幕上, 图像的放大、缩小、移动、旋转等动作都可以通过矩阵来实现. 下面以正四面体为例来说明.

建立空间直角坐标系 $O\text{-}xyz$, 使坐标原点位于电子屏幕的正中心, xOy 平面与屏幕平面相重合. 把正四面体放入其中, 四个顶点对应坐标设为 (x_1,y_1,z_1), (x_2,y_2,z_2), (x_3,y_3,z_3), (x_4,y_4,z_4). 观察者看到的像, 是正四面体在 xOy 面上的投影. 要使观察者看到像的运动, 只要计算出正四面体运动后的坐标即可. 由四个顶点的坐标可组成 3×4 的视图坐标矩阵 $\boldsymbol{P}$,

$$\boldsymbol{P}=\begin{pmatrix} x_1 & x_2 & x_3 & x_4\\ y_1 & y_2 & y_3 & y_4\\ z_1 & z_2 & z_3 & z_4 \end{pmatrix}.$$

又图像运动对应的变换都是线性变换. 描述正四面体的运动, 只要得到四个顶点的变换即可, 四个顶点连线上的点以至所有点的变换都可得到. 所以, 观察者看到的视图, 可完全由视图坐标矩阵得到.

首先考虑伸缩变换. 伸缩变换是把正四面体沿 x,y,z 方向放大或者缩小. 假设, 正四面体沿三个方向的伸缩系数分别为 m,n,k. 则正四面体任一点 P_0 的坐标 (x_0,y_0,z_0) 在此变换下变为 P_0' : (mx_0,ny_0,kz_0). 正四面体上所有点具有相同的变换规律. 这一变换可用矩阵乘法实现.

$$\begin{pmatrix} x_0'\\ y_0'\\ z_0' \end{pmatrix}=\begin{pmatrix} m & 0 & 0\\ 0 & n & 0\\ 0 & 0 & k \end{pmatrix}\begin{pmatrix} x_0\\ y_0\\ z_0 \end{pmatrix};\ \boldsymbol{P}'=\begin{pmatrix} m & 0 & 0\\ 0 & n & 0\\ 0 & 0 & k \end{pmatrix}\begin{pmatrix} x_1 & x_2 & x_3 & x_4\\ y_1 & y_2 & y_3 & y_4\\ z_1 & z_2 & z_3 & z_4 \end{pmatrix}.$$

把新的坐标矩阵 $\boldsymbol{P}'=\begin{pmatrix} mx_1 & mx_2 & mx_3 & mx_4\\ ny_1 & ny_2 & ny_3 & ny_4\\ kz_1 & kz_2 & kz_3 & kz_4 \end{pmatrix}$ 输入视图显示系统, 就得到了新的视图. 新的视图产生了拉伸的视觉效果.

对平移变换做同样的分析. 平移变换是将正四面体平行移动到一个新的位置, 也即正四面体任一点 P_0 的坐标 (x_0,y_0,z_0) 在此变换下变为 P_0' : (x_0+a,y_0+b,z_0+c). 向量 (a,b,c) 称为平移变换的平移向量. 为描述四面体的平移变换, 定义变换矩阵

$$\boldsymbol{T}=\begin{pmatrix} a & a & a & a \\ b & b & b & b \\ c & c & c & c \end{pmatrix},$$

则变换后的四面体的视图坐标矩阵变为

$$\boldsymbol{P}'=\boldsymbol{P}+\boldsymbol{T}=\begin{pmatrix} x_1 & x_2 & x_3 & x_4 \\ y_1 & y_2 & y_3 & y_4 \\ z_1 & z_2 & z_3 & z_4 \end{pmatrix}+\begin{pmatrix} a & a & a & a \\ b & b & b & b \\ c & c & c & c \end{pmatrix}.$$

上式表明, 由矩阵的加法给出了新的视图坐标矩阵, 实现了物体的平移变换.

下面再来考虑物体的旋转变换. 旋转变换是指将物体绕某一个固定轴旋转一定角度. 这种变换也可以用矩阵的乘法实现. 假设让四面体绕 z 轴旋转一个角度 φ, 则四面体上任一点 P_0 的坐标 (x_0,y_0,z_0) 在此变换下变为 $P_0':(x_0',y_0',z_0')$. 由三角学的知识, 可推得它们有如下关系式:

$$\begin{aligned} x_0'&=r\cos(\varphi+\theta)=r\cos\varphi\cos\theta-r\sin\varphi\sin\theta=x_0\cos\varphi-y_0\sin\varphi,\\ y_0'&=r\sin(\varphi+\theta)=r\sin\varphi\cos\theta+r\cos\varphi\sin\theta=x_0\sin\varphi+y_0\cos\varphi,\\ z_0'&=z_0. \end{aligned}$$

用矩阵表示为

$$\begin{pmatrix} x_0' \\ y_0' \\ z_0' \end{pmatrix}=\begin{pmatrix} \cos\varphi & -\sin\varphi & 0 \\ \sin\varphi & \cos\varphi & 0 \\ 0 & 0 & 1 \end{pmatrix}\begin{pmatrix} x_0 \\ y_0 \\ z_0 \end{pmatrix}.$$

因此, 视图坐标矩阵在变换下可得到新的视图坐标矩阵:

$$\boldsymbol{P}'=\begin{pmatrix} \cos\varphi & -\sin\varphi & 0 \\ \sin\varphi & \cos\varphi & 0 \\ 0 & 0 & 1 \end{pmatrix}\begin{pmatrix} x_1 & x_2 & x_3 & x_4 \\ y_1 & y_2 & y_3 & y_4 \\ z_1 & z_2 & z_3 & z_4 \end{pmatrix}.$$

同理, 绕 x 轴, y 轴的旋转矩阵分别对应

$$\begin{pmatrix} 1 & 0 & 0 \\ 0 & \cos\varphi & -\sin\varphi \\ 0 & \sin\varphi & \cos\varphi \end{pmatrix},\quad \begin{pmatrix} \cos\varphi & 0 & \sin\varphi \\ 0 & 1 & 0 \\ -\sin\varphi & 0 & \cos\varphi \end{pmatrix}.$$

可以证明, 任一旋转变换都可以分解为这三种基本变换的乘积. 每一种基本变换, 可用矩阵表示, 那么任一旋转变换的矩阵对应上述三种矩阵的组合乘积. 事实上, $\mathbf{R}^3$ 空间中的任一线性变换都可以用一个 3×3 的矩阵表示. 物体坐标的改变, 等价于用变换的矩阵表示乘以原来的坐标. 在 $\mathbf{R}^3$ 空间中, 物体的任意运动都可分解成伸缩、平移和旋转变换的组合, 从而都可以用矩阵来表示.

3.8.2 矩阵在密码和解密模型中的应用

矩阵作为处理数据的一个便捷工具, 也大量应用在信息安全领域. 信息社会的发展, 给我们的交流带来了很大的便利, 同时也存在着很多的隐患. 如何保证隐私信息不被第三方截取, 成为现代社会的一个重要问题. 解决这一问题就需要对信息进行加密和解密.

例如, 某一方甲要通过公共信道向另一方乙传递信息 m. 为防止信息被窃取, 信息进入公共信道之前需要转换成秘密的形式. 信息 m 称为明文; 信息的秘密形式称为密文; 把明文变成密文的过程称为加密; 当有人知道了密码, 把密文变成明文的过程, 称为解密; 密码中的关键信息称为密钥.

早期传递情报, 常用的加密形式是置换密码, 即把英文 26 个字母中的每个字母用其他字母代替. 替换的规律可以是随机的, 也可以是系统的. 替换的方式就是置换加密的密钥. 公元前 50 年, 罗马将军凯撒使用的凯撒密码就是一个系统的置换密码例子. 他把每一个字母用其后面的第三个字母代替. 如 A $\leftarrow$ D, B $\leftarrow$ E, C $\leftarrow$ F 等. 我们也可以用数字来表示. 把 26 个字母按顺序用 1~26 编号. 用 p 表示明文中的某个字母的编号, c 表示密文中的对应字母的编号, 则它们的关系是

$$c \equiv p + 3 (\mathrm{mod}\ 26).$$

其中 $a \equiv b(\mathrm{mod}\ m)$ 表示整数 a, b 模 m 同余, 即 $a-b$ 可以被 m 整除. 上式中的 3 就是凯撒密码中的密钥. 如果一个密码是由类似于上式的形式给出

$$c \equiv p + 3 (\mathrm{mod}\ k),$$

其中 $1 \leqslant k \leqslant 25$, 称这种密码为移位置换密码, k 为置换因子. 例如, $k=3$ 时,

明文：ZHENG ZHOU UNIVERSITY OF LIGNT INDUSTRY,

密文：CKHQJ CKRX XQLYHULWB RI OLJKW LQGXVWU.

这种加密形式简单, 易于破解. 尤其现在计算机技术日新月异, 用计算机破解此种类型的密码, 轻而易举. 进一步复杂的加密形式, 就是用矩阵加密.

考虑三重图系统, 给定一个编码矩阵 $\boldsymbol{T} = \begin{pmatrix} 1 & 2 & 1 \\ 2 & 5 & 3 \\ 2 & 3 & 2 \end{pmatrix}$, 为明文 EGG 加密,

明文编码表示为 577. 加密的过程为

$$\begin{pmatrix} 1 & 2 & 1 \\ 2 & 5 & 3 \\ 2 & 3 & 2 \end{pmatrix}\begin{pmatrix} 5 \\ 7 \\ 7 \end{pmatrix}=\begin{pmatrix} 26 \\ 66 \\ 45 \end{pmatrix}.$$

所得数字不能直接转换为字母, 可把它们变为模 27 的最小余数, 即

$$\begin{pmatrix} 26 \\ 66 \\ 45 \end{pmatrix}=\begin{pmatrix} 26 \\ 12 \\ 18 \end{pmatrix}(\bmod 27),$$

从而, EGG 被加密为 ZLR.

要把密文转换为明文, 即解密, 需要的关键信息就复杂很多. 密钥不再是一个数字, 而是编码矩阵 $\boldsymbol{T}$ 和数字 27. 欲把 ZLR 解密, 可设明文对应的编码为 $(x, y, z)^{\mathrm{T}}$,

$$\begin{pmatrix} 1 & 2 & 1 \\ 2 & 5 & 3 \\ 2 & 3 & 2 \end{pmatrix}\begin{pmatrix} x \\ y \\ z \end{pmatrix}=\begin{pmatrix} 26 \\ 12 \\ 18 \end{pmatrix},$$

利用矩阵求逆可得

$$\begin{pmatrix} x \\ y \\ z \end{pmatrix}=\begin{pmatrix} 1 & -1 & 1 \\ 2 & 0 & -1 \\ -4 & 1 & 1 \end{pmatrix}\begin{pmatrix} 26 \\ 12 \\ 18 \end{pmatrix}=\begin{pmatrix} 5 \\ 7 \\ 7 \end{pmatrix}(\bmod 27),$$

从而密文被解密为 EGG.

【例 1】 用上例中的编码矩阵为明文 WORK HARD 加密并解密.

明文编码可用矩阵 $\begin{pmatrix} 23 & 11 & 1 \\ 15 & 0 & 18 \\ 18 & 8 & 4 \end{pmatrix}$ 表示, 其中数字 0 对应空格. 则加密后的编码为

$$\begin{aligned} & \begin{pmatrix} 1 & 2 & 1 \\ 2 & 5 & 3 \\ 2 & 3 & 2 \end{pmatrix}\begin{pmatrix} 23 & 11 & 1 \\ 15 & 0 & 18 \\ 18 & 8 & 4 \end{pmatrix} \\ = & \begin{pmatrix} 71 & 19 & 41 \\ 175 & 46 & 104 \\ 127 & 38 & 64 \end{pmatrix}=\begin{pmatrix} 17 & 19 & 14 \\ 13 & 19 & 23 \\ 19 & 11 & 10 \end{pmatrix}(\bmod 27). \end{aligned}$$

从而密文变成 QMSSSKNWJ.

接受信息方收到密文, 根据密钥编码矩阵 $\boldsymbol{T}$ 和 27, 可解密如下:

$$\begin{pmatrix} 1 & -1 & 1 \\ 2 & 0 & -1 \\ -4 & 1 & 1 \end{pmatrix}\begin{pmatrix} 17 & 19 & 14 \\ 13 & 19 & 23 \\ 19 & 11 & 10 \end{pmatrix}$$

$$= \begin{pmatrix} 23 & 11 & 1 \\ 15 & 27 & 18 \\ -36 & -46 & -23 \end{pmatrix} = \begin{pmatrix} 23 & 11 & 1 \\ 15 & 0 & 18 \\ 18 & 8 & 4 \end{pmatrix} (\text{mod} 27),$$

可翻译为明文：WORK HARD.

现在的信息密码研究, 所采用的加密形式, 已经远远超出这种形式, 但矩阵在里面仍然起着非常重要的作用.

3.8.3 经济学中的投入-产出模型

美国经济学家华西里 • 列昂惕夫 (Wassily Leontief) 在 20 世纪 30 年代, 提出了投入-产出经济模型. 他利用矩阵研究了一个经济系统中产量和需求之间错综复杂的关系. 这种 “投入-产出” 的分析方法, 使他获得了 1973 年的诺贝尔经济学奖. 现在这一套方法, 已被广泛应用于世界各地.

假设一个地区的经济系统可以分成 n 个部门. 它们是能够生产产品或者提供服务的部门. 把这 n 个部门的产量组合成一个向量, 称之为产出向量, 用 $\boldsymbol{x}$ 表示. 另外, 还存在一些消耗性的部门, 它们既不生产产品, 也不提供服务, 只消耗产品或服务. 假设它们对生产部门的产品或服务的需求量, 组合成向量 $\boldsymbol{d}$, 称之为最终需求向量. 在分析一个地区经济时, 这一向量也可以代表产品的出口、生产的剩余等其他外部需求.

除最终需求外, 各部门在生产产品的过程中, 也需要投入一定的产品, 称之为中间需求. 列昂惕夫提出一个平衡方程

$$\{\text{产量 } \boldsymbol{x}\} = \{\text{中间需求}\} + \{\text{最终需求 } \boldsymbol{d}\}.$$

在一个地区经济中, 总是存在某一个产量 $\boldsymbol{x}_0$ 恰好使得上式成立, 从而经济达到了平衡状态.

假设在一个地区经济系统中, 包含三个部门, 农业、制造业和服务业 (真实情况要远远复杂得多). 且该地区经济系统没有进出口, 也不考虑折旧. 为考虑问题的方便, 我们把投入或产出产品的计量, 都换算为商品价值, 以亿元为单位. 这三个部门, 每生产一个亿元的产品, 所需要的中间需求由表 3.8.1 给出.

表 3.8.1 三个部门生产产品时的中间需求

消耗	生产		
	农业	制造业	服务业
农业	0.40	0.30	0.20
制造业	0.30	0.25	0.10
服务业	0.10	0.10	0.20

表中, 对应农业的那一列, 表示生产 1 亿元的农业产品, 需要消耗 0.40 亿元的农业产品, 消耗 0.30 亿元的制造业产品, 消耗 0.10 亿元的服务业产品. 一般说来, 它们加起来要小于 1, 表示生产 1 亿元的产品, 消耗的投入应该小于 1 亿元. 把对应的三列的数据抽象出来, 写成矩阵形式

$$\boldsymbol{C}=\begin{pmatrix}0.40&0.30&0.20\\0.30&0.25&0.10\\0.10&0.10&0.20\end{pmatrix}.$$

这个矩阵称为消耗矩阵. 那么, 上面给出的列昂惕夫投入-产出方程变为

$$\boldsymbol{x}=\boldsymbol{C}\boldsymbol{x}+\boldsymbol{d}.$$

$\boldsymbol{C}\boldsymbol{x}$ 依次表示对农业产品、制造业产品和服务业产品的中间需求.

【例 2】 按照上式给出的消耗矩阵, 农业产品生产 10 亿元, 制造业生产 20 亿元, 服务业生产 30 亿元, 共需要消耗的三种产业的投入量分别是多少?

解 由投入-产出模型可知

$$\begin{pmatrix}0.40&0.30&0.20\\0.30&0.25&0.10\\0.10&0.10&0.20\end{pmatrix}\begin{pmatrix}10\\20\\30\end{pmatrix}=\begin{pmatrix}16\\11\\9\end{pmatrix},$$

所以, 共需要消耗农产品 16 亿元, 制造业产品 11 亿元, 服务业产品 9 亿元.

列昂惕夫投入-产出方程, 也常写为 $(\boldsymbol{E}-\boldsymbol{C})\boldsymbol{x}=\boldsymbol{d}$. 满足此方程的 $\boldsymbol{x}$, 即是可以维持经济平衡的各部门产品的产量.

【例 3】 按照上文给出的消耗矩阵, 如果一个经济系统对产品的最终需求向量为 $\boldsymbol{d}=(70,40,30)^{\mathrm{T}}$. 求满足该需求的产品产量 $\boldsymbol{x}$.

解 化投入-产出方程的系数矩阵为行最简形矩阵

$$\begin{pmatrix}0.40&0.30&0.20&70\\0.30&0.25&0.10&40\\0.10&0.10&0.20&30\end{pmatrix}\to\begin{pmatrix}1&1&2&300\\3&25&1&400\\4&3&2&700\end{pmatrix}\to\begin{pmatrix}1&1&2&300\\0&1&6&500\\0&0&1&82.68\end{pmatrix}$$

$$
\rightarrow \begin{pmatrix} 1 & 0 & 0 & 130.72 \\ 0 & 1 & 0 & 3.94 \\ 0 & 0 & 1 & 82.68 \end{pmatrix}.
$$

因此, 需要生产农业产品 130.72 亿元, 制造业产品 3.94 亿元, 服务业产品 82.68 亿元.

里昂惕夫投入-产出方程有没有无解的情况? 没有! 因为在实际的经济系统中, 总是存在某一个产品向量使经济系统达到平衡状态. 这一结果, 从理论上也得到了证明:

设 $\boldsymbol{C}$ 是某经济系统的消耗矩阵, $\boldsymbol{d}$ 是最终需求. 如果 $\boldsymbol{d}$ 和 $\boldsymbol{C}$ 的元素非负, 且 $\boldsymbol{C}$ 的所有列和都小于 1, 则投入-产出方程存在唯一解, 且解向量中的元素非负, 这个解为 $\boldsymbol{x} = (\boldsymbol{E} - \boldsymbol{C})^{-1}\boldsymbol{d}$.

具体的证明我们不再列出, 这是与我们的直观感觉相符合的. 需要指出的是, 列昂惕夫教授在研究这个问题时, 把美国的经济系统分成了 500 个部门, 处理了 250000 多条数据, 远远比上面介绍的例子复杂. 在实际的应用中, 经济系统中还可以加入新创造价值的数据, 比如劳动报酬纯利润等.

第 4 章 n 维向量与线性方程组

n 维向量与线性方程组是线性代数中两个最基本的问题, 也是最重要的研究对象之一, 具有广泛的应用性, 线性方程组几乎贯穿于整个线性代数. 线性方程组的产生历史悠久, 不论是在数学理论还是在实际应用中都是经常出现的, 在研究解线性方程组的过程中, 产生了行列式、矩阵、向量空间、线性变换等重要概念.

本章在几何向量的基础上引入 n 维向量的概念, 其次讨论向量组的线性相关性、向量组的秩以及向量空间的基与维数, 最后给出线性方程组解的性质和解的结构.

4.1 n 维向量

4.1课件

4.1.1 n 维向量的概念

第 2 章讲过几何向量空间, 在空间直角坐标系中, 由三个数 x, y, z 构成的有序数组 (x, y, z) 表示向量. 但几何向量已经不能满足实际问题的需要, 必须把它们推广到 n 维向量空间. 下面介绍 n 维向量.

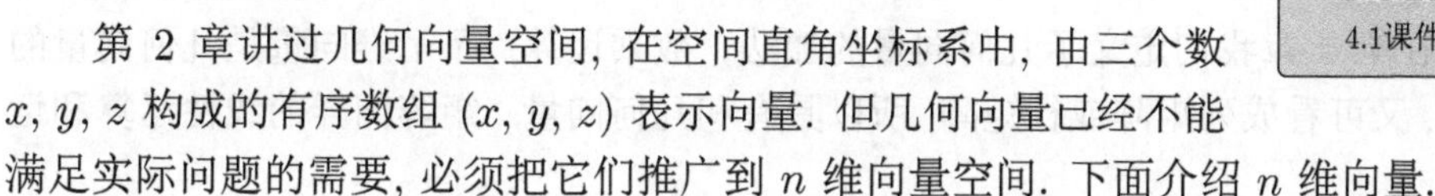

定义 4.1.1 n 个数 $a_1, a_2, \cdots, a_n$ 组成的有序数组 $(a_1, a_2, \cdots, a_n)$, 称为 n **维向量**. 这 n 个数称为该向量的 n 个**分量**, 第 i 个数 a_i 称为**第 i 个分量**.

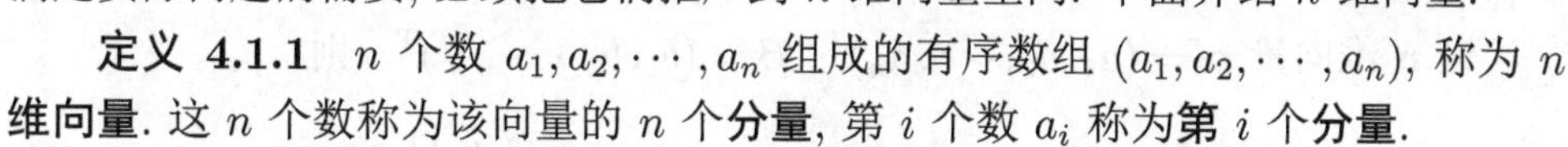

分量全为实数的向量称为**实向量**, 分量为复数的向量称为**复向量**. 如不特别说明, 本书主要讨论实向量.

n 维向量的 n 个分量写成一行, 称为**行向量**, 也就是**行矩阵**, 通常用 $\boldsymbol{a}^{\mathrm{T}}, \boldsymbol{b}^{\mathrm{T}}, \boldsymbol{\alpha}^{\mathrm{T}}, \boldsymbol{\beta}^{\mathrm{T}}, \cdots$ 表示, 如 $\boldsymbol{\alpha}^{\mathrm{T}} = (a_1, a_2, \cdots, a_n)$.

n 维向量的 n 个分量写成一列, 称为**列向量**, 也就是**列矩阵**, 通常用 $\boldsymbol{a}, \boldsymbol{b}, \boldsymbol{\alpha}, \boldsymbol{\beta}, \cdots$ 表示, 如

$$\boldsymbol{\alpha} = \begin{pmatrix} a_1 \\ a_2 \\ \vdots \\ a_n \end{pmatrix}.$$

分量全是 0 的向量称为**零向量**, 记作 $\mathbf{0}$, 即 $\mathbf{0} = (0, 0, \cdots, 0)^{\mathrm{T}}$.

实际中对 n 维向量的解释, 如: 确定飞机飞行的状态 (图 4.1.1), 需要以下 6 个参数:

机身的仰角 $\varphi\left(-\dfrac{\pi}{2}\leqslant\varphi\leqslant\dfrac{\pi}{2}\right)$,

机翼的转角 $\psi(-\pi<\psi\leqslant\pi)$,

机身的水平转角 $\theta(0\leqslant\theta<2\pi)$,

飞机重心在空间的位置 $P(x, y, z)$,

所以, 确定飞机的状态, 需要用 6 维向量 $\boldsymbol{\alpha}=(x, y, z, \varphi, \psi, \theta)^{\mathrm{T}}$ 来描述. 如果还需要时刻 t 这个参数, 那么可用 7 维向量 $\boldsymbol{\beta}=(x, y, z, \varphi, \psi, \theta, t)^{\mathrm{T}}$ 来描述某一时刻飞机的飞行状态.

图 4.1.1

4.1.2 n 维向量的线性运算

在第 2 章我们定义了几何向量的加法、数乘运算, 而 n 维向量是几何向量的推广, 又可看成列矩阵或行矩阵, 所以具有和几何向量、矩阵同样的线性运算和运算律.

设 n 维向量 $\boldsymbol{\alpha}=(a_1,a_2,\cdots,a_n)^{\mathrm{T}}$, $\boldsymbol{\beta}=(b_1,b_2,\cdots,b_n)^{\mathrm{T}}$, 则

$$\boldsymbol{\alpha}+\boldsymbol{\beta}=(a_1+b_1,a_2+b_2,\cdots,a_n+b_n)^{\mathrm{T}}$$

称为 $\boldsymbol{\alpha}$ 与 $\boldsymbol{\beta}$ 的**加法**.

若 $k\in\mathbf{R}$, 则 $k\boldsymbol{\alpha}=(ka_1,ka_2,\cdots,ka_n)^{\mathrm{T}}$, 称为数与向量的乘法, 简称**数乘**.

由向量的数乘运算, 可得向量 $\boldsymbol{\alpha}$ 的**负向量** $-\boldsymbol{\alpha}$, 即 $-\boldsymbol{\alpha}=(-a_1,-a_2,\cdots,-a_n)^{\mathrm{T}}$.

如果 $\boldsymbol{\alpha}$ 与 $\boldsymbol{\beta}$ 的各个分量对应相等, 则称向量 $\boldsymbol{\alpha}$ 与 $\boldsymbol{\beta}$ **相等**, 记作 $\boldsymbol{\alpha}=\boldsymbol{\beta}$.

为了讨论的方便以及前后使用符号的一致性, 按照矩阵相等的定义, 对 n 维行向量和 n 维列向量, 既使分量对应相等, 也看作是两个不相等的向量. 如无特别说明, 今后我们讨论的向量均为列向量.

n 维向量的加法与数乘称为向量的线性运算, 满足如下八条运算律:

(1) $\boldsymbol{\alpha}+\boldsymbol{\beta}=\boldsymbol{\beta}+\boldsymbol{\alpha}$;

(2) $(\boldsymbol{\alpha}+\boldsymbol{\beta})+\boldsymbol{\gamma}=\boldsymbol{\alpha}+(\boldsymbol{\beta}+\boldsymbol{\gamma})$;

(3) $\boldsymbol{\alpha}+\mathbf{0}=\mathbf{0}+\boldsymbol{\alpha}=\boldsymbol{\alpha}$;

(4) $\boldsymbol{\alpha}+(-\boldsymbol{\alpha})=\mathbf{0}$;

(5) $1\,\boldsymbol{\alpha}=\boldsymbol{\alpha}$;

(6) $k(l\boldsymbol{\alpha})=(kl)\boldsymbol{\alpha}$;

(7) $(k+l)\boldsymbol{\alpha}=k\boldsymbol{\alpha}+l\boldsymbol{\alpha}$;

(8) $k(\boldsymbol{\alpha}+\boldsymbol{\beta})=k\boldsymbol{\alpha}+k\boldsymbol{\beta}$.

其中 $\boldsymbol{\alpha}$, $\boldsymbol{\beta}$, $\boldsymbol{\gamma}$ 均为 n 维实向量, k, l 均为实数.

4.1.3 向量空间及其子空间

定义 4.1.2 设 $\boldsymbol{V}$ 是非空的 n 维向量的集合, 如果对于 $\boldsymbol{V}$ 中的任意向量 $\boldsymbol{\alpha}$, $\boldsymbol{\beta}$ 及实数 λ, 关于上述定义的线性运算, 总有

$$\boldsymbol{\alpha}+\boldsymbol{\beta}\in\boldsymbol{V},\quad \lambda\boldsymbol{\alpha}\in\boldsymbol{V},$$

则称 $\boldsymbol{V}$ 是**向量空间**. 这时称集合 $\boldsymbol{V}$ 对于向量的加法与数乘两种运算封闭.

如果 $\boldsymbol{V}$ 中的向量, 对加法与数乘两种运算有一个不封闭, 就构不成向量空间. 由定义 4.1.2, 向量空间必含零向量, 任意向量的负向量也必在其中, 且满足八条运算律.

记 $\mathbf{R}^n$ 为所有 n 维实向量的集合, 显然 $\mathbf{R}^n$ 构成向量空间, 称 $\mathbf{R}^n$ 为 ***n* 维实向量空间**.

例 4.1.1 判别下列集合是否为向量空间.

$$\boldsymbol{V}_1=\left\{\boldsymbol{x}=(0,x_2,\cdots,x_n)^{\mathrm{T}}\ |x_2,\cdots,x_n\in\mathbf{R}\right\}.$$

解 $\boldsymbol{V}_1$ 是向量空间. 因为对于 $\boldsymbol{V}_1$ 的任意两个向量

$$\boldsymbol{\alpha}=(0,a_2,\cdots,a_n)^{\mathrm{T}},\quad \boldsymbol{\beta}=(0,b_2,\cdots,b_n)^{\mathrm{T}},\quad a_i\in\mathbf{R},\ b_i\in\mathbf{R}\quad(i=2,\cdots,n),$$

有

$$\boldsymbol{\alpha}+\boldsymbol{\beta}=(0,a_2+b_2,\cdots,a_n+b_n)^{\mathrm{T}}\in\boldsymbol{V}_1,$$

对 $\lambda\in\mathbf{R}$,

$$\lambda\boldsymbol{\alpha}=(0,\lambda a_2,\cdots,\lambda a_n)^{\mathrm{T}}\in\boldsymbol{V}_1.$$

即 $\boldsymbol{V}_1$ 中的向量对 n 维向量的加法与数乘都封闭, 所以 $\boldsymbol{V}_1$ 是向量空间.

例 4.1.2 判别下列集合是否为向量空间.

$$\boldsymbol{V}_2=\left\{x=(1,x_2,\cdots,x_n)^{\mathrm{T}}\ |x_2,\cdots,x_n\in\mathbf{R}\right\}.$$

解　$\boldsymbol{V}_2$ 不是向量空间. 因为若

$$\boldsymbol{\alpha}=(1,a_2,\cdots,a_n)^{\mathrm{T}}\in\boldsymbol{V}_2,\quad \boldsymbol{\beta}=(1,b_2,\cdots,b_n)^{\mathrm{T}}\in\boldsymbol{V}_2,$$

则

$$\boldsymbol{\alpha}+\boldsymbol{\beta}=(1,a_2,\cdots,a_n)^{\mathrm{T}}+(1,b_2,\cdots,b_n)^{\mathrm{T}}=(2,a_2+b_2,\cdots,a_n+b_n)^{\mathrm{T}}\notin\boldsymbol{V}_2,$$

$\boldsymbol{V}_2$ 中的向量对加法不封闭, 所以 $\boldsymbol{V}_2$ 不是向量空间.

实际上, $\boldsymbol{V}_2$ 中的向量对数乘也不封闭.

例 4.1.3　设 $\boldsymbol{\alpha}$, $\boldsymbol{\beta}$ 为两个已知的 n 维向量, 证明集合

$$\boldsymbol{V}=\{\boldsymbol{\delta}=k\boldsymbol{\alpha}+l\boldsymbol{\beta}|\,k,l\in\mathbf{R}\}$$

是一个向量空间.

证明　如果 $\boldsymbol{\delta}_1=k_1\boldsymbol{\alpha}+l_1\boldsymbol{\beta}\in\boldsymbol{V}$, $\boldsymbol{\delta}_2=k_2\boldsymbol{\alpha}+l_2\boldsymbol{\beta}\in\boldsymbol{V}$, 则 $k_1,l_1,k_2,l_2\in\mathbf{R}$, 而

$$\boldsymbol{\delta}_1+\boldsymbol{\delta}_2=(k_1\boldsymbol{\alpha}+l_1\boldsymbol{\beta})+(k_2\boldsymbol{\alpha}+l_2\boldsymbol{\beta})=(k_1+k_2)\boldsymbol{\alpha}+(l_1+l_2)\boldsymbol{\beta},\quad k_1+k_2,l_1+l_2\in\mathbf{R},$$

即集合 $\boldsymbol{V}$ 中的向量对加法封闭; 对 $\forall\lambda\in\mathbf{R}$, 有 $\lambda\boldsymbol{\delta}=(\lambda k)\boldsymbol{\alpha}+(\lambda l)\boldsymbol{\beta}$, $\lambda k\in\mathbf{R}$, $\lambda l\in\mathbf{R}$, 即 $\boldsymbol{V}$ 中的向量对数乘封闭. 所以 $\boldsymbol{V}$ 是向量空间, 并称 $\boldsymbol{V}$ 是由向量 $\boldsymbol{\alpha},\boldsymbol{\beta}$ 所生成的**向量空间.**

一般地, 由向量 $\boldsymbol{\alpha}_1,\boldsymbol{\alpha}_2,\cdots,\boldsymbol{\alpha}_m$ 所生成的向量空间记为

$$L(\boldsymbol{\alpha}_1,\boldsymbol{\alpha}_2,\cdots,\boldsymbol{\alpha}_m)=\{\boldsymbol{\delta}=k_1\boldsymbol{\alpha}_1+k_2\boldsymbol{\alpha}_2+\cdots+k_m\alpha_m\,|k_1,k_2,\cdots,k_m\in\mathbf{R}\}\ .$$

定义 4.1.3　设向量空间 $\boldsymbol{V}_1$ 和 $\boldsymbol{V}_2$, 如果 $\boldsymbol{V}_1\subseteq\boldsymbol{V}_2$, 则称 $\boldsymbol{V}_1$ 是 $\boldsymbol{V}_2$ 的子空间.

例 4.1.1 中的 $\boldsymbol{V}_1$ 是 $\mathbf{R}^n$ 的一个子空间. 只有一个零向量 $\mathbf{0}=(0,0,\cdots,0)^{\mathrm{T}}$ 构成的集合 $\{\mathbf{0}\}$ 是向量空间, 称为**零空间**. $\mathbf{R}^n$ 也是自身的子空间, 称零空间和 $\mathbf{R}^n$ 为 $\mathbf{R}^n$ 的**平凡子空间**.

当 $n\leqslant 3$ 时, 子空间具有直观的几何解释. 如 $\mathbf{0}=(0,0,0)^{\mathrm{T}}$ 为 $\mathbf{R}^3$ 的零子空间; 过原点的直线构成 $\mathbf{R}^3$ 的一维子空间; 过原点的平面构成 $\mathbf{R}^3$ 的二维子空间; $\mathbf{R}^3$ 也是 $\mathbf{R}^3$ 的一个子空间.

*4.1.4　线性空间及其子空间

前面我们讨论了 n 维实向量的集合 $\mathbf{R}^n$, 对所定义的 “加法” 与 “数乘” 满足八条运算律. 但在实际中我们发现有其他集合也具有这种性质.

例 4.1.4 定义在闭区间 $[a,b]$ 上的连续函数的全体.

对加法与数乘两种运算是封闭的, 即两个连续函数的和还是连续函数, 连续函数与实数的乘积还是连续函数, 且满足连续函数的加法和数乘的八条运算律.

例 4.1.5 次数不超过 m 的实系数多项式的全体

$$\mathbf{R}_m[x]=\left\{a_mx^m+a_{m-2}x^{m-2}+\cdots+a_1x+a_0|a_i\in\mathbf{R},i=0,1,\cdots,m\right\}.$$

$\mathbf{R}_m[x]$ 中任意两个次数不超过 m 的实系数多项式的和还在 $\mathbf{R}_m[x]$ 中, 任一实数乘以 $\mathbf{R}_m[x]$ 中的任一多项式还在 $\mathbf{R}_m[x]$ 中, 并且可以验证对多项式的 "加法" 与 "数乘" 满足八条运算律.

例 4.1.6 二阶齐次线性微分方程 $y''+p(x)y'+q(x)y=0$ 的所有解的集合 S 对加法与数乘封闭, 且满足八条运算律.

像这样的例子还有很多, 通过这些例子我们看到, 虽然讨论的对象完全不同, 但它们有一个共同的特点, 就是对集合中的元素 (也称为元) 定义 "加法" 和 "数乘" 两种运算, 并且集合对这两种运算是封闭的. 我们舍去这些集合中元素的具体含义, 抽象出其本质属性, 给出线性空间的定义.

定义 4.1.4 设 S 是一个非空数集, 如果对于 S 中的任意两个数 a 和 b, 有 $a+b$, $a-b, ab$ 都在 S 内, 则称 S 是一个数环.

定义 4.1.5 设 F 是一个数环, 如果 F 中含有一个数 $a\neq 0$, 对于 F 中任意的数 b, 总有 $\dfrac{b}{a}\in F$, 则称 F 为**数域**.

常见的数域有有理数域 $\mathbf{Q}$、实数域 $\mathbf{R}$、复数域 $\mathbf{C}$. 而整数集 $\mathbf{Z}$ 不是数域.

定义 4.1.6 设 $\boldsymbol{V}$ 是一个非空集合, P 是一个数域. 如果在 $\boldsymbol{V}$ 中定义了一个 "+", 称为加法; 在 P 与 $\boldsymbol{V}$ 之间定义了一种运算 "·", 称为数乘. $\boldsymbol{V}$ 中的元对所定义的 "+" 与 "·" 封闭, 并且满足以下运算律 (设 $\boldsymbol{\alpha},\boldsymbol{\beta},\boldsymbol{\gamma}\in\boldsymbol{V},k,l,m\in P$):

(1) 交换律: $\boldsymbol{\alpha}+\boldsymbol{\beta}=\boldsymbol{\beta}+\boldsymbol{\alpha}$;

(2) 结合律: $(\boldsymbol{\alpha}+\boldsymbol{\beta})+\boldsymbol{\gamma}=\boldsymbol{\alpha}+(\boldsymbol{\beta}+\boldsymbol{\gamma})$;

(3) 零元律: 存在零元 $\boldsymbol{\theta}$, 使 $\boldsymbol{\alpha}+\boldsymbol{\theta}=\boldsymbol{\alpha}$;

(4) 负元律: 对 $\forall\boldsymbol{x}\in\boldsymbol{V}$, $\exists$ 元 $\boldsymbol{y}\in\boldsymbol{V}$, 使 $\boldsymbol{x}+\boldsymbol{y}=\boldsymbol{\theta}$, 称 $\boldsymbol{y}$ 为 $\boldsymbol{x}$ 的负元, 记为 $(-\boldsymbol{x})$, 则有 $\boldsymbol{x}+(-\boldsymbol{x})=\boldsymbol{\theta}$;

(5) 数分配律: $k(\boldsymbol{\alpha}+\boldsymbol{\beta})=k\boldsymbol{\alpha}+k\boldsymbol{\beta}$;

(6) 向量分配律: $(k+l)\,\boldsymbol{\alpha}=k\boldsymbol{\alpha}+l\boldsymbol{\alpha}$;

(7) 数结合律: $k(l\,\boldsymbol{\alpha})=(kl)\boldsymbol{\alpha}$;

(8) 恒等律: 存在单位数 $1\in P$, 使得 $1\,\boldsymbol{\alpha}=\boldsymbol{\alpha}$.

则称 $\boldsymbol{V}$ 为数域 P 上的**线性空间**.

线性空间中的元 $\boldsymbol{\alpha},\boldsymbol{\beta},\boldsymbol{\gamma}$ 也称为**向量**, 但这里的向量要比我们之前讲的几何向量、n 维向量的含义广泛得多. 为了统一, 我们把**线性空间**也称为**向量空间**. 当数域 P 为实数域时, 称 $\boldsymbol{V}$ 为**实线性空间**; 当数域 P 为复数域时, 称 $\boldsymbol{V}$ 为**复线性空间.** 例 4.1.5 中的 $\mathbf{R}_m[x]$ 就是实数域 $\mathbf{R}$ 上的线性空间, 也称为**多项式空间**. 例 4.1.6 中的解集 $\boldsymbol{S}$ 是 $\mathbf{R}$ 上的线性空间. 对于线性空间, 我们下面再给出一个例子以加深理解这个概念.

例 4.1.7 设 $\mathbf{R}^+$ 为所有正实数的全体, 即 $\mathbf{R}^+=\{a|a>0,a\in\mathbf{R}\}$, 数域为 $\mathbf{R}$, 在 $\mathbf{R}^+$ 中定义加法 "$\oplus$" 和数乘 "$\odot$" 两种运算分别为

$$a\oplus b=ab,\quad k\odot a=a^k\quad(a,b\in\mathbf{R}^+,k\in\mathbf{R})$$

证明 $\mathbf{R}^+$ 对所定义的加法 "$\oplus$" 和数乘 "$\odot$" 构成 $\mathbf{R}$ 上的线性空间.

证明 首先证明两种运算封闭.

因为对任意的 $a,b\in\mathbf{R}^+$, 都有 $a\oplus b=ab\in\mathbf{R}^+$, 即对加法封闭; 又对任意的 $k\in R,k\odot a=a^k\in\mathbf{R}^+$, 即对数乘封闭.

其次证明两种运算满足上述八条运算律 (设 a, b, $c\in\mathbf{R}^+$; k, $l\in\mathbf{R}$):

(1) $a\oplus b=ab=ba=b\oplus a$;

(2) $(a\oplus b)\oplus c=(ab)\oplus c=(ab)c=a(bc)=a\oplus(bc)=a\oplus(b\oplus c)$;

(3) $\mathbf{R}^+$ 中存在零元 1, 使得对任意 $a\in\mathbf{R}^+$, 都有 $a\oplus1=a\cdot1=a$;

(4) 存在负元 a^{-1}, 对任意 $a\in\mathbf{R}^+$, 存在 $a^{-1}\in\mathbf{R}^+$, 使 $a\oplus a^{-1}=a\cdot a^{-1}=1$;

(5) 对任意的 $k\in\mathbf{R},k\odot(a\oplus b)=(ab)^k=a^kb^k=(k\odot a)\oplus(k\odot b)$;

(6) 对任意的 $k,l\in\mathbf{R}$, $(k+l)\odot a=(a)^{k+l}=a^ka^l=(k\odot a)\oplus(l\odot a)$;

(7) $k\odot(l\odot a)=k\odot a^l=(a^l)^k=a^{kl}=(kl)\odot a$;

(8) 存在单位数 $1\in\mathbf{R}$, 使 $1\odot a=a^1=a$.

故 $\mathbf{R}^+$ 对所定义的加法与数乘构成 $\mathbf{R}$ 上的线性空间.

从这个例子可以看出, 线性空间中定义的加法与数乘不一定是通常意义上的加法与数乘, 只是我们称这两种运算为加法与数乘.

线性空间 $\boldsymbol{V}$ 具有以下性质:

(1) $\boldsymbol{V}$ 中零元是唯一的;

(2) $\boldsymbol{V}$ 中任一元 $\boldsymbol{\alpha}$ 的负元是唯一的;

(3) $\boldsymbol{V}$ 中有恒等式: $0\boldsymbol{\alpha}=\boldsymbol{\theta},(-1)\boldsymbol{\alpha}=-\boldsymbol{\alpha},k\boldsymbol{\theta}=\boldsymbol{\theta}$;

(4) 若 $k\boldsymbol{\alpha}=\boldsymbol{\theta}$, 则有 $k=0$ 或 $\boldsymbol{\alpha}=\boldsymbol{\theta}$.

我们只证明其中的性质 (1) 和 (2), 其余性质的证明留给读者.

证明 (1) 设 $\boldsymbol{V}$ 中存在两个零元 $\boldsymbol{\theta}_1,\boldsymbol{\theta}_2$, 对 $\forall\boldsymbol{\alpha}\in\boldsymbol{V}$, 按照零元律, 有

$$\boldsymbol{\alpha}+\boldsymbol{\theta}_1=\boldsymbol{\alpha},\quad\boldsymbol{\alpha}+\boldsymbol{\theta}_2=\boldsymbol{\alpha},$$

于是

$$\boldsymbol{\theta}_1 = \boldsymbol{\theta}_1 + \boldsymbol{\theta}_2 = \boldsymbol{\theta}_2 + \boldsymbol{\theta}_1 = \boldsymbol{\theta}_2.$$

所以 $\boldsymbol{V}$ 中零元唯一.

(2) 设 $\boldsymbol{V}$ 中任一元 $\boldsymbol{\alpha}$ 的负元有两个, 分别记为 $\boldsymbol{\alpha}_1, \boldsymbol{\alpha}_2$, 则根据负元律有

$$\boldsymbol{\alpha} + \boldsymbol{\alpha}_1 = \boldsymbol{\theta} = \boldsymbol{\alpha} + \boldsymbol{\alpha}_2,$$

则

$$\boldsymbol{\alpha}_1 = \boldsymbol{\alpha}_1 + \boldsymbol{\theta} = \boldsymbol{\alpha}_1 + (\boldsymbol{\alpha} + \boldsymbol{\alpha}_2) = (\boldsymbol{\alpha}_1 + \boldsymbol{\alpha}) + \boldsymbol{\alpha}_2 = \boldsymbol{\theta} + \boldsymbol{\alpha}_2 = \boldsymbol{\alpha}_2.$$

故 $\boldsymbol{V}$ 中任一元的负元唯一.

定义 4.1.7 设 $\boldsymbol{V}_1$ 是数域 P 上的线性空间 $\boldsymbol{V}$ 的一个非空子集合, 且对 $\boldsymbol{V}$ 已有的线性运算满足以下条件:

(1) 如果 $\boldsymbol{\alpha}, \boldsymbol{\beta} \in \boldsymbol{V}_1$, 则 $\boldsymbol{\alpha} + \boldsymbol{\beta} \in \boldsymbol{V}_1$;

(2) 如果 $\boldsymbol{\alpha} \in \boldsymbol{V}_1$; $\lambda \in P$, 则 $\lambda\boldsymbol{\alpha} \in \boldsymbol{V}_1$.

则称 $\boldsymbol{V}_1$ 是 $\boldsymbol{V}$ 的一个线性子空间, 简称**子空间**.

习 题 4.1

1. 已知向量 $\boldsymbol{\alpha}_1 = (1,\ 0,\ -1,\ 1)^{\mathrm{T}}$, $\boldsymbol{\alpha}_2 = (-2,\ 3,\ 1, 5)^{\mathrm{T}}, \boldsymbol{\alpha}_3 = (-1,\ 0,\ 1, 0)^{\mathrm{T}}$, 求 $3(\boldsymbol{\alpha}_1 - \boldsymbol{\alpha}_2) - 2(\boldsymbol{\alpha}_2 + 2\boldsymbol{\alpha}_3) + (3\boldsymbol{\alpha}_3 - \boldsymbol{\alpha}_1)$.

2. 已知 $\boldsymbol{\alpha} = (1,\ 3,\ -2, 1)^{\mathrm{T}}$, $\boldsymbol{\beta} = (-5,\ 0,\ 1, 7)^{\mathrm{T}}$, 且 $2(\boldsymbol{\alpha}-\boldsymbol{\gamma}) - (\boldsymbol{\alpha}-2\boldsymbol{\beta}) = 3(\boldsymbol{\alpha}+\boldsymbol{\beta}-\boldsymbol{\gamma})$, 求向量 $\boldsymbol{\gamma}$.

3. 判断下列集合是不是向量空间? 并说明理由.

(1) $\boldsymbol{V}_1 = \left\{ \boldsymbol{x} = (x_1, x_2, \cdots, x_n)^{\mathrm{T}} \left| \sum_{i=1}^{n} x_i = 0,\ \ x_1, \cdots, x_n \in \mathbf{R} \right.\right\}$;

(2) $\boldsymbol{V}_2 = \left\{ \boldsymbol{x} = (x_1, x_2, \cdots, x_n)^{\mathrm{T}} \left| \sum_{i=1}^{n} x_i = 1,\ \ x_1, \cdots, x_n \in \mathbf{R} \right.\right\}$;

(3) $\boldsymbol{V}_3 = \left\{ \boldsymbol{x} = (x_1, x_2, \cdots, x_n)^{\mathrm{T}} | x_1, x_2, \cdots, x_n \in \mathbf{Z} \right\}$;

(4) $\boldsymbol{V}_4 = \left\{ \boldsymbol{x} = (x_1,\ 0, \cdots, 0,\ x_n)^{\mathrm{T}} | x_1,\ x_n \in \mathbf{R} \right\}$.

4. 设 $\boldsymbol{\varepsilon}_1 = (1,\ 0,\ 0,\ 0)^{\mathrm{T}}, \boldsymbol{\varepsilon}_2 = (0,\ 1,\ 0,\ 0)^{\mathrm{T}}, \boldsymbol{\varepsilon}_3 = (0,\ 0,\ 1,\ 0)^{\mathrm{T}}, \boldsymbol{\varepsilon}_4 = (0,\ 0,\ 0,\ 1)^{\mathrm{T}}$, 试确定

(1) 由 $\boldsymbol{\varepsilon}_1,\ \boldsymbol{\varepsilon}_3$ 所生成的向量空间.

(2) 由 $\boldsymbol{\varepsilon}_1,\ \boldsymbol{\varepsilon}_2,\ \boldsymbol{\varepsilon}_3,\ \boldsymbol{\varepsilon}_4$ 所生成的向量空间.

*5. 对下列给定的集合与数域判断是否为线性空间?

(1) $\boldsymbol{V} = \{\boldsymbol{A} | \boldsymbol{A} = (a_{ij})_{m\times n}, a_{ij} \in \mathbf{R}, i = 1, 2, \cdots, m; j = 1, 2, \cdots, n\}$, P 为有理数域 $\mathbf{Q}$, “+” 与 “·” 就是通常矩阵的加法与数乘.

(2) $\boldsymbol{V}=\{\text{可逆矩阵}\boldsymbol{A}|\boldsymbol{A}=(a_{ij})_{n\times n}, a_{ij}\in\mathbf{R}, i=1,2,\cdots,n\}$, P 为实数域 $\mathbf{R}$, “+” 与 “.” 就是通常矩阵的加法与数乘.

*6. 证明线性空间的如下性质:

(1) $\boldsymbol{V}$ 中有恒等式: $0\,\boldsymbol{\alpha}=\boldsymbol{\theta}, (-1)\boldsymbol{\alpha}=-\boldsymbol{\alpha}, k\boldsymbol{\theta}=\boldsymbol{\theta}$;

(2) 若 $k\boldsymbol{\alpha}=\boldsymbol{\theta}$, 则有 $k=0$ 或 $\boldsymbol{\alpha}=\boldsymbol{\theta}$.

4.2　向量组的线性相关性

4.2.1　向量组的线性表示

定义 4.2.1　同维数的列 (或行) 向量的集合称为**向量组**.

例如, 一个 $m\times n$ 矩阵 $\boldsymbol{A}=(a_{ij})$ 有 m 个 n 维行向量

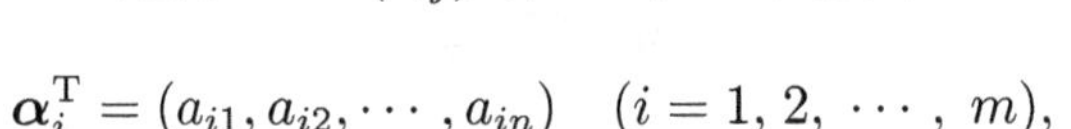

$$\boldsymbol{\alpha}_i^{\mathrm{T}}=(a_{i1},a_{i2},\cdots,a_{in})\quad(i=1,2,\cdots,m),$$

这 m 个行向量 $\boldsymbol{\alpha}_1^{\mathrm{T}}, \boldsymbol{\alpha}_2^{\mathrm{T}},\cdots,\boldsymbol{\alpha}_m^{\mathrm{T}}$ 构成向量组, 称为矩阵 $\boldsymbol{A}$ 的行向量组.

同样 $m\times n$ 矩阵 $\boldsymbol{A}=(a_{ij})$ 又有 n 个 m 维列向量

$$\boldsymbol{\beta}_j=(a_{1j},a_{2j},\cdots,a_{mj})^{\mathrm{T}}\quad(j=1,2,\cdots,n),$$

这 n 个 m 维列向量 $\boldsymbol{\beta}_1,\boldsymbol{\beta}_2,\cdots,\boldsymbol{\beta}_n$ 构成矩阵 $\boldsymbol{A}$ 的列向量组.

反之, 同维数的行向量组或列向量组又可以构成矩阵. 即

$$\boldsymbol{A}=\begin{pmatrix}\boldsymbol{\alpha}_1^{\mathrm{T}}\\ \boldsymbol{\alpha}_2^{\mathrm{T}}\\ \vdots\\ \boldsymbol{\alpha}_m^{\mathrm{T}}\end{pmatrix}\quad\text{或}\quad\boldsymbol{A}=(\boldsymbol{\beta}_1,\boldsymbol{\beta}_2,\cdots,\boldsymbol{\beta}_n).$$

有了向量组的概念, 下面我们讨论向量组的线性表示.

我们知道, 在几何向量空间中, 如果两个向量共线, 即 $\boldsymbol{a}//\boldsymbol{b}$ 且 $\boldsymbol{a}\neq\boldsymbol{0}$, 则存在唯一的实数 λ, 使得 $\boldsymbol{b}=\lambda\boldsymbol{a}$. 如果三个向量 $\boldsymbol{a},\boldsymbol{b},\boldsymbol{c}$ 共面 (平行于同一平面), 且 $\boldsymbol{a},\boldsymbol{b}$ 不共线, 则存在唯一实数组 (λ_1,λ_2), 使得 $\boldsymbol{c}=\lambda_1\boldsymbol{a}+\lambda_2\boldsymbol{b}$. 我们把多个向量之间的这种关系加以推广, 给出线性表示或线性组合的定义.

定义 4.2.2 对给定的向量组 $\boldsymbol{\alpha}_1,\boldsymbol{\alpha}_2,\cdots,\boldsymbol{\alpha}_m,\boldsymbol{\beta}$, 如果存在一组数 $\lambda_1,\lambda_2,\cdots,\lambda_m$, 使得

$$\boldsymbol{\beta}=\lambda_1\boldsymbol{\alpha}_1+\lambda_2\boldsymbol{\alpha}_2+\cdots+\lambda_m\boldsymbol{\alpha}_m,$$

则称向量 $\boldsymbol{\beta}$ 可由向量组 $\boldsymbol{\alpha}_1,\boldsymbol{\alpha}_2,\cdots,\boldsymbol{\alpha}_m$ **线性表示**, 或称向量 $\boldsymbol{\beta}$ 为向量组 $\boldsymbol{\alpha}_1,\boldsymbol{\alpha}_2,\cdots,\boldsymbol{\alpha}_m$ 的线性组合, 称 $\lambda_1,\lambda_2,\cdots,\lambda_m$ 为**表示系数或组合系数**.

例 4.2.1 证明零向量可由与它同维数的任何向量组线性表示.

证明 设向量组 $\boldsymbol{\alpha}_1,\boldsymbol{\alpha}_2,\cdots,\boldsymbol{\alpha}_s$ 是与 $\mathbf{0}$ 向量同维数的任一向量组, 则有

$$\mathbf{0}=0\boldsymbol{\alpha}_1+0\boldsymbol{\alpha}_2+\cdots+0\boldsymbol{\alpha}_s.$$

例 4.2.2 证明向量组 $\boldsymbol{\alpha}_1,\boldsymbol{\alpha}_2,\cdots,\boldsymbol{\alpha}_m$ 中的任一向量都可由这个向量组线性表示.

证明 因为

$$\boldsymbol{\alpha}_i=0\boldsymbol{\alpha}_1+0\boldsymbol{\alpha}_2+\cdots+0\boldsymbol{\alpha}_{i-1}+1\boldsymbol{\alpha}_i+0\boldsymbol{\alpha}_{i+1}+\cdots+0\boldsymbol{\alpha}_m,$$

所以 $\boldsymbol{\alpha}_i\ (i=1,\ 2,\ \cdots,\ m)$ 可由 $\boldsymbol{\alpha}_1,\boldsymbol{\alpha}_2,\cdots,\boldsymbol{\alpha}_m$ 线性表示.

例 4.2.3 证明任一 n 维向量 $\boldsymbol{\alpha}=(x_1,\ x_2,\ \cdots,\ x_n)^{\mathrm{T}}$ 都可由基本向量组

$$\boldsymbol{\varepsilon}_1=(1,\ 0,\ \cdots,0)^{\mathrm{T}},\quad \boldsymbol{\varepsilon}_2=(0,\ 1,\cdots,0)^{\mathrm{T}},\quad \cdots,\quad \boldsymbol{\varepsilon}_n=(0,\ 0,\ \cdots,1)^{\mathrm{T}}.$$

线性表示.

证明 因为存在一组数 $x_1,\ x_2,\ \cdots,\ x_n$, 使得

$$\boldsymbol{\alpha}=\begin{pmatrix}x_1\\x_2\\\vdots\\x_n\end{pmatrix}=x_1\begin{pmatrix}1\\0\\\vdots\\0\end{pmatrix}+x_2\begin{pmatrix}0\\1\\\vdots\\0\end{pmatrix}+\cdots+x_n\begin{pmatrix}0\\0\\\vdots\\1\end{pmatrix}=x_1\boldsymbol{\varepsilon}_1+x_2\boldsymbol{\varepsilon}_2+\cdots+x_n\boldsymbol{\varepsilon}_n.$$

所以任一 n 维向量都可由基本单位向量组线性表示.

例 4.2.4 判断向量 $\boldsymbol{b}=(1,\ -3,\ 2)^{\mathrm{T}}$ 是否可由向量组 $\boldsymbol{\beta}_1=(-1,\ 0,2)^{\mathrm{T}},\boldsymbol{\beta}_2=(4,\ 5,\ 1)^{\mathrm{T}},\ \boldsymbol{\beta}_3=(2,\ -1,\ -2)^{\mathrm{T}}$ 线性表示?

解 要判断向量 $\boldsymbol{b}$ 是否可由 $\boldsymbol{\beta}_1,\boldsymbol{\beta}_2,\boldsymbol{\beta}_3$ 线性表示, 需看是否存在三个数 $x_1,\ x_2,\ x_3$, 满足 $\boldsymbol{b}=x_1\boldsymbol{\beta}_1+x_2\boldsymbol{\beta}_2+x_3\boldsymbol{\beta}_3$.

假设 $\boldsymbol{b}=x_1\boldsymbol{\beta}_1+x_2\boldsymbol{\beta}_2+x_3\boldsymbol{\beta}_3$, 则有

$$\begin{pmatrix} 1 \\ -3 \\ 2 \end{pmatrix} = x_1 \begin{pmatrix} -1 \\ 0 \\ 2 \end{pmatrix} + x_2 \begin{pmatrix} 4 \\ 5 \\ 1 \end{pmatrix} + x_3 \begin{pmatrix} 2 \\ -1 \\ -2 \end{pmatrix} = \begin{pmatrix} -x_1 + 4x_2 + 2x_3 \\ 5x_2 - x_3 \\ 2x_1 + x_2 - 2x_3 \end{pmatrix},$$

由向量相等的充要条件可得线性方程组

$$\begin{cases} -x_1 + 4x_2 + 2x_3 = 1, \\ 5x_2 - x_3 = -3, \\ 2x_1 + x_2 - 2x_3 = 2. \end{cases} \tag{4.2.1}$$

如果方程组 (4.2.1) 有解, 则向量 $\boldsymbol{b}$ 可由 $\boldsymbol{\beta}_1, \boldsymbol{\beta}_2, \boldsymbol{\beta}_3$ 线性表示, 表示系数就是方程组的一组解; 若无解, 则 $\boldsymbol{b}$ 不能由 $\boldsymbol{\beta}_1, \boldsymbol{\beta}_2, \boldsymbol{\beta}_3$ 线性表示.

方程组是否有解, 可用方程组的增广矩阵的秩与系数矩阵的秩的关系来判断. 所以用初等行变换先求增广矩阵与系数矩阵的秩:

增广矩阵

$$\tilde{\boldsymbol{A}} = (\boldsymbol{A} \vdots \boldsymbol{b}) = \left(\begin{array}{ccc:c} -1 & 4 & 2 & 1 \\ 0 & 5 & -1 & -3 \\ 2 & 1 & -2 & 2 \end{array}\right) \xrightarrow{r_3 + 2r_1} \left(\begin{array}{ccc:c} -1 & 4 & 2 & 1 \\ 0 & 5 & -1 & -3 \\ 0 & 9 & 2 & 4 \end{array}\right)$$

$$\xrightarrow{r_3 - \frac{9}{5}r_2} \left(\begin{array}{ccc:c} -1 & 4 & 2 & 1 \\ 0 & 5 & -1 & -3 \\ 0 & 0 & \dfrac{19}{5} & \dfrac{47}{5} \end{array}\right) \xrightarrow{5r_3} \left(\begin{array}{ccc:c} -1 & 4 & 2 & 1 \\ 0 & 5 & -1 & -3 \\ 0 & 0 & 19 & 47 \end{array}\right).$$

可见, $R(\tilde{\boldsymbol{A}}) = R(\boldsymbol{A}) = 3$, 方程组有解, 并且是唯一解. 所以向量 $\boldsymbol{b}$ 可由 $\boldsymbol{\beta}_1, \boldsymbol{\beta}_2, \boldsymbol{\beta}_3$ 唯一线性表示.

由例 4.2.4 可知, 判断一个向量 $\boldsymbol{b}$ 是否可由给定向量组 $\boldsymbol{\beta}_1, \boldsymbol{\beta}_2, \boldsymbol{\beta}_3$ 线性表示, 实际上就是判定一个非齐次线性方程组是否有解. 这个方程组的系数矩阵 $\boldsymbol{A} = (\boldsymbol{\beta}_1, \boldsymbol{\beta}_2, \boldsymbol{\beta}_3)$, 增广矩阵 $\tilde{\boldsymbol{A}} = (\boldsymbol{\beta}_1, \boldsymbol{\beta}_2, \boldsymbol{\beta}_3 \vdots \boldsymbol{b})$. 如果 $R(\tilde{\boldsymbol{A}}) = R(\boldsymbol{A})$, $\boldsymbol{b}$ 可由向量组线性表示, 表示系数就是方程组的一组解; 若 $R(\tilde{\boldsymbol{A}}) \neq R(\boldsymbol{A})$, $\boldsymbol{b}$ 不能由向量组线性表示. 反之亦然. 于是我们给出如下定理.

定理 4.2.1　设 $\boldsymbol{\beta}_1, \boldsymbol{\beta}_2, \cdots, \boldsymbol{\beta}_n, \boldsymbol{b}$ 均为 m 维向量, 则 $\boldsymbol{b}$ 可由 $\boldsymbol{\beta}_1, \boldsymbol{\beta}_2, \cdots, \boldsymbol{\beta}_n$ 线性表示的充分必要条件是线性方程组 $\boldsymbol{Ax} = \boldsymbol{b}$ 有解; $\boldsymbol{b}$ 不能由 $\boldsymbol{\beta}_1, \boldsymbol{\beta}_2, \cdots, \boldsymbol{\beta}_n$ 线性表示的充分必要条件是线性方程组 $\boldsymbol{Ax} = \boldsymbol{b}$ 无解. 其中 $\boldsymbol{A} = (\boldsymbol{\beta}_1, \boldsymbol{\beta}_2, \cdots, \boldsymbol{\beta}_n)$, $\boldsymbol{x} = (x_1, x_2, \cdots, x_n)^{\mathrm{T}}$.

定理 4.2.1 中, 方程组 $\boldsymbol{Ax}=\boldsymbol{b} \Leftrightarrow x_1\boldsymbol{\beta}_1+x_2\boldsymbol{\beta}_2+\cdots+x_n\boldsymbol{\beta}_n=\boldsymbol{b}$. 该定理不予证明.

例 4.2.5 证明向量 $\boldsymbol{\beta}=(1,\,-1,\,2)^{\mathrm{T}}$ 可由向量组 $\boldsymbol{\alpha}_1=(-1,\,0,\,-2)^{\mathrm{T}}$, $\boldsymbol{\alpha}_2=(1,\,1,\,2)^{\mathrm{T}}$, $\boldsymbol{\alpha}_3=(2,\,1,\,4)^{\mathrm{T}}$ 线性表示, 并写出线性表示式.

证明 记 $\boldsymbol{A}=(\boldsymbol{\alpha}_1,\boldsymbol{\alpha}_2,\boldsymbol{\alpha}_3)$, $\tilde{\boldsymbol{A}}=(\boldsymbol{\alpha}_1,\boldsymbol{\alpha}_2,\boldsymbol{\alpha}_3\vdots\boldsymbol{\beta})$, $\boldsymbol{x}=(x_1,x_2,x_3)^{\mathrm{T}}$. 对矩阵 $\tilde{\boldsymbol{A}}$ 进行初等行变换, 化为行阶梯形

$$\tilde{\boldsymbol{A}}=(\boldsymbol{A}\vdots\boldsymbol{\beta})=\begin{pmatrix}-1&1&2&\vdots&1\\0&1&1&\vdots&-1\\-2&2&4&\vdots&2\end{pmatrix}\xrightarrow{r_3-2r_1}\begin{pmatrix}-1&1&2&\vdots&1\\0&1&1&\vdots&-1\\0&0&0&\vdots&0\end{pmatrix},$$

可以看出, $R(\tilde{\boldsymbol{A}})=R(\boldsymbol{A})=2<3$, 方程组 $\boldsymbol{Ax}=\boldsymbol{\beta}$ 有无穷多解, 所以 $\boldsymbol{\beta}$ 可由 $\boldsymbol{\alpha}_1,\boldsymbol{\alpha}_2,\boldsymbol{\alpha}_3$ 线性表示, 且表示系数不唯一, 方程组的任一个解都可以作为表示系数. 接下来求方程组的解. 把行阶梯形矩阵从最后一个非零行开始再进行初等行变换化为行最简形:

$$\begin{pmatrix}-1&1&2&\vdots&1\\0&1&1&\vdots&-1\\0&0&0&\vdots&0\end{pmatrix}\xrightarrow{r_1-r_2}\begin{pmatrix}-1&0&1&\vdots&2\\0&1&1&\vdots&-1\\0&0&0&\vdots&0\end{pmatrix}\xrightarrow{(-1)r_1}\begin{pmatrix}1&0&-1&\vdots&-2\\0&1&1&\vdots&-1\\0&0&0&\vdots&0\end{pmatrix},$$

行最简形矩阵对应的方程组为 $\begin{cases}x_1-x_3=-2,\\x_2+x_3=-1.\end{cases}$ 该方程组与原方程组 $\boldsymbol{Ax}=\boldsymbol{\beta}$ 即

$$\begin{cases}-x_1+x_2+2x_3=1,\\x_2+x_3=-1,\\-2x_1+2x_2+4x_3=2\end{cases}$$

同解. 因此方程组的解为 $\begin{cases}x_1=x_3-2,\\x_2=-x_3-1,\end{cases}$ x_3 为自由未知量, x_3 取一个值, 就得到方程组的一个解. 若令 $x_3=c$, 则得方程组的解为 $\begin{cases}x_1=c-2,\\x_2=-c-1,\\x_3=c.\end{cases}$ $c\in R$, 所以表示系数为 $c-2,\,-c-1,\,c$, 线性表示式为 $\boldsymbol{\beta}=(c-2)\boldsymbol{\alpha}_1-(c+1)\boldsymbol{\alpha}_2+c\boldsymbol{\alpha}_3$.

上述内容讨论了一个向量是否可由向量组线性表示的问题, 接下来讨论向量组与向量组之间线性表示的问题.

定义 4.2.3 设有两个向量组 $\boldsymbol{A}$: $\boldsymbol{\alpha}_1,\boldsymbol{\alpha}_2,\cdots,\boldsymbol{\alpha}_m$ 及 $\boldsymbol{B}$: $\boldsymbol{\beta}_1,\boldsymbol{\beta}_2,\cdots,\boldsymbol{\beta}_s$. 如果向量组 $\boldsymbol{B}$ 中的每个向量都能由向量组 $\boldsymbol{A}$ 线性表示, 那么称向量组 $\boldsymbol{B}$ 能由向量组 $\boldsymbol{A}$ 线性表示. 如果向量组 $\boldsymbol{A}$ 与向量组 $\boldsymbol{B}$ 能相互线性表示, 则称向量组 $\boldsymbol{A}$ 与 $\boldsymbol{B}$ 等价.

不难证明, 向量组的等价关系具有下列性质:

(1) 反身性: 每一个向量组都与自身等价;

(2) 对称性: 若 $\boldsymbol{A}$ 与 $\boldsymbol{B}$ 等价, 则 $\boldsymbol{B}$ 与 $\boldsymbol{A}$ 等价;

(3) 传递性: 若 $\boldsymbol{A}$ 与 $\boldsymbol{B}$ 等价, $\boldsymbol{B}$ 与 $\boldsymbol{C}$ 等价, 则 $\boldsymbol{A}$ 与 $\boldsymbol{C}$ 等价.

我们知道, 如果一个向量 $\boldsymbol{b}$ 可由向量组 $\boldsymbol{\beta}_1,\boldsymbol{\beta}_2,\cdots,\boldsymbol{\beta}_n$ 线性表示, 则 $\boldsymbol{b}$ 可用两个矩阵 $\boldsymbol{A}$ 与 $\boldsymbol{x}$ 的乘积表示, 即 $\boldsymbol{b}=\boldsymbol{A}\boldsymbol{x}$, 其中 $\boldsymbol{A}=(\boldsymbol{\beta}_1,\boldsymbol{\beta}_2,\cdots,\boldsymbol{\beta}_n),\boldsymbol{x}=(x_1,x_2,\cdots,x_n)^{\mathrm{T}}$. 而两个向量组之间可线性表示时, 表示的形式又是怎样的呢?

设同维数的两个向量组 $\boldsymbol{A}$: $\boldsymbol{\alpha}_1,\boldsymbol{\alpha}_2,\cdots,\boldsymbol{\alpha}_m$ 及 $\boldsymbol{B}$: $\boldsymbol{\beta}_1,\boldsymbol{\beta}_2,\cdots,\boldsymbol{\beta}_s$, 它们所构成的矩阵分别记作

$$\boldsymbol{A}=(\boldsymbol{\alpha}_1,\boldsymbol{\alpha}_2,\cdots,\boldsymbol{\alpha}_m) \quad 与 \quad \boldsymbol{B}=(\boldsymbol{\beta}_1,\boldsymbol{\beta}_2,\cdots,\boldsymbol{\beta}_s),$$

假设向量组 $\boldsymbol{B}$ 可由向量组 $\boldsymbol{A}$ 线性表示, 即对 $\boldsymbol{B}$ 中的每个向量 $\boldsymbol{\beta}_j$ 存在数 $k_{1j},k_{2j},\cdots,k_{mj}\ (j=1,2,\cdots,s)$, 使得

$$\begin{cases} \boldsymbol{\beta}_1=k_{11}\boldsymbol{\alpha}_1+k_{21}\boldsymbol{\alpha}_2+\cdots+k_{m1}\boldsymbol{\alpha}_m, \\ \boldsymbol{\beta}_2=k_{12}\boldsymbol{\alpha}_1+k_{22}\boldsymbol{\alpha}_2+\cdots+k_{m2}\boldsymbol{\alpha}_m, \\ \qquad\qquad\cdots\cdots \\ \boldsymbol{\beta}_s=k_{1s}\boldsymbol{\alpha}_1+k_{2s}\boldsymbol{\alpha}_2+\cdots+k_{ms}\boldsymbol{\alpha}_m. \end{cases} \tag{4.2.2}$$

(4.2.2) 式又可写成

$$(\boldsymbol{\beta}_1,\boldsymbol{\beta}_2,\cdots,\boldsymbol{\beta}_s)=(\boldsymbol{\alpha}_1,\boldsymbol{\alpha}_2,\cdots,\boldsymbol{\alpha}_m)\begin{pmatrix} k_{11} & k_{12} & \cdots & k_{1s} \\ k_{21} & k_{22} & \cdots & k_{2s} \\ \vdots & \vdots & & \vdots \\ k_{m1} & k_{m2} & \cdots & k_{ms} \end{pmatrix}, \tag{4.2.3}$$

记 $\boldsymbol{K}=(k_{ij})_{m\times s}$, 则 (4.2.3) 式可写为 $\boldsymbol{B}=\boldsymbol{A}\boldsymbol{K}$. 这就是向量组 $\boldsymbol{B}$ 可由向量组 $\boldsymbol{A}$ 线性表示的矩阵形式, 矩阵 $\boldsymbol{K}$ 是这一线性表示的系数矩阵. $\boldsymbol{K}$ 的第 j 列元素是 $\boldsymbol{\beta}_j$ 可由向量组 $\boldsymbol{A}$ 线性表示的表示系数.

如果两个同维数的行向量组 $\boldsymbol{A}$: $\boldsymbol{\alpha}_1^{\mathrm{T}},\boldsymbol{\alpha}_2^{\mathrm{T}},\cdots,\boldsymbol{\alpha}_r^{\mathrm{T}}$ 与 $\boldsymbol{B}$: $\boldsymbol{\beta}_1^{\mathrm{T}},\boldsymbol{\beta}_2^{\mathrm{T}},\cdots,\boldsymbol{\beta}_t^{\mathrm{T}}$, 它们构成的矩阵分别记为

$$\boldsymbol{A}=\begin{pmatrix}\boldsymbol{\alpha}_1^{\mathrm{T}}\\\boldsymbol{\alpha}_2^{\mathrm{T}}\\\vdots\\\boldsymbol{\alpha}_r^{\mathrm{T}}\end{pmatrix} \quad \text{与} \quad \boldsymbol{B}=\begin{pmatrix}\boldsymbol{\beta}_1^{\mathrm{T}}\\\boldsymbol{\beta}_2^{\mathrm{T}}\\\vdots\\\boldsymbol{\beta}_t^{\mathrm{T}}\end{pmatrix},$$

假设 $\boldsymbol{B}$ 可由 $\boldsymbol{A}$ 线性表示, 则对 $\boldsymbol{B}$ 中的每个向量 $\boldsymbol{\beta}_i^{\mathrm{T}}$, 存在数 $c_{i1},c_{i2},\cdots,c_{ir}(i=1,\ 2,\ \cdots,\ t)$, 使得

$$\begin{cases}\boldsymbol{\beta}_1^{\mathrm{T}}=c_{11}\boldsymbol{\alpha}_1^{\mathrm{T}}+c_{12}\boldsymbol{\alpha}_2^{\mathrm{T}}+\cdots+c_{1r}\boldsymbol{\alpha}_r^{\mathrm{T}},\\\boldsymbol{\beta}_2^{\mathrm{T}}=c_{21}\boldsymbol{\alpha}_1^{\mathrm{T}}+c_{22}\boldsymbol{\alpha}_2^{\mathrm{T}}+\cdots+c_{2r}\boldsymbol{\alpha}_r^{\mathrm{T}},\\\qquad\cdots\cdots\\\boldsymbol{\beta}_t^{\mathrm{T}}=c_{t1}\boldsymbol{\alpha}_1^{\mathrm{T}}+c_{t2}\boldsymbol{\alpha}_2^{\mathrm{T}}+\cdots+c_{tr}\boldsymbol{\alpha}_r^{\mathrm{T}}.\end{cases} \tag{4.2.4}$$

(4.2.4) 式可写成

$$\begin{pmatrix}\boldsymbol{\beta}_1^{\mathrm{T}}\\\boldsymbol{\beta}_2^{\mathrm{T}}\\\vdots\\\boldsymbol{\beta}_t^{\mathrm{T}}\end{pmatrix}=\begin{pmatrix}c_{11}&c_{12}&\cdots&c_{1r}\\c_{21}&c_{22}&\cdots&c_{2r}\\\vdots&\vdots&&\vdots\\c_{t1}&c_{t2}&\cdots&c_{tr}\end{pmatrix}\begin{pmatrix}\boldsymbol{\alpha}_1^{\mathrm{T}}\\\boldsymbol{\alpha}_2^{\mathrm{T}}\\\vdots\\\boldsymbol{\alpha}_r^{\mathrm{T}}\end{pmatrix}, \tag{4.2.5}$$

记 $\boldsymbol{C}=(c_{ij})_{t\times r}$, 则 (4.2.5) 式可写成 $\boldsymbol{B}=\boldsymbol{C}\boldsymbol{A}$, $\boldsymbol{C}$ 是行向量组线性表示的系数矩阵, $\boldsymbol{C}$ 的第 i 行元素是 $\boldsymbol{\beta}_i^{\mathrm{T}}$ 由向量组 $\boldsymbol{A}$ 线性表示的表示系数.

综上, 向量组的线性表示可写成矩阵乘积的形式; 反过来, 矩阵乘积又可解释向量组的线性表示. 如矩阵 $\boldsymbol{M},\boldsymbol{N},\boldsymbol{Q}$, 满足 $\boldsymbol{M}=\boldsymbol{N}\boldsymbol{Q}$, 则矩阵 $\boldsymbol{M}$ 的列向量组可由矩阵 $\boldsymbol{N}$ 的列向量组线性表示, $\boldsymbol{Q}$ 是系数矩阵; 同时矩阵 $\boldsymbol{M}$ 的行向量组又可由矩阵 $\boldsymbol{Q}$ 的行向量组线性表示, $\boldsymbol{N}$ 是系数矩阵.

由此可得, 如果矩阵 $\boldsymbol{A}$ 经初等行变换变成矩阵 $\boldsymbol{B}$, 必存在可逆矩阵 $\boldsymbol{P}$, 使得 $\boldsymbol{B}=\boldsymbol{P}\boldsymbol{A}$, 则 $\boldsymbol{B}$ 的行向量组可由 $\boldsymbol{A}$ 的行向量组线性表示; 因 $\boldsymbol{P}$ 可逆, 有 $\boldsymbol{A}=\boldsymbol{P}^{-1}\boldsymbol{B}$, 所以 $\boldsymbol{A}$ 的行向量组又可由 $\boldsymbol{B}$ 的行向量组线性表示, 于是 $\boldsymbol{A}$ 的行向量组与 $\boldsymbol{B}$ 的行向量组等价. 类似地, 若矩阵 $\boldsymbol{A}$ 经初等列变换变成矩阵 $\boldsymbol{B}$, 那么 $\boldsymbol{A}$ 的列向量组与 $\boldsymbol{B}$ 的列向量组等价.

4.2.2 向量组的线性相关性

向量组的线性相关性是向量在线性运算下的一种性质, 是线性代数中重要的基本概念. 我们先了解几何向量空间中的向量具有的这种性质.

如果两个向量 $\boldsymbol{\alpha}_1, \boldsymbol{\alpha}_2$ 共线, 有两种情况:

(1) $\boldsymbol{\alpha}_1 \neq \mathbf{0}, \boldsymbol{\alpha}_2 \neq \mathbf{0}$(图 4.2.1), 必存在实数 $k_1 \neq 0,\ k_2 \neq 0$, 满足 $k_1\boldsymbol{\alpha}_1 + k_2\boldsymbol{\alpha}_2 = \mathbf{0}$ (图 4.2.2).

(2) $\boldsymbol{\alpha}_1, \boldsymbol{\alpha}_2$ 中有一个是零向量, 不妨设 $\boldsymbol{\alpha}_1 = \mathbf{0}$, 必存在数 $k_1 \neq 0,\ k_2 = 0$, 满足 $k_1\,\mathbf{0} + 0\,\boldsymbol{\alpha}_2 = \mathbf{0}$, 即 $k_1\,\boldsymbol{\alpha}_1 + k_2\,\boldsymbol{\alpha}_2 = \mathbf{0}$.

综合 (1) 和 (2), 如果两个向量 $\boldsymbol{\alpha}_1, \boldsymbol{\alpha}_2$ 共线, 则必存在两个不全为零的数 $k_1,\ k_2$, 使得 $k_1\boldsymbol{\alpha}_1 + k_2\boldsymbol{\alpha}_2 = \mathbf{0}$. 反之, 如果存在两个不全为零的数 $k_1,\ k_2$, 满足 $k_1\boldsymbol{\alpha}_1 + k_2\boldsymbol{\alpha}_2 = \mathbf{0}$, 那么向量 $\boldsymbol{\alpha}_1, \boldsymbol{\alpha}_2$ 必定共线.

如果 $\boldsymbol{\alpha}_1, \boldsymbol{\alpha}_2$ 不共线, 即不平行 (图 4.2.3), 必有 $\boldsymbol{\alpha}_1 \neq \mathbf{0},\ \boldsymbol{\alpha}_2 \neq \mathbf{0}$, 要使 $\boldsymbol{\alpha}_1, \boldsymbol{\alpha}_2$ 的线性组合成为零向量, 只有系数 $k_1,\ k_2$ 全是 0, 才能满足 $k_1\boldsymbol{\alpha}_1 + k_2\boldsymbol{\alpha}_2 = \mathbf{0}$.

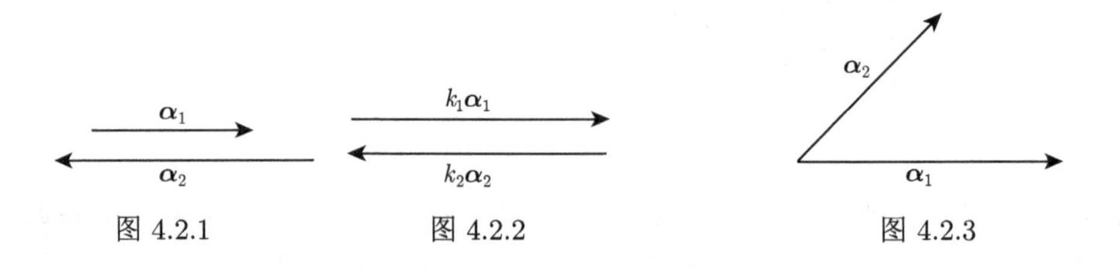

图 4.2.1　　图 4.2.2　　图 4.2.3

类似地, 如果三个向量 $\boldsymbol{\alpha}_1, \boldsymbol{\alpha}_2, \boldsymbol{\alpha}_3$ 共面, 必存在三个不全为零的数 k_1, k_2, k_3, 使得 $k_1\boldsymbol{\alpha}_1 + k_2\boldsymbol{\alpha}_2 + k_3\boldsymbol{\alpha}_3 = \mathbf{0}$; 而如果三个向量 $\boldsymbol{\alpha}_1, \boldsymbol{\alpha}_2, \boldsymbol{\alpha}_3$ 异面, 要使三个向量的线性组合等于零, 即 $k_1\boldsymbol{\alpha}_1 + k_2\boldsymbol{\alpha}_2 + k_3\boldsymbol{\alpha}_3 = \mathbf{0}$, 只有系数 k_1, k_2, k_3 全为零的情况下才成立.

于是, 我们把几何向量空间中向量的线性运算具有的这种性质推广到 n 维向量, 称为向量组的线性相关性. 有如下定义.

定义 4.2.4　设有向量组 $\boldsymbol{\alpha}_1, \boldsymbol{\alpha}_2, \cdots, \boldsymbol{\alpha}_m$, 如果存在一组不全为零的数 $k_1,\ k_2, \cdots, k_m$, 使得

$$k_1\boldsymbol{\alpha}_1 + k_2\boldsymbol{\alpha}_2 + \cdots + k_m\boldsymbol{\alpha}_m = \mathbf{0}, \tag{4.2.6}$$

则称 $\boldsymbol{\alpha}_1, \boldsymbol{\alpha}_2, \cdots, \boldsymbol{\alpha}_m$ 线性相关, 否则称 $\boldsymbol{\alpha}_1, \boldsymbol{\alpha}_2, \cdots, \boldsymbol{\alpha}_m$ 线性无关.

由定义 4.2.4 可知, 在几何向量空间中, 两个平行的向量线性相关, 两个不平行的向量线性无关; 三个共面的向量线性相关, 三个异面的向量线性无关.

特别地, 单独一个零向量线性相关; 单独一个非零向量线性无关. 含有零向量的向量组线性相关. 两个向量线性相关 (无关) 的充分必要条件是它们的对应分量成 (不成) 比例.

下面我们将讨论有限个向量构成的向量组其线性相关性的判定方法.

设 m 维向量组 $\boldsymbol{A}$: $\boldsymbol{\alpha}_1, \boldsymbol{\alpha}_2, \cdots, \boldsymbol{\alpha}_n$ 构成矩阵 $\boldsymbol{A} = (\boldsymbol{\alpha}_1, \boldsymbol{\alpha}_2, \cdots, \boldsymbol{\alpha}_n)$, 则向量组 $\boldsymbol{\alpha}_1, \boldsymbol{\alpha}_2, \cdots, \boldsymbol{\alpha}_n$ 线性相关的充分必要条件是齐次线性方程组

$$x_1\boldsymbol{\alpha}_1 + x_2\boldsymbol{\alpha}_2 + \cdots + x_n\boldsymbol{\alpha}_n = \mathbf{0}, \tag{4.2.7}$$

即

$$(\boldsymbol{\alpha}_1, \boldsymbol{\alpha}_2, \cdots, \boldsymbol{\alpha}_n)\begin{pmatrix} x_1 \\ x_2 \\ \vdots \\ x_n \end{pmatrix} = \mathbf{0},$$

也即

$$\boldsymbol{Ax} = \mathbf{0}$$

有非零解. $\boldsymbol{A}$ 是方程组 (4.2.7) 的系数矩阵, $\boldsymbol{x} = (x_1, x_2, \cdots, x_n)^{\mathrm{T}}$ 是方程组 (4.2.7) 的未知量向量. 于是可得下面的等价命题.

定理 4.2.2 设 m 维向量组 $\boldsymbol{\alpha}_1, \boldsymbol{\alpha}_2, \cdots, \boldsymbol{\alpha}_n$, 记 $\boldsymbol{A} = (\boldsymbol{\alpha}_1, \boldsymbol{\alpha}_2, \cdots, \boldsymbol{\alpha}_n)$, 则下列三个命题等价:

(1) $\boldsymbol{\alpha}_1, \boldsymbol{\alpha}_2, \cdots, \boldsymbol{\alpha}_n$ 线性相关;

(2) $\boldsymbol{Ax} = \mathbf{0}$ 有非零解;

(3) $R(\boldsymbol{A}) < n$, 即矩阵 $\boldsymbol{A}$ 的秩小于向量组含向量的个数 n.

由于一个向量组不是线性相关, 就是线性无关. 所以由定理 4.2.2 又可得出以下三个等价命题:

(1) $\boldsymbol{\alpha}_1, \boldsymbol{\alpha}_2, \cdots, \boldsymbol{\alpha}_n$ 线性无关;

(2) $\boldsymbol{Ax} = \mathbf{0}$ 只有零解;

(3) $R(\boldsymbol{A}) = n$, 即矩阵 $\boldsymbol{A}$ 的秩等于向量组含向量的个数 n.

此定理不予证明. 定理 4.2.2 为我们提供了用向量组构成的矩阵的秩来判断向量组线性相关性的方法. 但如果在向量组含向量的个数和向量的维数相等的情况下, 即 $m = n$ 时, 还可以用方阵 $\boldsymbol{A}$ 的行列式 ($|\boldsymbol{A}|$) 的值来判断. 即

推论 1　设 m 维向量组 $\boldsymbol{\alpha}_1, \boldsymbol{\alpha}_2, \cdots, \boldsymbol{\alpha}_n$, 记 $\boldsymbol{A} = (\boldsymbol{\alpha}_1, \boldsymbol{\alpha}_2, \cdots, \boldsymbol{\alpha}_n)$, 在 $m = n$ 时, 下列三个命题等价:

(1) $\boldsymbol{\alpha}_1, \boldsymbol{\alpha}_2, \cdots, \boldsymbol{\alpha}_n$ 线性相关 (无关);

(2) $\boldsymbol{Ax} = \mathbf{0}$ 有非零解 (只有零解);

(3) $|\boldsymbol{A}| = 0(|\boldsymbol{A}| \neq 0)$.

推论 2　如果向量组含向量的个数 n 大于向量的维数 m, 则向量组必线性相关.

因为 $R(\boldsymbol{A}) \leqslant \min\{m, n\}$, 即 $R(\boldsymbol{A}) \leqslant m$, $R(\boldsymbol{A}) \leqslant n$, 而 $m<n$, 所以总有 $R(\boldsymbol{A}) \leqslant m < n$ 成立, 故向量组线性相关.

如 $\mathbf{R}^n$ 中任意 $n+1$ 个向量必线性相关. 由推论 2 可知, 对于 m 个方程 n 个未知量的齐次线性方程组 $\boldsymbol{A}_{m\times n}\boldsymbol{x} = \mathbf{0}$, 当 $m < n$ 时, 必有非零解.

例 4.2.6　判断 n 维基本向量组

$$\boldsymbol{\varepsilon}_1 = \begin{pmatrix} 1 \\ 0 \\ \vdots \\ 0 \end{pmatrix}, \quad \boldsymbol{\varepsilon}_2 = \begin{pmatrix} 0 \\ 1 \\ \vdots \\ 0 \end{pmatrix}, \quad \cdots, \quad \boldsymbol{\varepsilon}_n = \begin{pmatrix} 0 \\ 0 \\ \vdots \\ 1 \end{pmatrix}$$

的线性相关性.

解　用向量组构成的矩阵的秩判断.

令

$$\boldsymbol{A} = (\boldsymbol{\varepsilon}_1, \boldsymbol{\varepsilon}_2, \cdots, \boldsymbol{\varepsilon}_n) = \begin{pmatrix} 1 & 0 & \cdots & 0 \\ 0 & 1 & \cdots & 0 \\ \vdots & \vdots & & \vdots \\ 0 & 0 & \cdots & 1 \end{pmatrix} = \boldsymbol{E},$$

因 $R(\boldsymbol{A}) = R(\boldsymbol{E}) = n$(向量的个数), 所以基本向量组线性无关.

例 4.2.7　判断向量组 $\boldsymbol{\beta}_1 = \begin{pmatrix} 1 \\ 3 \\ -1 \\ 2 \end{pmatrix}$, $\boldsymbol{\beta}_2 = \begin{pmatrix} 1 \\ 0 \\ 2 \\ -4 \end{pmatrix}$, $\boldsymbol{\beta}_3 = \begin{pmatrix} -2 \\ -5 \\ -3 \\ 6 \end{pmatrix}$, $\boldsymbol{\beta}_4 = \begin{pmatrix} 0 \\ 1 \\ -5 \\ 10 \end{pmatrix}$ 的线性相关性.

解 令 $\boldsymbol{A}=(\boldsymbol{\beta}_1,\boldsymbol{\beta}_2,\boldsymbol{\beta}_3,\boldsymbol{\beta}_4)=\begin{pmatrix}1&1&-2&0\\3&0&-5&1\\-1&2&-3&-5\\2&-4&6&10\end{pmatrix}$, 对 $\boldsymbol{A}$ 进行初等行变换化为行阶梯形.

$$\boldsymbol{A}=\begin{pmatrix}1&1&-2&0\\3&0&-5&1\\-1&2&-3&-5\\2&-4&6&10\end{pmatrix}\to\begin{pmatrix}1&1&-2&0\\0&-3&1&1\\0&3&-5&-5\\0&-6&10&10\end{pmatrix}$$
$$\to\begin{pmatrix}1&1&-2&0\\0&-3&1&1\\0&0&-4&-4\\0&0&8&8\end{pmatrix}\to\begin{pmatrix}1&1&-2&0\\0&-3&1&1\\0&0&-4&-4\\0&0&0&0\end{pmatrix}.$$

因 $R(\boldsymbol{A})=3<4$ (向量的个数), 所以向量组 $\boldsymbol{\beta}_1,\boldsymbol{\beta}_2,\boldsymbol{\beta}_3,\boldsymbol{\beta}_4$ 线性相关.

此题由于向量的个数和向量的维数相同, 还可用方阵 $\boldsymbol{A}$ 的行列式的值来判定.

$$|\boldsymbol{A}|=|\boldsymbol{\beta}_1,\boldsymbol{\beta}_2,\boldsymbol{\beta}_3,\boldsymbol{\beta}_4|=\begin{vmatrix}1&1&-2&0\\3&0&-5&1\\-1&2&-3&-5\\2&-4&6&10\end{vmatrix}=0\,,$$

所以向量组 $\boldsymbol{\beta}_1,\boldsymbol{\beta}_2,\boldsymbol{\beta}_3,\boldsymbol{\beta}_4$ 线性相关.

例 4.2.8 已知向量组 $\boldsymbol{\alpha}_1,\boldsymbol{\alpha}_2,\boldsymbol{\alpha}_3$ 线性无关, $\boldsymbol{\beta}_1=\boldsymbol{\alpha}_1+\boldsymbol{\alpha}_2$, $\boldsymbol{\beta}_2=\boldsymbol{\alpha}_2+\boldsymbol{\alpha}_3,\boldsymbol{\beta}_3=\boldsymbol{\alpha}_3+\boldsymbol{\alpha}_1$, 试证 $\boldsymbol{\beta}_1,\boldsymbol{\beta}_2,\boldsymbol{\beta}_3$ 线性无关.

证明 设有数 x_1,x_2,x_3 使

$$x_1\boldsymbol{\beta}_1+x_2\boldsymbol{\beta}_2+x_3\boldsymbol{\beta}_3=\mathbf{0},$$

即

$$x_1(\boldsymbol{\alpha}_1+\boldsymbol{\alpha}_2)+x_2(\boldsymbol{\alpha}_2+\boldsymbol{\alpha}_3)+x_3(\boldsymbol{\alpha}_3+\boldsymbol{\alpha}_1)=\mathbf{0},$$

也即

$$(x_1+x_3)\boldsymbol{\alpha}_1+(x_1+x_2)\boldsymbol{\alpha}_2+(x_2+x_3)\boldsymbol{\alpha}_3=\mathbf{0}.$$

由于 $\boldsymbol{\alpha}_1,\boldsymbol{\alpha}_2,\boldsymbol{\alpha}_3$ 线性无关，故有

$$\begin{cases} x_1 + x_3 = 0, \\ x_1 + x_2 = 0, \\ x_2 + x_3 = 0. \end{cases} \tag{4.2.8}$$

因方程组 (4.2.8) 的系数行列式

$$\begin{vmatrix} 1 & 0 & 1 \\ 1 & 1 & 0 \\ 0 & 1 & 1 \end{vmatrix} = 2 \neq 0,$$

所以方程组 (4.2.8) 只有零解, 于是 $\boldsymbol{\beta}_1, \boldsymbol{\beta}_2, \boldsymbol{\beta}_3$ 线性无关.

线性相关性是向量组的一个重要性质, 下面我们介绍与之相关的一些结论.

向量组的线性相关线性无关的概念

向量组线性相关性的判定

4.2.3　向量组线性相关性的有关定理

定理 4.2.3　如果向量组 $\boldsymbol{A}$ 有一部分向量 (称部分组) 线性相关, 则整个向量组 $\boldsymbol{A}$ 线性相关; 反之, 如果整个向量组 $\boldsymbol{A}$ 线性无关, 则它的任何一个部分组都线性无关.

证明　设向量组 $\boldsymbol{A}$: $\boldsymbol{\alpha}_1, \boldsymbol{\alpha}_2, \cdots, \boldsymbol{\alpha}_m$ 中有 $r(r \leqslant m)$ 个向量线性相关, 不妨设这 r 个向量为 $\boldsymbol{\alpha}_1, \boldsymbol{\alpha}_2, \cdots, \boldsymbol{\alpha}_r$, 则存在不全为零的数 $k_1, k_2, \cdots, k_r$, 使得

$$k_1\boldsymbol{\alpha}_1 + k_2\boldsymbol{\alpha}_2 + \cdots + k_r\boldsymbol{\alpha}_r = \mathbf{0}$$

成立. 将上式改写为

$$k_1\boldsymbol{\alpha}_1 + k_2\boldsymbol{\alpha}_2 + \cdots + k_r\boldsymbol{\alpha}_r + 0\boldsymbol{\alpha}_{r+1} + \cdots + 0\boldsymbol{\alpha}_m = \mathbf{0}.$$

显然, $k_1, k_2, \cdots, k_r, 0, \cdots, 0$ 是一组不全为零的数, 故 $\boldsymbol{\alpha}_1, \boldsymbol{\alpha}_2, \cdots, \boldsymbol{\alpha}_r, \boldsymbol{\alpha}_{r+1}, \cdots, \boldsymbol{\alpha}_m$ 线性相关.

后半部分, 用反证法证明. 假设向量组 $\boldsymbol{A}$ 有一个部分组线性相关, 则整个向量组 $\boldsymbol{A}$ 线性相关, 与已知矛盾, 结论得证.

定理 4.2.4 设

$$\boldsymbol{\alpha}_j = \begin{pmatrix} a_{1j} \\ a_{2j} \\ \vdots \\ a_{rj} \end{pmatrix}, \quad \boldsymbol{\beta}_j = \begin{pmatrix} a_{1j} \\ a_{2j} \\ \vdots \\ a_{rj} \\ a_{r+1,j} \end{pmatrix} \quad (j = 1,\ 2,\ \cdots, m),$$

即 r 维向量组 $\boldsymbol{A}$: $\boldsymbol{\alpha}_1, \boldsymbol{\alpha}_2, \cdots, \boldsymbol{\alpha}_m$ 和 $r+1$ 维向量组 $\boldsymbol{B}$: $\boldsymbol{\beta}_1, \boldsymbol{\beta}_2, \cdots, \boldsymbol{\beta}_m$. 如果向量组 $\boldsymbol{A}$ 线性无关, 则向量组 $\boldsymbol{B}$ 线性无关; 反之, 如果向量组 $\boldsymbol{B}$ 线性相关, 则向量组 $\boldsymbol{A}$ 线性相关.

证明 记 $\boldsymbol{A} = (\boldsymbol{\alpha}_1, \boldsymbol{\alpha}_2, \cdots, \boldsymbol{\alpha}_m)$, $\boldsymbol{B} = (\boldsymbol{\beta}_1, \boldsymbol{\beta}_2, \cdots, \boldsymbol{\beta}_m)$, 则 $\boldsymbol{A} = (a_{ij})$ 是 $r \times m$ 矩阵, $\boldsymbol{B} = (a_{kj})$ 是 $(r+1)\times m$ 矩阵, 显然有 $R(\boldsymbol{A}) \leqslant R(\boldsymbol{B})$. 若向量组 $\boldsymbol{A}$ 线性无关, 那么 $R(\boldsymbol{A}) = m$, 于是 $R(\boldsymbol{B}) \geqslant m$, 但 $R(\boldsymbol{B}) \leqslant m$, 所以 $R(\boldsymbol{B}) = m$, 故向量组 $\boldsymbol{B}$ 线性无关.

反之, 可用反证法证明, 此略.

定理 4.2.4 是对向量组 $\boldsymbol{A}$ 的每个向量增加一个分量而言的, 如果以同样的方式增加多个分量, 结论仍然成立.

定理 4.2.5 向量组 $\boldsymbol{\alpha}_1, \boldsymbol{\alpha}_2, \cdots, \boldsymbol{\alpha}_m (m \geqslant 2)$ 线性相关的充分必要条件是其中至少有一个向量可由其余 $m-1$ 个向量线性表示; 线性无关的充分必要条件是其中任何一个向量都不能由其余向量线性表示.

证明 只证前半部分.

必要性 设向量组 $\boldsymbol{\alpha}_1, \boldsymbol{\alpha}_2, \cdots, \boldsymbol{\alpha}_m$ 线性相关, 则存在不全为零的数 $k_1, k_2, \cdots, k_m$, 使得

$$k_1\boldsymbol{\alpha}_1 + k_2\boldsymbol{\alpha}_2 + \cdots + k_m\boldsymbol{\alpha}_m = \mathbf{0}.$$

为方便起见, 不妨设 $k_1 \neq 0$, 于是有

$$\boldsymbol{\alpha}_1 = -\frac{k_2}{k_1}\boldsymbol{\alpha}_2 - \frac{k_3}{k_1}\boldsymbol{\alpha}_3 - \cdots - \frac{k_m}{k_1}\boldsymbol{\alpha}_m,$$

即 $\boldsymbol{\alpha}_1$ 可由其余 $m-1$ 个向量线性表示.

充分性 设向量组中有一个向量 (不妨设 $\boldsymbol{\alpha}_1$) 可由其余向量线性表示, 即

$$\boldsymbol{\alpha}_1 = \lambda_2\boldsymbol{\alpha}_2 + \lambda_3\boldsymbol{\alpha}_3 + \cdots + \lambda_m\boldsymbol{\alpha}_m,$$

从而有

$$(-1)\boldsymbol{\alpha}_1+\lambda_2\boldsymbol{\alpha}_2+\lambda_3\boldsymbol{\alpha}_3+\cdots+\lambda_m\boldsymbol{\alpha}_m=\mathbf{0},$$

显然 $-1, \lambda_2, \lambda_3, \cdots, \lambda_m$ 不全为零, 所以 $\boldsymbol{\alpha}_1,\boldsymbol{\alpha}_2,\cdots,\boldsymbol{\alpha}_m$ 线性相关.

定理 4.2.6 设向量组 $\boldsymbol{\alpha}_1,\boldsymbol{\alpha}_2,\cdots,\boldsymbol{\alpha}_m$ 线性无关, 而向量组 $\boldsymbol{\alpha}_1,\boldsymbol{\alpha}_2,\cdots,\boldsymbol{\alpha}_m,\boldsymbol{\beta}$ 线性相关, 则 $\boldsymbol{\beta}$ 可由 $\boldsymbol{\alpha}_1,\boldsymbol{\alpha}_2,\cdots,\boldsymbol{\alpha}_m$ 线性表示, 且表示式唯一.

证明 因向量组 $\boldsymbol{\alpha}_1,\boldsymbol{\alpha}_2,\cdots,\boldsymbol{\alpha}_m,\boldsymbol{\beta}$ 线性相关, 则存在 $m+1$ 个不全为零的数 $k_1,k_2,\cdots,k_m,k$, 满足等式

$$k_1\boldsymbol{\alpha}_1+k_2\boldsymbol{\alpha}_2+\cdots+k_m\boldsymbol{\alpha}_m+k\boldsymbol{\beta}=\mathbf{0}.$$

若 $k=0$, 那么 $k_1,k_2,\cdots,k_m$ 不全为零, 与 $\boldsymbol{\alpha}_1,\boldsymbol{\alpha}_2,\cdots,\boldsymbol{\alpha}_m$ 线性无关矛盾. 于是 $k\neq 0$, 则

$$\boldsymbol{\beta}=-\frac{k_1}{k}\boldsymbol{\alpha}_1-\frac{k_2}{k}\boldsymbol{\alpha}_2-\cdots-\frac{k_m}{k}\boldsymbol{\alpha}_m,$$

即 $\boldsymbol{\beta}$ 可由 $\boldsymbol{\alpha}_1,\boldsymbol{\alpha}_2,\cdots,\boldsymbol{\alpha}_m$ 线性表示.

设向量 $\boldsymbol{\beta}$ 由 $\boldsymbol{\alpha}_1,\boldsymbol{\alpha}_2,\cdots,\boldsymbol{\alpha}_m$ 线性表示的表示式有两个:

$$\boldsymbol{\beta}=l_1\boldsymbol{\alpha}_1+l_2\boldsymbol{\alpha}_2+\cdots+l_m\boldsymbol{\alpha}_m,$$

$$\boldsymbol{\beta}=\lambda_1\boldsymbol{\alpha}_1+\lambda_2\boldsymbol{\alpha}_2+\cdots+\lambda_m\boldsymbol{\alpha}_m.$$

两式相减并整理得

$$(l_1-\lambda_1)\boldsymbol{\alpha}_1+(l_2-\lambda_2)\boldsymbol{\alpha}_2+\cdots+(l_m-\lambda_m)\boldsymbol{\alpha}_m=\mathbf{0},$$

由 $\boldsymbol{\alpha}_1,\boldsymbol{\alpha}_2,\cdots,\boldsymbol{\alpha}_m$ 线性无关可得 $l_i-\lambda_i=0$, 即 $l_i=\lambda_i\ (i=1,2,\cdots,m)$, 表示式唯一.

例 4.2.9 已知向量组

$$\boldsymbol{\alpha}_1=\begin{pmatrix}1\\2\\3\end{pmatrix},\quad \boldsymbol{\alpha}_2=\begin{pmatrix}1\\1\\0\end{pmatrix},\quad \boldsymbol{\alpha}_3=\begin{pmatrix}5\\2\\4\end{pmatrix},\quad \boldsymbol{\alpha}_4=\begin{pmatrix}2\\0\\7\end{pmatrix}.$$

(1) 讨论向量组 $\boldsymbol{\alpha}_1,\boldsymbol{\alpha}_2,\boldsymbol{\alpha}_3$ 的线性相关性;

(2) $\boldsymbol{\alpha}_4$ 能否由 $\boldsymbol{\alpha}_1,\boldsymbol{\alpha}_2,\boldsymbol{\alpha}_3$ 线性表示? 如果能, 求出表示式.

解 (1) 令 $\boldsymbol{A}=(\boldsymbol{\alpha}_1,\boldsymbol{\alpha}_2,\boldsymbol{\alpha}_3)=\begin{pmatrix}1&1&5\\2&1&2\\3&0&4\end{pmatrix}\xrightarrow[r_3-3r_1]{r_2-2r_1}\begin{pmatrix}1&1&5\\0&-1&-8\\0&-3&-11\end{pmatrix}$

$$\xrightarrow{r_3-3r_2}\begin{pmatrix}1 & 1 & 5\\0 & -1 & -8\\0 & 0 & 13\end{pmatrix}.$$

因 $R(\boldsymbol{A})=3=$ 向量的个数, 所以 $\boldsymbol{\alpha}_1,\boldsymbol{\alpha}_2,\boldsymbol{\alpha}_3$ 线性无关.

(2) 由于 $\mathbf{R}^3$ 中的任意 4 个向量都线性相关, 又 $\boldsymbol{\alpha}_1,\boldsymbol{\alpha}_2,\boldsymbol{\alpha}_3$ 线性无关, 所以由定理 4.2.6 知, $\boldsymbol{\alpha}_4$ 一定能由 $\boldsymbol{\alpha}_1,\boldsymbol{\alpha}_2,\boldsymbol{\alpha}_3$ 线性表示, 且表示式唯一.

设 $\boldsymbol{\alpha}_4=x_1\boldsymbol{\alpha}_1+x_2\boldsymbol{\alpha}_2+x_3\boldsymbol{\alpha}_3$, 此方程组的增广矩阵为

$$\tilde{\boldsymbol{A}}=(\boldsymbol{\alpha}_1,\boldsymbol{\alpha}_2,\boldsymbol{\alpha}_3\vdots\boldsymbol{\alpha}_4)=\left(\begin{array}{ccc:c}1 & 1 & 5 & 2\\2 & 1 & 2 & 0\\3 & 0 & 4 & 7\end{array}\right)\xrightarrow[r_3-3r_1]{r_2-2r_1}\left(\begin{array}{ccc:c}1 & 1 & 5 & 2\\0 & -1 & -8 & -4\\0 & -3 & -11 & 1\end{array}\right)$$

$$\xrightarrow{r_3-3r_2}\left(\begin{array}{ccc:c}1 & 1 & 5 & 2\\0 & -1 & -8 & -4\\0 & 0 & 13 & 13\end{array}\right)\xrightarrow{\frac{1}{13}r_3}\left(\begin{array}{ccc:c}1 & 1 & 5 & 2\\0 & -1 & -8 & -4\\0 & 0 & 1 & 1\end{array}\right)$$

$$\xrightarrow[r_1-5r_3]{r_2+8r_3}\left(\begin{array}{ccc:c}1 & 1 & 0 & -3\\0 & -1 & 0 & 4\\0 & 0 & 1 & 1\end{array}\right)\xrightarrow[(-1)r_2]{r_1+r_2}\left(\begin{array}{ccc:c}1 & 0 & 0 & 1\\0 & 1 & 0 & -4\\0 & 0 & 1 & 1\end{array}\right).$$

由行最简形矩阵得方程组的唯一解:

$$x_1=1,\quad x_2=-4,\quad x_3=1.$$

所以 $\boldsymbol{\alpha}_4=\boldsymbol{\alpha}_1-4\boldsymbol{\alpha}_2+\boldsymbol{\alpha}_3$.

实际上, 向量组的线性相关性就是讨论向量组中是否有多余向量的问题. 定理 4.2.5 和定理 4.2.6 足以说明：如果向量组线性相关, 其中至少有一个向量是多余的, 因为这个向量可用其余向量线性表示出来; 如果向量组线性无关, 则其中没有多余向量, 其中的任一向量都不能用其余向量线性表示.

如在方程组 $\begin{cases}2x_1-3x_2-5x_3=4,\\-x_1+x_2+7x_3=-1,\\7x_1-11x_2-13x_3=15\end{cases}$ 中, 问是否有多余的方程? 或者说, 能否去掉某些方程而使其解不变?

这个问题就是把每个方程用行向量表示: $\boldsymbol{\alpha}_1^{\mathrm{T}}=(2,-3,-5,4)^{\mathrm{T}},\boldsymbol{\alpha}_2^{\mathrm{T}}=(-1,1,7,-1)^{\mathrm{T}},\boldsymbol{\alpha}_3^{\mathrm{T}}=(7,-11,-13,15)^{\mathrm{T}}$, 由于 $\boldsymbol{\alpha}_3^{\mathrm{T}}=4\boldsymbol{\alpha}_1^{\mathrm{T}}+\boldsymbol{\alpha}_2^{\mathrm{T}}$, 其中任意两个向量线性无关, 而 $\boldsymbol{\alpha}_1^{\mathrm{T}},\boldsymbol{\alpha}_2^{\mathrm{T}},\boldsymbol{\alpha}_3^{\mathrm{T}}$ 线性相关, 所以有 1 个方程是多余的, 方程组可去掉第 3 个方程, 且其解不变.

习　题　4.2

1. 下列向量 $\boldsymbol{\beta}$ 能否由向量组 $\boldsymbol{\alpha}_1,\boldsymbol{\alpha}_2,\boldsymbol{\alpha}_3,\boldsymbol{\alpha}_4$ 线性表示? 若能, 写出线性表示式.

(1) $\boldsymbol{\alpha}_1=(1,\ 3,\ 2)^{\mathrm{T}},\boldsymbol{\alpha}_2=(-2,\ -1,\ 1)^{\mathrm{T}},\boldsymbol{\alpha}_3=(3,\ 5,\ 2)^{\mathrm{T}},\boldsymbol{\alpha}_4=(-1,\ -3,\ -2)^{\mathrm{T}},\boldsymbol{\beta}=(1,2,3)^{\mathrm{T}}$.

(2) $\boldsymbol{\alpha}_1=(1,1,\ 1)^{\mathrm{T}},\boldsymbol{\alpha}_2=(2,\ 2,\ 2)^{\mathrm{T}},\boldsymbol{\alpha}_3=(1,2,2)^{\mathrm{T}},\boldsymbol{\alpha}_4=(1,2,\ 3)^{\mathrm{T}},\boldsymbol{\beta}=(2,3,2)^{\mathrm{T}}$.

2. 把下列向量 $\boldsymbol{\beta}$ 表示成向量组 $\boldsymbol{\alpha}_1,\ \boldsymbol{\alpha}_2,\ \boldsymbol{\alpha}_3,\ \boldsymbol{\alpha}_4$ 的线性组合：

(1) $\boldsymbol{\beta}=(7,14,\ -1,2)^{\mathrm{T}},\ \boldsymbol{\alpha}_1=(1,2,\ -1,\ -2)^{\mathrm{T}},\ \boldsymbol{\alpha}_2=(2,3,0,\ -1)^{\mathrm{T}},\ \boldsymbol{\alpha}_3=(1,2,1,4)^{\mathrm{T}},\ \boldsymbol{\alpha}_4=(1,3,\ -1,0)^{\mathrm{T}}$.

(2) $\boldsymbol{\beta}=(0,\ 2,\ 0,\ -1)^{\mathrm{T}},\ \boldsymbol{\alpha}_1=(1,\ 1,\ 1,\ 1)^{\mathrm{T}},\ \boldsymbol{\alpha}_2=(1,\ 1,\ 1,\ 0)^{\mathrm{T}},\ \boldsymbol{\alpha}_3=(1,\ 1,\ 0,\ 0)^{\mathrm{T}},\ \boldsymbol{\alpha}_4=(1,0,0,0)^{\mathrm{T}}$.

3. 设向量组

$$\boldsymbol{\beta}=(1,2,\ -2,1)^{\mathrm{T}},\quad \boldsymbol{\alpha}_1=(1,0,1,0)^{\mathrm{T}},$$

$$\boldsymbol{\alpha}_2=(3,\ -1,2,1)^{\mathrm{T}},\quad \boldsymbol{\alpha}_3=(1,a,\ b,\ 0)^{\mathrm{T}}.$$

(1) $a,\ b$ 取何值时, $\boldsymbol{\beta}$ 能由向量组 $\boldsymbol{\alpha}_1,\boldsymbol{\alpha}_2,\boldsymbol{\alpha}_3$ 线性表示?

(2) $a,\ b$ 取何值时, $\boldsymbol{\beta}$ 不能由向量组 $\boldsymbol{\alpha}_1,\boldsymbol{\alpha}_2,\boldsymbol{\alpha}_3$ 线性表示?

4. 讨论下列向量组的线性相关性：

(1) $\boldsymbol{\alpha}_1^{\mathrm{T}}=(1,2),\boldsymbol{\alpha}_2^{\mathrm{T}}=(1,0),\boldsymbol{\alpha}_3^{\mathrm{T}}=(3,\ -4)$;

(2) $\boldsymbol{\alpha}_1=(1,2,\ -1,k)^{\mathrm{T}},\boldsymbol{\alpha}_2=(0,\ -1,0,1)^{\mathrm{T}},\boldsymbol{\alpha}_3=(-4,\ -5,1,1)^{\mathrm{T}}$;

(3) $\boldsymbol{\alpha}_1=(2,1,\ -3,2)^{\mathrm{T}},\boldsymbol{\alpha}_2=(1,5,\ -2,1)^{\mathrm{T}},\boldsymbol{\alpha}_3=(1,0,0,1)^{\mathrm{T}},\boldsymbol{\alpha}_4=(4,\ -1,0,4)^{\mathrm{T}}$.

5. 设 $\boldsymbol{\beta}_1=\boldsymbol{\alpha}_1+\boldsymbol{\alpha}_2,\ \boldsymbol{\beta}_2=\boldsymbol{\alpha}_2+\boldsymbol{\alpha}_3,\ \boldsymbol{\beta}_3=\boldsymbol{\alpha}_3+\boldsymbol{\alpha}_4,\ \boldsymbol{\beta}_4=\boldsymbol{\alpha}_4+\boldsymbol{\alpha}_1$, 证明向量组 $\boldsymbol{\beta}_1,\ \boldsymbol{\beta}_2,\boldsymbol{\beta}_3,\ \boldsymbol{\beta}_4$ 线性相关.

6. 找出下面已知的四个向量中哪个向量不能由其余三个向量线性表示?

$$\boldsymbol{\alpha}_1=(1,1,1,1)^{\mathrm{T}},\quad \boldsymbol{\alpha}_2=(0,5,2,1)^{\mathrm{T}},$$

$$\boldsymbol{\alpha}_3=(1,\ -1,0,0)^{\mathrm{T}},\quad \boldsymbol{\alpha}_4=(2,\ -3,0,1)^{\mathrm{T}}.$$

7. 已知向量组 $\boldsymbol{\alpha}_1=(1,1,1)^{\mathrm{T}},\ \boldsymbol{\alpha}_2=(0,2,5)^{\mathrm{T}},\ \boldsymbol{\alpha}_3=(2,4,7)^{\mathrm{T}}$. 讨论向量组 $\boldsymbol{\alpha}_1,\boldsymbol{\alpha}_2,\boldsymbol{\alpha}_3$ 及向量组 $\boldsymbol{\alpha}_1,\boldsymbol{\alpha}_2$ 的线性相关性; $\boldsymbol{\alpha}_3$ 能否由 $\boldsymbol{\alpha}_1,\boldsymbol{\alpha}_2$ 线性表示?

8. 设 $\boldsymbol{\alpha}$ 是向量组 $\boldsymbol{\alpha}_1,\boldsymbol{\alpha}_2,\cdots,\boldsymbol{\alpha}_m$ 的线性组合, 但不是 $\boldsymbol{\alpha}_1,\boldsymbol{\alpha}_2,\cdots,\boldsymbol{\alpha}_{m-1}$ 的线性组合. 证明 $\boldsymbol{\alpha}_m$ 是 $\boldsymbol{\alpha}_1,\boldsymbol{\alpha}_2,\cdots,\boldsymbol{\alpha}_{m-1},\boldsymbol{\alpha}$ 的线性组合.

习题4.2
第3, 6题解答

习题4.2
第7, 8题解答

4.3 向量组的秩

4.3.1 向量组的秩与极大线性无关组

在 4.2 节中, 我们讨论了向量组的线性相关与线性无关. 如 $\mathbf{R}^2$ 中的四个向量 $\boldsymbol{\alpha}_1^{\mathrm{T}}=(1,2)$, $\boldsymbol{\alpha}_2^{\mathrm{T}}=(2,3)$, $\boldsymbol{\alpha}_3^{\mathrm{T}}=(1,0)$, $\boldsymbol{\alpha}_4^{\mathrm{T}}=(0,1)$, 其中任意两个都线性无关, 而任意三个线性相关. 也就是说, 这个向量组只需要其中的两个向量就足够了. 也就是我们下面将要引入的极大线性无关组的概念.

定义 4.3.1 设向量组 $\boldsymbol{T}$ 中有 r 个向量 $\boldsymbol{\alpha}_1,\boldsymbol{\alpha}_2,\cdots,\boldsymbol{\alpha}_r$ 满足

(1) 向量组 $\boldsymbol{\alpha}_1,\boldsymbol{\alpha}_2,\cdots,\boldsymbol{\alpha}_r$ 线性无关;

(2) $\boldsymbol{T}$ 中任意 $r+1$ 个向量 (如果存在有 $r+1$ 个向量) 线性相关.

则称 $\boldsymbol{\alpha}_1,\boldsymbol{\alpha}_2,\cdots,\boldsymbol{\alpha}_r$ 是**向量组 $\boldsymbol{T}$ 的一个极大线性无关向量组**, 简称**极大无关组**. 数 r 称为向量组 $\boldsymbol{T}$ 的秩. 向量组 $\boldsymbol{\alpha}_1,\boldsymbol{\alpha}_2,\cdots,\boldsymbol{\alpha}_m$ 的秩, 记作 $R(\boldsymbol{\alpha}_1,\boldsymbol{\alpha}_2,\cdots,\boldsymbol{\alpha}_m)$.

定义 4.3.1 中的 (2) 还可以叙述为: $\boldsymbol{T}$ 中任一向量都可由 $\boldsymbol{\alpha}_1,\boldsymbol{\alpha}_2,\cdots,\boldsymbol{\alpha}_r$ 线性表示.

由定义 4.3.1, 易得如下结论.

结论 1 只含零向量的向量组不存在极大无关组, 规定秩为零.

结论 2 一个向量组与其极大无关组等价.

结论 3 任何非零向量组必存在极大无关组.

结论 4 线性无关的向量组其极大无关组就是它本身.

一般地, 如果一个向量组的极大无关组不是其本身, 则极大无关组不一定唯一, 且极大无关组等价. 但极大无关组含向量的个数, 即向量组的秩是唯一的. 如向量组 $\boldsymbol{\alpha}_1^{\mathrm{T}}=(1,2)$, $\boldsymbol{\alpha}_2^{\mathrm{T}}=(2,3)$, $\boldsymbol{\alpha}_3^{\mathrm{T}}=(1,0)$, $\boldsymbol{\alpha}_4^{\mathrm{T}}=(0,1)$, 其中任意两个向量都是它的一个极大无关组, 极大无关组有六个, 但 $R(\boldsymbol{\alpha}_1^{\mathrm{T}},\boldsymbol{\alpha}_2^{\mathrm{T}},\boldsymbol{\alpha}_3^{\mathrm{T}},\boldsymbol{\alpha}_4^{\mathrm{T}})=2$.

例 4.3.1 求例 4.2.9 中向量组 $\boldsymbol{\alpha}_1=\begin{pmatrix}1\\2\\3\end{pmatrix}$, $\boldsymbol{\alpha}_2=\begin{pmatrix}1\\1\\0\end{pmatrix}$, $\boldsymbol{\alpha}_3=\begin{pmatrix}5\\2\\4\end{pmatrix}$, $\boldsymbol{\alpha}_4=\begin{pmatrix}2\\0\\7\end{pmatrix}$ 的一个极大无关组和秩.

解 由例 4.2.9(1) 可知, $\boldsymbol{\alpha}_1,\boldsymbol{\alpha}_2,\boldsymbol{\alpha}_3$ 线性无关, 而 $\mathbf{R}^3$ 中任意四个向量线性相关, 即 $\boldsymbol{\alpha}_1,\boldsymbol{\alpha}_2,\boldsymbol{\alpha}_3,\boldsymbol{\alpha}_4$ 线性相关, $\boldsymbol{\alpha}_4$ 可由 $\boldsymbol{\alpha}_1,\boldsymbol{\alpha}_2,\boldsymbol{\alpha}_3$ 线性表示, 所以 $\boldsymbol{\alpha}_1,\boldsymbol{\alpha}_2,\boldsymbol{\alpha}_3$ 是向量组 $\boldsymbol{\alpha}_1,\boldsymbol{\alpha}_2,\boldsymbol{\alpha}_3,\boldsymbol{\alpha}_4$ 的一个极大无关组, 且 $R(\boldsymbol{\alpha}_1,\boldsymbol{\alpha}_2,\boldsymbol{\alpha}_3,\boldsymbol{\alpha}_4)=3$.

定理 4.3.1　设向量组 $\boldsymbol{A}:\boldsymbol{\alpha}_1,\boldsymbol{\alpha}_2,\cdots,\boldsymbol{\alpha}_r$ 可由向量组 $\boldsymbol{B}:\boldsymbol{\beta}_1,\boldsymbol{\beta}_2,\cdots,\boldsymbol{\beta}_s$ 线性表示, 且向量组 $\boldsymbol{A}$ 线性无关, 则 $r\leqslant s$.

证明　记 $\boldsymbol{A}=(\boldsymbol{\alpha}_1,\boldsymbol{\alpha}_2,\cdots,\boldsymbol{\alpha}_r)$, $\boldsymbol{B}=(\boldsymbol{\beta}_1,\boldsymbol{\beta}_2,\cdots,\boldsymbol{\beta}_s)$, 因向量组 $\boldsymbol{A}$ 可由向量组 $\boldsymbol{B}$ 线性表示, 所以存在矩阵 $\boldsymbol{K}=(k_{ij})_{s\times r}$, 使得

$$\begin{cases}\boldsymbol{\alpha}_1=k_{11}\boldsymbol{\beta}_1+k_{21}\boldsymbol{\beta}_2+\cdots+k_{s1}\boldsymbol{\beta}_s,\\ \boldsymbol{\alpha}_2=k_{12}\boldsymbol{\beta}_1+k_{22}\boldsymbol{\beta}_2+\cdots+k_{s2}\boldsymbol{\beta}_s,\\ \qquad\cdots\cdots\\ \boldsymbol{\alpha}_r=k_{1r}\boldsymbol{\beta}_1+k_{2r}\boldsymbol{\beta}_2+\cdots+k_{sr}\boldsymbol{\beta}_s.\end{cases}\tag{4.3.1}$$

(4.3.1) 式用矩阵表示为：$\boldsymbol{A}=\boldsymbol{BK}$. 因向量组 $\boldsymbol{A}$ 线性无关, 则

$$x_1\boldsymbol{\alpha}_1+x_2\boldsymbol{\alpha}_2+\cdots+x_r\boldsymbol{\alpha}_r=\mathbf{0}$$

即 $\boldsymbol{Ax}=\mathbf{0}$ 只有零解, 这里 $\boldsymbol{x}=(x_1,x_2,\cdots,x_r)^{\mathrm{T}}$. 若 $r>s$, 齐次线性方程组 $\boldsymbol{K}_{s\times r}\boldsymbol{x}=\mathbf{0}$ 必有非零解, 也即是 $\boldsymbol{Ax}=\boldsymbol{B}(\boldsymbol{Kx})=\boldsymbol{B}\mathbf{0}=\mathbf{0}$ 有非零解, 这与 $\boldsymbol{Ax}=\mathbf{0}$ 只有零解矛盾. 所以 $r\leqslant s$.

推论 1　如果向量组 $\boldsymbol{A}:\boldsymbol{\alpha}_1,\boldsymbol{\alpha}_2,\cdots,\boldsymbol{\alpha}_r$ 与向量组 $\boldsymbol{B}:\boldsymbol{\beta}_1,\boldsymbol{\beta}_2,\cdots,\boldsymbol{\beta}_s$ 均线性无关且等价, 则 $r=s$.

推论 2　一个向量组的所有极大无关组含向量的个数相等.

性质 4.3.1　向量组 $\boldsymbol{\alpha}_1,\boldsymbol{\alpha}_2,\cdots,\boldsymbol{\alpha}_m$ 线性无关的充分必要条件是 $R(\boldsymbol{\alpha}_1,\boldsymbol{\alpha}_2,\cdots,\boldsymbol{\alpha}_m)=m$; 线性相关的充分必要条件是 $R(\boldsymbol{\alpha}_1,\boldsymbol{\alpha}_2,\cdots,\boldsymbol{\alpha}_m)<m$.

性质 4.3.2　如果一个向量组的秩为 r, 则向量组中任意 r 个线性无关的向量都是它的一个极大无关组.

证明　设向量组为 $\boldsymbol{\alpha}_1,\boldsymbol{\alpha}_2,\cdots,\boldsymbol{\alpha}_m(m\geqslant 2)$, $R(\boldsymbol{\alpha}_1,\boldsymbol{\alpha}_2,\cdots,\boldsymbol{\alpha}_m)=r$. 再设 $\boldsymbol{\alpha}_{i_1},\boldsymbol{\alpha}_{i_2},\cdots,\boldsymbol{\alpha}_{i_r}$ 是 $\boldsymbol{\alpha}_1,\boldsymbol{\alpha}_2,\cdots,\boldsymbol{\alpha}_m$ 中 r 个线性无关的向量, 除这 r 个向量外再添一个向量 α_k, 即向量组 $\boldsymbol{\alpha}_{i_1},\boldsymbol{\alpha}_{i_2},\cdots,\boldsymbol{\alpha}_{i_r},\boldsymbol{\alpha}_k$ 一定线性相关, 否则与 $R(\boldsymbol{\alpha}_1,\boldsymbol{\alpha}_2,\cdots,\boldsymbol{\alpha}_m)=r$ 矛盾. 由定义 4.3.1 知, 这 r 个线性无关的向量 $\boldsymbol{\alpha}_{i_1},\boldsymbol{\alpha}_{i_2},\cdots,\boldsymbol{\alpha}_{i_r}$ 就是向量组 $\boldsymbol{\alpha}_1,\boldsymbol{\alpha}_2,\cdots,\boldsymbol{\alpha}_m$ 的一个极大无关组.

性质 4.3.3　设向量组 $\boldsymbol{A}:\boldsymbol{\alpha}_1,\boldsymbol{\alpha}_2,\cdots,\boldsymbol{\alpha}_s$ 可由向量组 $\boldsymbol{B}:\boldsymbol{\beta}_1,\boldsymbol{\beta}_2,\cdots,\boldsymbol{\beta}_t$ 线性表示, 则 $R(\boldsymbol{\alpha}_1,\boldsymbol{\alpha}_2,\cdots,\boldsymbol{\alpha}_s)\leqslant R(\boldsymbol{\beta}_1,\boldsymbol{\beta}_2,\cdots,\boldsymbol{\beta}_t)$.

证明　设向量组 $\boldsymbol{A}_0$：$\boldsymbol{\alpha}_{i_1},\boldsymbol{\alpha}_{i_2},\cdots,\boldsymbol{\alpha}_{i_r}$ 和 $\boldsymbol{B}_0$：$\boldsymbol{\beta}_{j_1},\boldsymbol{\beta}_{j_2},\cdots,\boldsymbol{\beta}_{j_k}$ 分别是向量组 $\boldsymbol{A}$ 和 $\boldsymbol{B}$ 的极大无关组, 则 $\boldsymbol{A}$ 与 $\boldsymbol{A}_0$ 等价, $\boldsymbol{B}$ 与 $\boldsymbol{B}_0$ 等价. 因 $\boldsymbol{A}$ 可由 $\boldsymbol{B}$ 线性表示, 所以 $\boldsymbol{A}_0$ 可由 $\boldsymbol{B}_0$ 线性表示, 又向量组 $\boldsymbol{A}_0$ 线性无关, 根据定理 4.3.1 可得 $r\leqslant k$, 即 $R(\boldsymbol{\alpha}_1,\boldsymbol{\alpha}_2,\cdots,\boldsymbol{\alpha}_s)\leqslant R(\boldsymbol{\beta}_1,\boldsymbol{\beta}_2,\cdots,\boldsymbol{\beta}_t)$.

性质 4.3.4　等价的向量组其秩相等.

由性质 4.3.3 即可证明.

例 4.3.2 设向量组 $\boldsymbol{A}$ 可由向量组 $\boldsymbol{B}$ 线性表示, 且它们的秩相等, 证明向量组 $\boldsymbol{A}$ 与 $\boldsymbol{B}$ 等价.

证明 设向量组 $\boldsymbol{A}$ 和 $\boldsymbol{B}$ 的秩都是 r, 且它们的极大无关组分别为 $\boldsymbol{A}_0:\boldsymbol{\alpha}_1,\boldsymbol{\alpha}_2,\cdots,\boldsymbol{\alpha}_r$ 和 $\boldsymbol{B}_0:\boldsymbol{\beta}_1,\boldsymbol{\beta}_2,\cdots,\boldsymbol{\beta}_r$. 则 $\boldsymbol{A}$ 与 $\boldsymbol{A}_0$ 等价, $\boldsymbol{B}$ 与 $\boldsymbol{B}_0$ 等价. 作向量组 $\boldsymbol{C}:\boldsymbol{\alpha}_1,\boldsymbol{\alpha}_2,\cdots,\boldsymbol{\alpha}_r,\boldsymbol{\beta}_1,\boldsymbol{\beta}_2,\cdots,\boldsymbol{\beta}_r$, 因 $\boldsymbol{A}$ 可由 $\boldsymbol{B}$ 线性表示, 所以 $\boldsymbol{A}_0$ 可由 $\boldsymbol{B}_0$ 线性表示, 那么 $\boldsymbol{C}$ 中的每个向量都可由 $\boldsymbol{B}_0$ 线性表示, 又向量组 $\boldsymbol{B}_0$ 线性无关, 所以 $\boldsymbol{B}_0$ 是向量组 $\boldsymbol{C}$ 的极大无关组, 则有 $R(\boldsymbol{\alpha}_1,\boldsymbol{\alpha}_2,\cdots,\boldsymbol{\alpha}_r,\boldsymbol{\beta}_1,\boldsymbol{\beta}_2,\cdots,\boldsymbol{\beta}_r)=r$, 由性质 4.3.2 可知, $\boldsymbol{A}_0$ 组也是向量组 $\boldsymbol{C}$ 的一个极大无关组, 于是 $\boldsymbol{B}_0$ 可由 $\boldsymbol{A}_0$ 线性表示, $\boldsymbol{B}_0$ 与 $\boldsymbol{A}_0$ 等价, 即 $\boldsymbol{A}$ 与 $\boldsymbol{B}$ 等价. 证毕.

4.3.2 向量组的秩与矩阵秩的关系

任一个 $m\times n$ 的矩阵 $\boldsymbol{A}=(a_{ij})$, 既可以看作由 m 个 n 维行向量构成的行向量组: $\boldsymbol{\alpha}_i^{\mathrm{T}}=(a_{i1},a_{i2},\cdots,a_{in})$ $(i=1,2,\cdots,m)$, 又可以看作由 n 个 m 维列向量构成的列向量组: $\boldsymbol{\beta}_j=(a_{1j},a_{2j},\cdots,a_{mj})^{\mathrm{T}}(j=1,2,\cdots,m)$; 反过来, 行向量组或列向量组又可构成矩阵. 所以向量组和矩阵从某种意义上可以相互代替, 那么它们应该具有某种相同的性质. 下面我们将进一步介绍向量组的秩与矩阵的秩的关系.

定义 4.3.2 矩阵 $\boldsymbol{A}$ 的行向量组的秩称为 $\boldsymbol{A}$ 的行秩, 记为 $r(\boldsymbol{A})$, 列向量组的秩称为 $\boldsymbol{A}$ 的列秩, 记为 $c(\boldsymbol{A})$.

定理 4.3.2 矩阵 $\boldsymbol{A}$ 的行秩等于它的列秩, 都等于矩阵 $\boldsymbol{A}$ 的秩, 即 $r(\boldsymbol{A})=c(\boldsymbol{A})=R(\boldsymbol{A})$.

证明 设 $\boldsymbol{A}=(a_{ij})_{m\times n}$. 为方便叙述, 我们先证 $R(\boldsymbol{A})=c(\boldsymbol{A})$.

(1) 若 $\boldsymbol{A}=\boldsymbol{O}$, 结论显然成立.

(2) 若 $\boldsymbol{A}\neq\boldsymbol{O}$, 并设 $R(\boldsymbol{A})=r(1\leqslant r\leqslant\min\{m,n\})$, 由矩阵秩的定义, $\boldsymbol{A}$ 中存在 r 阶非零子式 D_r, 则 D_r 所在的 $\boldsymbol{A}$ 的 r 列线性无关; 而 $\boldsymbol{A}$ 的所有 $r+1$ 阶子式 D_{r+1}(如果存在的话) 全是零, 所以 D_{r+1} 所在 $\boldsymbol{A}$ 的 $r+1$ 列线性相关 (否则与 $R(\boldsymbol{A})=r$ 矛盾). 于是, D_r 所在的 $\boldsymbol{A}$ 的 r 列是列向量组的极大无关组, 故 $c(\boldsymbol{A})=R(\boldsymbol{A})=r$.

同理可证 $R(\boldsymbol{A})=r(\boldsymbol{A})=r$.

例 4.3.3 设矩阵 $\boldsymbol{A}=(a_{ij})_{m\times s}$, $\boldsymbol{B}=(b_{ij})_{s\times n}$, 证明 $R(\boldsymbol{AB})\leqslant\min\{R(\boldsymbol{A}),R(\boldsymbol{B})\}$.

证明 记

$$\boldsymbol{C}_{m\times n}=\boldsymbol{A}_{m\times s}\boldsymbol{B}_{s\times n},\quad \boldsymbol{C}=(\boldsymbol{\gamma}_1,\boldsymbol{\gamma}_2,\cdots,\boldsymbol{\gamma}_n),\quad \boldsymbol{A}=(\boldsymbol{\alpha}_1,\boldsymbol{\alpha}_2,\cdots,\boldsymbol{\alpha}_s),$$

则矩阵 $\boldsymbol{C}$ 的列向量组可由 $\boldsymbol{A}$ 的列向量组线性表示, $\boldsymbol{B}=(b_{ij})_{s\times n}$ 是这一线性表

示的系数矩阵. 由性质 4.3.3 可知, $R(\boldsymbol{C}) = R(\boldsymbol{\gamma}_1, \boldsymbol{\gamma}_2, \cdots, \boldsymbol{\gamma}_n) \leqslant R(\boldsymbol{\alpha}_1, \boldsymbol{\alpha}_2, \cdots, \boldsymbol{\alpha}_s) = R(\boldsymbol{A})$, 即 $R(\boldsymbol{AB}) \leqslant R(\boldsymbol{A})$;

同理, 记 $\boldsymbol{C} = \begin{pmatrix} \boldsymbol{\delta}_1^{\mathrm{T}} \\ \boldsymbol{\delta}_2^{\mathrm{T}} \\ \vdots \\ \boldsymbol{\delta}_m^{\mathrm{T}} \end{pmatrix}$, $\boldsymbol{B} = \begin{pmatrix} \boldsymbol{b}_1^{\mathrm{T}} \\ \boldsymbol{b}_2^{\mathrm{T}} \\ \vdots \\ \boldsymbol{b}_s^{\mathrm{T}} \end{pmatrix}$, 由 $\boldsymbol{C}_{m\times n} = \boldsymbol{A}_{m\times s}\boldsymbol{B}_{s\times n}$ 又可得 $\boldsymbol{C}$ 的行向量组 $\boldsymbol{\delta}_1^{\mathrm{T}}, \boldsymbol{\delta}_2^{\mathrm{T}}, \cdots, \boldsymbol{\delta}_m^{\mathrm{T}}$ 可由 $\boldsymbol{B}$ 的行向量组 $\boldsymbol{b}_1^{\mathrm{T}}, \boldsymbol{b}_2^{\mathrm{T}}, \cdots, \boldsymbol{b}_s^{\mathrm{T}}$ 线性表示, 所以有 $R(\boldsymbol{C}) \leqslant R(\boldsymbol{B})$. 综上, $R(\boldsymbol{AB}) \leqslant \min\{R(\boldsymbol{A}), R(\boldsymbol{B})\}$.

例 4.3.4 证明 $R(\boldsymbol{A}+\boldsymbol{B}) \leqslant R(\boldsymbol{A}) + R(\boldsymbol{B})$.

证明 设 $\boldsymbol{A} = (\boldsymbol{\alpha}_1, \boldsymbol{\alpha}_2, \cdots, \boldsymbol{\alpha}_n), \boldsymbol{B} = (\boldsymbol{\beta}_1, \boldsymbol{\beta}_2, \cdots, \boldsymbol{\beta}_n), R(\boldsymbol{A}) = r_1, R(\boldsymbol{B}) = r_2; \boldsymbol{\alpha}_{i_1}, \boldsymbol{\alpha}_{i_2}, \cdots, \boldsymbol{\alpha}_{i_{r_1}}$ 是向量组 $\boldsymbol{A}$ 的一个极大无关组, $\boldsymbol{\beta}_{j_1}, \boldsymbol{\beta}_{j_2}, \cdots, \boldsymbol{\beta}_{j_{r_2}}$ 是向量组 $\boldsymbol{B}$ 的一个极大无关组. 则 $\boldsymbol{A}+\boldsymbol{B} = (\boldsymbol{\alpha}_1+\boldsymbol{\beta}_1, \boldsymbol{\alpha}_2+\boldsymbol{\beta}_2, \cdots, \boldsymbol{\alpha}_n+\boldsymbol{\beta}_n)$, 又设 $R(\boldsymbol{A}+\boldsymbol{B}) = r, \boldsymbol{\gamma}_{q_1}, \boldsymbol{\gamma}_{q_2}, \cdots, \boldsymbol{\gamma}_{q_r}$ 是其一个极大无关组. 因 $\boldsymbol{\alpha}_\tau(\tau = 1, 2, \cdots, n)$ 可由 $\boldsymbol{\alpha}_{i_1}, \boldsymbol{\alpha}_{i_2}, \cdots, \boldsymbol{\alpha}_{i_{r_1}}$ 线性表示, $\boldsymbol{\beta}_\tau(\tau = 1, 2, \cdots, n)$ 可由 $\boldsymbol{\beta}_{j_1}, \boldsymbol{\beta}_{j_2}, \cdots, \boldsymbol{\beta}_{j_{r_2}}$ 线性表示, 所以 $\boldsymbol{\alpha}_\tau + \boldsymbol{\beta}_\tau(\tau = 1, 2, \cdots, n)$ 可由 $\boldsymbol{\alpha}_{i_1}, \boldsymbol{\alpha}_{i_2}, \cdots, \boldsymbol{\alpha}_{i_{r_1}}, \boldsymbol{\beta}_{j_1}, \boldsymbol{\beta}_{j_2}, \cdots, \boldsymbol{\beta}_{j_{r_2}}$ 线性表示, 那么 $\boldsymbol{\gamma}_{q_1}, \boldsymbol{\gamma}_{q_2}, \cdots, \boldsymbol{\gamma}_{q_r}$ 也可由 $\boldsymbol{\alpha}_{i_1}, \boldsymbol{\alpha}_{i_2}, \cdots, \boldsymbol{\alpha}_{i_{r_1}}, \boldsymbol{\beta}_{j_1}, \boldsymbol{\beta}_{j_2}, \cdots, \boldsymbol{\beta}_{j_{r_2}}$ 线性表示, 又因 $\boldsymbol{\gamma}_{q_1}, \boldsymbol{\gamma}_{q_2}, \cdots, \boldsymbol{\gamma}_{q_r}$ 线性无关, 由定理 4.3.1 知: $r \leqslant r_1 + r_2$, 即 $R(\boldsymbol{A}+\boldsymbol{B}) \leqslant R(\boldsymbol{A}) + R(\boldsymbol{B})$.

向量组的极大无关组和秩的概念

定理4.3.1证明

矩阵的秩和向量组的秩的关系

4.3.3 求极大线性无关组的方法

求向量组的极大无关组除了用定义和性质之外, 还可用最简单常用的初等变换法. 但首先要明确下列定理的结论.

定理 4.3.3 矩阵 $\boldsymbol{A}$ 经有限次初等行变换变成 $\boldsymbol{B}$, 则 $\boldsymbol{A}$ 的行向量组与 $\boldsymbol{B}$ 的行向量组等价; 而 $\boldsymbol{A}$ 的任意 k 个列向量与 $\boldsymbol{B}$ 中对应的 k 个列向量有相同的线性相关性.

证明 该定理的前半部分在向量组的等价内容中已有证明, 这里只证定理的后半部分. 因 $\boldsymbol{A}$ 的行向量组与 $\boldsymbol{B}$ 的行向量组等价, 所以方程组 $\boldsymbol{Ax}=\boldsymbol{0}$ 与 $\boldsymbol{Bx}=\boldsymbol{0}$ 同解, 其中

$$\boldsymbol{A}=(\boldsymbol{\alpha}_1, \cdots, \boldsymbol{\alpha}_k, \cdots, \boldsymbol{\alpha}_n),\ \boldsymbol{B}=(\boldsymbol{\beta}_1, \cdots, \boldsymbol{\beta}_k, \cdots, \boldsymbol{\beta}_n),\ \boldsymbol{x}=(x_1, \cdots, x_k, \cdots, x_n)^{\mathrm{T}}.$$

即方程组 $x_1\boldsymbol{\alpha}_1+\cdots+x_k\boldsymbol{\alpha}_k+\cdots+x_n\boldsymbol{\alpha}_n=\mathbf{0}$ 与方程组 $x_1\boldsymbol{\beta}_1+\cdots+x_k\boldsymbol{\beta}_k+\cdots+x_n\boldsymbol{\beta}_n=\mathbf{0}$ 同解. 所以 $\boldsymbol{A}$ 的任意 k 个列向量与 $\boldsymbol{B}$ 中对应的 k 个列向量有相同的线性相关性.

把定理 4.3.3 中的行列互换, 结论仍然成立.

由定理 4.3.3, 如果要求一个列向量组的极大无关组, 就把这个列向量组写成矩阵 $\boldsymbol{A}$, 对 $\boldsymbol{A}$ 施以初等行变换化成行阶梯形矩阵 $\boldsymbol{B}$, 找出 $\boldsymbol{B}$ 的列向量组的极大无关组所在的列, 那么 $\boldsymbol{A}$ 中对应的列就是 $\boldsymbol{A}$ 的列向量组的极大无关组.

例 4.3.5 求向量组

$$\boldsymbol{\alpha}_1=\begin{pmatrix}-1\\1\\1\\1\end{pmatrix},\quad \boldsymbol{\alpha}_2=\begin{pmatrix}-1\\2\\-1\\1\end{pmatrix},\quad \boldsymbol{\alpha}_3=\begin{pmatrix}2\\-3\\-4\\-2\end{pmatrix},$$

$$\boldsymbol{\alpha}_4=\begin{pmatrix}3\\-5\\-7\\-3\end{pmatrix},\quad \boldsymbol{\alpha}_5=\begin{pmatrix}1\\-1\\0\\-1\end{pmatrix}$$

的秩及一个极大无关组, 并把不属于极大无关组的向量用极大无关组表示出来.

解 求向量组的秩, 也就是求向量组所构成的矩阵的秩. 如果单单求矩阵的秩只需把矩阵进行初等变换化为行阶梯形, 非零行的行数就等于矩阵的秩, 也即是向量组的秩. 但要求极大无关组, 必须考虑向量组是列向量还是行向量. 如果是列向量, 要把矩阵进行初等行变换化为行阶梯形; 如果是行向量, 应对矩阵进行初等列变换化为列阶梯形, 若不习惯列变换, 可把矩阵转置进行行变换.

该题所给向量是列向量, 所以把每个向量作为一列, 作矩阵

$$\boldsymbol{A}=(\boldsymbol{\alpha}_1,\boldsymbol{\alpha}_2,\boldsymbol{\alpha}_3,\boldsymbol{\alpha}_4,\boldsymbol{\alpha}_5)=\begin{pmatrix}-1&-1&2&3&1\\1&2&-3&-5&-1\\1&-1&-4&-7&0\\1&1&-2&-3&-1\end{pmatrix}$$

$$\xrightarrow[r_4+r_1]{\substack{r_2+r_1\\r_3+r_1}}\begin{pmatrix}-1&-1&2&3&1\\0&1&-1&-2&0\\0&-2&-2&-4&1\\0&0&0&0&0\end{pmatrix}\xrightarrow{r_3+2r_2}\begin{pmatrix}-1&-1&2&3&1\\0&1&-1&-2&0\\0&0&-4&-8&1\\0&0&0&0&0\end{pmatrix}=\boldsymbol{B}.$$

显然, $R(\boldsymbol{\alpha}_1,\boldsymbol{\alpha}_2,\boldsymbol{\alpha}_3,\boldsymbol{\alpha}_4,\boldsymbol{\alpha}_5)=R(\boldsymbol{A})=3$. 那么向量组中任意三个线性无关的向量都是一个极大无关组. 从行阶梯形矩阵 $\boldsymbol{B}$ 的列向量中很容易看出哪三列线性无关, 记 $\boldsymbol{B}=(\boldsymbol{\beta}_1,\boldsymbol{\beta}_2,\boldsymbol{\beta}_3,\boldsymbol{\beta}_4,\boldsymbol{\beta}_5)$, 则 $\boldsymbol{\beta}_1,\boldsymbol{\beta}_2,\boldsymbol{\beta}_3$ 或 $\boldsymbol{\beta}_1,\boldsymbol{\beta}_2,\boldsymbol{\beta}_4$ 或 $\boldsymbol{\beta}_1,\boldsymbol{\beta}_2,\boldsymbol{\beta}_5$ 很明显线性无关, 所以对应的 $\boldsymbol{\alpha}_1,\boldsymbol{\alpha}_2,\boldsymbol{\alpha}_3$ 或 $\boldsymbol{\alpha}_1,\boldsymbol{\alpha}_2,\boldsymbol{\alpha}_4$ 或 $\boldsymbol{\alpha}_1,\boldsymbol{\alpha}_2,\boldsymbol{\alpha}_5$ 也线性无关. 故 $\boldsymbol{\alpha}_1,\boldsymbol{\alpha}_2,\boldsymbol{\alpha}_3$ 或 $\boldsymbol{\alpha}_1,\boldsymbol{\alpha}_2,\boldsymbol{\alpha}_4$ 或 $\boldsymbol{\alpha}_1,\boldsymbol{\alpha}_2,\boldsymbol{\alpha}_5$ 是向量组 $\boldsymbol{\alpha}_1,\boldsymbol{\alpha}_2,\boldsymbol{\alpha}_3,\boldsymbol{\alpha}_4,\boldsymbol{\alpha}_5$ 的一个极大无关组. 当然极大无关组不仅仅是这三个, 只是它们的线性无关性更易判断.

取 $\boldsymbol{\alpha}_1,\boldsymbol{\alpha}_2,\boldsymbol{\alpha}_3$ 为一个极大无关组, 要把不属于极大无关组的向量 $\boldsymbol{\alpha}_4,\boldsymbol{\alpha}_5$ 用极大无关组 $\boldsymbol{\alpha}_1,\boldsymbol{\alpha}_2,\boldsymbol{\alpha}_3$ 线性表示, 还需继续把矩阵 $\boldsymbol{B}$ 化为行最简形：从最后一个非零行开始, 把非零首元所在列的其他元都化为零, 最后再把非零首元都化为 1, 即

$$\boldsymbol{B}=\begin{pmatrix}-1&-1&2&3&1\\0&1&-1&-2&0\\0&0&-4&-8&1\\0&0&0&0&0\end{pmatrix}\xrightarrow{-\frac{1}{4}r_3}\begin{pmatrix}-1&-1&2&3&1\\0&1&-1&-2&0\\0&0&1&2&-\dfrac{1}{4}\\0&0&0&0&0\end{pmatrix}$$

$$\xrightarrow[r_1+(-2)r_3]{r_2+r_3}\begin{pmatrix}-1&-1&0&-1&\dfrac{3}{2}\\0&1&0&0&-\dfrac{1}{4}\\0&0&1&2&-\dfrac{1}{4}\\0&0&0&0&0\end{pmatrix}\xrightarrow{r_1+r_2}\begin{pmatrix}-1&0&0&-1&\dfrac{5}{4}\\0&1&0&0&-\dfrac{1}{4}\\0&0&1&2&-\dfrac{1}{4}\\0&0&0&0&0\end{pmatrix}$$

$$\xrightarrow{(-1)r_1}\begin{pmatrix}1&0&0&1&-\dfrac{5}{4}\\0&1&0&0&-\dfrac{1}{4}\\0&0&1&2&-\dfrac{1}{4}\\0&0&0&0&0\end{pmatrix}=(\boldsymbol{\eta}_1,\boldsymbol{\eta}_2,\boldsymbol{\eta}_3,\boldsymbol{\eta}_4,\boldsymbol{\eta}_5)=\boldsymbol{U}.$$

从行最简形矩阵 $\boldsymbol{U}$ 中可以看到

$$\boldsymbol{\eta}_4=\boldsymbol{\eta}_1+0\boldsymbol{\eta}_2+2\boldsymbol{\eta}_3=\boldsymbol{\eta}_1+2\boldsymbol{\eta}_3,\quad \boldsymbol{\eta}_5=-\frac{5}{4}\boldsymbol{\eta}_1-\frac{1}{4}\boldsymbol{\eta}_2-\frac{1}{4}\boldsymbol{\eta}_3.$$

于是可得

$$\boldsymbol{\alpha}_4=\boldsymbol{\alpha}_1+2\boldsymbol{\alpha}_3,\quad \boldsymbol{\alpha}_5=-\frac{5}{4}\boldsymbol{\alpha}_1-\frac{1}{4}\boldsymbol{\alpha}_2-\frac{1}{4}\boldsymbol{\alpha}_3.$$

4.3.4 向量空间的基、维数与向量的坐标

定义 4.3.3 设向量空间 $\boldsymbol{V}$ 中有 r 个向量 $\boldsymbol{\alpha}_1,\boldsymbol{\alpha}_2,\cdots,\boldsymbol{\alpha}_r$ 满足

(1) 向量组 $\boldsymbol{\alpha}_1,\boldsymbol{\alpha}_2,\cdots,\boldsymbol{\alpha}_r$ 线性无关;

(2) $\boldsymbol{V}$ 中任一向量都可由 $\boldsymbol{\alpha}_1,\boldsymbol{\alpha}_2,\cdots,\boldsymbol{\alpha}_r$ 线性表示.

则称 $\boldsymbol{\alpha}_1,\boldsymbol{\alpha}_2,\cdots,\boldsymbol{\alpha}_r$ 是向量空间 $\boldsymbol{V}$ 的一个基, 数 $\boldsymbol{r}$ 称为向量空间 $\boldsymbol{V}$ 的维数, 记作 $\dim\boldsymbol{V}$.

因 $\mathbf{R}^n$ 中的基本向量组 $\boldsymbol{\varepsilon}_1=(1,0,\cdots,0)^{\mathrm{T}},\boldsymbol{\varepsilon}_2=(0,1,\cdots,0)^{\mathrm{T}},\cdots,\boldsymbol{\varepsilon}_n=(0,0,\cdots,1)^{\mathrm{T}}$ 线性无关, 且任一 n 维向量都可由这个向量组线性表示, 所以 $\boldsymbol{\varepsilon}_1,\boldsymbol{\varepsilon}_2,\cdots,\boldsymbol{\varepsilon}_n$ 是 $\mathbf{R}^n$ 的一个基, $\dim\mathbf{R}^n=n$. 而向量空间 $\boldsymbol{V}_1=\{\boldsymbol{x}=(0,x_2,\cdots,x_n)^{\mathrm{T}}\mid x_2,\cdots,x_n\in\mathbf{R}\}$ 的维数是 $n-1$, 即 $\dim\boldsymbol{V}_1=n-1$. 规定零空间的维数是 0.

同向量组的极大无关组不唯一一样, 向量空间的基也不唯一.

由向量组 $\boldsymbol{\alpha}_1,\boldsymbol{\alpha}_2,\cdots,\boldsymbol{\alpha}_m$ 所生成的向量空间

$$\boldsymbol{V}=\{\boldsymbol{\alpha}=k_1\boldsymbol{\alpha}_1+k_2\boldsymbol{\alpha}_2+\cdots+k_m\boldsymbol{\alpha}_m\,|k_1,k_2,\cdots,k_m\in\mathbf{R}\}$$

与向量组 $\boldsymbol{\alpha}_1,\boldsymbol{\alpha}_2,\cdots,\boldsymbol{\alpha}_m$ 等价, 向量组 $\boldsymbol{\alpha}_1,\boldsymbol{\alpha}_2,\cdots,\boldsymbol{\alpha}_m$ 的极大无关组就是 $\boldsymbol{V}$ 的一个基, 向量组的秩等于 $\boldsymbol{V}$ 的维数, 即 $R(\boldsymbol{\alpha}_1,\boldsymbol{\alpha}_2,\cdots,\boldsymbol{\alpha}_m)=\dim\boldsymbol{V}$.

设 $\boldsymbol{\alpha}_1,\boldsymbol{\alpha}_2,\cdots,\boldsymbol{\alpha}_r$ 是向量空间 $\boldsymbol{V}$ 的一个基, 则 $\boldsymbol{V}$ 中的任一向量 $\boldsymbol{\alpha}$ 都可由 $\boldsymbol{\alpha}_1,\boldsymbol{\alpha}_2,\cdots,\boldsymbol{\alpha}_r$ 线性表示且表示式唯一, 即 $\boldsymbol{\alpha}=x_1\boldsymbol{\alpha}_1+x_2\boldsymbol{\alpha}_2+\cdots+x_r\boldsymbol{\alpha}_r$. 表示系数 $x_1,x_2,\cdots,x_r$ 称为向量 $\boldsymbol{\alpha}$ 在基 $\boldsymbol{\alpha}_1,\boldsymbol{\alpha}_2,\cdots,\boldsymbol{\alpha}_r$ 下的**坐标**, 称 $(x_1,x_2,\cdots,x_r)^{\mathrm{T}}$ 为**坐标向量**.

同一个向量在不同基下的坐标一般是不同的, 但这两个坐标向量有着必然联系.

设 $\boldsymbol{\alpha}_1,\boldsymbol{\alpha}_2,\cdots,\boldsymbol{\alpha}_n$ 与 $\boldsymbol{\beta}_1,\boldsymbol{\beta}_2,\cdots,\boldsymbol{\beta}_n$ 是 n 维向量空间 $\mathbf{R}^n$ 的两个基, 并且

$$\begin{cases}\boldsymbol{\beta}_1=c_{11}\boldsymbol{\alpha}_1+c_{21}\boldsymbol{\alpha}_2+\cdots+c_{n1}\boldsymbol{\alpha}_n,\\ \boldsymbol{\beta}_2=c_{12}\boldsymbol{\alpha}_1+c_{22}\boldsymbol{\alpha}_2+\cdots+c_{n2}\boldsymbol{\alpha}_n,\\ \qquad\cdots\cdots\\ \boldsymbol{\beta}_n=c_{1n}\boldsymbol{\alpha}_1+c_{2n}\boldsymbol{\alpha}_2+\cdots+c_{nn}\boldsymbol{\alpha}_n.\end{cases}\tag{4.3.2}$$

(4.3.2) 式称为**基变换公式**, 系数矩阵 $\boldsymbol{C}=(c_{ij})_{n\times n}$ 称为从基 $\boldsymbol{\alpha}_1,\boldsymbol{\alpha}_2,\cdots,\boldsymbol{\alpha}_n$ 到基 $\boldsymbol{\beta}_1,\boldsymbol{\beta}_2,\cdots,\boldsymbol{\beta}_n$ 的**过渡矩阵**. 若记 $\boldsymbol{A}=(\boldsymbol{\alpha}_1,\boldsymbol{\alpha}_2,\cdots,\boldsymbol{\alpha}_n)$, $\boldsymbol{B}=(\boldsymbol{\beta}_1,\boldsymbol{\beta}_2,\cdots,\boldsymbol{\beta}_n)$, (4.3.2) 式又可写成 $\boldsymbol{B}=\boldsymbol{AC}$, 且 $\boldsymbol{C}$ 可逆.

定理 4.3.4 设 n 维向量空间 $\mathbf{R}^n$ 中的向量 $\boldsymbol{\alpha}$ 在基 $\boldsymbol{\alpha}_1,\boldsymbol{\alpha}_2,\cdots,\boldsymbol{\alpha}_n$ 和 $\boldsymbol{\beta}_1,\boldsymbol{\beta}_2,\cdots,\boldsymbol{\beta}_n$ 下的坐标向量分别为 $\boldsymbol{x}=(x_1,x_2,\cdots,x_n)^{\mathrm{T}}$ 和 $\boldsymbol{y}=(y_1,y_2,\cdots,y_n)^{\mathrm{T}}$, 且

从基 $\boldsymbol{\alpha}_1,\boldsymbol{\alpha}_2,\cdots,\boldsymbol{\alpha}_n$ 到基 $\boldsymbol{\beta}_1,\boldsymbol{\beta}_2,\cdots,\boldsymbol{\beta}_n$ 的过渡矩阵为 $\boldsymbol{C}$, 则有坐标变换公式 $\boldsymbol{x}=\boldsymbol{C}\boldsymbol{y}$ 或 $\boldsymbol{y}=\boldsymbol{C}^{-1}\boldsymbol{x}$.

证明 略. 此定理留给读者证明.

求极大无关组的方法

向量空间的基、维数与向量的坐标

过渡矩阵与坐标变换

习 题 4.3

1. 设向量组: $\alpha_1=(1,0,-1)^{\mathrm{T}}$, $\alpha_2=(0,3,0)^{\mathrm{T}}$, $\alpha_3=(0,5,0)^{\mathrm{T}}$, 试用定义求该向量组的所有极大无关组和秩.

2. 用初等变换法求下列向量组的秩及一个极大无关组, 并把不属于极大无关组的向量用极大无关组线性表示.

(1) $\boldsymbol{\alpha}_1=\begin{pmatrix}1\\1\\0\end{pmatrix}, \boldsymbol{\alpha}_2=\begin{pmatrix}2\\3\\-1\end{pmatrix}, \boldsymbol{\alpha}_3=\begin{pmatrix}-1\\0\\5\end{pmatrix}$;

(2) $\boldsymbol{\alpha}_1^{\mathrm{T}}=(1,2,3,-1)$, $\boldsymbol{\alpha}_2^{\mathrm{T}}=(2,3,1,1)$, $\boldsymbol{\alpha}_3^{\mathrm{T}}=(3,2,1,-1)$, $\boldsymbol{\alpha}_4^{\mathrm{T}}=(5,5,2,0)$.

3. 用初等变换法求下列矩阵的行向量组和列向量组的一个极大无关组, 并把其余向量用极大无关组线性表出.

$$\boldsymbol{A}=\begin{pmatrix}1&1&2&2&1\\0&2&1&5&-1\\2&0&3&-1&3\\1&1&0&4&-1\end{pmatrix}.$$

4. 证明向量组 $\boldsymbol{A}$: $\boldsymbol{\alpha}_1,\boldsymbol{\alpha}_2,\cdots,\boldsymbol{\alpha}_s$ 与向量组 $\boldsymbol{B}$: $\boldsymbol{\alpha}_1,\boldsymbol{\alpha}_2,\cdots,\boldsymbol{\alpha}_s,\boldsymbol{b}$ 有相同秩的充分必要条件是向量 $\boldsymbol{b}$ 可由向量组 $\boldsymbol{A}$ 线性表示.

5. m 维向量组 $\boldsymbol{\alpha}_1,\boldsymbol{\alpha}_2,\cdots,\boldsymbol{\alpha}_m$ 线性无关, 且可由向量组 $\boldsymbol{\beta}_1,\boldsymbol{\beta}_2,\cdots,\boldsymbol{\beta}_s$ 线性表示, 证明向量组 $\boldsymbol{\beta}_1,\boldsymbol{\beta}_2,\cdots,\boldsymbol{\beta}_s$ 的秩是 m.

6. 设 $\boldsymbol{\beta}_1=\boldsymbol{\alpha}_1$, $\boldsymbol{\beta}_2=\boldsymbol{\alpha}_1+\boldsymbol{\alpha}_2$, $\cdots$, $\boldsymbol{\beta}_s=\boldsymbol{\alpha}_1+\boldsymbol{\alpha}_2+\cdots+\boldsymbol{\alpha}_s$, 证明向量组 $\boldsymbol{\alpha}_1,\boldsymbol{\alpha}_2,\cdots,\boldsymbol{\alpha}_s$ 与向量组 $\boldsymbol{\beta}_1,\boldsymbol{\beta}_2,\cdots,\boldsymbol{\beta}_s$ 有相同的秩.

7. 设 $\boldsymbol{A},\boldsymbol{B}$ 都是 n 阶方阵且 $\boldsymbol{A}$ 可逆, 若 $R(\boldsymbol{B})=r_1$, $R(\boldsymbol{AB})=r$, 证明: $r=r_1$.

8. 验证 $\boldsymbol{\alpha}_1=(-1,1,2)^{\mathrm{T}}$, $\boldsymbol{\alpha}_2=(0,3,1)^{\mathrm{T}}$, $\boldsymbol{\alpha}_3=(3,1,-5)^{\mathrm{T}}$ 是 R^3 的一个基, 并求向量 $\boldsymbol{\beta}_1=(4,1,-3)^{\mathrm{T}}$, $\boldsymbol{\beta}_2=(-5,-2,6)^{\mathrm{T}}$ 在这个基下的坐标向量.

9. 设 $\mathbf{R}^3$ 中的两个基: $\boldsymbol{\alpha}_1=(1,0,0)^{\mathrm{T}}$, $\boldsymbol{\alpha}_2=(0,1,-1)^{\mathrm{T}}$, $\boldsymbol{\alpha}_3=(1,1,1)^{\mathrm{T}}$ 和 $\boldsymbol{\beta}_1=(0,1,1)^{\mathrm{T}}$, $\boldsymbol{\beta}_2=(1,1,-1)^{\mathrm{T}}$, $\boldsymbol{\beta}_3=(2,-1,1)^{\mathrm{T}}$.

(1) 求基 $\boldsymbol{\alpha}_1,\boldsymbol{\alpha}_2,\boldsymbol{\alpha}_3$ 到基 $\boldsymbol{\beta}_1,\boldsymbol{\beta}_2,\boldsymbol{\beta}_3$ 下的过渡矩阵;

(2) 已知向量 $\boldsymbol{\alpha}$ 在基 $\boldsymbol{\alpha}_1,\boldsymbol{\alpha}_2,\boldsymbol{\alpha}_3$ 下的坐标向量 $\boldsymbol{x}=(4,2,1)^{\mathrm{T}}$, 求 $\boldsymbol{\alpha}$ 在基 $\boldsymbol{\beta}_1,\boldsymbol{\beta}_2,\boldsymbol{\beta}_3$ 下的坐标向量.

习题4.3
第4, 5题证明

习题4.3
第6, 7题证明

4.4 齐次线性方程组解的结构

4.4课件

4.4.1 齐次线性方程组解的性质

设齐次线性方程组

$$\begin{cases} a_{11}x_1 + a_{12}x_2 + \cdots + a_{1n}x_n = 0\,, \\ a_{21}x_1 + a_{22}x_2 + \cdots + a_{2n}x_n = 0\,, \\ \quad\cdots\cdots \\ a_{m1}x_1 + a_{m2}x_2 + \cdots + a_{mn}x_n = 0\,. \end{cases} \tag{4.4.1}$$

记 $\boldsymbol{A} = (a_{ij})_{m\times n}$, $\boldsymbol{x} = (x_1, x_2, \cdots, x_n)^{\mathrm{T}}$, 则 (4.4.1) 式可写成矩阵方程

$$\boldsymbol{Ax} = \mathbf{0}. \tag{4.4.2}$$

向量 $\boldsymbol{x}$ 称为方程组 (4.4.1) 的**解向量**, 也就是矩阵方程 (4.4.2) 的**解**.

性质 4.4.1 若 $\boldsymbol{\xi}_1, \boldsymbol{\xi}_2$ 都是方程 $\boldsymbol{Ax} = \mathbf{0}$ 的解, 则 $\boldsymbol{\xi}_1 + \boldsymbol{\xi}_2$ 也是 $\boldsymbol{Ax} = \mathbf{0}$ 的解.

证明 因 $\boldsymbol{A\xi}_1 = \mathbf{0}$, $\boldsymbol{A\xi}_2 = \mathbf{0}$, 于是有 $\boldsymbol{A}(\boldsymbol{\xi}_1 + \boldsymbol{\xi}_2) = \boldsymbol{A\xi}_1 + \boldsymbol{A\xi}_2 = \mathbf{0} + \mathbf{0} = \mathbf{0}$. 所以 $\boldsymbol{\xi}_1 + \boldsymbol{\xi}_2$ 是 $\boldsymbol{Ax} = \mathbf{0}$ 的解.

性质 4.4.2 若 $\boldsymbol{\xi}$ 是方程 $\boldsymbol{Ax} = \mathbf{0}$ 的解, k 为实数, 则 $k\boldsymbol{\xi}$ 也是方程 $\boldsymbol{Ax} = \mathbf{0}$ 的解.

证明 因 $\boldsymbol{A\xi} = \mathbf{0}$, 而 $\boldsymbol{A}(k\boldsymbol{\xi}) = k(\boldsymbol{A\xi}) = k\mathbf{0} = \mathbf{0}$. 所以 $k\boldsymbol{\xi}$ 也是 $\boldsymbol{Ax} = \mathbf{0}$ 的解.

性质 4.4.1 和性质 4.4.2 表明, 齐次线性方程组的解向量对加法和数乘封闭. 用 $\boldsymbol{S}$ 表示方程组 (4.4.1) 全体解向量的集合, 即 $\boldsymbol{S} = \{\boldsymbol{x} | \boldsymbol{Ax} = \mathbf{0}\}$. 由于齐次线性方程组总有零解, 所以 $\boldsymbol{S}$ 非空, 那么 $\boldsymbol{S}$ 是向量空间, 并称 $\boldsymbol{S}$ 为齐次线性方程组 $\boldsymbol{Ax} = \mathbf{0}$ 的**解空间**.

如果齐次线性方程组只有零解, 则解空间没有基; 如果 $\boldsymbol{S} \neq \{\mathbf{0}\}$, 即方程组存在非零解, 则一定存在基, 称为解空间的基, 也称为齐次线性方程组 (4.4.1) 的**基础解系**. 如何找基础解系呢? 首先基础解系中的向量必须是方程组 (4.4.1) 的解向量, 且线性无关; 其次方程组 (4.4.1) 的任一解向量都可由这组解向量线性表示. 下面我们将由此给出求齐次线性方程组的基础解系的方法.

4.4.2 齐次线性方程组的基础解系与解的结构

设齐次线性方程组 (4.4.1) 的系数矩阵 $\boldsymbol{A}$ 的秩 $R(\boldsymbol{A}) = r$, 我们只讨论 $0 < r < n$ 的情况. 不妨设 $\boldsymbol{A}$ 的前 r 列向量线性无关, 要求方程组的解向量, 先用初等行变换把系数矩阵 $\boldsymbol{A}$ 化为行最简形矩阵, 即

$$\boldsymbol{A} \xrightarrow{\text{初等行变换}} \begin{pmatrix} 1 & 0 & \cdots & 0 & c_{1,r+1} & \cdots & c_{1n} \\ 0 & 1 & \cdots & 0 & c_{2,r+1} & \cdots & c_{2n} \\ \vdots & \vdots & & \vdots & \vdots & & \vdots \\ 0 & 0 & \cdots & 1 & c_{r,r+1} & \cdots & c_{rn} \\ 0 & 0 & \cdots & 0 & 0 & \cdots & 0 \\ \vdots & \vdots & & \vdots & \vdots & & \vdots \\ 0 & 0 & \cdots & 0 & 0 & \cdots & 0 \end{pmatrix} = \boldsymbol{B}.$$

行最简形矩阵 $\boldsymbol{B}$ 对应的方程组为

$$\begin{cases} x_1 = -c_{1,r+1}x_{r+1} - c_{1,r+2}x_{r+2} \cdots - c_{1n}x_n, \\ x_2 = -c_{2,r+1}x_{r+1} - c_{2,r+2}x_{r+2} \cdots - c_{2n}x_n, \\ \qquad \cdots\cdots \\ x_r = -c_{r,r+1}x_{r+1} - c_{r,r+2}x_{r+2} \cdots - c_{rn}x_n. \end{cases} \tag{4.4.3}$$

方程组 (4.4.3) 与方程组 (4.4.1) 同解. (4.4.3) 式还可写成

$$\begin{pmatrix} x_1 \\ x_2 \\ \vdots \\ x_r \end{pmatrix} = x_{r+1}\begin{pmatrix} -c_{1,r+1} \\ -c_{2,r+1} \\ \vdots \\ -c_{r,r+1} \end{pmatrix} + x_{r+2}\begin{pmatrix} -c_{1,r+2} \\ -c_{2,r+2} \\ \vdots \\ -c_{r,r+2} \end{pmatrix} + \cdots + x_n\begin{pmatrix} -c_{1n} \\ -c_{2n} \\ \vdots \\ -c_{rn} \end{pmatrix}. \tag{4.4.4}$$

这里 $x_{r+1}, x_{r+2}, \cdots, x_n$ 为 $n-r$ 个自由未知量, 它们可以自由取值, 那么我们就取下列 $n-r$ 组数, 并保证这 $n-r$ 组数构成的向量线性无关, 即

$$\begin{pmatrix} x_{r+1} \\ x_{r+2} \\ \vdots \\ x_n \end{pmatrix} = \begin{pmatrix} 1 \\ 0 \\ \vdots \\ 0 \end{pmatrix}, \begin{pmatrix} 0 \\ 1 \\ \vdots \\ 0 \end{pmatrix}, \cdots, \begin{pmatrix} 0 \\ 0 \\ \vdots \\ 1 \end{pmatrix}.$$

把这 $n-r$ 组数分别代入 (4.4.4) 式, 可得到如下 $n-r$ 个解向量:

$$\boldsymbol{\xi}_1=\begin{pmatrix}-c_{1,r+1}\\-c_{2,r+1}\\\vdots\\-c_{r,r+1}\\1\\0\\\vdots\\0\end{pmatrix},\quad \boldsymbol{\xi}_2=\begin{pmatrix}-c_{1,r+2}\\-c_{2,r+2}\\\vdots\\-c_{r,r+2}\\0\\1\\\vdots\\0\end{pmatrix},\quad \cdots,\quad \boldsymbol{\xi}_{n-r}=\begin{pmatrix}-c_{1n}\\-c_{2n}\\\vdots\\-c_{rn}\\0\\0\\\vdots\\1\end{pmatrix}.$$

显然 $\boldsymbol{\xi}_1,\boldsymbol{\xi}_2,\cdots,\boldsymbol{\xi}_{n-r}$ 线性无关. 下面证方程组 (4.4.1) 的任一解向量 $\boldsymbol{x}$ 都可由 $\boldsymbol{\xi}_1,\boldsymbol{\xi}_2,\cdots,\boldsymbol{\xi}_{n-r}$ 线性表示.

因

$$\boldsymbol{x}=\begin{pmatrix}x_1\\x_2\\\vdots\\x_r\\x_{r+1}\\x_{r+2}\\\vdots\\x_n\end{pmatrix}=\begin{pmatrix}-c_{1,r+1}x_{r+1}-c_{1,r+2}x_{r+2}\cdots-c_{1n}x_n\\-c_{2,r+1}x_{r+1}-c_{2,r+2}x_{r+2}\cdots-c_{2n}x_n\\\vdots\\-c_{r,r+1}x_{r+1}-c_{r,r+2}x_{r+2}\cdots-c_{rn}x_n\\x_{r+1}\\x_{r+2}\\\vdots\\x_n\end{pmatrix}$$

$$=x_{r+1}\begin{pmatrix}-c_{1,r+1}\\-c_{2,r+1}\\\vdots\\-c_{r,r+1}\\1\\0\\\vdots\\0\end{pmatrix}+x_{r+2}\begin{pmatrix}-c_{1,r+2}\\-c_{2,r+2}\\\vdots\\-c_{r,r+2}\\0\\1\\\vdots\\0\end{pmatrix}+\cdots+x_n\begin{pmatrix}-c_{1n}\\-c_{2n}\\\vdots\\-c_{rn}\\0\\0\\\vdots\\1\end{pmatrix}$$

$$=x_{r+1}\boldsymbol{\xi}_1+x_{r+2}\boldsymbol{\xi}_2+\cdots+x_n\boldsymbol{\xi}_{n-r}.$$

$x_{r+1}, x_{r+2}, \cdots, x_n$ 为自由未知量, 可以取任意实数, 所以令

$$x_{r+1}=k_1,\quad x_{r+2}=k_2,\quad \cdots,\quad x_n=k_{n-r},$$

则有

$$\boldsymbol{x}=k_1\boldsymbol{\xi}_1+k_2\boldsymbol{\xi}_2+\cdots+k_{n-r}\boldsymbol{\xi}_{n-r}\quad (k_1,k_2,\cdots,k_{n-r}\in\mathbf{R}),$$

即方程组 (4.4.1) 的任一解向量 $\boldsymbol{x}$ 都可由向量组 $\boldsymbol{\xi}_1,\boldsymbol{\xi}_2,\cdots,\boldsymbol{\xi}_{n-r}$ 线性表示. 因此 $\boldsymbol{\xi}_1,\boldsymbol{\xi}_2,\cdots,\boldsymbol{\xi}_{n-r}$ 就是齐次线性方程组的基础解系, 也就是解空间 $\boldsymbol{S}$ 的一个基, 并且 $\dim\boldsymbol{S}=n-r$. 于是

$$\boldsymbol{S}=\left\{\boldsymbol{x}=k_1\boldsymbol{\xi}_1+k_2\boldsymbol{\xi}_2+\cdots+k_{n-r}\boldsymbol{\xi}_{n-r}\left|k_1,k_2,\cdots,k_{n-r}\in\mathbf{R}\right.\right\},$$

也即是解空间. $\boldsymbol{S}$ 中的每个向量都可由基础解系线性表示, 那么

$$\boldsymbol{x}=k_1\boldsymbol{\xi}_1+k_2\boldsymbol{\xi}_2+\cdots+k_{n-r}\boldsymbol{\xi}_{n-r}\quad (k_1,k_2,\cdots,k_{n-r}\in\mathbf{R})$$

称为齐次线性方程组 (4.4.1) 的**通解**. 齐次线性方程组解的结构就是其通解公式.

综上所述, 我们给出如下定理.

定理 4.4.1　设 $\boldsymbol{A}$ 是 $m\times n$ 矩阵, 齐次线性方程组 $\boldsymbol{Ax}=\boldsymbol{0}$ 的全体解向量构成的集合 $\boldsymbol{S}$ 是一个向量空间. 当系数矩阵 $\boldsymbol{A}$ 的秩等于 r, 即 $R(\boldsymbol{A})=r$ 时, 解空间的维数等于 $n-r$.

此定理不予证明.

例 4.4.1　求齐次线性方程组 $\begin{cases} x_1+x_2-x_3-x_4=0,\\ 2x_1-5x_2+3x_3+2x_4=0,\\ 7x_1-7x_2+3x_3+x_4=0\end{cases}$ 的基础解系与通解.

解　因方程组中方程个数小于未知量的个数, 所以方程组存在非零解, 即有无穷多解. 对系数矩阵 $\boldsymbol{A}$ 进行初等行变换, 化为行最简形:

$$\boldsymbol{A}=\begin{pmatrix}1&1&-1&-1\\2&-5&3&2\\7&-7&3&1\end{pmatrix}\xrightarrow[r_3-7r_1]{r_2-2r_1}\begin{pmatrix}1&1&-1&-1\\0&-7&5&4\\0&-14&10&8\end{pmatrix}$$

$$\xrightarrow{r_3-2r_2}\begin{pmatrix}1&1&-1&-1\\0&-7&5&4\\0&0&0&0\end{pmatrix}\xrightarrow{-\frac{1}{7}r_2}\begin{pmatrix}1&1&-1&-1\\0&1&-\dfrac{5}{7}&-\dfrac{4}{7}\\0&0&0&0\end{pmatrix}$$

$$\xrightarrow{r_1-r_2}\begin{pmatrix}1 & 0 & -\dfrac{2}{7} & -\dfrac{3}{7}\\ 0 & 1 & -\dfrac{5}{7} & -\dfrac{4}{7}\\ 0 & 0 & 0 & 0\end{pmatrix}.$$

由于 $R(\boldsymbol{A})=2$, 所以解空间 $\boldsymbol{S}$ 的维数 $\dim\boldsymbol{S}=4-2=2$, 即基础解系含两个解向量. 行最简形矩阵对应的方程组为

$$\begin{cases}x_1=\dfrac{2}{7}x_3+\dfrac{3}{7}x_4,\\ x_2=\dfrac{5}{7}x_3+\dfrac{4}{7}x_4,\end{cases}\quad x_3,x_4\text{ 为自由未知量.}$$

取 $\begin{pmatrix}x_3\\x_4\end{pmatrix}=\begin{pmatrix}7\\0\end{pmatrix},\begin{pmatrix}0\\7\end{pmatrix}$, 则对应 $\begin{pmatrix}x_1\\x_2\end{pmatrix}=\begin{pmatrix}2\\5\end{pmatrix},\begin{pmatrix}3\\4\end{pmatrix}$.

于是得基础解系

$$\boldsymbol{\xi}_1=\begin{pmatrix}2\\5\\7\\0\end{pmatrix},\quad \boldsymbol{\xi}_2=\begin{pmatrix}3\\4\\0\\7\end{pmatrix}.$$

由此得通解

$$\boldsymbol{\xi}=k_1\begin{pmatrix}2\\5\\7\\0\end{pmatrix}+k_2\begin{pmatrix}3\\4\\0\\7\end{pmatrix}\quad(k_1,k_2\in\mathbf{R}).$$

需要明确: 由于自由未知量的取值不唯一, 所以基础解系不唯一. 自由未知量取值的组数应等于自由未知量的个数, 并且要保证所取的这几组值构成的向量组线性无关.

例 4.4.2 设 $\boldsymbol{A},\boldsymbol{B}$ 都是 n 阶方阵, 且满足 $\boldsymbol{AB}=\boldsymbol{O}$, 证明 $R(\boldsymbol{A})+R(\boldsymbol{B})\leqslant n$.

证明 令 $\boldsymbol{B}=(\boldsymbol{\beta}_1,\boldsymbol{\beta}_2,\cdots,\boldsymbol{\beta}_n)$, $\boldsymbol{\beta}_i(i=1,\ 2,\ \cdots,\ n)$ 为 $\boldsymbol{B}$ 的第 i 个列向量, 则 $\boldsymbol{AB}=(\boldsymbol{A\beta}_1,\boldsymbol{A\beta}_2,\cdots,\boldsymbol{A\beta}_n)=(\boldsymbol{0},\boldsymbol{0},\cdots,\boldsymbol{0},)$, 于是有 $\boldsymbol{A\beta}_i=\boldsymbol{0}\ (i=1,2,\cdots,n)$, $\boldsymbol{\beta}_i$ 为方程 $\boldsymbol{Ax}=\boldsymbol{0}$ 的解. 由于 $\boldsymbol{B}$ 的列向量组的秩 $R(\boldsymbol{\beta}_1,\boldsymbol{\beta}_2,\cdots,\boldsymbol{\beta}_n)=R(\boldsymbol{B})\leqslant\dim\boldsymbol{S}=n-R(\boldsymbol{A})$, 故有 $R(\boldsymbol{A})+R(\boldsymbol{B})\leqslant n$.

定理 4.4.1 揭示了系数矩阵 $\boldsymbol{A}$ 的秩与方程 $\boldsymbol{Ax}=\boldsymbol{0}$ 的解的关系, 不仅对求解 $\boldsymbol{Ax}=\boldsymbol{0}$ 有重要意义, 而且还可以如例 4.4.2 的结论那样, 通过研究齐次线性方程组的解来讨论系数矩阵的秩.

例 4.4.3　设 n 阶矩阵 $\boldsymbol{A}$ 的秩 $R(\boldsymbol{A})=n-1(n\geqslant 2)$, $\boldsymbol{A}^*$ 为 $\boldsymbol{A}$ 的伴随矩阵, 证明 $R(\boldsymbol{A}^*)=1$.

证明　由 $R(\boldsymbol{A})=n-1$ 知, 方阵 $\boldsymbol{A}$ 的行列式 $|\boldsymbol{A}|=0$, 于是

$$\boldsymbol{A}\boldsymbol{A}^*=|\boldsymbol{A}|\boldsymbol{E}=\boldsymbol{O}.$$

所以 $R(\boldsymbol{A})+R(\boldsymbol{A}^*)\leqslant n$, 即 $R(\boldsymbol{A}^*)\leqslant n-R(\boldsymbol{A})=1$, 又由 $R(\boldsymbol{A})=n-1$, 知 $\boldsymbol{A}$ 中有 $n-1$ 阶非零子式, 因而 $\boldsymbol{A}^*\neq\boldsymbol{O}$, 这样 $\boldsymbol{A}^*$ 的秩只能是 1, 即 $R(\boldsymbol{A}^*)=1$.

习　题　4.4

1. 求齐次线性方程组 $\begin{cases}2x_1+x_2-x_3+x_4-3x_5=0,\\ x_2+x_3-x_4+x_5=0\end{cases}$ 的解空间的维数和一个基.

2. 判断下列齐次线性方程组是否有非零解? 若有, 求出基础解系和通解.

(1) $\begin{cases}x_1-x_2+2x_3=0,\\ 5x_1+3x_2-x_3=0,\\ -4x_1+x_2-x_3=0,\\ 3x_1-7x_2+4x_3=0;\end{cases}$　　(2) $\begin{cases}x_1+x_2-3x_3-x_4=0,\\ 3x_1-x_2-3x_3+4x_4=0,\\ x_1+5x_2-9x_3-8x_4=0;\end{cases}$

(3) $\begin{cases}3x_1+x_2-8x_3+2x_4+x_5=0,\\ 2x_1-2x_2-3x_3-7x_4+2x_5=0,\\ x_1+11x_2-12x_3+34x_4-5x_5=0,\\ x_1-5x_2+2x_3-16x_4+3x_5=0;\end{cases}$　　(4) $\begin{cases}x_1+x_2+2x_3-x_4=0,\\ 2x_1+x_2+x_3-x_4=0,\\ 2x_1+2x_2+x_3+2x_4=0.\end{cases}$

3. 求齐次线性方程组 $x_1+2x_2+3x_3+\cdots+(n-1)x_{n-1}+nx_n=0$ 的基础解系.

4. 求一个齐次线性方程组, 使向量组 $\xi_1=\begin{pmatrix}2\\3\\1\\0\end{pmatrix}$, $\xi_2=\begin{pmatrix}0\\1\\3\\2\end{pmatrix}$ 为它的一个基础解系.

5. 设 $A=\begin{pmatrix}2&-2&1&3\\9&-5&2&8\end{pmatrix}$, 求一个 4×2 矩阵 $\boldsymbol{B}$, 使 $\boldsymbol{AB}=\boldsymbol{O}$, 且满足 $R(\boldsymbol{B})=2$.

6. 设矩阵 $\boldsymbol{A}_1=\begin{pmatrix}1&-2&1&0&0\\1&-2&0&1&0\\0&0&1&-1&0\\1&-2&3&-2&0\end{pmatrix}$ 的 4 个行向量 α_1^{T}, α_2^{T}, α_3^{T}, α_4^{T} 都是方程组

$$①\begin{cases}x_1+x_2+x_3+x_4+x_5=0,\\ 3x_1+2x_2+x_3+x_4-3x_5=0,\\ x_2+2x_3+2x_4+6x_5=0,\\ 5x_1+4x_2+3x_3+3x_4-x_5=0\end{cases}$$

的解向量, 问 $\boldsymbol{\alpha}_1^{\mathrm{T}}$, $\boldsymbol{\alpha}_2^{\mathrm{T}}$, $\boldsymbol{\alpha}_3^{\mathrm{T}}$, $\boldsymbol{\alpha}_4^{\mathrm{T}}$ 能否构成方程组① 的基础解系?

7. 设齐次线性方程组 $\begin{cases} ax_1+bx_2+bx_3+\cdots+bx_n=0, \\ bx_1+ax_2+bx_3+\cdots+bx_n=0, \\ \cdots\cdots \\ bx_1+bx_2+bx_3+\cdots+ax_n=0. \end{cases}$ 其中 $a\neq 0$, $b\neq 0$, $n\geqslant 2$.

试讨论 a,b 为何值时, 方程组仅有零解? 有无穷多解? 在有无穷多解时, 求出其通解.

8. 设齐次线性方程组 $\begin{cases} a_{11}x_1+a_{12}x_2+\cdots+a_{1n}x_n=0, \\ a_{21}x_1+a_{22}x_2+\cdots+a_{2n}x_n=0, \\ \cdots\cdots \\ a_{n1}x_1+a_{n2}x_2+\cdots+a_{nn}x_n=0 \end{cases}$ 的系数行列式 $|\boldsymbol{A}|=0$, A_{ij} 是 $|\boldsymbol{A}|$ 中元素 a_{ij} $(j=1,2,\cdots,n)$ 的代数余子式, 证明向量 $(A_{i1}, A_{i2},\cdots, A_{in})^{\mathrm{T}}$ 是方程组的一个解.

4.5 非齐次线性方程组解的结构

4.5课件

4.5.1 非齐次线性方程组解的性质

设非齐次线性方程组

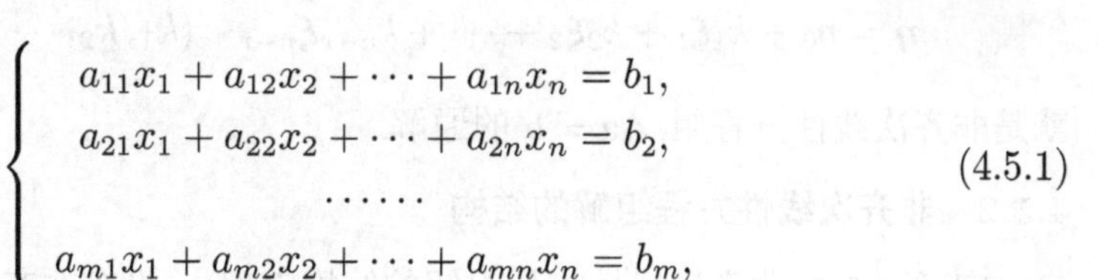

$$\begin{cases} a_{11}x_1+a_{12}x_2+\cdots+a_{1n}x_n=b_1, \\ a_{21}x_1+a_{22}x_2+\cdots+a_{2n}x_n=b_2, \\ \cdots\cdots \\ a_{m1}x_1+a_{m2}x_2+\cdots+a_{mn}x_n=b_m, \end{cases} \tag{4.5.1}$$

其中常数 $b_1,b_2,\cdots,b_m$ 不全为零.

记 $\boldsymbol{A}=(a_{ij})_{m\times n}$, $\boldsymbol{x}=(x_1,x_2,\cdots,x_n)^{\mathrm{T}}$, $\boldsymbol{b}=(b_1,b_2,\cdots,b_m)^{\mathrm{T}}$, 则方程组 (4.5.1) 可写成矩阵方程

$$\boldsymbol{Ax}=\boldsymbol{b}. \tag{4.5.2}$$

若方程 (4.5.2) 中的系数矩阵 $\boldsymbol{A}$ 不变, 常数项向量 $\boldsymbol{b}$ 换成 $\boldsymbol{0}$ 向量, 即方程

$$\boldsymbol{Ax}=\boldsymbol{0}, \tag{4.5.3}$$

称 (4.5.3) 式为 (4.5.2) 式对应的**齐次方程组**或**导出组**.

性质 4.5.1　设 $\boldsymbol{\eta}_1,\boldsymbol{\eta}_2$ 是非齐次线性方程组 $\boldsymbol{Ax}=\boldsymbol{b}$ 的两个解向量, 则 $\boldsymbol{\eta}_1-\boldsymbol{\eta}_2$ 是其导出组 $\boldsymbol{Ax}=\boldsymbol{0}$ 的解向量.

证明　因 $\boldsymbol{A\eta}_1=\boldsymbol{b}$, $\boldsymbol{A\eta}_2=\boldsymbol{b}$, 所以 $\boldsymbol{A}(\boldsymbol{\eta}_1-\boldsymbol{\eta}_2)=\boldsymbol{A\eta}_1-\boldsymbol{A\eta}_2=\boldsymbol{b}-\boldsymbol{b}=\boldsymbol{0}$, 即 $\boldsymbol{\eta}_1-\boldsymbol{\eta}_2$ 是 $\boldsymbol{Ax}=\boldsymbol{0}$ 的解向量.

性质 4.5.2　设 $\boldsymbol{\eta}$ 为 $\boldsymbol{Ax}=\boldsymbol{b}$ 的一个解向量, $\boldsymbol{\xi}$ 为其导出组 $\boldsymbol{Ax}=\boldsymbol{0}$ 的任一解向量, 则 $\boldsymbol{\eta}+\boldsymbol{\xi}$ 仍是 $\boldsymbol{Ax}=\boldsymbol{b}$ 的一个解向量.

证明　因 $\boldsymbol{A\eta}=\boldsymbol{b},\boldsymbol{A\xi}=\boldsymbol{0}$, 所以有 $\boldsymbol{A}(\boldsymbol{\eta}+\boldsymbol{\xi})=\boldsymbol{A\eta}+\boldsymbol{A\xi}=\boldsymbol{b}+\boldsymbol{0}=\boldsymbol{b}$, 故 $\boldsymbol{\eta}+\boldsymbol{\xi}$ 是 $\boldsymbol{Ax}=\boldsymbol{b}$ 的一个解向量.

$\boldsymbol{Ax}=\boldsymbol{b}$ 的任意一个确定的解, 我们都称之为一个特解. 于是可得

性质 4.5.3　如果 $\boldsymbol{\eta}_0$ 是 $\boldsymbol{Ax}=\boldsymbol{b}$ 的一个确定的解, 则 $\boldsymbol{Ax}=\boldsymbol{b}$ 的任一解 $\boldsymbol{\eta}$ 都可以表示成

$$\boldsymbol{\eta}=\boldsymbol{\eta}_0+\boldsymbol{\xi}, \tag{4.5.4}$$

其中 $\boldsymbol{\xi}$ 是 $\boldsymbol{Ax}=\boldsymbol{0}$ 的一个解.

证明　因 $\boldsymbol{\eta}=\boldsymbol{\eta}_0+(\boldsymbol{\eta}-\boldsymbol{\eta}_0)$, 由性质 4.5.1 知 $\boldsymbol{\eta}-\boldsymbol{\eta}_0$ 是 $\boldsymbol{Ax}=\boldsymbol{0}$ 的一个解, 令

$$\boldsymbol{\xi}=\boldsymbol{\eta}-\boldsymbol{\eta}_0,$$

则有 $\boldsymbol{\eta}=\boldsymbol{\eta}_0+\boldsymbol{\xi}$.

由性质 4.5.3, 如能找到非齐次线性方程组 $\boldsymbol{Ax}=\boldsymbol{b}$ 的一个确定的解 $\boldsymbol{\eta}_0$, 当 $\boldsymbol{\xi}$ 是其导出组 $\boldsymbol{Ax}=\boldsymbol{0}$ 的通解时, (4.5.4) 式就是 $\boldsymbol{Ax}=\boldsymbol{b}$ 的通解. 所以如果 $\boldsymbol{\xi}_1,\boldsymbol{\xi}_2,\cdots,\boldsymbol{\xi}_{n-r}$ 是 $\boldsymbol{Ax}=\boldsymbol{0}$ 的基础解系, 则

$$\boldsymbol{\eta}=\boldsymbol{\eta}_0+k_1\boldsymbol{\xi}_1+k_2\boldsymbol{\xi}_2+\cdots+k_{n-r}\boldsymbol{\xi}_{n-r}\quad(\boldsymbol{k}_1,\boldsymbol{k}_2,\cdots,\boldsymbol{k}_{n-r}\in\mathbf{R})$$

就是非齐次线性方程组 $\boldsymbol{Ax}=\boldsymbol{b}$ 的通解.

4.5.2　非齐次线性方程组解的结构

定理 4.5.1(非齐次线性方程组解的结构定理)　设有非齐次线性方程组 $\boldsymbol{Ax}=\boldsymbol{b}$, 如果 $R(\boldsymbol{A})=R(\boldsymbol{A}\vdots\boldsymbol{b})=R(\tilde{\boldsymbol{A}})=r$, 且 $\boldsymbol{\xi}_1,\boldsymbol{\xi}_2,\cdots,\boldsymbol{\xi}_{n-r}$ 是其对应的导出组

$\boldsymbol{Ax}=\boldsymbol{0}$ 的基础解系, $\boldsymbol{\eta}_0$ 是 $\boldsymbol{Ax}=\boldsymbol{b}$ 的一个解, 则 $\boldsymbol{Ax}=\boldsymbol{b}$ 的通解为

$$\boldsymbol{x}=\boldsymbol{\eta}_0+k_1\boldsymbol{\xi}_1+k_2\boldsymbol{\xi}_2+\cdots+k_{n-r}\boldsymbol{\xi}_{n-r}\quad(k_1,k_2,\cdots,k_{n-r}\in\mathbf{R}),$$

其中 $\boldsymbol{A}$ 是 $m\times n$ 矩阵, $\boldsymbol{x}$ 是 n 维列向量, $\boldsymbol{b}$ 是 m 维列向量, $1\leqslant r\leqslant\min\{m,n\}$, 这里称 $\boldsymbol{\eta}_0$ 为 $\boldsymbol{Ax}=\boldsymbol{b}$ 的一个特解.

例 4.5.1 求下列方程组的通解

$$\begin{cases}x_1+x_2+x_3+x_4+x_5=7,\\3x_1+x_2+2x_3+x_4-3x_5=-2,\\2x_2+x_3+2x_4+6x_5=23,\\8x_1+3x_2+4x_3+3x_4-x_5=12.\end{cases}$$

解 对该方程组的增广矩阵进行初等行变换

$$\tilde{\boldsymbol{A}}=\left(\begin{array}{ccccc:c}1&1&1&1&1&7\\3&1&2&1&-3&-2\\0&2&1&2&6&23\\8&3&4&3&-1&12\end{array}\right)$$

$$\xrightarrow[r_4-8r_1]{r_2-3r_1}\left(\begin{array}{ccccc:c}1&1&1&1&1&7\\0&-2&-1&-2&-6&-23\\0&2&1&2&6&23\\0&-5&-4&-5&-9&-44\end{array}\right)$$

$$\xrightarrow[r_4-2r_2]{r_3+r_2}\left(\begin{array}{ccccc:c}1&1&1&1&1&7\\0&-2&-1&-2&-6&-23\\0&0&0&0&0&0\\0&-1&-2&-1&3&2\end{array}\right)$$

$$\xrightarrow[r_3\leftrightarrow r_4]{r_2\leftrightarrow r_4}\left(\begin{array}{ccccc:c}1&1&1&1&1&7\\0&-1&-2&-1&3&2\\0&-2&-1&-2&-6&-23\\0&0&0&0&0&0\end{array}\right)$$

$$\xrightarrow{r_3-2r_2}\left(\begin{array}{ccccc:c}1&1&1&1&1&7\\0&-1&-2&-1&3&2\\0&0&3&0&-12&-27\\0&0&0&0&0&0\end{array}\right).$$

因 $R(\boldsymbol{A}) = R(\boldsymbol{A}\vdots\boldsymbol{b}) = R(\tilde{\boldsymbol{A}}) = 3 < 5$, 所以方程组有无穷多解. 继续把上述行阶梯形矩阵进行初等行变换化为行最简形矩阵. 为此, 从最后一个非零行开始, 把非零首元所在列的其他元素都化为零, 即

$$\left(\begin{array}{ccccc:c} 1 & 1 & 1 & 1 & 1 & 7 \\ 0 & -1 & -2 & -1 & 3 & 2 \\ 0 & 0 & 3 & 0 & -12 & -27 \\ 0 & 0 & 0 & 0 & 0 & 0 \end{array}\right)$$

$$\xrightarrow{\frac{1}{3}r_3} \left(\begin{array}{ccccc:c} 1 & 1 & 1 & 1 & 1 & 7 \\ 0 & -1 & -2 & -1 & 3 & 2 \\ 0 & 0 & 1 & 0 & -4 & -9 \\ 0 & 0 & 0 & 0 & 0 & 0 \end{array}\right)$$

$$\xrightarrow[r_1-r_3]{r_2+2r_3} \left(\begin{array}{ccccc:c} 1 & 1 & 0 & 1 & 5 & 16 \\ 0 & -1 & 0 & -1 & -5 & -16 \\ 0 & 0 & 1 & 0 & -4 & -9 \\ 0 & 0 & 0 & 0 & 0 & 0 \end{array}\right)$$

$$\xrightarrow[(-1)r_2]{r_1+r_2} \left(\begin{array}{ccccc:c} 1 & 0 & 0 & 0 & 0 & 0 \\ 0 & 1 & 0 & 1 & 5 & 16 \\ 0 & 0 & 1 & 0 & -4 & -9 \\ 0 & 0 & 0 & 0 & 0 & 0 \end{array}\right).$$

最简形矩阵对应的方程组为

$$\begin{cases} x_1 = 0, \\ x_2 = -x_4 - 5x_5 + 16, \quad x_4, x_5 \text{为自由未知量}. \\ x_3 = 4x_5 - 9, \end{cases}$$

令 $\begin{pmatrix} x_4 \\ x_5 \end{pmatrix} = \begin{pmatrix} 0 \\ 0 \end{pmatrix}$, 得 $\begin{pmatrix} x_1 \\ x_2 \\ x_3 \end{pmatrix} = \begin{pmatrix} 0 \\ 16 \\ -9 \end{pmatrix}$, 于是可得原方程组的一个特解

$$\boldsymbol{\eta}_0 = \begin{pmatrix} 0 \\ 16 \\ -9 \\ 0 \\ 0 \end{pmatrix},$$

其导出组为 $\begin{cases} x_1 = 0, \\ x_2 = -x_4 - 5x_5, x_4, \ x_5 \text{ 为自由未知量}. \\ x_3 = 4x_5, \end{cases}$ 因系数矩阵 $R(\boldsymbol{A})=3$, 所以解空间的维数 $\dim\boldsymbol{S} = 5 - 3 = 2$, 即基础解系含两个解向量. 取 $\begin{pmatrix} x_4 \\ x_5 \end{pmatrix} = \begin{pmatrix} 1 \\ 0 \end{pmatrix}, \begin{pmatrix} 0 \\ 1 \end{pmatrix}$, 得 $\begin{pmatrix} x_1 \\ x_2 \\ x_3 \end{pmatrix} = \begin{pmatrix} 0 \\ -1 \\ 0 \end{pmatrix}, \begin{pmatrix} 0 \\ -5 \\ 4 \end{pmatrix}$, 于是可得导出组的基础解系为

$$\boldsymbol{\xi}_1 = \begin{pmatrix} 0 \\ -1 \\ 0 \\ 1 \\ 0 \end{pmatrix}, \quad \boldsymbol{\xi}_2 = \begin{pmatrix} 0 \\ -5 \\ 4 \\ 0 \\ 1 \end{pmatrix}.$$

故原方程组的通解为

$$\boldsymbol{x} = \boldsymbol{\eta}_0 + k_1\boldsymbol{\xi}_1 + k_2\boldsymbol{\xi}_2 = \begin{pmatrix} 0 \\ 16 \\ -9 \\ 0 \\ 0 \end{pmatrix} + k_1 \begin{pmatrix} 0 \\ -1 \\ 0 \\ 1 \\ 0 \end{pmatrix} + k_2 \begin{pmatrix} 0 \\ -5 \\ 4 \\ 0 \\ 1 \end{pmatrix} \quad (k_1, k_2 \in \mathbf{R}).$$

例 4.5.2 设线性方程组 I: $\begin{cases} x_1 + x_2 + x_3 = 0, \\ x_1 + 2x_2 + ax_3 = 0, \\ x_1 + 4x_2 + a^2x_3 = 0 \end{cases}$ 与方程 Ⅱ: $x_1+2x_2+x_3 = a-1$ 有公共解, 求 a 的值及所有公共解.

解 方程组 I 与方程 Ⅱ 有公共解, 也即是下列非齐次线性方程组 Ⅲ:

$$\begin{cases} x_1 + x_2 + x_3 = 0\,, \\ x_1 + 2x_2 + ax_3 = 0\,, \\ x_1 + 4x_2 + a^2x_3 = 0, \\ x + 2x + x = a - 1 \end{cases}$$

有解. 而方程组 Ⅲ 有解的充分必要条件是其系数矩阵 $\boldsymbol{A}$ 的秩与增广矩阵 $\tilde{\boldsymbol{A}}$ 的秩相等, 即 $R(\boldsymbol{A}) = R(\tilde{\boldsymbol{A}})$. 对增广矩阵 $\tilde{\boldsymbol{A}}$ 进行初等行变换化为

$$\tilde{\boldsymbol{A}}=\left(\begin{array}{ccc:c}1&1&1&0\\1&2&a&0\\1&4&a^2&0\\1&2&1&a-1\end{array}\right)\rightarrow\left(\begin{array}{ccc:c}1&1&1&0\\0&1&a-1&0\\0&0&1-a&a-1\\0&0&0&(a-1)(a-2)\end{array}\right).$$

(1) 当 $a=1$ 时, 有 $R(\boldsymbol{A})=R(\tilde{\boldsymbol{A}})=2<3$. 方程组有无穷多解, Ⅰ 与 Ⅱ 的所有公共解即是 Ⅲ 的通解, 此时

$$\tilde{\boldsymbol{A}}=\left(\begin{array}{ccc:c}1&0&1&0\\0&1&0&0\\0&0&0&0\\0&0&0&0\end{array}\right),$$

其对应的导出组为 $\begin{cases}x_1=-x_3,\\x_2=0,\\x_3=x_3,\end{cases}$ x_3 为自由未知量. 取 x_3=1, 得基础解系

$$\boldsymbol{\xi}=(-1,0,1)^{\mathrm{T}},$$

所以 Ⅰ 与 Ⅱ 的全部公共解为 $k\boldsymbol{\xi}=k(-1,0,1)^{\mathrm{T}}$, k 为任意实数.

(2) 当 a=2 时, 有 $R(\boldsymbol{A})=R(\tilde{\boldsymbol{A}})=3$, 方程组 Ⅲ 有唯一解, 此时

$$\tilde{\boldsymbol{A}}=\left(\begin{array}{ccc:c}1&1&1&0\\0&1&1&0\\0&0&0&0\\0&0&-1&1\end{array}\right)\rightarrow\left(\begin{array}{ccc:c}1&0&0&0\\0&1&0&1\\0&0&1&-1\\0&0&0&0\end{array}\right).$$

由上述行最简形矩阵得方程组 Ⅲ 的唯一解 $\boldsymbol{x}=(0,1,-1)^{\mathrm{T}}$, 即方程组 Ⅰ 与方程 Ⅱ 有唯一公共解 $\boldsymbol{x}=(0,1,-1)^{\mathrm{T}}$.

例 4.5.3　设四元非齐次线性方程组的系数矩阵的秩为 3, 已知 $\boldsymbol{\eta}_1=(2,0,-1,3)^{\mathrm{T}},\boldsymbol{\eta}_2=(3,1,2,7)^{\mathrm{T}}$ 是它的两个解向量, 求该方程组的通解.

解　要求非齐次线性方程组的通解, 只需求出一个特解和其导出组的基础解系即可. 已知的两个解向量 $\boldsymbol{\eta}_1,\boldsymbol{\eta}_2$ 中任一个都可作为一个特解, 下面求导出组的基础解系. 由题设四元非齐次线性方程组的导出组解空间的维数 $\dim\boldsymbol{S}=4-3=1$, 所以导出组的基础解系只含一个解向量. 根据性质 4.5.1 知, $\boldsymbol{\eta}_2-\boldsymbol{\eta}_1=(1,1,3,4)^{\mathrm{T}}$ 是导出组的一个解, 并且非零, 因此可作为导出组的基础解系. 故所求方程组的通解为

$$\boldsymbol{x}=\boldsymbol{\eta}_1+k(\boldsymbol{\eta}_2-\boldsymbol{\eta}_1)=(2,0,-1,3)^{\mathrm{T}}+k(1,1,3,4)^{\mathrm{T}}\quad(k\in\mathbf{R}).$$

习 题 4.5

1. 判断下列非齐次线性方程组是否有解? 若有解, 求其通解:

(1) $\begin{cases} x_1+x_2-3x_3-x_4=1, \\ 3x_1-x_2-3x_3+4x_4=4, \\ x_1+5x_2-9x_3-8x_4=-2; \end{cases}$ (2) $\begin{cases} x_1-x_2+3x_3+x_4-x_5=3, \\ 3x_1-2x_2+8x_3-x_4-x_5=1; \end{cases}$

(3) $\begin{cases} x_1-x_2-3x_3+x_4=1, \\ x_1-x_2+2x_3-x_4=3, \\ 4x_1-4x_2+3x_3-2x_4=10, \\ 2x_1-2x_2-11x_3+4x_4=0; \end{cases}$ (4) $\begin{cases} x_1-2x_2+x_3=1, \\ 3x_1+x_2-x_3=-1, \\ x_1-x_2+3x_3=0, \\ 2x_1-2x_2-12x_3=3. \end{cases}$

2. 设四元非齐次线性方程组的系数矩阵的秩是 3, 已知 $\boldsymbol{\eta}_1$, $\boldsymbol{\eta}_2, \boldsymbol{\eta}_3$ 是它的三个解向量, 且 $\boldsymbol{\eta}_1-\boldsymbol{\eta}_3=(1,2,3,4)^{\mathrm{T}}$, $\boldsymbol{\eta}_1+\boldsymbol{\eta}_2=(2,0,-2,0)^{\mathrm{T}}$, 求该方程组的通解.

3. 设 $\boldsymbol{\eta}$ 是非齐次线性方程组 $\boldsymbol{Ax}=\boldsymbol{b}$ 的一个解, $\boldsymbol{\xi}_1,\boldsymbol{\xi}_2,\cdots,\boldsymbol{\xi}_{n-r}$ 是对应的齐次方程组 $\boldsymbol{Ax}=\boldsymbol{0}$ 的一个基础解系, 证明:

(1) $\boldsymbol{\eta}$, $\boldsymbol{\xi}_1,\boldsymbol{\xi}_2,\cdots,\boldsymbol{\xi}_{n-r}$ 线性无关;

(2) $\boldsymbol{\eta}$, $\boldsymbol{\eta}+\boldsymbol{\xi}_1,\boldsymbol{\eta}+\boldsymbol{\xi}_2,\cdots,\boldsymbol{\eta}+\boldsymbol{\xi}_{n-r}$ 线性无关.

4. 设 $\boldsymbol{\eta}_1$, $\boldsymbol{\eta}_2,\cdots,\boldsymbol{\eta}_r$ 是非齐次线性方程组 $\boldsymbol{Ax}=\boldsymbol{b}$ 的 r 个解, $k_1,k_2,\cdots,k_r$ 为实数, 且满足 $k_1+k_2+\cdots+k_r=1$. 证明: $k_1\boldsymbol{\eta}_1+k_2\boldsymbol{\eta}_2+\cdots+k_r\boldsymbol{\eta}_r$ 也是它的解.

5. 证明线性方程组 $\begin{cases} x_1-x_2=a_1, \\ x_2-x_3=a_2, \\ x_3-x_4=a_3, \\ x_4-x_5=a_4, \\ x_5-x_1=a_5 \end{cases}$ 有解的充分必要条件是 $\sum\limits_{i=1}^{5}a_i=0$, 并且在有解的情形求出它的通解.

数学史话 线性方程组的解法早在中国古代的数学著作《九章算术 · 方程》中就已有比较完整的论述.

在西方, 线性方程组的研究是在 17 世纪后期由德国数学家、哲学家戈特弗里德 · 威廉 · 莱布尼茨 (Gottfried Wilhelm Leibniz) 开创的. 莱布尼茨是历史上少见的通才, 被誉为 17 世纪的亚里士多德, 微积分的创始人之一. 在数学史和哲学史上都占有重要地位. 他在数学的许多领域做出了划时代的贡献.

莱布尼茨(1646—1716)

他曾研究含两个未知量三个方程的方程组, 麦克劳林在 18 世纪上半叶研究了含二、三、四个未知量的线性方程组, 得到了现在称为克拉默法则的结果, 不久克拉默也发表了这个法则. 18 世纪下半叶, 法国数学家贝祖对线性方程组理论进行了一系列研究, 得出了齐次线性方程有非零解的条件. 19 世纪, 英国数学家史密斯和道奇森, 前者引进了增广矩阵的概念, 后者证明了线性方程组相容的充要条件是系数矩阵和增广矩阵秩相等. 19 世纪末, 向量空间的抽象定义才形成, 后来逐步引入了线性方程组解的结构. 数学史上每一次重大的转折都倾注了几代甚至十几代数学家的心血, 为数学家们这种孜孜以求、为科学奉献终身的科学精神致以崇高的敬意!

习题4.5
第3题证明

习题4.5
第4题证明

复习题 4

(A)

1. 判断题

(1) 若向量组 $\boldsymbol{\alpha}_1,\boldsymbol{\alpha}_2,\cdots,\boldsymbol{\alpha}_s$ 线性相关, 则对任何一组不全为零的数 $\lambda_1,\lambda_2,\cdots,\lambda_s$, 都有 $\lambda_1\boldsymbol{\alpha}_1+\lambda_2\boldsymbol{\alpha}_2+\cdots+\lambda_s\boldsymbol{\alpha}_s=\mathbf{0}$.　(　　)

(2) 若对任何不全为零的数 $\lambda_1,\lambda_2,\cdots,\lambda_s$, 都有 $\lambda_1\boldsymbol{\alpha}_1+\lambda_2\boldsymbol{\alpha}_2+\cdots+\lambda_s\boldsymbol{\alpha}_s\neq\mathbf{0}$, 则向量组 $\boldsymbol{\alpha}_1,\boldsymbol{\alpha}_2,\cdots,\boldsymbol{\alpha}_s$ 线性无关.　(　　)

(3) 若对任意的数 $\lambda_1,\lambda_2,\cdots,\lambda_s$, 都有 $\lambda_1\boldsymbol{\alpha}_1+\lambda_2\boldsymbol{\alpha}_2+\cdots+\lambda_s\boldsymbol{\alpha}_s=\mathbf{0}$, 则必有 $\boldsymbol{\alpha}_1=\boldsymbol{\alpha}_2=\cdots=\boldsymbol{\alpha}_s=\mathbf{0}$.　(　　)

(4) 若向量组中任何两个向量都线性无关, 那么该向量组一定线性无关.　(　　)

(5) 若向量组 $\boldsymbol{\alpha}_1,\boldsymbol{\alpha}_2,\cdots,\boldsymbol{\alpha}_s(s\geqslant 2)$ 线性相关, 则它的每个向量都是其余向量的线性组合.　(　　)

(6) 若向量组 $\boldsymbol{\alpha}_1,\boldsymbol{\alpha}_2,\cdots,\boldsymbol{\alpha}_m$ 线性相关, $\boldsymbol{\beta}_1$, $\boldsymbol{\beta}_2$, $\cdots$, $\boldsymbol{\beta}_m$ 也线性相关, 则一定存在不全为零的数 k_1, k_2, $\cdots$, k_m, 使 $k_1\boldsymbol{\alpha}_1+k_2\boldsymbol{\alpha}_2+\cdots+k_m\boldsymbol{\alpha}_m=\mathbf{0}$, $k_1\boldsymbol{\beta}_1+k_2\boldsymbol{\beta}_2+\cdots+k_m\boldsymbol{\beta}_m=\mathbf{0}$ 同时成立.　(　　)

(7) 若有不全为零的数 $\lambda_1,\lambda_2,\cdots,\lambda_m$, 使

$$\lambda_1\boldsymbol{\alpha}_1+\lambda_2\boldsymbol{\alpha}_2+\cdots+\lambda_m\boldsymbol{\alpha}_m+\lambda_1\boldsymbol{\beta}_1+\lambda_2\boldsymbol{\beta}_2+\cdots+\lambda_m\boldsymbol{\beta}_m=\mathbf{0}$$

成立, 则 $\boldsymbol{\alpha}_1,\boldsymbol{\alpha}_2,\cdots,\boldsymbol{\alpha}_m$ 线性相关, $\boldsymbol{\beta}_1$, $\boldsymbol{\beta}_2$, $\cdots$, $\boldsymbol{\beta}_m$ 也线性相关.　(　　)

(8) 秩相等的向量组一定等价.　(　　)

(9) 若矩阵 $\boldsymbol{A}=(\boldsymbol{\alpha}_1, \boldsymbol{\alpha}_2, \cdots, \boldsymbol{\alpha}_m)$ 与矩阵 $\boldsymbol{B}=(\boldsymbol{\beta}_1, \boldsymbol{\beta}_2, \cdots, \boldsymbol{\beta}_m)$ 等价, 则 $\boldsymbol{A}$ 的列向量组 $\boldsymbol{\alpha}_1, \boldsymbol{\alpha}_2, \cdots, \boldsymbol{\alpha}_m$ 与 $\boldsymbol{B}$ 的列向量组 $\boldsymbol{\beta}_1, \boldsymbol{\beta}_2, \cdots, \boldsymbol{\beta}_m$ 等价. ( )

(10) 设有向量组 $\boldsymbol{\alpha}_1,\boldsymbol{\alpha}_2,\boldsymbol{\alpha}_3,\boldsymbol{\alpha}_4$, 已知 $\boldsymbol{\alpha}_1,\boldsymbol{\alpha}_2,\boldsymbol{\alpha}_4$ 线性无关, $\boldsymbol{\alpha}_1,\boldsymbol{\alpha}_2,\boldsymbol{\alpha}_3$ 线性相关, 则由 $\boldsymbol{\alpha}_1,\boldsymbol{\alpha}_2,\boldsymbol{\alpha}_3$ 所生成的向量空间的维数等于 2. ( )

(11) 在 $\mathbf{R}^n$ 中, 向量 $\boldsymbol{\alpha}$ 在不同基下的坐标向量一般是不同的, 但这两个不同的坐标向量可由过渡矩阵建立联系. ( )

(12) 非齐次线性方程组 $\boldsymbol{Ax}=\boldsymbol{b}$ 有无穷多解当且仅当其导出组 $\boldsymbol{Ax}=\boldsymbol{0}$ 有非零解. ( )

2. 选择题

(1) 如果向量 $\boldsymbol{\beta}$ 可由向量组 $\boldsymbol{\alpha}_1,\boldsymbol{\alpha}_2,\cdots,\boldsymbol{\alpha}_m$ 线性表示, 则 ( ).

(A) 存在一组不全为零的数 $k_1, k_2, \cdots, k_m$, 使 $\boldsymbol{\beta}=k_1\boldsymbol{\alpha}_1+k_2\boldsymbol{\alpha}_2+\cdots+k_m\boldsymbol{\alpha}_m$ 成立

(B) 存在唯一一组数 $k_1, k_2, \cdots, k_m$, 使 $\boldsymbol{\beta}=k_1\boldsymbol{\alpha}_1+k_2\boldsymbol{\alpha}_2+\cdots+k_m\boldsymbol{\alpha}_m$ 成立

(C) 存在一组全为零的数 $k_1, k_2, \cdots, k_m$, 使 $\boldsymbol{\beta}=k_1\boldsymbol{\alpha}_1+k_2\boldsymbol{\alpha}_2+\cdots+k_m\boldsymbol{\alpha}_m$ 成立

(D) 向量组 $\boldsymbol{\alpha}_1,\boldsymbol{\alpha}_2,\cdots,\boldsymbol{\alpha}_m,\boldsymbol{\beta}$ 线性相关

(2) 已知向量组 $\boldsymbol{\alpha}_1,\boldsymbol{\alpha}_2,\cdots,\boldsymbol{\alpha}_m$ 线性相关, 使等式 $k_1\boldsymbol{\alpha}_1+k_2\boldsymbol{\alpha}_2+\cdots+k_m\boldsymbol{\alpha}_m=\boldsymbol{0}$ 成立的组合系数 $k_1, k_2, \cdots, k_m$ 是 ( ).

(A) 某些特定的不全为零的常数

(B) 任意一组不全为零的常数

(C) 任意一组常数

(D) 唯一一组不全为零的常数

(3) 设 $\boldsymbol{A}$、$\boldsymbol{B}$ 为任意两个非零矩阵, 且满足 $\boldsymbol{AB}=\boldsymbol{0}$, 则 ( ).

(A) $\boldsymbol{A}$ 的列向量组线性相关, $\boldsymbol{B}$ 的列向量组线性相关

(B) $\boldsymbol{A}$ 的列向量组线性相关, $\boldsymbol{B}$ 的行向量组线性相关

(C) $\boldsymbol{A}$ 的行向量组线性相关, $\boldsymbol{B}$ 的行向量组线性相关

(D) $\boldsymbol{A}$ 的行向量组线性相关, $\boldsymbol{B}$ 的列向量组线性相关

(4) 设有任意两个同维数的向量组 $\boldsymbol{\alpha}_1,\boldsymbol{\alpha}_2,\cdots,\boldsymbol{\alpha}_m$ 与 $\boldsymbol{\beta}_1, \boldsymbol{\beta}_2, \cdots, \boldsymbol{\beta}_m$. 若存在两组不全为零的数 $\lambda_1,\lambda_2,\cdots,\lambda_m$ 和 $k_1, k_2, \cdots, k_m$, 使 $(\lambda_1+k_1)\boldsymbol{\alpha}_1+\cdots+(\lambda_m+k_m)\boldsymbol{\alpha}_m+(\lambda_1-k_1)\boldsymbol{\beta}_1+\cdots+(\lambda_m-k_m)\boldsymbol{\beta}_m=\boldsymbol{0}$, 则 ( ).

(A) $\boldsymbol{\alpha}_1,\boldsymbol{\alpha}_2,\cdots,\boldsymbol{\alpha}_m$ 和 $\boldsymbol{\beta}_1, \boldsymbol{\beta}_2, \cdots, \boldsymbol{\beta}_m$ 线性相关

(B) $\boldsymbol{\alpha}_1,\boldsymbol{\alpha}_2,\cdots,\boldsymbol{\alpha}_m$ 和 $\boldsymbol{\beta}_1, \boldsymbol{\beta}_2, \cdots, \boldsymbol{\beta}_m$ 线性无关

(C) $\boldsymbol{\alpha}_1+\boldsymbol{\beta}_1,\cdots,\boldsymbol{\alpha}_m+\boldsymbol{\beta}_m,\boldsymbol{\alpha}_1-\boldsymbol{\beta}_1,\cdots,\boldsymbol{\alpha}_m-\boldsymbol{\beta}_m$ 线性相关

(D) $\boldsymbol{\alpha}_1+\boldsymbol{\beta}_1,\cdots,\boldsymbol{\alpha}_m+\boldsymbol{\beta}_m,\boldsymbol{\alpha}_1-\boldsymbol{\beta}_1,\cdots,\boldsymbol{\alpha}_m-\boldsymbol{\beta}_m$ 线性无关

(5) n 维向量组 $\boldsymbol{\alpha}_1,\boldsymbol{\alpha}_2,\cdots,\boldsymbol{\alpha}_m$ 线性无关的充要条件是 ( ).

(A) $\boldsymbol{\alpha}_1,\boldsymbol{\alpha}_2,\cdots,\boldsymbol{\alpha}_m$ 均为非零向量

(B) $\boldsymbol{\alpha}_1,\boldsymbol{\alpha}_2,\cdots,\boldsymbol{\alpha}_m$ 中任意两个向量的分量对应不成比例

(C) 向量组 $\boldsymbol{\alpha}_1,\boldsymbol{\alpha}_2,\cdots,\boldsymbol{\alpha}_m$ 的向量个数 $m<n$

(D) $\boldsymbol{\alpha}_1,\boldsymbol{\alpha}_2,\cdots,\boldsymbol{\alpha}_m$ 中任意一个向量都不能由其余 $m-1$ 个向量线性表示

(6) 设向量组 $\boldsymbol{\alpha}_1,\boldsymbol{\alpha}_2,\boldsymbol{\alpha}_3,\boldsymbol{\alpha}_4$ 线性无关, 则 ( ).

(A) $\boldsymbol{\alpha}_1+\boldsymbol{\alpha}_2,\ \boldsymbol{\alpha}_2+\boldsymbol{\alpha}_3,\ \boldsymbol{\alpha}_3-\boldsymbol{\alpha}_4,\ \boldsymbol{\alpha}_4-\boldsymbol{\alpha}_1$ 线性无关

(B) $\boldsymbol{\alpha}_1+\boldsymbol{\alpha}_2,\ \boldsymbol{\alpha}_2-\boldsymbol{\alpha}_3,\ \boldsymbol{\alpha}_3-\boldsymbol{\alpha}_4,\ \boldsymbol{\alpha}_4-\boldsymbol{\alpha}_1$ 线性无关

(C) $\boldsymbol{\alpha}_1+\boldsymbol{\alpha}_2,\ \boldsymbol{\alpha}_2+\boldsymbol{\alpha}_3,\ \boldsymbol{\alpha}_3+\boldsymbol{\alpha}_4,\ \boldsymbol{\alpha}_4+\boldsymbol{\alpha}_1$ 线性无关

(D) $\boldsymbol{\alpha}_1-\boldsymbol{\alpha}_2,\ \boldsymbol{\alpha}_2-\boldsymbol{\alpha}_3,\ \boldsymbol{\alpha}_3-\boldsymbol{\alpha}_4,\ \boldsymbol{\alpha}_4-\boldsymbol{\alpha}_1$ 线性无关

(7) 设向量组 $\boldsymbol{\alpha}_1,\boldsymbol{\alpha}_2,\cdots,\boldsymbol{\alpha}_m$ 的秩为 r, 则下列结论不正确的是 (　　).

(A) $\boldsymbol{\alpha}_1,\boldsymbol{\alpha}_2,\cdots,\boldsymbol{\alpha}_m$ 中至少有一个含 r 个向量的向量组线性无关

(B) $\boldsymbol{\alpha}_1,\boldsymbol{\alpha}_2,\cdots,\boldsymbol{\alpha}_m$ 中任意含 r 个向量的线性无关的向量组与原向量组等价

(C) $\boldsymbol{\alpha}_1,\boldsymbol{\alpha}_2,\cdots,\boldsymbol{\alpha}_m$ 中任意 r 个向量都线性无关

(D) $\boldsymbol{\alpha}_1,\boldsymbol{\alpha}_2,\cdots,\boldsymbol{\alpha}_m$ 中任意 $r+1$ 个向量均线性相关

(8) 在 R^3 中, 已知 $\boldsymbol{\alpha}_1=(-2,\ -1,\ 3)^{\mathrm{T}},\ \boldsymbol{\alpha}_2=(2,\ 0,\ 2)^{\mathrm{T}},\boldsymbol{\alpha}_3=(6,\ 1,\ 1)^{\mathrm{T}},\boldsymbol{\alpha}_4=(-1,\ 1,\ -6)^{\mathrm{T}}$, 则由 $\boldsymbol{\alpha}_1,\boldsymbol{\alpha}_2,\boldsymbol{\alpha}_3,\boldsymbol{\alpha}_4$ 所生成的向量空间 $L(\boldsymbol{\alpha}_1,\boldsymbol{\alpha}_2,\boldsymbol{\alpha}_3,\boldsymbol{\alpha}_4)$ 的维数为 (　　).

(A) 1　　(B) 2　　(C) 3　　(D) 4

(9) 设 $\boldsymbol{A}$ 为 n 阶矩阵, $R(\boldsymbol{A})=n-3$, 且 $\boldsymbol{\alpha}_1,\boldsymbol{\alpha}_2,\boldsymbol{\alpha}_3$ 是方程组 $\boldsymbol{Ax}=\mathbf{0}$ 的三个线性无关的解向量, 则 $\boldsymbol{Ax}=\mathbf{0}$ 的基础解系为 (　　).

(A) $\boldsymbol{\alpha}_2-\boldsymbol{\alpha}_1,\ \boldsymbol{\alpha}_3-\boldsymbol{\alpha}_2,\ \boldsymbol{\alpha}_1-\boldsymbol{\alpha}_3$

(B) $\boldsymbol{\alpha}_1+\boldsymbol{\alpha}_2,\ \boldsymbol{\alpha}_2+\boldsymbol{\alpha}_3,\ \boldsymbol{\alpha}_3+\boldsymbol{\alpha}_1$

(C) $2\boldsymbol{\alpha}_2-\boldsymbol{\alpha}_1,\ \dfrac{1}{2}\boldsymbol{\alpha}_3-\boldsymbol{\alpha}_2,\ \boldsymbol{\alpha}_1-\boldsymbol{\alpha}_3$

(D) $\boldsymbol{\alpha}_1+\boldsymbol{\alpha}_2+\boldsymbol{\alpha}_3,\ \boldsymbol{\alpha}_3-\boldsymbol{\alpha}_2,\ -\boldsymbol{\alpha}_1-2\boldsymbol{\alpha}_3$

(10) 设 $\boldsymbol{A}$ 为 $m\times n$ 矩阵, $\boldsymbol{C}$ 为 n 阶可逆矩阵, 且有 $\boldsymbol{B}=\boldsymbol{AC}$, 则 (　　).

(A) $R(\boldsymbol{A})>R(\boldsymbol{B})$　　(B) $R(\boldsymbol{A})=R(\boldsymbol{B})$

(C) $R(\boldsymbol{C})>R(\boldsymbol{B})$　　(D) $R(\boldsymbol{C})=R(\boldsymbol{B})$ 的关系无法判定

(11) 已知 $\boldsymbol{\beta}_1,\boldsymbol{\beta}_2$ 是非齐次方程组 $\boldsymbol{Ax}=\boldsymbol{b}$ 的两个不同的解, $\boldsymbol{\alpha}_1,\boldsymbol{\alpha}_2$ 是其导出组 $\boldsymbol{Ax}=\mathbf{0}$ 的基础解系, k_1,k_2 为任意常数, 则 $\boldsymbol{Ax}=\boldsymbol{b}$ 的通解为 (　　).

(A) $k_1\boldsymbol{\alpha}_1+k_2(\boldsymbol{\alpha}_1+\boldsymbol{\alpha}_2)+\dfrac{\boldsymbol{\beta}_1-\boldsymbol{\beta}_2}{2}$

(B) $k_1\boldsymbol{\alpha}_1+k_2(\boldsymbol{\beta}_1+\boldsymbol{\beta}_2)+\dfrac{\boldsymbol{\beta}_1-\boldsymbol{\beta}_2}{2}$

(C) $k_1\boldsymbol{\alpha}_1+k_2(\boldsymbol{\alpha}_1-\boldsymbol{\alpha}_2)+\dfrac{\boldsymbol{\beta}_1+\boldsymbol{\beta}_2}{2}$

(D) $k_1\boldsymbol{\alpha}_1+k_2(\boldsymbol{\beta}_1-\boldsymbol{\beta}_2)+\dfrac{\boldsymbol{\beta}_1+\boldsymbol{\beta}_2}{2}$

(12) 设 $\boldsymbol{A}$ 为 n ($n>2$) 阶矩阵, 且 $|\boldsymbol{A}|=0$, $\boldsymbol{A}^*$ 为 $\boldsymbol{A}$ 的伴随矩阵, 则齐次方程组 $(\boldsymbol{A}^*)^*\boldsymbol{x}=\mathbf{0}$(　　).

(A) 只有零解

(B) 有非零解, 其基础解系含 1 个解向量

(C) 有非零解, 其基础解系含 n 个解向量

(D) 有非零解, 其基础解系所含解向量的个数与矩阵 $\boldsymbol{A}$ 的秩有关

(13) 设 $\boldsymbol{\eta}_1=(1,a,1,-2)^{\mathrm{T}},\boldsymbol{\eta}_2=(1,2,1,-a)^{\mathrm{T}}$ 是齐次方程组 $\boldsymbol{Ax}=\mathbf{0}$ 的基础解系, $\boldsymbol{\eta}_3=(1,0,b,0)^{\mathrm{T}}$ 也是 $\boldsymbol{Ax}=\mathbf{0}$ 的解, 则 (　　).

(A) $a=-2,\ b=1$　　(B) $a=2,\ b=-1$

(C) $a=-2,\ b=0$　　(D) $a=2,\ b=0$

(14) 设 $\boldsymbol{A},\boldsymbol{B}$ 为 n 阶非零矩阵, 且 $\boldsymbol{AB}=\mathbf{0}$, 则 $R(\boldsymbol{A})$ 和 $R(\boldsymbol{B})$(　　).

(A) 有一个等于零　　(B) 都为 n

(C) 都小于 n　　(D) 一个小于 n, 一个等于 n

3. 填空题

(1) 已知向量 $\boldsymbol{\alpha}=(1,\ -1,\ 0,\ 4)^{\mathrm{T}}$, $\boldsymbol{\beta}=(-3,\ 2,\ -1,\ -5)^{\mathrm{T}}$ 和 $\boldsymbol{\gamma}$, 且三个向量满足 $-5(\boldsymbol{\alpha}-2\boldsymbol{\beta}-\boldsymbol{\gamma})+3(2\boldsymbol{\alpha}-3\boldsymbol{\beta})=2(-\boldsymbol{\alpha}+\boldsymbol{\beta}+4\boldsymbol{\gamma})$, 则$\boldsymbol{\gamma}=$__________.

(2) 若向量 $\boldsymbol{\beta}=(-1,\ k,\ 3)^{\mathrm{T}}$ 不能由向量组 $\boldsymbol{\alpha}_1=(-1,\ -2,\ 1)^{\mathrm{T}}$, $\boldsymbol{\alpha}_2=(3,\ 1,\ 2)^{\mathrm{T}}$ 线性表示, 则 k 必满足条件__________.

(3) 已知向量组 $\boldsymbol{\alpha}_1=(1,\ 1,\ -3)^{\mathrm{T}}$, $\boldsymbol{\alpha}_2=(2,\ 1,\ 0)^{\mathrm{T}},\boldsymbol{\alpha}_3=(3,\ -4,\ a)^{\mathrm{T}}$ 线性相关, 则 a__________.

(4) 已知向量组 $\boldsymbol{\alpha}_1=(m,\ 0,\ n)^{\mathrm{T}}$, $\boldsymbol{\alpha}_2=(k,\ n,\ 0)^{\mathrm{T}},\boldsymbol{\alpha}_3=(0,\ m,\ k)^{\mathrm{T}}$ 线性无关, 则 m, n, k 需满足__________.

(5) 设向量组 $\boldsymbol{\alpha}_1,\boldsymbol{\alpha}_2,\boldsymbol{\alpha}_3$ 与 $\boldsymbol{\beta}_1$, $\boldsymbol{\beta}_2$ 之间满足关系 $\boldsymbol{\alpha}_1=\boldsymbol{\beta}_1+\boldsymbol{\beta}_2,\boldsymbol{\alpha}_2=2\boldsymbol{\beta}_1-\boldsymbol{\beta}_2,\boldsymbol{\alpha}_3=2\boldsymbol{\beta}_1+5\boldsymbol{\beta}_2$, 则向量组 $\boldsymbol{\alpha}_1,\boldsymbol{\alpha}_2,\boldsymbol{\alpha}_3$ 一定线性 __________ 关.

(6) 已知向量组 $\boldsymbol{\alpha}_1,\boldsymbol{\alpha}_2,\boldsymbol{\alpha}_3$ 线性无关, 而向量组 $k\boldsymbol{\alpha}_1-2\boldsymbol{\alpha}_2$, $l\boldsymbol{\alpha}_2-3\boldsymbol{\alpha}_3$, $s\boldsymbol{\alpha}_3-\boldsymbol{\alpha}_1$ 线性相关, 则数 k,l,s 需满足条件__________.

(7) 向量组 $\boldsymbol{\alpha}_1=(2,\ 1,\ 1,\ -1)^{\mathrm{T}}$, $\boldsymbol{\alpha}_2=(1,\ 2,\ 1,\ -2)^{\mathrm{T}},\boldsymbol{\alpha}_3=(1,\ 1,\ 2,\ -5)^{\mathrm{T}},\boldsymbol{\alpha}_4=(1,\ 3,\ 0,\ 1)^{\mathrm{T}}$ 的一个极大无关组为__________.

(8) 设向量组 $\boldsymbol{\alpha}_1=(-1,\ 1,\ -1)^{\mathrm{T}}$, $\boldsymbol{\alpha}_2=(1,\ -3,\ a)^{\mathrm{T}},\boldsymbol{\alpha}_3=(2,\ 0,\ b)^{\mathrm{T}}$ 可线性表示任何一个 3 维列向量, 则 a, b 满足条件__________.

(9) 向量空间 $\boldsymbol{V}=\left\{(x_1,x_2,\cdots,x_n)\left|\sum\limits_{i=1}^{n}x_i=0,x_1,x_2,\cdots x_n\in\mathbf{R}\right.\right\}$ 的维数是 __________.

(10) 设 $\boldsymbol{\alpha}_1=(1,\ 0,\ 2,\ -1)^{\mathrm{T}}$, $\boldsymbol{\alpha}_2=(-1,\ 1,\ -3,\ 0)^{\mathrm{T}},\boldsymbol{\alpha}_3=(2,\ 2,\ 2,\ t)^{\mathrm{T}}$, 如果由 $\boldsymbol{\alpha}_1,\boldsymbol{\alpha}_2,\boldsymbol{\alpha}_3$ 所生成的向量空间 $L(\boldsymbol{\alpha}_1,\boldsymbol{\alpha}_2,\boldsymbol{\alpha}_3)$ 的维数为 3, 则 t 必须满足__________.

(11) 设向量组 $\boldsymbol{\alpha}_1=(1,\ 0,\ 0)^{\mathrm{T}}$, $\boldsymbol{\alpha}_2=(1,\ 1,\ 0)^{\mathrm{T}},\boldsymbol{\alpha}_3=(1,\ 1,\ 1)^{\mathrm{T}}$ 为 R^3 的一个基, 向量 $\boldsymbol{\beta}_1$, $\boldsymbol{\beta}_2$, $\boldsymbol{\beta}_3$ 在这组基下的坐标向量分别为:$(1,\ 2,\ -1)^{\mathrm{T}}$, $(0,\ 1,\ 1)^{\mathrm{T}},(1,\ 2,\ 3)^{\mathrm{T}}$, 则 $\boldsymbol{\alpha}_1,\boldsymbol{\alpha}_2,\boldsymbol{\alpha}_3$ 到 $\boldsymbol{\beta}_1$, $\boldsymbol{\beta}_2$, $\boldsymbol{\beta}_3$ 的系数矩阵为__________.

(12) 设 n 阶矩阵 $\boldsymbol{A}$ 的各行元素之和为 0, 且 $R(\boldsymbol{A})=n-1$, 则方程组 $\boldsymbol{Ax}=\mathbf{0}$ 的通解为__________.

(13) 设有非齐次方程组 $\boldsymbol{A}_{4\times3}\boldsymbol{x}=\boldsymbol{b}$, 且 $R(\boldsymbol{A})=2$, $\boldsymbol{\eta}_1$, $\boldsymbol{\eta}_2$ 是 $\boldsymbol{Ax}=\boldsymbol{b}$ 的两个解, 已知 $2\boldsymbol{\eta}_1+3\boldsymbol{\eta}_2=(3,1,2)^{\mathrm{T}}$, $3\boldsymbol{\eta}_1+5\boldsymbol{\eta}_2=(6,3,-2)^{\mathrm{T}}$, 则 $\boldsymbol{Ax}=\boldsymbol{b}$ 通解为__________.

(14) 设四阶方阵 $\boldsymbol{A}$ 的秩为 3, 则其伴随矩阵 $\boldsymbol{A}^*$ 的秩为 __________.

(15) 非零矩阵 $\begin{pmatrix} a_1b_1 & a_1b_2 & \cdots & a_1b_n \\ a_2b_1 & a_2b_2 & \cdots & a_2b_n \\ \vdots & \vdots & & \vdots \\ a_nb_1 & a_nb_2 & \cdots & a_nb_n \end{pmatrix}$ 的秩为 __________.

(16) 设 $\boldsymbol{A}$ 为 10 阶矩阵, 且对任何 10 维非零列向量 $\boldsymbol{X}$, 均有 $\boldsymbol{AX}\neq\mathbf{0}$, 则 $\boldsymbol{A}$ 的秩为__________.

4. 设向量组 $\boldsymbol{\alpha}_1=(1,\ 0,\ 1)^{\mathrm{T}}$, $\boldsymbol{\alpha}_2=(0,\ 1,\ 1)^{\mathrm{T}},\boldsymbol{\alpha}_3=(1,\ 3,\ 5)^{\mathrm{T}}$ 不能由向量组 $\boldsymbol{\beta}_1=(1,1,1)^{\mathrm{T}}$, $\boldsymbol{\beta}_2=(1,2,3)^{\mathrm{T}},\boldsymbol{\beta}_3=(3,\ 4,\ a)^{\mathrm{T}}$ 线性表示.

(1) 求 a 的值;

(2) 证明: 不论 a 取何值, $\boldsymbol{\beta}_1$, $\boldsymbol{\beta}_2$, $\boldsymbol{\beta}_3$ 都可用 $\boldsymbol{\alpha}_1,\boldsymbol{\alpha}_2,\boldsymbol{\alpha}_3$ 线性表示, 并求出线性表示式.

5. 设有两个向量组

(I) $\boldsymbol{\alpha}_1=(2,\ 4,\ -2)^{\mathrm{T}}$, $\boldsymbol{\alpha}_2=(-1,\ a-3,\ 1)^{\mathrm{T}}$, $\boldsymbol{\alpha}_3=(2,\ 8,\ b-1)^{\mathrm{T}}$;

(Ⅱ) $\boldsymbol{\beta}_1=(2,\ b+5,\ -2)^{\mathrm{T}}$, $\boldsymbol{\beta}_2=(3,\ 6,\ a-4)^{\mathrm{T}}$, $\boldsymbol{\beta}_3=(1,\ 7,\ -1)^{\mathrm{T}}$.

问 (1) 当 a, b 为何值时, 向量组 (I) 与 (Ⅱ) 的秩相等并且等价?

(2) 当 a, b 为何值时, 向量组 (I) 与 (Ⅱ) 的秩相等但不等价?

6. 设 $\boldsymbol{\alpha}_i=(1,\ t_i,\ t_i^2,\ \cdots,\ t_i^{n-1})^{\mathrm{T}}$ $(i=1,2,\cdots,m)$, 其中数 $t_1,\ t_2,\ \cdots,\ t_m$ 互不相同, 试讨论向量组 $\boldsymbol{\alpha}_1,\boldsymbol{\alpha}_2,\cdots,\boldsymbol{\alpha}_m$ 的线性相关性.

7. 已知向量组 $\boldsymbol{\alpha}_1=(1,\ 3,\ 1,\ -1)^{\mathrm{T}}$, $\boldsymbol{\alpha}_2=(1,\ 2,\ 0,\ 2)^{\mathrm{T}}$, $\boldsymbol{\alpha}_3=(2,\ a,\ 1,\ 1)^{\mathrm{T}}$, $\boldsymbol{\alpha}_4=(2,7,3,b)^{\mathrm{T}}$, 求向量组的秩 $R(\boldsymbol{\alpha}_1,\boldsymbol{\alpha}_2,\boldsymbol{\alpha}_3,\boldsymbol{\alpha}_4)$ 和一个极大无关组.

8. 已知 $\mathbf{R}^3$ 的两个基为

(I) $\boldsymbol{\alpha}_1=(1,\ 1,\ 1)^{\mathrm{T}}$, $\boldsymbol{\alpha}_2=(1,\ 0,-1)^{\mathrm{T}}$, $\boldsymbol{\alpha}_3=(1,\ 0,\ 1)^{\mathrm{T}}$;

(Ⅱ) $\boldsymbol{\beta}_1=(1,\ 2,\ 1)^{\mathrm{T}}$, $\boldsymbol{\beta}_2=(2,\ 3,\ 4)^{\mathrm{T}}$, $\boldsymbol{\beta}_3=(3,\ 4,\ 3)^{\mathrm{T}}$.

求由基 (I) 到 (Ⅱ) 的过渡矩阵.

9. 设 $\boldsymbol{\alpha}_1=(1,\ -2,\ 0,\ 1)^{\mathrm{T}}$, $\boldsymbol{\alpha}_2=(1,\ 0,\ 1,\ 0)^{\mathrm{T}}$, $\boldsymbol{\alpha}_3=(2,\ 3,\ 7,\ 1)^{\mathrm{T}}$ 是方程组

$$\begin{cases} a_1x_1+x_2+a_3x_3+x_4=b_1, \\ 3x_1+a_2x_2+x_3+a_4x_4=b_2, \\ x_1+4x_2-3x_3+5x_4=-2 \end{cases}$$

的解, 求该方程组的通解, 并写出该方程组.

10. 已知 $\boldsymbol{\alpha}_1,\boldsymbol{\alpha}_2,\boldsymbol{\alpha}_3,\boldsymbol{\alpha}_4,\boldsymbol{\beta}$ 均为四维列向量, 设 $\boldsymbol{A}=(\boldsymbol{\alpha}_1,\boldsymbol{\alpha}_2,\boldsymbol{\alpha}_3,\boldsymbol{\alpha}_4)$, 且方程组 $\boldsymbol{Ax}=\boldsymbol{\beta}$ 的通解为 $(-1,\ 1,\ 0,\ 2)^{\mathrm{T}}+k(1,\ -1,\ 2,\ 0)^{\mathrm{T}}$.

(1) 问向量 $\boldsymbol{\beta}$ 能否由向量组 $\boldsymbol{\alpha}_1,\boldsymbol{\alpha}_2,\boldsymbol{\alpha}_3$ 线性表示?

(2) 求向量组 $\boldsymbol{\alpha}_1,\boldsymbol{\alpha}_2,\boldsymbol{\alpha}_3,\boldsymbol{\alpha}_4,\boldsymbol{\beta}$ 的一个极大无关组.

11. 已知矩阵 $\boldsymbol{A}=\begin{pmatrix} -6 & 2 & 10 \\ -4 & 1 & 7 \\ -3 & 1 & a-2 \end{pmatrix}$ 是齐次方程组 (I) 的系数矩阵, $\boldsymbol{\beta}=(b,\ c,\ 1)^{\mathrm{T}}$ 是齐次方程组 (Ⅱ) 的基础解系, 且方程组 (I) 与 (Ⅱ) 同解.

(1) 求 a, b, c 的值;

(2) 求非齐次方程组 $\boldsymbol{Ax}=\boldsymbol{\beta}$ 的通解.

12. 已知向量组

$\boldsymbol{A}$: $\boldsymbol{\alpha}_1=(0,\ 1,\ 2,\ 3)^{\mathrm{T}}$, $\boldsymbol{\alpha}_2=(3,\ 0,\ 1,\ 2)^{\mathrm{T}}$, $\boldsymbol{\alpha}_3=(2,\ 3,\ 0,\ 1)^{\mathrm{T}}$;

向量组 $\boldsymbol{B}$: $\boldsymbol{\beta}_1=(2,\ 1,\ 1,\ 2)^{\mathrm{T}}$, $\boldsymbol{\beta}_2=(0,\ -2,\ 1,\ 1)^{\mathrm{T}}$, $\boldsymbol{\beta}_3=(4,\ 4,\ 1,\ 3)^{\mathrm{T}}$.

证明: 向量组 $\boldsymbol{B}$ 能由向量组 $\boldsymbol{A}$ 线性表示, 但向量组 $\boldsymbol{A}$ 不能由向量组 $\boldsymbol{B}$ 线性表示.

13. 设向量组 $\boldsymbol{\alpha}_1,\boldsymbol{\alpha}_2,\cdots,\boldsymbol{\alpha}_m$ 中前 $m-1$ 个向量线性相关, 后 $m-1$ 个向量线性无关. 证明:

(1) $\boldsymbol{\alpha}_1$ 能由 $\boldsymbol{\alpha}_2,\boldsymbol{\alpha}_3\cdots,\boldsymbol{\alpha}_{m-1}$ 线性表示;

(2) $\boldsymbol{\alpha}_m$ 不能能由 $\boldsymbol{\alpha}_1,\boldsymbol{\alpha}_2,\cdots,\boldsymbol{\alpha}_{m-1}$ 线性表示.

14. 设向量组 $\boldsymbol{\alpha}_1,\boldsymbol{\alpha}_2,\cdots,\boldsymbol{\alpha}_m$ 中任一向量 $\boldsymbol{\alpha}_i$ 都不能由它前面的 $i-1$ $(i=2,3,\cdots,m)$ 个向量线性表示, 且 $\boldsymbol{\alpha}_1\neq\mathbf{0}$. 证明 $\boldsymbol{\alpha}_1,\boldsymbol{\alpha}_2,\cdots,\boldsymbol{\alpha}_m$ 线性无关.

15. 图 1 为某个交通流量示意图, 其中 a_1, a_2, a_3, a_4, b_1, b_2, b_3, b_4 为参数, x_1, x_2, x_3, x_4 为未知量, 试建立交通流量的线性方程组; 并问八个参数取何值时方程组有解? 并求出方程组的解.

16. 应用基尔霍夫 (Kirchhoff) 电流定律 (流入节点的电流之和等于流出节点的电流) 计算图 2 所示的电路中各支路的电流.

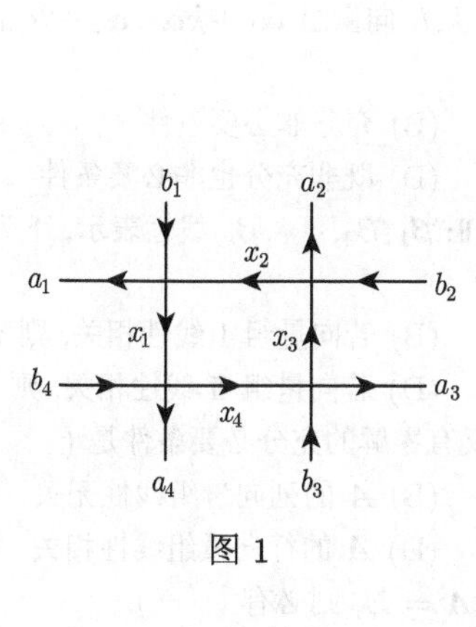

图 1

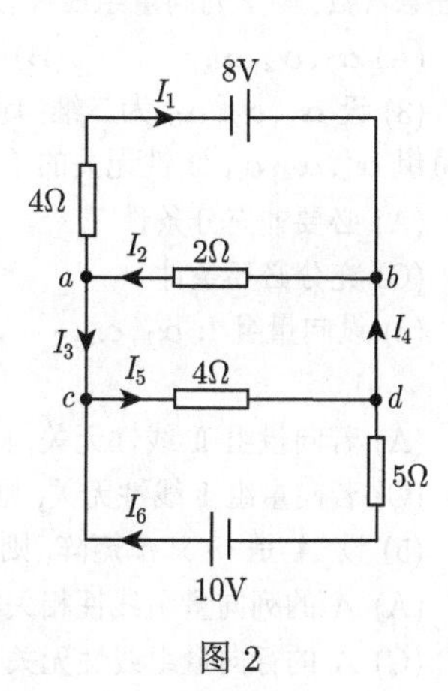

图 2

(B)

1. 判断题

(1) 设有向量组 $\boldsymbol{\alpha}_1,\boldsymbol{\alpha}_2,\boldsymbol{\alpha}_3,\boldsymbol{\alpha}_4$, 如果 $\boldsymbol{\alpha}_1,\boldsymbol{\alpha}_2,\boldsymbol{\alpha}_3$ 线性无关, $\boldsymbol{\alpha}_4$ 不能用 $\boldsymbol{\alpha}_1,\boldsymbol{\alpha}_2,\boldsymbol{\alpha}_3$ 线性表示, 则 $\boldsymbol{\alpha}_1,\boldsymbol{\alpha}_2,\boldsymbol{\alpha}_3,\boldsymbol{\alpha}_4$ 线性无关. ( )

(2) 设向量组 $\boldsymbol{\alpha}_1,\boldsymbol{\alpha}_2,\boldsymbol{\alpha}_3,\boldsymbol{\alpha}_4$, 如果 $\boldsymbol{\alpha}_1,\boldsymbol{\alpha}_2$ 线性无关, $\boldsymbol{\alpha}_3,\boldsymbol{\alpha}_4$ 都不能用 $\boldsymbol{\alpha}_1,\boldsymbol{\alpha}_2$ 线性表示, 则 $\boldsymbol{\alpha}_1,\boldsymbol{\alpha}_2,\boldsymbol{\alpha}_3,\boldsymbol{\alpha}_4$ 线性无关. ( )

(3) 对于 n 维向量组 $\boldsymbol{\alpha}_1,\boldsymbol{\alpha}_2,\cdots,\boldsymbol{\alpha}_m$, 如果存在 n 阶矩阵 $\boldsymbol{A}$, 使得 $\boldsymbol{A}\boldsymbol{\alpha}_1,\boldsymbol{A}\boldsymbol{\alpha}_2,\cdots,\boldsymbol{A}\boldsymbol{\alpha}_m$ 线性无关, 则 $\boldsymbol{\alpha}_1,\boldsymbol{\alpha}_2,\cdots,\boldsymbol{\alpha}_m$ 也线性无关. ( )

(4) 设 n 维向量组 $\boldsymbol{\alpha}_1,\boldsymbol{\alpha}_2,\cdots,\boldsymbol{\alpha}_s$ 的秩等于 r, 如果任一 n 维向量都可由 $\boldsymbol{\alpha}_1,\boldsymbol{\alpha}_2,\cdots,\boldsymbol{\alpha}_s$ 线性表示, 则 $r=n$. ( )

(5) 设 n 维向量组 $\boldsymbol{\alpha}_1,\boldsymbol{\alpha}_2,\cdots,\boldsymbol{\alpha}_s$ 的秩等于 r, 如果 $r=s$, 则任何 n 维向量都可由 $\boldsymbol{\alpha}_1,\boldsymbol{\alpha}_2,\cdots,\boldsymbol{\alpha}_s$ 唯一线性表示. ( )

(6) 设 $\boldsymbol{Ax}=\boldsymbol{0}$ 和 $\boldsymbol{Bx}=\boldsymbol{0}$ 都是 n 元方程组, 则 $\boldsymbol{Ax}=\boldsymbol{0}$ 与 $\boldsymbol{Bx}=\boldsymbol{0}$ 同解 $\Leftrightarrow R(\boldsymbol{A})=R(\boldsymbol{B})$. ( )

(7) 若 n 元方程 $\boldsymbol{Ax}=\boldsymbol{0}$ 的解都是 $\boldsymbol{Bx}=\boldsymbol{0}$ 的解, 则 $R(\boldsymbol{A})\geqslant R(\boldsymbol{B})$. ( )

(8) 设 n 元非齐次方程 $\boldsymbol{Ax}=\boldsymbol{b}$ 有 3 个不同的解 $\boldsymbol{\eta}_1$, $\boldsymbol{\eta}_2$, $\boldsymbol{\eta}_3$, 且 $R(\boldsymbol{A})=n-2$, 则 $\boldsymbol{\eta}_1-\boldsymbol{\eta}_2$, $\boldsymbol{\eta}_2-\boldsymbol{\eta}_3$ 是 $\boldsymbol{Ax}=\boldsymbol{0}$ 的基础解系. ( )

2. 选择题

(1) 设 $\boldsymbol{A}$, $\boldsymbol{B}$, $\boldsymbol{C}$ 均为 n 阶矩阵, 若 $\boldsymbol{AB}$=$\boldsymbol{C}$, 且 $\boldsymbol{B}$ 可逆, 则 ( ).

(A) 矩阵 $\boldsymbol{C}$ 的行向量组与矩阵 $\boldsymbol{A}$ 的行向量组等价

(B) 矩阵 $\boldsymbol{C}$ 的列向量组与矩阵 $\boldsymbol{A}$ 的列向量组等价

(C) 矩阵 $\boldsymbol{C}$ 的行向量组与矩阵 $\boldsymbol{B}$ 的行向量组等价

(D) 矩阵 $\boldsymbol{C}$ 的列向量组与矩阵 $\boldsymbol{B}$ 的列向量组等价

(2) 设 $\boldsymbol{\alpha}_1=\begin{pmatrix}0\\0\\c_1\end{pmatrix},\boldsymbol{\alpha}_2=\begin{pmatrix}0\\1\\c_2\end{pmatrix},\boldsymbol{\alpha}_3=\begin{pmatrix}1\\-1\\c_3\end{pmatrix},\boldsymbol{\alpha}_4=\begin{pmatrix}-1\\1\\c_4\end{pmatrix}$ 其中 c_1,c_2,c_3,c_4 为任意常数, 则下列向量组线性相关的是 (　　).

(A) $\boldsymbol{\alpha}_1,\boldsymbol{\alpha}_2,\boldsymbol{\alpha}_3$　　(B) $\boldsymbol{\alpha}_1,\boldsymbol{\alpha}_2,\boldsymbol{\alpha}_4$　　(C) $\boldsymbol{\alpha}_1,\boldsymbol{\alpha}_3,\boldsymbol{\alpha}_4$　　(D) $\boldsymbol{\alpha}_2,\boldsymbol{\alpha}_3,\boldsymbol{\alpha}_4$

(3) 设 $\boldsymbol{\alpha}_1,\boldsymbol{\alpha}_2,\boldsymbol{\alpha}_3$ 为三维向量, 则对任意常数 k,l, 向量组 $\boldsymbol{\alpha}_1+k\boldsymbol{\alpha}_3,\boldsymbol{\alpha}_2+l\boldsymbol{\alpha}_3$ 线性无关是向量组 $\boldsymbol{\alpha}_1,\boldsymbol{\alpha}_2,\boldsymbol{\alpha}_3$ 线性无关的 (　　).

(A) 必要非充分条件　　(B) 充分非必要条件

(C) 充分必要条件　　(D) 既非充分也非必要条件

(4) 设向量组 I: $\boldsymbol{\alpha}_1,\boldsymbol{\alpha}_2,\cdots,\boldsymbol{\alpha}_r$ 可由向量组 Ⅱ: $\boldsymbol{\beta}_1,\boldsymbol{\beta}_2,\cdots,\boldsymbol{\beta}_s$ 线性表示, 下列命题正确的是 (　　).

(A) 若向量组 Ⅱ 线性无关, 则 $r\leqslant s$　　(B) 若向量组 I 线性相关, 则 $r>s$

(C) 若向量组 I 线性无关, 则 $r\leqslant s$　　(D) 若向量组 Ⅱ 线性相关, 则 $r>s$

(5) 设 $\boldsymbol{A}$ 是 $m\times n$ 矩阵, 则方程组 $\boldsymbol{Ax}=\mathbf{0}$ 仅有零解的充分必要条件是 (　　).

(A) $\boldsymbol{A}$ 的列向量组线性相关　　(B) $\boldsymbol{A}$ 的列向量组线性无关

(C) $\boldsymbol{A}$ 的行向量组线性无关　　(D) $\boldsymbol{A}$ 的行向量组线性相关

(6) 设 $\boldsymbol{A}=(a_{ij})_{s\times r}$, $\boldsymbol{B}=(b_{ij})_{r\times s}$, 如果 $\boldsymbol{BA}=\boldsymbol{E}$, 则必有 (　　).

(A) $r>s$　　(B) $r<s$　　(C) $r\leqslant s$　　(D) $r\geqslant s$

(7) 设 $\boldsymbol{A}$ 为 $m\times n$ 矩阵, $\boldsymbol{B}$ 为 $n\times m$ 矩阵, $\boldsymbol{E}$ 为 m 阶单位阵, 若 $\boldsymbol{AB}=\boldsymbol{E}$, 则 (　　).

(A) $R(\boldsymbol{A})=m,R(\boldsymbol{B})=m$　　(B) $R(\boldsymbol{A})=m,R(\boldsymbol{B})=n$

(C) $R(\boldsymbol{A})=n,R(\boldsymbol{B})=m$　　(D) $R(\boldsymbol{A})=n,R(\boldsymbol{B})=n$

(8) 设 $\boldsymbol{A}$ 是 $m\times n$ 矩阵, $\boldsymbol{Ax}=\mathbf{0}$ 是非齐次线性方程组 $\boldsymbol{Ax}=\boldsymbol{b}$ 的导出组, 则 (　　).

(A) 若 $\boldsymbol{Ax}=\mathbf{0}$ 仅有零解, 则 $\boldsymbol{Ax}=\boldsymbol{b}$ 有唯一解

(B) 若 $\boldsymbol{Ax}=\mathbf{0}$ 有非零解, 则 $\boldsymbol{Ax}=\boldsymbol{b}$ 有无穷多解

(C) 若 $\boldsymbol{Ax}=\boldsymbol{b}$ 有无穷多解, 则 $\boldsymbol{Ax}=\mathbf{0}$ 只有零解

(D) 若 $\boldsymbol{Ax}=\boldsymbol{b}$ 有无穷多解, 则 $\boldsymbol{Ax}=\mathbf{0}$ 有非零解

(9) 设矩阵 $\boldsymbol{A}=\begin{pmatrix}1&1&1\\1&2&a\\1&4&a^2\end{pmatrix},\boldsymbol{b}=\begin{pmatrix}1\\d\\d^2\end{pmatrix}$, 若集合 $\Omega=\{1,\ 2\}$, 则线性方程组 $\boldsymbol{Ax}=\boldsymbol{b}$ 有无穷多解的充分必要条件是 (　　).

(A) $a\notin\Omega,\ d\notin\Omega$　　(B) $a\notin\Omega,\ d\in\Omega$

(C) $a\in\Omega,\ d\notin\Omega$　　(D) $a\in\Omega,\ d\in\Omega$

(10) 设 $\boldsymbol{A}=(\boldsymbol{\alpha}_1,\boldsymbol{\alpha}_2,\boldsymbol{\alpha}_3,\boldsymbol{\alpha}_4)$ 是四阶矩阵, $\boldsymbol{A}^*$ 为 $\boldsymbol{A}$ 的伴随矩阵, 若 $(1,0,1,0)^{\mathrm{T}}$ 是方程组 $\boldsymbol{A}x=\mathbf{0}$ 的一个基础解系, 则 $\boldsymbol{A}^*x=0$ 基础解系可为 (　　).

(A) $\boldsymbol{\alpha}_1,\boldsymbol{\alpha}_3$　　(B) $\boldsymbol{\alpha}_1,\boldsymbol{\alpha}_2$　　(C) $\boldsymbol{\alpha}_1,\boldsymbol{\alpha}_2,\boldsymbol{\alpha}_3$　　(D) $\boldsymbol{\alpha}_2,\boldsymbol{\alpha}_3,\boldsymbol{\alpha}_4$

(11) 设三阶矩阵 $\boldsymbol{A}=\begin{pmatrix}a&b&b\\b&a&b\\b&b&a\end{pmatrix}$, 若 $\boldsymbol{A}$ 的伴随矩阵 $\boldsymbol{A}^*$ 的秩为 1, 则必有 (　　).

(A) $a=b$ 或 $a+2b=0$ (B) $a=b$ 或 $a+2b\neq 0$

(C) $a\neq b$ 且 $a+2b=0$ (D) $a\neq b$ 且 $a+2b\neq 0$

(12) 已知 $\boldsymbol{Q}=\begin{pmatrix}1&2&3\\2&4&t\\3&6&9\end{pmatrix}$, $\boldsymbol{P}$ 为三阶非零矩阵, 且满足 $\boldsymbol{PQ}=\boldsymbol{0}$, 则 ( ).

(A) 当 $t=6$ 时, $\boldsymbol{P}$ 的秩必为 1 (B) 为 $t=6$ 时, $\boldsymbol{P}$ 的秩必为 2

(C) 当 $t\neq 6$ 时, $\boldsymbol{P}$ 的秩必为 1 (D) 当 $t\neq 6$ 时, $\boldsymbol{P}$ 的秩必为 2

3. 填空题

(1) 设向量组 $\boldsymbol{\alpha}_1,\boldsymbol{\alpha}_2,\boldsymbol{\alpha}_3$ 线性无关, 且有 $\boldsymbol{\beta}_1=\boldsymbol{\alpha}_1+\boldsymbol{\alpha}_2+\boldsymbol{\alpha}_3$, $\boldsymbol{\beta}_2=\boldsymbol{\alpha}_1-\boldsymbol{\alpha}_2+\boldsymbol{\alpha}_3,\boldsymbol{\beta}_3=2\boldsymbol{\alpha}_1-\boldsymbol{\alpha}_2+k\boldsymbol{\alpha}_3$, 如果向量组 $\boldsymbol{\alpha}_1,\boldsymbol{\alpha}_2,\boldsymbol{\alpha}_3$ 与 $\boldsymbol{\beta}_1,\boldsymbol{\beta}_2,\boldsymbol{\beta}_3$ 等价, 则 k 满足________.

(2) 已知矩阵 $\boldsymbol{A}=\begin{pmatrix}1&0&-1\\3&-2&4\\-2&-4&4\end{pmatrix}$ 和向量 $\boldsymbol{x}=(-1,\ 1,\ a)^{\mathrm{T}}$, 如果 $\boldsymbol{Ax}$ 与 $\boldsymbol{x}$ 线性相关, 则 $a=$ ________.

(3) 已知 $R(\boldsymbol{\alpha}_1,\boldsymbol{\alpha}_2,\cdots,\boldsymbol{\alpha}_m)=R(\boldsymbol{\alpha}_1,\boldsymbol{\alpha}_2,\cdots,\boldsymbol{\alpha}_m,\boldsymbol{\beta})=r, R(\boldsymbol{\alpha}_1,\boldsymbol{\alpha}_2,\cdots,\boldsymbol{\alpha}_m,\boldsymbol{\beta},\gamma)=r+1$, 则 $R(\boldsymbol{\alpha}_1,\boldsymbol{\alpha}_2,\cdots,\boldsymbol{\alpha}_m,\boldsymbol{\beta}-\gamma)=$________.

(4) 已知 $\boldsymbol{\alpha}_1,\boldsymbol{\alpha}_2,\boldsymbol{\alpha}_3$ 线性无关, $\boldsymbol{\alpha}_1+t\boldsymbol{\alpha}_2,\ \boldsymbol{\alpha}_2+2t\boldsymbol{\alpha}_3,\ \boldsymbol{\alpha}_3+4t\boldsymbol{\alpha}_1$ 线性相关, 则实数 $t=$ ________ .

(5) 设 $\boldsymbol{\alpha}_1=(1,2,-1,0)^{\mathrm{T}},\boldsymbol{\alpha}_2=(1,1,0,2)^{\mathrm{T}},\boldsymbol{\alpha}_3=(2,1,1,a)^{\mathrm{T}}$, 若由此向量组所生成的向量空间的维数是 2, 则 $a=$________.

(6) 设 $\boldsymbol{\alpha}_1,\boldsymbol{\alpha}_2,\boldsymbol{\alpha}_3$ 是三维向量空间 $\mathbf{R}^3$ 的一个基, 则由基 $\boldsymbol{\alpha}_1,\dfrac{1}{2}\boldsymbol{\alpha}_2,\dfrac{1}{3}\boldsymbol{\alpha}_3$ 到基 $\boldsymbol{\alpha}_1+\boldsymbol{\alpha}_2,\boldsymbol{\alpha}_2+\boldsymbol{\alpha}_3,\boldsymbol{\alpha}_3+\boldsymbol{\alpha}_1$ 的过渡矩阵为________.

4. 设向量组 $\boldsymbol{\alpha}_1,\boldsymbol{\alpha}_2,\boldsymbol{\alpha}_3$ 线性无关, 问当 k,l 满足什么条件时, $k\boldsymbol{\alpha}_2-\boldsymbol{\alpha}_1,l\boldsymbol{\alpha}_3-\boldsymbol{\alpha}_2,\ \boldsymbol{\alpha}_1-\boldsymbol{\alpha}_3$ 也线性无关?

5. 设 $\boldsymbol{\alpha},\boldsymbol{\beta}$ 为三维列向量, 矩阵 $\boldsymbol{A}=\boldsymbol{\alpha}\boldsymbol{\alpha}^{\mathrm{T}}+\boldsymbol{\beta}\boldsymbol{\beta}^{\mathrm{T}}$, 其中 $\boldsymbol{\alpha}^{\mathrm{T}},\boldsymbol{\beta}^{\mathrm{T}}$ 分别是 $\boldsymbol{\alpha},\boldsymbol{\beta}$ 的转置. 证明:

(1) 秩 $R(A)\leqslant 2$;

(2) 若 $\boldsymbol{\alpha},\boldsymbol{\beta}$ 线性相关, 则秩 $R(\boldsymbol{A})<2$.

6. 设向量组 $\boldsymbol{\alpha}_1,\boldsymbol{\alpha}_2,\boldsymbol{\alpha}_3$ 为向量空间 $\mathbf{R}^3$ 的一组基,

$$\boldsymbol{\beta}_1=2\boldsymbol{\alpha}_1+2k\boldsymbol{\alpha}_3,\quad \boldsymbol{\beta}_2=2\boldsymbol{\alpha}_2,\quad \boldsymbol{\beta}_3=\boldsymbol{\alpha}_1+(k+1)\boldsymbol{\alpha}_3\ .$$

(1) 证明: 向量组 $\boldsymbol{\beta}_1,\boldsymbol{\beta}_2,\boldsymbol{\beta}_3$ 为向量空间 $\mathbf{R}^3$ 的一组基;

(2) 当 k 为何值时, 存在非零向量 $\boldsymbol{\xi}$, 使得 $\boldsymbol{\xi}$ 在基 $\boldsymbol{\alpha}_1,\boldsymbol{\alpha}_2,\boldsymbol{\alpha}_3$ 和基 $\boldsymbol{\beta}_1,\boldsymbol{\beta}_2,\boldsymbol{\beta}_3$ 下的坐标相同, 并求出所有的非零向量 $\boldsymbol{\xi}$.

7. 已知向量 $\boldsymbol{\alpha}_1=(1,\ 0,\ 3)^{\mathrm{T}},\ \boldsymbol{\alpha}_2=(1,-1,\ a)^{\mathrm{T}},\ \boldsymbol{\alpha}_3=(2,\ a+1,\ 1)^{\mathrm{T}},\ \boldsymbol{\beta}=(1,\ 1,b+2)^{\mathrm{T}}$.

(1) $a,\ b$ 为何值时, $\boldsymbol{\beta}$ 不能由 $\boldsymbol{\alpha}_1,\boldsymbol{\alpha}_2,\boldsymbol{\alpha}_3$ 线性表示?

(2) $a,\ b$ 为何值时, $\boldsymbol{\beta}$ 能由 $\boldsymbol{\alpha}_1,\boldsymbol{\alpha}_2,\boldsymbol{\alpha}_3$ 线性表示, 且表示式不唯一, 并写出该表达式.

8. 已知向量组: (Ⅰ) $\boldsymbol{\alpha}_1,\boldsymbol{\alpha}_2,\boldsymbol{\alpha}_3$, (Ⅱ) $\boldsymbol{\alpha}_1,\boldsymbol{\alpha}_2,\boldsymbol{\alpha}_3,\boldsymbol{\alpha}_4$, (Ⅲ) $\boldsymbol{\alpha}_1,\boldsymbol{\alpha}_2,\boldsymbol{\alpha}_3,\boldsymbol{\alpha}_5$. 如果它们的秩分别为 R (Ⅰ) $=R$(Ⅱ) $=3$, R(Ⅲ) $=4$, 求 $R(\boldsymbol{\alpha}_1,\boldsymbol{\alpha}_2,\boldsymbol{\alpha}_3,\boldsymbol{\alpha}_5-\boldsymbol{\alpha}_4)$.

9. 设 $\boldsymbol{A}=\begin{pmatrix}1&-2&3&-4\\0&1&-1&1\\1&2&0&-3\end{pmatrix}$, $\boldsymbol{E}$ 为三阶单位矩阵.

(1) 求方程组 $\boldsymbol{Ax}=\mathbf{0}$ 的一个基础解系;

(2) 求满足 $\boldsymbol{AB}=\boldsymbol{E}$ 的所有矩阵 $\boldsymbol{B}$.

10. 设 $\boldsymbol{A}=\begin{pmatrix}1&-1&-1\\-1&1&1\\0&-4&-2\end{pmatrix}$, $\boldsymbol{\xi}_1=\begin{pmatrix}-1\\1\\-2\end{pmatrix}$.

(1) 求满足 $\boldsymbol{A\xi}_2=\boldsymbol{\xi}_1$, $\boldsymbol{A}^2\boldsymbol{\xi}_3=\boldsymbol{\xi}_1$ 的所有向量 $\boldsymbol{\xi}_2,\boldsymbol{\xi}_3$;

(2) 对 (1) 的任一向量 $\boldsymbol{\xi}_2,\boldsymbol{\xi}_3$, 证明 $\boldsymbol{\xi}_1,\boldsymbol{\xi}_2,\boldsymbol{\xi}_3$ 线性无关.

复习题4(B)
第5、6题证明

复习题4(B)
第8、9题解答

*4 拓展知识

*4.6 线性方程组的 MATLAB 程序示例

4.6.1 向量组的秩的程序示例

【例 1】 求向量组的秩.

$$\boldsymbol{a}=(2,3,1)\,,\quad \boldsymbol{b}=(1,-3,4)\,,\quad \boldsymbol{c}=(2,8,-1)\,,\quad \boldsymbol{d}=(4,-3,9)\,.$$

解 MATLAB 命令为

```
a = [2, 3, 1];
b = [1, -3, 4];
c = [2, 8, -1];
d = [4, -3, 9];
abcd = [a; b; c; d];
r = rank(abcd)
```

运行结果为

```
r = 3
```

【例 2】 求向量组 $\boldsymbol{\alpha}_1=(1,-2,2,3)$, $\boldsymbol{\alpha}_2=(-2,4,-1,3)$, $\boldsymbol{\alpha}_3=(-1,2,0,3)$, $\boldsymbol{\alpha}_4=(0,6,2,3)$ 和 $\boldsymbol{\alpha}_5=(2,-6,3,4)$ 的秩, 并判断其线性相关性.

解 MATLAB 命令为

```
A = [1 -2 2 3; -2 4 -1 3; -1 2 0 3; 0 6 2 3; 2 -6 3 4];
k = rank(A)
if (k < 5)
   disp('向量组线性相关.');
elseif (k == 5)
   disp('向量组线性无关.');
end
```

运行结果为

```
k = 3
向量组线性相关.
```

【例 3】 已知向量组 $\boldsymbol{\alpha}_1=(1,2,-1,0)^{\mathrm{T}}$, $\boldsymbol{\alpha}_2=(6,2,0,-2)^{\mathrm{T}}$, $\boldsymbol{\alpha}_3=(-7,1,-2,3)^{\mathrm{T}}$, $\boldsymbol{\alpha}_4=(0,1,-2,0)^{\mathrm{T}}$, $\boldsymbol{\alpha}_5=(-3,7,-9,2)^{\mathrm{T}}$, 求此向量组的一个极大无关组, 并用极大无关组线性表示剩余向量.

解 MATLAB 命令为

```
a1 = [1,2,-1,0]';
a2 = [6,2,0,-2]';
a3 = [-7,1,-2,3]';
a4 = [0,1,-2,0]';
a5 = [-3,7,-9,2]';
A = [a1, a2, a3, a4, a5];
[R, pivots] = rref(A)
V = A(:, pivots)
A_rest = A;
A_rest(:, pivots) = []
B_rest = R(1:length(pivots), :);
B_rest(:, pivots) = []
```

运行结果为

```
R =
    1.0000         0    2.0000         0    3.0000
         0    1.0000   -1.5000         0   -1.0000
         0         0         0    1.0000    3.0000
         0         0         0         0         0
pivots =
     1     2     4
V =
     1     6     0
     2     2     1
    -1     0    -2
     0    -2     0
A_rest =
    -7    -3
     1     7
    -2    -9
     3     2
B_rest =
    2.0000    3.0000
   -1.5000   -1.0000
         0    3.0000
```

说明 rref( ) 除了返回行最简形矩阵外, 还可返回主元所在列下标的向量, 其长度为向量组的秩. 在该例中, pivots = (1, 2, 4) 说明主元在第 1、2、4 列, 即说明 $\boldsymbol{\alpha}_1, \boldsymbol{\alpha}_2, \boldsymbol{\alpha}_4$ 是向量组的一个极大无关组, 相应地, $\boldsymbol{\alpha}_3, \boldsymbol{\alpha}_5$ 即为剩余向量. 在最简形矩阵 $\boldsymbol{R}$ 中第 3、5 列 (除去零行), 即 B_rest, 为 $\boldsymbol{\alpha}_1, \boldsymbol{\alpha}_2, \boldsymbol{\alpha}_4$ 极大无关组的系数向量.

4.6.2 解线性方程组的程序示例

【例 4】 解方程 $ax^2+bx+c=0$.

解 MATLAB 命令为

```
syms a b c x
eqn = a*x^2+b*x+c==0;
root_x = solve(eqn, x)
```

运行结果为

```
root_x =
-(b + (b^2 - 4*a*c)^(1/2))/(2*a)
-(b - (b^2 - 4*a*c)^(1/2))/(2*a)
```

说明 solve(eqn, var) 是 MATLAB 符号运算工具箱提供的函数, 功能是解方程或方程组.

【例 5】 解方程组 $\begin{cases} 2u+v=0, \\ u-v=1. \end{cases}$

解 MATLAB 命令为

```
syms u v
[u, v] = solve([2*u + v == 0, u - v == 1], [u, v])
```

运行结果为

```
u = 1/3
v = -2/3
```

【例 6】 解齐次线性方程组 $\begin{cases} x_1+2x_2+2x_3+x_4=0, \\ 2x_1+2x_2-2x_3-2x_4=0, \\ x_1-x_2-4x_3-3x_4=0. \end{cases}$

解 MATLAB 命令为

```
A = [1, 2, 2, 1;...
    2, 2, -2, -2;...
    1, -1, -4, -3];
[~, n] = size(A);          % size(A)函数为求A的矩阵大小
    % 其中n为矩阵A的列数, 即未知数的个数
if (rank(A) == n)
   disp('方程组有唯一的零解.');
else
   disp('方程组解的零空间有理基形式: ');
   X1 = null(A, 'r')
   disp('方程组解的增广矩阵形式: ');
   X2 = rref(A)
end
```

运行结果为

```
方程组解的零空间有理基形式:

X1 =
    0.3333
         0
   -0.6667
    1.0000

方程组解的增广矩阵形式:

X2 =
    1.0000         0         0   -0.3333
         0    1.0000         0         0
         0         0    1.0000    0.6667
```

说明 null(A) 函数的功能是求解 $\boldsymbol{A}$ 的零空间的正交基, 在解线性方程组的运算中它起着求通解的作用; rref(A) 函数的作用为求矩阵 $\boldsymbol{A}$ 的行最简形矩阵; 在上面的运行结果中, $\boldsymbol{X}1$ 和 $\boldsymbol{X}2$ 的矩阵形式分别为

$$\boldsymbol{X}1=\begin{pmatrix}0.3333\\0\\-0.6667\\1.0000\end{pmatrix} \quad 和 \quad \boldsymbol{X}2=\begin{pmatrix}1.0000&0&0&-0.3333\\0&1.0000&0&0\\0&0&1.0000&0.6667\end{pmatrix}.$$

【例 7】 解非齐次线性方程组 $\begin{cases} x_1 - x_2 - x_3 + x_4 = 0, \\ x_1 - x_2 + x_3 - 3x_4 = 1, \\ x_1 - x_2 - 2x_3 + x_4 = -8. \end{cases}$

解 MATLAB 命令为

```
A = [1, -1, -1, 1;
    1, -1, 1, -3;
    1, -1, -2, 1];
b = [0, 1, -8]';
Ab = [A, b];
n = size(A, 2);
rank_A = rank(A);
rank_Ab = rank(Ab);
if (rank_A == rank_Ab && rank_A == n)
    disp('方程组有唯一解: ');
    X = A \ B
elseif (rank_A == rank_Ab && rank_A < n)
    disp('方程组有无穷解(T为通解, X为特解): ');
    X = A \ B
    T = null(A, 'r')
elseif (rank_A ~= rank_Ab)
    disp('方程组无解.');
end
```

运行结果为

```
方程组有无穷解(T为通解, X为特解):
X =
         0
   -4.2500
    8.0000
    3.7500
T =
     1
     1
     0
     0
```

或者

```
A = [1, -1, -1, 1;
    1, -1, 1, -3;
    1, -1, -2, 1];
b = [0, 1, -8]';
Ab= [A, b];
X = rref(Ab)
```

运行结果为

```
X =
    1.0000   -1.0000         0         0    4.2500
         0         0    1.0000         0    8.0000
         0         0         0    1.0000    3.7500
```

*4.7 应用模型

4.7.1 向量组线性相关性的应用模型

向量组是一种特殊的数据处理方式. 它是把数据看成一个数组, 考虑这些数组之间的关联程度, 以及独立的数组生成的向量空间. 这种思考方式, 在一些实际问题中, 会给我们提供决策或解决问题的科学依据.

1. 向量空间在魔方中的应用

1514 年, 德国著名艺术家丢勒 (Albrecht Dürer, 1471—1521) 创作了一幅铜版画《忧郁》, 画面中有一个由自然数组成的方块:

16	3	2	13
5	10	11	8
9	6	7	12
4	15	14	1

这个方块有很好的性质, 它的每行数字之和为 34; 每列数字之和是 34; 它的两条对角线上的数字之和是 34; 四个角上的数字之和是 34; 另外若用水平线和垂直线把它平均分成四个小方块, 每个小方块的数字之和也是 34. (最后一行的中心数 1514, 正是制币时间)

具有这种性质的自然数方块, 称为丢勒魔方, 即它的每一行、每一列、每一对角线、每一小方块及四个角上数字之和都相等. 一个很自然的问题, 一共有多少个丢勒魔方, 以及应该怎么构造. 初看起来, 无从下手, 但仔细分析丢勒魔方的性质, 借助于向量空间的工具, 则很容易解答.

首先定义集合

$$\boldsymbol{D}=\left\{\boldsymbol{A}=(a_{ij})_{4\times 4}\,\middle|\,\boldsymbol{A}\text{为丢勒魔方}\right\}.$$

在集合 $\boldsymbol{D}$ 中, 定义加法为矩阵的加法, 与数域 $\mathbf{R}$ 的乘法定义为矩阵的数乘. 容易验证, 任意两个丢勒魔方相加, 仍然是丢勒魔方. 任意一个丢勒魔方与常数 k 相乘, 结果还是一个丢勒魔方. “0-方”

$$\boldsymbol{O}=\begin{array}{|cccc|}\hline 0&0&0&0\\0&0&0&0\\0&0&0&0\\0&0&0&0\\\hline\end{array}$$

也在集合 D 中, 而且, 线性运算的八条运算律, 在集合 $\boldsymbol{D}$ 上都成立. 因此, $\boldsymbol{D}$ 在数域 $\mathbf{R}$ 上构成一个向量空间, 称之为丢勒魔方空间. “0-方” 是向量空间的零元素.

向量空间的一个重要特征是, 它存在一组基, 任意向量都可以由这组基线性表示. 首先我们构造最基本的丢勒魔方. 根据丢勒魔方的定义, 可构造所有数字和为 1 的丢勒魔方, 称之为基本魔方.

$$\boldsymbol{Q}_1=\begin{array}{|cccc|}\hline 1&0&0&0\\0&0&1&0\\0&0&0&1\\0&1&0&0\\\hline\end{array},\quad \boldsymbol{Q}_2=\begin{array}{|cccc|}\hline 1&0&0&0\\0&0&0&1\\0&1&0&0\\0&0&1&0\\\hline\end{array},$$

$$\boldsymbol{Q}_3=\begin{array}{|cccc|}\hline 0&0&0&1\\1&0&0&0\\0&0&1&0\\0&1&0&0\\\hline\end{array},\quad \boldsymbol{Q}_4=\begin{array}{|cccc|}\hline 0&0&0&1\\0&1&0&0\\1&0&0&0\\0&0&1&0\\\hline\end{array},$$

$$\boldsymbol{Q}_5=\begin{array}{|cccc|}\hline 0&0&1&0\\1&0&0&0\\0&1&0&0\\0&0&0&1\\\hline\end{array},\quad \boldsymbol{Q}_6=\begin{array}{|cccc|}\hline 0&1&0&0\\0&0&1&0\\1&0&0&0\\0&0&0&1\\\hline\end{array},$$

$$Q_7 = \boxed{\begin{matrix} 0 & 0 & 1 & 0 \\ 0 & 1 & 0 & 0 \\ 0 & 0 & 0 & 1 \\ 1 & 0 & 0 & 0 \end{matrix}}, \quad Q_8 = \boxed{\begin{matrix} 0 & 1 & 0 & 0 \\ 0 & 0 & 0 & 1 \\ 0 & 0 & 1 & 0 \\ 1 & 0 & 0 & 0 \end{matrix}},$$

这八个基本魔方, 是线性相关的, 满足

$$\boldsymbol{Q}_1 - \boldsymbol{Q}_2 - \boldsymbol{Q}_3 + \boldsymbol{Q}_4 + \boldsymbol{Q}_5 - \boldsymbol{Q}_6 - \boldsymbol{Q}_7 + \boldsymbol{Q}_8 = \boldsymbol{O}.$$

又可验证, 在下式中,

$$k_1\boldsymbol{Q}_1 + k_2\boldsymbol{Q}_2 + k_3\boldsymbol{Q}_3 + k_4\boldsymbol{Q}_4 + k_5\boldsymbol{Q}_5 + k_6\boldsymbol{Q}_6 + k_7\boldsymbol{Q}_7 = \boldsymbol{O},$$

即

$$\boxed{\begin{matrix} k_1+k_2 & k_6 & k_5+k_7 & k_3+k_4 \\ k_3+k_5 & k_4+k_7 & k_1+k_6 & k_2 \\ k_4+k_6 & k_2+k_5 & k_3 & k_1+k_7 \\ k_7 & k_3+k_1 & k_2+k_4 & k_6+k_5 \end{matrix}} = \boxed{\begin{matrix} 0 & 0 & 0 & 0 \\ 0 & 0 & 0 & 0 \\ 0 & 0 & 0 & 0 \\ 0 & 0 & 0 & 0 \end{matrix}},$$

系数全为零, 从而 $\boldsymbol{Q}_1, \boldsymbol{Q}_2, \boldsymbol{Q}_3, \boldsymbol{Q}_4, \boldsymbol{Q}_5, \boldsymbol{Q}_6, \boldsymbol{Q}_7$ 线性无关.

事实上, 如果假设向量空间 $\boldsymbol{D}$ 中的任一向量为

$$\boxed{\begin{matrix} x_1 & x_2 & x_3 & x_4 \\ x_5 & x_6 & x_7 & x_8 \\ x_9 & x_{10} & x_{11} & x_{12} \\ x_{13} & x_{14} & x_{15} & x_{16} \end{matrix}},$$

由丢勒魔方的定义, 可得到一个包含 14 个方程 16 个未知量的齐次线性方程组, 方程组的每一个解对应一个丢勒魔方. 零解对应前面介绍的 “0-方”. 所有变量都为 1 时, 也是方程组的一个解, 对应 “1-方”:

$$\boxed{\begin{matrix} 1 & 1 & 1 & 1 \\ 1 & 1 & 1 & 1 \\ 1 & 1 & 1 & 1 \\ 1 & 1 & 1 & 1 \end{matrix}}.$$

由前面所学知识, 齐次线性方程组的解构成一个向量空间, 这个向量空间就是丢勒魔方空间 $\boldsymbol{D}$. 方程组的系数矩阵为

$$\begin{pmatrix}
-1 & -1 & -1 & -1 & 1 & 1 & 1 & 1 & 0 & 0 & 0 & 0 & 0 & 0 & 0 & 0 \\
-1 & -1 & -1 & -1 & 0 & 0 & 0 & 0 & 1 & 1 & 1 & 1 & 0 & 0 & 0 & 0 \\
-1 & -1 & -1 & -1 & 0 & 0 & 0 & 0 & 0 & 0 & 0 & 0 & 1 & 1 & 1 & 1 \\
0 & -1 & -1 & -1 & 1 & 0 & 0 & 0 & 1 & 0 & 0 & 0 & 1 & 0 & 0 & 0 \\
-1 & 0 & -1 & -1 & 0 & 1 & 0 & 0 & 0 & 1 & 0 & 0 & 0 & 1 & 0 & 0 \\
-1 & -1 & 0 & -1 & 0 & 0 & 1 & 0 & 0 & 0 & 1 & 0 & 0 & 0 & 1 & 0 \\
-1 & -1 & -1 & 0 & 0 & 0 & 0 & 1 & 0 & 0 & 0 & 1 & 0 & 0 & 0 & 1 \\
0 & 0 & -1 & -1 & 1 & 1 & 0 & 0 & 0 & 0 & 0 & 0 & 0 & 0 & 0 & 0 \\
-1 & -1 & 0 & 0 & 0 & 0 & 1 & 1 & 0 & 0 & 0 & 0 & 0 & 0 & 0 & 0 \\
-1 & -1 & -1 & -1 & 0 & 0 & 0 & 0 & 1 & 1 & 0 & 0 & 1 & 1 & 0 & 0 \\
-1 & -1 & -1 & -1 & 0 & 0 & 0 & 0 & 0 & 0 & 1 & 1 & 0 & 0 & 1 & 1 \\
0 & -1 & -1 & 0 & 0 & 0 & 0 & 0 & 0 & 0 & 0 & 0 & 1 & 0 & 0 & 1 \\
0 & -1 & -1 & -1 & 0 & 1 & 0 & 0 & 0 & 0 & 1 & 0 & 0 & 0 & 0 & 1 \\
-1 & -1 & -1 & 0 & 0 & 0 & 1 & 0 & 0 & 1 & 0 & 0 & 1 & 0 & 0 & 0
\end{pmatrix}.$$

利用 MATLAB 可以求得系数矩阵的秩为 9, 从而解空间的维数为 $16-9=7$. 而向量组 $\boldsymbol{Q}_1,\boldsymbol{Q}_2,\boldsymbol{Q}_3,\boldsymbol{Q}_4,\boldsymbol{Q}_5,\boldsymbol{Q}_6,\boldsymbol{Q}_7$ 是线性无关的, 因此它们构成向量空间 $\boldsymbol{D}$ 的一组基. 可知丢勒魔方的个数有无穷多个, 且任意一个丢勒魔方可由 $\boldsymbol{Q}_1$, $\boldsymbol{Q}_2,\boldsymbol{Q}_3,\boldsymbol{Q}_4,\boldsymbol{Q}_5,\boldsymbol{Q}_6,\boldsymbol{Q}_7$ 线性表示.

现在我们再来考虑丢勒铜版画中的自然数方块,

$$\boxed{\begin{array}{cccc}
k_1+k_2 & k_6 & k_5+k_7 & k_3+k_4 \\
k_3+k_5 & k_4+k_7 & k_1+k_6 & k_2 \\
k_4+k_6 & k_2+k_5 & k_3 & k_1+k_7 \\
k_7 & k_3+k_1 & k_2+k_4 & k_6+k_5
\end{array}} = \boxed{\begin{array}{cccc}
16 & 3 & 2 & 13 \\
5 & 10 & 11 & 8 \\
9 & 6 & 7 & 12 \\
4 & 15 & 14 & 1
\end{array}},$$

比较等式两边, 可得系数为

$$k_1=8,\quad k_2=8,\quad k_3=7,\quad k_4=6,\quad k_5=3,\quad k_6=3,\quad k_7=4.$$

借助于向量空间, 我们就知道了丢勒魔方集合的结构. 由魔方空间的一组基, 也可以很方便地构造想要的丢勒魔方.

另外, 改变对丢勒魔方数字和的要求, 利用向量子空间的定义, 可以构造 $\boldsymbol{D}$ 的子空间或者扩展空间. 1967 年, Botsch 证明了可以构造大量的 $\boldsymbol{D}$ 的子空间

或者扩展空间. 对于 1 至 16 之间的每一个数 k, 都存在 k 维类似 $\boldsymbol{D}_{4\times 4}$-方的向量空间.

2. 调整观测站问题

一个地区建有 12 个气象观测站, 10 年来各观测站的年降水量如表 4.7.1 所示. 由于地方财政吃紧, 需要减少观测站的数目. 问题是, 减少哪些气象观测站, 可以使得到的降水量数据信息足够大?

表 4.7.1　10 年来各观测站的年降水量统计表

年份	观测站											
	X_1	X_2	X_3	X_4	X_5	X_6	X_7	X_8	X_9	X_{10}	X_{11}	X_{12}
2006	276.2	324.5	158.6	412.5	292.8	258.4	334.1	303.2	292.9	243.2	159.7	331.2
2007	251.6	287.3	349.5	297.4	227.8	453.6	321.5	451	466.2	307.5	421.1	455.1
2008	192.7	436.2	289.9	366.3	466.2	239.1	357.4	219.7	245.7	411.1	357	353.2
2009	246.2	232.4	243.7	372.5	460.4	158.9	298.7	314.5	256.6	327	296.5	423
2010	291.7	311	502.4	254	245.6	324.8	401	266.5	251.3	289.9	255.4	362.1
2011	466.5	158.9	223.5	425.1	251.4	321	315.4	317.4	246.2	277.5	304.2	410.7
2012	258.6	327.4	432.1	403.9	256.6	282.9	389.7	413.2	466.5	199.3	282.1	387.6
2013	453.4	365.5	357.6	258.1	278.8	467.2	355.2	228.5	453.6	315.6	456.3	407.2
2014	158.5	271	410.2	344.2	250	360.7	376.4	179.4	159.2	342.4	331.2	377.7
2015	324.8	406.5	235.7	288.8	192.6	284.9	290.5	343.7	283.4	281.2	243.7	411.1

用向量 $\boldsymbol{\alpha}_1,\boldsymbol{\alpha}_2,\boldsymbol{\alpha}_3,\cdots,\boldsymbol{\alpha}_{12}$ 分别表示观测站 $X_1,X_2,X_3,\cdots,X_{12}$ 在 2006~2015 年降水量数据构成的列向量. 因为每一向量是 10 维的, 而向量的个数是 12, 所以它们一定是线性相关的. 一个向量可以被其余向量线性表示, 则表明对应观测站的数据, 可以通过其他观测站得到, 也即此观测站与其他观测站监测功能重复, 故可以取消.

通过上面的分析可知, 向量 $\boldsymbol{\alpha}_1,\boldsymbol{\alpha}_2,\boldsymbol{\alpha}_3,\cdots,\boldsymbol{\alpha}_{12}$ 的极大无关组, 即为对应需要保留的观测站. 因为数据量比较大且复杂, 借助于 MATLAB 软件可知, $\boldsymbol{\alpha}_1,\boldsymbol{\alpha}_2,\cdots,\boldsymbol{\alpha}_{10}$ 就是一个极大无关组, 所以可以取消 X_{11},X_{12} 两个观测站. 这两个观测站, 与其他观测站数据之间的关系如下:

$$
\begin{aligned}
\boldsymbol{\alpha}_{11}= & -0.027\boldsymbol{\alpha}_1-1.078\boldsymbol{\alpha}_2-0.125\boldsymbol{\alpha}_3+0.1383\boldsymbol{\alpha}_4-1.8927\boldsymbol{\alpha}_5 \\
& -1.6552\boldsymbol{\alpha}_6+0.6391\boldsymbol{\alpha}_7-1.0134\boldsymbol{\alpha}_8+2.1608\boldsymbol{\alpha}_9+3.794\boldsymbol{\alpha}_{10}, \\
\boldsymbol{\alpha}_{12}= & 2.1052\boldsymbol{\alpha}_1+15.1202\boldsymbol{\alpha}_2+13.8396\boldsymbol{\alpha}_3+8.8652\boldsymbol{\alpha}_4+27.102\boldsymbol{\alpha}_5 \\
& +28.325\boldsymbol{\alpha}_6-38.2279\boldsymbol{\alpha}_7-22.2767\boldsymbol{\alpha}_8+2.1608\boldsymbol{\alpha}_9-38.878\boldsymbol{\alpha}_{10}.
\end{aligned}
$$

4.7.2 线性方程组的应用模型

线性方程组在现实生活中, 几乎无处不在, 是人们最早研究的数学对象之一. 在丈量土地、分配食物、节气研究等等问题中, 都会遇到线性方程组. 下面我们介绍三个大家都比较熟悉的问题, 线性方程组在其中发挥着重要的作用.

1. 配平化学方程式

【例 1】 丙烷可以作为燃料, 与氧气发生化学反应, 生成二氧化碳和水. 问有一定量的丙烷, 至少需要多少氧气才能使丙烷完全燃烧.

解 解决这一问题, 需要配平下面的方程式:

$$\mathrm{C_3H_8{+}O_2 \to CO_2{+}H_2O}.$$

假设它们前面的系数分别为 x_1, x_2, x_3, x_4, 即

$$x_1\mathrm{C_3H_8} + x_2\mathrm{O_2} \to x_3\mathrm{CO_2} + x_4\mathrm{H_2O}.$$

由于方程式中, 原子个数应相等, 可得到齐次方程组:

$$\begin{aligned}3x_1 - x_3 = 0,\\ 8x_1 - 2x_4 = 0,\\ 2x_2 - 2x_3 - x_4 = 0.\end{aligned}$$

化系数矩阵为行最简形得

$$\begin{pmatrix} 3 & 0 & -1 & 0 \\ 8 & 0 & 0 & -2 \\ 0 & 2 & 0 & -2 \end{pmatrix} \to \begin{pmatrix} 1 & 0 & 0 & -\dfrac{1}{4} \\ 0 & 1 & 0 & -1 \\ 0 & 0 & 1 & -\dfrac{3}{4} \end{pmatrix},$$

从而线性方程组的一个最简整数解为

$$x_1 = 1, \quad x_2 = 5, \quad x_3 = 3, \quad x_4 = 4.$$

配平后的化学方程式为

$$\mathrm{C_3H_8} + 5\mathrm{O_2} = 3\mathrm{CO_2} + 4\mathrm{H_2O}.$$

2. 食物配方中的营养问题

蛋白质、碳水化合物和脂肪是人体每日必需的三种营养物质. 营养学家计划设计一个食谱, 以满足人体对三种营养物质的需求, 主要包含脱脂牛奶、大豆米粉和乳清三种食物. 但过量的脂肪对身体健康又十分不利, 还需要适量的运动消耗掉多余的脂肪.

【例 2】 现有三种食物各营养成分的含量和运动对各种营养物质的消耗量, 如表 4.7.2 所示. 请设计一种食谱及运动量, 使之满足身体的正常需求.

表 4.7.2　三种食物的营养成分及运动消耗量　　(单位: g/100g)

营养	脱脂牛奶	大豆米粉	乳清	5min 运动量/g	每日需求量
蛋白质	36	51	13	10	33
碳水化合物	52	34	74	20	45
脂肪	10	7	1	15	3

设脱脂牛奶所含各种营养成分构成的向量为 $\boldsymbol{\alpha}_1=(36,52,10)^{\mathrm{T}}$, 同样地, 大豆米粉、乳清、5min 运动量和每日需求量构成的向量分别为 $\boldsymbol{\alpha}_2=(51,34,7)^{\mathrm{T}}$, $\boldsymbol{\alpha}_3=(13,74,1)^{\mathrm{T}}$, $\boldsymbol{\alpha}_4=(-10,-20,-15)^{\mathrm{T}}$, $\boldsymbol{\alpha}_5=(33,45,3)^{\mathrm{T}}$. 问题就转化为, 把向量 $\boldsymbol{\alpha}_5$ 用向量 $\boldsymbol{\alpha}_1,\boldsymbol{\alpha}_2,\boldsymbol{\alpha}_3,\boldsymbol{\alpha}_4$ 线性表示. 由于它们是三维向量, 且秩为 3, 故 $\boldsymbol{\alpha}_5$ 一定可由向量 $\boldsymbol{\alpha}_1,\boldsymbol{\alpha}_2,\boldsymbol{\alpha}_3,\boldsymbol{\alpha}_4$ 线性表示, 设表示系数为 k_1,k_2,k_3,k_4, 则

$$\boldsymbol{\alpha}_5=k_1\boldsymbol{\alpha}_1+k_2\boldsymbol{\alpha}_2+k_3\boldsymbol{\alpha}_3+k_4\boldsymbol{\alpha}_4.$$

增广矩阵化行最简形为

$$\begin{pmatrix}36&51&13&-10&33\\52&34&74&-20&45\\10&7&1&-15&3\end{pmatrix}\to\begin{pmatrix}1&0.7&0.1&-1.5&0.3\\52&34&74&-20&45\\36&51&13&-10&33\end{pmatrix}$$

$$\to\begin{pmatrix}1&0.7&0.1&-1.5&0.3\\0&-2.4&68.8&58&29.4\\0&25.8&9.4&44&22.2\end{pmatrix}\to\begin{pmatrix}1&0.7&0.1&-1.5&0.3\\0&1&-28.67&-24.17&-12.25\\0&0&1&0.89&0.45\end{pmatrix}$$

$$\to\begin{pmatrix}1&0&0&-2.54&-0.20\\0&1&0&1.35&0.65\\0&0&1&0.89&0.45\end{pmatrix}.$$

所以方程组的通解为

$$(k_1,k_2,k_3,k_4)^{\mathrm{T}}=c(2.54,-1.35,-0.89,1)^{\mathrm{T}}+(-0.20,0.65,0.45,0)^{\mathrm{T}},c\in R.$$

因为这是实际问题, 必须取合理解, 不妨取 $c = 0.3$, 此时特解为

$$(k_1, k_2, k_3, k_4)^{\mathrm{T}} = (0.562, 0.245, 0.183, 0.3)^{\mathrm{T}}.$$

所以, 可以每天食用 56.2g 脱脂牛奶, 24.5g 大豆米粉, 18.3g 的乳清, 并至少运动 1.5min.

上述例子, 只是一个简单的模型. 实际上, 我们身体需要的营养不只这 3 种, 还有其他的矿物质、维生素等, 而食物品种的选择也是多种多样. 按照同样的分析方法, 可以设计一个合理的膳食方案.

3. *线性方程组在智慧交通中的应用*

随着电子信息技术的发展与革新, 越来越多的城市开始建智慧城市、智慧交通系统等. 智慧交通系统中大量信息的处理、预测都离不开好的数学模型. 智慧交通系统可根据车流量的大小, 自动调整红绿灯的时间. 线性方程组可作为基本的初等模型计算交通流量.

【例 3】 某城市一区域街道车流量可简化为如下模型. 已知 9 条街道记录了每小时的平均车流量, 则是否可推算内部 7 处街道的平均车流量, 若不能, 还需要知道几条街道的车流量?

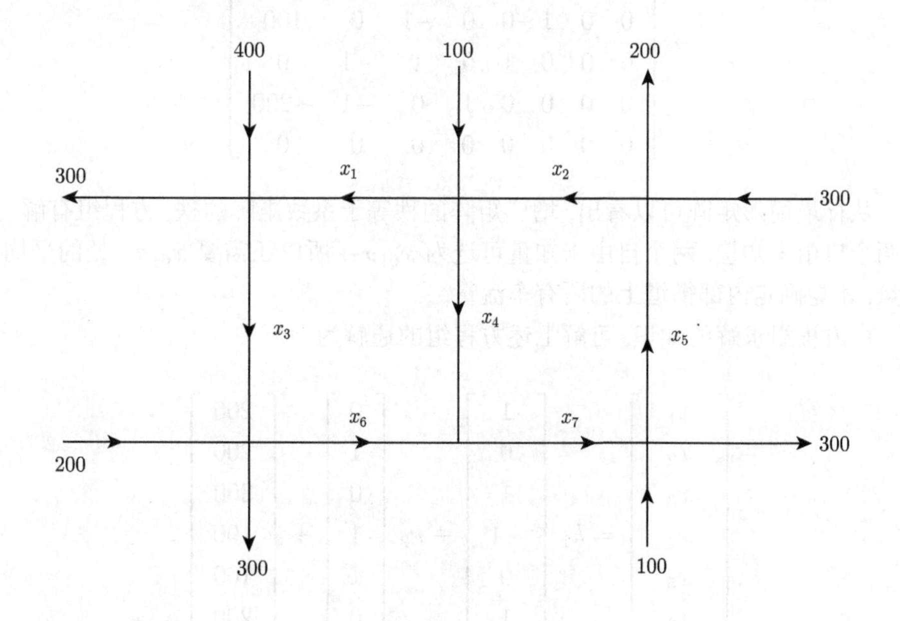

解 由车流量关系图, 在每个交点处可列一个等式, 从而有

$$
\begin{cases}
x_1 - x_3 = -100, \\
x_3 - x_6 = 100, \\
x_1 - x_2 + x_4 = 100, \\
x_4 + x_6 - x_7 = 0, \\
x_2 - x_5 = 100, \\
x_5 - x_7 = -200.
\end{cases}
$$

此模型转化为了线性方程组是否有解, 并求解的问题. 把方程组的增广矩阵化行最简形矩阵可得

$$
\begin{bmatrix}
1 & 0 & -1 & 0 & 0 & 0 & 0 & -100 \\
0 & 0 & 1 & 0 & 0 & -1 & 0 & 100 \\
1 & -1 & 0 & 1 & 0 & 0 & 0 & 100 \\
0 & 0 & 0 & 1 & 0 & 1 & -1 & 0 \\
0 & 1 & 0 & 0 & -1 & 0 & 0 & 100 \\
0 & 0 & 0 & 0 & 1 & 0 & -1 & -200
\end{bmatrix}
$$

$$
\to \begin{bmatrix}
1 & 0 & 0 & 0 & 0 & -1 & 0 & 0 \\
0 & 1 & 0 & 0 & 0 & 0 & -1 & -100 \\
0 & 0 & 1 & 0 & 0 & -1 & 0 & 100 \\
0 & 0 & 0 & 1 & 0 & 1 & -1 & 0 \\
0 & 0 & 0 & 0 & 1 & 0 & -1 & -200 \\
0 & 0 & 0 & 0 & 0 & 0 & 0 & 0
\end{bmatrix}.
$$

从行最简形矩阵可以看出, 增广矩阵的秩等于系数矩阵的秩, 方程组有解, 且有两个自由未知量. 两个自由未知量可选为 x_6, x_7, 所以还需要 x_6, x_7 处的平均车流量, 才能确定内部街道上的所有车流量.

由方程组求解的知识, 可解上述方程组的通解为

$$
\begin{bmatrix} x_1 \\ x_2 \\ x_3 \\ x_4 \\ x_5 \\ x_6 \\ x_7 \end{bmatrix}
= k_1 \begin{bmatrix} 1 \\ 0 \\ 1 \\ -1 \\ 0 \\ 1 \\ 0 \end{bmatrix}
+ k_2 \begin{bmatrix} 0 \\ 1 \\ 0 \\ 1 \\ 1 \\ 0 \\ 1 \end{bmatrix}
+ \begin{bmatrix} 200 \\ 200 \\ 300 \\ 100 \\ 100 \\ 200 \\ 300 \end{bmatrix}.
$$

由于这是一个实际问题, 只要保证从此区域开出的车流量与开进的车流量相等, 那么方程组就是有解的. 从增广矩阵的行最简形矩阵上我们还可以看出, 方程组最后一个节点的数据是多余的, 可以去掉; 要使方程组的解唯一, 需要增加两处的平均车流量数据. 另外一点需要注意, 方程组的解应该都是正整数, 所以方程组的解只有一部分满足真实的情况.

第 5 章 矩阵的特征值与特征向量

矩阵的特征值与特征向量在矩阵理论、工程技术、数学计算、生态平衡等领域的研究中占有重要地位, 有着非常广泛的应用. 如工程技术领域中动态系统的稳定性问题, 数学领域中方阵的对角化、微分方程组的解、迭代法求线性方程组的近似解等问题, 生态平衡研究中离散动态系统的演化等, 都用到矩阵的特征值与特征向量理论.

本章先引入 n 维向量内积的概念和性质以及向量组的正交性, 其次讨论矩阵的特征值与特征向量, 最后介绍矩阵的相似对角化问题.

5.1 n 维向量的内积

5.1课件

5.1.1 n 维向量的内积

在几何向量空间中最重要的两个度量概念是向量的模和夹角. 而模和夹角都与内积有关, 所以要把几何向量的有关性质推广到 n 维向量, 只需把内积概念推广到 n 维向量即可.

回顾 $\mathbf{R}^3$ 中两个向量 $\boldsymbol{a}$, $\boldsymbol{b}$ 的内积. 设 $\boldsymbol{a}=(a_1,a_2,a_3)^{\mathrm{T}}$, $\boldsymbol{b}=(b_1,b_2,b_3)^{\mathrm{T}}$, 则 $\boldsymbol{a}$, $\boldsymbol{b}$ 的内积为

$$\boldsymbol{a}\cdot\boldsymbol{b}=a_1b_1+a_2b_2+a_3b_3=\sum_{i=1}^{3}a_ib_i\ .$$

于是给出如下 $\mathbf{R}^n$ 中内积的定义.

定义 5.1.1 设 n 维实向量

$$\boldsymbol{\alpha}=\begin{pmatrix}a_1\\a_2\\\vdots\\a_n\end{pmatrix},\quad \boldsymbol{\beta}=\begin{pmatrix}b_1\\b_2\\\vdots\\b_n\end{pmatrix},$$

称实数 $\sum\limits_{i=1}^{n}a_ib_i=a_1b_1+a_2b_2+\cdots+a_nb_n$ 为**向量 $\boldsymbol{\alpha}$ 与 $\boldsymbol{\beta}$ 的内积**, 记作 $(\boldsymbol{\alpha},\ \boldsymbol{\beta})$,

即

$$(\boldsymbol{\alpha}, \boldsymbol{\beta}) = \sum_{i=1}^{n} a_i b_i = a_1 b_1 + a_2 b_2 + \cdots + a_n b_n .$$

向量的内积是一种运算, 如果把向量看成是列 (或行) 矩阵, 那么内积又可以用矩阵的乘法表示:

$$(\boldsymbol{\alpha},\ \boldsymbol{\beta}) = (a_1,\ a_2,\ \cdots,\ a_n) \begin{pmatrix} b_1 \\ b_2 \\ \vdots \\ b_n \end{pmatrix} = a_1 b_1 + a_2 b_2 + \cdots + a_n b_n = \boldsymbol{\alpha}^{\mathrm{T}} \boldsymbol{\beta}.$$

由定义 5.1.1 易得内积有如下性质:

(1) 对称性: $(\boldsymbol{\alpha},\ \boldsymbol{\beta}) = (\boldsymbol{\beta}, \boldsymbol{\alpha})$;

(2) 线性性: $(\boldsymbol{\alpha}+\boldsymbol{\beta},\ \boldsymbol{\gamma}) = (\boldsymbol{\alpha}, \boldsymbol{\gamma})+(\boldsymbol{\beta},\boldsymbol{\gamma}), (k\boldsymbol{\alpha},\ \boldsymbol{\beta}) = k(\boldsymbol{\alpha}, \boldsymbol{\beta})$, 其中 $\boldsymbol{\alpha},\ \boldsymbol{\beta}, \boldsymbol{\gamma} \in \mathbf{R}^n,\ k \in \mathbf{R}$;

(3) 正定性: $(\boldsymbol{\alpha},\ \boldsymbol{\alpha}) \geqslant 0$, 当且仅当 $\boldsymbol{\alpha} \neq \mathbf{0}$ 时, $(\boldsymbol{\alpha},\ \boldsymbol{\alpha}) > 0$.

定义 5.1.2 设 n 维实向量 $\boldsymbol{\alpha} = (a_1,\ a_2,\ \cdots,\ a_n)^{\mathrm{T}}$, 称 $\sqrt{(\boldsymbol{\alpha},\boldsymbol{\alpha})}$ **为向量 $\boldsymbol{\alpha}$ 的模** (**或长度或范数**), 记作 $||\boldsymbol{\alpha}||$, 即

$$||\boldsymbol{\alpha}|| = \sqrt{(\boldsymbol{\alpha},\boldsymbol{\alpha})} = \sqrt{\boldsymbol{\alpha}^{\mathrm{T}}\boldsymbol{\alpha}} = \sqrt{a_1^2 + a_2^2 + \cdots + a_n^2}.$$

向量的模具有以下性质:

(1) 正定性: $||\boldsymbol{\alpha}|| \geqslant 0$, 当且仅当 $\boldsymbol{\alpha} = \mathbf{0}$ 时, $||\boldsymbol{\alpha}|| = 0$;

(2) 齐次性: $||k\boldsymbol{\alpha}|| = |k|\ ||\boldsymbol{\alpha}||$;

(3) 柯西–施瓦茨 (Cauchy-Schwarz) 不等式: $(\boldsymbol{\alpha},\boldsymbol{\beta})^2 \leqslant (\boldsymbol{\alpha},\boldsymbol{\alpha})(\boldsymbol{\beta},\boldsymbol{\beta})$, 即 $\left|\sum\limits_{i=1}^{n} a_i b_i\right| \leqslant \sqrt{\sum\limits_{i=1}^{n} a_i^2}\sqrt{\sum\limits_{i=1}^{n} b_i^2}$, 且等号成立的充分必要条件是 $\boldsymbol{\alpha},\ \boldsymbol{\beta}$ 线性相关. 其中 $\boldsymbol{\alpha} = (a_1,\ a_2,\ \cdots,\ a_n)^{\mathrm{T}}, \boldsymbol{\beta} = (b_1,\ b_2,\ \cdots,\ b_n)^{\mathrm{T}}$;

(4) 三角不等式: $||\boldsymbol{\alpha} + \boldsymbol{\beta}|| \leqslant ||\boldsymbol{\alpha}|| + ||\boldsymbol{\beta}||$.

性质 (1)、(2)、(4) 留给读者证明, 下面证性质 (3).

证明 设 $\boldsymbol{\alpha},\ \boldsymbol{\beta}$ 线性无关, 则对任意实数 k, 都有 $k\boldsymbol{\alpha} + \boldsymbol{\beta} \neq \mathbf{0}$, 于是

$$(k\boldsymbol{\alpha} + \boldsymbol{\beta}, k\boldsymbol{\alpha} + \boldsymbol{\beta}) = (\boldsymbol{\alpha},\boldsymbol{\alpha})k^2 + 2(\boldsymbol{\alpha},\boldsymbol{\beta})k + (\boldsymbol{\beta},\boldsymbol{\beta}) > 0.$$

这是一个关于 k 的二次三项式, 其值恒正, 则判别式必小于零, 所以有

$$4(\boldsymbol{\alpha},\boldsymbol{\beta})^2 - 4(\boldsymbol{\alpha},\boldsymbol{\alpha})(\boldsymbol{\beta},\boldsymbol{\beta}) < 0,$$

即

$$(\boldsymbol{\alpha},\boldsymbol{\beta})^2 < (\boldsymbol{\alpha},\boldsymbol{\alpha})(\boldsymbol{\beta},\boldsymbol{\beta}).$$

若 $\boldsymbol{\alpha}$, $\boldsymbol{\beta}$ 线性相关, 则存在常数 k, 使得 $\boldsymbol{\beta}=k\boldsymbol{\alpha}$ 或 $\boldsymbol{\alpha}=k\boldsymbol{\beta}$. 设 $\boldsymbol{\beta}=k\boldsymbol{\alpha}$, 则

$$(\boldsymbol{\alpha},\boldsymbol{\beta})^2=(\boldsymbol{\alpha},k\boldsymbol{\alpha})^2=k^2(\boldsymbol{\alpha},\boldsymbol{\alpha})^2=(\boldsymbol{\alpha},\boldsymbol{\alpha})(k\boldsymbol{\alpha},k\boldsymbol{\alpha})=(\boldsymbol{\alpha},\boldsymbol{\alpha})(\boldsymbol{\beta},\boldsymbol{\beta}).$$ 证毕.

模为 1 的向量称为**单位向量**. 当 $\boldsymbol{\alpha}\neq\mathbf{0}$ 时, 由模的齐次性知 $\dfrac{\boldsymbol{\alpha}}{\|\boldsymbol{\alpha}\|}$ 是单位向量. 由非零向量 $\boldsymbol{\alpha}$ 得到单位向量的过程称为把 $\boldsymbol{\alpha}$ **单位化**或**标准化**.

由柯西–施瓦茨不等式: 对任意的非零向量 $\boldsymbol{\alpha}$, $\boldsymbol{\beta}$, 总有

$$\left|\frac{(\boldsymbol{\alpha},\ \boldsymbol{\beta})}{\|\boldsymbol{\alpha}\|\ \|\boldsymbol{\beta}\|}\right|\leqslant 1,$$

由此我们可定义 $\mathbf{R}^n$ 中两向量的夹角.

定义 5.1.3 设 $\boldsymbol{\alpha}$, $\boldsymbol{\beta}\in\mathbf{R}^n$, 且 $\boldsymbol{\alpha}\neq\mathbf{0}$, $\boldsymbol{\beta}\neq\mathbf{0}$, 则称

$$\boldsymbol{\theta}=\arccos\frac{(\boldsymbol{\alpha},\ \boldsymbol{\beta})}{\|\boldsymbol{\alpha}\|\ \|\boldsymbol{\beta}\|},\quad 0\leqslant\boldsymbol{\theta}\leqslant\pi$$

为 $\boldsymbol{\alpha}$ 与 $\boldsymbol{\beta}$ 的夹角, 记作 $(\widehat{\boldsymbol{\alpha},\ \boldsymbol{\beta}})$.

若 $(\widehat{\boldsymbol{\alpha},\boldsymbol{\beta}})=\dfrac{\pi}{2}$, 称 $\boldsymbol{\alpha}$ 与 $\boldsymbol{\beta}$ **正交**, 记作 $\boldsymbol{\alpha}\perp\boldsymbol{\beta}$.

5.1.2 正交向量组与标准正交向量组

定义 5.1.4 如果向量组 $\boldsymbol{\alpha}_1,\boldsymbol{\alpha}_2,\cdots,\boldsymbol{\alpha}_s$ 中任意两个不同的向量都正交, 且每个向量 $\boldsymbol{\alpha}_i(i=1,2,\cdots,s)$ 都不是零向量, 那么这个向量组就称为**正交向量组**, 由单位向量构成的正交向量组称为**标准正交向量组**.

根据定义, $\boldsymbol{\alpha}_1,\boldsymbol{\alpha}_2,\cdots,\boldsymbol{\alpha}_s$ 为正交向量组 $\Leftrightarrow(\boldsymbol{\alpha}_i,\boldsymbol{\alpha}_i)>0$, $(\boldsymbol{\alpha}_i,\boldsymbol{\alpha}_j)=0(i\neq j)$;
$\boldsymbol{\alpha}_1,\boldsymbol{\alpha}_2,\cdots,\boldsymbol{\alpha}_s$ 为标准正交向量组 $\Leftrightarrow(\boldsymbol{\alpha}_i,\boldsymbol{\alpha}_j)=\begin{cases}0, & i\neq j,\\ 1, & i=j.\end{cases}$

若 $\boldsymbol{\alpha}_1,\boldsymbol{\alpha}_2,\cdots,\boldsymbol{\alpha}_s$ 是正交向量组, 且为向量空间 V 的一个基, 则称 $\boldsymbol{\alpha}_1$, $\boldsymbol{\alpha}_2,\cdots,\boldsymbol{\alpha}_s$ 为向量空间 V 的一个**正交基**; 若 $\boldsymbol{\alpha}_1,\boldsymbol{\alpha}_2,\cdots,\boldsymbol{\alpha}_s$ 是标准正交向量组, 且为向量空间 V 的一个基, 则称 $\boldsymbol{\alpha}_1,\boldsymbol{\alpha}_2,\cdots,\boldsymbol{\alpha}_s$ 为向量空间 V 的一个**标准正交基**. 如 $\boldsymbol{\alpha}_1=\begin{pmatrix}1\\0\\1\end{pmatrix}$, $\boldsymbol{\alpha}_2=\begin{pmatrix}1\\2\\-1\end{pmatrix}$, $\boldsymbol{\alpha}_3=\begin{pmatrix}2\\-2\\-2\end{pmatrix}$ 是正交向量组, 也是三维向

量空间 $\mathbf{R}^3$ 的一个正交基, 又如 $\boldsymbol{e}_1=\begin{pmatrix}1\\0\\0\end{pmatrix}, \boldsymbol{e}_2=\begin{pmatrix}0\\1\\0\end{pmatrix}, \boldsymbol{e}_3=\begin{pmatrix}0\\0\\1\end{pmatrix}$ 是三维向量空间 $\mathbf{R}^3$ 的一个标准正交基.

定理 5.1.1 正交向量组一定线性无关.

证明 设 $\boldsymbol{\alpha}_1,\boldsymbol{\alpha}_2,\cdots,\boldsymbol{\alpha}_s$ 是一个正交向量组, 则有 $(\boldsymbol{\alpha}_i,\boldsymbol{\alpha}_j)=0\,(i\neq j)$, 如果有一组数 $k_1,k_2,\cdots,k_s$ 使得

$$k_1\boldsymbol{\alpha}_1+k_2\boldsymbol{\alpha}_2+\cdots+k_s\boldsymbol{\alpha}_s=\mathbf{0},$$

则

$$(\boldsymbol{\alpha}_i,k_1\boldsymbol{\alpha}_1+k_2\boldsymbol{\alpha}_2+\cdots+k_s\boldsymbol{\alpha}_s)=k_i(\boldsymbol{\alpha}_i,\boldsymbol{\alpha}_i)=0,\quad i=1,2,\cdots,s.$$

因为 $\boldsymbol{\alpha}_i\neq\mathbf{0}$, $(\boldsymbol{\alpha}_i,\boldsymbol{\alpha}_i)>0$, 所以 $k_i=0$, $i=1,2,\cdots,s$, 故 $\boldsymbol{\alpha}_1,\boldsymbol{\alpha}_2,\cdots,\boldsymbol{\alpha}_s$ 线性无关.

例 5.1.1 设 $\boldsymbol{\alpha}=(-1,\ 1,\ 1,\ 1)^{\mathrm{T}}$, $\boldsymbol{\beta}=(-1,\ 2,\ 1,\ 0)^{\mathrm{T}}$, $\boldsymbol{\gamma}=(-1,\ 1,\ 1,\ 0)^{\mathrm{T}}$, 求

(1) $\boldsymbol{\alpha}$ 与 $\boldsymbol{\beta}$ 的夹角 $\boldsymbol{\theta}$;

(2) 与 $\boldsymbol{\alpha}, \boldsymbol{\beta}, \boldsymbol{\gamma}$ 都正交的所有向量.

解 (1) 因 $(\boldsymbol{\alpha},\boldsymbol{\beta})=1+2+1=4$, $\|\boldsymbol{\alpha}\|=\sqrt{(-1)^2+1^2+1^2+1^2}=2$, $\|\boldsymbol{\beta}\|=\sqrt{6}$, 所以

$$\boldsymbol{\theta}=\arccos\frac{(\boldsymbol{\alpha},\boldsymbol{\beta})}{\|\boldsymbol{\alpha}\|\ \|\boldsymbol{\beta}\|}=\arccos\frac{4}{2\sqrt{6}}=\arccos\frac{\sqrt{6}}{3}.$$

(2) 设向量 $\boldsymbol{x}=(x_1,x_2,x_3,x_4)^{\mathrm{T}}$ 与 $\boldsymbol{\alpha}, \boldsymbol{\beta}, \boldsymbol{\gamma}$ 都正交, 则有

$$\begin{cases}-x_1+x_2+x_3+x_4=0,\\-x_1+2x_2+x_3=0,\\-x_1+x_2+x_3=0.\end{cases}$$

该齐次方程组的矩阵形式为

$$\begin{pmatrix}-1&1&1&1\\-1&2&1&0\\-1&1&1&0\end{pmatrix}\begin{pmatrix}x_1\\x_2\\x_3\\x_4\end{pmatrix}=\begin{pmatrix}0\\0\\0\end{pmatrix},$$

对方程组的系数矩阵做初等行变换化为行最简形:

$$\begin{pmatrix} -1 & 1 & 1 & 1 \\ -1 & 2 & 1 & 0 \\ -1 & 1 & 1 & 0 \end{pmatrix} \to \begin{pmatrix} -1 & 1 & 1 & 1 \\ 0 & 1 & 0 & -1 \\ 0 & 0 & 0 & -1 \end{pmatrix} \to \begin{pmatrix} 1 & 0 & -1 & 0 \\ 0 & 1 & 0 & 0 \\ 0 & 0 & 0 & 1 \end{pmatrix},$$

最简形矩阵对应的方程组为: $\begin{cases} x_1 = x_3, \\ x_2 = 0, \\ x_4 = 0. \end{cases}$ x_3 为自由未知量, 取 $x_3 = 1$, 得齐次方程组的通解 $\boldsymbol{\xi} = k(1,\ 0,\ 1,\ 0)^{\mathrm{T}} = (k,\ 0,\ k,\ 0)^{\mathrm{T}}(k \in \mathbf{R})$, ξ 即是与 $\boldsymbol{\alpha}, \boldsymbol{\beta}, \boldsymbol{\gamma}$ 都正交的所有向量.

5.1.3 施密特正交化方法

由于向量空间的标准正交基具有性质简单、表示方便的特点, 如 $\boldsymbol{\alpha}_1, \boldsymbol{\alpha}_2, \cdots, \boldsymbol{\alpha}_i, \cdots, \boldsymbol{\alpha}_s$ 是向量空间 $\boldsymbol{V}$ 的一个标准正交基. $\boldsymbol{V}$ 中的任一向量 $\boldsymbol{\alpha}$ 可由这个基线性表示, 即 $\boldsymbol{\alpha} = k_1\boldsymbol{\alpha}_1 + k_2\boldsymbol{\alpha}_2 + \cdots + k_i\boldsymbol{\alpha}_i + \cdots + k_s\boldsymbol{\alpha}_s$. 而 $\boldsymbol{\alpha}$ 在这个基下的第 i 个分量 k_i 可简单地由内积表示, 即 $k_i = (\boldsymbol{\alpha}, \boldsymbol{\alpha}_i)$. 所以常常需要求出一个向量空间的标准正交基. 下面将解决这个问题.

如何从向量空间的一个基出发, 求出一个标准正交基呢? 首先面对的是如何从线性无关的向量组 $\boldsymbol{\alpha}_1, \boldsymbol{\alpha}_2, \cdots, \boldsymbol{\alpha}_s$ 出发, 构建一个正交向量组, 进而得到一个标准正交向量组, 施密特 (Schmidt) 正交化方法很好地解决了这一问题.

施密特正交化方法分为两个步骤:

一是**正交化**. 从线性无关的向量组 $\boldsymbol{\alpha}_1, \boldsymbol{\alpha}_2, \cdots, \boldsymbol{\alpha}_s$ 出发, 得到一个正交向量组 $\boldsymbol{\beta}_1, \boldsymbol{\beta}_2, \cdots, \boldsymbol{\beta}_s$, 具体做法如下: 取

$$\boldsymbol{\beta}_1 = \boldsymbol{\alpha}_1;$$

$$\boldsymbol{\beta}_2 = \boldsymbol{\alpha}_2 - \frac{(\boldsymbol{\alpha}_2, \boldsymbol{\beta}_1)}{(\boldsymbol{\beta}_1, \boldsymbol{\beta}_1)}\boldsymbol{\beta}_1;$$

$$\boldsymbol{\beta}_3 = \boldsymbol{\alpha}_3 - \frac{(\boldsymbol{\alpha}_3, \boldsymbol{\beta}_1)}{(\boldsymbol{\beta}_1, \boldsymbol{\beta}_1)}\boldsymbol{\beta}_1 - \frac{(\boldsymbol{\alpha}_3, \boldsymbol{\beta}_2)}{(\boldsymbol{\beta}_2, \boldsymbol{\beta}_2)}\boldsymbol{\beta}_2;$$

$$\cdots\cdots$$

$$\boldsymbol{\beta}_s = \boldsymbol{\alpha}_s - \frac{(\boldsymbol{\alpha}_s, \boldsymbol{\beta}_1)}{(\boldsymbol{\beta}_1, \boldsymbol{\beta}_1)}\boldsymbol{\beta}_1 - \frac{(\boldsymbol{\alpha}_s, \boldsymbol{\beta}_2)}{(\boldsymbol{\beta}_2, \boldsymbol{\beta}_2)}\boldsymbol{\beta}_2 - \cdots - \frac{(\boldsymbol{\alpha}_s, \boldsymbol{\beta}_{s-1})}{(\boldsymbol{\beta}_{s-1}, \boldsymbol{\beta}_{s-1})}\boldsymbol{\beta}_{s-1}.$$

可以验证, 这样得到的向量组 $\boldsymbol{\beta}_1, \boldsymbol{\beta}_2, \cdots, \boldsymbol{\beta}_s$ 是正交向量组, 且与向量组 $\boldsymbol{\alpha}_1, \boldsymbol{\alpha}_2, \cdots, \boldsymbol{\alpha}_s$ 等价.

二是**单位化**. 将 $\boldsymbol{\beta}_1, \boldsymbol{\beta}_2, \cdots, \boldsymbol{\beta}_s$ 单位化得向量组 $\boldsymbol{\gamma}_1, \boldsymbol{\gamma}_2, \cdots, \boldsymbol{\gamma}_s$, 取

$$\boldsymbol{\gamma}_j = \frac{\boldsymbol{\beta}_j}{\|\boldsymbol{\beta}_j\|}, \quad j = 1, 2, \cdots, s.$$

向量组 $\boldsymbol{\gamma}_1, \boldsymbol{\gamma}_2, \cdots, \boldsymbol{\gamma}_s$ 是标准正交向量组, 且与向量组 $\boldsymbol{\alpha}_1, \boldsymbol{\alpha}_2, \cdots, \boldsymbol{\alpha}_s$ 等价.

说明 如果向量组 $\alpha_1, \alpha_2, \cdots, \alpha_s$ 是向量空间 V 的一个基, 则用上述方法得到的向量组 $\boldsymbol{\gamma}_1, \boldsymbol{\gamma}_2, \cdots, \boldsymbol{\gamma}_s$ 就是 V 的一个基.

例 5.1.2 用施密特正交化方法将向量组 $\boldsymbol{\alpha}_1 = \begin{pmatrix} 1 \\ 0 \\ 1 \end{pmatrix}$, $\boldsymbol{\alpha}_2 = \begin{pmatrix} 0 \\ 1 \\ -1 \end{pmatrix}$, $\boldsymbol{\alpha}_3 = \begin{pmatrix} 1 \\ -1 \\ 0 \end{pmatrix}$ 化为标准正交向量组.

解 先将向量组 $\boldsymbol{\alpha}_1, \boldsymbol{\alpha}_2, \boldsymbol{\alpha}_3$ 正交化, 取

$$\boldsymbol{\beta}_1 = \boldsymbol{\alpha}_1 = \begin{pmatrix} 1 \\ 0 \\ 1 \end{pmatrix},$$

$$\boldsymbol{\beta}_2 = \boldsymbol{\alpha}_2 - \frac{(\boldsymbol{\alpha}_2, \boldsymbol{\beta}_1)}{(\boldsymbol{\beta}_1, \boldsymbol{\beta}_1)}\boldsymbol{\beta}_1 = \begin{pmatrix} 0 \\ 1 \\ -1 \end{pmatrix} - \frac{-1}{2}\begin{pmatrix} 1 \\ 0 \\ 1 \end{pmatrix} = \frac{1}{2}\begin{pmatrix} 1 \\ 2 \\ -1 \end{pmatrix},$$

$$\begin{aligned} \boldsymbol{\beta}_3 &= \boldsymbol{\alpha}_3 - \frac{(\boldsymbol{\alpha}_3, \boldsymbol{\beta}_1)}{(\boldsymbol{\beta}_1, \boldsymbol{\beta}_1)}\boldsymbol{\beta}_1 - \frac{(\boldsymbol{\alpha}_3, \boldsymbol{\beta}_2)}{(\boldsymbol{\beta}_2, \boldsymbol{\beta}_2)}\boldsymbol{\beta}_2 \\ &= \begin{pmatrix} 1 \\ -1 \\ 0 \end{pmatrix} - \frac{1}{2}\begin{pmatrix} 1 \\ 0 \\ 1 \end{pmatrix} - \frac{4}{6}\left(-\frac{1}{2}\right)\left(\frac{1}{2}\right)\begin{pmatrix} 1 \\ 2 \\ -1 \end{pmatrix} = \frac{2}{3}\begin{pmatrix} 1 \\ -1 \\ -1 \end{pmatrix}; \end{aligned}$$

再将 $\boldsymbol{\beta}_1, \boldsymbol{\beta}_2, \boldsymbol{\beta}_3$ 单位化得

$$\boldsymbol{\gamma}_1 = \frac{1}{\sqrt{2}}\begin{pmatrix} 1 \\ 0 \\ 1 \end{pmatrix}, \quad \boldsymbol{\gamma}_2 = \frac{1}{\sqrt{6}}\begin{pmatrix} 1 \\ 2 \\ -1 \end{pmatrix}, \quad \boldsymbol{\gamma}_3 = \frac{1}{\sqrt{3}}\begin{pmatrix} 1 \\ -1 \\ -1 \end{pmatrix},$$

则 $\boldsymbol{\gamma}_1$, $\boldsymbol{\gamma}_2$, $\boldsymbol{\gamma}_3$ 就是一个标准正交向量组.

5.1.4 线性变换与正交变换

下面先介绍正交矩阵.

定义 5.1.5 如果实矩阵 $\boldsymbol{A}$ 满足 $\boldsymbol{A}\boldsymbol{A}^{\mathrm{T}}=\boldsymbol{A}^{\mathrm{T}}\boldsymbol{A}=\boldsymbol{E}$, 那么称 $\boldsymbol{A}$ 为**正交矩阵**. 例如, 矩阵

$$\begin{pmatrix}1&0\\0&1\end{pmatrix},\quad\begin{pmatrix}1&0\\0&-1\end{pmatrix},\quad\begin{pmatrix}\dfrac{1}{\sqrt{2}}&\dfrac{1}{\sqrt{6}}&\dfrac{1}{\sqrt{3}}\\0&\dfrac{2}{\sqrt{6}}&-\dfrac{1}{\sqrt{3}}\\\dfrac{1}{\sqrt{2}}&-\dfrac{1}{\sqrt{6}}&-\dfrac{1}{\sqrt{3}}\end{pmatrix}$$

都是正交矩阵.

容易证明正交矩阵具有下列性质:

(1) 若 $\boldsymbol{A}$ 是正交矩阵, 则 $|\boldsymbol{A}|=\pm1$;

(2) 若 $\boldsymbol{A}$ 是正交矩阵, 则 $\boldsymbol{A}^{\mathrm{T}}=\boldsymbol{A}^{-1}$ 也是正交矩阵;

(3) 若 $\boldsymbol{A},\boldsymbol{B}$ 是同阶正交矩阵, 则 $\boldsymbol{A}\boldsymbol{B}$ 也是正交矩阵.

定理 5.1.2 n 阶矩阵 $\boldsymbol{A}$ 为正交矩阵的充分必要条件是 $\boldsymbol{A}$ 的列 (行) 向量组为标准正交向量组.

证明 设 $\boldsymbol{A}=(\boldsymbol{\alpha}_1,\boldsymbol{\alpha}_2,\cdots,\boldsymbol{\alpha}_n)$, 则

$$\boldsymbol{A}^{\mathrm{T}}=\begin{pmatrix}\boldsymbol{\alpha}_1^{\mathrm{T}}\\\boldsymbol{\alpha}_2^{\mathrm{T}}\\\vdots\\\boldsymbol{\alpha}_n^{\mathrm{T}}\end{pmatrix},$$

于是

$$\boldsymbol{A}^{\mathrm{T}}\boldsymbol{A}=\begin{pmatrix}\boldsymbol{\alpha}_1^{\mathrm{T}}\\\boldsymbol{\alpha}_2^{\mathrm{T}}\\\vdots\\\boldsymbol{\alpha}_n^{\mathrm{T}}\end{pmatrix}(\boldsymbol{\alpha}_1,\boldsymbol{\alpha}_2,\cdots,\boldsymbol{\alpha}_n)=\begin{pmatrix}\boldsymbol{\alpha}_1^{\mathrm{T}}\boldsymbol{\alpha}_1&\boldsymbol{\alpha}_1^{\mathrm{T}}\boldsymbol{\alpha}_2&\cdots&\boldsymbol{\alpha}_1^{\mathrm{T}}\boldsymbol{\alpha}_n\\\boldsymbol{\alpha}_2^{\mathrm{T}}\boldsymbol{\alpha}_1&\boldsymbol{\alpha}_2^{\mathrm{T}}\boldsymbol{\alpha}_2&\cdots&\boldsymbol{\alpha}_2^{\mathrm{T}}\boldsymbol{\alpha}_n\\\vdots&\vdots&&\vdots\\\boldsymbol{\alpha}_n^{\mathrm{T}}\boldsymbol{\alpha}_1&\boldsymbol{\alpha}_n^{\mathrm{T}}\boldsymbol{\alpha}_2&\cdots&\boldsymbol{\alpha}_n^{\mathrm{T}}\boldsymbol{\alpha}_n\end{pmatrix},$$

$\boldsymbol{A}^{\mathrm{T}}\boldsymbol{A}=\boldsymbol{E}$ 当且仅当

$$\boldsymbol{\alpha}_i^{\mathrm{T}}\boldsymbol{\alpha}_j=(\boldsymbol{\alpha}_i,\boldsymbol{\alpha}_j)=\begin{cases}0,&i\neq j,\\1,&i=j,\end{cases}\qquad i,j=1,2,\cdots,n.$$

即 $\boldsymbol{A}$ 的列向量组 $\boldsymbol{\alpha}_1,\boldsymbol{\alpha}_2,\cdots,\boldsymbol{\alpha}_n$ 是标准正交向量组. 同理可证 $\boldsymbol{A}$ 的行向量组也是标准正交向量组.

定义 5.1.6 设 $x_1, x_2, \cdots, x_m$ 与 $y_1, y_2, \cdots, y_n$ 是两组变量, 关系式

$$\begin{cases} x_1 = c_{11}y_1 + c_{12}y_2 + \cdots + c_{1n}y_n, \\ x_2 = c_{21}y_1 + c_{22}y_2 + \cdots + c_{2n}y_n, \\ \cdots\cdots \\ x_m = c_{m1}y_1 + c_{m2}y_2 + \cdots + c_{mn}y_n \end{cases}$$

称为由 $y_1, y_2, \cdots, y_n$ 到 $x_1, x_2, \cdots, x_m$ 的一个**线性变换**. 若记

$$\boldsymbol{x} = \begin{pmatrix} x_1 \\ x_2 \\ \vdots \\ x_m \end{pmatrix}, \quad \boldsymbol{y} = \begin{pmatrix} y_1 \\ y_2 \\ \vdots \\ y_n \end{pmatrix}, \quad \boldsymbol{C} = \begin{pmatrix} c_{11} & c_{12} & \cdots & c_{1n} \\ c_{21} & c_{22} & \cdots & c_{2n} \\ \vdots & \vdots & & \vdots \\ c_{m1} & c_{m2} & \cdots & c_{mn} \end{pmatrix},$$

则线性变换可以表示成矩阵的形式: $\boldsymbol{x} = \boldsymbol{C}\boldsymbol{y}$, 其中 $\boldsymbol{C}$ 称为线性变换的**系数矩阵**.

若 $m = n$, 且 $|\boldsymbol{C}| \neq 0$, $\boldsymbol{C}$ 是非退化或可逆矩阵, 称线性变换 $\boldsymbol{x} = \boldsymbol{C}\boldsymbol{y}$ 为**非退化或可逆的线性变换**. 对于可逆的线性变换 $\boldsymbol{x} = \boldsymbol{C}\boldsymbol{y}$, 可解出其逆变换为

$$\boldsymbol{y} = \boldsymbol{C}^{-1}\boldsymbol{x}.$$

若 $\boldsymbol{C}$ 为正交矩阵, 称线性变换 $\boldsymbol{x} = \boldsymbol{C}\boldsymbol{y}$ 为正交线性变换, 简称**正交变换**.

如镜面映射、旋转变换都是正交变换. 图 5.1.1 是一个镜面映射, 向量 $\boldsymbol{y}$ 经过镜面 x 轴映射到向量 $\boldsymbol{x}$, 即 $\boldsymbol{y}$ 与 $\boldsymbol{x}$ 关于 x 轴对称. 显然 $\begin{cases} x_2 = x_1, \\ y_2 = -y_1. \end{cases}$ 这就是一个正交变换. 矩阵形式为: $\begin{pmatrix} x_2 \\ y_2 \end{pmatrix} = \begin{pmatrix} 1 & 0 \\ 0 & -1 \end{pmatrix} \begin{pmatrix} x_1 \\ y_1 \end{pmatrix}$, 即 $\boldsymbol{x} = \boldsymbol{C}\boldsymbol{y}$, 这里 $\boldsymbol{C} = \begin{pmatrix} 1 & 0 \\ 0 & -1 \end{pmatrix}$ 为正交矩阵.

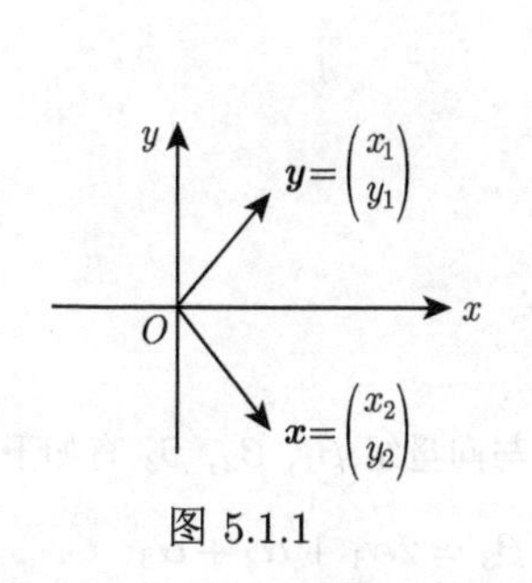

图 5.1.1

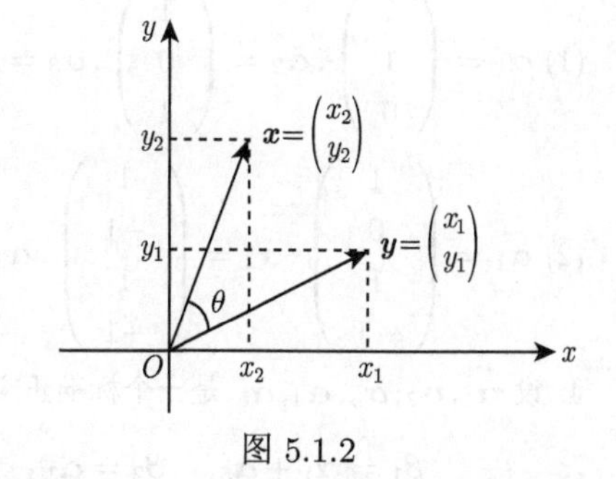

图 5.1.2

如图 5.1.2 是一个旋转变换, 向量 $\boldsymbol{y}$ 逆时针旋转 θ 角度到向量 $\boldsymbol{x}$, 则 $||\boldsymbol{x}|| = ||\boldsymbol{y}||$, 易得 $\begin{cases} x_2 = x_1\cos\theta - y_1\sin\theta, \\ y_2 = x_1\sin\theta + y_1\cos\theta. \end{cases}$ 写成矩阵形式:

$$\begin{pmatrix} x_2 \\ y_2 \end{pmatrix} = \begin{pmatrix} \cos\theta & -\sin\theta \\ \sin\theta & \cos\theta \end{pmatrix} \begin{pmatrix} x_1 \\ y_1 \end{pmatrix},$$

即 $\boldsymbol{x} = \boldsymbol{P}\boldsymbol{y}$, 这里 $\boldsymbol{P} = \begin{pmatrix} \cos\theta & -\sin\theta \\ \sin\theta & \cos\theta \end{pmatrix}$ 为正交矩阵, $\boldsymbol{x} = \boldsymbol{P}\boldsymbol{y}$ 为正交变换.

正交变换有很好的性质, 保持向量长度不变, 保持向量间的夹角不变, 因此保持图形不变. 正交变换是一类非常重要的线性变换, 在下一章把二次型化为标准形中有重要的应用.

习 题 5.1

1. 已知 $\mathbf{R}^4$ 中的向量

$$\boldsymbol{\alpha}_1 = (-1,\ 1,\ 1,\ 1)^{\mathrm{T}}, \boldsymbol{\alpha}_2 = (1,\ 0,\ -1,\ 0)^{\mathrm{T}},\ \boldsymbol{\alpha}_3 = (0,\ 1,\ -2,\ 3)^{\mathrm{T}},$$

$$\boldsymbol{\alpha}_4 = (-1,\ 1,\ 0,\ -5)^{\mathrm{T}}.$$

(1) 求向量 $\boldsymbol{\alpha}_1$ 与 $\boldsymbol{\alpha}_2$ 的夹角 θ ;

(2) 求与 $\boldsymbol{\alpha}_2$, $\boldsymbol{\alpha}_3$, $\boldsymbol{\alpha}_4$ 都正交的所有向量.

2. 判断下列向量组是否是正交向量组:

(1) $\begin{pmatrix} 1 \\ 2 \\ 3 \end{pmatrix}, \begin{pmatrix} 1 \\ 1 \\ -1 \end{pmatrix}, \begin{pmatrix} -3 \\ 0 \\ 1 \end{pmatrix}$; (2) $\begin{pmatrix} 1 \\ -2 \\ 1 \end{pmatrix}, \begin{pmatrix} 0 \\ 1 \\ 2 \end{pmatrix}, \begin{pmatrix} -5 \\ -2 \\ 1 \end{pmatrix}$;

(3) $\begin{pmatrix} 2 \\ -5 \\ -3 \end{pmatrix}, \begin{pmatrix} 0 \\ 0 \\ 0 \end{pmatrix}, \begin{pmatrix} 4 \\ -2 \\ 6 \end{pmatrix}$.

3. 用施密特正交化方法将下列向量组标准正交化:

(1) $\boldsymbol{\alpha}_1 = \begin{pmatrix} 1 \\ 1 \\ 0 \end{pmatrix}, \boldsymbol{\alpha}_2 = \begin{pmatrix} 1 \\ 0 \\ 1 \end{pmatrix}, \boldsymbol{\alpha}_3 = \begin{pmatrix} -5 \\ 0 \\ 0 \end{pmatrix}$;

(2) $\boldsymbol{\alpha}_1 = \begin{pmatrix} 1 \\ 0 \\ 1 \\ -1 \end{pmatrix}, \boldsymbol{\alpha}_2 = \begin{pmatrix} 1 \\ -1 \\ 1 \\ -1 \end{pmatrix}, \boldsymbol{\alpha}_3 = \begin{pmatrix} 1 \\ 1 \\ 1 \\ 0 \end{pmatrix}$.

4. 设 $\boldsymbol{\alpha}_1, \boldsymbol{\alpha}_2, \boldsymbol{\alpha}_3, \boldsymbol{\alpha}_4, \boldsymbol{\alpha}_5$ 是一个标准正交向量组, 且与向量组 $\boldsymbol{\beta}_1$, $\boldsymbol{\beta}_2$, $\boldsymbol{\beta}_3$ 有如下关系

$$\boldsymbol{\beta}_1 = \boldsymbol{\alpha}_1 + \boldsymbol{\alpha}_5, \quad \boldsymbol{\beta}_2 = \boldsymbol{\alpha}_1 - \boldsymbol{\alpha}_2 + \boldsymbol{\alpha}_4, \quad \boldsymbol{\beta}_3 = 2\boldsymbol{\alpha}_1 + \boldsymbol{\alpha}_2 + \boldsymbol{\alpha}_3,$$

试将 $\boldsymbol{\beta}_1$, $\boldsymbol{\beta}_2$, $\boldsymbol{\beta}_3$ 标准正交化.

5. 判断下列矩阵是否是正交矩阵:

(1) $\begin{pmatrix} \frac{\sqrt{3}}{2} & -\frac{1}{2} \\ \frac{1}{2} & \frac{\sqrt{3}}{2} \end{pmatrix}$; (2) $\begin{pmatrix} -\frac{2}{3} & \frac{2}{3} & \frac{1}{3} \\ -\frac{1}{3} & -\frac{2}{3} & \frac{2}{3} \\ \frac{2}{3} & \frac{1}{3} & \frac{2}{3} \end{pmatrix}$;

(3) $\begin{pmatrix} -1 & -\frac{2}{\sqrt{5}} & \frac{2}{3\sqrt{5}} \\ -2 & \frac{1}{\sqrt{5}} & \frac{4}{3\sqrt{5}} \\ 2 & 0 & \frac{5}{3\sqrt{5}} \end{pmatrix}$; (4) $\begin{pmatrix} \frac{1}{2} & \frac{1}{\sqrt{2}} & \frac{1}{2} & 0 \\ -\frac{1}{2} & \frac{1}{\sqrt{2}} & -\frac{1}{2} & 0 \\ \frac{1}{2} & 0 & -\frac{1}{2} & \frac{1}{\sqrt{2}} \\ -\frac{1}{2} & 0 & \frac{1}{2} & \frac{1}{\sqrt{2}} \end{pmatrix}$.

6. 设 $\boldsymbol{A} = \begin{pmatrix} 1 & 2 & 2 & 0 \\ 2 & -1 & 0 & 2 \\ 2 & 0 & -1 & -2 \\ 0 & 2 & -2 & 1 \end{pmatrix}$, 求实数 k, 使得 $\boldsymbol{B} = k\boldsymbol{A}$ 为正交矩阵, 并求 $\boldsymbol{A}^{-1}$.

7. 设 $\boldsymbol{A} = \begin{pmatrix} a & -\frac{3}{7} & \frac{2}{7} \\ b & \frac{6}{7} & c \\ -\frac{3}{7} & \frac{2}{7} & d \end{pmatrix}$ 为正交矩阵, 求 a, b, c, d 的值.

8. 设 $\boldsymbol{A}$、$\boldsymbol{B}$ 均为正交矩阵, 且 $|\boldsymbol{A}| = 1$, $|\boldsymbol{B}| = -1$, 求 $|\boldsymbol{A} + \boldsymbol{B}|$ 的值.

9. 如果 $\boldsymbol{A}, \boldsymbol{B}$ 为同阶正交矩阵, 证明 $\boldsymbol{AB}$ 也是正交矩阵.

10. 设 $\boldsymbol{A}$ 为正交矩阵, 证明 $\boldsymbol{A}$ 的伴随矩阵 $\boldsymbol{A}^*$ 也是正交矩阵.

5.2 矩阵的特征值与特征向量

5.2.1 特征值与特征向量的概念

在上一节的线性变换中, 一个 $m \times n$ 的矩阵 $\boldsymbol{A}$ 左乘一个 n 维列向量 $\boldsymbol{x}$, 可得到一个 m 维的列向量 $\boldsymbol{y}$, 也就说, n 维列向量通过矩阵 $\boldsymbol{A}$ 可变成另一个向量. 实

际中, 我们需要把一个非零 n 维列向量变成另一个 n 维列向量, 那么 $\boldsymbol{A}$ 必须是一个 n 阶方阵, 并且使非零向量为伸缩变换, 这就是我们要讨论的特征值与特征向量问题. 下面引入定义.

定义 5.2.1 设 $\boldsymbol{A}$ 是 n 阶方阵, 如果数 λ 和 n 维非零向量 $\boldsymbol{x}$ 使关系式 $\boldsymbol{A}\boldsymbol{x}=\lambda\boldsymbol{x}$ 成立, 则称数 λ 为**方阵$\boldsymbol{A}$ 的特征值**, 非零向量 $\boldsymbol{x}$ 称为**方阵 $\boldsymbol{A}$ 的属于特征值 λ 的特征向量**.

如 $\boldsymbol{A}=\begin{pmatrix} 2 & -1 \\ -1 & 2 \end{pmatrix}$, $\boldsymbol{\alpha}=\begin{pmatrix} 1 \\ 1 \end{pmatrix}$, $\boldsymbol{\beta}=\begin{pmatrix} -1 \\ 1 \end{pmatrix}$, $\boldsymbol{\gamma}=\begin{pmatrix} 1 \\ 0 \end{pmatrix}$. 有

$$\boldsymbol{A}\boldsymbol{\alpha}=\begin{pmatrix} 2 & -1 \\ -1 & 2 \end{pmatrix}\begin{pmatrix} 1 \\ 1 \end{pmatrix}=\begin{pmatrix} 1 \\ 1 \end{pmatrix}=1\boldsymbol{\alpha},$$

$$\boldsymbol{A}\boldsymbol{\beta}=\begin{pmatrix} 2 & -1 \\ -1 & 2 \end{pmatrix}\begin{pmatrix} -1 \\ 1 \end{pmatrix}=\begin{pmatrix} -3 \\ 3 \end{pmatrix}=3\begin{pmatrix} -1 \\ 1 \end{pmatrix}=3\boldsymbol{\beta},$$

而

$$\boldsymbol{A}\boldsymbol{\gamma}=\begin{pmatrix} 2 & -1 \\ -1 & 2 \end{pmatrix}\begin{pmatrix} 1 \\ 0 \end{pmatrix}=\begin{pmatrix} 2 \\ -1 \end{pmatrix}\neq\lambda\boldsymbol{\gamma}.$$

由定义 5.2.1 知, 数 1 和 3 是矩阵 $\boldsymbol{A}$ 的两个特征值, $\boldsymbol{\alpha}$ 是 $\boldsymbol{A}$ 的属于特征值 1 的特征向量, $\boldsymbol{\beta}$ 是 $\boldsymbol{A}$ 的属于特征值 3 的特征向量; 而 $\boldsymbol{\gamma}$ 不是 $\boldsymbol{A}$ 的特征向量.

设数 λ 是方阵 $\boldsymbol{A}$ 的特征值, $\boldsymbol{x}$ 是 $\boldsymbol{A}$ 的属于 λ 的特征向量, 由定义 5.2.1 还可得出如下结论:

(1) 若 $\boldsymbol{A}$ 可逆, $\lambda\neq 0$, 则 $\boldsymbol{A}$ 的逆矩阵 $\boldsymbol{A}^{-1}$ 的特征值为 $\dfrac{1}{\lambda}$, $\boldsymbol{x}$ 是 $\boldsymbol{A}^{-1}$ 的属于特征值 $\dfrac{1}{\lambda}$ 的特征向量;

(2) 若 $\boldsymbol{A}$ 可逆, $\lambda\neq 0$, 则 $\boldsymbol{A}$ 的伴随矩阵 $\boldsymbol{A}^*$ 的特征值为 $\dfrac{|\boldsymbol{A}|}{\lambda}$, $\boldsymbol{x}$ 是 $\boldsymbol{A}^*$ 的属于特征值 $\dfrac{|\boldsymbol{A}|}{\lambda}$ 的特征向量;

(3) $\boldsymbol{A}^k$(k 为正整数) 的特征值为 λ^k, $\boldsymbol{x}$ 是 $\boldsymbol{A}^k$ 的属于特征值 λ^k 的特征向量;

(4) $\boldsymbol{A}$ 的多项式 $\varphi(\boldsymbol{A})=a_m\boldsymbol{A}^m+a_{m-1}\boldsymbol{A}^{m-1}+\cdots+a_1\boldsymbol{A}+a_0\boldsymbol{E}$ 的特征值是其特征值 λ 的多项式 $\varphi(\lambda)=a_m\lambda^m+a_{m-1}\lambda^{m-1}+\cdots+a_1\lambda+a_0$, $\boldsymbol{x}$ 是 $\varphi(\boldsymbol{A})$ 的属于$\varphi(\lambda)$ 的特征向量.

以上是矩阵的特征值与特征向量的概念, 下面进一步讨论矩阵的特征值与特征向量的性质.

关系式 $\boldsymbol{A}\boldsymbol{x}=\lambda\boldsymbol{x}$ 可以写成 $(\lambda\boldsymbol{E}-\boldsymbol{A})\boldsymbol{x}=\boldsymbol{0}$, 这是一个 n 个未知量 n 个方程的齐次线性方程组, 它有非零解的充分必要条件是系数行列式 $|\lambda\boldsymbol{E}-\boldsymbol{A}|=0$, 即

$$\begin{vmatrix} \lambda-a_{11} & -a_{12} & \cdots & -a_{1n} \\ -a_{21} & \lambda-a_{22} & \cdots & -a_{2n} \\ \vdots & \vdots & & \vdots \\ -a_{n1} & -a_{n2} & \cdots & \lambda-a_{nn} \end{vmatrix}=0,$$

上式是以 λ 为未知量的一元 n 次方程, 称为方阵 $\boldsymbol{A}$ 的**特征方程**; 其左端 $|\lambda\boldsymbol{E}-\boldsymbol{A}|$ 是关于 λ 的 n 次多项式, 称为 $\boldsymbol{A}$ 的**特征多项式**, 记为 $f_A(\lambda)$, 简记为 $f(\lambda)$; $\boldsymbol{\lambda E}-\boldsymbol{A}$ 称为**特征矩阵**.

显然, 方阵 $\boldsymbol{A}$ 的特征值就是其特征方程的解 (或称特征根). 因为特征方程在复数范围内恒有解, 其解的个数为方程的次数 (重根按重数计算), 因此 n 阶方阵有 n 个特征值.

设 n 阶方阵 $\boldsymbol{A}=(a_{ij})$ 的特征值为 $\lambda_1,\lambda_2,\cdots,\lambda_n$, 由一元 n 次方程根与系数的关系, 可以证明

(1) $\lambda_1+\lambda_2+\cdots+\lambda_n=a_{11}+a_{22}+\cdots+a_{nn}$;

(2) $\lambda_1\lambda_2\cdots\lambda_n=|\boldsymbol{A}|$.

等式 (1) 称为矩阵 $\boldsymbol{A}$ 的**迹公式**, $\mathrm{tr}\boldsymbol{A}=a_{11}+a_{22}+\cdots+a_{nn}=\sum\limits_{i=1}^{n}a_{ii}$ 称为矩阵 $\boldsymbol{A}$ 的**迹**.

说明 方阵 $\boldsymbol{A}$ 的特征方程也可以是 $|\boldsymbol{A}-\lambda\boldsymbol{E}|=0$, 对应的特征多项式是

$$f(\lambda)=|\boldsymbol{A}-\lambda\boldsymbol{E}|,$$

在应用时, 使用哪一种特征方程和特征多项式都可以, 特征值不变.

例 5.2.1 设三阶矩阵 $\boldsymbol{A}$ 满足等式 $|2\boldsymbol{A}+\boldsymbol{E}|=0$, $|\boldsymbol{A}-\boldsymbol{E}|=0$, $|\boldsymbol{A}-2\boldsymbol{E}|=0$, 求 $|3\boldsymbol{A}^*-2\boldsymbol{E}|$.

解 要求 $|3\boldsymbol{A}^*-2\boldsymbol{E}|$, 需要求出矩阵 $3\boldsymbol{A}^*-2\boldsymbol{E}$ 的所有特征值, 而其特征值可由 $\boldsymbol{A}$ 的特征值求出, 所以先求 $\boldsymbol{A}$ 的特征值. 题设的三个等式都是 $\boldsymbol{A}$ 的特征方程, 并且 3 阶矩阵必有 3 个特征值, 所以可得 $\boldsymbol{A}$ 的 3 个特征值分别为: $-\dfrac{1}{2}$, 1, 2, 于是可得 $|\boldsymbol{A}|=-\dfrac{1}{2}\cdot1\cdot2=-1$. 记 $\boldsymbol{A}^*$ 的特征值为μ, $\boldsymbol{A}$ 的特征值为 λ, 则 $\mu=\dfrac{|\boldsymbol{A}|}{\lambda}$, 于是得 $\mu_1=\dfrac{-1}{-\dfrac{1}{2}}=2$, $\mu_2=\dfrac{-1}{1}=-1, \mu_3=\dfrac{-1}{2}=-\dfrac{1}{2}$. 而 $3\boldsymbol{A}^*-2\boldsymbol{E}$ 特征值为 $3\mu-2$, 可得 $3\mu_1-2=4$, $3\mu_2-2=-5$, $3\mu_3-2=-\dfrac{7}{2}$. 故

$|3\boldsymbol{A}^* - 2\boldsymbol{E}| = 4 \cdot (-5) \cdot \left(-\dfrac{7}{2}\right) = 70.$

例 5.2.2 已知三阶矩阵 $\boldsymbol{A}$ 的特征值分别为 $1, -1, -2$, $\boldsymbol{B} = \boldsymbol{A}^3 - 5\boldsymbol{A}^2 + \boldsymbol{E}$, (1) 求矩阵 $\boldsymbol{B}$ 的特征值; (2) 计算矩阵 $\boldsymbol{B}$ 的行列式 $|\boldsymbol{B}|$.

解 (1) 记 $\varphi(\boldsymbol{A}) = \boldsymbol{B} = \boldsymbol{A}^3 - 5\boldsymbol{A}^2 + \boldsymbol{E}$, 则有 $\varphi(\lambda) = \lambda^3 - 5\lambda^2 + 1$, 矩阵 $\boldsymbol{B}$ 的特征值分别为 $\varphi(1), \varphi(-1), \varphi(-2)$, 即分别为 $-3, -5, -27$.

(2) $|\boldsymbol{B}|$ 等于矩阵 $\boldsymbol{B}$ 的特征值的乘积, 即

$$|\boldsymbol{B}| = \left|\boldsymbol{A}^3 - 5\boldsymbol{A}^2 + \boldsymbol{E}\right| = \varphi(1)\varphi(-1)\varphi(-2) = (-3)(-5)(-27) = -405.$$

可以证明矩阵 $\boldsymbol{A}$ 的特征向量具有下面的性质:

如果 $\lambda = \lambda_i$ 是方阵 $\boldsymbol{A}$ 的一个特征值, 由线性方程组 $(\lambda_i \boldsymbol{E} - \boldsymbol{A})\boldsymbol{x} = \boldsymbol{0}$, 求得非零解 $\boldsymbol{x} = \boldsymbol{p}_i$, 则 $\boldsymbol{p}_i$ 就是 $\boldsymbol{A}$ 的对应于特征值 λ_i 的特征向量.

(1) 若 $\boldsymbol{p}$ 是 $\boldsymbol{A}$ 的属于特征值 λ 的特征向量, 则 $k\boldsymbol{p}(k \neq 0)$ 也是 $\boldsymbol{A}$ 的属于特征值 λ 的特征向量;

(2) 若 $\boldsymbol{p}_1, \boldsymbol{p}_2, \cdots, \boldsymbol{p}_r$ 都是 $\boldsymbol{A}$ 的属于特征值 λ 的特征向量, 则 $k_1\boldsymbol{p}_1 + k_2\boldsymbol{p}_2 + \cdots + k_r\boldsymbol{p}_r(k_1, k_2, \cdots, k_r$ 不全为 0) 也是 $\boldsymbol{A}$ 的属于特征值 λ 的特征向量.

设 $\boldsymbol{V}_\lambda$ 是 n 阶方阵 $\boldsymbol{A}$ 的属于特征值 λ 的所有特征向量以及零向量所构成的集合, 即 $\boldsymbol{V}_\lambda = \{\boldsymbol{x}\,|\boldsymbol{A}\boldsymbol{x} = \boldsymbol{\lambda}\boldsymbol{x}, \boldsymbol{x} \in \mathbf{R}^n\}$, 由上面性质可知, V_λ 是一个向量空间, 称 V_λ 为方阵 $\boldsymbol{A}$ 的对应于特征值 λ 的**特征子空间**. 如果 n 阶矩阵 $\boldsymbol{A}$ 的互不相同的特征值为 $\lambda_1, \lambda_2, \cdots, \lambda_s\ (s \leqslant n)$, 其重数分别记为 $k_1, k_2, \cdots, k_s$, 则 $k_1 + k_2 + \cdots + k_s = n$. 称 $k_i\ (i = 1,\ 2,\ \cdots,\ s)$ 为特征值 λ_i 的**代数重数**, 而 λ_i 的特征子空间 V_{λ_i} 的维数称为 λ_i 的**几何重数**.

定理 5.2.1 方阵 $\boldsymbol{A}$ 的属于不同特征值的特征向量线性无关.

证明 设 $\lambda_1, \lambda_2, \cdots, \lambda_m$ 是方阵 A 的 m 个特征值, $\boldsymbol{p}_1, \boldsymbol{p}_2, \cdots, \boldsymbol{p}_m$ 分别是 $\boldsymbol{A}$ 的对应于 $\lambda_1, \lambda_2, \cdots, \lambda_m$ 的特征向量, 如果 $\lambda_1, \lambda_2, \cdots, \lambda_m$ 各不相同, 下证 $\boldsymbol{p}_1, \boldsymbol{p}_2, \cdots, \boldsymbol{p}_m$ 线性无关.

假设有一组数 $k_1, k_2, \cdots, k_m$ 使得

$$k_1\boldsymbol{p}_1 + k_2\boldsymbol{p}_2 + \cdots + k_m\boldsymbol{p}_m = \boldsymbol{0},$$

则

$$\boldsymbol{A}(k_1\boldsymbol{p}_1 + k_2\boldsymbol{p}_2 + \cdots + k_m\boldsymbol{p}_m) = \boldsymbol{0},$$

即

$$\lambda_1(k_1\boldsymbol{p}_1) + \lambda_2(k_2\boldsymbol{p}_2) + \cdots + \lambda_m(k_m\boldsymbol{p}_m) = \boldsymbol{0},$$

依次类推有

$$\lambda_1^i(k_1\boldsymbol{p}_1)+\lambda_2^i(k_2\boldsymbol{p}_2)+\cdots+\lambda_m^i(k_m\boldsymbol{p}_m)=\mathbf{0}\quad(i=0,1,2,\cdots,m-1).$$

将上述各式合写成矩阵形式得

$$(k_1\boldsymbol{p}_1,k_2\boldsymbol{p}_2,\cdots,k_m\boldsymbol{p}_m)\begin{pmatrix}1&\lambda_1&\cdots&\lambda_1^{m-1}\\1&\lambda_2&\cdots&\lambda_2^{m-1}\\\vdots&\vdots&&\vdots\\1&\lambda_m&\cdots&\lambda_m^{m-1}\end{pmatrix}=\mathbf{0},$$

上式左边第二个矩阵的行列式是 m 阶的范德蒙德行列式, 当 λ_i 各不相同时, 该行列式不等于 0, 从而该矩阵可逆, 于是有

$$(k_1\boldsymbol{p}_1,k_2\boldsymbol{p}_2,\cdots,k_m\boldsymbol{p}_m)=\mathbf{0},$$

即

$$k_j\boldsymbol{p}_j=\mathbf{0}\quad(j=1,2,\cdots,m),$$

因特征向量 $\boldsymbol{p}_j$ 为非零向量, 故只有

$$k_j=0\quad(j=1,2,\cdots,m),$$

所以向量组 $\boldsymbol{p}_1,\boldsymbol{p}_2,\cdots,\boldsymbol{p}_m$ 线性无关.

5.2.2 求特征值与特征向量的方法

设 $\boldsymbol{A}$ 为 n 阶方阵, 计算 $\boldsymbol{A}$ 的特征多项式 $|\lambda\boldsymbol{E}-\boldsymbol{A}|$, 解特征方程 $|\lambda E-\boldsymbol{A}|=0$ 求出 $\boldsymbol{A}$ 的全部特征值 $\lambda_1,\lambda_2,\cdots,\lambda_n$, 对 $\boldsymbol{A}$ 的每个特征值 $\lambda_i(i=1,2,\cdots,n)$, 解齐次线性方程组 $(\lambda_i\boldsymbol{E}-\boldsymbol{A})\boldsymbol{x}=\mathbf{0}$, 求得基础解系 $\boldsymbol{p}_1,\boldsymbol{p}_2,\cdots,\boldsymbol{p}_r$, 则 $\boldsymbol{p}_1,\boldsymbol{p}_2,\cdots,\boldsymbol{p}_r$ 就是 $\boldsymbol{A}$ 的属于特征值 λ_i 的特征向量, $k_1\boldsymbol{p}_1+k_2\boldsymbol{p}_2+\cdots+k_r\boldsymbol{p}_r(k_1,k_2,\cdots,k_r$ 不全为零) 是 $\boldsymbol{A}$ 的属于特征值 λ_i 的全部特征向量.

例 5.2.3 求矩阵 $\boldsymbol{A}=\begin{pmatrix}1&2\\3&6\end{pmatrix}$ 的特征值与特征向量.

解 $\boldsymbol{A}$ 的特征多项式为 $|\lambda\boldsymbol{E}-\boldsymbol{A}|=\begin{vmatrix}\lambda-1&-2\\-3&\lambda-6\end{vmatrix}=(\lambda-1)(\lambda-6)-6=\lambda(\lambda-7)$, 故 $\boldsymbol{A}$ 的特征值为 $\lambda_1=0,\lambda_2=7$.

当 $\lambda_1=0$ 时, 由 $(\lambda_1\boldsymbol{E}-\boldsymbol{A})\boldsymbol{x}=\mathbf{0}$, 即方程组

$$\begin{pmatrix}-1&-2\\-3&-6\end{pmatrix}\begin{pmatrix}x_1\\x_2\end{pmatrix}=\begin{pmatrix}0\\0\end{pmatrix},$$

求得基础解系为

$$\boldsymbol{p}_1 = \begin{pmatrix} -2 \\ 1 \end{pmatrix},$$

$\boldsymbol{p}_1$ 就是 $\boldsymbol{A}$ 的属于特征值 $\lambda_1 = 0$ 的一个特征向量, $\boldsymbol{A}$ 的属于特征值 $\lambda_1 = 0$ 的所有特征向量为 $k_1\boldsymbol{p}_1(k_1 \neq 0)$.

当 $\boldsymbol{\lambda}_2 = 7$ 时, 由 $(\boldsymbol{\lambda}_2\boldsymbol{E} - \boldsymbol{A})\boldsymbol{x} = \mathbf{0}$, 即方程组

$$\begin{pmatrix} 6 & -2 \\ -3 & 1 \end{pmatrix}\begin{pmatrix} x_1 \\ x_2 \end{pmatrix} = \begin{pmatrix} 0 \\ 0 \end{pmatrix},$$

求得基础解系

$$\boldsymbol{p}_2 = \begin{pmatrix} 1 \\ 3 \end{pmatrix},$$

$\boldsymbol{p}_2$ 就是 $\boldsymbol{A}$ 的属于特征值 $\lambda_2 = 7$ 的一个特征向量, $\boldsymbol{A}$ 的属于特征值 $\lambda_2 = 7$ 的所有特征向量为 $k_2\boldsymbol{p}_2(k_2 \neq 0)$.

例 5.2.4 求矩阵 $\boldsymbol{A} = \begin{pmatrix} -1 & 1 & 0 \\ -4 & 3 & 0 \\ 1 & 0 & 2 \end{pmatrix}$ 的特征值与特征向量.

解 $\boldsymbol{A}$ 的特征多项式为

$$|\lambda\boldsymbol{E} - \boldsymbol{A}| = \begin{vmatrix} \lambda+1 & -1 & 0 \\ 4 & \lambda-3 & 0 \\ -1 & 0 & \lambda-2 \end{vmatrix} = (\lambda-2)(\lambda-1)^2,$$

故 $\boldsymbol{A}$ 的特征值为 $\lambda_1 = \lambda_2 = 1, \lambda_3 = 2$.

当 $\lambda_1 = \lambda_2 = 1$ 时, 由 $(\boldsymbol{E} - \boldsymbol{A})\boldsymbol{x} = \mathbf{0}$, 即方程组

$$\begin{pmatrix} 2 & -1 & 0 \\ 4 & -2 & 0 \\ -1 & 0 & -1 \end{pmatrix}\begin{pmatrix} x_1 \\ x_2 \\ x_3 \end{pmatrix} = \begin{pmatrix} 0 \\ 0 \\ 0 \end{pmatrix},$$

求得基础解系

$$\boldsymbol{p}_1 = \begin{pmatrix} -1 \\ -2 \\ 1 \end{pmatrix},$$

$\boldsymbol{p}_1$ 就是 $\boldsymbol{A}$ 的属于二重特征值 1 的一个线性无关的特征向量, $\boldsymbol{A}$ 的属于特征值 $\lambda_1=\lambda_2=1$ 的所有特征向量为 $k_1\boldsymbol{p}_1(k_1\neq 0)$.

当 $\lambda_3=2$ 时, 由 $(2\boldsymbol{E}-\boldsymbol{A})\boldsymbol{x}=\boldsymbol{0}$, 即方程组

$$\begin{pmatrix} 3 & -1 & 0 \\ 4 & -1 & 0 \\ -1 & 0 & 0 \end{pmatrix}\begin{pmatrix} x_1 \\ x_2 \\ x_3 \end{pmatrix}=\begin{pmatrix} 0 \\ 0 \\ 0 \end{pmatrix},$$

求得基础解系

$$\boldsymbol{p}_2=\begin{pmatrix} 0 \\ 0 \\ 1 \end{pmatrix},$$

$\boldsymbol{p}_2$ 就是 $\boldsymbol{A}$ 的属于特征值 $\lambda_3=2$ 的一个特征向量, $\boldsymbol{A}$ 的属于特征值 $\lambda_3=2$ 的所有特征向量为 $k_2\boldsymbol{p}_2(k_2\neq 0)$.

例 5.2.5 求矩阵 $\boldsymbol{A}=\begin{pmatrix} 3 & 1 & 1 \\ -2 & 0 & -1 \\ -6 & -3 & -2 \end{pmatrix}$ 的特征值与特征向量.

解 $\boldsymbol{A}$ 的特征多项式为

$$|\lambda\boldsymbol{E}-\boldsymbol{A}|=\begin{vmatrix} \lambda-3 & -1 & -1 \\ 2 & \lambda & 1 \\ 6 & 3 & \lambda+2 \end{vmatrix}\xlongequal{r_1+r_2}(\lambda-1)\begin{vmatrix} 1 & 1 & 0 \\ 2 & \lambda & 1 \\ 6 & 3 & \lambda+2 \end{vmatrix}$$

$$\xlongequal{c_2-c_1}(\lambda-1)\begin{vmatrix} 1 & 0 & 0 \\ 2 & \lambda-2 & 1 \\ 6 & -3 & \lambda+2 \end{vmatrix}=(\lambda+1)(\lambda-1)^2.$$

故 $\boldsymbol{A}$ 的特征值为 $\lambda_1=\lambda_2=1,\lambda_3=-1$.

当 $\lambda_1=\lambda_2=1$ 时由 $(\boldsymbol{E}-\boldsymbol{A})\boldsymbol{x}=\boldsymbol{0}$, 即方程组

$$\begin{pmatrix} -2 & -1 & -1 \\ 2 & 1 & 1 \\ 6 & 3 & 3 \end{pmatrix}\begin{pmatrix} x_1 \\ x_2 \\ x_3 \end{pmatrix}=\begin{pmatrix} 0 \\ 0 \\ 0 \end{pmatrix},$$

求得基础解系

$$\boldsymbol{p}_1=\begin{pmatrix} 1 \\ 0 \\ -2 \end{pmatrix},\quad \boldsymbol{p}_2=\begin{pmatrix} 0 \\ 1 \\ -1 \end{pmatrix}.$$

$\boldsymbol{p}_1, \boldsymbol{p}_2$ 就是 $\boldsymbol{A}$ 的属于二重特征值 1 的线性无关的特征向量, $\boldsymbol{A}$ 的对应于特征值 $\lambda_1 = \lambda_2 = 1$ 的所有特征向量为 $k_1\boldsymbol{p}_1 + k_2\boldsymbol{p}_2(k_1, k_2$ 不同时为零).

当 $\lambda_3 = -1$ 时, 由 $(\boldsymbol{E}+\boldsymbol{A})\boldsymbol{x} = \boldsymbol{0}$, 即方程组

$$\begin{pmatrix} -4 & -1 & -1 \\ 2 & -1 & 1 \\ 6 & 3 & 1 \end{pmatrix}\begin{pmatrix} x_1 \\ x_2 \\ x_3 \end{pmatrix} = \begin{pmatrix} 0 \\ 0 \\ 0 \end{pmatrix},$$

求得基础解系

$$\boldsymbol{p}_3 = \begin{pmatrix} 1 \\ -1 \\ -3 \end{pmatrix},$$

$\boldsymbol{p}_3$ 就是 $\boldsymbol{A}$ 的属于特征值 $\lambda_3 = -1$ 的一个特征向量, $\boldsymbol{A}$ 的对应于特征值 $\lambda_3 = -1$ 的所有特征向量为 $k_3\boldsymbol{p}_3(k_3 \neq 0)$.

注意 在例 5.2.4 和例 5.2.5 中, 矩阵 $\boldsymbol{A}$ 都有两个二重特征值 1, 即 1 的代数重数都是 2, 而几何重数却不同, 例 5.2.4 中, 特征值 1 的特征子空间 $\boldsymbol{V}_1$ 的维数为 1, 例 5.2.5 中特征值 1 的特征子空间 $\boldsymbol{V}_1$ 的维数为 2. 从这两个例题可知, 一个矩阵的某个特征值的几何重数不会超过代数重数. 这一性质在下一节矩阵的相似对角化中将用到. 还要注意一点, 实矩阵的特征值不一定是实数.

例 5.2.6 求矩阵 $\boldsymbol{A} = \begin{pmatrix} 1 & 1 \\ -1 & 1 \end{pmatrix}$ 的特征值与特征向量.

解 $\boldsymbol{A}$ 的特征多项式: $|\lambda\boldsymbol{E}-\boldsymbol{A}| = \begin{vmatrix} \lambda-1 & 1 \\ -1 & \lambda-1 \end{vmatrix} = (\lambda-1)^2+1$, 得 $\boldsymbol{A}$ 的两个特征值是一对共轭复数: $\lambda_1 = 1+\mathrm{i}, \lambda_2 = 1-\mathrm{i}$.

习 题 5.2

1. 设三阶矩阵 $\boldsymbol{A}$ 的特征值为 1, -1, -2, $\boldsymbol{A}^*$ 为 $\boldsymbol{A}$ 的伴随矩阵, $\boldsymbol{E}$ 为三阶单位矩阵, 求 $|5\boldsymbol{E}-3\boldsymbol{A}^*|$.

2. 已知四阶矩阵 $\boldsymbol{A}$ 不可逆, $\boldsymbol{E}$ 是与 $\boldsymbol{A}$ 同阶的单位矩阵, 且满足 $|\boldsymbol{E}+2\boldsymbol{A}| = 0, |2\boldsymbol{E}-\boldsymbol{A}| = 0$, $|-\boldsymbol{E}+\boldsymbol{A}| = 0$, 求 $\boldsymbol{B} = \boldsymbol{A}^2-2\boldsymbol{A}+3\boldsymbol{E}$ 的特征值.

3. 求下列矩阵的特征值与特征向量.

(1) $\boldsymbol{A}=\begin{pmatrix}1&2\\4&3\end{pmatrix}$; (2) $\boldsymbol{A}=\begin{pmatrix}2&1&0\\1&3&1\\0&1&2\end{pmatrix}$;

(3) $\boldsymbol{A}=\begin{pmatrix}4&2&2\\2&4&2\\2&2&4\end{pmatrix}$; (4) $\boldsymbol{A}=\begin{pmatrix}5&3&1&1\\-3&-1&1&-1\\0&0&1&0\\0&0&2&2\end{pmatrix}$.

4. 设 $\boldsymbol{\alpha}=\begin{pmatrix}1\\1\\-1\end{pmatrix}$ 是矩阵 $\boldsymbol{A}=\begin{pmatrix}2&-1&2\\5&a&3\\-1&b&-2\end{pmatrix}$ 的一个特征向量, 试确定参数 a,b 及特征向量 $\boldsymbol{\alpha}$ 所对应的特征值.

5. 设数 λ 是方阵 $\boldsymbol{A}$ 的特征值, $\boldsymbol{x}$ 是 $\boldsymbol{A}$ 的属于 λ 的特征向量, 证明: $\boldsymbol{A}$ 的多项式 $\varphi(\boldsymbol{A})=a_m\boldsymbol{A}^m+a_{m-1}\boldsymbol{A}^{m-1}+\cdots+a_1\boldsymbol{A}+a_0\boldsymbol{E}$ 的特征值是其特征值 λ 的多项式 $\varphi(\lambda)=a_m\lambda^m+a_{m-1}\lambda^{m-1}+\cdots+a_1\lambda+a_0$.

6. 设 $\boldsymbol{A}\in\mathbf{R}^{m\times n}$, $\boldsymbol{B}\in\mathbf{R}^{n\times m}$, 证明 $\boldsymbol{AB}$ 与 $\boldsymbol{BA}$ 有相同的非零特征值.

5.3课件

5.3 相似矩阵

5.3.1 相似矩阵的概念

定义 5.3.1 设 $\boldsymbol{A},\boldsymbol{B}$ 都是 n 阶矩阵, 如果存在可逆矩阵 $\boldsymbol{P}$, 使得 $\boldsymbol{P}^{-1}\boldsymbol{AP}=\boldsymbol{B}$, 则称矩阵 $\boldsymbol{A}$ 与 $\boldsymbol{B}$ **相似**, 记作 $\boldsymbol{A}\sim\boldsymbol{B}$, $\boldsymbol{B}$ 是 $\boldsymbol{A}$ 的**相似矩阵**. 对 $\boldsymbol{A}$ 进行运算 $P^{-1}\boldsymbol{AP}$, 称为对 $\boldsymbol{A}$ 进行**相似变换**, 可逆矩阵 $\boldsymbol{P}$ 称为把 $\boldsymbol{A}$ 变成 $\boldsymbol{B}$ 的**相似变换矩阵**.

根据定义不难证明, 矩阵的相似具有如下性质:

(1) 反身性: $\boldsymbol{A}\sim\boldsymbol{A}$;

(2) 对称性: 若 $\boldsymbol{A}\sim\boldsymbol{B}$, 则 $\boldsymbol{B}\sim\boldsymbol{A}$;

(3) 传递性: 若 $\boldsymbol{A}\sim\boldsymbol{B}$, $\boldsymbol{B}\sim\boldsymbol{C}$, 则 $\boldsymbol{A}\sim\boldsymbol{C}$.

定理 5.3.1 相似矩阵有相同的特征多项式, 从而有相同的特征值.

证明 设 n 阶矩阵 $\boldsymbol{A}$ 与 $\boldsymbol{B}$ 相似, 即存在可逆矩阵 $\boldsymbol{P}$ 使得 $\boldsymbol{P}^{-1}\boldsymbol{AP}=\boldsymbol{B}$, 故

$$\begin{aligned}|\lambda\boldsymbol{E}-\boldsymbol{B}|&=\left|\lambda\boldsymbol{E}-\boldsymbol{P}^{-1}\boldsymbol{AP}\right|=\left|\boldsymbol{P}^{-1}\lambda\boldsymbol{EP}-\boldsymbol{P}^{-1}\boldsymbol{AP}\right|=\left|\boldsymbol{P}^{-1}(\lambda\boldsymbol{E}-\boldsymbol{A})\boldsymbol{P}\right|\\&=\left|\boldsymbol{p}^{-1}\right||\lambda\boldsymbol{E}-\boldsymbol{A}||\boldsymbol{P}|=|\lambda\boldsymbol{E}-\boldsymbol{A}|.\end{aligned}$$

这就证明了 $\boldsymbol{A}$ 与 $\boldsymbol{B}$ 有相同的特征多项式, 从而有相同的特征值.

注意 两个矩阵相似, 一定有相同的特征值; 但有相同特征值的两个同阶方阵不一定相似. 有相同的特征值只是相似的必要条件, 而不是充分条件. 特征值不相同肯定不相似.

如矩阵 $\boldsymbol{A}=\begin{pmatrix}1&0\\3&1\end{pmatrix},\boldsymbol{B}=\begin{pmatrix}1&0\\0&1\end{pmatrix}$, 显然 $\boldsymbol{A}$ 与 $\boldsymbol{B}$ 的特征值相同, 但不存在可逆矩阵 $\boldsymbol{P}$, 满足 $\boldsymbol{P}^{-1}\boldsymbol{A}\boldsymbol{P}=\boldsymbol{B}$.

若 $\boldsymbol{A}\sim\boldsymbol{B}$, 我们还可以证明以下结论:

(1) $\boldsymbol{A}$, $\boldsymbol{B}$ 可逆时, $\boldsymbol{A}^{-1}\sim\boldsymbol{B}^{-1}$;

(2) $\boldsymbol{A}^{\mathrm{T}}\sim\boldsymbol{B}^{\mathrm{T}}$;

(3) $\boldsymbol{A}^k\sim\boldsymbol{B}^k$;

(4) $\boldsymbol{A},\boldsymbol{B}$ 的多项式相似, 即 $\varphi(\boldsymbol{A})\sim\varphi(\boldsymbol{B})$;

(5) $\lambda\boldsymbol{E}-\boldsymbol{A}\sim\lambda\boldsymbol{E}-\boldsymbol{B}$;

(6) $|\boldsymbol{A}|=|\boldsymbol{B}|$;

(7) $\operatorname{tr}(\boldsymbol{A})=\operatorname{tr}(\boldsymbol{B})$;

(8) $R(\boldsymbol{A})=R(\boldsymbol{B})$.

推论 若 n 阶矩阵 $\boldsymbol{A}$ 与对角矩阵

$$\boldsymbol{\Lambda}=\operatorname{diag}(\lambda_1,\lambda_2,\cdots,\lambda_n)=\begin{pmatrix}\lambda_1&&&\\&\lambda_2&&\\&&\ddots&\\&&&\lambda_n\end{pmatrix}$$

相似, 则 $\lambda_1,\lambda_2,\cdots,\lambda_n$ 就是 $\boldsymbol{A}$ 的 n 个特征值.

若有 $\boldsymbol{P}^{-1}\boldsymbol{A}\boldsymbol{P}=\boldsymbol{\Lambda}$, 则有 $\boldsymbol{A}=\boldsymbol{P}\boldsymbol{\Lambda}\boldsymbol{P}^{-1}$, 从而

$$\boldsymbol{A}^k=\boldsymbol{P}\boldsymbol{\Lambda}^k\boldsymbol{P}^{-1},\quad \varphi(\boldsymbol{A})=\boldsymbol{P}\varphi(\boldsymbol{\Lambda})\boldsymbol{P}^{-1}.$$

对于对角阵 $\boldsymbol{\Lambda}=\operatorname{diag}(\lambda_1,\lambda_2,\cdots,\lambda_n)$, 有

$$\boldsymbol{\Lambda}^k=\begin{pmatrix}\lambda_1^k&&&\\&\lambda_2^k&&\\&&\ddots&\\&&&\lambda_n^k\end{pmatrix},\quad \varphi(\boldsymbol{\Lambda})=\begin{pmatrix}\varphi(\lambda_1)&&&\\&\varphi(\lambda_2)&&\\&&\ddots&\\&&&\varphi(\lambda_n)\end{pmatrix}.$$

这样可以很方便地计算 $\boldsymbol{A}^k$ 及 $\boldsymbol{A}$ 的多项式 $\varphi(\boldsymbol{A})$.

5.3.2 矩阵的相似对角化

定义 5.3.2 如果方阵 $\boldsymbol{A}$ 能与对角矩阵 $\boldsymbol{\Lambda}$ 相似, 就称**方阵$\boldsymbol{A}$ 可相似对角化**, 简称 **$\boldsymbol{A}$ 可以对角化**.

对于 n 阶方阵 $\boldsymbol{A}$, 满足什么条件才能对角化呢? 如果 $\boldsymbol{A}$ 可以对角化, 如何寻求相似变换矩阵 $\boldsymbol{P}$?

定理 5.3.2 n 阶方阵 $\boldsymbol{A}$ 可以对角化的充分必要条件是 $\boldsymbol{A}$ 有 n 个线性无关的特征向量.

证明 必要性 若 $\boldsymbol{A}$ 可对角化, 即存在可逆矩阵 $\boldsymbol{P}$ 使得

$$\boldsymbol{P}^{-1}\boldsymbol{A}\boldsymbol{P}=\boldsymbol{\Lambda}=\begin{pmatrix}\lambda_1&&&\\&\lambda_2&&\\&&\ddots&\\&&&\lambda_n\end{pmatrix},\quad \text{即}\quad \boldsymbol{A}\boldsymbol{P}=\boldsymbol{P}\begin{pmatrix}\lambda_1&&&\\&\lambda_2&&\\&&\ddots&\\&&&\lambda_n\end{pmatrix}.$$

设 $\boldsymbol{P}=(\boldsymbol{p}_1,\boldsymbol{p}_2,\cdots,\boldsymbol{p}_n)$, 那么

$$\boldsymbol{A}(\boldsymbol{p}_1,\boldsymbol{p}_2,\cdots,\boldsymbol{p}_n)=(\boldsymbol{p}_1,\boldsymbol{p}_2,\cdots,\boldsymbol{p}_n)\begin{pmatrix}\lambda_1&&&\\&\lambda_2&&\\&&\ddots&\\&&&\lambda_n\end{pmatrix},$$

即

$$(\boldsymbol{A}\boldsymbol{p}_1,\boldsymbol{A}\boldsymbol{p}_2,\cdots,\boldsymbol{A}\boldsymbol{p}_n)=(\lambda_1\boldsymbol{p}_1,\lambda_2\boldsymbol{p}_2,\cdots,\lambda_n\boldsymbol{p}_n),$$

于是 $\boldsymbol{A}\boldsymbol{p}_i=\lambda_i\boldsymbol{p}_i\ (i=1,2,\cdots,n)$, 这说明 $\boldsymbol{p}_i$ 是 $\boldsymbol{A}$ 的属于特征值 λ_i 的特征向量, 因为矩阵 $\boldsymbol{P}$ 可逆, 所以 $\boldsymbol{P}$ 的 n 列线性无关, 故 $\boldsymbol{A}$ 有 n 个线性无关的特征向量 $\boldsymbol{p}_1,\boldsymbol{p}_2,\cdots,\boldsymbol{p}_n$.

充分性 若 n 阶矩阵 $\boldsymbol{A}$ 有 n 个线性无关的特征向量 $\boldsymbol{p}_1,\boldsymbol{p}_2,\cdots,\boldsymbol{p}_n$, 满足

$$\boldsymbol{A}\boldsymbol{p}_i=\lambda_i\boldsymbol{p}_i\quad(i=1,2,\cdots,n),$$

令 $\boldsymbol{P}=(\boldsymbol{p}_1,\boldsymbol{p}_2,\cdots,\boldsymbol{p}_n)$, 则 $\boldsymbol{P}$ 为可逆矩阵, 且有

$$\boldsymbol{A}\boldsymbol{P}=\boldsymbol{P}\begin{pmatrix}\lambda_1&&&\\&\lambda_2&&\\&&\ddots&\\&&&\lambda_n\end{pmatrix},\quad \text{即}\quad \boldsymbol{P}^{-1}\boldsymbol{A}\boldsymbol{P}=\boldsymbol{\Lambda}=\begin{pmatrix}\lambda_1&&&\\&\lambda_2&&\\&&\ddots&\\&&&\lambda_n\end{pmatrix}.$$

也即是 $\boldsymbol{A}$ 可以对角化.

结合前面的定理 5.2.1, 属于不同特征值的特征向量是线性无关的, 再由定理 5.3.2 可得如下推论.

推论 如果 n 阶矩阵 $\boldsymbol{A}$ 有 n 个不同的特征值, 则矩阵 $\boldsymbol{A}$ 可以对角化.

注意 n 阶矩阵 $\boldsymbol{A}$ 有 n 个不同的特征值是 $\boldsymbol{A}$ 可以对角化的充分条件, 但不是必要条件. 即如果 $\boldsymbol{A}$ 可以对角化, $\boldsymbol{A}$ 不一定有 n 个不同的特征值, 但一定有 n 个线性无关的特征向量.

当 n 阶方阵 $\boldsymbol{A}$ 的特征方程有重根时, $\boldsymbol{A}$ 就不一定有 n 个线性无关的特征向量, 这时, $\boldsymbol{A}$ 就不一定能对角化. 如例 5.2.4 中的 3 阶矩阵 $\boldsymbol{A}$ 属于二重特征值 1 的线性无关的特征向量只有 1 个, 特征值 1 的几何重数小于代数重数, $\boldsymbol{A}$ 共有 2 个线性无关的特征向量, 因此例 5.2.4 中的矩阵 $\boldsymbol{A}$ 不能对角化; 而例 5.2.5 中的 3 阶矩阵 $\boldsymbol{A}$ 属于二重特征值 1 的线性无关的特征向量有 2 个, 即特征值 1 的代数重数恰等于几何重数, $\boldsymbol{A}$ 共有 3 个线性无关的特征向量, 于是 5.2.5 中的矩阵 $\boldsymbol{A}$ 可以对角化.

一般地, n 阶矩阵 $\boldsymbol{A}$ 的特征值的几何重数不会超过代数重数. 当几何重数小于代数重数时, $\boldsymbol{A}$ 不能对角化; 当几何重数等于代数重数时, $\boldsymbol{A}$ 一定能对角化.

例 5.3.1 设 $\boldsymbol{A}=\begin{pmatrix}2&0&1\\3&1&x\\4&0&5\end{pmatrix}$, (1) 当 x 为何值时 $\boldsymbol{A}$ 可对角化? (2) 当 $\boldsymbol{A}$ 可对角化时, 求相似变换矩阵 $\boldsymbol{P}$, 使得 $\boldsymbol{P}^{-1}\boldsymbol{A}\boldsymbol{P}$ 为对角阵.

解 (1) $\boldsymbol{A}$ 的特征多项式为

$$|\lambda\boldsymbol{E}-\boldsymbol{A}|=\begin{vmatrix}\lambda-2&0&-1\\-3&\lambda-1&-x\\-4&0&\lambda-5\end{vmatrix}=(\lambda-1)^2(\lambda-6),$$

故 $\boldsymbol{A}$ 的特征值为 $\lambda_1=\lambda_2=1,\lambda_3=6$.

$\boldsymbol{A}$ 可对角化 $\Leftrightarrow$ $\boldsymbol{A}$ 的属于 $\lambda_1=\lambda_2=1$ 的线性无关的特征向量有 2 个 $\Leftrightarrow$ $R(\boldsymbol{E}-\boldsymbol{A})=1$,

$$\boldsymbol{E}-\boldsymbol{A}=\begin{pmatrix}-1&0&-1\\-3&0&-x\\-4&0&-4\end{pmatrix}\xrightarrow[r_3-4r_1]{r_2-3r_1}\begin{pmatrix}1&0&1\\0&0&-x+3\\0&0&0\end{pmatrix},$$

当且仅当 $\boldsymbol{x}=3$ 时, $R(\boldsymbol{E}-\boldsymbol{A})=1$, $\boldsymbol{A}$ 可以对角化.

(2) $\boldsymbol{A}=\begin{pmatrix}2&0&1\\3&1&3\\4&0&5\end{pmatrix}$, $\boldsymbol{A}$ 的特征值为 $\lambda_1=\lambda_2=1,\lambda_3=6$.

当 $\lambda_1=\lambda_2=1$ 时, 由 $(\boldsymbol{E}-\boldsymbol{A})\boldsymbol{x}=\boldsymbol{0}$, 即方程组

$$\begin{pmatrix}1&0&1\\0&0&0\\0&0&0\end{pmatrix}\begin{pmatrix}x_1\\x_2\\x_3\end{pmatrix}=\begin{pmatrix}0\\0\\0\end{pmatrix},$$

求得基础解系

$$\boldsymbol{p}_1=\begin{pmatrix}0\\1\\0\end{pmatrix},\quad \boldsymbol{p}_2=\begin{pmatrix}-1\\0\\1\end{pmatrix};$$

当 $\lambda_3=6$ 时, 由 $(6\boldsymbol{E}-\boldsymbol{A})\boldsymbol{x}=\boldsymbol{0}$, 即方程组

$$\begin{pmatrix}4&0&-1\\-3&5&-3\\-4&0&1\end{pmatrix}\begin{pmatrix}x_1\\x_2\\x_3\end{pmatrix}=\begin{pmatrix}0\\0\\0\end{pmatrix},$$

求得基础解系

$$\boldsymbol{p}_3=\begin{pmatrix}1\\3\\4\end{pmatrix}.$$

取

$$\boldsymbol{P}=(\boldsymbol{p}_1,\boldsymbol{p}_2,\boldsymbol{p}_3)=\begin{pmatrix}0&-1&1\\1&0&3\\0&1&4\end{pmatrix},$$

则有

$$\boldsymbol{P}^{-1}\boldsymbol{A}\boldsymbol{P}=\begin{pmatrix}1&&\\&1&\\&&6\end{pmatrix}.$$

相似矩阵的概念

相似对角化

5.3.3 实对称矩阵的对角化

实对称矩阵是一类很重要的可对角化的矩阵, 它的特征值与特征向量具有非常重要的性质. 在第 3 章我们已经介绍过复矩阵的共轭概念和部分运算律, 还有如下几种运算律 ($\boldsymbol{A},\boldsymbol{B}$ 为复矩阵):

(1) $(\overline{\boldsymbol{AB}})^{\mathrm{T}}=(\overline{\boldsymbol{B}})^{\mathrm{T}}(\overline{\boldsymbol{A}})^{\mathrm{T}}$;

(2) 若 $\boldsymbol{A}$ 可逆, 则 $\overline{\boldsymbol{A}^{-1}}=(\bar{\boldsymbol{A}})^{-1}$;

(3) 若 $\boldsymbol{A}$ 为方阵, 则 $|\bar{\boldsymbol{A}}|=\overline{|\boldsymbol{A}|}$;

(4) 若 $\boldsymbol{x}=(x_1,x_2,\cdots,x_n)^{\mathrm{T}}$ 为复向量, 则

$$(\boldsymbol{x},\boldsymbol{x})=(\bar{\boldsymbol{x}})^{\mathrm{T}}\boldsymbol{x}=\sum_{i=1}^{n}\bar{x}_ix_i=\sum_{i=1}^{n}|x_i|^2\geqslant 0,$$

当且仅当 $\boldsymbol{x}=\boldsymbol{0}$ 时等号成立.

当 $\boldsymbol{A}$ 为实对称矩阵时, $\bar{\boldsymbol{A}}=\boldsymbol{A}$ 且 $(\bar{\boldsymbol{A}})^{\mathrm{T}}=\boldsymbol{A}^{\mathrm{T}}=\boldsymbol{A}$.

实对称矩阵 $\boldsymbol{A}$ 的特征值与特征向量具有下列性质.

性质 5.3.1 实对称矩阵 $\boldsymbol{A}$ 的特征值都是实数.

证明 设 λ 是 $\boldsymbol{A}$ 的任一特征值, 即存在非零向量 $\boldsymbol{x}$, 使 $\boldsymbol{Ax}=\lambda\boldsymbol{x}$, 要证 λ 是实数, 只需证明 $\bar{\lambda}=\lambda$ 即可. 由 $\boldsymbol{Ax}=\lambda\boldsymbol{x}$ 及 $(\bar{\boldsymbol{A}})^{\mathrm{T}}=\boldsymbol{A}$, 得

$$\lambda(\bar{\boldsymbol{x}})^{\mathrm{T}}\boldsymbol{x}=(\bar{\boldsymbol{x}})^{\mathrm{T}}(\lambda\boldsymbol{x})=(\bar{\boldsymbol{x}})^{\mathrm{T}}(\boldsymbol{Ax})=(\bar{\boldsymbol{x}})^{\mathrm{T}}(\bar{\boldsymbol{A}})^{\mathrm{T}}\boldsymbol{x}=(\overline{\boldsymbol{Ax}})^{\mathrm{T}}\boldsymbol{x}=(\overline{\lambda\boldsymbol{x}})^{\mathrm{T}}\boldsymbol{x}=\bar{\lambda}(\bar{\boldsymbol{x}})^{\mathrm{T}}\boldsymbol{x},$$

因向量 $\boldsymbol{x}\neq\boldsymbol{0}$, 所以 $\bar{\boldsymbol{x}}^{\mathrm{T}}\boldsymbol{x}>0$, 故 $\bar{\lambda}=\lambda$.

当特征值为实数时, 齐次线性方程组 $(\boldsymbol{A}-\boldsymbol{\lambda E})\boldsymbol{x}=\boldsymbol{0}$ 是实系数线性方程组, 必有实向量基础解系, 所以对应的特征向量可取为实向量.

性质 5.3.2 实对称矩阵 $\boldsymbol{A}$ 的属于不同特征值的特征向量是正交的.

证明 设 λ_1,λ_2 是 $\boldsymbol{A}$ 的两个不同的特征值, $\boldsymbol{p}_1,\boldsymbol{p}_2$ 分别是 $\boldsymbol{A}$ 的属于 λ_1,λ_2 的特征向量 (均为实向量), 即有 $\boldsymbol{Ap}_1=\lambda_1\boldsymbol{p}_1,\boldsymbol{Ap}_2=\lambda_2\boldsymbol{p}_2$, 则

$$\begin{aligned}\lambda_1(\boldsymbol{p}_1,\boldsymbol{p}_2)&=(\lambda_1\boldsymbol{p}_1,\boldsymbol{p}_2)=(\boldsymbol{Ap}_1,\boldsymbol{p}_2)=(\boldsymbol{Ap}_1)^{\mathrm{T}}\boldsymbol{p}_2=\boldsymbol{p}_1^{\mathrm{T}}\boldsymbol{A}^{\mathrm{T}}\boldsymbol{p}_2=\boldsymbol{p}_1^{\mathrm{T}}(\boldsymbol{Ap}_2)\\&=\boldsymbol{p}_1^{\mathrm{T}}(\lambda_2\boldsymbol{p}_2)=(\boldsymbol{p}_1,\lambda_2\boldsymbol{p}_2)=\lambda_2(\boldsymbol{p}_1,\boldsymbol{p}_2),\end{aligned}$$

因此有 $(\lambda_1-\lambda_2)(\boldsymbol{p}_1,\boldsymbol{p}_2)=0$, 而 $\lambda_1\neq\lambda_2$, 故有 $(\boldsymbol{p}_1,\boldsymbol{p}_2)=0$, 即 $\boldsymbol{p}_1$ 与 $\boldsymbol{p}_2$ 正交.

性质 5.3.3 设 $\boldsymbol{A}$ 为 n 阶实对称矩阵, λ 是 $\boldsymbol{A}$ 的特征方程的 r 重根, 则 $\boldsymbol{R}(\lambda\boldsymbol{E}-\boldsymbol{A})=n-r$, 从而 $\boldsymbol{A}$ 的对应于特征值 λ 恰有 r 个线性无关的特征向量.

此性质不予证明. 性质 5.3.3 说明, 对于实对称矩阵, 其所有特征值的几何重数恰等于代数重数. 于是有下面的定理:

定理 5.3.3 设 $\boldsymbol{A}$ 为 n 阶实对称矩阵, 则必存在正交矩阵 $\boldsymbol{P}$, 使得

$$\boldsymbol{P}^{-1}\boldsymbol{A}\boldsymbol{P}=\boldsymbol{\Lambda}=\operatorname{diag}(\lambda_1,\lambda_2,\cdots,\lambda_n),$$

其中 $\lambda_1,\lambda_2,\cdots,\lambda_n$ 为 $\boldsymbol{A}$ 的 n 个特征值.

证明 设 $\boldsymbol{A}$ 的互不相同的特征值为 $\lambda_1,\lambda_2,\cdots,\lambda_s$, 它们的重数依次为

$$r_1,r_2,\cdots,r_s\quad(r_1+r_2+\cdots+r_s=n).$$

根据性质 5.3.1 和性质 5.3.3 知, 对应于特征值 $\lambda_i(i=1,2,\cdots,s)$ 恰有 r_i 个线性无关的实特征向量, 把它们标准正交化, 就可以得到 $r_i(i=1,2,\cdots,s)$ 个单位正交的特征向量, 由 $r_1+r_2+\cdots+r_s=n$ 知, 这样的单位特征向量共有 n 个, 又由性质 5.3.2 知, $\boldsymbol{A}$ 的属于不同特征值的特征向量是正交的, 故这 n 个单位特征向量两两正交, 以它们为列向量构成正交矩阵 $\boldsymbol{P}$, 则有

$$\boldsymbol{P}^{-1}\boldsymbol{A}\boldsymbol{P}=\boldsymbol{\Lambda}=\operatorname{diag}(\lambda_1,\lambda_2,\cdots,\lambda_n),$$

其中 $\lambda_1,\lambda_2,\cdots,\lambda_n$ 为 $\boldsymbol{A}$ 的 n 个特征值.

例 5.3.2 设实对称矩阵 $\boldsymbol{A}=\begin{pmatrix}4&0&0\\0&3&1\\0&1&3\end{pmatrix}$, 求一个正交矩阵 $\boldsymbol{P}$, 使 $\boldsymbol{P}^{-1}\boldsymbol{A}\boldsymbol{P}$ $=\boldsymbol{\Lambda}$ 为对角阵.

解 $\boldsymbol{A}$ 的特征多项式 $|\lambda\boldsymbol{E}-\boldsymbol{A}|=\begin{vmatrix}\lambda-4&0&0\\0&\lambda-3&-1\\0&-1&\lambda-3\end{vmatrix}=(\lambda-2)(\lambda-4)^2$,

故 $\boldsymbol{A}$ 的特征值为 $\lambda_1=\lambda_2=4,\ \lambda_3=2$.

当 $\lambda_1=\lambda_2=4$ 时, 由 $(4\boldsymbol{E}-\boldsymbol{A})\boldsymbol{x}=\boldsymbol{0}$, 即方程组

$$\begin{pmatrix}0&0&0\\0&1&-1\\0&-1&1\end{pmatrix}\begin{pmatrix}x_1\\x_2\\x_3\end{pmatrix}=\begin{pmatrix}0\\0\\0\end{pmatrix},$$

求得基础解系

$$\boldsymbol{\xi}_1=\begin{pmatrix}1\\0\\0\end{pmatrix},\quad \boldsymbol{\xi}_2=\begin{pmatrix}0\\1\\1\end{pmatrix}.$$

因为该基础解系中的两个向量 $\boldsymbol{\xi}_1$, $\boldsymbol{\xi}_2$ 恰好正交, 只要单位化即可得到两个单位正交的特征向量,

$$\boldsymbol{p}_1=\begin{pmatrix}1\\0\\0\end{pmatrix},\quad \boldsymbol{p}_2=\begin{pmatrix}0\\\dfrac{1}{\sqrt{2}}\\\dfrac{1}{\sqrt{2}}\end{pmatrix}.$$

当 $\lambda_3=2$ 时, 由 $(2\boldsymbol{E}-\boldsymbol{A})\boldsymbol{x}=\boldsymbol{0}$, 即方程组

$$\begin{pmatrix}-2&0&0\\0&-1&-1\\0&-1&-1\end{pmatrix}\begin{pmatrix}x_1\\x_2\\x_3\end{pmatrix}=\begin{pmatrix}0\\0\\0\end{pmatrix},$$

求得基础解系

$$\boldsymbol{\xi}_3=\begin{pmatrix}0\\1\\-1\end{pmatrix},$$

单位化得单位特征向量

$$\boldsymbol{p}_3=\begin{pmatrix}0\\\dfrac{1}{\sqrt{2}}\\-\dfrac{1}{\sqrt{2}}\end{pmatrix}.$$

取

$$\boldsymbol{P}=(\boldsymbol{p}_1,\boldsymbol{p}_2,\boldsymbol{p}_3)=\begin{pmatrix}1&0&0\\0&\dfrac{1}{\sqrt{2}}&\dfrac{1}{\sqrt{2}}\\0&\dfrac{1}{\sqrt{2}}&-\dfrac{1}{\sqrt{2}}\end{pmatrix},$$

则 $\boldsymbol{P}$ 为正交矩阵, 使得 $\boldsymbol{P}^{-1}\boldsymbol{A}\boldsymbol{P}=\begin{pmatrix}4&&\\&4&\\&&2\end{pmatrix}$.

注意 正交矩阵 $\boldsymbol{P}$ 的列向量 $\boldsymbol{p}_1,\boldsymbol{p}_2,\boldsymbol{p}_3$ 的次序应与其对应的特征值 $\lambda_1,\lambda_2,\lambda_3$ 的顺序一致.

在此例中, 当 $\lambda_1=\lambda_2=4$ 时, 若求得方程组 $(4\boldsymbol{E}-\boldsymbol{A})\boldsymbol{x}=\boldsymbol{0}$ 的基础解系不正交, 例如

$$\boldsymbol{\xi}_1=\begin{pmatrix}1\\1\\1\end{pmatrix},\quad \boldsymbol{\xi}_2=\begin{pmatrix}-1\\1\\1\end{pmatrix},$$

则需要利用施密特正交化方法把它们标准正交化, 即取

$$\boldsymbol{\eta}_1=\boldsymbol{\xi}_1,\quad \boldsymbol{\eta}_2=\boldsymbol{\xi}_2-\frac{(\boldsymbol{\xi}_2,\boldsymbol{\eta}_1)}{(\boldsymbol{\eta}_1,\boldsymbol{\eta}_1)}\boldsymbol{\eta}_1=\begin{pmatrix}-1\\1\\1\end{pmatrix}-\frac{1}{3}\begin{pmatrix}1\\1\\1\end{pmatrix}=\frac{2}{3}\begin{pmatrix}-2\\1\\1\end{pmatrix},$$

再单位化得

$$\boldsymbol{p}_1=\frac{1}{\sqrt{3}}\begin{pmatrix}1\\1\\1\end{pmatrix},\quad \boldsymbol{p}_2=\frac{1}{\sqrt{6}}\begin{pmatrix}-2\\1\\1\end{pmatrix}.$$

取

$$\boldsymbol{P}=(\boldsymbol{p}_1,\boldsymbol{p}_2,\boldsymbol{p}_3)=\begin{pmatrix}\frac{1}{\sqrt{3}} & -\frac{2}{\sqrt{6}} & 0\\ \frac{1}{\sqrt{3}} & \frac{1}{\sqrt{6}} & \frac{1}{\sqrt{2}}\\ \frac{1}{\sqrt{3}} & \frac{1}{\sqrt{6}} & -\frac{1}{\sqrt{2}}\end{pmatrix},$$

则 $\boldsymbol{P}$ 为正交矩阵, 可以验证, 仍有

$$\boldsymbol{P}^{-1}\boldsymbol{A}\boldsymbol{P}=\begin{pmatrix}4 & & \\ & 4 & \\ & & 2\end{pmatrix}.$$

此例说明了正交矩阵 $\boldsymbol{P}$ 的不唯一性.

例 5.3.3 设 $1,1,-1$ 是三阶实对称矩阵 $\boldsymbol{A}$ 的三个特征值, $\boldsymbol{\alpha}_1=\begin{pmatrix}1\\1\\1\end{pmatrix}$, $\boldsymbol{\alpha}_2=\begin{pmatrix}2\\2\\1\end{pmatrix}$ 是 $\boldsymbol{A}$ 的属于特征值 1 的特征向量, 求 $\boldsymbol{A}$ 的属于特征值 -1 的特征向量, 并求 $\boldsymbol{A}$.

解 设 $\boldsymbol{A}$ 的属于特征值 -1 的特征向量为 $\boldsymbol{\alpha}_3=\begin{pmatrix}x_1\\x_2\\x_3\end{pmatrix}$, 由于 $\boldsymbol{A}$ 为实对称矩阵, 属于不同特征值的特征向量是正交的, 因此有 $\boldsymbol{\alpha}_1^{\mathrm{T}}\boldsymbol{\alpha}_3=0,\ \boldsymbol{\alpha}_2^{\mathrm{T}}\boldsymbol{\alpha}_3=0$, 即

$$\begin{cases}x_1+x_2+x_3=0,\\2x_1+2x_2+x_3=0,\end{cases}$$

解此齐次线性方程组求得基础解系 $\boldsymbol{\alpha}_3=\begin{pmatrix}-1\\1\\0\end{pmatrix}$, $\boldsymbol{A}$ 的属于特征值 -1 的全部特征向量为 $k\boldsymbol{\alpha}_3(k\neq0)$.

取 $\boldsymbol{P}=(\boldsymbol{\alpha}_1,\boldsymbol{\alpha}_2,\boldsymbol{\alpha}_3)=\begin{pmatrix}1&2&-1\\1&2&1\\1&1&0\end{pmatrix}$, $|\boldsymbol{P}|=2\neq0$, 可求得

$$\boldsymbol{P}^{-1}=\frac{1}{2}\begin{pmatrix}-1&-1&4\\1&1&-2\\-1&1&0\end{pmatrix},$$

则有

$$\boldsymbol{P}^{-1}\boldsymbol{A}\boldsymbol{P}=\boldsymbol{\Lambda}=\begin{pmatrix}1&&\\&1&\\&&-1\end{pmatrix},$$

于是

$$\boldsymbol{A}=\boldsymbol{P}\boldsymbol{\Lambda}\boldsymbol{P}^{-1}=\frac{1}{2}\begin{pmatrix}1&2&-1\\1&2&1\\1&1&0\end{pmatrix}\begin{pmatrix}1&&\\&1&\\&&-1\end{pmatrix}\begin{pmatrix}-1&-1&4\\1&1&-2\\-1&1&0\end{pmatrix}$$

$$=\begin{pmatrix}0&1&0\\1&0&0\\0&0&1\end{pmatrix}.$$

例 5.3.4 设三阶实对称矩阵 $\boldsymbol{A}$ 的各行元素之和均为 3, 向量 $\boldsymbol{\alpha}_1=\begin{pmatrix}-1\\2\\-1\end{pmatrix}$,

$\boldsymbol{\alpha}_2 = \begin{pmatrix} 0 \\ -1 \\ 1 \end{pmatrix}$ 是齐次线性方程组 $\boldsymbol{Ax} = \boldsymbol{0}$ 的两个解.

(1) 求 $\boldsymbol{A}$ 的特征值与特征向量;

(2) 求正交矩阵 $\boldsymbol{P}$, 使得 $\boldsymbol{P}^{-1}\boldsymbol{AP}$ 为对角阵.

解 (1) 由于 $\boldsymbol{A}$ 的各行元素之和均为 3, 所以有 $\boldsymbol{A}\begin{pmatrix} 1 \\ 1 \\ 1 \end{pmatrix} = \begin{pmatrix} 3 \\ 3 \\ 3 \end{pmatrix}$, 即 $\boldsymbol{A}\begin{pmatrix} 1 \\ 1 \\ 1 \end{pmatrix} = 3\begin{pmatrix} 1 \\ 1 \\ 1 \end{pmatrix}$, 这说明 $\lambda = 3$ 是 $\boldsymbol{A}$ 的一个特征值, $\boldsymbol{\alpha}_3 = \begin{pmatrix} 1 \\ 1 \\ 1 \end{pmatrix}$ 是 $\boldsymbol{A}$ 的属于特征值 $\lambda = 3$ 的一个特征向量, $\boldsymbol{A}$ 的属于特征值 $\lambda = 3$ 的所有特征向量为 $k_3\boldsymbol{\alpha}_3(k_3 \neq 0)$.

由于向量 $\boldsymbol{\alpha}_1 = \begin{pmatrix} -1 \\ 2 \\ -1 \end{pmatrix}, \boldsymbol{\alpha}_2 = \begin{pmatrix} 0 \\ -1 \\ 1 \end{pmatrix}$ 是齐次线性方程组 $\boldsymbol{Ax} = \boldsymbol{0}$ 的两个解, 因此有 $\boldsymbol{A\alpha}_1 = 0\boldsymbol{\alpha}_1, \boldsymbol{A\alpha}_2 = 0\boldsymbol{\alpha}_2$, 这说明 $\lambda = 0$ 是 $\boldsymbol{A}$ 的二重特征值, 它对应的特征向量为 $k_1\boldsymbol{\alpha}_1 + k_2\boldsymbol{\alpha}_2$, 其中 k_1, k_2 不同时为零.

(2) 将 $\boldsymbol{\alpha}_1, \boldsymbol{\alpha}_2$ 正交化, 取

$$\boldsymbol{\beta}_1 = \boldsymbol{\alpha}_1 = \begin{pmatrix} -1 \\ 2 \\ -1 \end{pmatrix}, \quad \boldsymbol{\beta}_2 = \boldsymbol{\alpha}_2 - \frac{(\boldsymbol{\alpha}_2, \boldsymbol{\beta}_1)}{(\boldsymbol{\beta}_1, \boldsymbol{\beta}_1)}\boldsymbol{\beta}_1 = \frac{1}{2}\begin{pmatrix} -1 \\ 0 \\ 1 \end{pmatrix},$$

将 $\boldsymbol{\beta}_1, \boldsymbol{\beta}_2, \boldsymbol{\alpha}_3$ 单位化得

$$\boldsymbol{p}_1 = \frac{1}{\sqrt{6}}\begin{pmatrix} -1 \\ 2 \\ -1 \end{pmatrix}, \quad \boldsymbol{p}_2 = \frac{1}{\sqrt{2}}\begin{pmatrix} -1 \\ 0 \\ 1 \end{pmatrix}, \quad \boldsymbol{p}_3 = \frac{1}{\sqrt{3}}\begin{pmatrix} 1 \\ 1 \\ 1 \end{pmatrix}.$$

取

$$\boldsymbol{P} = (\boldsymbol{p}_1, \boldsymbol{p}_2, \boldsymbol{p}_3) = \begin{pmatrix} -\dfrac{1}{\sqrt{6}} & -\dfrac{1}{\sqrt{2}} & \dfrac{1}{\sqrt{3}} \\ \dfrac{2}{\sqrt{6}} & 0 & \dfrac{1}{\sqrt{3}} \\ -\dfrac{1}{\sqrt{6}} & \dfrac{1}{\sqrt{2}} & \dfrac{1}{\sqrt{3}} \end{pmatrix},$$

则 $\boldsymbol{P}$ 为正交矩阵, 使得 $\boldsymbol{P}^{-1}\boldsymbol{A}\boldsymbol{P}=\begin{pmatrix}0&&\\&0&\\&&3\end{pmatrix}$.

例 5.3.5　设 $\boldsymbol{A}=\begin{pmatrix}-1&0&0\\0&1&2\\0&2&1\end{pmatrix}$, 求 $\varphi(\boldsymbol{A})=\boldsymbol{A}^3-\boldsymbol{A}^2-3\boldsymbol{E}$.

解　$\boldsymbol{A}$ 的特征多项式 $|\lambda\boldsymbol{E}-\boldsymbol{A}|=\begin{vmatrix}\lambda+1&0&0\\0&\lambda-1&-2\\0&-2&\lambda-1\end{vmatrix}=(\lambda+1)^2(\lambda-3)$,
得 $\boldsymbol{A}$ 的特征值 $\lambda_1=\lambda_2=-1$, $\lambda_3=3$.

当 $\lambda_1=\lambda_2=-1$ 时, 方程组 $(-\boldsymbol{E}-\boldsymbol{A})\boldsymbol{x}=\boldsymbol{0}$, 即

$$\begin{pmatrix}0&0&0\\0&-2&-2\\0&-2&-2\end{pmatrix}\begin{pmatrix}x_1\\x_2\\x_3\end{pmatrix}=\begin{pmatrix}0\\0\\0\end{pmatrix}$$

的基础解系为: $\boldsymbol{\xi}_1=\begin{pmatrix}1\\0\\0\end{pmatrix}$, $\boldsymbol{\xi}_2=\begin{pmatrix}0\\-1\\1\end{pmatrix}$, 单位化: $\boldsymbol{p}_1=\boldsymbol{\xi}_1=\begin{pmatrix}1\\0\\0\end{pmatrix}$, $\boldsymbol{p}_2=\dfrac{\xi_2}{\|\boldsymbol{\xi}_2\|}=\begin{pmatrix}0\\-\dfrac{1}{\sqrt{2}}\\\dfrac{1}{\sqrt{2}}\end{pmatrix}$;

当 $\lambda_3=3$ 时, 方程组 $(3\boldsymbol{E}-\boldsymbol{A})\boldsymbol{x}=\boldsymbol{0}$ 基础解系为: $\boldsymbol{\xi}_3=\begin{pmatrix}0\\1\\1\end{pmatrix}$, 单位化: $\boldsymbol{p}_3=\begin{pmatrix}0\\\dfrac{1}{\sqrt{2}}\\\dfrac{1}{\sqrt{2}}\end{pmatrix}$.

$$令\ \boldsymbol{P}=(\boldsymbol{p}_1,\ \boldsymbol{p}_2,\ \boldsymbol{p}_3)=\begin{pmatrix}1 & 0 & 0\\ 0 & -\dfrac{1}{\sqrt{2}} & \dfrac{1}{\sqrt{2}}\\ 0 & \dfrac{1}{\sqrt{2}} & \dfrac{1}{\sqrt{2}}\end{pmatrix}.$$

则有 $\boldsymbol{P}^{-1}\boldsymbol{A}\boldsymbol{P}=\begin{pmatrix}-1 & & \\ & -1 & \\ & & 3\end{pmatrix}$, 即

$$\boldsymbol{A}=\boldsymbol{P}\begin{pmatrix}-1 & & \\ & -1 & \\ & & 3\end{pmatrix}\boldsymbol{P}^{-1}=\boldsymbol{P}\begin{pmatrix}-1 & & \\ & -1 & \\ & & 3\end{pmatrix}\boldsymbol{P}^{\mathrm{T}},$$

而

$$\begin{aligned}\varphi(\boldsymbol{A})=\boldsymbol{A}^3-\boldsymbol{A}^2-3\boldsymbol{E}&=\boldsymbol{P}\begin{pmatrix}\varphi(\lambda_1) & & \\ & \varphi(\lambda_2) & \\ & & \varphi(\lambda_3)\end{pmatrix}\boldsymbol{P}^{\mathrm{T}}\\ &=\boldsymbol{P}\begin{pmatrix}\lambda_1^3-\lambda_1^2-3 & & \\ & \lambda_2^3-\lambda_2^2-3 & \\ & & \lambda_3^3-\lambda_3^2-3\end{pmatrix}\boldsymbol{P}^{\mathrm{T}}\\ &=\boldsymbol{P}\begin{pmatrix}(-1)^3-(-1)^2-3 & & \\ & (-1)^3-(-1)^2-3 & \\ & & 3^3-3^2-3\end{pmatrix}\boldsymbol{P}^{\mathrm{T}}\\ &=\boldsymbol{P}\begin{pmatrix}-5 & & \\ & -5 & \\ & & 15\end{pmatrix}\boldsymbol{P}^{\mathrm{T}}=\begin{pmatrix}-5 & 0 & 0\\ 0 & 5 & 10\\ 0 & 10 & 5\end{pmatrix}.\end{aligned}$$

习 题 5.3

1. 设矩阵 $\boldsymbol{A}$ 与 $\boldsymbol{B}$ 相似, 且 $\boldsymbol{A}^2=\boldsymbol{A}$, 证明 $\boldsymbol{B}^2=\boldsymbol{B}$.
2. 设 $\boldsymbol{A}$ 与 $\boldsymbol{B}$ 是同阶方阵, 且 $|\boldsymbol{A}|\neq 0$, 证明 $\boldsymbol{AB}$ 与 $\boldsymbol{BA}$ 相似.
3. 判断下列矩阵 $\boldsymbol{A}$ 是否能对角化, 若能对角化, 求可逆矩阵 $\boldsymbol{P}$ 使得 $\boldsymbol{P}^{-1}\boldsymbol{AP}$ 为对角阵.

(1) $\boldsymbol{A}=\begin{pmatrix}2 & 0 & 0\\ 1 & 3 & -1\\ 1 & 0 & 1\end{pmatrix}$;　　(2) $\boldsymbol{A}=\begin{pmatrix}-4 & -10 & 0\\ 1 & 3 & 0\\ 3 & 6 & 1\end{pmatrix}$;

(3) $\boldsymbol{A}=\begin{pmatrix}1&1&0\\0&2&1\\0&0&1\end{pmatrix}$.

4. 设矩阵 $\boldsymbol{A}=\begin{pmatrix}2&0&0\\0&0&1\\0&1&x\end{pmatrix}$ 与 $\boldsymbol{B}=\begin{pmatrix}2&0&0\\0&y&0\\0&0&-1\end{pmatrix}$ 相似, 求 x,y 及可逆矩阵 $\boldsymbol{P}$, 使得 $\boldsymbol{P}^{-1}\boldsymbol{AP}=\boldsymbol{B}$.

5. 设 $\boldsymbol{A}$ 为下列实对称矩阵, 求正交矩阵 $\boldsymbol{P}$, 使得 $\boldsymbol{P}^{-1}\boldsymbol{AP}$ 为对角阵.

(1) $\boldsymbol{A}=\begin{pmatrix}4&6\\6&13\end{pmatrix}$;　　(2) $\boldsymbol{A}=\begin{pmatrix}1&0&2\\0&1&2\\2&2&-1\end{pmatrix}$;

(3) $\boldsymbol{A}=\begin{pmatrix}4&2&2\\2&4&2\\2&2&4\end{pmatrix}$;　　(4) $\boldsymbol{A}=\begin{pmatrix}3&2&4\\2&0&2\\4&2&3\end{pmatrix}$.

6. 设实对称矩阵 $\boldsymbol{A}=\begin{pmatrix}1&a&1\\a&1&b\\1&b&1\end{pmatrix}$ 与对角阵 $\boldsymbol{\Lambda}=\begin{pmatrix}0&0&0\\0&1&0\\0&0&2\end{pmatrix}$ 相似, 求 a,b 及正交矩阵 $\boldsymbol{P}$, 使得 $\boldsymbol{P}^{-1}\boldsymbol{AP}=\boldsymbol{\Lambda}$.

7. 设三阶实对称矩阵 $\boldsymbol{A}$ 的特征值为 $6,3,3$, 与特征值 6 对应的特征向量为 $\boldsymbol{p}_1=\begin{pmatrix}1\\1\\1\end{pmatrix}$, 求 $\boldsymbol{A}$.

8. 求下列各矩阵.

(1) 设 $\boldsymbol{A}=\begin{pmatrix}3&-2\\-2&3\end{pmatrix}$, 求 $\varphi(\boldsymbol{A})=\boldsymbol{A}^{10}-5\boldsymbol{A}^9$;

(2) 设 $\boldsymbol{A}=\begin{pmatrix}2&1&2\\1&2&2\\2&2&1\end{pmatrix}$, 求 $\varphi(\boldsymbol{A})=\boldsymbol{A}^{10}-6\boldsymbol{A}^9+5\boldsymbol{A}^8$;

(3) 设 $\boldsymbol{A}=\begin{pmatrix}1&4&2\\0&-3&4\\0&4&3\end{pmatrix}$, 求 $\boldsymbol{A}^{100}$.

实对称矩阵的对角化

习题5.3第6题解答

习题5.3第7题解答

数学史话 让·勒朗·达朗贝尔 (Jean le Rond d'Alembert), 法国著名的数学家、物理学家和天文学家. 一生研究了大量课题, 完成了涉及多个科学领域的论文和专著, 其中最著名的有 8 卷巨著《数学手册》、力学专著《动力学》、23 卷的《文集》、《百科全书》的序言等等. 达朗贝尔在数学、力学和天文学等许多领域都作出了贡献.

达朗贝尔(1717—1783)

矩阵的特征值与特征向量概念的产生与发展, 从头至尾都独立于矩阵理论自身. 18 世纪最早引起特征值问题的背景是常系数的线性微分方程组求解. 达朗贝尔在 1743 年到 1758 年期间的著作中, 因为考察了承载有限个物件的细绳的运动而受启发, 得到了二阶微分方程组, 在求解微分方程组的过程中, 产生了特征值的概念. 同时, 柯西由于对二次曲面的研究, 首先解决了根据矩阵本身的属性来确定特征值的属性问题. 为了确定二次曲面的形状, 把二次型化为标准形, 继达朗贝尔的研究 100 多年后, 若尔当又回到了与矩阵的特征值相关的整个思想体系的源头, 系统的研究了标准形. 后来逐步完善了特征值与特征向量的理论. 我们知道, 每一个新的数学概念的产生, 到相应的理论体系的完善, 往往并非凭一己之力, 需要经过几代数学家和科学家的共同努力, 接力传承, 科技才能有突破、创新, 为人类发展做出贡献.

复习题5

(A)

1. 判断题

(1) 正交矩阵一定是对称矩阵. ( )

(2) 正交矩阵的行 (或列) 向量组必定是标准正交向量组. ( )

(3) 矩阵 $\boldsymbol{A}$ 的属于一个特征值的特征向量不止一个, 同样, $\boldsymbol{A}$ 的一个特征向量对应 $\boldsymbol{A}$ 的特征值也不止一个. ( )

(4) 矩阵 $\boldsymbol{A}$ 的属于不同特征值的特征向量的线性组合也必是 $\boldsymbol{A}$ 的特征向量. ( )

(5) 若向量 $\boldsymbol{x}$ 是矩阵 $\boldsymbol{A}, \boldsymbol{B}$ 的特征向量, 则 $\boldsymbol{x}$ 也是 $\boldsymbol{A}+\boldsymbol{B}$ 的特征向量. ( )

(6) 相似矩阵有相同的特征值, 必有相同的特征向量. ( )

(7) 实矩阵的特征值一定是实数. ( )

(8) 实对称矩阵的特征向量一定是实向量. ( )

2. 填空题

(1) 已知向量 $\boldsymbol{a}=\begin{pmatrix}1\\0\\-2\end{pmatrix}$, $\boldsymbol{b}=\begin{pmatrix}-4\\2\\3\end{pmatrix}$, 设向量 $\boldsymbol{c}$ 与 $\boldsymbol{a}$ 正交, 且 $\boldsymbol{b}=\lambda\boldsymbol{a}+\boldsymbol{c}$, 则 $\lambda=$__________.

(2) 设 $\boldsymbol{A}$ 是五阶正交矩阵, 则 $|-2\boldsymbol{A}|=$__________ .

(3) 设 $\boldsymbol{\alpha}=\begin{pmatrix}1\\1\end{pmatrix}$ 是矩阵 $\boldsymbol{A}=\begin{pmatrix}a&2\\0&b\end{pmatrix}$ 的属于特征值 $\lambda=3$ 的特征向量, 则 $(a,b)=$__________.

(4) 设方阵 $\boldsymbol{A}=\begin{pmatrix}1&2&0&0\\3&4&0&0\\0&0&5&6\\0&0&7&x\end{pmatrix}$ 有一个特征值 $\lambda=2$, 则 $x=$__________.

(5) 设 3 阶方阵 $\boldsymbol{A}$ 的特征值为 $1,-1,2$, 则 $\boldsymbol{A}^2-2\boldsymbol{A}+4\boldsymbol{E}$ 的特征值为__________; $\left|\boldsymbol{A}^2-2\boldsymbol{A}+4\boldsymbol{E}\right|=$__________.

(6) 设 $\boldsymbol{A}$ 是 n 阶方阵, $|\boldsymbol{A}|\neq 0$, $\boldsymbol{A}^*$ 为 $\boldsymbol{A}$ 的伴随矩阵, 若 $\boldsymbol{A}$ 有特征值 λ, 则 $(\boldsymbol{A}^*)^2+\boldsymbol{E}$ 必有特征值__________.

(7) 若三阶方阵 $\boldsymbol{A}$ 的特征值为 1, -1, 3, 对应的特征向量为 $\boldsymbol{\alpha}_1$, $\boldsymbol{\alpha}_2$, $\boldsymbol{\alpha}_3$, 则 $(\boldsymbol{A}+2\boldsymbol{E})^{-1}$ 的特征值为__________; $(\boldsymbol{A}+2\boldsymbol{E})^{-1}$ 的特征向量为__________.

(8) 设 $\boldsymbol{\alpha}=(1,\ 1,\ 1)^{\mathrm{T}}$, $\boldsymbol{\beta}=(1,\ 0,\ k)^{\mathrm{T}}$, 若 $\boldsymbol{\alpha}\boldsymbol{\beta}^{\mathrm{T}}$ 相似于 $\begin{pmatrix}3&0&0\\0&0&0\\0&0&0\end{pmatrix}$, 则 $k=$__________.

(9) 已知矩阵 $\boldsymbol{A}\sim\boldsymbol{B}$, $\boldsymbol{B}=\begin{pmatrix}1&1&1\\0&2&1\\1&1&2\end{pmatrix}$, 则 $R(\boldsymbol{A}+\boldsymbol{E})=$__________.

(10) 如果矩阵 $\boldsymbol{A}$ 与对角矩阵 $\boldsymbol{\Lambda}=\mathrm{diag}(-1,\ -1,\ 1)$ 相似, 则 $\boldsymbol{A}^{500}=$__________.

3. 选择题

(1) 设 $\boldsymbol{A}$、$\boldsymbol{B}$ 为正交矩阵, 则下列矩阵不是正交矩阵的是 (　　).

(A) $\boldsymbol{A}^{\mathrm{T}}$　　(B) $\boldsymbol{B}^{-1}$

(C) $\boldsymbol{A}^{\mathrm{T}}+\boldsymbol{B}^{-1}$　　(D) $\boldsymbol{A}^{-1}\boldsymbol{B}^{\mathrm{T}}$

(2) 设 $\boldsymbol{A}$ 是三阶可逆矩阵, 且 $\boldsymbol{A}^{-1}$ 的特征值为 -1, -2, 1, 则 $|\boldsymbol{A}|$ 主对角线上元素的代数余子式之和 $A_{11}+A_{22}+A_{33}=$(　　).

(A) -2　　(B) -1

(C) 0　　(D) 1

(3) 设三阶矩阵 $\boldsymbol{A}$ 的特征值为 1, 2, 3, 则下列矩阵不可逆的是 (　　).

(A) $3\boldsymbol{E}+\boldsymbol{A}$　　(B) $\boldsymbol{E}-2\boldsymbol{A}$

(C) $3\boldsymbol{E}-2\boldsymbol{A}$　　(D) $\boldsymbol{E}-\boldsymbol{A}$

(4) 设矩阵 $\boldsymbol{A}\sim\boldsymbol{B}$, 则必有 (　　).

(A) $\lambda\boldsymbol{E}-\boldsymbol{A}=\lambda\boldsymbol{E}-\boldsymbol{B}$　　(B) $\boldsymbol{A}$ 与 $\boldsymbol{B}$ 有相同的特征值和特征向量

(C) $\boldsymbol{A}$ 与 $\boldsymbol{B}$ 都相似于一个对角阵　　(D) 对任意常数 t, $t\boldsymbol{E}-\boldsymbol{A}$ 与 $t\boldsymbol{E}-\boldsymbol{B}$ 都相似

(5) 设 $\boldsymbol{A}, \boldsymbol{B}$ 是可逆矩阵, 且 $\boldsymbol{A}$ 与 $\boldsymbol{B}$ 相似, 则下列结论错误的是 (　　).

(A) $\boldsymbol{A}^{\mathrm{T}}$ 与 $\boldsymbol{B}^{\mathrm{T}}$ 相似　　(B) $\boldsymbol{A}^{-1}$ 与 $\boldsymbol{B}^{-1}$ 相似

(C) $\boldsymbol{A}+\boldsymbol{A}^{\mathrm{T}}$ 与 $\boldsymbol{B}+\boldsymbol{B}^{\mathrm{T}}$ 相似　　(D) $\boldsymbol{A}+\boldsymbol{A}^{-1}$ 与 $\boldsymbol{B}+\boldsymbol{B}^{-1}$ 相似

(6) 设 $\boldsymbol{\alpha}$ 是 n 维单位列向量, $\boldsymbol{E}$ 为 n 阶单位矩阵, 则有 (　　).

(A) $\boldsymbol{E}-\boldsymbol{\alpha}\boldsymbol{\alpha}^{\mathrm{T}}$ 不可逆　　(B) $\boldsymbol{E}+\boldsymbol{\alpha}\boldsymbol{\alpha}^{\mathrm{T}}$ 不可逆

(C) $\boldsymbol{E}+2\boldsymbol{\alpha}\boldsymbol{\alpha}^{\mathrm{T}}$ 不可逆　　(D) $\boldsymbol{E}-2\boldsymbol{\alpha}\boldsymbol{\alpha}^{\mathrm{T}}$

(7) 设矩阵 $\boldsymbol{A}=\begin{pmatrix}2&0&0\\0&2&1\\0&0&1\end{pmatrix}$, $\boldsymbol{B}=\begin{pmatrix}2&1&0\\0&2&0\\0&0&1\end{pmatrix}$, $\boldsymbol{C}=\begin{pmatrix}1&0&0\\0&2&0\\0&0&2\end{pmatrix}$, 则 (　　).

(A) $\boldsymbol{A}$ 与 $\boldsymbol{C}$ 相似, $\boldsymbol{B}$ 与 $\boldsymbol{C}$ 相似　　(B) $\boldsymbol{A}$ 与 $\boldsymbol{C}$ 相似, $\boldsymbol{B}$ 与 $\boldsymbol{C}$ 不相似

(C) $\boldsymbol{A}$ 与 $\boldsymbol{C}$ 不相似, $\boldsymbol{B}$ 与 $\boldsymbol{C}$ 相似　　(D) $\boldsymbol{A}$ 与 $\boldsymbol{C}$ 不相似, $\boldsymbol{B}$ 与 $\boldsymbol{C}$ 不相似

(8) 若三阶矩阵 $\boldsymbol{A}\sim\boldsymbol{B}$, $\boldsymbol{A}$ 的伴随矩阵 $\boldsymbol{A}^*$ 的特征值为 2, −3, −6, 则 $|\boldsymbol{B}-\boldsymbol{E}|=$(　　).

(A) 6　　(B) −6

(C) 12　　(D) 0 或 12

(9) 已知三阶矩阵 $\boldsymbol{A}$ 的特征值为 2, −3, 1, 它们对应的特征向量分别为 $\boldsymbol{\alpha}_1$, $\boldsymbol{\alpha}_2$, $\boldsymbol{\alpha}_3$, 若令 $\boldsymbol{P}=(3\boldsymbol{\alpha}_3,\ -2\boldsymbol{\alpha}_2,\ 4\boldsymbol{\alpha}_1)$, 则 $\boldsymbol{P}^{-1}\boldsymbol{A}\boldsymbol{P}=$(　　).

(A) $\begin{pmatrix}2&0&0\\0&-3&0\\0&0&1\end{pmatrix}$　　(B) $\begin{pmatrix}6&0&0\\0&6&0\\0&0&4\end{pmatrix}$

(C) $\begin{pmatrix}1&0&0\\0&-3&0\\0&0&2\end{pmatrix}$　　(D) $\begin{pmatrix}3&0&0\\0&6&0\\0&0&8\end{pmatrix}$

4. 用施密特正交化方法将下列向量组标准正交化.

(1) $\boldsymbol{\alpha}_1=(1,\ -1,\ 1,\ 1)^{\mathrm{T}}$, $\boldsymbol{\alpha}_2=(1,\ 0,\ 1,\ 0)^{\mathrm{T}}$, $\boldsymbol{\alpha}_3=(2,\ 1,\ -2,\ 0)^{\mathrm{T}}$;

(2) $(\boldsymbol{\alpha}_1,\boldsymbol{\alpha}_2,\boldsymbol{\alpha}_3)=\begin{pmatrix}1&1&1\\0&1&1\\0&0&1\end{pmatrix}$;　　(3) $(\boldsymbol{\alpha}_1,\boldsymbol{\alpha}_2,\boldsymbol{\alpha}_3)=\begin{pmatrix}1&1&-1\\0&-1&1\\-1&0&1\\1&1&0\end{pmatrix}$.

5. 设 x 为 n 维单位列向量, 令 $\boldsymbol{H}=\boldsymbol{E}-2xx^{\mathrm{T}}$, 证明 $\boldsymbol{H}$ 是对称的正交矩阵.

6. 设 n 阶矩阵 $\boldsymbol{A}=\begin{pmatrix}1&a&\cdots&a\\a&1&\cdots&a\\\vdots&\vdots&&\vdots\\a&a&\cdots&1\end{pmatrix}$, 求 $\boldsymbol{A}$ 的所有特征值和特征向量.

7. 已知 $\lambda=0$ 是矩阵 $\boldsymbol{A}=\begin{pmatrix}3&2&-2\\-k&1&k\\4&k&-3\end{pmatrix}$ 的特征值, 判断 $\boldsymbol{A}$ 能否对角化? 并说明

理由.

8. 设矩阵 $\boldsymbol{A}=\begin{pmatrix}0&2&-3\\-1&3&-3\\1&-2&a\end{pmatrix}$ 相似于矩阵 $\boldsymbol{B}=\begin{pmatrix}1&-2&0\\0&b&0\\0&3&1\end{pmatrix}$.

(1) 求 a,b 的值;

(2) 求可逆矩阵 $\boldsymbol{P}$ 使得 $\boldsymbol{P}^{-1}\boldsymbol{AP}$ 为对角阵.

9. 设矩阵 $\boldsymbol{A}=\begin{pmatrix}1&-2&-4\\-2&x&-2\\-4&-2&1\end{pmatrix}$ 与对角阵 $\boldsymbol{\Lambda}=\begin{pmatrix}5&0&0\\0&-4&0\\0&0&y\end{pmatrix}$ 相似, 求 x,y 及正交矩阵 $\boldsymbol{P}$, 使得 $\boldsymbol{P}^{-1}\boldsymbol{AP}=\boldsymbol{\Lambda}$.

10. 设矩阵 $\boldsymbol{A}=\begin{pmatrix}2&1&-4\\1&-1&1\\-4&1&a\end{pmatrix}$ 的秩 $R(\boldsymbol{A})=2$, 求 a 及一个正交矩阵 P 使得 $\boldsymbol{P}^{-1}\boldsymbol{AP}$ 为对角阵.

11. 设有矩阵 $\boldsymbol{A}=\begin{pmatrix}2&0&0\\0&2&1\\0&1&x\end{pmatrix}$, 已知 $\boldsymbol{A}$ 的一个特征值为 1.

(1) 求 x;

(2) 求矩阵 $\boldsymbol{P}$, 使 $(\boldsymbol{AP})^{\mathrm{T}}(\boldsymbol{AP})$ 为对角阵.

12. 设 $\boldsymbol{A}$ 为三阶实对称矩阵, $R(\boldsymbol{A})=2$, 且 $\boldsymbol{A}\begin{pmatrix}1&1\\0&0\\-1&1\end{pmatrix}=\begin{pmatrix}-1&1\\0&0\\1&1\end{pmatrix}$.

(1) 求 $\boldsymbol{A}$ 的所有特征值和特征向量;

(2) 求矩阵 $\boldsymbol{A}$.

(B)

1. 判断题

(1) 齐次方程 $(\lambda_0\boldsymbol{E}-\boldsymbol{A})\boldsymbol{x}=\boldsymbol{0}$ 的通解就是 $\boldsymbol{A}$ 的属于特征值 λ_0 的所有特征向量. (　　)

(2) 若数 λ_0 是矩阵 $\boldsymbol{A}$ 的 r 重特征值, 那么 $\boldsymbol{A}$ 的属于 λ_0 的线性无关的特征向量必有 r 个. (　　)

(3) 设 $\lambda_1,\lambda_2,\cdots,\lambda_n$ 是 n 阶矩阵 $\boldsymbol{A}$ 的 n 个互异的特征值, 其对应的特征向量为 $\boldsymbol{p}_1$, $\boldsymbol{p}_2,\cdots,\boldsymbol{p}_n$, 则 $k_1\boldsymbol{p}_1+k_2\boldsymbol{p}_2+\cdots+k_n\boldsymbol{p}_n$ $(k_1,k_2,\cdots,k_n$ 不全为零) 就是 $\boldsymbol{A}$ 的全部特征向量. (　　)

(4) 设 $\boldsymbol{A}$、$\boldsymbol{B}$ 为同阶方阵, 若 λ 是矩阵 $\boldsymbol{A}$, $\boldsymbol{B}$ 的特征值, 则 λ 也是 $\boldsymbol{A}+\boldsymbol{B}$ 的特征值. (　　)

(5) 如果一个方阵有零特征值, 那么这个矩阵不能对角化. (　　)

(6) n 阶实对称矩阵总有 n 个互不相同的特征值, 所以总能对角化. (　　)

(7) 实对称矩阵的特征值都是实数, 属于各个特征值的特征向量可以取实向量. (　　)

(8) n 阶实对称矩阵总有 n 个两两正交的特征向量. (　　)

2. 填空题

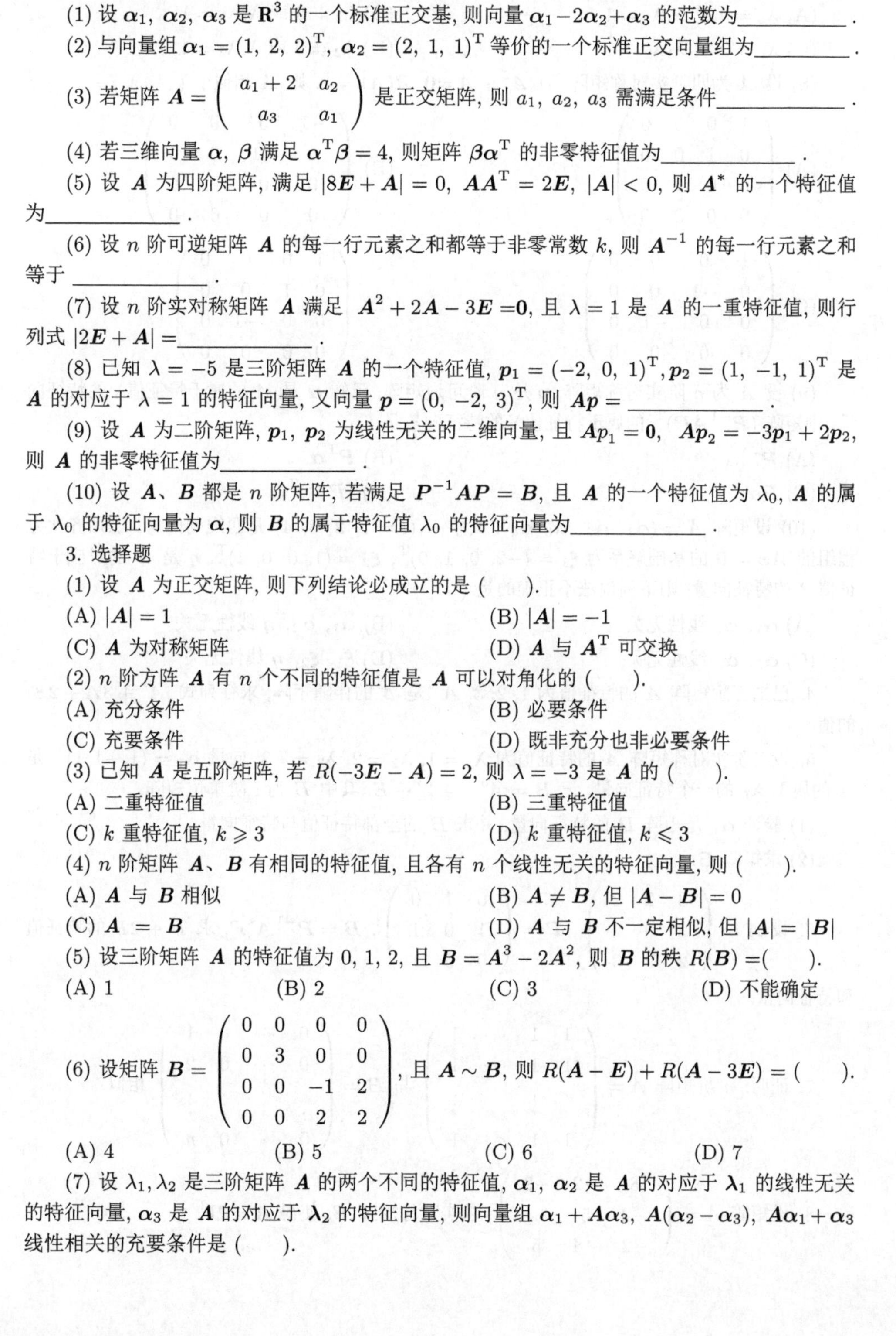

(1) 设 $\boldsymbol{\alpha}_1, \boldsymbol{\alpha}_2, \boldsymbol{\alpha}_3$ 是 $\mathbf{R}^3$ 的一个标准正交基, 则向量 $\boldsymbol{\alpha}_1-2\boldsymbol{\alpha}_2+\boldsymbol{\alpha}_3$ 的范数为________.

(2) 与向量组 $\boldsymbol{\alpha}_1=(1, 2, 2)^{\mathrm{T}}, \boldsymbol{\alpha}_2=(2, 1, 1)^{\mathrm{T}}$ 等价的一个标准正交向量组为________.

(3) 若矩阵 $\boldsymbol{A}=\begin{pmatrix} a_1+2 & a_2 \\ a_3 & a_1 \end{pmatrix}$ 是正交矩阵, 则 a_1, a_2, a_3 需满足条件________.

(4) 若三维向量 $\boldsymbol{\alpha}, \boldsymbol{\beta}$ 满足 $\boldsymbol{\alpha}^{\mathrm{T}}\boldsymbol{\beta}=4$, 则矩阵 $\boldsymbol{\beta}\boldsymbol{\alpha}^{\mathrm{T}}$ 的非零特征值为________.

(5) 设 $\boldsymbol{A}$ 为四阶矩阵, 满足 $|8\boldsymbol{E}+\boldsymbol{A}|=0,\ \boldsymbol{A}\boldsymbol{A}^{\mathrm{T}}=2\boldsymbol{E},\ |\boldsymbol{A}|<0$, 则 $\boldsymbol{A}^*$ 的一个特征值为________.

(6) 设 n 阶可逆矩阵 $\boldsymbol{A}$ 的每一行元素之和都等于非零常数 k, 则 $\boldsymbol{A}^{-1}$ 的每一行元素之和等于 ________.

(7) 设 n 阶实对称矩阵 $\boldsymbol{A}$ 满足 $\boldsymbol{A}^2+2\boldsymbol{A}-3\boldsymbol{E}=\boldsymbol{0}$, 且 $\lambda=1$ 是 $\boldsymbol{A}$ 的一重特征值, 则行列式 $|2\boldsymbol{E}+\boldsymbol{A}|=$________.

(8) 已知 $\lambda=-5$ 是三阶矩阵 $\boldsymbol{A}$ 的一个特征值, $\boldsymbol{p}_1=(-2, 0, 1)^{\mathrm{T}}, \boldsymbol{p}_2=(1, -1, 1)^{\mathrm{T}}$ 是 $\boldsymbol{A}$ 的对应于 $\lambda=1$ 的特征向量, 又向量 $\boldsymbol{p}=(0, -2, 3)^{\mathrm{T}}$, 则 $\boldsymbol{A}\boldsymbol{p}=$ ________.

(9) 设 $\boldsymbol{A}$ 为二阶矩阵, $\boldsymbol{p}_1, \boldsymbol{p}_2$ 为线性无关的二维向量, 且 $\boldsymbol{A}\boldsymbol{p}_1=\boldsymbol{0},\ \boldsymbol{A}\boldsymbol{p}_2=-3\boldsymbol{p}_1+2\boldsymbol{p}_2$, 则 $\boldsymbol{A}$ 的非零特征值为________.

(10) 设 $\boldsymbol{A}$、$\boldsymbol{B}$ 都是 n 阶矩阵, 若满足 $\boldsymbol{P}^{-1}\boldsymbol{A}\boldsymbol{P}=\boldsymbol{B}$, 且 $\boldsymbol{A}$ 的一个特征值为 λ_0, $\boldsymbol{A}$ 的属于 λ_0 的特征向量为 $\boldsymbol{\alpha}$, 则 $\boldsymbol{B}$ 的属于特征值 λ_0 的特征向量为________.

3. 选择题

(1) 设 $\boldsymbol{A}$ 为正交矩阵, 则下列结论必成立的是 ( ).

(A) $|\boldsymbol{A}|=1$　　(B) $|\boldsymbol{A}|=-1$

(C) $\boldsymbol{A}$ 为对称矩阵　　(D) $\boldsymbol{A}$ 与 $\boldsymbol{A}^{\mathrm{T}}$ 可交换

(2) n 阶方阵 $\boldsymbol{A}$ 有 n 个不同的特征值是 $\boldsymbol{A}$ 可以对角化的 ( ).

(A) 充分条件　　(B) 必要条件

(C) 充要条件　　(D) 既非充分也非必要条件

(3) 已知 $\boldsymbol{A}$ 是五阶矩阵, 若 $R(-3\boldsymbol{E}-\boldsymbol{A})=2$, 则 $\lambda=-3$ 是 $\boldsymbol{A}$ 的 ( ).

(A) 二重特征值　　(B) 三重特征值

(C) k 重特征值, $k\geqslant 3$　　(D) k 重特征值, $k\leqslant 3$

(4) n 阶矩阵 $\boldsymbol{A}$、$\boldsymbol{B}$ 有相同的特征值, 且各有 n 个线性无关的特征向量, 则 ( ).

(A) $\boldsymbol{A}$ 与 $\boldsymbol{B}$ 相似　　(B) $\boldsymbol{A}\neq\boldsymbol{B}$, 但 $|\boldsymbol{A}-\boldsymbol{B}|=0$

(C) $\boldsymbol{A}=\boldsymbol{B}$　　(D) $\boldsymbol{A}$ 与 $\boldsymbol{B}$ 不一定相似, 但 $|\boldsymbol{A}|=|\boldsymbol{B}|$

(5) 设三阶矩阵 $\boldsymbol{A}$ 的特征值为 0, 1, 2, 且 $\boldsymbol{B}=\boldsymbol{A}^3-2\boldsymbol{A}^2$, 则 $\boldsymbol{B}$ 的秩 $R(\boldsymbol{B})=$( ).

(A) 1　　(B) 2　　(C) 3　　(D) 不能确定

(6) 设矩阵 $\boldsymbol{B}=\begin{pmatrix} 0 & 0 & 0 & 0 \\ 0 & 3 & 0 & 0 \\ 0 & 0 & -1 & 2 \\ 0 & 0 & 2 & 2 \end{pmatrix}$, 且 $\boldsymbol{A}\sim\boldsymbol{B}$, 则 $R(\boldsymbol{A}-\boldsymbol{E})+R(\boldsymbol{A}-3\boldsymbol{E})=$ ( ).

(A) 4　　(B) 5　　(C) 6　　(D) 7

(7) 设 λ_1, λ_2 是三阶矩阵 $\boldsymbol{A}$ 的两个不同的特征值, $\boldsymbol{\alpha}_1, \boldsymbol{\alpha}_2$ 是 $\boldsymbol{A}$ 的对应于 $\boldsymbol{\lambda}_1$ 的线性无关的特征向量, $\boldsymbol{\alpha}_3$ 是 $\boldsymbol{A}$ 的对应于 $\boldsymbol{\lambda}_2$ 的特征向量, 则向量组 $\boldsymbol{\alpha}_1+\boldsymbol{A}\boldsymbol{\alpha}_3,\ \boldsymbol{A}(\boldsymbol{\alpha}_2-\boldsymbol{\alpha}_3),\ \boldsymbol{A}\boldsymbol{\alpha}_1+\boldsymbol{\alpha}_3$ 线性相关的充要条件是 ( ).

(A) $\lambda_1 = 0$ 或 $\lambda_1\lambda_2 = 1$　　　　(B) $\lambda_2 = 0$ 或 $\lambda_1\lambda_2 = 1$

(C) $\lambda_1 \neq 0$ 或 $\lambda_1\lambda_2 \neq 1$　　　　(D) $\lambda_2 \neq 0$ 或 $\lambda_1\lambda_2 \neq 1$

(8) 设 $\boldsymbol{A}$ 为四阶实对称矩阵, 且 $\boldsymbol{A}^2 + \boldsymbol{A} = \boldsymbol{0}$, $R(\boldsymbol{A}) = 3$, 则 $\boldsymbol{A}$ 相似于 (　　).

(A) $\begin{pmatrix} 1 & 0 & 0 & 0 \\ 0 & 1 & 0 & 0 \\ 0 & 0 & 1 & 0 \\ 0 & 0 & 0 & 0 \end{pmatrix}$　　　　(B) $\begin{pmatrix} -1 & 0 & 0 & 0 \\ 0 & -1 & 0 & 0 \\ 0 & 0 & -1 & 0 \\ 0 & 0 & 0 & 0 \end{pmatrix}$

(C) $\begin{pmatrix} 1 & 0 & 0 & 0 \\ 0 & -1 & 0 & 0 \\ 0 & 0 & -1 & 0 \\ 0 & 0 & 0 & 0 \end{pmatrix}$　　　　(D) $\begin{pmatrix} 1 & 0 & 0 & 0 \\ 0 & 1 & 0 & 0 \\ 0 & 0 & -1 & 0 \\ 0 & 0 & 0 & 0 \end{pmatrix}$

(9) 设 $\boldsymbol{A}$ 为 n 阶实对称矩阵, $\boldsymbol{p}$ 是 n 阶可逆矩阵, 已知 $\boldsymbol{\alpha}$ 是 $\boldsymbol{A}$ 的属于特征值λ 的特征向量, 则矩阵 $(\boldsymbol{P}^{-1}\boldsymbol{AP})^{\mathrm{T}}$ 的属于特征值λ 的特征向量是 (　　).

(A) $\boldsymbol{P}^{-1}\boldsymbol{\alpha}$　　　　(B) $\boldsymbol{P}^{\mathrm{T}}\boldsymbol{\alpha}$

(C) $\boldsymbol{P}\alpha$　　　　(D) $(\boldsymbol{P}^{-1})^{\mathrm{T}}\boldsymbol{\alpha}$

(10) 设矩阵 $\boldsymbol{A} = (\boldsymbol{\alpha}_1,\ \boldsymbol{\alpha}_2,\ \boldsymbol{\alpha}_3, \boldsymbol{\alpha}_4)$, 其中 $\boldsymbol{\alpha}_i (i = 1,\ 2,\ 3,\ 4)$ 是四维列向量. 已知齐次方程组的 $\boldsymbol{Ax} = \boldsymbol{0}$ 的基础解系为 $\boldsymbol{\xi}_1 = (-2,\ 0,\ 1,\ 0)^{\mathrm{T}}$, $\boldsymbol{\xi}_2 = (1,\ 0,\ 0,\ 1)^{\mathrm{T}}$, $\boldsymbol{\eta}$ 是 $\boldsymbol{A}$ 的对应于特征值 2 的特征向量, 则下列说法不正确的是 (　　).

(A) $\boldsymbol{\alpha}_1,\ \boldsymbol{\alpha}_2$ 线性无关　　　　(B) $\boldsymbol{\alpha}_1,\ \boldsymbol{\alpha}_2,\ \boldsymbol{\eta}$ 线性无关

(C) $\boldsymbol{\alpha}_2,\ \boldsymbol{\alpha}_3$ 线性无关　　　　(D) $\boldsymbol{\xi}_1,\ \boldsymbol{\xi}_2,\ \boldsymbol{\eta}$ 线性无关

4. 已知三阶矩阵 $\boldsymbol{A}$ 的特征值为 1, 2, 3, $\boldsymbol{A}^*$ 是 $\boldsymbol{A}$ 的伴随矩阵, 求行列式 $|\boldsymbol{A}^* + 3\boldsymbol{A} + 2\boldsymbol{E}|$ 的值.

5. 设三阶实对称矩阵 $\boldsymbol{A}$ 的特征值为 $\boldsymbol{\lambda}_1 = 1$, $\boldsymbol{\lambda}_2 = 2$, $\boldsymbol{\lambda}_3 = -2$, 向量 $\boldsymbol{\alpha}_1 = (1, -1, 1)^{\mathrm{T}}$ 是 $\boldsymbol{A}$ 的属于 $\boldsymbol{\lambda}_1$ 的一个特征向量, 记 $\boldsymbol{B} = \boldsymbol{A}^5 - 4\boldsymbol{A}^3 + \boldsymbol{E}$, 其中 $\boldsymbol{E}$ 为三阶单位矩阵.

(1) 验证 $\boldsymbol{\alpha}_1$ 是矩阵 $\boldsymbol{B}$ 的特征向量, 并求 $\boldsymbol{B}$ 的全部特征值与特征向量;

(2) 求矩阵 $\boldsymbol{B}$.

6. 设 $\boldsymbol{A} = \begin{pmatrix} 3 & 2 & 2 \\ 2 & 3 & 2 \\ 2 & 2 & 3 \end{pmatrix}$, $\boldsymbol{P} = \begin{pmatrix} 0 & 1 & 0 \\ 1 & 0 & 1 \\ 0 & 0 & 1 \end{pmatrix}$, $\boldsymbol{B} = \boldsymbol{P}^{-1}\boldsymbol{A}^*\boldsymbol{P}$, 求 $\boldsymbol{B} + 2\boldsymbol{E}$ 的特征值和特征向量.

7. 证明: n 阶矩阵 $\boldsymbol{A} = \begin{pmatrix} 1 & 1 & \cdots & 1 \\ 1 & 1 & \cdots & 1 \\ \vdots & \vdots & & \vdots \\ 1 & 1 & \cdots & 1 \end{pmatrix}$ 与 $\boldsymbol{B} = \begin{pmatrix} 0 & \cdots & 0 & 1 \\ 0 & \cdots & 0 & 2 \\ \vdots & & \vdots & \vdots \\ 0 & \cdots & 0 & n \end{pmatrix}$ 相似.

8. 设矩阵 $\boldsymbol{A} = \begin{pmatrix} 8 & -2 & -2 \\ -2 & 5 & -4 \\ -2 & -4 & 5 \end{pmatrix}$, 求实对称矩阵 $\boldsymbol{B}$, 使得 $\boldsymbol{A} = \boldsymbol{B}^2$.

9. 设矩阵 $\boldsymbol{A}=\begin{pmatrix}1&0&1\\0&2&0\\1&0&1\end{pmatrix}$, $\boldsymbol{B}=(k\boldsymbol{E}+\boldsymbol{A})^2$, k 为实数, 求对角矩阵 $\boldsymbol{\varLambda}$, 使得 $\boldsymbol{B}\sim\boldsymbol{\varLambda}$.

10. 设 $\boldsymbol{A}\in\mathbf{R}^{m\times n}$, 且存在自然数 k, 使 $(\boldsymbol{A}^{\mathrm{T}}\boldsymbol{A})^k=\mathbf{0}$, 试证 $\boldsymbol{A}=\boldsymbol{O}$.

11. 设 $\boldsymbol{A}, \boldsymbol{B}, \boldsymbol{C}, \boldsymbol{D}$ 均为 n 阶方阵, 若 $\boldsymbol{A}\sim\boldsymbol{B}$, $\boldsymbol{C}\sim\boldsymbol{D}$, 证明分块矩阵 $\begin{pmatrix}\boldsymbol{A}&\boldsymbol{O}\\\boldsymbol{O}&\boldsymbol{C}\end{pmatrix}$ 与 $\begin{pmatrix}\boldsymbol{B}&\boldsymbol{O}\\\boldsymbol{O}&\boldsymbol{D}\end{pmatrix}$ 相似.

12. 设三阶矩阵 $A=(\boldsymbol{\alpha}_1,\boldsymbol{\alpha}_2,\boldsymbol{\alpha}_3)$ 有三个不同的特征值, 且 $\boldsymbol{\alpha}_3=\boldsymbol{\alpha}_1+2\boldsymbol{\alpha}_2$,

(1) 证明 $R(\boldsymbol{A})=2$;

(2) 若 $\boldsymbol{\beta}=\boldsymbol{\alpha}_1+\boldsymbol{\alpha}_2+\boldsymbol{\alpha}_3$, 求方程组 $\boldsymbol{A}\boldsymbol{x}=\boldsymbol{\beta}$ 的通解.

13. 已知矩阵 $\boldsymbol{A}=\begin{pmatrix}0&-1&1\\2&-3&0\\0&0&0\end{pmatrix}$.

(1) 求 $\boldsymbol{A}^{99}$;

(2) 设三阶矩阵 $\boldsymbol{B}=(\boldsymbol{\alpha}_1,\boldsymbol{\alpha}_2,\boldsymbol{\alpha}_3)$ 满足 $\boldsymbol{B}^2=\boldsymbol{B}\boldsymbol{A}$, 记 $\boldsymbol{B}^{100}=(\boldsymbol{\beta}_1,\boldsymbol{\beta}_2,\boldsymbol{\beta}_3)$, 将 $\boldsymbol{\beta}_1,\boldsymbol{\beta}_2,\boldsymbol{\beta}_3$ 分别表示为 $\boldsymbol{\alpha}_1,\boldsymbol{\alpha}_2,\boldsymbol{\alpha}_3$ 的线性组合.

14. 设矩阵 $\boldsymbol{A}=\boldsymbol{E}+\boldsymbol{\alpha}\boldsymbol{\beta}^{\mathrm{T}}$, 其中 $\boldsymbol{\alpha},\boldsymbol{\beta}$ 均为 n 维列向量, $\boldsymbol{E}$ 为 n 阶单位矩阵, 且 $\boldsymbol{\alpha}^{\mathrm{T}}\boldsymbol{\beta}=0$. (1) 证明 $\boldsymbol{A}$ 可逆, 且写出 $\boldsymbol{A}^{-1}$; (2) 求 $\boldsymbol{A}^k$, 其中 $k\geqslant 2, k$ 为正整数.

15. 某试验性生产线每年 1 月份进行熟练工与非熟练工的人数统计, 然后将 1/6 熟练工支援到其他生产部门, 其缺额由新招收的非熟练工补齐, 新、老非熟练工经过培训及实践至年终考核有 2/5 成为熟练工. 设第 n 年 1 月份统计的熟练工和非熟练工所占百分比分别为 x_n, y_n, 记为向量 $\begin{pmatrix}x_n\\y_n\end{pmatrix}$.

(1) 求 $\begin{pmatrix}x_{n+1}\\y_{n+1}\end{pmatrix}$ 与 $\begin{pmatrix}x_n\\y_n\end{pmatrix}$ 的关系式, 并写成矩阵形式 $\begin{pmatrix}x_{n+1}\\y_{n+1}\end{pmatrix}=\boldsymbol{A}\begin{pmatrix}x_n\\y_n\end{pmatrix}$;

(2) 验证 $\boldsymbol{\eta}_1=\begin{pmatrix}4\\1\end{pmatrix}$, $\boldsymbol{\eta}_2=\begin{pmatrix}-1\\1\end{pmatrix}$ 是 $\boldsymbol{A}$ 的两个线性无关的特征向量, 并求出相应的特征值;

(3) 当 $\begin{pmatrix}x_1\\y_1\end{pmatrix}=\begin{pmatrix}1/2\\1/2\end{pmatrix}$ 时, 求 $\begin{pmatrix}x_{n+1}\\y_{n+1}\end{pmatrix}$.

复习题5(A) 第11, 12题解答

复习题5(B) 第7, 8题证明

复习题5(B) 第9, 11题证明

*5 拓 展 知 识

*5.4 特征值与特征向量的 MATLAB 程序示例

5.4.1 正交的程序示例

【例 1】 已知 $\boldsymbol{a}_1=(1,1,1)^{\mathrm{T}}$, $\boldsymbol{a}_2=(1,0,-1)^{\mathrm{T}}$, 求 $\boldsymbol{a}_3$, 使 $\boldsymbol{a}_1$, $\boldsymbol{a}_2$, $\boldsymbol{a}_3$ 成为 $\mathbf{R}^3$ 的一组正交基.

解 MATLAB 命令为

```
a1 = [1,1,1]';
a2 = [1,0,-1]';
Z = null([a1,a2]');
Z = null([a1,a2]', r);
```

运行结果为

```
Z =
    0.4082
   -0.8165
    0.4082
Z =
      1
     -2
      1
```

说明 结果中前者是后者 $(1,-2,1)^{\mathrm{T}}$ 标准化后所得到的单位向量, 即 $\alpha_3=\dfrac{1}{\sqrt{6}}(1,-2,1)^{\mathrm{T}}$.

【例 2】 已知 $\boldsymbol{a}_1=(1,1,1)^{\mathrm{T}}$, $\boldsymbol{a}_2=(1,0,-1)^{\mathrm{T}}$, $\boldsymbol{a}_3=(0,1,-1)^{\mathrm{T}}$, 求对应的标准正交向量组.

解 MATLAB 命令为

```
a1 = [1,1,1]';
a2 = [1,0,-1]';
a3 = [0,1,-1]';
Q = orth([a1,a2,a3])
```

运行结果为

```
Q =
    0.4082   -0.5774    0.7071
    0.4082   -0.5774   -0.7071
   -0.8165   -0.5774   -0.0000
```

说明 orth() 是内置函数, 功能是根据矩阵求标准正交基; 该函数不是基于 Gram-Schmidt 正交化方法实现的.

【例 3】 求正交矩阵 $\boldsymbol{P}$ 和对角矩阵 $\boldsymbol{\Lambda}$, 将实对称矩阵 $\boldsymbol{A}=\begin{pmatrix}8&1&6\\1&5&7\\6&7&2\end{pmatrix}$ 正交对角化为 $\boldsymbol{\Lambda}$.

解 MATLAB 命令为

```
A = [8,1,6;1,5,7;6,7,2];
[P, D1] = eig(A)
D2 = P^-1*A*P
```

运行结果为

```
P =
   -0.3240   -0.7056   -0.6302
   -0.5188    0.6896   -0.5053
    0.7911    0.1633   -0.5895
D1 =
   -5.0484         0         0
         0    5.6343         0
         0         0   14.4142
D2 =
   -5.0484    0.0000    0.0000
    0.0000    5.6343    0.0000
    0.0000    0.0000   14.4142
```

说明 该方法中将特征向量组合作为正交矩阵 $\boldsymbol{P}$; 还有一做法是将其进一步 QR 分解得到一正交矩阵; **D**1 和 **D**2 都是对角矩阵 $\boldsymbol{\Lambda}$.

5.4.2 特征值与特征向量的程序示例

【例 4】 求矩阵 $\boldsymbol{A}=\begin{pmatrix}1&1&2\\-1&2&1\\0&1&3\end{pmatrix}$ 的特征值和特征向量, 并求 $\boldsymbol{A}^2$, $\boldsymbol{A}^3$

和 $\boldsymbol{A}^{-1}$ 的特征值.

解　MATLAB 命令为

```
A = [1,1,2;-1,2,1;0,1,3];
[V, D] = eig(A)
D_A = eig(A)
D_A2 = eig(A^2)
D_A3 = eig(A^3)
D_A_inv = eig(A^-1)
```

运行结果为

```
V =
   -0.4082    0.5774    0.7071
   -0.8165   -0.5774   -0.0000
    0.4082    0.5774    0.7071
D =
    1.0000         0         0
         0    2.0000         0
         0         0    3.0000
D_A =
    1.0000
    2.0000
    3.0000
D_A2 =
    9.0000
    4.0000
    1.0000
D_A3 =
   27.0000
    8.0000
    1.0000
D_A_inv =
    1.0000
    0.5000
    0.3333
```

说明　[V, D] = eig(A) 函数的功能是求矩阵 $\boldsymbol{A}$ 的特征值 $\boldsymbol{D}$ 和相应的特征向量 $\boldsymbol{V}$; 在上述结果中, 特征值 $\boldsymbol{D}=\begin{pmatrix} 31.3784 & 0 & 0 \\ 0 & -0.7696 & 0 \\ 0 & 0 & -2.6087 \end{pmatrix}$, 也可使

用函数 diag($\boldsymbol{D}$) 将特征值的形式改为向量 $\begin{pmatrix} 31.3784 \\ -0.7696 \\ -2.6087 \end{pmatrix}$, 三个特征值对应的特征向量分别是 $\begin{pmatrix} -0.1946 \\ -0.4770 \\ -0.8571 \end{pmatrix}$, $\begin{pmatrix} -0.9617 \\ 0.2679 \\ -0.0578 \end{pmatrix}$ 和 $\begin{pmatrix} 0.7260 \\ -0.5508 \\ 0.4118 \end{pmatrix}$; 返回值 $\boldsymbol{V}$ 如不设定, 则仅返回特征值 (向量形式).

【例 5】 求矩阵 $\begin{pmatrix} 3 & -2 & -4 \\ -2 & 6 & -2 \\ -4 & -2 & 3 \end{pmatrix}$ 的特征值、特征向量、行列式、迹.

解 MATLAB 命令为

```
A = [3, -2, -4; -2, 6, -2; -4, -2, 3];
[V, D] = eig(A)           % 特征值和特征向量
Det1 = det(A)             % 行列式(方法一)
tr1 = trace(A)            % 迹(方法一)
Det2 = prod(diag(D))      % 行列式(方法二)
tr2 = sum(diag(D))        % 迹(方法二)
```

运行结果为

```
V =
    0.6667   -0.5963    0.4472
    0.3333   -0.2981   -0.8944
    0.6667    0.7454         0
D =
    -2     0     0
     0     7     0
     0     0     7
Det1 =    -98
tr1 =     12
Det2 =    -98
tr2 =     12
```

说明 trace( ) 是内置函数, 功能是求矩阵的迹.

【例 6】 求矩阵 $\begin{pmatrix} 3 & -2 & -4 \\ -2 & 6 & -2 \\ -4 & -2 & 3 \end{pmatrix}$ 的特征多项式, 进而求解特征值.

解 方法一的 MATLAB 命令为

```
A = [3,-2,-4;-2,6,-2;-4,-2,3];
p = poly(A)                 % 特征多项式
f = poly2sym(p)             % 迹
r = roots(p)                % 特征值
```

运行结果为

```
p =      1    -12     21     98
f =    x^3 - 12*x^2 + 21*x + 98
r =
     7.0000
     7.0000
    -2.0000
```

说明 poly( ) 是内置函数, 当其输入参数是方阵时, 功能是求矩阵的特征多项式, 即 $\det(\lambda\boldsymbol{I}-\boldsymbol{A})$. poly2sym( ) 也是内置函数, 功能是创建符号多项式. roots( ) 的功能是求多项式的根, 其输入参数是多项式系数向量.

方法二的 MATLAB 命令为

```
A = [3,-2,-4;-2,6,-2;-4,-2,3];
syms lambda
p = det(A - lambda * eye(size(A,1)))
p = simplify(p)
r = solve(p)
```

运行结果为

```
p =- lambda^3 + 12*lambda^2 - 21*lambda - 98
p =-(lambda + 2)*(lambda - 7)^2
r =
-2
 7
 7
```

说明 simplify( ) 是符号运算工具箱中的内置函数, 功能是多项式化简.

*5.5 特征值与特征向量的应用模型

特征值与特征向量, 主要应用在矩阵的计算和离散动态系统的演化中, 而离散动态系统, 又大量出现在物理、工程、生态学等领域, 所以特征值与特征向量的应用非常广泛. 下面从两个方面介绍它们的应用.

5.5.1 矩阵的极限

在前面, 我们看到矩阵作为一个工具, 应用非常广泛. 在利用矩阵解决问题时, 有时需要计算方阵的极限. 直接计算方阵的极限是困难的, 往往需要把方阵化成对角形式, 然后计算极限.

【例 1】 已知方阵 $\boldsymbol{A}=\begin{pmatrix}\frac{5}{8} & \frac{1}{4} & -\frac{1}{8}\\ -\frac{1}{4} & 0 & \frac{1}{4}\\ \frac{3}{8} & \frac{3}{4} & \frac{1}{8}\end{pmatrix}$, 求 $\lim\limits_{n\to\infty}\boldsymbol{A}^n$.

解 首先由矩阵的特征方程

$$|\boldsymbol{A}-\lambda\boldsymbol{E}|=\begin{vmatrix}\frac{5}{8}-\lambda & \frac{1}{4} & -\frac{1}{8}\\ -\frac{1}{4} & -\lambda & \frac{1}{4}\\ \frac{3}{8} & \frac{3}{4} & \frac{1}{8}-\lambda\end{vmatrix}=0$$

可得矩阵的特征值为 $\lambda_1=\lambda_2=\dfrac{1}{2}$, $\lambda_3=-\dfrac{1}{4}$. 对每一个特征值, 解对应的特征向量. 当 $\lambda_1=\lambda_2=\dfrac{1}{2}$ 时, 解方程 $\left(\dfrac{1}{2}\boldsymbol{E}-\boldsymbol{A}\right)\boldsymbol{X}=\boldsymbol{0}$, 可得线性无关的特征向量为 $\boldsymbol{\xi}_1=(-2,1,0)^{\mathrm{T}}$ 和 $\boldsymbol{\xi}_2=(1,0,1)^{\mathrm{T}}$. 当 $\lambda_3=-\dfrac{1}{4}$ 时, 解方程 $\left(-\dfrac{1}{4}\boldsymbol{E}-\boldsymbol{A}\right)\boldsymbol{X}=\boldsymbol{0}$, 可得特征向量 $\boldsymbol{\xi}_3=(1,-2,3)^{\mathrm{T}}$. 矩阵 $\boldsymbol{A}$ 有三个线性无关的特征向量, 从而可对角化, 即有 $\boldsymbol{A}=\boldsymbol{P\Lambda P}^{-1}$, 其中矩阵 $\boldsymbol{P}=\begin{pmatrix}-2 & 1 & 1\\ 1 & 0 & -2\\ 0 & 1 & 3\end{pmatrix}$, $\boldsymbol{\Lambda}=\begin{pmatrix}\frac{1}{2} & 0 & 0\\ 0 & \frac{1}{2} & 0\\ 0 & 0 & -\frac{1}{4}\end{pmatrix}$.

由上面的分析可知,

$$\lim_{n\to\infty}\boldsymbol{A}^n=\boldsymbol{P}(\lim_{n\to\infty}\boldsymbol{\Lambda}^n)\boldsymbol{P}^{-1}=\boldsymbol{P}\begin{bmatrix}\lim\limits_{n\to\infty}\frac{1}{2^n} & 0 & 0\\ 0 & \lim\limits_{n\to\infty}\frac{1}{2^n} & 0\\ 0 & 0 & -\lim\limits_{n\to\infty}\frac{1}{4^n}\end{bmatrix}\boldsymbol{P}^{-1}=\boldsymbol{O}.$$

所以方阵序列 $\{\boldsymbol{A}^n\}$ 的极限等于零矩阵.

5.5.2 离散动态系统的演化

考察一个动态系统, 假设此系统的初始状态为 $\boldsymbol{x}_0=(a_{10},a_{20},\cdots,a_{n0})^{\mathrm{T}}$, 系统的状态随时间作离散状态的演化. 设系统的第 k 步状态为 $\boldsymbol{x}_k=(a_{1k},a_{2k},\cdots,a_{nk})^{\mathrm{T}}$, 第 $k+1$ 步的状态依赖于第 k 步, 满足 $\boldsymbol{x}_{k+1}=\boldsymbol{A}\boldsymbol{x}_k$, 其中 $\boldsymbol{A}$ 称为转移矩阵或者演化矩阵. 由状态的演化可知, 第 k 步的状态 $\boldsymbol{x}_k$ 与初始状态 $\boldsymbol{x}_0$ 的关系为 $\boldsymbol{x}_k=\boldsymbol{A}^k\boldsymbol{x}_0$. 因此, 只要知道了 $\boldsymbol{A}^k$ 就可以计算第 k 步的状态 $\boldsymbol{x}_k$. 如果想知道系统经过很长时间演化后的状态, 只需要求 $\lim\limits_{k\to\infty}\boldsymbol{A}^k$ 即可.

计算 $\boldsymbol{A}^k$ 或者 $\lim\limits_{k\to\infty}\boldsymbol{A}^k$, 则需要计算矩阵 $\boldsymbol{A}$ 的特征值与特征向量, 找到可逆矩阵 $\boldsymbol{P}$ 和对角矩阵 $\boldsymbol{\Lambda}$, 使得 $\boldsymbol{P}^{-1}\boldsymbol{A}\boldsymbol{P}=\boldsymbol{\Lambda}$. 利用前面学的知识, 我们知道矩阵 $\boldsymbol{P}$ 的列向量是矩阵 $\boldsymbol{A}$ 的特征向量, 对角矩阵 $\boldsymbol{\Lambda}$ 对角线上的元素, 是矩阵 $\boldsymbol{A}$ 线性无关的特征值. 那么, $\boldsymbol{A}^k=(\boldsymbol{P}\boldsymbol{\Lambda}\boldsymbol{P}^{-1})^k=\boldsymbol{P}\boldsymbol{\Lambda}^k\boldsymbol{P}^{-1}$, 或者 $\lim\limits_{k\to\infty}\boldsymbol{A}^k=\lim\limits_{k\to\infty}(\boldsymbol{P}\boldsymbol{\Lambda}\boldsymbol{P}^{-1})^k=\boldsymbol{P}(\lim\limits_{k\to\infty}\boldsymbol{\Lambda}^k)\boldsymbol{P}^{-1}$, 演化状态容易得到.

【例 2】(人口预测问题) 某省 2016 年有农业人口 5040 万, 城镇人口 4440 万. 假设每年大约有 5%的城市人口流向农村, 12%的农村人口迁移到城镇, 忽略新增人口和死亡人口, 问到 2037 年河南省有多少农业人口和城镇人口? 城镇人口与农业人口的平衡状态是多少?

解 设 2016 年的农业人口和城镇人口为初始状态 $x_0=(5040,4440)^{\mathrm{T}}$, 则 2017 年的农业人口和城镇人口向量为

$$\boldsymbol{x}_1=\begin{pmatrix}5040\times 88\%+4440\times 5\%\\5040\times 12\%+4440\times 95\%\end{pmatrix}=\begin{pmatrix}0.88&0.05\\0.12&0.95\end{pmatrix}\begin{pmatrix}5040\\4440\end{pmatrix},$$

其中矩阵 $\boldsymbol{A}=\begin{pmatrix}0.88&0.05\\0.12&0.95\end{pmatrix}$ 为转移矩阵. 由系统的演化规律可知, 2037 年的农业人口和城镇人口向量为

$$\boldsymbol{x}_{20}=\begin{pmatrix}a_{20}\\b_{20}\end{pmatrix}=\begin{pmatrix}0.88&0.05\\0.12&0.95\end{pmatrix}^{20}\begin{pmatrix}5040\\4440\end{pmatrix},$$

利用 MATLAB 计算可得, 矩阵 $\boldsymbol{A}$ 的特征值与特征向量分别对应为

$$\lambda_1=1,\quad \boldsymbol{\xi}_1=\begin{pmatrix}2.4\\1\end{pmatrix},\quad \lambda_2=0.83,\quad \boldsymbol{\xi}_2=\begin{pmatrix}1\\-1\end{pmatrix},$$

从而有

$$\boldsymbol{A}=\begin{pmatrix}0.88 & 0.05\\ 0.12 & 0.95\end{pmatrix}=\boldsymbol{P}\boldsymbol{\Lambda}\boldsymbol{P}^{-1},$$

其中 $\boldsymbol{\Lambda}=\begin{pmatrix}1 & 0\\ 0 & 0.83\end{pmatrix}$, $\boldsymbol{P}=\begin{pmatrix}2.4 & 1\\ 1 & -1\end{pmatrix}$.

计算可得

$$\begin{aligned}\boldsymbol{x}_{20}&=\begin{pmatrix}0.88 & 0.05\\ 0.12 & 0.95\end{pmatrix}^{20}\begin{pmatrix}5040\\ 4440\end{pmatrix}\\ &=\frac{5}{17}\begin{pmatrix}2.4 & 1\\ 1 & -1\end{pmatrix}\begin{pmatrix}1^{20} & 0\\ 0 & 0.83^{20}\end{pmatrix}\begin{pmatrix}1 & 1\\ 1 & -2.4\end{pmatrix}\begin{pmatrix}5040\\ 4440\end{pmatrix}=\begin{pmatrix}6652\\ 2828\end{pmatrix}.\end{aligned}$$

所以 20 年后, 河南省的城镇人口有 6652 万, 农业人口有 2828 万.

可以预见, 若时间足够长, 则最终城镇人口和农业人口的比例将达到一个平衡状态. 设平衡状态时的人口为 $\boldsymbol{x}$, 则有

$$\begin{aligned}\boldsymbol{x}&=\lim_{k\to\infty}\boldsymbol{A}^k\begin{pmatrix}5040\\ 4440\end{pmatrix}\\ &=\frac{5}{17}\begin{pmatrix}2.4 & 1\\ 1 & -1\end{pmatrix}\begin{pmatrix}\lim\limits_{k\to\infty}1^k & 0\\ 0 & \lim\limits_{k\to\infty}0.83^k\end{pmatrix}\begin{pmatrix}1 & 1\\ 1 & -2.4\end{pmatrix}\begin{pmatrix}5040\\ 4440\end{pmatrix}\\ &=\begin{pmatrix}6692\\ 2788\end{pmatrix}.\end{aligned}$$

所以, 经过足够长的时间, 河南省城镇人口将达到 6692 万, 农业人口将达到 2788 万.

【例 3】 某种植物开花的颜色由一对基因控制. 基因为 AA 的植株开红花, 基因为 Aa 的植株开粉色花, 基因为 aa 的植株开白色的花. 植物学家欲利用基因为 AA 的植株培育后代. 问题是, 经过若干年后, 三种基因型在培育的后代中各占多少?

解 这也是一个离散系统的演化问题. 设初始状态为 $\boldsymbol{x}_0=(a_0,b_0,c_0)^{\mathrm{T}}$, 其中 a_0, b_0, c_0 是基因型为 AA, Aa, aa 的植株分别占的比重. 经过第一次培育, 后代中

三种基因型的比例变为

$$\begin{cases} a_1 = a_0 + \dfrac{1}{2}b_0, \\ b_1 = \dfrac{1}{2}b_0 + c_0, \\ c_1 = 0. \end{cases}$$

矩阵表示为

$$\begin{pmatrix} a_1 \\ b_1 \\ c_1 \end{pmatrix} = \begin{pmatrix} 1 & \dfrac{1}{2} & 0 \\ 0 & \dfrac{1}{2} & 1 \\ 0 & 0 & 0 \end{pmatrix} \begin{pmatrix} a_0 \\ b_0 \\ c_0 \end{pmatrix}.$$

矩阵 $\boldsymbol{A} = \begin{pmatrix} 1 & \dfrac{1}{2} & 0 \\ 0 & \dfrac{1}{2} & 1 \\ 0 & 0 & 0 \end{pmatrix}$ 是转移矩阵. 经过 n 年之后, 三种基因在后代中的比例为

$$\begin{pmatrix} a_n \\ b_n \\ c_n \end{pmatrix} = \begin{pmatrix} 1 & \dfrac{1}{2} & 0 \\ 0 & \dfrac{1}{2} & 1 \\ 0 & 0 & 0 \end{pmatrix}^n \begin{pmatrix} a_0 \\ b_0 \\ c_0 \end{pmatrix}.$$

计算转移矩阵的特征值和特征向量

$$\lambda_1 = 1, \quad \boldsymbol{\xi}_1 = (1, 0, 0)^{\mathrm{T}}; \quad \lambda_2 = \frac{1}{2}, \quad \boldsymbol{\xi}_2 = (1, -1, 0)^{\mathrm{T}}; \quad \lambda_3 = 0, \quad \boldsymbol{\xi}_3 = (1, -2, 1)^{\mathrm{T}}.$$

从而有

$$\boldsymbol{A} = \begin{pmatrix} 1 & \dfrac{1}{2} & 0 \\ 0 & \dfrac{1}{2} & 1 \\ 0 & 0 & 0 \end{pmatrix} = \boldsymbol{P\Lambda P}^{-1} = \begin{pmatrix} 1 & 1 & 1 \\ 0 & -1 & -2 \\ 0 & 0 & 1 \end{pmatrix} \begin{pmatrix} 1 & 0 & 0 \\ 0 & \dfrac{1}{2} & 0 \\ 0 & 0 & 0 \end{pmatrix} \begin{pmatrix} 1 & 1 & 1 \\ 0 & -1 & -2 \\ 0 & 0 & 1 \end{pmatrix},$$

可计算得

$$\begin{cases} a_n = 1 - \dfrac{1}{2^n}b_0 - \dfrac{1}{2^{n-1}}c_0, \\ b_n = \dfrac{1}{2^n}b_0 + \dfrac{1}{2^{n-1}}c_0, \\ c_n = 0. \end{cases}$$

当经过的时间足够长, 也即 $n \to \infty$ 时, $a_n \to 1$; $b_n \to 0$; $c_n \to 0$, 所以后代中基本只有 AA 型的植株.

5.5.3 基于线性子空间的人脸识别

人脸识别技术是通过计算机分析人脸图像, 提取有效的特征信息, 用来身份鉴别的一门技术. 人脸识别在身份认证、视觉监控和人机接口等方面有着广泛的应用, 逐渐成为信息技术中的研究热点.

人脸识别的算法多种多样, 各有优势和不足. 近几年提出的人脸识别的线性子空间方法发展迅速, 成为人脸识别领域研究的主要内容. 子空间方法的基本思想是将高维的人脸图像经过空间变换, 提取主要特征, 压缩到低维子空间中. 通过变换, 数据更紧凑, 复杂度大大降低, 识别的成功率有了很大提高. 在这一过程中, 线性代数的知识贯穿始终, 人脸图像用矩阵表示, 人脸的特征用特征向量表示, 人脸的旋转、放缩用变换实现, 人脸图像的相似程度用向量的欧氏距离或向量夹角表示等.

利用线性子空间方法进行人脸识别中比较成熟的算法主要有主成分分析法、线性判别分析法等. 下面简要介绍主成分分析算法. 主成分分析法是通过 K-L 变换提取出人脸的主要特征, 构成特征脸空间, 在测试时, 将测试图像也投影到特征脸空间, 可得到一组系数, 然后比较测试图像的系数与训练图像的系数的欧氏距离, 做出判别.

假设有 50 个人, 每个人采集 10 照片, 一共有 500 张人脸照片. 将每个人的 10 张人脸照片随机的分成两份, 一份 4 张, 一份 6 张. 每个人取 4 张的那部分, 共有 200 张人脸, 我们称为训练集; 取 6 份的那部分, 共有 300 张人脸, 称为测试集. 训练集和测试集中, 有 50 个不同人的图像, 所以按人又分成了 50 类. 训练集中, 每个照片都是用灰度矩阵表示的. 例如 ORL 数据库中的一张人脸图像, 经过处理可化到分辨率为 32×32, 用灰度值表示该图像可得到一个 32×32 维的矩阵:

$$\boldsymbol{A} = \begin{bmatrix} 102 & 135 & 148 & 165 & \cdots & 84 \\ 92 & 132 & 148 & 162 & \cdots & 85 \\ 104 & 150 & 164 & 165 & \cdots & 94 \\ 97 & 147 & 160 & 157 & \cdots & 93 \\ \vdots & \vdots & \vdots & \vdots & & \vdots \\ 48 & 53 & 32 & 126 & \cdots & 40 \end{bmatrix}$$

将此矩阵一列接一列, 合成一个 1024 维的列向量

$$\begin{aligned}\boldsymbol{x}_1 =& \Big(102, 92, 104, \cdots, 48, 135, 132, 150, \cdots, \\ & 53, \cdots, 84, 85, 94, \cdots, 40\Big)^{\mathrm{T}}.\end{aligned}$$

按照此方法, 可得到训练集中 200 个图像对应的列向量, 组成矩阵

$$\boldsymbol{x} = \begin{pmatrix} \boldsymbol{x}_1 & \boldsymbol{x}_2 & \cdots & \boldsymbol{x}_{200} \end{pmatrix}.$$

然后计算训练集中图像的平均脸, $\overline{\boldsymbol{x}} = \sum_{i=1}^{200} \boldsymbol{x}_i$; 再去中心化, 让训练集中的每张人脸减去平均脸, 即矩阵 $\boldsymbol{x}$ 的每一列减去 $\overline{\boldsymbol{x}}$, 得到差值矩阵 $\boldsymbol{X}$. 然后计算矩阵 $\boldsymbol{X}$ 的协方差矩阵:

$$\boldsymbol{S} = \frac{1}{200}\boldsymbol{X}\boldsymbol{X}^{\mathrm{T}}.$$

这里要注意协方差矩阵是 1024×1024 的. 对协方差矩阵求特征值与特征向量. 每个特征向量就表示一个特征脸, 记录了训练集中图像的特征, 对应特征值表示相应的贡献率. 把特征向量归一化, 按特征值大小排序, 选取前 k 个特征向量, 由它们构成的空间即是特征脸空间 (有研究表明, 一般地选取 40 个特征脸就足够了). 观察上式可以看到, 协方差矩阵是对称矩阵, 所以它的属于不同特征值的特征向量之间是正交的, 也即特征脸都是正交的, 组成了正交的向量组. 这对于后面的计算也带来了很大的方便.

从测试集中任意选取一个图像, 计算与平均脸的差值脸, 投影到特征脸空间, 可得到一组系数, 然后比较训练集中每个差值脸在特征脸空间的投影系数, 计算它们与测试集投影点的欧氏距离, 或者夹角, 按照距离从小到大排列, 或者按夹角从小到大排列, 最小的距离或者夹角即为识别出的人脸图像.

这是此算法的一个粗浅的介绍, 我们可以看到线性代数知识在中间发挥着重要作用. 子空间方法的其他具体算法, 也都离不开线性代数的知识, 感兴趣的读者可以查阅相关资料.

第 6 章 二次型

二次型的理论起源于解析几何中化二次曲线 (曲面) 方程为标准方程的问题. 它在数学的其他分支以及力学、工程技术和经济物理等领域都有着广泛的应用. 本章主要介绍二次型的概念、二次型的标准形和正定二次型的概念及其判定等内容.

6.1 二次型及其标准形

6.1课件

6.1.1 二次型及其标准形

在解析几何中, 为了便于研究二次曲线

$$ax^2 + bxy + cy^2 = d \tag{6.1.1}$$

的几何性质, 可以选择适当的坐标旋转变换

$$\begin{cases} x = x'\cos\theta - y'\sin\theta, \\ y = x'\sin\theta + y'\cos\theta. \end{cases}$$

把方程 (6.1.1) 化为简单形式

$$mx'^2 + ny'^2 = d.$$

(6.1.1) 式左端是一个简单的二次齐次多项式, 称为二元二次型. 上述问题表明, 可以通过变量的线性变换化简一个二次齐次多项式, 使它只含有平方项. 下面讨论一般的含有 n 个变量的二次齐次多项式及其化简问题.

定义 6.1.1 含有 n 个变量 $x_1, x_2, \cdots, x_n$ 的二次齐次多项式

$$\begin{aligned} &f(x_1, x_2, \cdots, x_n) \\ &= a_{11}x_1^2 + 2a_{12}x_1x_2 + 2a_{13}x_1x_3 + \cdots + 2a_{1n}x_1x_n \\ &\quad + a_{22}x_2^2 + 2a_{23}x_2x_3 + \cdots + 2a_{2n}x_2x_n \\ &\quad + a_{33}x_3^2 + \cdots + 2a_{3n}x_3x_n \end{aligned}$$

$$\cdots\cdots$$

$$+ a_{nn}x_n^2, \tag{6.1.2}$$

称为**关于** $x_1, x_2, \cdots, x_n$ **的** n **元二次型**, 简称**二次型**, 其中 $a_{ij}(i, j = 1,\ 2,\ \cdots, n)$ 称为**二次型的系数**. 系数全为实数的二次型称为**实二次型**, 系数为复数的二次型称为**复二次型**. 本章只讨论实二次型.

若取 $a_{ij} = a_{ji}$, 则 $2a_{ij}x_ix_j = a_{ij}x_ix_j + a_{ji}x_jx_i$, 于是 (6.1.2) 式可写成

$$\begin{aligned}
f(x_1, x_2, \cdots, x_n) &= a_{11}x_1^2 + a_{12}x_1x_2 + \cdots + a_{1n}x_1x_n \\
&\quad + a_{21}x_2x_1 + a_{22}x_2^2 + \cdots + a_{2n}x_2x_n \\
&\quad + a_{31}x_3x_1 + a_{32}x_3x_2 + \cdots + a_{3n}x_3x_n \\
&\quad \cdots\cdots \\
&\quad + a_{n1}x_nx_1 + a_{n2}x_nx_2 + \cdots + a_{nn}x_n^2 \\
&= x_1(a_{11}x_1 + a_{12}x_2 + \cdots + a_{1n}x_n) \\
&\quad + x_2(a_{21}x_1 + a_{22}x_2 + \cdots + a_{2n}x_n) \\
&\quad \cdots\cdots \\
&\quad + x_n(a_{n1}x_1 + a_{n2}x_2 + \cdots + a_{nn}x_n) \\
&= (x_1, x_2, \cdots, x_n)\begin{pmatrix} a_{11}x_1 + a_{12}x_2 + \cdots + a_{1n}x_n \\ a_{21}x_1 + a_{22}x_2 + \cdots + a_{2n}x_n \\ \vdots \\ a_{n1}x_1 + a_{n2}x_2 + \cdots + a_{nn}x_n \end{pmatrix} \\
&= (x_1, x_2, \cdots, x_n)\begin{pmatrix} a_{11} & a_{12} & \cdots & a_{1n} \\ a_{21} & a_{22} & \cdots & a_{2n} \\ \vdots & \vdots & & \vdots \\ a_{n1} & a_{n2} & \cdots & a_{nn} \end{pmatrix}\begin{pmatrix} x_1 \\ x_2 \\ \vdots \\ x_n \end{pmatrix},
\end{aligned}$$

若令

$$\boldsymbol{x} = \begin{pmatrix} x_1 \\ x_2 \\ \vdots \\ x_n \end{pmatrix}, \quad \boldsymbol{A} = \begin{pmatrix} a_{11} & a_{12} & \cdots & a_{1n} \\ a_{21} & a_{22} & \cdots & a_{2n} \\ \vdots & \vdots & & \vdots \\ a_{n1} & a_{n2} & \cdots & a_{nn} \end{pmatrix},$$

则二次型 $f(x_1, x_2, \cdots, x_n)$ 可以表示成矩阵形式

$$f=\boldsymbol{x}^{\mathrm{T}}\boldsymbol{A}\boldsymbol{x},$$

其中 $\boldsymbol{A}$ 为对称矩阵.

可以看出, 二次型和对称矩阵是一一对应的. 因此, 把对称矩阵 $\boldsymbol{A}$ 称为二次型 f 的矩阵, 把二次型 f 称为矩阵 $\boldsymbol{A}$ 的二次型, 对称矩阵 $\boldsymbol{A}$ 的秩称为二次型 f 的秩.

例 6.1.1 将二次型

$$f(x_1,x_2,x_3)=3x_1^2+4x_2^2-x_3^2+4x_1x_2-6x_1x_3-4x_2x_3$$

写成矩阵形式.

解 二次型 f 的矩阵为 $\boldsymbol{A}=\begin{pmatrix}3&2&-3\\2&4&-2\\-3&-2&-1\end{pmatrix}$, 则二次型的矩阵形式为

$$f=\boldsymbol{x}^{\mathrm{T}}\boldsymbol{A}\boldsymbol{x}=(x_1,x_2,x_3)\begin{pmatrix}3&2&-3\\2&4&-2\\-3&-2&-1\end{pmatrix}\begin{pmatrix}x_1\\x_2\\x_3\end{pmatrix}.$$

例 6.1.2 求对称矩阵 $\boldsymbol{A}=\begin{pmatrix}3&-1&-1\\-1&0&2\\-1&2&0\end{pmatrix}$ 所对应的二次型.

解 对称矩阵 $\boldsymbol{A}=\begin{pmatrix}3&-1&-1\\-1&0&2\\-1&2&0\end{pmatrix}$ 所对应的二次型为

$$\begin{aligned}f(x_1,x_2,x_3)&=(x_1,x_2,x_3)\begin{pmatrix}3&-1&-1\\-1&0&2\\-1&2&0\end{pmatrix}\begin{pmatrix}x_1\\x_2\\x_3\end{pmatrix}\\&=3x_1^2-2x_1x_2-2x_1x_3+4x_2x_3.\end{aligned}$$

对于二次型, 这里讨论的主要问题是: 如何寻求一个可逆线性变换

$$\begin{cases}x_1=p_{11}y_1+p_{12}y_2+\cdots+p_{1n}y_n,\\x_2=p_{21}y_1+p_{22}y_2+\cdots+p_{2n}y_n,\\\qquad\cdots\cdots\\x_n=p_{n1}y_1+p_{n2}y_2+\cdots+p_{nn}y_n,\end{cases}\tag{6.1.3}$$

使得二次型在此变换下只含有平方项, 即将 (6.1.3) 式代入 (6.1.2) 式使二次型化为

$$f = k_1y_1^2 + k_2y_2^2 + \cdots + k_ny_n^2.$$

定义 6.1.2 只含平方项的二次型 $f = k_1y_1^2 + k_2y_2^2 + \cdots + k_ny_n^2$ 称为**标准形**. 显然, 标准形的矩阵是对角矩阵.

记

$$\boldsymbol{P} = \begin{pmatrix} p_{11} & p_{12} & \cdots & p_{1n} \\ p_{21} & p_{22} & \cdots & p_{2n} \\ \vdots & \vdots & & \vdots \\ p_{n1} & p_{n2} & \cdots & p_{nn} \end{pmatrix}, \quad \boldsymbol{x} = \begin{pmatrix} x_1 \\ x_2 \\ \vdots \\ x_n \end{pmatrix}, \quad \boldsymbol{y} = \begin{pmatrix} y_1 \\ y_2 \\ \vdots \\ y_n \end{pmatrix},$$

则可逆线性变换 (6.1.3) 可写成 $\boldsymbol{x} = \boldsymbol{P}\boldsymbol{y}$(其中 $\boldsymbol{P}$ 为可逆矩阵). 对二次型 $f = \boldsymbol{x}^{\mathrm{T}}\boldsymbol{A}\boldsymbol{x}$ 施行可逆线性变换 $\boldsymbol{x} = \boldsymbol{P}\boldsymbol{y}$, 则

$$f = \boldsymbol{x}^{\mathrm{T}}\boldsymbol{A}\boldsymbol{x} = (\boldsymbol{P}\boldsymbol{y})^{\mathrm{T}}\boldsymbol{A}(\boldsymbol{P}\boldsymbol{y}) = \boldsymbol{y}^{\mathrm{T}}(\boldsymbol{P}^{\mathrm{T}}\boldsymbol{A}\boldsymbol{P})\boldsymbol{y} = \boldsymbol{y}^{\mathrm{T}}\boldsymbol{B}\boldsymbol{y}.$$

其中, $\boldsymbol{B} = \boldsymbol{P}^{\mathrm{T}}\boldsymbol{A}\boldsymbol{P}$ 且满足 $\boldsymbol{B}^{\mathrm{T}} = (\boldsymbol{P}^{\mathrm{T}}\boldsymbol{A}\boldsymbol{P})^{\mathrm{T}} = \boldsymbol{P}^{\mathrm{T}}\boldsymbol{A}^{\mathrm{T}}\boldsymbol{P} = \boldsymbol{P}^{\mathrm{T}}\boldsymbol{A}\boldsymbol{P} = \boldsymbol{B}$, 从而 $\boldsymbol{y}^{\mathrm{T}}\boldsymbol{B}\boldsymbol{y}$ 是以 $\boldsymbol{B}$ 为矩阵的关于变量 $y_1, y_2, \cdots, y_n$ 的一个二次型. 又因 $\boldsymbol{P}$ 是可逆矩阵, 由 $\boldsymbol{B} = \boldsymbol{P}^{\mathrm{T}}\boldsymbol{A}\boldsymbol{P}$ 可得 $R(\boldsymbol{B}) = R(\boldsymbol{A})$. 于是, 有下述结论.

定理 6.1.1 二次型 $f = \boldsymbol{x}^{\mathrm{T}}\boldsymbol{A}\boldsymbol{x}$ 经可逆线性变换 $\boldsymbol{x} = \boldsymbol{P}\boldsymbol{y}$ 后, 得到一个以 $\boldsymbol{B} = \boldsymbol{P}^{\mathrm{T}}\boldsymbol{A}\boldsymbol{P}$ 为矩阵的新的二次型, 且二次型的秩不变.

上述两个二次型的矩阵 $\boldsymbol{A}$ 和 $\boldsymbol{B}$ 之间的关系是矩阵间的一种重要关系.

定义 6.1.3 设矩阵 $\boldsymbol{A}$ 和 $\boldsymbol{B}$ 是两个 n 阶矩阵, 如果存在 n 阶可逆矩阵 $\boldsymbol{P}$, 使得

$$\boldsymbol{P}^{\mathrm{T}}\boldsymbol{A}\boldsymbol{P} = \boldsymbol{B},$$

则称**矩阵 $\boldsymbol{A}$ 与 $\boldsymbol{B}$ 合同**, 记作 $\boldsymbol{A} \simeq \boldsymbol{B}$.

矩阵的合同关系有以下三条性质:

(1) 反身性: 对任意 n 阶矩阵 $\boldsymbol{A}$, 有 $\boldsymbol{A} \simeq \boldsymbol{A}$;

(2) 对称性: 若 $\boldsymbol{A} \simeq \boldsymbol{B}$, 则 $\boldsymbol{B} \simeq \boldsymbol{A}$;

(3) 传递性: 若 $\boldsymbol{A} \simeq \boldsymbol{B}$, $\boldsymbol{B} \simeq \boldsymbol{C}$, 则 $\boldsymbol{A} \simeq \boldsymbol{C}$.

要使二次型 $f = \boldsymbol{x}^{\mathrm{T}}\boldsymbol{A}\boldsymbol{x}$ 经可逆线性变换 $\boldsymbol{x} = \boldsymbol{P}\boldsymbol{y}$ 后变成标准形, 也就是要使

$$\begin{aligned} \boldsymbol{y}^{\mathrm{T}}(\boldsymbol{P}^{\mathrm{T}}\boldsymbol{A}\boldsymbol{P})\boldsymbol{y} &= k_1y_1^2 + k_2y_2^2 + \cdots + k_ny_n^2 \\ &= (y_1, y_2, \cdots, y_n)\begin{pmatrix} k_1 & & & \\ & k_2 & & \\ & & \ddots & \\ & & & k_n \end{pmatrix}\begin{pmatrix} y_1 \\ y_2 \\ \vdots \\ y_n \end{pmatrix}, \end{aligned}$$

也即是要使 $\boldsymbol{P}^{\mathrm{T}}\boldsymbol{AP}$ 成为对角矩阵.

6.1.2 化二次型为标准形的方法

1. 正交变换法

上一章中讲过, 对于任何一个实对称矩阵 $\boldsymbol{A}$, 一定存在正交矩阵 $\boldsymbol{P}(\boldsymbol{P}^{\mathrm{T}}=\boldsymbol{P}^{-1})$ 使得

$$\boldsymbol{P}^{-1}\boldsymbol{AP}=\boldsymbol{P}^{\mathrm{T}}\boldsymbol{AP}=\begin{pmatrix}\lambda_1 & & & \\ & \lambda_2 & & \\ & & \ddots & \\ & & & \lambda_n\end{pmatrix},$$

其中 $\lambda_1,\lambda_2,\cdots,\lambda_n$ 是矩阵 $\boldsymbol{A}$ 的特征值. 将此结论应用于二次型, 即有下述结论:

定理 6.1.2 任给 n 元实二次型 $f=\boldsymbol{x}^{\mathrm{T}}\boldsymbol{Ax}$, 总存在正交变换 $\boldsymbol{x}=\boldsymbol{Py}$, 将二次型 f 化为标准形

$$f=\boldsymbol{y}^{\mathrm{T}}(\boldsymbol{P}^{\mathrm{T}}\boldsymbol{AP})\boldsymbol{y}=\lambda_1y_1^2+\lambda_2y_2^2+\cdots+\lambda_ny_n^2,$$

其中 $\lambda_1,\lambda_2,\cdots,\lambda_n$ 是矩阵 $\boldsymbol{A}$ 的 n 个特征值.

由此可知, 用正交变换将二次型化成的标准形中, 平方项的系数恰好就是矩阵 $\boldsymbol{A}$ 的全部特征值, 如果不计特征值的排列顺序, 这样的标准形是唯一的.

例 6.1.3 求一个正交变换 $\boldsymbol{x}=\boldsymbol{Py}$, 化二次型

$$f(x_1,x_2,x_3)=2x_1^2+6x_2^2+2x_3^2+8x_1x_3$$

为标准形, 并指出方程 $f=1$ 表示何种二次曲面.

解 二次型的矩阵为

$$\boldsymbol{A}=\begin{pmatrix}2 & 0 & 4\\ 0 & 6 & 0\\ 4 & 0 & 2\end{pmatrix},$$

它的特征多项式为

$$|\boldsymbol{A}-\lambda\boldsymbol{E}|=\begin{vmatrix}2-\lambda & 0 & 4\\ 0 & 6-\lambda & 0\\ 4 & 0 & 2-\lambda\end{vmatrix}=-(6-\lambda)^2(2+\lambda).$$

于是 $\boldsymbol{A}$ 的特征值为 $\lambda_1=\lambda_2=6,\lambda_3=-2$.

当 $\lambda_1=\lambda_2=6$ 时, 由 $(\boldsymbol{A}-6\boldsymbol{E})\boldsymbol{x}=\boldsymbol{0}$, 即方程组

$$\begin{pmatrix} -4 & 0 & 4 \\ 0 & 0 & 0 \\ 4 & 0 & -4 \end{pmatrix}\begin{pmatrix} x_1 \\ x_2 \\ x_3 \end{pmatrix}=\begin{pmatrix} 0 \\ 0 \\ 0 \end{pmatrix},$$

解得基础解系 $\boldsymbol{\xi}_1=\begin{pmatrix} 0 \\ 1 \\ 0 \end{pmatrix}$, $\boldsymbol{\xi}_2=\begin{pmatrix} 1 \\ 0 \\ 1 \end{pmatrix}$. 因 $\boldsymbol{\xi}_1$, $\boldsymbol{\xi}_2$ 正交 (若不正交则需进行正交化), 将其单位化得

$$\boldsymbol{p}_1=\begin{pmatrix} 0 \\ 1 \\ 0 \end{pmatrix},\quad \boldsymbol{p}_2=\begin{pmatrix} \dfrac{1}{\sqrt{2}} \\ 0 \\ \dfrac{1}{\sqrt{2}} \end{pmatrix};$$

当 $\lambda_3=-2$ 时, 由 $(\boldsymbol{A}+2\boldsymbol{E})\boldsymbol{x}=\boldsymbol{0}$, 即方程组

$$\begin{pmatrix} 4 & 0 & 4 \\ 0 & 8 & 0 \\ 4 & 0 & 4 \end{pmatrix}\begin{pmatrix} x_1 \\ x_2 \\ x_3 \end{pmatrix}=\begin{pmatrix} 0 \\ 0 \\ 0 \end{pmatrix},$$

解得基础解系 $\boldsymbol{\xi}_3=\begin{pmatrix} 1 \\ 0 \\ -1 \end{pmatrix}$, 单位化得 $\boldsymbol{p}_3=\begin{pmatrix} \dfrac{1}{\sqrt{2}} \\ 0 \\ -\dfrac{1}{\sqrt{2}} \end{pmatrix}$.

取正交矩阵 $\boldsymbol{P}=\begin{pmatrix} 0 & \dfrac{1}{\sqrt{2}} & \dfrac{1}{\sqrt{2}} \\ 1 & 0 & 0 \\ 0 & \dfrac{1}{\sqrt{2}} & -\dfrac{1}{\sqrt{2}} \end{pmatrix}$, 则正交变换 $\boldsymbol{x}=\boldsymbol{P}\boldsymbol{y}$ 将原二次型化为标准形

$$f=6y_1^2+6y_2^2-2y_3^2.$$

显然, 方程 $f=1$ 表示单叶旋转双曲面.

2. ***配方法***

用正交变换化二次型为标准形, 具有保持几何形状不变的优点, 这是一种重要的方法, 但是计算较繁琐. 如果不限于用正交变换, 也可用配方法找到可逆线性

变换, 将二次型 f 化为标准形, 但此时的标准形

$$f=k_1y_1^2+k_2y_2^2+\cdots+k_ny_n^2$$

中平方项的系数 $k_1,k_2,\cdots,k_n$ 不一定是矩阵 $\boldsymbol{A}$ 的特征值.

利用配方法将二次型化为标准形时, 要注意以下三点:

(1) 先选择一个变量 (比如 x_1) 进行配方, 此时把其他变量均视为常量;

(2) 配变量 x_1 时要把二次型中所有含 x_1 的项归并起来配方, 要保证配完变量 x_1 后剩余的项中不再含有 x_1;

(3) 配完变量 x_1 之后, 在剩余项中再选择一个变量进行配方, 重复以上步骤直到所有变量均配方完成.

例 6.1.4 用配方法将二次型

$$f(x_1,x_2,x_3)=x_1^2+2x_2^2+12x_3^2+2x_1x_2+2x_1x_3+8x_2x_3$$

化为标准形, 并写出所用的变换矩阵.

解 由于 f 中含有 x_1^2 项, 先配变量 x_1, 把二次型中 x_1 的项归并起来配方得

$$\begin{aligned}f&=x_1^2+2x_1(x_2+x_3)+2x_2^2+12x_3^2+8x_2x_3\\&=(x_1+x_2+x_3)^2+x_2^2+6x_2x_3+11x_3^2.\end{aligned}$$

上式右端除第一项外已不再含有 x_1. 在剩余的项中再选择一个变量, 比如 x_2, 再配方得

$$f=(x_1+x_2+x_3)^2+(x_2+3x_3)^2+2x_3^2.$$

令 $\begin{cases}y_1=x_1+x_2+x_3,\\y_2=x_2+3x_3,\\y_3=x_3,\end{cases}$ 即 $\begin{cases}x_1=y_1-y_2+2y_3,\\x_2=y_2-3y_3,\\x_3=y_3,\end{cases}$ 就把二次型 f 化成了标准形

$$f=y_1^2+y_2^2+2y_3^2,$$

所用的变换矩阵为

$$\boldsymbol{P}=\begin{pmatrix}1&-1&2\\0&1&-3\\0&0&1\end{pmatrix}\quad(|\boldsymbol{P}|=1\neq0).$$

例 6.1.5 用配方法将二次型

$$f(x_1,x_2,x_3)=2x_1x_2+2x_1x_3-6x_2x_3$$

化为标准形, 并写出所用的变换矩阵.

解 二次型中不含平方项, 但由于含有交叉项 x_1x_2, 可以先令

$$\begin{cases} x_1 = y_1 + y_2, \\ x_2 = y_1 - y_2, \\ x_3 = y_3, \end{cases}$$

代入二次型可得

$$f = 2y_1^2 - 2y_2^2 - 4y_1y_3 + 8y_2y_3,$$

再配方, 得

$$f = 2(y_1 - y_3)^2 - 2(y_2 - 2y_3)^2 + 6y_3^2.$$

令 $\begin{cases} z_1 = y_1 - y_3, \\ z_2 = y_2 - 2y_3, \\ z_3 = y_3, \end{cases}$ 即 $\begin{cases} y_1 = z_1 + z_3, \\ y_2 = z_2 + 2z_3, \\ y_3 = z_3, \end{cases}$ 就把二次型化成了标准形

$$f = 2z_1^2 - 2z_2^2 + 6z_3^2.$$

所用的变换矩阵为

$$\boldsymbol{C} = \begin{pmatrix} 1 & 1 & 0 \\ 1 & -1 & 0 \\ 0 & 0 & 1 \end{pmatrix} \begin{pmatrix} 1 & 0 & 1 \\ 0 & 1 & 2 \\ 0 & 0 & 1 \end{pmatrix} = \begin{pmatrix} 1 & 1 & 3 \\ 1 & -1 & -1 \\ 0 & 0 & 1 \end{pmatrix} \quad (|\boldsymbol{C}| = -2 \neq 0).$$

定义 6.1.4 如果一个 n 元二次型的标准形为

$$y_1^2 + y_2^2 + \cdots + y_p^2 - y_{p+1}^2 - \cdots - y_r^2 \quad (p \leqslant r \leqslant n),$$

则称该标准形为**规范形**.

例 6.1.5 中, 如果再令 $\begin{cases} t_1 = \sqrt{2}z_1, \\ t_2 = \sqrt{6}z_3, \\ t_3 = \sqrt{2}z_2, \end{cases}$ 则可将二次型化为规范形 $f = t_1^2 + t_2^2 - t_3^2$. 由此可见, 一个二次型的标准形不是唯一的, 但是其规范形是唯一的.

一般地, 任何二次型都可以用上面两例的方法找到可逆线性变换 $\boldsymbol{x} = \boldsymbol{P}\boldsymbol{y}$, 把二次型化成标准形, 且由定理 6.1.1 知, 标准形中含有的非零项数就是二次型的秩.

习 题 6.1

1. 写出下列二次型的矩阵, 并求二次型的秩:

(1) $f = 2x_1x_2 + 4x_1x_3 - 8x_2x_3$;

(2) $f = x_1^2 + x_2^2 + 2x_3^2 + x_4^2 + 2x_1x_2 - 2x_1x_4 - 2x_2x_3 + 2x_2x_4 + 6x_3x_4$.

2. 写出下列实对称矩阵所对应的二次型:

(1) $A = \begin{pmatrix} 1 & -1 & 2 \\ -1 & 3 & -2 \\ 2 & -2 & 2 \end{pmatrix}$; (2) $A = \begin{pmatrix} 0 & 1 & 3 \\ 1 & 1 & -4 \\ 3 & -4 & 2 \end{pmatrix}$.

3. 求正交变换 $\boldsymbol{x} = \boldsymbol{P}\boldsymbol{y}$, 将下列二次型化为标准形:

(1) $f = 2x_1^2 + x_2^2 - 4x_1x_2 - 4x_2x_3$;

(2) $f = x_1^2 + 4x_2^2 + 4x_3^2 - 4x_1x_2 + 4x_1x_3 - 8x_2x_3$.

4. 用配方法将下列二次型化为标准形, 并写出相应的变换矩阵:

(1) $f = x_1^2 - x_2^2 - 2x_1x_2 + 2x_1x_3 - 6x_2x_3$;

(2) $f = 2x_1x_2 + 4x_1x_3$.

5. 已知二次型 $f = 5x^2 + 5y^2 + tz^2 - 2xy + 6xz - 6yz$ 的秩为 2.

(1) 求参数 t 及此二次型的矩阵的特征值;

(2) 指出方程 $f = 1$ 表示何种二次曲面.

6. 已知二次型 $f = 2x_1^2 + 3x_2^2 + 3x_3^2 + 2tx_2x_3 (t < 0)$ 通过正交变换可化为标准形 $f = y_1^2 + 2y_2^2 + 5y_3^2$, 求参数 t 的值.

6.2 正定二次型

6.2课件

6.2.1 正定二次型的概念

由 6.1 节的讨论可知, 二次型的标准形不唯一, 但二次型的标准形中所含的非零项数 (即二次型的秩) 是确定的. 还可以进一步证明, 在限定变换为实变换时, 同一二次型的不同标准形中正系数的个数相同, 因此负系数的个数也相同, 也即是有下面定理.

定理 6.2.1 设 n 元实二次型 $f = \boldsymbol{x}^{\mathrm{T}}\boldsymbol{A}\boldsymbol{x}$ 的秩为 r, 若有两个实的可逆线性变换 $\boldsymbol{x} = \boldsymbol{P}\boldsymbol{y}$ 及 $\boldsymbol{x} = \boldsymbol{C}\boldsymbol{z}$ 使

$$f = k_1y_1^2 + k_2y_2^2 + \cdots + k_ry_r^2 \quad (k_i \neq 0, i = 1, 2, \cdots, r)$$

及

$$f = \lambda_1z_1^2 + \lambda_2z_2^2 + \cdots + \lambda_rz_r^2 \quad (\lambda_i \neq 0, i = 1, 2, \cdots, r),$$

则 $k_1, k_2, \cdots, k_r$ 中正数的个数与 $\lambda_1, \lambda_2, \cdots, \lambda_r$ 中正数的个数相等.

二次型的标准形中, 正项项数称为**正惯性指数**, 负项项数称为**负惯性指数**, 所以上述定理也称为**惯性定理**.

科学技术上用得较多的 n 元二次型是正惯性指数为 n 或负惯性指数为 n 的二次型, 有下述定义.

定义 6.2.1 设有 n 元实二次型 $f=\boldsymbol{x}^{\mathrm{T}}\boldsymbol{A}\boldsymbol{x}$, 如果对任意的 $\boldsymbol{x}\neq\mathbf{0}(\boldsymbol{x}\in\mathbf{R}^n)$, 都有

(1) $\boldsymbol{x}^{\mathrm{T}}\boldsymbol{A}\boldsymbol{x}>0$, 则称 f 为**正定二次型**, 相应地, 实对称矩阵 $\boldsymbol{A}$ 称为**正定矩阵**;

(2) $\boldsymbol{x}^{\mathrm{T}}\boldsymbol{A}\boldsymbol{x}<0$, 则称 f 为**负定二次型**, 相应地, 实对称矩阵 $\boldsymbol{A}$ 称为**负定矩阵**;

(3) $\boldsymbol{x}^{\mathrm{T}}\boldsymbol{A}\boldsymbol{x}\geqslant 0$, 则称 f 为**半正定二次型**, 相应地, 实对称矩阵 $\boldsymbol{A}$ 称为**半正定矩阵**;

(4) $\boldsymbol{x}^{\mathrm{T}}\boldsymbol{A}\boldsymbol{x}\leqslant 0$, 则称 f 为**半负定二次型**, 相应地, 实对称矩阵 $\boldsymbol{A}$ 称为**半负定矩阵**.

不是正定、半正定、负定、半负定的二次型称为**不定二次型**.

6.2.2 正定二次型的判定

定理 6.2.2 n 元实二次型 $f=\boldsymbol{x}^{\mathrm{T}}\boldsymbol{A}\boldsymbol{x}$ 为正定的充分必要条件是: 它的标准形的 n 个系数全为正, 即它的正惯性指数为 n, 亦即它的规范形的 n 个系数全为 1.

证明 设有可逆变换 $\boldsymbol{x}=\boldsymbol{P}\boldsymbol{y}$ 将二次型 $f=\boldsymbol{x}^{\mathrm{T}}\boldsymbol{A}\boldsymbol{x}$ 化为标准形

$$f(\boldsymbol{x})=f(\boldsymbol{P}\boldsymbol{y})=k_1y_1^2+k_2y_2^2+\cdots+k_ny_n^2.$$

充分性 若 $k_i>0(i=1,2,\cdots,n)$, 对任意的 $\boldsymbol{x}\neq\mathbf{0}(\boldsymbol{x}\in\mathbf{R}^n)$, 则 $\boldsymbol{y}=\boldsymbol{P}^{-1}\boldsymbol{x}\neq\mathbf{0}$, 故有

$$f=k_1y_1^2+k_2y_2^2+\cdots+k_ny_n^2>0,$$

即 f 为正定二次型.

必要性 用反证法.

假设存在 $k_i\leqslant 0$, 不妨设 $k_1\leqslant 0$. 取 $\boldsymbol{y}=(1,0,0,\cdots,0)^{\mathrm{T}}$, 则 $\boldsymbol{x}=\boldsymbol{P}\boldsymbol{y}\neq\mathbf{0}$ 且

$$f(\boldsymbol{x})=f(\boldsymbol{P}\boldsymbol{y})=k_11^2+k_20^2+\cdots+k_n0^2=k_1\leqslant 0.$$

这与二次型 f 正定矛盾, 这就证明了 $k_i>0(i=1,2,\cdots,n)$.

推论 1 n 元实二次型 $f=\boldsymbol{x}^{\mathrm{T}}\boldsymbol{A}\boldsymbol{x}$ 为正定二次型的充分必要条件是矩阵 $\boldsymbol{A}$ 的所有特征值均为正.

推论 2 n 元实二次型 $f=\boldsymbol{x}^{\mathrm{T}}\boldsymbol{A}\boldsymbol{x}$ 为正定二次型的充分必要条件是矩阵 $\boldsymbol{A}$ 与单位矩阵 $\boldsymbol{E}$ 合同.

有时, 也可以按下述方法直接从二次型的矩阵来判断二次型的正定性.

定理 6.2.3 (1) n 元实二次型 $f=\boldsymbol{x}^{\mathrm{T}}\boldsymbol{A}\boldsymbol{x}$ 正定的充分必要条件是实对称矩阵 $\boldsymbol{A}$ 的各阶顺序主子式都为正, 即

$$a_{11}>0,\quad \begin{vmatrix} a_{11} & a_{12} \\ a_{21} & a_{22} \end{vmatrix}>0,\quad \cdots,\quad \begin{vmatrix} a_{11} & a_{12} & \cdots & a_{1n} \\ a_{21} & a_{22} & \cdots & a_{2n} \\ \vdots & \vdots & & \vdots \\ a_{n1} & a_{n2} & \cdots & a_{nn} \end{vmatrix}>0;$$

(2) n 元实二次型 $f=\boldsymbol{x}^{\mathrm{T}}\boldsymbol{A}\boldsymbol{x}$ 负定的充分必要条件是 $\boldsymbol{A}$ 的奇数阶顺序主子式为负, 偶数阶顺序主子式为正.

此定理称为**赫尔维茨 (Hurwitz) 定理**, 这里不予证明.

定理 6.2.4 n 元实二次型 $f=\boldsymbol{x}^{\mathrm{T}}\boldsymbol{A}\boldsymbol{x}$ 正定的必要条件是 $a_{ii}>0\ (i=1,2,\cdots,n)$. 其中 a_{ii} 为实对称矩阵 $\boldsymbol{A}$ 的主对角线上的元素.

例 6.2.1 t 取何值时二次型

$$f(x_1,x_2,x_3)=x_1^2+x_2^2+5x_3^2+2tx_1x_2-2x_1x_3+4x_2x_3$$

为正定二次型?

解 二次型的矩阵为

$$\boldsymbol{A}=\begin{pmatrix} 1 & t & -1 \\ t & 1 & 2 \\ -1 & 2 & 5 \end{pmatrix},$$

因为二次型正定的充分必要条件是矩阵 $\boldsymbol{A}$ 的各阶顺序主子式都为正, 即

$$1>0,\quad \begin{vmatrix} 1 & t \\ t & 1 \end{vmatrix}=1-t^2>0,\quad \begin{vmatrix} 1 & t & -1 \\ t & 1 & 2 \\ -1 & 2 & 5 \end{vmatrix}=-t(5t+4)>0.$$

即

$$\begin{cases} 1-t^2>0, \\ -t(5t+4)>0, \end{cases}$$

由此解得

$$-\frac{4}{5}<t<0,$$

故当 $-\dfrac{4}{5} < t < 0$ 时, 该二次型为正定二次型.

例 6.2.2 判断下列实对称矩阵的正定性:

(1) $\boldsymbol{A} = \begin{pmatrix} 2 & -1 & 0 \\ -1 & 2 & -1 \\ 0 & -1 & 2 \end{pmatrix}$; (2) $\boldsymbol{A} = \begin{pmatrix} -5 & 2 & 2 \\ 2 & -6 & 0 \\ 2 & 0 & -4 \end{pmatrix}$.

解 (1) 因为

$$2 > 0, \quad \begin{vmatrix} 2 & -1 \\ -1 & 2 \end{vmatrix} = 3 > 0, \quad \begin{vmatrix} 2 & -1 & 0 \\ -1 & 2 & -1 \\ 0 & -1 & 2 \end{vmatrix} = 4 > 0,$$

所以, 由赫尔维茨定理知该矩阵为正定矩阵.

(2) 因为

$$-5 < 0, \quad \begin{vmatrix} -5 & 2 \\ 2 & -6 \end{vmatrix} = 26 > 0, \quad \begin{vmatrix} -5 & 2 & 2 \\ 2 & -6 & 0 \\ 2 & 0 & -4 \end{vmatrix} = -80 < 0,$$

所以, 由赫尔维茨定理知该矩阵为负定矩阵.

习 题 6.2

1. 判定下列二次型的正定性:

(1) $f(x_1, x_2, x_3) = x_1^2 + 2x_2^2 + 3x_3^2 + 2x_1x_2 - 2x_2x_3$;

(2) $f(x_1, x_2, x_3) = 7x_1^2 + x_2^2 + x_3^2 - 2x_1x_2 - 4x_1x_3$;

(3) $f(x_1, x_2, x_3) = 2x_1^2 + 2x_2^2 + x_3^2 - 2x_1x_2 + 2x_2x_3$;

(4) $f(x_1, x_2, x_3) = -2x_1^2 - 6x_2^2 - 4x_3^2 + 2x_1x_2 + 2x_1x_3$.

2. 判定下列矩阵的正定性:

(1) $A = \begin{pmatrix} 1 & 1 & 1 \\ 1 & 2 & 2 \\ 1 & 2 & 3 \end{pmatrix}$; (2) $A = \begin{pmatrix} -1 & 1 & 0 \\ 1 & -2 & 1 \\ 0 & 1 & -3 \end{pmatrix}$.

3. 问 t 取何值时, 二次型

$$f(x_1, x_2, x_3) = 2x_1^2 + 2x_2^2 + 2x_3^2 - 2tx_1x_2 - 2tx_1x_3 - 2tx_2x_3$$

为正定二次型?

数学史话 二次型理论源于解析几何中化二次曲线及二次曲面方程为标准方程问题. 二次型理论的研究始于 18 世纪中期. 1748 年, 瑞士数学家欧拉 (Euler) 讨论了三元二次型的化简问题. 欧拉是数学史上最多产的数学家, 几乎每一个数学领域都可以看到他的名字. 欧拉著作的惊人多产并不是偶然的, 他可以在任何不良的环境中工作. 他那顽强的毅力和孜孜不倦的治学精神, 使他双目失明后直到逝世为止, 整整与黑暗搏斗了 17 年. 他凭借超人的才智、渊博的知识、惊人的记忆力, 坚持科学研究, 用口授给子女记录的方法又发表了专著多部, 论文 400 多篇. "如果命运是块顽石, 我就化作大铁锤, 将它砸得粉碎!" 就是这位盲人数学家的钢铁誓言.

欧拉(1707—1783)

1801 年, 高斯在他的《算术研究》中引进了正定二次型等有关概念. 1852 年, 西尔维斯特提出惯性定律, 即任何 n 元实二次型经过非退化线性替换总可以化成规范形 $y_1^2+y_2^2+\cdots+y_p^2-y_{p+1}^2-\cdots-y_r^2$, 并且 p 和 r 是不变量, 但是当时他并没有给出证明. 1857 年, 雅可比证明了这个结论.

复习题 6

(A)

1. 判断题

(1) 二次型的秩就是其标准形中非零项的项数. ( )

(2) 二次型的标准形一定是唯一的. ( )

(3) 二次型的矩阵的正特征值的个数即为二次型的正惯性指数. ( )

(4) 若实对称矩阵 $\boldsymbol{A}$ 是正定矩阵, 则其逆矩阵及伴随矩阵 $\boldsymbol{A}^{-1},\boldsymbol{A}^*$ 均是正定矩阵. ( )

(5) 如果实对称矩阵 $\boldsymbol{A}$ 与 $\boldsymbol{B}$ 合同, 则它们的特征值一定相同. ( )

(6) 如果实对称矩阵 $\boldsymbol{A}$ 和 $\boldsymbol{B}$ 的特征值相同, 则矩阵 $\boldsymbol{A}$ 与 $\boldsymbol{B}$ 一定合同. ( )

2. 选择题

(1) 二次型 $f(x_1,x_2)=2x_1^2-x_2^2+4x_1x_2$ 的矩阵为 ( ).

(A) $\begin{pmatrix} 2 & 4 \\ 0 & -1 \end{pmatrix}$　　(B) $\begin{pmatrix} 2 & 2 \\ 2 & -1 \end{pmatrix}$

(C) $\begin{pmatrix} 2 & 1 \\ 3 & -1 \end{pmatrix}$　　(D) $\begin{pmatrix} -1 & 2 \\ 2 & 2 \end{pmatrix}$

(2) 设 $\boldsymbol{A}$ 是 n 阶实对称矩阵, 则下列哪个选项不是 $\boldsymbol{A}$ 为正定矩阵的充要条件 (　　).

(A) $\boldsymbol{A}$ 的特征值全大于 0　　(B) $\boldsymbol{A}$ 与单位矩阵 $\boldsymbol{E}$ 合同

(C) $R(\boldsymbol{A})=n$　　(D) $\boldsymbol{A}$ 的各阶顺序主子式全大于 0

(3) 设 $\boldsymbol{A},\boldsymbol{B}$ 都为 n 阶实对称矩阵, 则 $\boldsymbol{A},\boldsymbol{B}$ 合同的充要条件是 (　　).

(A) $\boldsymbol{A},\boldsymbol{B}$ 的秩相同　　(B) $\boldsymbol{A},\boldsymbol{B}$ 都合同于对角阵

(C) $\boldsymbol{A},\boldsymbol{B}$ 的全部特征值相同　　(D) $\boldsymbol{A},\boldsymbol{B}$ 的正负惯性指数相同

(4) 设矩阵 $\boldsymbol{A}=\begin{pmatrix}-2&&\\&1&\\&&3\end{pmatrix}$, 与 $\boldsymbol{A}$ 合同的矩阵是 (　　).

(A) $\begin{pmatrix}1&&\\&1&\\&&-1\end{pmatrix}$　　(B) $\begin{pmatrix}-1&&\\&-1&\\&&1\end{pmatrix}$

(C) $\begin{pmatrix}1&&\\&-1&\\&&-1\end{pmatrix}$　　(D) $\begin{pmatrix}-1&&\\&1&\\&&-1\end{pmatrix}$

(5) 二次型 $f(x_1,x_2,x_3)=-5x_1^2-6x_2^2-4x_3^2+4x_1x_2+4x_1x_3$ 是 (　　).

(A) 正定二次型　(B) 负定二次型　(C) 半负定二次型　(D) 不定二次型

(6) 设 $f(x_1,x_2,x_3)=x_1^2+4x_2^2+2x_3^2+2tx_1x_2+2x_1x_3$ 为正定二次型, 则 t 的取值范围是 (　　).

(A) $-2<t<2$　(B) $t<2$　(C) $-\sqrt{2}<t<\sqrt{2}$　(D) $t>\sqrt{2}$

(7) 设二次型 $f(x_1,x_2,x_3)$ 在正交变换 $\boldsymbol{x}=\boldsymbol{P}\boldsymbol{y}$ 下的标准形为 $2y_1^2+y_2^2-y_3^2$, 其中 $\boldsymbol{P}=(\boldsymbol{e}_1,\boldsymbol{e}_2,\boldsymbol{e}_3)$, 若 $\boldsymbol{Q}=(\boldsymbol{e}_1,-\boldsymbol{e}_3,\boldsymbol{e}_2)$, 则 $f(x_1,x_2,x_3)$ 在变换 $\boldsymbol{x}=\boldsymbol{Q}\boldsymbol{y}$ 下的标准形为 (　　).

(A) $2y_1^2-y_2^2+y_3^2$　　(B) $2y_1^2+y_2^2-y_3^2$

(C) $2y_1^2-y_2^2-y_3^2$　　(D) $2y_1^2+y_2^2+y_3^2$

3. 填空题

(1) 二次型 $f(x_1,x_2,x_3)=3x_1^2+2x_1x_3+4x_2^2+10x_2x_3+7x_3^2$ 的矩阵形式为__________.

(2) 二次型 $f(x_1,x_2,x_3)=(x_1,x_2,x_3)\begin{pmatrix}1&2&3\\0&1&2\\1&0&3\end{pmatrix}\begin{pmatrix}x_1\\x_2\\x_3\end{pmatrix}$ 的矩阵为__________.

(3) 二次型 $f(x_1,x_2,x_3)=2x_1x_2+2x_2x_3+2x_1x_3$ 的秩为__________.

(4) 二次型 $f(x_1,x_2,x_3)=x_1^2+3x_2^2+x_3^2+2x_1x_2+2x_1x_3+2x_2x_3$, 则 f 的正惯性指数为__________.

(5) 设 $\boldsymbol{A}=\begin{pmatrix}\lambda_1&&\\&\lambda_2&\\&&\lambda_3\end{pmatrix}$, $\boldsymbol{B}=\begin{pmatrix}\lambda_2&&\\&\lambda_3&\\&&\lambda_1\end{pmatrix}$, 则矩阵 $\boldsymbol{A}$ 与 $\boldsymbol{B}$ 合同, 即存在可逆矩阵 $\boldsymbol{P}$, 使得 $\boldsymbol{P}^{\mathrm{T}}\boldsymbol{A}\boldsymbol{P}=\boldsymbol{B}$, 其中 $\boldsymbol{P}=$__________.

(6) 设矩阵 $\boldsymbol{A}=\begin{pmatrix}1&0&1\\0&2&0\\1&0&1\end{pmatrix}$, 当 a 的取值为__________ 时, 矩阵 $\boldsymbol{B}=(\boldsymbol{A}+a\boldsymbol{E})^2$

为正定矩阵.

(7) 设二次型 $f(x_1,x_2,x_3,x_4)$ 的秩为 4, 负惯性指数为 1, 则 $f(x_1,x_2,x_3,x_4)$ 的规范形为____________.

(8) 设二次型 $f(x_1,x_2,x_3)=ax_1^2+2x_2^2-2x_3^2+2bx_1x_3(b>0)$, 其矩阵 $\boldsymbol{A}$ 的特征值之和为 1, 特征值之积为 -12, 则 $a=$____________, $b=$____________, 二次型的规范形为____________.

4. 求正交变换 $\boldsymbol{x}=\boldsymbol{P}\boldsymbol{y}$, 将下列二次型化为标准形:

(1) $f(x_1,x_2,x_3)=x_1^2+2x_2^2+3x_3^2-4x_1x_2-4x_2x_3$;

(2) $f(x_1,x_2,x_3)=4x_1^2+3x_2^2+3x_3^2+2x_2x_3$;

(3) $f(x_1,x_2,x_3)=2x_1x_2+2x_1x_3+2x_2x_3$.

5. 用配方法将下列二次型化为标准形:

(1) $f(x_1,x_2,x_3)=x_1^2+x_2x_3$;

(2) $f(x_1,x_2,x_3,x_4)=x_1^2+3x_2^2+4x_4^2+4x_1x_2-2x_1x_4-2x_2x_3-6x_2x_4+2x_3x_4$.

6. 问 t 取何值时, 二次型 $f(x_1,x_2,x_3)=x_1^2+2x_2^2+x_3^2+2tx_1x_2+2tx_1x_3+2x_2x_3$ 为正定二次型.

7. 证明题

(1) 设 n 阶矩阵 $\boldsymbol{A}$ 是正定矩阵, 证明: $\boldsymbol{A}$ 的主对角线上元素

$$a_{ii}>0 \quad (i=1,2,\cdots,n).$$

(2) 证明 n 元实二次型 $f=\boldsymbol{x}^{\mathrm{T}}\boldsymbol{A}\boldsymbol{x}$ 为正定二次型的充分必要条件是存在 n 阶可逆矩阵 $\boldsymbol{C}$ 使得 $\boldsymbol{A}=\boldsymbol{C}^{\mathrm{T}}\boldsymbol{C}$.

(3) 利用正定二次型证明不等式 $x^2+4y^2+2z^2>2xy+2xz$, 其中 x,y,z 是不全为零的实数.

(B)

1. 选择题

(1) 二次型 $f(x_1,x_2,x_3)=(x_1+x_2)^2+(x_2+x_3)^2-(x_1-x_3)^2$ 的正惯性指数与负惯性指数依次为 (   ).

(A) 2, 0　　(B) 1, 1　　(C) 2, 1　　(D) 1, 2

(2) 设二次型 $f(x_1,x_2,x_3)=a(x_1^2+x_2^2+x_3^2)+2x_1x_2+2x_2x_3+2x_1x_3$ 的正、负惯性指数分别为 1, 2, 则 (   ).

(A) $a>1$　　(B) $a<-2$　　(C) $-2<a<1$　　(D) $a>1$ 或 $a<-2$

(3) 已知矩阵 $\boldsymbol{A}$ 合同于对角矩阵 $\begin{pmatrix} k_1 & & & \\ & k_2 & & \\ & & \ddots & \\ & & & k_n \end{pmatrix}$, 则 (   ).

(A) $k_i(i=1,2,\cdots,n)$ 是 $\boldsymbol{A}$ 的全部特征值　　(B) $R(\boldsymbol{A})=n$

(C) $\boldsymbol{A}^{\mathrm{T}}=\boldsymbol{A}$　　(D) $\boldsymbol{A}$ 是正定矩阵

(4) 设矩阵 $\boldsymbol{A}=\begin{pmatrix}0&1&0\\1&0&0\\0&0&1\end{pmatrix}$, 则下列矩阵中与 $\boldsymbol{A}$ 合同的是 (　　).

(A) $\begin{pmatrix}1&0&0\\0&1&0\\0&0&1\end{pmatrix}$　　(B) $\begin{pmatrix}-1&0&0\\0&-1&0\\0&0&-1\end{pmatrix}$

(C) $\begin{pmatrix}1&0&0\\0&1&0\\0&0&-1\end{pmatrix}$　　(D) $\begin{pmatrix}-1&0&0\\0&-1&0\\0&0&1\end{pmatrix}$

(5) 设 $\boldsymbol{A}$ 是三阶实对称矩阵, $\boldsymbol{E}$ 是三阶单位矩阵, 若 $|\boldsymbol{A}-2\boldsymbol{E}|=|\boldsymbol{A}-\boldsymbol{E}|=|\boldsymbol{A}+2\boldsymbol{E}|=0$, 则二次型 $f=\boldsymbol{x}^{\mathrm{T}}\boldsymbol{A}\boldsymbol{x}$ 的规范形为 (　　).

(A) $y_1^2+y_2^2+y_3^2$　　(B) $y_1^2+y_2^2-y_3^2$

(C) $y_1^2-y_2^2-y_3^2$　　(D) $-y_1^2-y_2^2-y_3^2$

(6) 下列哪个选项不是二次型 $f=\boldsymbol{x}^{\mathrm{T}}\boldsymbol{A}\boldsymbol{x}$($\boldsymbol{A}$ 为实对称矩阵) 为正定二次型的充要条件 (　　).

(A) $|A|>0$　　(B) 正惯性指数为 n

(C) 矩阵 $\boldsymbol{A}$ 是正定矩阵　　(D) 存在 n 阶可逆矩阵 $\boldsymbol{C}$ 使得 $\boldsymbol{A}=\boldsymbol{C}^{\mathrm{T}}\boldsymbol{C}$

2. 填空题

(1) 若二次曲面的方程为 $x^2+3y^2+z^2+2axy+2xz+2yz=4$, 经正交变换化为 $y_1^2+4z_1^2=4$, 则 $a=$____________.

(2) 若二次型 $f(x_1,x_2,x_3)=ax_1^2+ax_2^2+(a-1)x_3^2+2x_1x_3-2x_2x_3$ 的规范形为 $y_1^2+y_2^2-y_3^2$, 则 a 的取值范围是____________.

(3) 设二次型 $f(x_1,x_2,x_3)=x_1^2-x_2^2-2ax_1x_3+4x_2x_3$ 的负惯性指数为 1, 则 a 的取值范围是____________.

(4) 二次型 $f(x_1,x_2,x_3)=\lambda(x_1^2+x_2^2+x_3^2)+2x_1x_2+2x_1x_3-2x_2x_3$ 为正定二次型, 则 λ 的取值范围是____________.

(5) 二次型 $f(x_1,x_2,x_3)=tx_1^2+tx_2^2+tx_3^2+2x_1x_2+2x_1x_3+2x_2x_3$ 为负定二次型, 则 t 的取值范围是____________.

3. 已知二次型 $f(x_1,x_2,x_3)=\boldsymbol{x}^{\mathrm{T}}\boldsymbol{A}\boldsymbol{x}$ 在正交变换 $\boldsymbol{x}=\boldsymbol{Q}\boldsymbol{y}$ 下的标准形为 $y_1^2+y_2^2$, 且 $\boldsymbol{Q}$ 的第 3 列为 $\left(\frac{\sqrt{2}}{2},\quad 0,\quad \frac{\sqrt{2}}{2}\right)^{\mathrm{T}}$,

(1) 求矩阵 $\boldsymbol{A}$;

(2) 证明 $\boldsymbol{A}+\boldsymbol{E}$ 为正定矩阵, 其中 $\boldsymbol{E}$ 为 3 阶单位矩阵.

4. 设二次型 $f(x_1,x_2,x_3)=2(a_1x_1+a_2x_2+a_3x_3)^2+(b_1x_1+b_2x_2+b_3x_3)^2$, 记 $\boldsymbol{\alpha}=\begin{pmatrix}a_1\\a_2\\a_3\end{pmatrix}$, $\boldsymbol{\beta}=\begin{pmatrix}b_1\\b_2\\b_3\end{pmatrix}$.

(1) 证明二次型 f 对应的矩阵为 $2\boldsymbol{\alpha}\boldsymbol{\alpha}^{\mathrm{T}}+\boldsymbol{\beta}\boldsymbol{\beta}^{\mathrm{T}}$;

(2) 若 $\boldsymbol{\alpha},\boldsymbol{\beta}$ 正交且均为单位向量, 证明 f 在正交变换下的标准形为 $2y_1^2+y_2^2$.

5. 设矩阵 $\boldsymbol{A}=\begin{pmatrix}1&0&1\\0&1&1\\-1&0&a\\0&a&-1\end{pmatrix}$, $\boldsymbol{A}^{\mathrm{T}}$ 为矩阵 $\boldsymbol{A}$ 的转置, 已知 $R(\boldsymbol{A}^{\mathrm{T}}\boldsymbol{A})=2$, 且二次型 $f=\boldsymbol{x}^{\mathrm{T}}\boldsymbol{A}^{\mathrm{T}}\boldsymbol{A}\boldsymbol{x}$.

(1) 求 a;

(2) 求二次型的矩阵, 并求正交变换 $\boldsymbol{x}=\boldsymbol{P}\boldsymbol{y}$ 将二次型 f 化为标准形.

6. 设二次型 $f(x_1,x_2,x_3)=2x_1^2-x_2^2+ax_3^2+2x_1x_2-8x_1x_3+2x_2x_3$ 在正交变换 $\boldsymbol{x}=\boldsymbol{P}\boldsymbol{y}$ 下的标准形为 $\boldsymbol{\lambda}_1y_1^2+\boldsymbol{\lambda}_2y_2^2$, 求 a 的值及一个正交矩阵 $\boldsymbol{P}$.

复习题6(B)
第3题解答

复习题6(B)
第4题解答

复习题6(B)
第5题解答

复习题6(B)
第6题解答

*6 拓展知识

*6.3 二次型的 MATLAB 程序示例

【例 1】 判断矩阵 $\begin{pmatrix} -5 & 2 & 2 \\ 2 & -6 & 0 \\ 2 & 0 & -4 \end{pmatrix}$ 的正定性.

解 MATLAB 命令为

```
A = [-5,2,2;2,-6,0;2,0,-4];
b1 = is_positive1(A)
b2 = is_positive1(-A)
function b = is_positive1(A)
% 函数功能: 利用特征值判别法, 判定矩阵是否为正定矩阵
% 输入: 矩阵
% 输出: b==1表示矩阵是正定矩阵, b==0表示矩阵不是正定矩阵
if all(eig(A) > 0)
    b = 1;
else
    b = 0;
end
end
```

运行结果为

```
b1 = 0
b2 = 1
```

说明 is_positive1( ) 是自定义函数, 功能是利用特征值判别法判定矩阵是否是正定矩阵. 该例中 b1 和 b2 的结果表明, 矩阵是负定矩阵.

【例 2】 判断二次型 $f = 5x_1^2 + 6x_2^2 + 7x_3^2 - 4x_1x_2 - 2x_1x_3 + 8x_2x_3$ 的正定性.

解 MATLAB 命令为

```
A = [5,-2,-1;-2,6,4;-1,4,7];
b = is_positive2(A)
```

```
function b = is_positive2(A)
% 函数功能：利用顺序主子式判别法，判定矩阵是否为正定矩阵
% 输入：矩阵
% 输出：b==1表示矩阵是正定矩阵，b==0表示矩阵不是正定矩阵
n = size(A, 1);
b = 1;
for i=1:n
    Ai = A(1:i, 1:i);
    if det(Ai) <= 0
        b = 0;
        break;
    end
end
end
```

运行结果为

```
b = 1
```

说明 is_positive2( ) 是自定义函数, 功能是利用顺序主子式判别法判定矩阵是否为正定矩阵.

【例 3】 求一正交变换 $\boldsymbol{x}=\boldsymbol{P}\boldsymbol{y}$, 将二次型 $f=x_1^2+2x_2^2+2x_1x_2+4x_1x_3+2x_2x_3$ 化为标准形.

解 MATLAB 命令为

```
A = [1,1,2;1,2,1;2,1,1];
[V, D] = eig(A);
[Q, R] = qr(V);
P = Q
```

运行结果为

```
P =
   -0.7071    0.4082    0.5774
   -0.0000   -0.8165    0.5774
    0.7071    0.4082    0.5774
```

说明 qr( ) 函数是内置函数, 功能是对矩阵进行 QR 分解, 在该例中用于对 $\boldsymbol{V}$ 进行正交化.

*6.4　二次型的应用

二次型是矩阵应用的一个特例. 由前面的学习知道, 利用矩阵的性质, 我们可以方便地化简二次型, 了解二次型的一些性质. 二次型理论, 在现代数学的研究中, 例如在模形式等领域, 也起着重要作用. 下面我们给出二次型的两个简单应用.

1. 判定二次曲线的形状

二次型可以用来化简二次曲线, 具体做法如下. 在空间直角坐标系下, 二次曲面的一般方程是

$$a_{11}x^2+a_{22}y^2+a_{33}z^2+2a_{12}xy+2a_{13}xz+2a_{23}yz+b_1x+b_2y+b_3z+c=0.$$

若记 $\boldsymbol{X}=\begin{pmatrix}x\\y\\z\end{pmatrix}$, $\boldsymbol{B}=\begin{pmatrix}b_1\\b_2\\b_3\end{pmatrix}$, $\boldsymbol{A}=\begin{pmatrix}a_{11}&a_{12}&a_{13}\\a_{21}&a_{22}&a_{23}\\a_{31}&a_{32}&a_{33}\end{pmatrix}$, 其中 $a_{ij}=a_{ji}(1\leqslant i,j\leqslant 3)$, 则曲面方程可写为: $\boldsymbol{X}^{\mathrm{T}}\boldsymbol{A}\boldsymbol{X}+\boldsymbol{B}^{\mathrm{T}}\boldsymbol{X}+c=0$. 进一步, 利用二次型的知识, 对变量 $\boldsymbol{X}$ 作正交变换 $\boldsymbol{X}=\boldsymbol{T}\boldsymbol{X}_1=\boldsymbol{T}(x_1,y_1,z_1)^{\mathrm{T}}$, 二次项部分可化为标准形 $\lambda_1x_1^2+\lambda_2y_1^2+\lambda_3z_1^2$. 在几何上, 正交变换表示对坐标系作旋转变换或者反射变换, 使原来的 x 轴, y 轴, z 轴旋转到二次型的主轴方向, 记为 x_1 轴, y_1 轴, z_1 轴. 这些方向也是对称矩阵 $\boldsymbol{A}$ 的特征向量方向. 在此旋转变换下, 曲面方程变为

$$\boldsymbol{X}_1^{\mathrm{T}}\boldsymbol{T}^{\mathrm{T}}\boldsymbol{A}\boldsymbol{T}\boldsymbol{X}_1+\boldsymbol{B}^{\mathrm{T}}\boldsymbol{T}\boldsymbol{X}_1+c=0,$$

也即

$$\lambda_1x_1^2+\lambda_2y_1^2+\lambda_3z_1^2+b_1'x_1+b_2'y_1+b_3'z_1+c=0.$$

再对上述方程作平移变换, 则化为二次方程的标准形式

$$\lambda_1\left(x_1-\frac{b_1'}{2\lambda_1}\right)^2+\lambda_2\left(y_1-\frac{b'_2}{2\lambda_2}\right)^2+\lambda_3\left(z_1-\frac{b'_3}{2\lambda_3}\right)^2=\frac{{b'_1}^2}{4\lambda_1^2}+\frac{{b'_2}^2}{4\lambda_2^2}+\frac{{b'_3}^2}{4\lambda_3^2}-c,$$

也即

$$\lambda_1x_2^2+\lambda_2y_2^2+\lambda_3z_2^2=\frac{{b_1'}^2}{4\lambda_1^2}+\frac{{b_2'}^2}{4\lambda_2^2}+\frac{{b'_3}^2}{4\lambda_3^2}-c,$$

$$\begin{cases}x_2=x_1-\dfrac{b_1'}{2\lambda_1},\\[2ex] y_2=y_1-\dfrac{b_2'}{2\lambda_2},\\[2ex] z_2=z_1-\dfrac{b_3'}{2\lambda_3}.\end{cases}$$

由曲面的标准方程, 则曲面的类型很容易判断.

【例 1】 将二次曲面方程 $2x^2+3y^2+4z^2+4xy+4yz+4x-2y+12z+10=0$ 化为标准方程, 并判断曲面的类型.

解 记

$$\boldsymbol{X}=\begin{pmatrix} x \\ y \\ z \end{pmatrix},\quad \boldsymbol{B}=\begin{pmatrix} 4 \\ -2 \\ 12 \end{pmatrix},\quad \boldsymbol{A}=\begin{pmatrix} 2 & 2 & 0 \\ 2 & 3 & 2 \\ 0 & 2 & 4 \end{pmatrix},$$

则曲面方程可写为 $\boldsymbol{X}^{\mathrm{T}}\boldsymbol{A}\boldsymbol{X}+\boldsymbol{B}^{\mathrm{T}}\boldsymbol{X}+10=0$.

首先看曲面方程的二次项部分. 实对称矩阵 $\boldsymbol{A}$ 的特征值和特征向量可分别求得:

当特征值 $\lambda_1=6$ 时, 特征向量 (标准化后) 为 $\boldsymbol{\xi}_1=\left(\frac{1}{3},\frac{2}{3},\frac{2}{3}\right)^{\mathrm{T}}$;

当特征值 $\lambda_2=3$ 时, 特征向量 (标准化后) 为 $\boldsymbol{\xi}_2=\left(\frac{2}{3},\frac{1}{3},-\frac{2}{3}\right)^{\mathrm{T}}$;

当特征值 $\lambda_3=0$ 时, 特征向量 (标准化后) 为 $\boldsymbol{\xi}_3=\left(\frac{2}{3},-\frac{2}{3},\frac{1}{3}\right)^{\mathrm{T}}$.

作正交变换 $\boldsymbol{X}=\boldsymbol{P}\boldsymbol{X}_1$, 其中 $\boldsymbol{P}=(\boldsymbol{\xi}_1,\boldsymbol{\xi}_2,\boldsymbol{\xi}_3)=\begin{pmatrix} \frac{1}{3} & \frac{2}{3} & \frac{2}{3} \\ \frac{2}{3} & \frac{1}{3} & -\frac{2}{3} \\ \frac{2}{3} & -\frac{2}{3} & \frac{1}{3} \end{pmatrix}$, $\boldsymbol{X}_1=\begin{pmatrix} x_1 \\ y_1 \\ z_1 \end{pmatrix}$, 则原方程可化为

$$6x_1^2+3y_1^2+8x_1-6y_1+8z_1+10=0.$$

对上式配方可得

$$6\left(x_1+\frac{2}{3}\right)^2+3(y_1-1)^2+8\left(z_1+\frac{13}{24}\right)=0.$$

作平移变换, 令 $\begin{cases} x_2=x_1+\dfrac{2}{3}, \\ y_2=y_1-1, \\ z_2=z_1+\dfrac{13}{24}, \end{cases}$ 则有 $6x_2^2+3y_2^2+8z_2=0$, 此即为标准方程. 从

方程可知, 曲面为椭圆抛物面.

2. 函数最值问题

在解决生活中的问题时, 往往会遇到求二次函数最值的情况. 二次型在讨论二次函数的最值问题时, 有时可以给出简便的解决方法.

【例 2】 讨论 $17x_1^2+14x_2^2+14x_3^2-4x_1x_2-4x_1x_3-8x_2x_3+x_1-x_2+2x_3+3$ 是否有最值.

解 首先考虑上述函数的二次部分, 对应的对称矩阵为

$$\boldsymbol{A}=\begin{pmatrix}17 & -2 & -2\\ -2 & 14 & -4\\ -2 & -4 & 14\end{pmatrix},$$

$$|\boldsymbol{A}-\lambda\boldsymbol{E}|=\begin{vmatrix}17-\lambda & -2 & -2\\ -2 & 14-\lambda & -4\\ -2 & -4 & 14-\lambda\end{vmatrix}=(\lambda-18)^2(9-\lambda)=0,$$

特征向量分别为

当 $\lambda_1=9$ 时, 解 $(9\boldsymbol{E}-\boldsymbol{A})\boldsymbol{X}=\mathbf{0}$, 特征向量为 $\boldsymbol{\xi}_1=\left(\frac{1}{2},1,1\right)^{\mathrm{T}}$;

当 $\lambda_2=\lambda_3=18$ 时, 解 $(18\boldsymbol{E}-\boldsymbol{A})\boldsymbol{X}=\mathbf{0}$, 特征向量为 $\boldsymbol{\xi}_2=(-2,1,0)^{\mathrm{T}}$, $\boldsymbol{\xi}_3=(-2,0,1)^{\mathrm{T}}$.

正交化可得变换矩阵为

$$\boldsymbol{P}=\begin{pmatrix}\frac{1}{3} & -\frac{2}{\sqrt{5}} & -\frac{2}{\sqrt{45}}\\ \frac{2}{3} & \frac{1}{\sqrt{5}} & -\frac{4}{\sqrt{45}}\\ \frac{2}{3} & 0 & \frac{5}{\sqrt{45}}\end{pmatrix},\quad \begin{pmatrix}x_1\\ x_2\\ x_3\end{pmatrix}=\begin{pmatrix}\frac{1}{3} & -\frac{2}{\sqrt{5}} & -\frac{2}{\sqrt{45}}\\ \frac{2}{3} & \frac{1}{\sqrt{5}} & -\frac{4}{\sqrt{45}}\\ \frac{2}{3} & 0 & \frac{5}{\sqrt{45}}\end{pmatrix}\begin{pmatrix}y_1\\ y_2\\ y_3\end{pmatrix},$$

二次函数化简为

$$9y_1^2+18y_2^2+18y_3^2+y_1-\frac{3}{\sqrt{5}}y_2+\frac{4}{\sqrt{5}}y_3+3,$$

继续配方有

$$\left(3y_1+\frac{1}{6}\right)^2+\left(3\sqrt{2}y_2-\frac{1}{2\sqrt{10}}\right)^2+\left(3\sqrt{2}y_3+\frac{2}{3\sqrt{10}}\right)^2+2\frac{65}{72}.$$

所以二次函数有最大值为 $2\dfrac{65}{72}$, 且在 $y_1=-\dfrac{1}{18}$, $y_2=\dfrac{1}{12\sqrt{5}}$, $y_3=\dfrac{1}{9\sqrt{5}}$ 处. 由变量 y_1,y_2,y_3 的取值, 代入变量的变换式, 可得到 x_1,x_2,x_3 的取值.

习题参考答案与提示

第 1 章

习　题　1.1

1. (1) -5;　(2) 11;　(3) $a^3+b^3+c^3-3abc$;　(4) $(b-a)(c-a)(c-b)$.
2. (1) $x=3$ 或 $x=-1$;　(2) $x=1$ 或 $x=-3$.
3. (1) 7, 奇排列;　(2) 9, 奇排列;　(3) $n(n-1)$, 偶排列;
(4) n^2, 当 n 为奇数时是奇排列, 当 n 为偶数时是偶排列.
4. (1) 1;　(2) $(-1)^{n-1}n!$.
5. -1, -5.

习　题　1.2

1. (1) 8022000;　(2) 58800;　(3) 5;　(4) -3;　(5) 50;　(6) a^4.
2. 略.
3. (1) $[x+(n-1)a](x-a)^{n-1}$;　(2) $1+a_1+a_2+\cdots+a_n$;　(3) 117.
4. 略.

习　题　1.3

1. (1) 10;　(2) -240;　(3) $\prod\limits_{0\leqslant j<i\leqslant n}(i-j)$;　(4) $\prod\limits_{i=1}^{n}(a_id_i-b_ic_i)$;　(5) 0;
(6) $(a+b+c)(b-a)(c-a)(c-b)$.
2. -17.
3. -9, 18.
4. $\left(1-\dfrac{1}{2}-\dfrac{1}{3}-\cdots-\dfrac{1}{n}\right)n!$.

习　题　1.4

1. (1) $x_1=3, x_2=-2$;　(2) $x_1=\dfrac{13}{15}, x_2=\dfrac{21}{15}=\dfrac{7}{5}, x_3=\dfrac{23}{15}$;
(3) $x_1=1, x_2=0, x_3=0, x_4=0$.
2. $k\neq 0$, 1.
3. $\lambda=4$ 或 $\lambda=-1$.
4. $a_0=0, a_1=4, a_2=-1$.

复习题 1

(A)

1. (1) ×; (2) ×; (3) √; (4) ×; (5)×.
2. (1) C; (2) D; (3) D; (4) D; (5)C; (6) C; (7) D; (8) A.
3. (1) $-2<a<2$; (2) 8, 3; (3) $\dfrac{n(n-1)}{2}$; (4) 0; (5) -16; (6) 0;
   (7) $x=1,-1,2,-2$; (8) 0, 0; (9) $\prod\limits_{1\leqslant j<i\leqslant n}(x_i-x_j)$; (10) 充分; (11) 1.
4. (1) -4; (2) 0; (3) 28; (4) 0; (5) 60.
5. (1) 正号; (2) 负号.
6. -4, -3, -15.
7. 14.
8. (1) $x_1=13,x_2=-4,x_3=-6$; (2) $x_1=1,x_2=1,x_3=-1,x_4=1$.
9. $k=0$ 或 $\lambda=1$.

(B)

1. (1) D; (2) B; (3) B; (4) D; (5) A.
2. (1) 7, 4; (2) 2; (3) 54; (4) $(-1)^{n-1}na_1a_2\cdots a_{n-1}$.
3. 略.
4. (1) $y=3-2x+x^2$; (2) 0;

(3) $P(x)$ 的 n 个根分别为 $x=a_1$, $x=a_2$, $\cdots$, $x=a_n$.

第 2 章

习 题 2.1

1. (1) 第 IV 卦限; (2) 第 VI 卦限; (3) yOz 平面上;
   (4) xOy 平面上; (5) z 轴上; (6) y 轴上.
2. (16, −6, −9).
3. (1) 关于 xOy 平面: $(2,-5,-3)$; 关于 yOz 平面: $(-2,-5,3)$; 关于 zOx 平面: $(2,5,3)$.

(2) 关于 x 轴: (2, 5, −3); 关于 y 轴: (−2, −5, −3); 关于 z 轴: (−2, 5, 3).

(3) 关于坐标原点: (−2, 5, −3).

4. (1) 2; $\cos\alpha=-\dfrac{1}{2}$, $\cos\beta=-\dfrac{\sqrt{2}}{2}$, $\cos\gamma=\dfrac{1}{2}$;$\alpha=\dfrac{2}{3}\pi$; $\beta=\dfrac{3}{4}\pi$; $\gamma=\dfrac{1}{3}\pi$.
   (2) $\overrightarrow{M_1M_2}$ 在 x 轴上投影为 -1; $(\overrightarrow{M_1M_2})^0=\left(-\dfrac{1}{2},-\dfrac{\sqrt{2}}{2},\dfrac{1}{2}\right)$.
5. $(-\sqrt{2},0,0)$ 或者 (0, 1, 1).

习　题　2.2

1. (1) 7;　(2) -21;　(3) 15.

2. $-\dfrac{3}{2}$.

3. $\sqrt{3}$;　$\arccos\dfrac{\sqrt{15}}{5}$.

4. $\left(-\dfrac{1}{2},\dfrac{1}{2},-1\right)$.

5. (1) $(-6, 12, -6)$;　(2) -7;　(3) $(-4, 1, -4)$;　(4) 1.

6. $\pm\left(\dfrac{3}{\sqrt{35}},\dfrac{5}{\sqrt{35}},\dfrac{1}{\sqrt{35}}\right)$.

7. 6.

8. 由定义即可证明.

9. 证明 $\overrightarrow{AB},\overrightarrow{AC},\overrightarrow{AD}$ 混合积为 0 即可.

习　题　2.3

1. $16(x-1)-14(y+2)-3(z-3)=0$.

2. $3x-2z-1=0$.

3. $-3(x-1)-8(y-2)+z-3=0$ 或 $3x+8y-z-16=0$.

4. $\arccos\dfrac{\sqrt{6}}{3}$.

5. $\begin{cases}\dfrac{x-1}{3}=\dfrac{z-2}{-1},\\ y-1=0.\end{cases}$

6. $3(x-1)+8y+7(z+1)=0$ 或 $3x+8y+7z+4=0$.

7. $19(x-1)-5(y+2)-17(z+1)=0$ 或 $19x-5y-17z-46=0$.

8. $\dfrac{x}{-5}=\dfrac{y-2}{2}=\dfrac{z-1}{-3}$.

9. $\arccos\dfrac{1}{\sqrt{28}}$.

10. 0.

11. $\dfrac{2\sqrt{6}}{3}$.

12. $\dfrac{3\sqrt{2}}{2}$.

13. $\dfrac{x-1}{-1}=\dfrac{y-8}{-7}=\dfrac{z-4}{-5}$;

在 xOy 平面上投影方程为 $\begin{cases}7x-y+1=0,\\ z=0;\end{cases}$

在 yOz 平面上投影方程为 $\begin{cases}5y-7z-12=0,\\ x=0;\end{cases}$

在 zOx 平面上投影方程为 $\begin{cases} 5x-z-1=0, \\ y=0. \end{cases}$

习 题 2.4

1. $x+y-2z=0$.
2. $(x-2)^2+(y+1)^2+(z-1)^2=6$.
3. (1) 球面; (2) 母线平行于 y 轴的椭圆柱面;
   (3) 母线平行于 x 轴的抛物柱面; (4) 母线平行于 z 轴的双曲柱面;
   (5) 顶点在原点的圆锥面; (6) 开口朝向 x 轴正向的椭圆抛物面.
4. (1) 绕 x 轴:$4x^2-y^2-z^2=0$; 绕 y 轴: $4x^2+4z^2-y^2=0$.
   (2) 绕 z 轴: $-z^2+\dfrac{y^2+x^2}{4}=1$; 绕 y 轴: $-(x^2+z^2)+\dfrac{y^2}{4}=1$.
   (3) 绕 z 轴:$z=2x^2+2y^2$.
5. 略.
6. 在 xOy 上投影: $x^2+y^2-2x\leqslant 0$; 在 zOx 上投影:$0\leqslant x\leqslant 2,\ y=0,\ \sqrt{4-2x}\leqslant z\leqslant\sqrt{4-x^2}$.

复 习 题 2

(A)

1. (1) 否; (2) 是.
2. (1) A; (2) C; (3) A; (4) D.
3. (1) 8, 4, 4 或 $-\dfrac{2}{3}$; (2) $\begin{cases} 2x-y-4=0, \\ z=0; \end{cases}$ (3) $\dfrac{\pi}{4}$; (4) 2; (5) $\pm\dfrac{1}{\sqrt{3}}(1,1,-1)$;
   (6) $\begin{cases} x^2+y^2=1-x-y, \\ z=0; \end{cases}$ (7) $\begin{cases} x^2+y^2=4, \\ z=0; \end{cases}$ (8) $\dfrac{y^2}{b^2}-\dfrac{x^2+z^2}{c^2}=1$.
4. $(-1,5,-7)$.
5. $(0,0,-1)$ 或 $\left(\dfrac{\sqrt{2}}{2},\dfrac{\sqrt{2}}{2},0\right)$.
6. $\left(0,-\dfrac{8}{5},\dfrac{6}{5}\right),\left(0,\dfrac{8}{5},-\dfrac{6}{5}\right)$.
7. $\pm\left(\dfrac{\sqrt{6}}{6},\dfrac{\sqrt{6}}{6},-\dfrac{\sqrt{6}}{3}\right)$.
8. $\sqrt{17}$.
9. 垂直.
10. $\begin{cases} x-2y+z+3=0, \\ x+y+z-2=0. \end{cases}$
11. (1) $\begin{cases} x=3y^2, \\ z=0. \end{cases}$ 或 $\begin{cases} x=3z^2, \\ y=0. \end{cases}$ x 轴; (2) $\begin{cases} y^2=4x^2, \\ z=0. \end{cases}$ 或 $\begin{cases} y^2=4z^2, \\ x=0. \end{cases}$ y 轴;
    (3) $\begin{cases} \dfrac{x^2}{4}+\dfrac{z^2}{9}=1, \\ y=0. \end{cases}$ 或 $\begin{cases} \dfrac{y^2}{4}+\dfrac{z^2}{9}=1, \\ x=0. \end{cases}$ z 轴; (4) $\begin{cases} x^2-\dfrac{y^2}{6}=1, \\ z=0. \end{cases}$ 或 $\begin{cases} x^2-\dfrac{z^2}{6}=1, \\ y=0. \end{cases}$ x 轴.

(B)

1. (1) D; (2) D; (3) B; (4) A; (5) B.

2. (1) $m=-3$;

(2) $(x-1)^2+(y-2)^2+(z-3)^2=12$; (3) $\dfrac{x-2}{1}=\dfrac{y+6}{2}=\dfrac{z-5}{3}$;

(4) $x-3y-z+4=0$, $6x+y+3z-5=0$; (5) $3x+4y+2z+2=0$.

3. 简证: $\dfrac{5}{3}\neq\dfrac{2}{1}=\dfrac{4}{2}$, 即两直线不平行, 同时向量 (5,2,4), (3,1,2), (11,2,4) 混合积为 0, 说明两直线共面, 即为相交直线. 两直线确定的平面为 $2y-z+4=0$.

4. (1) (2, 0, −2); (2) $4(x^2+y^2)=9(z+2)^2$.

5. $6x-3y-2z+4=0$, $3x+24y+16z+19=0$.

6. $\dfrac{x-1}{1}=\dfrac{y}{1}=\dfrac{z-1}{1}$.

7. $(2y+2z+2)^2+(2x+z+2)^2+(2x-y+1)^2=32$.

8. $\dfrac{x-\frac{5}{2}}{3}=\dfrac{y-3}{2}=\dfrac{z-\frac{5}{2}}{-1}$, 或者 $\begin{cases}5x-6y+3z-2=0,\\3x-5y-z+10=0.\end{cases}$

9. $\dfrac{8}{\sqrt{26}}$.

10. 在 xOy 面上的投影: $\begin{cases}x^2-x-y=0,\\z=0;\end{cases}$

在 yOz 面上的投影: $\begin{cases}y^4-2y^3+4y^2-2y^2z+2yz-4y+z^2-3z+2=0,\\x=0;\end{cases}$

在 zOx 面上的投影: $\begin{cases}x^4-2x^3-z+2=0,\\y=0.\end{cases}$

11. 在 xOy 面上为圆: $\begin{cases}(x-1)^2+y^2\leqslant 1,\\z=0;\end{cases}$

在 yOz 面上的投影: $\begin{cases}\left(\dfrac{z^2}{2}-1\right)^2+y^2\leqslant 1,\quad z\geqslant 0,\\x=0;\end{cases}$

在 zOx 面上的投影: $\begin{cases}x\leqslant z\leqslant\sqrt{2x}, 0\leqslant x\leqslant 2,\\y=0.\end{cases}$

第 3 章

习 题 3.1

1. $\begin{pmatrix}23&34&15&26\\12&24&16&33\\26&33&11&32\\14&28&15&33\end{pmatrix}$.

2. 系数矩阵 $\boldsymbol{A}=\begin{pmatrix}2&-1&4&5\\0&3&-2&0\\-1&2&1&-1\end{pmatrix}$, 增广矩阵 $\tilde{\boldsymbol{A}}=\begin{pmatrix}2&-1&4&5&-1\\0&3&-2&0&7\\-1&2&1&-1&3\end{pmatrix}$.

3. $\begin{pmatrix}0&0&1&1\\1&0&0&0\\0&1&0&0\\1&0&1&0\end{pmatrix}$.

4.
$$\begin{array}{cc} & \text{B 策略} \rightarrow \\ \text{A 策略} \downarrow & \begin{array}{c|ccc} & \text{石头} & \text{剪刀} & \text{布} \\ \hline \text{石头} & 0 & 1 & -1 \\ \text{剪刀} & -1 & 0 & 1 \\ \text{布} & 0 & -1 & 0 \end{array} \end{array}.$$

5.
$$\begin{array}{c} \\ 1\\2\\3\\4\\5\\6 \end{array}\begin{array}{c} \begin{array}{cccccc}1&2&3&4&5&6\end{array} \\ \begin{pmatrix} &1&0&1&1&1\\0& &0&1&1&1\\1&1& &1&0&0\\0&0&0& &1&1\\0&0&1&0& &1\\0&0&1&0&0& \end{pmatrix}\end{array}$$
, 选手按胜多负少, 且胜的同样多的情况下先胜的排在前面, 顺序为 1, 3, 2, 5, 4, 6.

6. 丁第二次读的书是戊一开始读的那本书.

习 题 3.2

1. $X=\begin{pmatrix}2&3&-2&2\\2&-2&1&-1\\1&-1&-4&-1\end{pmatrix}$.

2. (1) $\begin{pmatrix}3&2&-1&0\\-3&-2&1&0\\6&4&-2&0\\9&6&-3&0\end{pmatrix}$; (2) 10; (3) $\begin{pmatrix}6&5&-3\\0&-1&0\\4&-2&-2\\-2&-1&1\end{pmatrix}$;

(4) $ax^2+cy^2+fz^2+2bxy+2dxz+2eyz$.

3. (1) $\boldsymbol{AB}=a_1b_1+a_2b_2+a_3b_3$, $\boldsymbol{BA}=\begin{pmatrix}b_1a_1&b_1a_2&b_1a_3\\b_2a_1&b_2a_2&b_2a_3\\b_3a_1&b_3a_2&b_3a_3\end{pmatrix}$;

(2) $\boldsymbol{AB}=\begin{pmatrix}c&a&b\\a&b&c\\b&c&a\end{pmatrix}$, $\boldsymbol{BA}=\begin{pmatrix}b&c&a\\c&a&b\\a&b&c\end{pmatrix}$.

4. (1) $\begin{pmatrix} 5 & 4 & 0 \\ 6 & -3 & -1 \\ -3 & 0 & -2 \end{pmatrix}$; (2) 不相等.

5. $f(\boldsymbol{A}) = \begin{pmatrix} 5 & 1 & 3 \\ 8 & 0 & 3 \\ -2 & 1 & -2 \end{pmatrix}$.

6. $\boldsymbol{A}^k = \begin{pmatrix} 1 & k\lambda \\ 0 & 1 \end{pmatrix}$.

7. $\boldsymbol{A}^n = \begin{pmatrix} a^n & na^{n-1} & \dfrac{n(n-1)}{2}a^{n-2} \\ 0 & a^n & na^{n-1} \\ 0 & 0 & a^n \end{pmatrix}$.

8. 略. 9. 略. 10. 略. 11. 略.

习 题 3.3

1. (1) $\begin{pmatrix} 7 & 2 & 0 & 0 \\ 7 & 6 & 0 & 0 \\ 0 & 0 & 8 & 9 \\ 0 & 0 & 19 & 22 \end{pmatrix}$; (2) $\begin{pmatrix} 3 & 0 & 0 \\ -4 & 0 & 0 \\ -2 & 0 & 0 \\ 0 & 19 & 14 \end{pmatrix}$.

2. $\boldsymbol{AB} = \begin{pmatrix} a^2+1 & a & 0 & 0 \\ a & a^2 & 0 & 0 \\ 0 & 0 & b^2+1 & b \\ 0 & 0 & 2b & b^2 \end{pmatrix}$,

$$\boldsymbol{ABA} = \begin{pmatrix} a^3+a & 2a^2+1 & 0 & 0 \\ a^2 & a^3+a & 0 & 0 \\ 0 & 0 & b^3+2b & 2b^2+1 \\ 0 & 0 & 3b^2 & b^3+2b \end{pmatrix}.$$

3. $k^n a^2$.

4. -50.

习 题 3.4

1. 系数矩阵: $\begin{pmatrix} 1 & 1 & 3 & -1 \\ 0 & 1 & -1 & 1 \\ 1 & 1 & 2 & 2 \\ 1 & -1 & 1 & -1 \end{pmatrix}$, 增广矩阵: $\left(\begin{array}{cccc:c} 1 & 1 & 3 & -1 & -2 \\ 0 & 1 & -1 & 1 & 1 \\ 1 & 1 & 2 & 2 & 4 \\ 1 & -1 & 1 & -1 & 0 \end{array}\right)$,

方程组的解: $x_1 = 1, x_2 = -1, x_3 = 0, x_4 = 2$.

2. 该线性方程组为 $\begin{cases} x_1+3x_2+4x_3=-2, \\ 2x_1+5x_2+9x_3=3, \\ 3x_1+7x_2+14x_3=8, \\ -x_2+x_3=7, \end{cases}$ 方程组的解为 $\begin{cases} x_1=-7c+19, \\ x_2=c-7, \\ x_3=c \end{cases}$ (c 为任意常数).

3. (1) 行最简形 $\begin{pmatrix} 1 & 0 & 0 & 0 \\ 0 & 0 & 1 & 0 \\ 0 & 0 & 0 & 1 \end{pmatrix}$, 标准形 $\begin{pmatrix} 1 & 0 & 0 & 0 \\ 0 & 1 & 0 & 0 \\ 0 & 0 & 1 & 0 \end{pmatrix}$;

(2) 行最简形 $\begin{pmatrix} 0 & 1 & 0 & 5 \\ 0 & 0 & 1 & 3 \\ 0 & 0 & 0 & 0 \end{pmatrix}$, 标准形 $\begin{pmatrix} 1 & 0 & 0 & 0 \\ 0 & 1 & 0 & 0 \\ 0 & 0 & 0 & 0 \end{pmatrix}$;

(3) 行最简形 $\begin{pmatrix} 1 & -1 & 0 & 2 & -3 \\ 0 & 0 & 1 & -2 & 2 \\ 0 & 0 & 0 & 0 & 0 \\ 0 & 0 & 0 & 0 & 0 \end{pmatrix}$, 标准形 $\begin{pmatrix} 1 & 0 & 0 & 0 & 0 \\ 0 & 1 & 0 & 0 & 0 \\ 0 & 0 & 0 & 0 & 0 \\ 0 & 0 & 0 & 0 & 0 \end{pmatrix}$;

(4) 行最简形 $\begin{pmatrix} 1 & 0 & 2 & 0 & -2 \\ 0 & 1 & -1 & 0 & 3 \\ 0 & 0 & 0 & 1 & 4 \\ 0 & 0 & 0 & 0 & 0 \end{pmatrix}$, 标准形 $\begin{pmatrix} 1 & 0 & 0 & 0 & 0 \\ 0 & 1 & 0 & 0 & 0 \\ 0 & 0 & 1 & 0 & 0 \\ 0 & 0 & 0 & 0 & 0 \end{pmatrix}$.

4. $t=0$.

5. (1) $\boldsymbol{E}(1,2(2))\boldsymbol{A}=\begin{pmatrix} 9 & 12 & 15 \\ 4 & 5 & 6 \\ 7 & 8 & 9 \end{pmatrix}$;

(2) $\boldsymbol{A}\boldsymbol{E}(3,2)=\begin{pmatrix} 1 & 3 & 2 \\ 4 & 6 & 5 \\ 7 & 9 & 8 \end{pmatrix}$;

(3) $\boldsymbol{E}(3(2))\boldsymbol{A}=\begin{pmatrix} 1 & 2 & 3 \\ 4 & 5 & 6 \\ 14 & 16 & 18 \end{pmatrix}$.

6. $\boldsymbol{Q}=\begin{pmatrix} 0 & 1 & 1 \\ 1 & 0 & 0 \\ 0 & 0 & 1 \end{pmatrix}$.

习 题 3.5

1. 略.

2. (1) $\begin{pmatrix} 5 & -2 \\ -2 & 1 \end{pmatrix}$; (2) $\frac{1}{9}\begin{pmatrix} 1 & 2 & 2 \\ 2 & 1 & -2 \\ 2 & -2 & 1 \end{pmatrix}$; (3) $\begin{pmatrix} 1 & -2 & 7 \\ 0 & 1 & -2 \\ 0 & 0 & 1 \end{pmatrix}$;

(4) $\begin{pmatrix} a_1^{-1} & & & \\ & a_2^{-1} & & \\ & & \ddots & \\ & & & a_n^{-1} \end{pmatrix}$; (5) $\begin{pmatrix} 22 & -6 & -26 & 17 \\ -17 & 5 & 20 & -13 \\ -1 & 0 & 2 & -1 \\ 4 & -1 & -5 & 3 \end{pmatrix}$.

3. (1) $\frac{1}{3}$; (2) 9; (3) -24; (4) $\frac{1}{81}$; (5) -9.

4. (1) $\boldsymbol{X}=\begin{pmatrix} 2 & -23 \\ 0 & 8 \end{pmatrix}$; (2) $\boldsymbol{X}=\begin{pmatrix} 1 & 2 & 3 \\ 0 & 1 & 2 \\ 0 & 0 & 1 \end{pmatrix}$; (3) $\boldsymbol{X}=\begin{pmatrix} 1 & 1 \\ \frac{1}{4} & 0 \end{pmatrix}$;

(4) $\boldsymbol{X}=\begin{pmatrix} 2 & -1 & 0 \\ 0 & 3 & -4 \\ 1 & 0 & -2 \end{pmatrix}$; (5) $\boldsymbol{X}=\frac{1}{6}\begin{pmatrix} 6 & 2 \\ -6 & -1 \\ -18 & -5 \end{pmatrix}$;

(6) $\boldsymbol{X}=\frac{1}{2}\begin{pmatrix} -3 & -6 & 3 \\ -1 & 0 & 5 \\ 5 & 8 & -9 \end{pmatrix}$.

5. $\boldsymbol{A}^{-1}=\frac{1}{2}(\boldsymbol{A}-\boldsymbol{E})$, $(\boldsymbol{A}+2\boldsymbol{E})^{-1}=\frac{1}{4}(\boldsymbol{A}-\boldsymbol{E})^2$.

6. 略

习 题 3.6

1. (1) r=3; $\begin{vmatrix} -1 & 2 & 0 \\ 3 & 2 & 1 \\ 5 & -3 & 2 \end{vmatrix} \neq 0$.　　(2) r=2; $\begin{vmatrix} 1 & 1 \\ 1 & 2 \end{vmatrix} \neq 0$.

(3) r =2; $\begin{vmatrix} 1 & 2 \\ 4 & -1 \end{vmatrix} \neq 0$.　　(4) r =3; $\begin{vmatrix} 2 & -4 & 3 \\ 1 & -2 & 1 \\ 0 & 1 & -1 \end{vmatrix} \neq 0$.

2. t =5.

3. (1) 无解; (2) 唯一解; (3) 无穷多解; (4) 无穷多解.

4. $\lambda=1$ 时, 有解 $\begin{cases} x_1=c+1, \\ x_2=c, \\ x_3=c, \end{cases}$ 其中 c 为任意常数; $\lambda=-2$ 时, 有解 $\begin{cases} x_1=c+2, \\ x_2=c+2, \\ x_3=c, \end{cases}$ 其中 c 为任意常数.

5. 当 $t\neq-2$ 时, 无解.

当 $t=-2$ 时, 有解.

当 $t=-2$ 时, 若 $p=-8$, 则一般解为 $\begin{cases} x_1=-1+4c_1-1c_2, \\ x_2=1-2c_1-2c_2, \\ x_3=c_1, \\ x_4=c_2, \end{cases}$ 其中 c_1, c_2 为任意常数.

当 $t=-2$ 时, 若 $p\neq -8$, 则一般解为 $\begin{cases} x_1=-1-c, \\ x_2=1-2c, \\ x_3=0, \\ x_4=c, \end{cases}$ 其中 c 为任意常数.

复 习 题 3

(A)

1. (1) ×; (2) √; (3) ×; (4) √; (5) ×; (6) ×; (7) √; (8) √; (9) ×; (10) √.
2. (1) B; (2) B; (3) D; (4) A; (5) D; (6) C; (7) D; (8) B; (9) B; (10) A; (11) A; (12) B; (13) A; (14) C .
3. (1) -2; (2) -6; (3) $-\dfrac{25}{2}$; (4) 1; (5) 27;

   (6) $\sum\limits_{i=1}^{15} a_{i4}\,a_{i8}$; (7) $\begin{pmatrix} 0 & -1 & 0 \\ -1 & 0 & 0 \\ 0 & 0 & -1 \end{pmatrix}$.

4. (1) $\begin{pmatrix} -10 & 0 \\ -13 & -2 \\ 16 & 0 \end{pmatrix}$; (2) $\begin{pmatrix} \frac{1}{2} & -1 \\ 2 & 3 \\ \frac{1}{2} & 0 \end{pmatrix}$; (3) $\begin{pmatrix} 1 & -4 & -3 \\ 1 & -5 & -3 \\ -1 & 6 & 4 \end{pmatrix}$;

   (4) $\begin{pmatrix} 2 & 0 & 1 \\ 0 & 3 & 0 \\ 1 & 0 & 2 \end{pmatrix}$; (5) $\begin{pmatrix} 3 & -8 & -6 \\ 2 & -9 & -6 \\ -2 & 12 & -9 \end{pmatrix}$.

5. $\boldsymbol{O}$.
6. $\begin{pmatrix} 0 & 3 & 1 \\ -1 & -3 & -1 \\ 0 & 1 & 0 \end{pmatrix}$.
7. $\begin{pmatrix} 1 & -2 & 1 & 0 \\ 0 & 1 & -2 & 1 \\ 0 & 0 & 1 & -2 \\ 0 & 0 & 0 & 1 \end{pmatrix}$.
8. 价格矩阵为 $(2,3,1)$, 个数矩阵为 $\begin{pmatrix} 3 \\ 2 \\ 4 \end{pmatrix}$, 小李购买水果共用 16 元.

(B)

1. (1) ×; (2) √; (3) √; (4) ×; (5) ×.
2. (1) B; (2) D; (3) B; (4) A; (5) A; (6) C; (7) B.
3. (1) $-\dfrac{2^{2n-1}}{3}$; (2) 2; (3) 3; (4) -27; (5) $-\dfrac{1}{3}$; (6) $\boldsymbol{O}$;

(7) 3; (8) $\begin{pmatrix} 3 & 0 & 0 \\ 0 & 3 & 0 \\ 0 & 0 & -1 \end{pmatrix}$; (9) $\begin{pmatrix} 1 & -1 \\ 1 & 1 \end{pmatrix}$; (10) $\begin{pmatrix} 1 & 0 & 0 & 0 \\ -1 & 2 & 0 & 0 \\ 0 & -2 & 3 & 0 \\ 0 & 0 & -3 & 4 \end{pmatrix}$;

(11) 1.

4. $a=-1$ 且 $b=0$, $C=\begin{pmatrix} 1+k_1+k_2 & -k_1 \\ k_1 & k_2 \end{pmatrix}$, $\forall k_1, k_2 \in \mathbf{R}$.

5. $\begin{pmatrix} 0 & 6 & -3 \\ 6 & -3 & -6 \\ -9 & 0 & 9 \end{pmatrix}$.

6. (1) 0; (2) $\begin{pmatrix} 3 & 1 & -2 \\ 1 & 1 & -1 \\ 2 & 1 & -1 \end{pmatrix}$.

7. 略.

8.

总成本汇总	季度				
	一	二	三	四	全年
原料费用	113500	178500	159000	110000	561000
支付工资	222000	352000	303000	220000	1097000
管理及其他费用	87000	137000	120500	85000	429500
合计	422500	667500	582500	415000	2087500

第 4 章

习 题 4.1

1. $(13,\ -15,\ -8,\ -23)^{\mathrm{T}}$.
2. $(-3,\ 6,\ -3,\ 9)^{\mathrm{T}}$.
3. (1) 是, 加法, 数乘运算封闭; (2) 否, 加法运算不封闭;
   (3) 否, 数乘运算不封闭; (4) 是, 加法, 数乘运算封闭.
4. (1) $\boldsymbol{V}=\left\{\boldsymbol{\alpha}=(k_1,\ 0,\ k_2,\ 0)^{\mathrm{T}}\,|k_1,\ k_2\in\mathbf{R}\right\}$; (2) $\mathbf{R}^4$.

*5. (1) 是; (2) 不是.

*6. 略.

习 题 4.2

1. (1) 不能; (2) 能, $\boldsymbol{\beta}=(-2k+1)\boldsymbol{\alpha}_1+k\boldsymbol{\alpha}_2+2\boldsymbol{\alpha}_3-\boldsymbol{\alpha}_4$.
2. (1) $\boldsymbol{\beta}=2\boldsymbol{\alpha}_2+\ \boldsymbol{\alpha}_3+2\boldsymbol{\alpha}_4$;

(2) $\boldsymbol{\beta}=-\boldsymbol{\alpha}_1+\boldsymbol{\alpha}_2+2\boldsymbol{\alpha}_3-2\boldsymbol{\alpha}_4$.

3. (1) $a\neq 0, b\neq 1$ 且 $-2a=3(b-1)$;

(2) $a=0$ 或 $b=1$ 或 $a\neq 0$ 且 $2a+3b-3\neq 0$ 或 $b\neq 1$ 且 $2a+3b-3\neq 0$.

4. (1) 线性相关;

(2) 线性无关;

(3) 线性相关.

5. 略.

6. $\boldsymbol{\alpha}_3$.

7. $\boldsymbol{\alpha}_1,\boldsymbol{\alpha}_2,\boldsymbol{\alpha}_3$ 线性相关; $\boldsymbol{\alpha}_1,\boldsymbol{\alpha}_2$ 线性无关; $\boldsymbol{\alpha}_3$ 能由 $\boldsymbol{\alpha}_1,\boldsymbol{\alpha}_2$ 线性表示.

8. 略.

习　题　4.3

1. 所有极大无关组有两个: $\boldsymbol{\alpha}_1,\boldsymbol{\alpha}_2$; $\boldsymbol{\alpha}_1,\alpha_3$. 秩是 2.

2. (1) $R(\boldsymbol{\alpha}_1,\boldsymbol{\alpha}_2,\boldsymbol{\alpha}_3)=3$, 极大无关组为 $\boldsymbol{\alpha}_1,\boldsymbol{\alpha}_2,\boldsymbol{\alpha}_3$;

(2) $R(\boldsymbol{\alpha}_1^{\mathrm{T}},\boldsymbol{\alpha}_2^{\mathrm{T}},\boldsymbol{\alpha}_3^{\mathrm{T}},\boldsymbol{\alpha}_4^{\mathrm{T}})=3$, 极大无关组为 $\boldsymbol{\alpha}_1^{\mathrm{T}},\boldsymbol{\alpha}_2^{\mathrm{T}},\boldsymbol{\alpha}_3^{\mathrm{T}}$; $\boldsymbol{\alpha}_4^{\mathrm{T}}=\boldsymbol{\alpha}_2^{\mathrm{T}}+\boldsymbol{\alpha}_3^{\mathrm{T}}$.

3. $\boldsymbol{A}=\begin{pmatrix}\boldsymbol{\alpha}_1^{\mathrm{T}}\\ \boldsymbol{\alpha}_2^{\mathrm{T}}\\ \boldsymbol{\alpha}_3^{\mathrm{T}}\\ \boldsymbol{\alpha}_4^{\mathrm{T}}\end{pmatrix}$, 行向量组的一个极大无关组为: $\boldsymbol{\alpha}_1^{\mathrm{T}},\boldsymbol{\alpha}_2^{\mathrm{T}}$, $\boldsymbol{\alpha}_4^{\mathrm{T}}$, $\boldsymbol{\alpha}_3^{\mathrm{T}}=2\boldsymbol{\alpha}_1^{\mathrm{T}}-\boldsymbol{\alpha}_2^{\mathrm{T}}$.

若记 $\boldsymbol{A}=(\boldsymbol{\beta}_1,\boldsymbol{\beta}_2,\boldsymbol{\beta}_3,\boldsymbol{\beta}_4,\boldsymbol{\beta}_5)$, 列向量组的一个极大无关组为: $\boldsymbol{\beta}_1$, $\boldsymbol{\beta}_2$, $\boldsymbol{\beta}_3$, 且 $\boldsymbol{\beta}_4=\boldsymbol{\beta}_1+3\boldsymbol{\beta}_2-\boldsymbol{\beta}_3$, $\boldsymbol{\beta}_5=-\boldsymbol{\beta}_2+\boldsymbol{\beta}_3$.

4. 略. 5. 略. 6. 略. 7. 略.

8. $y_1=(-34,\ 15,\ -10)^{\mathrm{T}}$, $y_2=(20,\ -9,\ 5)^{\mathrm{T}}$.

9. (1) $\boldsymbol{A}=\begin{pmatrix}-1&1&2\\0&1&-1\\1&0&0\end{pmatrix}$; (2) $(1,3,1)^{\mathrm{T}}$.

习　题　4.4

1. 三维;

基础解系: $\boldsymbol{\xi}_1=\begin{pmatrix}1\\-1\\1\\0\\0\end{pmatrix}$, $\boldsymbol{\xi}_2=\begin{pmatrix}-1\\1\\0\\1\\0\end{pmatrix}$, $\boldsymbol{\xi}_3=\begin{pmatrix}2\\-1\\0\\0\\1\end{pmatrix}$.

2. (1) 没有非零解; (2) 基础解系: $\boldsymbol{\xi}_1=\begin{pmatrix}\frac{3}{2}\\ \frac{3}{2}\\ 1\\ 0\end{pmatrix}$, $\boldsymbol{\xi}_2=\begin{pmatrix}-\frac{3}{4}\\ \frac{7}{4}\\ 0\\ 1\end{pmatrix}$, 通解为 $\boldsymbol{x}=k_1\boldsymbol{\xi}_1+k_2\boldsymbol{\xi}_2$, $k_1,k_2\in\mathbf{R}$.

(3) 基础解系: $\xi_1 = \begin{pmatrix} \frac{19}{8} \\ \frac{7}{8} \\ 1 \\ 0 \\ 0 \end{pmatrix}$, $\boldsymbol{\xi}_2 = \begin{pmatrix} \frac{3}{8} \\ -\frac{25}{8} \\ 0 \\ 1 \\ 0 \end{pmatrix}$, $\boldsymbol{\xi}_2 = \begin{pmatrix} -\frac{1}{2} \\ \frac{1}{2} \\ 0 \\ 0 \\ 1 \end{pmatrix}$,

通解为 $\boldsymbol{x} = k_1\boldsymbol{\xi}_1 + k_2\boldsymbol{\xi}_2 + k_3\boldsymbol{\xi}_3$, $k_1, k_2, k_3 \in \mathbf{R}$;

(4) 基础解系: $\boldsymbol{\xi}_1 = \begin{pmatrix} 4 \\ -9 \\ 4 \\ 3 \end{pmatrix}$, 通解为 $\boldsymbol{x} = k\boldsymbol{\xi}_1$, $k \in \mathbf{R}$.

3. $\boldsymbol{\xi}_1 = \begin{pmatrix} -2 \\ 1 \\ 0 \\ \vdots \\ 0 \\ 0 \end{pmatrix}$, $\boldsymbol{\xi}_2 = \begin{pmatrix} -3 \\ 0 \\ 1 \\ \vdots \\ 0 \\ 0 \end{pmatrix}$, $\cdots$, $\boldsymbol{\xi}_{n-2} = \begin{pmatrix} -(n-1) \\ 0 \\ 0 \\ \vdots \\ 1 \\ 0 \end{pmatrix}$, $\boldsymbol{\xi}_{n-1} = \begin{pmatrix} -n \\ 0 \\ 0 \\ \vdots \\ 0 \\ 1 \end{pmatrix}$.

4. $\begin{cases} 4x_1 - 3x_2 + x_3 = 0, \\ 3x_1 - 2x_2 + x_4 = 0. \end{cases}$

5. $\begin{pmatrix} 1 & -1 \\ 5 & 11 \\ 8 & 0 \\ 0 & 8 \end{pmatrix}$.

6. 不能构成基础解系. 方程组 ①系数矩阵的秩等于 2, 解空间维数等于 3, 基础解系含 3 个线性无关的解向量; 而 $R(\boldsymbol{\alpha}_1^{\mathrm{T}}, \boldsymbol{\alpha}_2^{\mathrm{T}}, \boldsymbol{\alpha}_3^{\mathrm{T}}, \boldsymbol{\alpha}_4^{\mathrm{T}}) = 2$, 只有 2 个线性无关的向量, 构不成基础解系, 需要增补一个解向量, 使 3 个向量线性无关.

7. 当 $a \neq b$ 且 $a \neq (1-n)b$ 时, 方程组只有零解; 当 $a = b$ 时, 有无穷多解, 通解为

$$\boldsymbol{x} = k_1 \begin{pmatrix} -1 \\ 1 \\ 0 \\ \vdots \\ 0 \end{pmatrix} + k_2 \begin{pmatrix} -1 \\ 0 \\ 1 \\ \vdots \\ 0 \end{pmatrix} + \cdots + k_{n-1} \begin{pmatrix} -1 \\ 0 \\ 0 \\ \vdots \\ 1 \end{pmatrix} \quad (k_1, k_2, \cdots, k_{n-1} \in \mathbf{R});$$

当 $a = (1-n)b$ 时, 也有无穷多解, 通解为: $\boldsymbol{x} = k(1,\ 1,\ \cdots,1,\ 1)^{\mathrm{T}}$ $(k \in \mathbf{R})$.

8. 略.

习 题 4.5

1. (1) 无解;

(2) 有无穷多解, 通解为: $k_1\begin{pmatrix}-2\\1\\1\\0\\0\end{pmatrix}+k_2\begin{pmatrix}3\\4\\0\\1\\0\end{pmatrix}+k_3\begin{pmatrix}-1\\-2\\0\\0\\1\end{pmatrix}+\begin{pmatrix}-5\\-8\\0\\0\\0\end{pmatrix}$, $k_1,k_2,k_3\in\mathbf{R}$;

(3) 有无穷多解, 通解为: $k_1\begin{pmatrix}1\\1\\0\\0\end{pmatrix}+k_2\begin{pmatrix}\frac{1}{5}\\0\\\frac{2}{5}\\1\end{pmatrix}+\begin{pmatrix}\frac{11}{5}\\0\\\frac{2}{5}\\0\end{pmatrix}$, $k_1,k_2\in\mathbf{R}$;

(4) 唯一解: $\begin{cases}x_1=-\dfrac{1}{6},\\x_2=-\dfrac{2}{3},\\x_3=-\dfrac{1}{6}.\end{cases}$

2. $x=\dfrac{\eta_1+\eta_2}{2}+k(\eta_1-\eta_3)=(1,0,-1,0)^{\mathrm{T}}+k(1,2,3,4)^{\mathrm{T}},\ k\in\mathbf{R}.$

3. 略.

4. 略.

5. 通解: $k\begin{pmatrix}1\\1\\1\\1\\1\end{pmatrix}+\begin{pmatrix}a_1+a_2+a_3+a_4\\a_2+a_3+a_4\\a_3+a_4\\a_4\\0\end{pmatrix}$.

复习题 4

(A)

1. (1) ×; (2) √; (3) √; (4) ×; (5) ×; (6) ×; (7) ×;

提示: 如: $\boldsymbol{\alpha}_1=(5,0,0,0)^{\mathrm{T}}$, $\boldsymbol{\alpha}_2=(0,-1,0,0)^{\mathrm{T}}$, $\boldsymbol{\beta}_1=(-5,0,0,0)^{\mathrm{T}}$, $\boldsymbol{\beta}_2=(0,1,0,0)^{\mathrm{T}}$, 对任意一组不全为零的数 λ_1,λ_2 总有 $\lambda_1\boldsymbol{\alpha}_1+\lambda_2\boldsymbol{\alpha}_2+\lambda_1\boldsymbol{\beta}_1+\lambda_2\boldsymbol{\beta}_2=\lambda_1(\boldsymbol{\alpha}_1+\boldsymbol{\beta}_1)+\lambda_2(\boldsymbol{\alpha}_2+\boldsymbol{\beta}_2)=\mathbf{0}$, 但 $\boldsymbol{\alpha}_1,\boldsymbol{\alpha}_2$ 与 $\boldsymbol{\beta}_1,\boldsymbol{\beta}_2$ 都线性无关.

(8) ×; 如: $\boldsymbol{\alpha}_1=(2,0,0)^{\mathrm{T}}$, $\boldsymbol{\alpha}_2=(0,-1,0)^{\mathrm{T}}$, $\boldsymbol{\beta}_1=(0,3,0)^{\mathrm{T}}$, $\boldsymbol{\beta}_2=(0,0,4)^{\mathrm{T}}$, 显然 $\boldsymbol{\alpha}_1,\boldsymbol{\alpha}_2$ 与 $\boldsymbol{\beta}_1,\boldsymbol{\beta}_2$ 的秩都是 2, 但 $\boldsymbol{\alpha}_1$ 不能由向量组 $\boldsymbol{\beta}_1,\boldsymbol{\beta}_2$ 线性表示, $\boldsymbol{\beta}_2$ 不能由 $\boldsymbol{\alpha}_1,\boldsymbol{\alpha}_2$ 线性表示.

(9) ×; (10) √; (11) √; (12) ×.

2. (1) D; (2) A; (3) B; (4) C; (5) D; (6) B;

(7) C; (8) B; (9) B; (10) B; (11) C;

(12) C; (13) A; (14) C.

3. (1) $\left(2, -\frac{5}{3}, \frac{1}{3}, \frac{17}{3}\right)^{\mathrm{T}}$; (2) $k \neq -4$; (3) $a = 33$; (4) $mnk \neq 0$; (5) 相;

(6) $k\,l\,s = 6$; (7) $\boldsymbol{\alpha}_1, \boldsymbol{\alpha}_2, \boldsymbol{\alpha}_3$; (8) $a + b \neq 3$; (9) $n - 1$; (10) $t \neq -4$;

(11) $\begin{pmatrix} 1 & 0 & 1 \\ 2 & 1 & 2 \\ -1 & 1 & 3 \end{pmatrix}$; (12) $k(1, 1, \cdots, 1)^{\mathrm{T}} (k \in \mathbf{R})$;

(13) $(3,\ 3,\ -10)^{\mathrm{T}} + k(6,\ 7,\ -26)^{\mathrm{T}}\ (k \in \mathbf{R})$; (14) 1; (15) 1; (16) 10.

4. 提示: (1) 因四个三维向量 $\boldsymbol{\beta}_1$, $\boldsymbol{\beta}_2$, $\boldsymbol{\beta}_3, \boldsymbol{\alpha}_i (i = 1, 2, 3)$ 一定相性相关, 如果 $\boldsymbol{\beta}_1$, $\boldsymbol{\beta}_2$, $\boldsymbol{\beta}_3$ 线性无关, 则 $\boldsymbol{\alpha}_i (i = 1, 2, 3)$ 可由 $\boldsymbol{\beta}_1$, $\boldsymbol{\beta}_2$, $\boldsymbol{\beta}_3$ 线性表示, 与题设矛盾, 所以 $\boldsymbol{\beta}_1$, $\boldsymbol{\beta}_2$, $\boldsymbol{\beta}_3$ 线性相关. 于是由行列式 $|\boldsymbol{\beta}_1\ \boldsymbol{\beta}_2\ \boldsymbol{\beta}_3| = 0$ 求出 $a = 5$.

(2) $\boldsymbol{\beta}_1 = 2\boldsymbol{\alpha}_1 + 4\boldsymbol{\alpha}_2 - \boldsymbol{\alpha}_3, \boldsymbol{\beta}_2 = \boldsymbol{\alpha}_1 + 2\boldsymbol{\alpha}_2, \boldsymbol{\beta}_3 = 5\boldsymbol{\alpha}_1 + 10\boldsymbol{\alpha}_2 - 2\boldsymbol{\alpha}_3$.

5. 提示: 当 $a \neq 1$, $b \neq -1$, $b \neq 9$ 时, $R(\mathrm{I}) = R(\mathrm{II}) = R(\mathrm{I}, \mathrm{II}) = 3$, 或 $a = 1, b = -1$ 时, $R(\mathrm{I}) = R(\mathrm{I},\mathrm{II}) = R(\mathrm{II}) = 2$, 秩相等且等价; 当 $a = 1$, $b \neq -1$ 时, $R(\mathrm{I}) = R(\mathrm{II}) = 2$, 秩相等但 (I) 与 (II) 不等价.

6. 提示: (1) 当 $m > n$ 时, 线性相关; (2) 当 $m = n$ 时, 线性无关; (3) 当 $m < n$ 时, 构造一个降维向量组, 使向量个数与向量维数相同, 利用 (2) 的结论, 可得 $\boldsymbol{\alpha}_1, \boldsymbol{\alpha}_2, \cdots, \boldsymbol{\alpha}_m$ 线性无关.

7. 答案分四种情况:

(1) $a = 5$, $b = -5$ 时, $R(\boldsymbol{\alpha}_1, \boldsymbol{\alpha}_2, \boldsymbol{\alpha}_3, \boldsymbol{\alpha}_4) = 2$, $\boldsymbol{\alpha}_1, \boldsymbol{\alpha}_2$ 是一个极大无关组;

(2) $a = 5$, $b \neq -5$ 时, $R(\boldsymbol{\alpha}_1, \boldsymbol{\alpha}_2, \boldsymbol{\alpha}_3, \boldsymbol{\alpha}_4) = 3$, $\boldsymbol{\alpha}_1, \boldsymbol{\alpha}_2, \boldsymbol{\alpha}_4$ 是一个极大无关组;

(3) $a \neq 5$, $b = -5$ 时, $R(\boldsymbol{\alpha}_1, \boldsymbol{\alpha}_2, \boldsymbol{\alpha}_3, \boldsymbol{\alpha}_4) = 3$, $\boldsymbol{\alpha}_1, \boldsymbol{\alpha}_2, \boldsymbol{\alpha}_3$ 是一个极大无关组;

(4) $a \neq 5$, $b \neq -5$ 时, $R(\boldsymbol{\alpha}_1, \boldsymbol{\alpha}_2, \boldsymbol{\alpha}_3, \boldsymbol{\alpha}_4) = 4$, $\boldsymbol{\alpha}_1, \boldsymbol{\alpha}_2, \boldsymbol{\alpha}_3, \boldsymbol{\alpha}_4$ 是一个极大无关组.

8. $\begin{pmatrix} 2 & 3 & 4 \\ 0 & -1 & 0 \\ -1 & 0 & -1 \end{pmatrix}$.

9. 通解 $x = \boldsymbol{\alpha}_1 + k_1(\boldsymbol{\alpha}_1 - \boldsymbol{\alpha}_2) + k_2(\boldsymbol{\alpha}_1 - \boldsymbol{\alpha}_3)\ \ (k_1, k_2 \in \mathbf{R})$.

求得 $a_1 = 2$, $a_2 = -2$, $a_3 = -1$, $a_4 = -3$, $b_1 = 1$, $b_2 = 4$.

原方程组为 $\begin{cases} 2x_1 + x_2 - x_3 + x_4 = 1, \\ 3x_1 - 2x_2 + x_3 - 3x_4 = 4, \\ x_1 + 4x_2 - 3x_3 + 5x_4 = -2. \end{cases}$

10. 提示: (1) $\boldsymbol{\beta}$ 不能由向量组 $\boldsymbol{\alpha}_1, \boldsymbol{\alpha}_2, \boldsymbol{\alpha}_3$ 线性表示. (2) $\boldsymbol{\alpha}_1, \boldsymbol{\alpha}_2, \boldsymbol{\alpha}_4$ 为一个极大无关组.

11. (1) $a = 7$, $b = 2$, $c = 1$. (2) 通解 $(0,\ 1,\ 0)^{\mathrm{T}} + k(2,\ 1,\ 1)^{\mathrm{T}}$, $k \in \mathbf{R}$.

12. 略.

13. 略.

14. 略.

15. 根据四个节点的流出、流入量应保持平衡, 建立的方程组为 $\begin{cases} x_1+a_1=x_2+b_1, \\ x_2+a_2=x_3+b_2, \\ x_3+a_3=x_4+b_3 \\ x_4+a_4=x_1+b_4. \end{cases}$

当参数满足 $\sum_{i=1}^{4} b_i=\sum_{i=1}^{4} a_i$ 时, 方程组有解. 其解为

$$x=k(1,\ 1,\ 1,\ 1)^{\mathrm{T}}+(a_4-b_4,\ b_2+b_3-a_2-a_3,\ b_3-a_3,\ 0)^{\mathrm{T}},\quad k\in\mathbf{R}.$$

16. 对节点 a,b,c,d 应用基尔霍夫 (Kirchhoff) 电流定律, 得 $\begin{cases} I_2=I_1+I_3, \\ I_1+I_4=I_2, \\ I_3+I_6=I_5, \\ I_5=I_4+I_6. \end{cases}$ 再根据电压定律, 得 $\begin{cases} 4I_1+2I_2=8, \\ 2I_2+4I_5=0, \\ 4I_5+5I_6=10. \end{cases}$ 联立上述两个方程组, 得到 7 个方程 6 个未知量的线性方程组. 解得

$$I_1=2\mathrm{A},\quad I_2=I_5=0\mathrm{A},\quad I_3=I_4=-2\mathrm{A},\quad I_6=2\mathrm{A}.$$

(B)

1. (1) √; (2) ×; (3) √; (4) √; (5) ×; (6) ×; (7) √; (8) ×.
2. (1) B; (2) C; (3) A; (4) C; (5) B; (6) C; (7) A; (8) D; (9) D; (10) D; (11) C; (12)C.
3. (1) $k\neq 2$; (2) $a=2$; (3) $r+1$; (4) $-\frac{1}{2}$; (5) 6; (6) $\begin{pmatrix} 1 & 0 & 1 \\ 2 & 2 & 0 \\ 0 & 3 & 3 \end{pmatrix}$.
4. $kl\neq 1$.
5. 略.
6. (1) 提示: 证明行列式 $|\boldsymbol{\beta}_1,\boldsymbol{\beta}_2,\boldsymbol{\beta}_3|=0$ 即可;
   (2) 当 $k=0$ 时, 存在非零向量 $\boldsymbol{\xi}=(x_1,x_2,x_3)^{\mathrm{T}}$, $\boldsymbol{\xi}=x_1\boldsymbol{\alpha}_1-x_1\boldsymbol{\alpha}_3$, $x_1\neq 0$.
7. (1) $a=4, b\neq 0$ 或者 $a=-2, b\neq 6$;
   (2) $a=4, b=0$ 时, $\boldsymbol{\beta}=(-7k_1+2)\boldsymbol{\alpha}_1+(5k_1-1)\boldsymbol{\alpha}_2+k_1\boldsymbol{\alpha}_3$; $a=-2, b=6$ 时, $\boldsymbol{\beta}=(-k_2+2)\boldsymbol{\alpha}_1+(-k_2-1)\boldsymbol{\alpha}_2+k_2\boldsymbol{\alpha}_3$.
8. 4.
9. (1) 基础解系: $\begin{pmatrix} -1 \\ 2 \\ 3 \\ 1 \end{pmatrix}$; (2) $\boldsymbol{B}=\begin{pmatrix} -k_1+2 & -k_2+6 & -k_3-1 \\ 2k_1-1 & 2k_2-3 & 2k_3+1 \\ 3k_1-1 & 3k_2-4 & 3k_3+1 \\ k_1 & k_2 & k_3 \end{pmatrix}$.

10. (1) $\boldsymbol{\xi}_2 = k\begin{pmatrix} 1 \\ -1 \\ 2 \end{pmatrix} + \begin{pmatrix} -\frac{1}{2} \\ \frac{1}{2} \\ 0 \end{pmatrix}$, $\boldsymbol{\xi}_3 = k_1\begin{pmatrix} -1 \\ 1 \\ 0 \end{pmatrix} + k_2\begin{pmatrix} 0 \\ 0 \\ 1 \end{pmatrix} + \begin{pmatrix} -\frac{1}{2} \\ 0 \\ 0 \end{pmatrix}$;

(2) 略.

第 5 章

习 题 5.1

1. (1) $\frac{3\pi}{4}$; (2) $(8k,\ 13k,\ 8k,\ k)^{\mathrm{T}}(k \in \mathbf{R})$.
2. (1) 不是; (2) 是; (3) 不是.
3. (1) $\boldsymbol{\gamma}_1 = \begin{pmatrix} \frac{1}{\sqrt{2}} \\ \frac{1}{\sqrt{2}} \\ 0 \end{pmatrix}$, $\boldsymbol{\gamma}_2 = \begin{pmatrix} \frac{1}{\sqrt{6}} \\ -\frac{1}{\sqrt{6}} \\ \frac{2}{\sqrt{6}} \end{pmatrix}$, $\boldsymbol{\gamma}_3 = \begin{pmatrix} -\frac{1}{\sqrt{3}} \\ \frac{1}{\sqrt{3}} \\ \frac{1}{\sqrt{3}} \end{pmatrix}$;

   (2) $\boldsymbol{\gamma}_1 = \frac{1}{\sqrt{3}}\begin{pmatrix} 1 \\ 0 \\ 1 \\ -1 \end{pmatrix}$, $\boldsymbol{\gamma}_2 = \begin{pmatrix} 0 \\ -1 \\ 0 \\ 0 \end{pmatrix}$, $\boldsymbol{\gamma}_3 = \frac{1}{\sqrt{6}}\begin{pmatrix} 1 \\ 0 \\ 1 \\ 2 \end{pmatrix}$.
4. $\boldsymbol{\gamma}_1 = \frac{1}{\sqrt{2}}(\boldsymbol{\alpha}_1 + \boldsymbol{\alpha}_5)$, $\boldsymbol{\gamma}_2 = \frac{1}{\sqrt{10}}(\boldsymbol{\alpha}_1 - 2\boldsymbol{\alpha}_2 + 2\boldsymbol{\alpha}_4 - \boldsymbol{\alpha}_5)$, $\boldsymbol{\gamma}_3 = \frac{1}{2}(\boldsymbol{\alpha}_1 + \boldsymbol{\alpha}_2 + \boldsymbol{\alpha}_3 - \boldsymbol{\alpha}_5)$.
5. (1) 是正交矩阵; (2) 是正交矩阵; (3) 不是正交矩阵; (4) 是正交矩阵.
6. $k = \pm\frac{1}{3}$, $\boldsymbol{A}^{-1} = k^2\boldsymbol{A} = \frac{1}{9}\boldsymbol{A}$.
7. $a = -\frac{6}{7}$, $b = -\frac{2}{7}$, $c = \frac{3}{7}$, $d = -\frac{6}{7}$.
8. 0.
9. 略.
10. 略.

习 题 5.2

1. -88.
2. 3, $\frac{17}{4}$, 3, 2.
3. (1) $\boldsymbol{A}$ 的特征值为 $\lambda_1 = -1, \lambda_2 = 5$.

当 $\lambda_1 = -1$ 时, $\boldsymbol{A}$ 的对应于特征值 $\lambda_1 = -1$ 的全部特征向量为 $k_1\begin{pmatrix} 1 \\ -1 \end{pmatrix}$ $(k_1 \neq 0)$;

当 $\lambda_1 = 5$ 时, $\boldsymbol{A}$ 的对应于特征值 $\lambda_2 = 5$ 的全部特征向量为 $k_2\begin{pmatrix} 1 \\ 2 \end{pmatrix}$ $(k_2 \neq 0)$.

(2) $\boldsymbol{A}$ 的特征值为 $\lambda_1=1,\lambda_2=2,\lambda_3=4$.

当 $\lambda_1=1$ 时, $\boldsymbol{A}$ 的对应于特征值 $\lambda_1=1$ 的全部特征向量为 $k_1\begin{pmatrix}1\\-1\\1\end{pmatrix}$ $(k_1\neq 0)$;

当 $\lambda_2=2$ 时, $\boldsymbol{A}$ 的对应于特征值 $\lambda_2=2$ 的全部特征向量为 $k_2\begin{pmatrix}1\\0\\-1\end{pmatrix}$ $(k_2\neq 0)$;

当 $\lambda_3=4$ 时, $\boldsymbol{A}$ 的对应于特征值 $\lambda_3=4$ 的全部特征向量为 $k_3\begin{pmatrix}1\\2\\1\end{pmatrix}$ $(k_3\neq 0)$.

(3) $\boldsymbol{A}$ 的特征值为 $\lambda_1=\lambda_2=2,\lambda_3=8$.

当 $\lambda_1=\lambda_2=2$ 时, $\boldsymbol{A}$ 的对应于特征值 $\lambda_1=\lambda_2=2$ 的全部特征向量为 $k_1\begin{pmatrix}1\\-1\\0\end{pmatrix}+k_2\begin{pmatrix}1\\0\\-1\end{pmatrix}$ $(k_1,k_2$ 不同时为 $0)$;

当 $\lambda_3=8$ 时, 则 $\boldsymbol{A}$ 的对应于特征值 $\lambda_3=8$ 的全部特征向量为 $k_3\begin{pmatrix}1\\1\\1\end{pmatrix}$ $(k_3\neq 0)$.

(4) $\boldsymbol{A}$ 的特征值为 $\lambda_1=1,\lambda_2=\lambda_3=\lambda_4=2$.

当 $\lambda_1=1$ 时, $\boldsymbol{A}$ 的对应于特征值 $\lambda_1=1$ 的全部特征向量为 $k_1\begin{pmatrix}-7\\9\\-1\\2\end{pmatrix}$ $(k_1\neq 0)$;

当 $\lambda_2=\lambda_3=\lambda_4=2$ 时, $\boldsymbol{A}$ 的对应于特征值 $\lambda_2=\lambda_3=\lambda_4=2$ 的全部特征向量为 $k_2\begin{pmatrix}-1\\1\\0\\0\end{pmatrix}+k_3\begin{pmatrix}-1\\0\\0\\3\end{pmatrix}$ $(k_2,k_3$ 不同时为 $0)$.

4. $a=-3,b=0,\lambda=-1$.

5. 略.

6. 略.

习 题 5.3

1. 略.

2. 提示: $\boldsymbol{A}^{-1}(\boldsymbol{AB})\boldsymbol{A}=\boldsymbol{A}^{-1}\boldsymbol{A}(\boldsymbol{BA})=\boldsymbol{BA}$, 即 $\boldsymbol{AB}$ 与 $\boldsymbol{BA}$ 相似.

3. (1)$\boldsymbol{A}$ 能对角化, $\boldsymbol{P}=\begin{pmatrix}0&1&0\\1&0&1\\2&1&0\end{pmatrix}$, $\boldsymbol{P}^{-1}\boldsymbol{AP}=\begin{pmatrix}1&&\\&2&\\&&3\end{pmatrix}$;

(2) $\boldsymbol{A}$ 能对角化, $\boldsymbol{P}=\begin{pmatrix}-2&0&-5\\1&0&1\\0&1&3\end{pmatrix}$, $\boldsymbol{P}^{-1}\boldsymbol{AP}=\begin{pmatrix}1&&\\&1&\\&&-2\end{pmatrix}$;

(3) $\boldsymbol{A}$ 不能对角化.

4. $x=0,y=1$, $\boldsymbol{P}=\begin{pmatrix}1&0&0\\0&1&-1\\0&1&1\end{pmatrix}$, $\boldsymbol{P}^{-1}\boldsymbol{AP}=\boldsymbol{B}=\begin{pmatrix}2&&\\&1&\\&&-1\end{pmatrix}$.

5. (1) 正交矩阵 $\boldsymbol{P}=\begin{pmatrix}-\frac{2}{\sqrt5}&\frac{1}{\sqrt5}\\\frac{1}{\sqrt5}&\frac{2}{\sqrt5}\end{pmatrix}$, $\boldsymbol{P}^{-1}\boldsymbol{AP}=\begin{pmatrix}1&\\&16\end{pmatrix}$;

(2) 正交矩阵 $\boldsymbol{P}=\begin{pmatrix}-\frac{1}{\sqrt2}&\frac{1}{\sqrt3}&\frac{1}{\sqrt6}\\\frac{1}{\sqrt2}&\frac{1}{\sqrt3}&\frac{1}{\sqrt6}\\0&\frac{1}{\sqrt3}&-\frac{2}{\sqrt6}\end{pmatrix}$, $\boldsymbol{P}^{-1}\boldsymbol{AP}=\begin{pmatrix}1&&\\&3&\\&&-3\end{pmatrix}$;

(3) 正交矩阵 $\boldsymbol{P}=\begin{pmatrix}-\frac{1}{\sqrt2}&\frac{1}{\sqrt6}&\frac{1}{\sqrt3}\\\frac{1}{\sqrt2}&\frac{1}{\sqrt6}&\frac{1}{\sqrt3}\\0&-\frac{2}{\sqrt6}&\frac{1}{\sqrt3}\end{pmatrix}$, $\boldsymbol{P}^{-1}\boldsymbol{AP}=\begin{pmatrix}2&&\\&2&\\&&8\end{pmatrix}$;

(4) 正交矩阵 $\boldsymbol{P}=\begin{pmatrix}\frac{1}{\sqrt5}&\frac{4}{\sqrt{45}}&\frac{2}{3}\\-\frac{2}{\sqrt5}&\frac{2}{\sqrt{45}}&\frac{1}{3}\\0&-\frac{5}{\sqrt{45}}&\frac{2}{3}\end{pmatrix}$, $\boldsymbol{P}^{-1}\boldsymbol{AP}=\begin{pmatrix}-1&&\\&-1&\\&&8\end{pmatrix}$.

6. $a=b=0$, 正交矩阵 $\boldsymbol{P}=\begin{pmatrix}\frac{1}{\sqrt2}&0&\frac{1}{\sqrt2}\\0&1&0\\-\frac{1}{\sqrt2}&0&\frac{1}{\sqrt2}\end{pmatrix}$, $\boldsymbol{P}^{-1}\boldsymbol{AP}=\boldsymbol{\Lambda}$.

7. $\boldsymbol{A}=\begin{pmatrix}4&1&1\\1&4&1\\1&1&4\end{pmatrix}$.

8. (1) $\varphi(\boldsymbol{A})=-2\begin{pmatrix}1&1\\1&1\end{pmatrix}$;

(2) $\varphi(\boldsymbol{A})=2\begin{pmatrix}1&1&-2\\1&1&-2\\-2&-2&4\end{pmatrix}$;

(3) $\boldsymbol{A}^{100}=\begin{pmatrix}1&0&5^{100}-1\\0&5^{100}&0\\0&0&5^{100}\end{pmatrix}$.

复习题5

(A)

1. (1) ×; (2) √; (3) ×; (4) ×; (5) √; (6) ×; (7) ×; (8) ×.

2. (1) −2; (2) ∓32; (3) (1, 3); (4) 16; (5) 3, 7, 4; 84; (6) $\left(\dfrac{|\boldsymbol{A}|}{\lambda}\right)^2+1$;

(7) $\dfrac{1}{3}$, 1, $\dfrac{1}{5}$;$\boldsymbol{\alpha}_1$, $\boldsymbol{\alpha}_2$, $\boldsymbol{\alpha}_3$; (8) k =2; (9) 3; (10) $\boldsymbol{E}$.

3. (1) C; (2) B; (3) D; (4) D; (5) C; (6) A; (7) B; (8) D; (9) C.

4. (1) $\boldsymbol{\eta}_1=\dfrac{1}{2}(1,\ -1,\ 1,\ 1)^{\mathrm{T}}$, $\boldsymbol{\eta}_2=\dfrac{1}{2}(1,\ 1,\ 1,\ -1)^{\mathrm{T}}$, $\boldsymbol{\eta}_3=\dfrac{1}{6}(5,\ 1,\ -3,\ 1)^{\mathrm{T}}$

(2) $\boldsymbol{\beta}_1=\begin{pmatrix}1\\0\\0\end{pmatrix},\boldsymbol{\beta}_2=\begin{pmatrix}0\\1\\0\end{pmatrix},\boldsymbol{\beta}_3=\begin{pmatrix}0\\0\\1\end{pmatrix}$;

(3) $\boldsymbol{\gamma}_1=\dfrac{1}{\sqrt{3}}\begin{pmatrix}1\\0\\-1\\1\end{pmatrix},\boldsymbol{\gamma}_2=\dfrac{1}{\sqrt{15}}\begin{pmatrix}1\\-3\\2\\1\end{pmatrix},\boldsymbol{\gamma}_3=\dfrac{1}{\sqrt{35}}\begin{pmatrix}-1\\3\\3\\4\end{pmatrix}$.

5. 提示: $\boldsymbol{H}^{\mathrm{T}}=(\boldsymbol{E}-2\boldsymbol{x}\boldsymbol{x}^{\mathrm{T}})^{\mathrm{T}}=\boldsymbol{E}-2\boldsymbol{x}\boldsymbol{x}^{\mathrm{T}}=\boldsymbol{H}$, $\boldsymbol{H}\boldsymbol{H}^{\mathrm{T}}=(\boldsymbol{E}-2\boldsymbol{x}\boldsymbol{x}^{\mathrm{T}})(\boldsymbol{E}-2\boldsymbol{x}\boldsymbol{x}^{\mathrm{T}})=\boldsymbol{E}-2\boldsymbol{x}\boldsymbol{x}^{\mathrm{T}}-2\boldsymbol{x}\boldsymbol{x}^{\mathrm{T}}+4\boldsymbol{x}(\boldsymbol{x}^{\mathrm{T}}\boldsymbol{x})\boldsymbol{x}^{\mathrm{T}}=\boldsymbol{E}-4\boldsymbol{x}\boldsymbol{x}^{\mathrm{T}}+4\boldsymbol{x}\boldsymbol{x}^{\mathrm{T}}=\boldsymbol{E}$.

6. 提示: 当 $a=0$ 时, $\boldsymbol{A}$ 为单位矩阵, $\lambda_1=\lambda_2=\cdots=\lambda_n=1$, 任意非零向量都是特征值 1 对应的特征向量; 当 $a\neq 0$ 时, $\lambda_1=1+(n-1)a$, 对应于 λ_1 的所有特征向量为 $k_1(1,\ 1,\ \cdots,\ 1)^{\mathrm{T}}$ ($k_1\neq 0$ 为实数), $\lambda_2=\lambda_3=\cdots=\lambda_n=1-a$, 对应于 $n-1$ 重特征值 $1-a$ 的所有的特征向量为: $k_2(1,\ -1,\ 0,\ \cdots,\ 0)^{\mathrm{T}}+k_3(1,\ 0,\ -1,\ \cdots,\ 0)^{\mathrm{T}}+\cdots+k_n(1,\ 0,\ 0,\ \cdots,\ -1)^{\mathrm{T}}$($k_2$, k_3, $\cdots$, k_n 为任意不全为零的实数).

7. 提示: $\boldsymbol{A}$ 不能对角化, 特征值 $\lambda=0$ 的代数重数不等于几何重数.

8. (1) $a=4$, $b=5$; (2) 可逆矩阵 $\boldsymbol{P}=\begin{pmatrix}2&-3&-1\\1&0&-1\\0&1&1\end{pmatrix}$, $\boldsymbol{P}^{-1}\boldsymbol{A}\boldsymbol{P}=\begin{pmatrix}1&&\\&1&\\&&5\end{pmatrix}$.

9. $x=4,\ y=5$, 正交矩阵 $\boldsymbol{P}=\begin{pmatrix}\frac{1}{\sqrt{5}} & \frac{2}{3} & \frac{4}{3\sqrt{5}}\\ -\frac{2}{\sqrt{5}} & \frac{1}{3} & \frac{2}{3\sqrt{5}}\\ 0 & \frac{2}{3} & -\frac{5}{3\sqrt{5}}\end{pmatrix}$, $\boldsymbol{P}^{-1}\boldsymbol{AP}=\begin{pmatrix}5 & & \\ & -4 & \\ & & 5\end{pmatrix}$.

10. $a=2$, 正交矩阵 $\boldsymbol{P}=\begin{pmatrix}\frac{1}{\sqrt{3}} & \frac{1}{\sqrt{6}} & -\frac{1}{\sqrt{2}}\\ -\frac{1}{\sqrt{3}} & \frac{2}{\sqrt{6}} & 0\\ \frac{1}{\sqrt{3}} & \frac{1}{\sqrt{6}} & \frac{1}{\sqrt{2}}\end{pmatrix}$, $\boldsymbol{P}^{-1}\boldsymbol{AP}=\begin{pmatrix}-3 & & \\ & 0 & \\ & & 6\end{pmatrix}$.

11. (1) $x=2$; (2) 正交矩阵 $\boldsymbol{P}=\begin{pmatrix}0 & 1 & 0\\ -\frac{1}{\sqrt{2}} & 0 & \frac{1}{\sqrt{2}}\\ \frac{1}{\sqrt{2}} & 0 & \frac{1}{\sqrt{2}}\end{pmatrix}$, $(\boldsymbol{AP})^{\mathrm{T}}(\boldsymbol{AP})=\begin{pmatrix}1 & & \\ & 4 & \\ & & 9\end{pmatrix}$.

12. (1) $\boldsymbol{A}$ 的所有特征值为 $-1,\ 1,\ 0$, 属于这三个特征值的所有特征向量分别为: $k_1\begin{pmatrix}1\\0\\-1\end{pmatrix}$, $k_2\begin{pmatrix}1\\0\\1\end{pmatrix}$, $k_3\begin{pmatrix}0\\1\\0\end{pmatrix}$ ($k_1,\ k_2,\ k_3$ 为任意非零实数).

(2) $\boldsymbol{A}=\begin{pmatrix}0 & 0 & 1\\ 0 & 0 & 0\\ 1 & 0 & 0\end{pmatrix}$.

(B)

1. (1) ×; (2) ×; (3) × ; (4) × ; (5) ×; (6) ×; (7) √; (8) √ .

2. (1) $\sqrt{6}$; (2) $\boldsymbol{\beta}_1=\frac{1}{3}(1,\ 2,\ 2)^{\mathrm{T}}$, $\boldsymbol{\beta}_2=\frac{\sqrt{2}}{6}(4,\ -1,\ -1)^{\mathrm{T}}$; (3) $a_1=-1,\ a_2=0,\ a_3=0$; (4) 4; (5) $\frac{1}{2}$; (6) $\frac{1}{k}$; (7) $(-1)^{n-1}3$; (8) $\boldsymbol{Ap}=(0,\ 10,\ -15)^{\mathrm{T}}$; (9) 2; (10) $\boldsymbol{p}^{-1}\alpha$.

3. (1) D; (2) A; (3) C; (4) A; (5) A; (6) C; (7) A; (8) B; (9) B; (10) B.

4. $|\boldsymbol{A}^*+3\boldsymbol{A}+2\boldsymbol{E}|=1573$.

5. (1) $\boldsymbol{B}$ 的全部特征值为 $\varphi(\lambda_1)=-2, \varphi(\lambda_2)=\varphi(\lambda_3)=1$.

$\boldsymbol{B}$ 的属于特征值 $\varphi(\lambda_1)=-2$ 的全部特征向量为 $k_1\boldsymbol{\alpha}_1=k_1\begin{pmatrix}1\\-1\\1\end{pmatrix}$ $(k_1\neq 0)$,

$\boldsymbol{B}$ 的属于特征值 $\varphi(\lambda_2)=\varphi(\lambda_3)=1$ 的全部特征向量为 $k_2\begin{pmatrix}1\\1\\0\end{pmatrix}+k_3\begin{pmatrix}-1\\0\\1\end{pmatrix}$ $(k_2, k_3$

不同时为 0).

(2) $\boldsymbol{B}=\begin{pmatrix}0&1&-1\\1&0&1\\-1&1&0\end{pmatrix}$.

6. 提示: 令 $\boldsymbol{A}=\boldsymbol{C}+\boldsymbol{E}$, 其中 $\boldsymbol{C}=\begin{pmatrix}2&2&2\\2&2&2\\2&2&2\end{pmatrix}$. 由 $\boldsymbol{C}$ 的特征值 0, 0, 6 可求出 $\boldsymbol{A}$ 的特征值 1, 1, 7. 进而求出 $\boldsymbol{A}^*$ 的特征值, 而 $\boldsymbol{B}$ 与 $\boldsymbol{A}^*$ 相似, 又可求出 $\boldsymbol{B}+2\boldsymbol{E}$ 的特征值 9, 9, 3. 再求特征向量: $\boldsymbol{A}^*$ 与 $\boldsymbol{A}$ 对应特征值的特征向量一样, $\boldsymbol{B}+2\boldsymbol{E}$ 与 $\boldsymbol{B}$ 对应特征值的特征向量也一样. 可由 $\boldsymbol{A}$ 的特征向量求出 $\boldsymbol{B}+2\boldsymbol{E}$ 的特征向量. $\boldsymbol{B}+2\boldsymbol{E}$ 属于 9 的所有特征向量为 $k_1(-1,\ 1,\ 0)^{\mathrm{T}}+k_2(1,\ 1,\ -1)^{\mathrm{T}}(k_1,k_2$ 不全为零); 属于 3 的所有特征向量为 $k(0,\ 1,\ 1)^{\mathrm{T}}(k\neq 0)$.

7. 提示: 一方面因 $\boldsymbol{A}$ 为实对称矩阵, 所以 $\boldsymbol{A}$ 可相似对角化, $\boldsymbol{A}$ 与 $\boldsymbol{\Lambda}=\begin{pmatrix}n&&&\\&0&&\\&&\ddots&\\&&&0\end{pmatrix}$ 相似; 另一方面可证明 $\boldsymbol{B}$ 有 n 个线性无关的特征向量, $\boldsymbol{B}$ 也可相似对角化, $\boldsymbol{B}$ 也与 $\boldsymbol{\Lambda}=\begin{pmatrix}n&&&\\&0&&\\&&\ddots&\\&&&0\end{pmatrix}$ 相似; 所以 $\boldsymbol{A}$ 与 $\boldsymbol{B}$ 相似.

8. $\boldsymbol{B}=\begin{pmatrix}\frac{8}{3}&-\frac{2}{3}&-\frac{2}{3}\\-\frac{2}{3}&\frac{5}{3}&-\frac{4}{3}\\-\frac{2}{3}&-\frac{4}{3}&\frac{5}{3}\end{pmatrix}$.

9. $\boldsymbol{\Lambda}=\mathrm{diag}(k^2,\ (k+2)^2,\ (k+2)^2)$.

10 . 略.

11. 略.

12. (1) 提示: $|\boldsymbol{A}|=0$, $\boldsymbol{A}$ 必有特征值 0, 因为 $\boldsymbol{A}$ 有 3 个不同的特征值, 所以 $\boldsymbol{A}$ 可对角化, $\boldsymbol{A}$ 的另外两个 λ_1,λ_2 均不为 0, $\boldsymbol{A}$ 与对角阵 $\boldsymbol{\Lambda}=\begin{pmatrix}\lambda_1&&\\&\lambda_2&\\&&0\end{pmatrix}$ 相似, 所以 $R(\boldsymbol{A})=R(\boldsymbol{\Lambda})=2$.

(2) 方程组 $\boldsymbol{Ax}=\boldsymbol{\beta}$ 的通解为 $\boldsymbol{x}=k\boldsymbol{\xi}+\boldsymbol{\eta}=k\begin{pmatrix}1\\2\\-1\end{pmatrix}+\begin{pmatrix}1\\1\\1\end{pmatrix}$, $k\in\mathbf{R}$.

13. (1) $\boldsymbol{A}^{99}=\begin{pmatrix}-2+2^{99} & 1-2^{99} & 2-2^{98}\\ -2+2^{100} & 1-2^{100} & 2-2^{99}\\ 0 & 0 & 0\end{pmatrix}$;

(2) $\boldsymbol{\beta}_1=(-2+2^{99})\boldsymbol{\alpha}_1+(-2+2^{100})\boldsymbol{\alpha}_2$,

$\boldsymbol{\beta}_2=(1-2^{99})\boldsymbol{\alpha}_1+(1-2^{100})\boldsymbol{\alpha}_2$,

$\boldsymbol{\beta}_3=(2-2^{98})\boldsymbol{\alpha}_1+(2-2^{99})\boldsymbol{\alpha}_2$.

14. (1) 证明略, $\boldsymbol{A}^{-1}=\boldsymbol{E}-\boldsymbol{\alpha}\boldsymbol{\beta}^{\mathrm{T}}$;

(2) $\boldsymbol{E}+k(\boldsymbol{\alpha}\boldsymbol{\beta}^{\mathrm{T}})$.

15. (1) $\begin{cases} x_{n+1}=\dfrac{5}{6}x_n+\dfrac{2}{5}\left(y_n+\dfrac{1}{6}x_n\right)=\dfrac{9}{10}x_n+\dfrac{2}{5}y_n,\\ y_{n+1}=\dfrac{3}{5}\left(y_n+\dfrac{1}{6}x_n\right)=\dfrac{1}{10}x_n+\dfrac{3}{5}y_n.\end{cases}$

矩阵形式 $\begin{pmatrix}x_{n+1}\\ y_{n+1}\end{pmatrix}=\begin{pmatrix}\dfrac{9}{10} & \dfrac{2}{5}\\ \dfrac{1}{10} & \dfrac{3}{5}\end{pmatrix}\begin{pmatrix}x_n\\ y_n\end{pmatrix}$.

(2) $\lambda_1=1,\ \lambda_2=\dfrac{1}{2}$.

(3) $\begin{pmatrix}x_{n+1}\\ y_{n+1}\end{pmatrix}=\boldsymbol{A}\begin{pmatrix}x_n\\ y_n\end{pmatrix}=\boldsymbol{A}\left(\boldsymbol{A}\begin{pmatrix}x_{n-1}\\ y_{n-1}\end{pmatrix}\right)=\cdots=\boldsymbol{A}^n\begin{pmatrix}x_1\\ y_1\end{pmatrix}$.

令 $\boldsymbol{P}=(\boldsymbol{\eta}_1,\ \boldsymbol{\eta}_2)$, $\boldsymbol{A}^n=\boldsymbol{P}\boldsymbol{\Lambda}^n\boldsymbol{P}^{-1}$, $\begin{pmatrix}x_{n+1}\\ y_{n+1}\end{pmatrix}=\dfrac{1}{10}\begin{pmatrix}8-\dfrac{3}{2^n}\\ 2+\dfrac{3}{2^n}\end{pmatrix}$.

第 6 章

习 题 6.1

1. (1) $\boldsymbol{A}=\begin{pmatrix}0 & 1 & 2\\ 1 & 0 & -4\\ 2 & -4 & 0\end{pmatrix}$, 秩为 3; (2) $\boldsymbol{A}=\begin{pmatrix}1 & 1 & 0 & -1\\ 1 & 1 & -1 & 1\\ 0 & -1 & 2 & 3\\ -1 & 1 & 3 & 1\end{pmatrix}$, 秩为 4.

2. (1) $f(x_1,x_2,x_3)=x_1^2+3x_2^2+2x_3^2-2x_1x_2+4x_1x_3-4x_2x_3$;

(2) $f(x_1,x_2,x_3)=x_2^2+2x_3^2+2x_1x_2+6x_1x_3-8x_2x_3$.

3. (1) 经正交变换 $\begin{pmatrix}x_1\\ x_2\\ x_3\end{pmatrix}=\begin{pmatrix}-\dfrac{2}{3} & \dfrac{2}{3} & \dfrac{1}{3}\\ -\dfrac{1}{3} & -\dfrac{2}{3} & \dfrac{2}{3}\\ \dfrac{2}{3} & \dfrac{1}{3} & \dfrac{2}{3}\end{pmatrix}\begin{pmatrix}y_1\\ y_2\\ y_3\end{pmatrix}$, 原二次型化为 $f=y_1^2+4y_2^2-2y_3^2$;

(2) 经正交变换 $\begin{pmatrix} x_1 \\ x_2 \\ x_3 \end{pmatrix} = \begin{pmatrix} -\frac{2\sqrt{5}}{15} & \frac{2\sqrt{5}}{5} & \frac{1}{3} \\ \frac{4\sqrt{5}}{15} & \frac{\sqrt{5}}{5} & -\frac{2}{3} \\ \frac{\sqrt{5}}{3} & 0 & \frac{2}{3} \end{pmatrix} \begin{pmatrix} y_1 \\ y_2 \\ y_3 \end{pmatrix}$, 原二次型化为 $f = 9y_3^2$.

4. (1) $\begin{pmatrix} x_1 \\ x_2 \\ x_3 \end{pmatrix} = \begin{pmatrix} 1 & 1 & -2 \\ 0 & 1 & -1 \\ 0 & 0 & 1 \end{pmatrix} \begin{pmatrix} y_1 \\ y_2 \\ y_3 \end{pmatrix}$, 原二次型化为 $f = y_1^2 - 2y_2^2 + y_3^2$;

(2) $\begin{pmatrix} x_1 \\ x_2 \\ x_3 \end{pmatrix} = \begin{pmatrix} 1 & 1 & 0 \\ 1 & -1 & -2 \\ 0 & 0 & 1 \end{pmatrix} \begin{pmatrix} y_1 \\ y_2 \\ y_3 \end{pmatrix}$, 原二次型化为 $f = 2z_1^2 - 2z_2^2$.

5. (1) $t = 3, \lambda = 0, 4, 9$; (2) 椭圆柱面.

6. $t = -2$.

习　题　6.2

1. (1) 正定; (2) 正定; (3) 正定; (4) 负定.

2. (1) 正定; (2) 负定.

3. $-2 < t < 1$.

复 习 题 6

(A)

1. (1) √; (2) ×; (3) √; (4) √; (5) ×; (6) √.

2. (1) B; (2) C; (3) D; (4) A; (5) B; (6) C; (7) A.

3. (1) $f(x_1, x_2, x_3) = (x_1, x_2, x_3) \begin{pmatrix} 3 & 0 & 1 \\ 0 & 4 & 5 \\ 1 & 5 & 7 \end{pmatrix} \begin{pmatrix} x_1 \\ x_2 \\ x_3 \end{pmatrix}$; (2) $\begin{pmatrix} 1 & 1 & 2 \\ 1 & 1 & 1 \\ 2 & 1 & 3 \end{pmatrix}$;

(3) 3; (4) 2, 0; (5) $\begin{pmatrix} 0 & 0 & 1 \\ 1 & 0 & 0 \\ 0 & 1 & 0 \end{pmatrix}$; (6) $a \neq -2, 0$; (7) $y_1^2 + y_2^2 + y_3^2 - y_4^2$;

(8) 1, 2, $y_1^2 + y_2^2 - y_3^2$.

4. (1) 经正交变换 $\begin{pmatrix} x_1 \\ x_2 \\ x_3 \end{pmatrix} = \begin{pmatrix} \frac{2}{3} & -\frac{2}{3} & \frac{1}{3} \\ \frac{2}{3} & \frac{1}{3} & -\frac{2}{3} \\ \frac{1}{3} & \frac{2}{3} & \frac{2}{3} \end{pmatrix} \begin{pmatrix} y_1 \\ y_2 \\ y_3 \end{pmatrix}$, 原二次型化为标准形 $f = -y_1^2 + 2y_2^2 + 5y_3^2$;

(2) 经正交变换 $\begin{pmatrix} x_1 \\ x_2 \\ x_3 \end{pmatrix} = \begin{pmatrix} 1 & 0 & 0 \\ 0 & \frac{\sqrt{2}}{2} & \frac{\sqrt{2}}{2} \\ 0 & \frac{\sqrt{2}}{2} & -\frac{\sqrt{2}}{2} \end{pmatrix} \begin{pmatrix} y_1 \\ y_2 \\ y_3 \end{pmatrix}$, 原二次型化为标准形 $f = 4y_1^2 + 4y_2^2 + 2y_3^2$;

(3) 经正交变换 $\begin{pmatrix} x_1 \\ x_2 \\ x_3 \end{pmatrix} = \begin{pmatrix} \frac{\sqrt{3}}{3} & -\frac{\sqrt{2}}{2} & -\frac{\sqrt{6}}{6} \\ \frac{\sqrt{3}}{3} & \frac{\sqrt{2}}{2} & -\frac{\sqrt{6}}{6} \\ \frac{\sqrt{3}}{3} & 0 & \frac{\sqrt{6}}{3} \end{pmatrix} \begin{pmatrix} y_1 \\ y_2 \\ y_3 \end{pmatrix}$, 原二次型化为标准形 $f = 2y_1^2 - y_2^2 - y_3^2$.

5. (1) 经可逆变换 $\begin{pmatrix} x_1 \\ x_2 \\ x_3 \end{pmatrix} = \begin{pmatrix} 1 & 0 & 0 \\ 0 & 1 & 1 \\ 0 & 1 & -1 \end{pmatrix} \begin{pmatrix} y_1 \\ y_2 \\ y_3 \end{pmatrix}$, 原二次型化为标准形 $f = y_1^2 + y_2^2 - y_3^2$;

(2) 经可逆变换 $\begin{pmatrix} x_1 \\ x_2 \\ x_3 \\ x_4 \end{pmatrix} = \begin{pmatrix} 1 & -2 & 2 & -1 \\ 0 & 1 & -1 & 1 \\ 0 & 0 & 1 & -2 \\ 0 & 0 & 0 & 1 \end{pmatrix} \begin{pmatrix} y_1 \\ y_2 \\ y_3 \\ y_4 \end{pmatrix}$, 原二次型化为标准形 $f = y_1^2 - y_2^2 + y_3^2$.

6. $-1 < t < 1$.

7. 略.

(B)

1. (1) B; (2) C; (3)C; (4) C; (5) B; (6) A.

2. (1) 1; (2) $0 < a < 2$; (3) $-2 \leqslant a \leqslant 2$; (4) $\lambda > 2$; (5) $t < -2$.

3. (1) $A = \begin{pmatrix} \frac{1}{2} & 0 & -\frac{1}{2} \\ 0 & 1 & 0 \\ -\frac{1}{2} & 0 & \frac{1}{2} \end{pmatrix}$; (2) 略.

4. 略.

5. (1) $a = -1$;

(2) $\boldsymbol{A}^{\mathrm{T}}\boldsymbol{A} = \begin{pmatrix} 2 & 0 & 2 \\ 0 & 2 & 2 \\ 2 & 2 & 4 \end{pmatrix}$, 经正交变换 $\begin{pmatrix} x_1 \\ x_2 \\ x_3 \end{pmatrix} = \begin{pmatrix} \frac{1}{\sqrt{2}} & \frac{1}{\sqrt{6}} & \frac{1}{\sqrt{3}} \\ -\frac{1}{\sqrt{2}} & \frac{1}{\sqrt{6}} & \frac{1}{\sqrt{3}} \\ 0 & \frac{2}{\sqrt{6}} & -\frac{1}{\sqrt{3}} \end{pmatrix} \begin{pmatrix} y_1 \\ y_2 \\ y_3 \end{pmatrix}$, 原二次型化为 $2y_1^2 + 6y_2^2$.

6. $a=2$, $\boldsymbol{P}=\begin{pmatrix} \frac{1}{\sqrt{3}} & \frac{1}{\sqrt{2}} & \frac{1}{\sqrt{6}} \\ -\frac{1}{\sqrt{3}} & 0 & \frac{2}{\sqrt{6}} \\ \frac{1}{\sqrt{3}} & -\frac{1}{\sqrt{2}} & \frac{1}{\sqrt{6}} \end{pmatrix}$.

参 考 文 献

陈东升. 2010. 线性代数与空间解析几何及其应用. 北京: 高等教育出版社.

东北大学数学系. 2020. 线性代数及其应用. 2 版. 北京: 高等教育出版社.

黄廷祝, 成孝予. 2018. 线性代数与空间解析几何. 5 版. 北京: 高等教育出版社.

黄炜. 2009. 数学建模在线性代数中应用案例. 江西科学, 27(2). 188-191, 199.

李晓芳. 2021. 线性代数在数字图像处理中的应用. 计算机应用, 4: 104-107.

李子璇. 2018. 浅析数学建模对于计算机通信技术与电子信息结合开发智能交通系统的影响. 中国战略新兴产业, 4: 187, 189.

同济大学数学系. 2014. 线性代数. 6 版. 北京: 高等教育出版社.

同济大学应用数学系. 2004. 线性代数及其应用. 北京: 高等教育出版社.

维克多 · J. 卡兹. 2016. 简明数学史: 四卷 近代数学. 董晓波, 张滦云, 廖大见, 等译. 北京: 机械工业出版社.

杨爱民, 崔玉环, 屈静国. 2014. 线性代数: 实训教程. 北京: 清华大学出版社.

杨凤藻. 2017. 矩阵理论及其应用. 北京: 科学出版社.

张仁霖. 2016. 基于线性子空间的人脸识别算法分析. 九江学院学报, 1: 80-83.

郑宝东. 2013. 线性代数与空间解析几何. 北京: 高等教育出版社.

Lay D C, Lay S R, McDonald J J. 2005. 线性代数及其应用. 刘深泉, 张万芹, 陈玉珍, 等译. 北京: 机械工业出版社.